南宋·赵伯驹《飞仙图》

原始龙文化的文化意识，由于溶渗着中国自古所特有的民族生命意识与崇祖意识，在中华审美文化史上，开启了关于中华民族阳刚之美的审美历程。

南宋·赵伯驹《仙山楼阁图》

在中国古老的神话传说及其原始意识中，人神之间、天地之间，原本混沌一片，无所谓阻隔。天与地相距遥远，人企望上天入地，本是不可能的事。

明·仇英《莲溪渔隐图》

一个自古以农立于天下的伟大民族,不能不在它的天下意识里体现出从对土地的耕耘与管理中所激发出来的那种执着与情感,从大地上培育了一种显然是富于条理的原始理性。

唐·张萱《捣练图》（宋摹本）

在唐人的民族与时代人格里，有一种未泯的"童心"，诗人们对自然、田园甚至刀光剑影的战场、尔虞我诈的你死我活的王室及政坛等，都保持着一种儿童般的惊奇感与陌生感，并能含情脉脉地面对春花秋月、世事沧桑，这一"感觉"便是诗的渊薮。

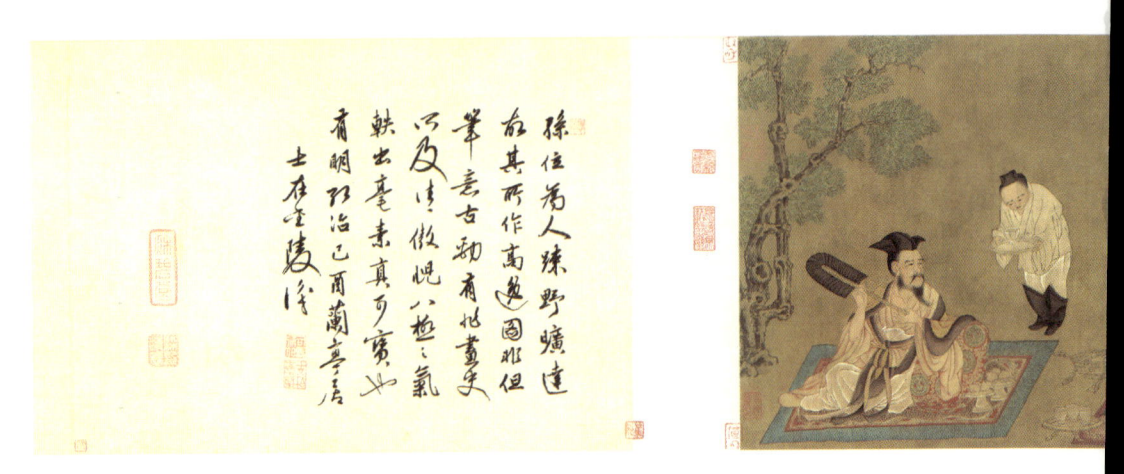

唐·孙位《高逸图》（《竹林七贤图》）

中国的文人学子，因为人性之故，原本是入世的，总是先进围城然后才从围城退出。魏晋名士这一人群的出现，一定意义上是入围城而不得的结果。

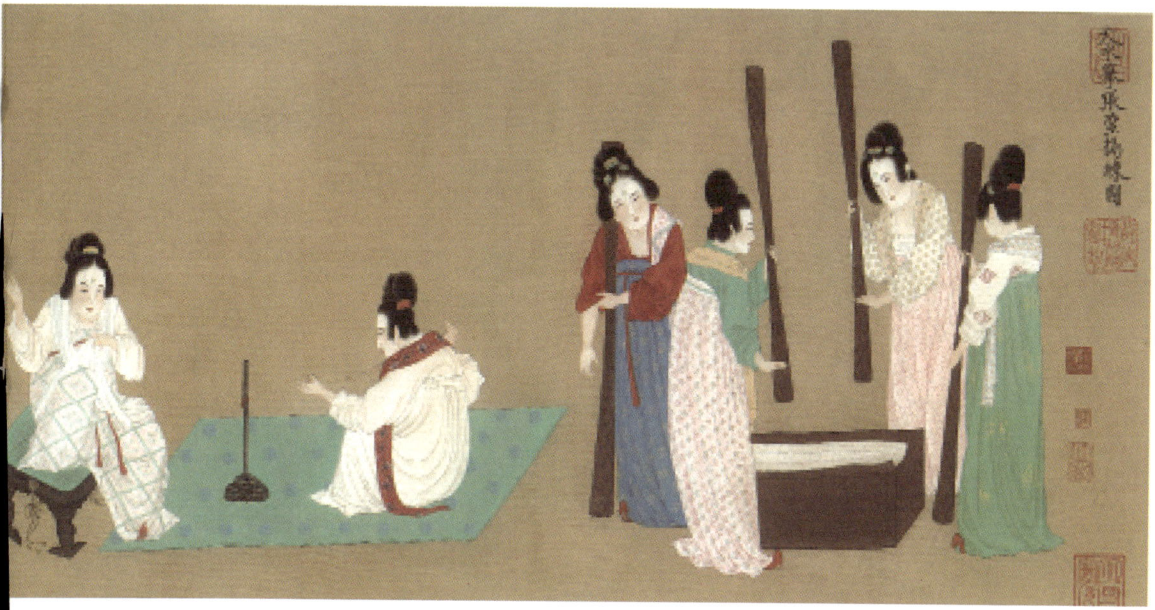
張萱搗練圖

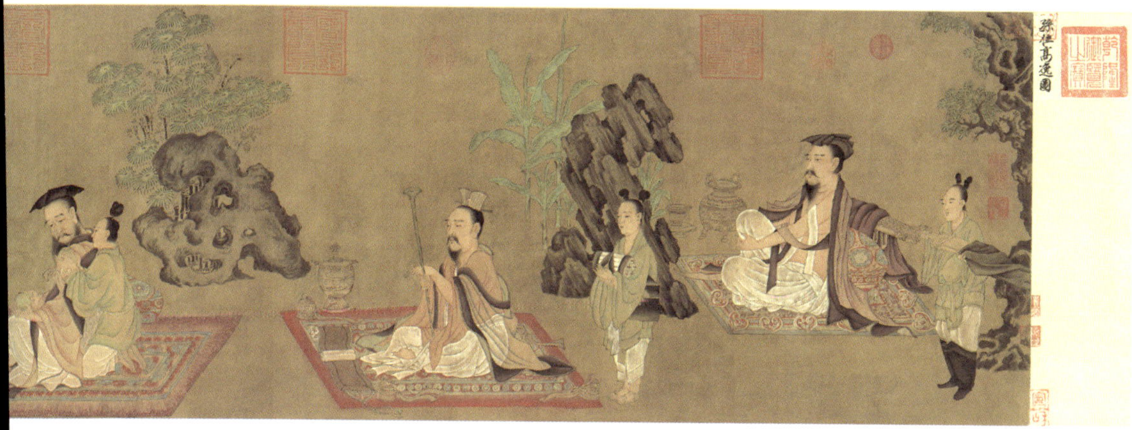
孫位高逸圖

明·文徵明《兰亭修禊图》

文与道的矛盾,是中国美学之文论部分的基本矛盾之一,它和阴与阳、道与技、情与性、性与理、理与气、意与象等中国美学的基本矛盾一起,一直纠缠着中国美学的智慧头脑,严重影响中国美学之文脉的走向与审美品格。

文徵明临王羲之《兰亭集序》

相逢幸遇佳時節
月下花前且把盃

南宋·马远《月下把杯图》

在宋明的文学艺术审美中，月是一个审美意象与符号，传达出静寂、感伤、朦胧、秀逸甚至清冷的意境。在理学中，月又作为思"理"的代码。

中国美学文脉史

王振复 著

陕西新华出版
陕西人民出版社

图书在版编目（CIP）数据

中国美学文脉史/王振复著.—西安：陕西人民出版社，2024.6
ISBN 978-7-224-15006-3

Ⅰ.①中… Ⅱ.①王… Ⅲ.①美学史—研究—中国 Ⅳ.①B83-092

中国国家版本馆CIP数据核字（2023）第132139号

出 品 人：赵小峰
总 策 划：关　宁
出版统筹：韩　琳
策划编辑：王　倩
责任编辑：晏　藜
封面设计：哲　峰

中国美学文脉史
ZHONGGUO MEIXUE WENMAISHI

作　　者	王振复
出版发行	陕西人民出版社
	（西安市北大街147号　邮编：710003）
印　　刷	陕西隆昌印刷有限公司
开　　本	787毫米×1092毫米　1/16
印　　张	40.5
插　　页	4
字　　数	580千字
版　　次	2024年6月第1版
印　　次	2024年6月第1次印刷
书　　号	ISBN 978-7-224-15006-3
定　　价	158.00元

如有印装质量问题，请与本社联系调换。电话：029-87205094

前　言

本书试以文化哲学这一人文理念，研治中国美学的文脉历史。某种意义上，中国美学是一种"作为文化哲学的美学"（海因茨·佩茨沃德语）。

Context，原为德国学者索绪尔所创构的西方结构主义语言哲学范畴，曾被汉译为语境、涵构。Context，本义指上下文关联域。本书新译为文脉，试以此为主题结构全书。文脉一词，已然成为书刊报章的流行词。

中国美学文脉史，分彼此相系的八个历史时段。

一、春秋战国之前，原始审美意识在以原始巫文化为主导、伴随以原始神话与原始图腾文化形态的中国上古文化中孕育。之后，原始巫术文化向中国式的"史"文化而不是向宗教方向发展，决定了此后中国美学的文化品格与基本路向。二、春秋战国时期，中国美学在诸子学的建构中发展，作为中华民族审美意识的酝酿期，主要体现了原始巫学向人学的"祛魅"与解放。先秦心性论，蕴含于儒家的仁学与道家的哲学之中，前者从人伦（人与社会，人与人）关系说心性，以人与社会合契为善美；后者从人与自然关系说心性，以人与自然合契为善美，都以成就民族与时代的健康（审美）人格，即做什么样的人以及怎样做人为终极关怀。三、秦汉时期，以儒家文化为主干的中华民族文化，建构起一个经学一统的精神世界与制度世界，在此意义上可以说这是全民族的审美奠基期。从汉初黄老之学到东汉谶纬神学（实为谶纬巫学），从儒学经学化到经学谶纬化，从人"心"社会（先秦儒家）与人"心"的向往自然（先秦道家），发展到秦汉的宇宙论，中华民族的审美视野显然拓宽了，这是企图将人间种种严肃规矩与向往自由的合理性与神圣性，拿到天上去加以证明。四、魏晋南北朝时期，在玄、佛文化的冲突调和与儒学的潜行之中，完成了自先秦心性说、秦汉宇宙论到此时哲学本体论的理论建设，仅此而言，这是中国美学的建构期。政治哲学意义的名教自然之辨，语言哲学意义的言意之辨，本体论哲学意义的有无之辨和生命哲学意义的才性之辨，拓深了这一时代以玄为基质、以佛为灵枢、以儒为潜因的中国美学的思想深度。五、隋唐时期，一方面是才情洋溢的、敏锐的审美感觉及其意象、意境磅礴于美丽的诗魂之中，证明其感悟尤佳而且是一个思虑趋于深沉的时代，另一方面，大致自两汉之际印度佛学的东渐，经汉魏南北朝的时代锤炼与熔铸，到唐代佛学的中国化，以"意境"说为代表的中国美学，实现了它的历史性的深入。六、宋明理学时期的中国美学，具有儒道释三学综合的文脉特点。如果说隋唐三学的综合，尚较多具有文化政策的意义，那么宋明三学的综合，则出于这一民族文化哲学之思想的自觉。其美学主题，是道德作为本体如何可能。至此，做什么样的人以及怎样做人的中国人格美学才告完成。七、到了清代，起于王夫之的实学的美学思潮，具有尚物、尚事与尚实的思想与思维特点，是源自原始巫学而属儒家的"实用理性"意义的中国古代美学的终结。在西学影响下，又兼以国学之深厚学养，以王国维为代表的美学思想兴起，既是中国美学古代意义的总结，又是其趋于现代的标志。八、西方文化、哲学与美学思想的东渐，促成20世纪中国美学的现代化，其基本格局为："文化守成主义""文化自由主义"与属于"文化激进主义"的马克思主义美学三大思想、思潮的冲突、融合，推动了现当代中国美学的建构与发展。

中国美学的八大历史文脉时段，可概括为前后贯通的四部分。

一、史前至秦汉，为中国美学文脉史的"前美学"时期，是伴随以原始神话与图腾文化、以原始巫文化为主导的原始审美意识的酝酿，又以心性说、宇宙论的"前美学"为重点。二、从魏晋至宋元，为中国美学文脉史的建构期。晋宋时的哲学本体论，为中国美学的建构奠定了文化哲学基础。审美艺术著论的趋于成熟，使得民族与时代的中国美学逐渐理论化了。儒道释三学走向融合，是中国美学文脉史得以建构的重要标志。三、明清时期，为中国美学之古代意义的完成。其主要的文脉特点，从儒道释三学的逐渐融合中，回归、提升以儒学为基调的实学的美学。四、大致从 1919 年"五四"开始，为西学东渐后 20 世纪现代中国美学的文脉历程，以文化激进主义(主要为马克思主义)、文化守成主义与文化自由主义三者矛盾冲突、对应调和的中国美学，构成了中国美学文脉的文化美学的基本格局与发展态势。

本书试从中国文化哲学角度研究中国美学的文脉历程问题，将相应的文化、历史、哲学等作为中国美学的思想、思维的根因、根性与背景来加以论析，以图揭示中国美学文脉相续的原型、传承与新变的本质、内在机制与规律，并非通常文艺美学的研究路子。试将中国美学的一系列重要理论课题纳入文脉历程这一时空框架来加以阐析，是本书的基本论证方式。

是为前言。

目　录

第一章　巫史文化与审美初始
　　第一节　原始巫文化　/ 006
　　第二节　中华之"史"　/ 019
　　第三节　巫史文化的原始审美蕴涵　/ 023
　　第四节　甲骨文化与审美初始　/ 039
　　第五节　龙文化与审美初始　/ 051

第二章　诸子之学与审美酝酿
　　第一节　中国的"轴心时代"　/ 061
　　第二节　"道家主干"说评析　/ 084
　　第三节　郭店楚简《老子》的审美意识　/ 094
　　第四节　通行本《老子》的审美意识　/ 110
　　第五节　孔子仁学的审美意识　/ 128
　　第六节　郭店楚简《性自命出》的审美意识　/ 152
　　第七节　孟子思想的审美精神　/ 161
　　第八节　庄子思想的审美精神　/ 172
　　第九节　《易传》思想的审美精神　/ 190
　　第十节　荀子思想的审美精神　/ 198

第三章　经学一统与审美奠基
　　第一节　黄老之学与时代审美　/ 210

第二节　"独尊儒术"的经学与审美　/ 218

　　第三节　历史美蕴与人文初祖的塑造　/ 229

　　第四节　谶纬神学与审美　/ 237

　　第五节　"疾虚妄"与审美　/ 243

第四章　玄佛儒之思辨与审美建构

　　第一节　玄佛儒文化背景与时代氛围　/ 256

　　第二节　自然与名教的时代"对话"　/ 264

　　第三节　言意之辨与审美　/ 274

　　第四节　有无之辨与审美　/ 280

　　第五节　才性之辨与人格审美　/ 291

　　第六节　玄佛相会的审美意义　/ 303

　　第七节　《文心雕龙》：一个玄佛儒思想三栖的美学文本　/ 313

第五章　佛学中国化与审美深入

　　第一节　隋唐美学的文化素质　/ 331

　　第二节　法海本《坛经》的美学意义　/ 361

　　第三节　唐代佛学与"意境"说　/ 392

第六章　理学流行与审美综合

　　第一节　理学的文化前奏　/ 420

　　第二节　道德本体：审美如何可能　/ 435

　　第三节　主静与居敬：崇高人格美　/ 462

　　第四节　三学合一与怀疑精神　/ 483

　　第五节　崇"理"而抑"情"的审美　/ 493

　　第六节　文与道的矛盾和审美　/ 497

　　第七节　儒道释兼综的审美　/ 516

　　第八节　冷色调、女性化、宁静、秀逸而严谨的审美　/ 520

第九节　雅俗不二的审美　/ 527

第十节　从"存天理，去人欲"到"童心""性灵"与"情教"　/ 537

第七章　实学精神与审美终结

第一节　"气"论的美学：在时代交接点上　/ 545

第二节　崇"实"的审美　/ 556

第三节　从古典走向现代　/ 573

第八章　20世纪中国美学的现代格局

第一节　"文化守成主义"的美学　/ 597

第二节　"文化自由主义"的美学　/ 606

第三节　"文化激进主义"（主要为马克思主义）的美学　/ 617

主要引用与参考书目　/ 632

后　记　/ 636

增订版后记　/ 638

第一章
巫史文化与审美初始

研究与讨论这一学术课题，必然面临诸多困难。

其一，就中国原始文化及其意义而言，中国文化史学者柳诒徵所谓"中国文化为何？中国文化何在？中国文化异于印、欧者何在？此学者所首应致疑者也"[1]的诸多问题，自应在当前学界的学术视域之内。然而，若要讨论中国原始时代的原始文化形态究竟是什么，则分歧与争论就不可避免了。当前中国学界流行两种神话说，即广义神话说与狭义神话说。广义神话说以为，神话是上古唯一存在的文化形态，将原始图腾与巫术纳入"神话"范畴，便将整个上古文化等同于神话，承认上古时代即"神话时代"；"神话思维"即原始思维，此为西方文化人类学一般的看法。狭义神话说认为，人类及中华最早的文化形态为彼此相通、相异的原始神话、图腾与巫术三者，同属于原始"信文化"范畴。三者的共同人文根性为"信"，即崇信"万物有灵"（"人类学之父"爱德华·泰勒语），主要为原始自然崇拜、祖神崇拜。狭义神话说将神话与图腾、巫术相区别，认为三者虽"三位一体"于崇信"万物有灵"，又"各具其'性'"，即注意到三者在致思与情感方式、施行仪式和文化功能等方面的相对不同。本书持狭义神话说，即将神话、图腾与巫术文化分别言之，尤重原始巫文化与中华原始审美意识之发生的关系研究。中国学界关于中国原始文化与原始审美之初始联系这一课题的认识与研究，大致是三视角三路向，即"神话"说、"图腾"说与

---

[1] 柳诒徵：《中国文化史》上册，中国大百科全书出版社，1988年版，第2页。

"巫术"说。

其一,"神话"说。

神话作为一种人文"话语"系统,是"神"所说的"话",说的是唯有"神"才能说的"话","极度的幻想、想象虚构,借助似乎是神灵附体的意志与情感等,以口语的方式,对人自己与世界'说话'"①成为曾经存在的以言语表达与传布的"历史"。"神话"说认为,中国远古的主要文化形态是原始神话。该说运用荣格与弗莱的神话原型说来研究中国原始审美意识如何发生以及何以发生。荣格假定人类具有某种先在的文化心理模式,称之为文化精神本能,又称为"集体无意识"②。认为人类的实践活动包括原始审美的发生,受制于先在的原始心理模式,便是人类自远祖遗传而来的一种"精神原型"。荣格说,人类不是"带着一种空空如也的心灵来到世上",也不是"在以后的岁月中,心灵所蕴含的只是通过个人经历所习得的一切,除此之外什么也没有"。比如"动物几乎没有意识,但是,它们却有着很多标志心灵存在的冲动和反应;原始人做了很多事情,但他们对于这些事情本身的意义却一无所知"③。这是说,人类文化起步之初的主体心灵,已具备一种"精神底色",便是作为"种族记忆"的"原型"。这种原型就原始初民而言,是"不知道自己知道"的一种人类本能而无意识的心理机制,它在人类文化历程中不断地得以呈现。原始神话,是显现原型的"原始意象"。荣格称,原始神话携带着诸多文化原型,如诞生、死亡、再生、英雄、力量、巨人、上帝、大地之母以及人格中的阿尼玛、阿尼玛斯、阴影与自我等原型。

"神话"说在观念与方法上,实际和荣格、弗莱的原型说建立了一种学理上的"信任"关系。尽管认为该原型说的先验色彩浓重,但荣格等关于原型的人类学预设,提供了研究中国原始文化与原始审美之初始关系的新思

---

① 拙著:《中国巫文化人类学》,山西教育出版社,2000 年版,第 23 页。
② [瑞士]卡尔·古斯塔夫·荣格:《本能与无意识》,《荣格文集》,改革出版社,1997 年版,第 6 页。
③ [瑞士]卡尔·古斯塔夫·荣格:《人及其表象》,中国国际广播出版社,1985 年版,第 24 页。

路。学者们坚信，既然原始神话作为"原始意象"蕴含着诸多文化原型，那么，人类包括中华原始初民原始审美意识的萌动，则一定可以在原始神话中被发现。因为，原始审美意识实际是"集体无意识"的一种文化心灵。因而，通过研究原始神话这一文化形态从而揭示原始巫文化与原始审美意识之发生的真实关系，被认为是一条可行的学术之路。在国内学界，如李泽厚的"文化心理结构"说与"积淀"说、叶舒宪的"中国神话哲学"研究等，可以看作较多地接受神话原型说影响的研究成果之一。

其二，"图腾"说。

此说认为，中国以及整个人类最古老的一种主要文化形态是原始图腾文化。图腾（印第安语 totem 的音译），原意为"他的亲族"（岑家梧《图腾艺术史》译为"彼之血族"）。图腾文化，是原始初民初步意识到人之生命起始，寻找与假设人之生命起始的一种远古文化现象，是原始初民最早的原始"信文化"及其信仰之一。苏联科学院民族研究所《原始社会史——一般问题、人类社会起源问题》一书指出："图腾是意识到人类集团成员们的共同性的一切已知形式中最古老的形式"，并称"意识到人类集体统一性的最初形式是图腾"。[①] 原始图腾文化的意识与观念发生于何时何处，是一个很困难的学术课题。图腾制在原始时代的社会关系中，是否具备独立的图腾社会阶段之条件，目前学界尚无定论。尽管如此，在远古图腾文化中，包含着一个巨大而重要的文化主题，即人类对自身生命究竟来自何方深表关切与敬畏，寻根问祖成为生命、生活与精神依附的第一需要。人类的原始图腾意识与观念的发生，一开始就存在着通往哲学、美学与艺术意识、观念之发生的历史性契机。从研究原始图腾文化追问审美意识与艺术意识如何可能发生，也是一条可行的学术之途。图腾文化是中国生命美学的直接的文化源头，中国美学的生命意识，起源于图腾这一倒错的崇拜"伪祖神"文化，然而中国原始审美意识，并非全部源于原始图腾。

[①] [苏]苏联科学院民族研究所：《原始社会史——一般问题、人类社会起源问题》，浙江人民出版社，1990年版，第436、437页。图腾（totem）一词，由约翰·朗格《一个印第安译员兼商人的航海与旅行》一书首次提出。

其三,"巫术"说。

认为巫术作为人类企图把握世界的文化迷信方式,是一种"倒错的实践",即弗雷泽所说的"伪科学",属于中国原始文化的主导形态。人类文化史是人类的实践史而不仅仅是心灵史、观念史。如果说神话说、图腾说偏重于从人类的文化心理、无意识与文化观念入手来考察人类的原始文化及其原始审美意识的发生是一种可行的学术思路与精神现象学的话,那么巫术说则首先是将原始巫术文化作为人类的文化实践方式来加以考察、研究的。神话、图腾与巫术文化,在远古作为文化的"原始混沌"并不是分立、分开的,如中国的龙,既是中国古老文化最显著的"原始意象"(神话原型的呈现),又是关于中华民族生殖、崇祖的图腾崇拜,还是原始巫术文化中的一种吉兆,龙象是远古中华文化集神话原型、图腾崇拜与巫术行为于一身的一个原始混沌。我们探讨人类或中国艺术或审美的起源时,尽可以从偏于原始神话、原始图腾或原始巫术入手,但这不等于说三者是各自起源、独立发展的,三者共同统一于"原神"即原始"信文化"。原始巫术文化的发生,在文化意识与观念上具有四个文化条件:(一)自然与社会难题总是存在并且被初民所意识到,并且迷信天人、物我、物物、人人之间的神秘感应;(二)人盲目迷信自己能够解决一切自然与社会难题;(三)人的头脑中已经产生"万物有灵"的鬼神意识,即被歪曲了的、幼稚的生命意识;(四)人的生命本身具有一种总是想把原始生命意志与情感实现于对象的实践冲动。

作为原始"信文化"的重要构成,原始巫术的"礼仪"(即巫术仪式)和实际行为,严格说来几乎便是初民生活与生产的文化常式。"在原始时代,宗教(实指原始"信文化")不是一套附有实际应用方法的信仰体系,而是一套固定的传统行动,每一个社会成员都把它作为理所当然的事情来遵从"[1]。似乎可以这样说,原始神话,作为讲述原始图腾、巫术行为及其神

---

[1] [苏格兰]图伯森·史密斯:《闪米特人的宗教》,引自[英]埃里克·J·夏普《比较宗教学史》,上海人民出版社,1988年版,第5页。

异者、英雄与酋长等故事之初民的实践与文化方式，它通常仅仅是一种精神实践与精神现象；原始图腾作为初民的一种准崇祖文化，在意识、观念与情感上，把不是某一种族、氏族祖先的动物、植物甚至山岳、河川与苍穹等，错认为血亲先祖且加以崇拜。图腾崇拜，是自然崇拜与祖神崇拜的原始文化之结合，人类社会只有在诞生了自然崇拜与祖神崇拜之后，才能在文化意识、观念上建构图腾崇拜。如此而言，图腾崇拜是否是人类最早的一种文化形态，颇值得讨论。图腾崇拜作为原始初民的实践方式与观念形态，只有在人类追溯自身生命的起源、寻根溯源、对祖宗感恩时才具有文化意义。英国学者约翰·费古森·麦克林南（1827—1881）指出：

> 对于生命现象，一个人总得为自己创造出某种解释。根据生命的普遍性来判断，最简单的假设、最先出现在人们心中的假设看来是：种种自然现象，都可以归因于一些激发行动的精神在动物、植物、各种事物以及自然力量当中之存在……它把类似于我们自己的一种生命和人格，不仅赋予了动物和植物，而且还赋予了岩石、山脉、河流、风、天体、大地本身，甚至还有天空。因此，拜物教类似于图腾崇拜；确实，图腾崇拜就是加上了某些特点的拜物教。这些特点是：①部落采用一个特殊的物神；②这个物神由母系世代相传；③这个物神同婚姻制相关联。[1]

因此对于原始初民与远古社会而言，图腾崇拜并不是一个覆盖全社会、全人格的文化形态，尽管其重要意义不容抹杀。

相比之下，原始巫术作为一种原始"信文化"方式、生产方式与生活方式，在原始社会中是非常活跃的。法国哲学家、人类学家列维-施特劳斯说："巫术思想，即胡伯特和毛斯所说的那种'关于因果律主题的辉煌的变

---

[1] ［英］约翰·费古森·麦克林南：《古代史研究》第2卷，第512页，引自［英］埃里克·J. 夏普：《比较宗教学史》，上海人民出版社，1988年版，第99页。

奏曲'"①，在最原始的野蛮人中，巫术几乎到处存在，哪里"人类开始企图用巫术手段控制环境"②，那里便是巫术文化的领地。比如，一群原始狩猎者今日不知该到哪里去狩猎，就随手从住地的一棵树上抓了一条虫，放在沙地上让它随意地爬。虫爬动的方向、距离以及路线的曲直状态，则被认为指示了狩猎的方向、距离之远近以及行进路线的曲折、艰难或顺利等。这是一个原始巫术过程，也是作为原始劳动即狩猎实践的重要构成。毋庸置疑，原始初民的几乎一切生活、生产领域，充满了巫术行为。

原始巫术是人类原始文化的实践常式，也是其主导形态。著名人类学家泰勒、弗雷泽、马林诺夫斯基与列维-施特劳斯的人类学研究及其著述，都把原始巫术文化作为研究原始文化的主要对象与切入点。

中国原始文化的主导形态，也是以溶渗着原始神话、原始图腾为重要因素的原始巫术文化为代表的。别的暂且不论，殷代夏、周代殷的漫长岁月里，以甲卜与易筮为代表的巫文化，繁荣了约十四个世纪，是令人震撼的事情。起源悠久、盛于殷代的甲骨占卜与殷周之际盛于周代的《周易》占筮，是富于中华民族文化特色、成熟形态的原始巫术文化形态，它历史地酝酿了属于这个伟大民族之独特的原始审美意识。在这一成熟形态的原始巫术文化诞生之前，必然还有更为悠远、原创而迄今失传了的原始巫术文化，人们对它的探究永远没有止境。

第一节　原始巫文化

中华原始巫文化，曾经经历过一个繁荣的时代，它漫长而悠久。这里，且让我们踏进青泥盘盘——也许泥泞的古道，回到似曾相识的精神故乡，努力叩开原始巫术文化那幽暗的历史之门，让在黑暗中到处搜寻的目

---

① [法]列维-施特劳斯：《野性的思维》，商务印书馆，1987年版，第15页。
② [英]埃里克.J. 夏普：《比较宗教学史》，上海人民出版社，1988年版，第121页。

光，探索这一"老屋"可能的蕴藏。

一、神话传说中的"巫"

从人类学角度看，中华远古，曾经有过一个原始巫术文化阶段。英国著名人类学家马林诺夫斯基称原始巫术是一种"伪技艺"，其诞生并发展的文化根源，自然相当复杂。概而言之，凡是人处于无力克服实际困难、生存于无奈境遇时，就有可能幻想借助与神灵的"感应"，在万物有灵观念的迷信中，通过"作法"，即多种多样的"伪技艺"（如中国先秦的卜筮），企图达到某种实用目的。巫术无疑是一种"倒错的实践"。

> 当人类遇到难关，一旦知识与实际控制的力量都告无效，而同时又必须继续向前追求的时候，我们通常便会发现巫术的存在。须知人类一旦为知识所摒弃、经验所不能援助、一切有效的专门技术都不能应用之时，便会体认自己的无能。但是，这时他的欲望只是更紧迫着他，他的恐怖、希望、焦虑，在他的躯体中产生一种不稳定的平衡，而使他不得不追寻一种替代的行为。①

这一"替代的行为"，便是巫术。

人类是为了克服、战胜实际生活中的一切困难而发明巫术这一文化方式的，也就是说，在巫术面前，人总是迷信自己无往而不胜，没有什么难题可以阻挡他前进的步伐。尽管实际恰恰并非如此。

在中国古老的神话传说及其原始意识中，人神之间、天地之间，原本混沌一片，无所谓阻隔。天与地相距遥远，人企望上天入地，本是不可能的事。可是在原始意识与原始思维中，天之神界与地之人界却可以自由往来。这往来交通的工具与中介，就是所谓"宇宙树"（Cosmic tree）。古印度《梨俱吠陀》（成书于公元前1300—公元前1000年）卷十第八十一篇描述这

---

① 〔英〕马林诺夫斯基：《文化论》，中国民间文艺出版社，1987年版，第66页。

种宇宙树时，称其介于"苍天与大地"之际。印度婆罗门教、佛教与耆那教等宗教传说中有"阎浮提（jambu）树"，此树高大无比，长在阎浮洲最高的山顶上，佛教称其高一百由旬（古印度长度单位，原指帝王通常一日之行程，约合中国四十或三十里），婆罗门教则说它高一千一百由旬，成为天与地之间一种想象之中的"联系"。在古埃及，人们关于"宇宙树"的坚强信仰为："天是一棵巨大的树，以其阴影笼罩了整个大地，星辰则是悬挂在大树树枝上的果实或树叶。当诸神栖息在其枝上时，他们显然就与这些星辰合为一体了。"①自然，这种树是扎根于大地之上的天树。

中华原始的"宇宙树"被称为"建木""扶桑"。

南海之外，黑水青水之间……有九丘，以水络之，名曰：陶唐之丘，有叔得之丘、孟盈之丘、昆吾之丘、黑白之丘、赤望之丘、参卫之丘、武夫之丘、神民之丘。有木，青叶紫茎，玄华黄实，名曰建木。百仞无枝，有九欘，下有九枸，其实如麻，其叶如芒，太暤爰过，黄帝所为。②

有木，其状如牛，引之有皮，若缨、黄蛇。其叶如罗，其实如栾，其木若蓝，其名曰建木。③

天下之高者，有扶桑，无枝木焉。上至于天，盘蜿而下屈，通三泉。④

扶桑在碧海之中，地方万里。上有太帝宫，太真东王父所治处。地多林木，叶皆如桑。又有椹树，长者数千丈，大二千余围。树两两同根偶生，更相依倚，是以名为扶桑。⑤

---

① 芮传明、佘太山：《中西纹饰比较》，上海古籍出版社，1995 年版，第 234 页。
② 战国至汉初无名氏：《山海经·海内经》，陈成：《山海经译注》，上海古籍出版社，2014 年版，第 367—370 页。
③ 《山海经·海内南经》，陈成：《山海译经注》，第 287 页。
④ 郭璞：《玄中记》，学识斋印，上海古籍出版社，1996 年版。
⑤ 张华：《海内十洲记》，《博物志》，上海古籍出版社，2012 年版。

这些神话传说所谓建木、扶桑之类在观念上的功用，在于使天与地、神与人相交通，此即《淮南子·坠形训》所言"建木在都广，众帝所自上下"。这种神话传说，体现了天地原本混沌、人神原本合一的原始文化意识。

实际上这是原始初民的自我意识尚未真正从客体、对象中觉醒过来的一个明证。没有客体与对象意识，也就是没有自我意识。

当原始初民在意识中无力分清何为天、地，何为神、人时，也就必然不会产生关于生存困难的"感觉"，进而同样也就不会具有要求克服困难的梦幻般的意识与冲动，原始巫术这种企图把握世界以改变自身命运的"倒错的实践"便也无由诞生。

随着原始社会生产力与文明的推进，原始初民在现实中不断地遭受巨大挫折、苦难甚至毁灭，这加速了原始意识的成长，即意识到或部分地、偏颇地意识到自身的"存在"，这时，原始混沌、人神杂糅的格局有可能变成另一副样子。比如，原先天地之间、神人之间可以自由交通，所谓"众帝所自上下"，即人人都具有天赋的与神交通的灵性。现在不行了，必须通过一定的仪式（"作法"，巫术）与神灵打交道，于是与神灵的"对话"成了一种特权。

《尚书·周书·吕刑》有云：

> 若古有训，蚩尤惟始作乱，延及于平民，罔不寇贼，鸱义奸宄，夺攘矫虔……
> 上帝监民，罔有馨香德，刑发闻惟腥。皇帝哀矜庶戮之不辜，报虐以威，遏绝苗民，无世在下。乃命重、黎，绝地天通，罔有降格。①

此为《尚书》记周穆王所言，说的是一个远古传说：蚩尤作乱，从一开始便祸及平民百姓。当时贼寇掠害，巧取豪夺，内外作乱，纲纪不正。上帝看

---

① 《尚书·周书·吕刑》，江灏、钱宗武：《今古文尚书全译》，贵州人民出版社，1990年版，第434页。

到东方九黎之民，不能在花一般芬芳的德政下生活，刑罚深重，好比发散着一片腥臭之气。于是，皇帝颛顼哀怜那些被杀戮的无辜，用威刑处置施行暴逆的人，灭绝某些行虐的苗蛮，让他们断子绝孙。颛顼命令他的孙子重管理人与天上之神往来交通的事，又命令他的另一个孙子黎负责治理百姓，禁止普通老百姓与天神相通。这样，天与地、神与普通平民之间，再也不能升降、交通与杂糅了。

所谓"绝地天通"古老传说所传达的原本意义，是将九黎之族首领蚩尤的作乱，归之于天神与平民之间的自由往来与交通。而颛顼命令重、黎分管"属神"（天）、"属民"（地）之事，为的是重整因蚩尤而大乱的天地和神人秩序。

可见在观念上，这一传说否定了原本天地之间、神人之间那种原朴的、无规无矩的自由上下与交通，派遣主司春木的木正即重与主司夏火的火正即黎来加以整治，说明那种无拘无束的天神对人事的自由"干预"，已经不是地上之帝王所无保留地允许的了。实际上，这则传说的精彩之处，在于生动地反映了人王企图支配天则的强烈意愿。

"绝地天通"借口苗民作乱取消了苗黎的通天之权，改变"九黎乱德，神民杂糅"的境况，是为了使天地之间、神人之间的秩序有条有理，而并非绝对地断绝天地之间、神人之间的一切联系与交往。于是，一个新的问题就提出来了——究竟由什么（谁）来维系天地之间、神人之间的联系与交往呢？

平民当然仍想有"登天"之举，这一目的可以通过巫（觋）来完成。

> 如是则明神降之，在男曰觋，在女曰巫。①

这便是中国文化有关巫（觋）及其文化意识的缘起。

---

① 《国语·楚语》，邬国义、胡果文、李晓路：《国语译注》，上海古籍出版社，1994年版，第529页。

二、"巫"的考古学依据

中国文化史上巫及巫术到底始于何时？难以考定。所谓"绝地天通"的传说，是五帝时期的"故事"。"绝地天通"改变了通天的方式、途径与主角，所以学界也有将重、黎看作中国巫之始的。传说中的颛顼（五帝之一）时期，相当于考古学上的什么时代，这是颇难比照的。宋兆麟《巫与巫术》一书，把从龙山文化、大汶口文化遗址出土的玉琮与獐牙钩形器等，看作原始巫师"作法"时所施用的"法器"，由此推测中国原始之巫及巫术早在这一时期已经出现。问题是，如果这种推测是符合历史实际的，考虑到已能施用玉琮之类，必定是比较成熟的巫术文化这一点，中国原始巫与巫术的起始，则必定要早于龙山、大汶口文化时期。

据考古报告，1987年6月，在安徽含山凌家滩一座新石器晚期的墓葬遗址中，发掘了一组玉龟、玉版①。历史学家李学勤先生据此做进一步分析："这座墓是一座口大底小的长方形土坑墓，未有葬具，墓主只剩残骨，随葬品有138件，计玉器100件、石器30件、陶器8件。"其中值得注意的是："玉器多集中于墓底中部，估计原来是放置在墓主的胸上，而玉龟和玉版恰好位其中央"。同时，"大致相当这一位置的上方墓口处，端端正正地摆放着一件大型石斧，只比玉龟、玉版稍偏南一点"。②据测定，该遗址年代，距今4500±500年与4600±400年。而玉龟、玉版都经过颇为精细的加工，经过磨磋、钻孔且玉版之上有繁复的图纹，这"必然有特殊的意义，不能以普通的装饰花纹来说明"③。而且，玉龟、玉版与石斧的位置关系、玉龟和玉版的恰好"位其中央"，这一切绝不是随意而偶然的，必在一种文化观念的支配之下，经过了精心"策划"。

李先生进一步引用俞伟超《含山凌家滩玉器和考古学中研究精神领域的问题》一文来阐述自己的见解。该文说：从"上下两半玉龟甲的小孔，正

---

① 参见张敬国：《安徽含山凌家滩新石器时代墓地发掘简报》，《文物》1989年第4期。
② 李学勤：《走出疑古时代》，辽宁大学出版社，1997年版，第114、115页。
③ 李学勤：《走出疑古时代》，第116页。

好相对"这一情况,"一望即知是为了便于稳定在这两个小孔之间串系的绳或线而琢出的"。绳、线的串系可按需将两半玉龟甲闭合或解开,这种"合合分分,应该是为了可以多次在玉龟甲的空腹内放入和取出某种物品的需要。即当某种物品放入后,人们便会用绳或线把两半玉龟拴紧,进行使整个玉龟甲发生动荡的动作(例如摇晃——原注),然后解开绳或线,分开玉龟甲,倒出并观察原先放入的物品变成什么状态"。由此推测,"这是一种最早期的龟卜方法"。考虑到原始初民崇拜及迷信玉、龟的神秘灵力这一点,俞、李二氏关于玉龟、玉版作为迄今发现的"最早期的龟卜方法"的推论,并非游谈。

图一　安徽凌家滩遗址出土的玉版图示

与凌家滩墓葬遗址玉龟、玉版文化现象相类似的考古发现,在高广仁、邵望平《中国史前时代的龟灵与犬牲》(《中国考古学研究》,文物出版社,1986年版)一文中有过颇为翔实的综述。如山东泰安大汶口、江苏邳州市刘林及大墩子、山东兖州王因、山东茌平尚庄、河南淅川下王岗、四川巫山大溪以及江苏武进寺墩等八处遗址中,均有相类似的龟甲文物出土,而且大多为龟背甲与龟腹甲共同出土,甲上有钻孔。如江苏邳州市大墩子44号遗址的出土龟甲,龟背与龟板相合,"内骨锥六枚,背腹甲各四个穿孔，分布成方形，腹甲一端被磨去一段，上下有 X 形绳索痕"。① 其年代大多早于安徽含山凌家滩遗址。这种令人鼓舞的考古发现，使得关于玉龟、玉版为迄今所发现的最早的"龟卜法器"的推断，显得更为坚实。

　　这里值得一提的，还有河南舞阳贾湖遗址所发掘的龟甲文物。② 据测定，年代当在距今 7762±128 年及 7737±123 年，比凌家滩文化居然早约 2500 年。在此墓葬中，也发现在一副龟背、龟板中装小石子的现象。并且，从贾湖遗址出土的一些加工过的龟背甲、龟板上，还发现类似商周甲骨文造型的刻画符号，这种符号提示人们，它作为一种原始龟卜现象，与后代即殷、周卜筮文化所存在的文脉联系。贾湖遗址的文化遗存，是 8000 年前的古物。

> 　　一批距今约 8000 年前的甲骨契刻符号，前不久在河南省舞阳县贾湖新石器时代遗址出土，这一重大考古发现，为探索中国文字起源，提供了极为珍贵的实物资料。
> 　　在日前由河南省文化厅举行的新闻发布会上，展出了几件刻在龟甲、骨器、石器上的不同符号的文物，其中契刻在龟甲上的个别符号，与安阳殷墟甲骨文的某些字形相似。③

其实，这一考古发现的巨大意义，不仅为探讨甲骨文前的中国古文字提供了一个重要线索，而且也为探讨殷、周龟卜文化的前期现象，提供了重要的历史实证。

　　同时，让我们稍稍回溯一下安徽凌家滩遗址的那块玉版。玉版为方形，"玉版正面有刻琢的复杂图纹。在其中心有小圆圈，内绘八角星形。外面又有大圆圈，以直线准确地分割为八等份，每份中有一饰叶脉纹的矢

---

① 李学勤：《走出疑古时代》，辽宁大学出版社，1997 年版，第 116 页。
② 参见河南省文物研究所：《河南舞阳贾湖新石器时代遗址第二至第六次发掘简报》，《文物》1989 年第 1 期。
③ 《八千年前的甲骨契刻符号在河南舞阳县贾湖遗址出土》，《人民日报》1987 年 12 月 13 日。

形。大圆圈外有四饰叶脉纹的矢形,指向玉版四角"。①

这马上会使人理解为,玉版的方形以及圆形线条,是所谓"天道曰圆,地道曰方",即天圆地方观念的表现;而其"八角星形"以及向八个方向放射的"矢形",体现了类似后代的八卦方位;至于大圆圈外"指向玉版四角"的四个"矢形",又指示着类似八卦方位的"四隅"的位置。这大约也可以进一步理解为,该玉版的复杂图纹,体现出后代有关天圆地方、八卦方位与四正四隅思想的前期意识。而且,这一玉版出土时,是夹置在用于占卜的两片玉龟甲(背甲、腹甲)之间的,所以玉版的文化意义,又与龟卜文化攸关。以往学界曾根据有关卜辞"四方风名"推见殷商时代已有方位观念,传说中史前的河图、洛书之方位,被看作八卦方位观念的文化原型,从凌家滩遗址出土的玉版图纹看,关于四方、八方的方位观念以及天圆地方意识,其实是起源很早的,而且可以说,这种观念与思想,是与原始龟卜文化纠缠、融合在一起的。

三、"巫"的古籍记载

中华远古存在过甚为发达的巫文化,也可以从记载于一些典籍中的神话或古史传说找到有力佐证。

《山海经·大荒西经》有所谓"十巫"之说:

> 大荒之中,有山,名曰丰沮玉门,日月所入。有灵山,巫咸、巫即、巫盼、巫彭、巫姑、巫真、巫礼、巫抵、巫谢、巫罗十巫,从此升降,百药爰在。②

《山海经·海外西经》有关于巫咸国的记载:

---

① 李学勤:《走出疑古时代》,辽宁大学出版社,1997年版,第115页。
② 《山海经·大荒西经》,陈成:《山海经译注》,上海古籍出版社,2014年版,第347页。

> 巫咸国在女丑北。右手操青蛇，左手操赤蛇，在登葆山，群巫所从上下也。①

以巫咸为十巫之首，又为国名，可见是一大巫。因为是传说中的大巫，所以其所属时代，在古书记载中也就众说不一。

《说文解字》据《世本》称："巫咸初作巫。""初"于何时？不得而知。

《太平御览》卷七九引《归藏》："黄神（黄帝）与炎神（炎帝）争斗涿鹿之野，将战，筮于巫咸。曰：果哉，而有咎？"黄帝为古史传说中的"人文初祖"，按此记述，巫咸应与黄帝同时，说明巫文化与黄帝一样古老。

《路史》后纪三又说："神农使巫咸主筮。"这里所谓"巫咸主筮"与"筮于黄帝"之所以说是于史无征的神话，是因为在中国原始巫文化史上，作为巫术方式的龟卜在前而筮占在后（尽管两者同时存在于殷、周时代）。由于龟卜较筮占（《周易》的巫术方式）为古老，所以直到春秋战国时代，龟卜在当时人们的心目中更具有权威性，这便是为什么《左传》说"筮短龟长，不如从长"的缘故了。说明在黄帝或神农时代，还不可能有筮占这一以象数运演为特征的巫文化。

在郭璞《巫咸山序》中，巫咸被说成是帝尧之医。《尚书·周书·君奭》则称："我闻在昔成汤既受命，时则有若伊尹，格于皇天。在太甲，时则有若保衡。在太戊，时则有若伊陟、臣扈，格于上帝；巫咸乂（治理）王家。"②这是将巫咸说成太甲之孙即太戊治理国家的佐臣了。巫咸以何术为佐？看来只能是巫术。（太甲：成汤之孙；太戊：太甲之孙。）

还有一条记载是颇值得注意的。扬雄《法言》称："姒氏治水土，而巫步多禹。"李轨注："禹治水土，涉山川，病足而行跛也，而俗巫多效禹步。"《广博物志》卷二五引《帝王世纪》云："世传禹病偏枯，步不相过，至今巫称禹步是也。"俗巫为何仿效"病足而行跛"的"禹步"？看来只有一种

---

① 《山海经·海外西经》，陈成：《山海经译注》，上海古籍出版社，2014年版，第264页。
② 《尚书·周书·君奭》，江灏、钱宗武：《今古文尚书全译》，贵州人民出版社，1990年版，第349页。

颇为合理的解释，即大禹为一大巫。俗巫崇拜大禹这个大巫，所以就连走路也仿"病足而行跛"的"禹步"了。

据史载，周公也是一个大巫。周公摄政称王，制礼作乐，引起管叔、蔡叔不满，召公也颇有微词。周公便以巫的身份去说服他们，阐明自己摄政为王的合法性与权威性，他列举成汤时有伊尹，太甲时仍然有伊尹(伊尹名衡)辅佐；太戊时又有伊陟、臣扈与巫咸；祖乙时有巫贤；而武丁时则有甘盘。他们都是"格于上帝"而且具有美德的巫(见本书前引《尚书·周书·君奭》一条材料)，使得君王施政于天下，如同龟卜、筮占那样，没有人不信的。《尚书·周书·君奭》："故一人有事于四方，若卜筮罔不是孚。"①

而既然周公自己也善巫事，有什么不能担任摄政王的呢？西周宗法社会实行贵族世袭制，君权、王权与巫权通常为某一家族世袭占有。从周鼎铭文看，周公世家多为君、王而兼巫、祝。有一条铭文这样说，"文王遗我大宝龟，绍天明"，可见，连周公从事占卜的本事与特权还是文王遗存下来的呢。

四、"巫"的文字学考释

巫，甲骨文写作 ✠ (郭若愚等"《殷虚文字缀合》二六八)。卜辞云："癸亥贞今日帝巫豕一犬一"，([日]贝塚茂树：《京都大学人文科学研究所藏甲骨文》二二九八)，"壬午卜巫帝"([日]贝塚茂树：《京都大学人文科学研究所藏甲骨文》三二二一)，"癸酉卜巫宁风"(罗振玉：《殷虚书契后编》下四二、四)，"辛酉卜宁风巫九豕"(方法敛：《库方二氏藏甲骨卜辞》)"辛亥卜帝北巫"(黄濬：《邺中片羽三集》、四六、五)，凡此卜辞，都有一个巫字，巫在卜辞中是常见字。学者初未识卜辞的这一巫字，唐兰、郭沫若见《诅楚文》所言"巫咸"之巫写作 ✠，故释卜辞之 ✠ 为巫。

---

① 《尚书·周书·君奭》，江灏、钱宗武：《今古文尚书全译》，贵州人民出版社，1990年版，第347页。

(以上参见徐中舒主编《甲骨文字典》，四川辞书出版社，1989年版，第496页。)

巫，从工。《说文》云："工，巧饰也，象人有规矩也，与巫同意。"① 学者因之疑"工"乃象矩形。自然界本无矩形，矩形者，人工之为也。人工、人为者，巧饰也。徐中舒《甲骨文字典》说：工者，"故其义引申为工作，（工作非近代外来语，《后汉书·和熹邓皇后纪》："以连遭大忧，百姓苦役，殇帝康陵方中秘藏，及诸工作，事事减约，十分居一。"原指土木营造之事）为事功，为工巧，为能事"，并称"其说未为无据"。② 实际上，这是"工"字后起义、引申义。

工之本义，指古代卜筮活动之执掌者与祭祀者。卜辞有云：癸酉，王卜贞：旬无祸，王占曰，吉。十月又一，甲戌妹，工典其 ▨，佳王三祀。癸未，王卜贞：旬无祸，王占曰，吉。十月又二，甲申 ▨，酒祭上甲。"（参见罗振玉：《殷虚书契续编》一、五）孟世凯：《甲骨学小词典》云："工与贡古通用。"（上海辞书出版社，第11页）《说文》说："贡，献功也。从贝，工声。"③ 故"工典"，即"贡典"的意思，指庄严、神圣的祭祀。

工，甲骨文写作 ▨（胡厚宣：《战后京津新获甲骨集》一九一八）、▨（罗振玉：《殷虚书契后编》下二〇、七）、▨（罗振玉：《殷虚书契后编》上一〇、九）。据《甲骨文字典》，"卜辞中 ▨、▨、▨，多用同示"，"甲骨文示或作 ▨、▨、▨、▨"，说明 ▨ 与"示"类通，其义相勾连。示，《说文》引《易传》所言"天垂象，见吉凶"之后称，"所以示人也"。④ 示字上部 ▨ 为甲骨文"上"字，下部 ▨ 为"三垂"，日月星之谓。示，神事也。甲骨文示字写为 ▨，与另一甲骨文字 ▨（且）相关而写法相颠倒。且为祖

---

① 许慎：《说文解字》，中华书局影印本，1963年版，第100页。
② 徐中舒：《甲骨文字典》，四川辞书出版社，1989年版，第494页。
③ 许慎：《说文解字》，中华书局影印本，1963年版，第130页。
④ 许慎：《说文解字》，中华书局影印本，1963年版，第7页。

的原字,祖者,祖宗之谓。因而,"殷墟甲骨文中的'示'作丁,则是男性生殖崇拜物的移位造字,表示对所有崇拜物之崇拜,这是把自然法则人化的宗教意识"。① 这里所谓的"宗教",实指原始"信文化"。

显然,示之本义,指祖宗神与天地神的祭祀与崇拜。

因而,工典者,贡典义,贡典者,类于示典,三者意义类通。工,指管理与祭祀天地、祖宗神的人与卜筮者。

先秦掌管卜筮仪式与活动的官吏,称工祝。《诗·小雅·楚茨》:"工祝致告,徂赉孝孙。"(陈子展《诗经直解》释为:"祝官报告祭礼举行,神去赐福于主祭的孝孙。")"工祝致告,神具醉止。"(陈子展《诗经直解》释为:"祝官报告祭礼已毕,神灵俱已饮醉。")②《楚辞·招魂》又云:"工祝招君,背行先些。"(董楚平《楚辞译注》释为:"高明男巫召唤你,倒退行走领着你。"③这里董氏将"工祝"之"工"释为"工巧"之义,再转义为"高明",未契"工"之本义。)"祝",《说文》释为"祭主"。

要之,巫字从工的这一工字,许慎释为"巧饰"是不妥的。工的本义,从原始巫术、卜筮与祭祀角度去理解,才是正确的。"巧饰"为"工"的引申义而非本义。

《说文》说:"巫,祝也。女能事无形,以舞降神者也。象人两袖舞形,与工同意。"④既称"巫,祝(祭主)也",又说巫"与工(巧饰)同意",显然是矛盾的。其实,此处"象人两袖舞形"之"人",并非一般之人,而是"以舞降神"之"工"(巫)。

---

① 李玲璞、臧克和、刘志基:《古汉字与中国文化源》,贵州人民出版社,1997年版,第4页。
② 陈子展:《诗经直解》,下册,复旦大学出版社,第751、752页。
③ 董楚平:《楚辞译注》,上海古籍出版社,1986年版,第252页。
④ 许慎:《说文解字》,中华书局影印本,1963年版,第100页。

第二节 中华之"史"

这就说到巫与史的关系即巫史文化问题了。

史，甲骨文写作🖹（董作宾：《小屯·殷虚文字乙编》三三五〇），🖹（[日]贝冢茂树：《京都大学人文科学研究所藏甲骨文字》三〇一六），🖹（郭若愚等：《殷虚文字缀合》四二二）等①。考甲骨文"史"字造型，从中从又。中，甲骨文写为🖹（（董作宾：《小屯·殷虚文字乙编》四五〇七），🖹（郭沫若：《殷契粹编》五九七），🖹（郭沫若：《殷契粹编》八七）；🖹（郭沫若等：《甲骨文合集》②三二九八二），🖹（[日]贝冢茂树：《京都大学人文科学研究所藏甲骨文字》三一一四）等；又，甲骨文象右手之形，写为🖹（胡厚宣：《战后京津新获甲骨集》二二一六），🖹（胡厚宣：《战后京津新获甲骨集》四〇六八），🖹（胡厚宣：《战后京津新获甲骨集》五二三八）等③。

中，唐兰《殷墟文字记》云："本为氏族社会之徽帜，古时有大事，聚众于旷地先建中焉，群众望见中而趋赴……群众来自四方则建中之地为中央矣。"此似可备一说。徐中舒《甲骨文字典》也说："今案唐说可从。"然而，笔者以为唐、徐二氏释"中"之论，是从"中"字意为"中央"该后起义反推出来的。中的本义，并非中央，也不是立于中央的氏族"徽帜"。卜辞有"立中"之记，其义并非"建立在中央的旗帜"的意思，而是"立"一"中"以测风向、日影之义。中者，远古晷景（影）之装置。"这'中'的中间'丨'表示标杆，中间一竖与方框'口'表示装置，'≈'表示具有方向性的移动

---

① 参见徐中舒主编：《甲骨文字典》，四川辞书出版社，1989年版，第316页。
②《甲骨文合集》，凡十三册，郭沫若主编，胡厚宣总编辑，中国社会科学院历史研究所《甲骨文合集》编辑工作组集体编辑，中华书局，1978—1982年版。这里，为注文简明，《甲骨文合集》一书作者，写为"郭沫若等"（下同），特此说明。
③ 参见徐中舒主编：《甲骨文字典》，四川辞书出版社，1989年版，第39、279页。

的日影。测日影的标杆必须竖得很直,垂直于地面,否则测得的结果就会不准确。标杆垂直于地面说明其方位与形象得'正',测得的结果准确说明得'中'(读为 zhòng)。"①

李圃(李玲璞)《甲骨文选读·序》将"中"释为古代晷景装置之义。后来,在李玲璞与臧克和、刘志基《古汉字与中国文化源》一书中,重申了这一见解:"甲骨文中已出现'中'这个字形,写作 ,据学者们考定为测天的仪器:既可辨识风向,也可用来观测日影。"并以姜亮夫先生的论述作为一种支持性意见加以引用。姜氏云:"中者,日中也。杲而见影,影正为一日计度之准则,故中者为正,正者必直。"②中的本义,不是与"徽帜"相联系,而是与"日影"相联系。

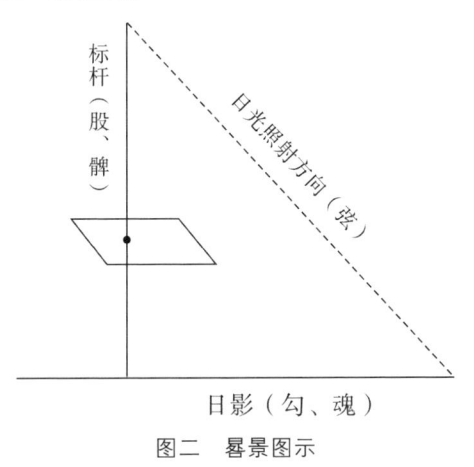

图二 晷景图示

中国古代有一本书叫《周髀算经》,其中讲到晷影:"周髀长八尺。夏至之日,晷一尺六寸。髀者,股也。正晷者,勾也。"这里所言,是指周代的晷景,与周之前许多个世纪的远古晷景,看来有些区别,但依然可以从这里见出一些远古晷景的基本精神。中国远古晷景的功用,并非仅"为一日计度之准则"——这种"计度"即标杆所投射于地的阴影有规律的移动与

---

① 拙著:《巫术:周易的文化智慧》,浙江古籍出版社,1990 年版,第 21 页。
② 姜亮夫:《楚辞学论文集》,上海古籍出版社,1984 年版。

长短变化，后来成为原始经验科学意义上的时辰知识，但是从远古晷影的原型看，尽管包含着某些关于天文、时辰的原朴而直观的知识因素，在文化本质上，却是初民通过这一"立中"的方式，试图对那种在他们看来神秘而可怕的日影，加以人为的却是"倒错"的把握，以趋吉避凶。在初民心目中，人的死亡、噩梦与黑夜是最可怕的三件事，人的鬼魂观念是由死亡、梦幻与黑夜培养起来的。初民对太阳神的迷狂崇拜，起于对黑夜的恐惧。而阴影，在不明白其所由何来的初民那里，其实就是白天的"黑夜"。初民一到大阴天，其心情常是阴郁而不安的，他们相信阴影的神秘、可怕就因为其中有"魂"，认为阴影与鬼魂总是连在一起的，这便是远古晷景那标杆投射于地的阴影既被称为"勾"又被称为"魂"的缘故了，所谓"勾魂摄魄"是初民最感恐怖、最可怕与痛苦的一件事。因此，初民进行晷影这一"倒错的实践"，以图驾驭、控制日影的变化（尽管实际上是做不到的），就是可以理解的了。

因此，卜辞所谓"立中"，就是一种远古巫术行为。"立中"以测日影，后来发展为同时测风力与风向。在初民心目中，看不见却感觉得到的风，同样也是神秘的。迄今所知"立中"的卜辞，都与贞（卜问）风神有关而与徽帜无涉。如："亡风，易日……丙子其立中，亡风，八月。"[1]"癸卯卜，争贞：翌……立中，亡风。丙子立中，允亡风。"[2]

要之，所谓史者，从中从又，其本义显与"立中"相勾连。《说文》云："史，记事者也。"[3]这并非一般的"记事"，而是比如将占卜结果契刻于甲骨之上，便是最原初的"史"。史字从又，又指手。从又，说明"记事"的动作、行为。史者，巫也。史是从巫发育、分化出来的。

这种文化上的发育、分化可能分两个阶段：其一，巫史。职能以巫卜为主，同时记载巫卜结果以及与巫卜相关的事项。史之最早的文化形态，指巫、祝之类神职人员。陈梦家指出："祝即是巫，故'祝史'，'巫史'皆

---

[1] 胡厚宣：《甲骨六录》双一五：齐鲁大学国学研究所专刊，1945年7月。
[2] 王襄：《簠室殷契徵文》天十，天津博物院石印本，第四卷，1925年5月。
[3] 许慎：《说文解字》，中华书局影印本，1963年版，第65页。

是巫也，而史亦巫也。"①

其二，史巫。这是周人的说法。汪裕雄《意象探源》一书指出："但周人将'史'置于'巫'前，称'史巫'而不称'巫史'，却大可注意。"②周代及周代之后，古籍中是否一律但称"史巫"而不称"巫史"，不敢断言，因为手头最现成的例子，比如在《左传》中，如"其祝史（即巫史）陈信于鬼神"，"日有食之，祝史请所用币"之类的记载多是。然而《意象探源》一书确实抓住了问题的实质。在周代，中国远古巫文化出现并完成了一次文化的转换：在文脉意义上，由巫转向"史"，或者可以说，由巫史转变为史巫。如果说，周之前夏殷时代的巫显得更古朴、职能更单纯、其文化面貌更神秘的话，那么自周代开始新时代的巫，称其为史巫的确更恰当些。虽然所谓史巫，大致仍可以说是从事龟卜或筮占的神职人员，正如《左传》所记，"周史有以《周易》见陈侯者，陈侯使筮之"。然而，史巫这一社会角色，实际已豪迈地进入了"史"的领域，这是从"巫"文化向"史"文化、从巫学向人学的文脉转换，其文化面貌，要比远古之巫、巫史开朗、明丽得多，他们的文化视野扩展了，社会职能更丰富、更复杂了，具有新的文化品格与时代精神。在周代，如殷代那样的专职巫师不是没有，但毕竟已在其次了。常见的是，史巫或所谓"史"，都是些参与、辅佐甚至主持朝廷或王府种种政事的人物，同时兼擅巫事，当然，其巫事活动又往往是与政事结合在一起的。史巫（或曰史）有大、小之别，所谓大史（太史），可以在君侧担任君王言行的记录者，"动则左史书之，言则右史书之"。③ 所谓"大（太）史，掌建邦之六典，以逆邦国之治"。④

他们从事王朝的重要政治活动，担负君王的祖宗祭祀大典，记载王朝的重大政事与历史，这便是所谓史，记事者也，"史乃册"⑤的意思，即兼

---

①陈梦家：《商代的神话与巫术》，《燕京学报》第二十期，1936年。
②汪裕雄：《意象探源》，安徽教育出版社，1996年版，第96页。
③《礼记·玉藻第十三》，杨天宇：《礼记译注》上册，上海古籍出版社，1997年版，第492页。
④《周礼·春官·宗伯第三》，杨天宇：《周礼译注》，上海古籍出版社，2004年版。
⑤《尚书·周书·金縢》，江灏、钱宗武《今古文尚书全译》，贵州人民出版社，1990年版，第253页。

为天文、历法与医疗的解释者与承担者。他们是一些具有权威的从事政事的所谓"文化人",懂得而擅长巫事,则更渲染了他们在现实中的权威性,从巫的神秘性到史的权威性,在文脉上是具有内在联系的。

第三节 巫史文化的原始审美蕴涵

前文笔者对中国原始巫、史文化做了一次大致的描述与阐析,进而想要论述这种巫、史文化与原始审美意识的关系。

一、原始审美意识

何谓原始审美意识,为求解析这个问题,这里先来看看学界对"审美意识"的一种理解。

> 审美意识是广义的"美感",包括审美中意识活动的各个方面和各种表现形态,如审美感受、审美体验、审美认知、审美观念、审美情趣、审美态度、审美理想、审美能力、审美判断等。[1]

这是一个关于"审美意识"的"广义"的定义,它包含了如此广泛、丰富的审美问题,是误将审美意识等同于审美。虽然可以说,这么许多审美问题间接直接、或多或少都与审美意识有关,但将它们统统归之于"审美意识",在理论上显然是相当不妥的。审美是多么复杂、奇妙的人的心灵活动与实践活动,虽然都有"意识"溶渗其间,却不是仅仅一个"意识"问题所能概括的。比如这里所说的"审美感受",就不等于"审美意识"。在审美心理学上,审美感受总是与审美表象、感知、直觉甚至是非理性的心理因素结合在一起,远远超出了审美意识的心理范围。至于审美体验、审美认知、审

---

[1] 李泽厚、汝信主编:《美学百科全书》,社会科学文献出版社,1990年版,第408页。

美观念、审美情趣、审美态度、审美理想、审美能力与审美判断等审美心理内容，也大致可作如是观。

审美意识这一范畴内涵的难以把握，是其文化蕴涵极为宽泛、错综与深邃的一个确证。其构成因素、结构和过程及其表现形态的无比繁复与微妙，往往使一些理论著论望而生畏，加以回避。苏联著名美学家奥夫相尼柯夫等主编的《简明美学辞典》收录常用美学词条二百三十五个，却没有"审美意识"这一词条。

在审美范畴群中，审美意识几乎与所有审美范畴具有内在联系又不等于其他审美范畴，使人觉得它几乎就是全部审美范畴的一个灵魂。赫拉克利特曾经说过："灵魂的边界你是找不出来的，就是你走尽了每一条大路也找不出；灵魂的根源是那么深。"①虽然如此，我们依然可以对审美意识做出尝试性的初步解析。

哲学上的所谓审美意识，是人类社会实践活动与实践关系中所存在人的自由的自我意识。

  意识一开始就是社会的产物。②

  意识在任何时候都只能是被意识到了的存在。③

审美意识作为社会意识之一，是高蹈于实用功利、宗教崇拜与科学求知之上的人之自由的自我意识，或者可以称之为自由地意识到自身的现实存在，它是人在其积极性本质力量对象化过程中所实现的自由精神。

审美意识，无疑是一种高级的社会意识。马斯洛称审美需求是人最高级的精神需求，审美意识，即是人自由地意识到这一需求并为了这一需求而自觉、自由地意识到的美。

---

① 北京大学哲学系外国哲学教研室编译：《古希腊罗马哲学》，商务印书馆，1961年版，第23页。
②③ [德]卡尔·马克思：《德意志意识形态》，《马克思恩格斯全集》第3卷，人民出版社，1960年版，第25、20页。

原始审美意识，是古朴而初起的、并非成熟形态的那种审美意识。它高蹈于实用功利又始终不离实用功利；它不是宗教崇拜意识又从头至尾纠缠于原始"信文化"（即神话、图腾与巫术文化）；它没有任何历史条件让成熟形态的知识系统、科学理性成为孕育自己的温床，却不可避免地起步于人类原始文化的原始知识与原始理性因素之中。

任何民族的原始文化，都是文化的"原始混沌"。在原始文化中，人把握世界的四种基本方式即实用、求真、崇拜与审美，其实都没有也不可能发育成熟。因而所谓原始混沌，并不是指诸种文化与把握方式的对立浑融，而是它们原本就没有分裂、成长为各自独立的文化形态，是人类尚来不及、还没有实践能力与必要去建构的把握世界的四种基本方式，因而还不知道这四种基本方式是什么之时的混沌状态。

在原始混沌中，具有决定意义的，是原始初民朦胧的自我意识，即关于生命的原始意识，从"近取诸身"到"远取诸物"，即从直观体验人自身的生命现象到误将人自身之外的一切都看作是有生命（灵）的。原始初民关于世界的意识，是从意识到其自身是生命体开始的。

法国著名的人类学家列维-布留尔指出，原始人对自身生命现象的意识，是原始人建构以观察、思考与迷信这个世界生命本质的观念与方法的心理基础：

> 他们把一切存在物和客体形态，一切现象都看成是渗透了一种不间断的、与他们在自己身上意识到的那种意志力相像的共同生命……这样一来，一切东西都是与人联系着和彼此联系着的了。这个生命的不间断性观念也确证了看得见的东西与看不见的东西之间、死的东西与活的东西之间以及某件物品的碎片与整个物品之间的联系。[1]

这种生命的"联系"，就是被布留尔称之为"互渗"的那种东西。互渗不是什

---

[1] [法]列维-布留尔：《原始思维》，商务印书馆，1981年版，第126页。

么别的,是原始初民将人自身之外的世界看成与人一样的有生命、有意志、有情感、有灵魂的东西。所谓"万物有灵",即万物都有人一样的灵魂的意思。这类似于中国《易经》所谓的"精气"的观念,所谓互渗就是气的"感应"。

原始初民观念中的世界,是一个浑然有灵的世界,也便是浑然有气、有感应的世界。在这个世界里,原朴、曲折地甚至倒错地滋生着关于生命、灵、气的自我意识。

就中华远古而言,这主要是"巫(觋)"的世界。

中华远古巫、史文化,尤其处于原始前期的巫(觋)文化,有没有或是能不能具有一定的趋于自由的人的自我意识因素?答案应该是肯定的。

应当强调指出,远古巫(觋)文化所本具的神、巫内容与神秘色彩、迷信品格,是反审美、扼杀审美意识之生成的。然而,这仅仅是问题的一个方面。另一方面,正是在这神秘与迷信、倒错的"伪技艺"中,有原始审美意识因素历史地、曲曲折折地滋长起来。

二、原始巫文化与原始审美意识得以萌生

其一,原始巫文化的原始目的与功利意识,是原始审美意识得以萌生的历史与心理前导。

无论从人类的审美历程还是审美瞬间来看,审美作为一种把握世界的基本方式,具有"无功利的功利"性。

> 那规定鉴赏判断的快感是没有任何利害关系的。一个关于美的判断,只要夹杂着极少的利害感在里面,就会有偏爱而不是纯粹的欣赏判断了。[1]

审美是一种直觉移情,没有也不能具有实际的功利目的,它体现为人之为

---

[1] [德]康德:《判断力批判》上卷,商务印书馆,1987年版,第40—41页。

人的自由的精神需要，愉悦的或是净化的。经由精神的愉悦与净化，可能达到思想的启悟，体现为灵魂的终极关怀。

由于无功利、无利害、没有实际目的、拒绝物欲，审美成为精神的高蹈。

然而审美的"无功利"，却是须以有功利为历史前提与心理前提的。在人类漫长的文化进程中，如果原始初民连朦胧的目的意识都未产生，都不具备，则根本不可能诞生从事某事、做出某种行为的动机与冲动。初民从事某种巫术的目的，是为了趋吉避凶。趋吉避凶作为一个明确无误的生存目的，包含着原始初民渗溶以求生欲望、欢乐、痛苦的自我意识与情感因素。目的意识是一种心灵的执着，它是求其实用的、物欲的。尽管初民在巫术中所期望达到的目的总是落空，因为巫术"是一套谬误的指导行动的准则；它是一种伪科学，也是一种没有成效的技艺"①，但是，原始巫术实实在在地催生与锻炼了属人的目的意识与功利意识。对于原始初民来说，"世界是马马虎虎的背景，站在背景以上而显然有地位的，只是有用的东西"。② 这种原始目的与功利意识，恰恰是无功利审美的历史与心理前提。试问，原始初民如果连目的、功利意识还未诞生，则如何能够在这基础之上，建构更高精神品格的无功利的原始审美意识呢？

在原始社会实践中，只有实现了一定的功利、目的，才能由此激发那种超越物欲的精神性的满足感、舒畅感、喜悦感与审美感。

《说文》在阐释"巫"这个汉字造型时说巫"能事无形，以舞降神者也。象人两袖舞形"。巫师所从事的巫术活动，显然具有明确的实用、功利目的，降神就是其目的。目的的达成，要有两个条件，一是巫须通神，所谓"能事无形"。"无形"者，灵也，气也，感应也。二是须有"作法"的仪式，所谓"两袖舞形"。仪式原本是功利而实用的，但是一旦"作法"在观念上的成功，"两袖舞形"便可以从物质实用向精神审美转换，即由巫术之舞向艺

---

① [英]弗雷泽：《金枝》上册，中国民间文艺出版社，1987年版，第19页。
② [英]马林诺夫斯基：《巫术科学宗教与神话》，中国民间文艺出版社，1986年版，第27页。

术之舞转换,这可以看作原始巫术文化,蕴含着向一定的原始审美意识转换的文化意识因素。在此意义上,巫术与艺术具有同构的一面。这大约就是为什么直到魏晋,人们还习惯于将巫术称之为艺术的缘故,此之"艺术之兴,由来尚矣。先王是以决犹豫、定吉凶、审存亡、省祸福"①。

这便是说,审美是人的实用、功利、目的的消解,在历史过程中,却是建立在具有一定功利目的的实践基础之上的。

只有在一定的功利目的达到的同时,才能激发那种超越物质功利的精神升华,即产生对这个世界的满足感、幸福感与审美感;或者当一定功利目的不能达到时,才能产生关于这个世界的痛苦感甚至毁灭感。

原始巫术的目的无疑是虚妄的,但其所诞生了的目的意识以及在文化心灵经验上所经历的那种愉快、欢乐或痛苦的情感,却是真实的。

人类在原始巫术文化中所体现出来的原始目的意识,包含着一种原始生存意志。意志的实现或者被否定,必然在原始心灵的情感层次引起冲动与激荡,这也为原始审美意识的初步启蒙与觉醒,打开了历史的心灵之门。

其二,体现在原始巫术文化形态中的人盲目的自信力,是原始审美意识得以萌生的文化前提。

从文化本性上看,远古之巫的产生,是人类历史悲剧的史前记录。由于史前社会生产力过于低下,原始初民总是处于悲剧性的生存境遇之中。他们一时无力找到克服困难、战胜盲目的自然力与社会力的有效途径与方法,因而不得不借助原始巫术等所谓"灵力",以观念性而不是现实性地"实现"其自身的愿望与理想。可以说,巫术文化的诞生、发展与延续,是人类自古以来悲剧性命运的确证。

但是巫师及巫术的存在,又曲折而颠倒甚至夸大地体现了原始初民的自信力。

初民从事原始巫术活动,其心灵总是沉浸在一派神秘与虔诚的文化氛

---

① 房玄龄等:《晋书·艺术传序》,中华书局,1974年版。

围之中，其间掺和着迷惘、焦虑、痛苦、恐惧与企盼。以原始巫术与宗教相比较，两者的文化"心情"是不尽相同的。如果说，人在宗教崇拜中是心悦诚服或是痛苦万分地、彻底地向神跪下，那么，人在原始巫术中，尽管觉得需要借助于神灵的力量，却又不愿意完全拜倒在神灵面前，就是说，人在巫术中对神灵的态度，只是跪倒了一条腿而没有双膝跪下。当然不是说，人在神灵面前显得不够虔诚而三心二意，而是说，一个成熟的原始巫术，实际并不以为只要全心全意地依靠神灵的感应就能逢凶化吉，而是自信人在借助神力的同时，可以自己"作法"以达到人的目的。这就无异于承认，在原始巫术中，人通过巫师、术士这一神与人的中介，扭曲地保存着作为人的智慧、力量与尊严的一席之地。

原始巫术这一"伪技艺"，其文化内核据说来自神灵的启悟，但归根结底却是由人来把握的，是"降神"兼而"拜神"，它表现出人在自然与社会难题面前的一点勇气与自信。这自然不是审美，却是与审美具有一些相通之处的、可以称之为悲剧性的历史处境，却虚假地衍生出一种原始喜剧性的文化心态。

> 如果你能把全身的力量，来维持你胜利的自信心——这就是说，如果你相信你的巫术的价值，不论它是自然而然的或是传统的标准化的——你一定会更勇往直前。如果你在疾病的时候能靠巫术——常识的，术士的，精神治疗的，或其他江湖上专家的——而自信你总会康复，你的身体也可能会比较健康，如果你的整个心思是趋向胜利而不顾失败，在事业上你成功的机会亦可较多。[①]

原始巫术的所谓功用即实用之目的，是虚妄而不可实现的，然而，它所张扬的一种精神比如关于人扭曲的某种自信力，却使其有可能与原始审美意识进行某种程度的"对话"。这不是审美，而其包含的某些自信因素，体现

[①] ［英］马林诺夫斯基：《文化论》，中国民间文艺出版社，1987年版，第69页。

了人在自然与社会难题面前的一种观念上的努力(尽管这一努力总是徒劳)。这种精神上的自信与努力因素,将人的精神"带到极高的山峰之巅,在那里,透过他脚下的漫漫浓雾和层层乌云,可以看到天国之都的美景,它虽然遥远,却沐浴在理想的光辉之中,放射着超凡的灿烂光华"。① 弗雷泽所说的"美景"与"理想",笔者自不敢苟同,却是原始时代的巫师们曾经真实地感受过的。原始巫术所体现出来的尽管是虚妄的巨大精神力量,却由于颠倒地体现了人之具有巨大尺度的原初自信与理想的文化素质而与原始审美意识比邻。

其三,原始巫术文化形态对原始知识、理性因素抱着一定宽容的文化态度,这是原始审美意识得以萌发的一种文化土壤。

学界曾经有人称原始巫术是什么"科学",纯粹为无稽之谈。应当说,原始巫术不是"科学",不具有"科学精神"。学界也有人称原始巫术是原始时代的一种原朴的"知识系统",这种说法自然也是不妥的。原始初民智力何其低下,他对他所处的那个世界基本不能理解,深感神秘与恐怖的地方实在太多,才在头脑里逐渐形成各种靠想象、联想、幻想与迷信所交织而成的蒙昧性观念与虚妄的信念。这只能说明,原始巫术在文化内涵上,是与知识、理性相悖的。弗雷泽在其名著《金枝》中,将"基于相似律的法术叫作'顺势巫术'或'模拟巫术'。基于接触律或触染律的法术叫作'接触巫术'"②,并进一步指出,这两类原始巫术的"两大'原理'便纯粹是'联想'的两种不同的错误应用而已。'顺势巫术'是根据对'相似'的联想而建立的。'顺势巫术'所犯的错误是把彼此相似的东西看成是同一个东西;'接触巫术'所犯的错误是把互相接触过的东西看成总是保持接触的。"③

凡是错误存在之处,知识、理性与科学便往往受到压抑、排挤、否定与糟蹋。而当知识、理性与科学的缺席之际,便是巫术的辉煌之时。

---

① [英]弗雷泽:《金枝》上册,中国民间文艺出版社,1987年版,第76页。
②③ [英]弗雷泽:《金枝》上册,中国民间文艺出版社,1987年版,第19、20页。

人们只有在知识不能完全控制处境及机会的时候才有巫术。①

可以断言，原始巫术的诞生、发展和延续，是远古人类社会缺乏知识、理性与科学的一个明证。

问题是，原始巫术在文化内涵上固然与知识、理性和科学背离，又是并不彻底、绝对地拒绝知识、理性和科学的。

第一，就原始社会而言，在原始文化的精神层面上，确是原始巫术文化观念成为精神的主导。这并不等于说，在初民的一切社会实践领域，都由巫术把持而绝对没有其他非巫文化的因素存在。马林诺夫斯基曾经正确地指出，最重要的就是在初民知识中有一部分的领域是没有巫术的份的。但凡具有一定真理性内容的知识领域，巫术便难以立足。普通的技术，有可靠的知识指导，已足够使人们走上正确的道路。这一点，古今中外的情况是大致一样的。比如下海打鱼、生子、建房、治病之类在原始时代难度较高，在这种风险更大的实践活动与生命活动中，往往便有祭灵、驱鬼、招魂与放蛊甚至扶乩等"法术"的施用，而在可以用知识指导的领域，比如野果熟透了掉在地上把它捡起来之类活动，则往往无须巫术的参与。"只要这些方法是一定可靠的，其中就没有任何巫术。可是在任何危险的、不稳定的捕鱼方法中就免不了巫术。在狩猎中，简单而可靠的设阱或射击都只靠知识和技术，若是在那有危险及拿不稳的围猎中，巫术便立刻出现了。航行亦然。靠岸的活动，平安无事的，没有巫术；外出远征，没有不带着种种巫术仪式的。"②

这雄辩地证明，尽管原始巫术文化是一种迷信而非知识、理性与科学的系统，这文化系统又一般并不绝对排斥一定的知识与理性，它对知识与理性可以抱着一定的宽容态度。

第二，在原始巫术文化中，一定的知识、理性与科学因素还可能在反

---

① [英]马林诺夫斯基：《文化论》，中国民间文艺出版社，1987年版，第53页。
② [英]马林诺夫斯基：《文化论》，中国民间文艺出版社，1987年版，第53页。

知识、反理性、反科学的野蛮文化的重压之下，曲曲折折、艰难困苦地滋长起来，成为巫与巫术所谓"灵验""神通广大"的一种"装饰"。这是迷信对知识理性的精神奴役，然而就在这奴役之中，也还有知识、理性甚至是原始科学因子潜生的可能和历史地位。

人类学学者林惠祥说：

> 在一部落之中能做酋长的人，大抵是因为他具有孔武勇健的身体，是无畏的猎人，勇敢的战士；至于具有最灵敏最狡猾的头脑、自称能通神秘之奥者，则成为神巫，即运用魔术的人。

> 这种人的名称有很多种。依地而异，或称巫（wizard 原注，下同）、觋（witch），或称禁厌师（sorcrer），或称医巫（medicine man），或称萨满（shaman），或称僧侣（priest），或称术士（magician）。名称虽不一，实际的性质则全同，所以这里把他们概称为巫觋。巫觋们常自称能呼风唤雨，能使人生病并为人疗病，能预知吉凶，能变化自身为动植物等，能够与神灵接触或邀神灵附体，能够用符咒、法物等作（做）各种人力所不及的事。[①]

这里值得注意的是巫者都"自称"能够"通神秘之奥者"以及"呼风唤雨""预知吉凶"之类，但实际上这只是一种口头的承诺，在巫风盛行、迷信弥漫的社会里成为风行的传说，经不住知识与理性的检验。然而，考证原始巫觋人物，其实可以分为两大类。一类是笃信自己确能"通神""降神"；另一类，即在巫术活动屡屡失败之后即使有所谓"成功""灵验"者，或是巧合，或比如在以巫治病时，一整套巫术仪式对信巫之病者的精神暗示所可能达到的精神治疗，则不得不向知识与理性屈服。为了保证巫术的所谓"神力"与"灵验"，同时为了维护巫觋似乎确能"通神""降神"的公众形象与虚假

[①] 林惠祥：《文化人类学》，商务印书馆，1934年版，第327、328页。

权威，被林惠祥称为那种"最灵敏最狡猾"的巫觋，也不得不向知识与理性寻求帮助，以实际的知识与理性营构骗人的巫术技巧（或称为"伪技艺"），以图巫术的成功。

这便是原始巫术有时并不拒绝知识反而须以知识"装饰"巫术"灵验"的原因。

弗雷泽指出：

> 肯定没有人比野蛮人的巫师们具有更激烈追求真理的动机，哪怕是仅保持一个有知识的外表也是绝对必要的。如果有一个错误被发现，就可能要以付出他们的生命为代价，这无疑会导致他们为了隐藏自己的无知而实行欺诈。然而这些也向他们提供了最为强大的动力，推动他们去用真才实学来代替骗人的把戏。[1]

这位英国著名的人类学家进而指出：

> 因而，我们尽管可以正当地不接受巫师的过分的自负，并谴责他们对人类的欺骗，但作为总体来看，当初出现由这类人组成的阶层，确曾对人类产生过不可估量的好处。他们不仅是内外科医生的直接前辈，也是自然科学各个分支的科学家和发明家的直接前辈。正是他们开始了那以后时代由其后继者们创造出如此辉煌而有益的成果的工作。[2]

这一关于将原始巫术看作后代科学"直接前辈"的见解，言之有过，从现代科学史的眼光看，原始巫术对原始知识、理性与科学的推动与贡献，实际并非如弗雷泽所说的"不可估量"。不过，人类文化史包括中国原始文化及

---

[1] [英]弗雷泽：《金枝》上册，中国民间文艺出版社，1987年版，第94页。
[2] [英]弗雷泽：《金枝》上册，中国民间文艺出版社，1987年版，第95页。

其审美意识的发展,确实实际存在从巫术向审美转化的文脉联系,或者说为其提供了一种可能。

原始巫觋在巫术活动中运用一定的知识与理性因素,是为了确保巫术的"成功",维护那一套骗人把戏的权威性,岂料这种"运用",又使得巫觋文化必然发生嬗变,此即从原始巫术的非理性的神秘氛围中,有可能促成原朴的知识理性因素的抬头,成为在漫漫长夜之后所出现的原始审美的一抹晨曦。原始巫术文化是非审美、反审美的,却由于一定知识与理性的不得不"运用",使得这种运用成为一定程度上瓦解原始巫术文化的一种内在精神动力,最后是知识、理性与科学的战胜,这便也是广义的审美意识的历史性展开。在中国,从史前到先秦,巫觋文化之内部存在知识与理性的确证,便是从巫(巫史)到史(史巫)历史性的文脉嬗变,迎来了审美的曙光。

其四,从原始巫觋来看,尤其一些大巫,为社会树立了一个具有一定原始审美品格的人格范型。

原始巫觋的人格内容是很复杂的,既通神又通人,是观念上的神与人之间的一个中介,既是巫术的操作者与解释者,又是具有一定知识与理性的人。原始巫觋,大抵是"在一部落之中能做酋长的人,大抵是因他具有孔武勇健的身体,是无畏的猎人,勇敢的战士"。他们甚至在公众面前树立了一个典范。弗雷泽称,"公众巫师占据着一个具有很大影响的地位","在未开化的野蛮社会中,许多酋长和国王所拥有的权威,在很大程度上应归之于他们兼任巫师所获得的声誉"①。中华远古的情况也大致如此。据《尚书·虞夏书·大禹谟》,大禹治水有功,深得舜帝赏识。舜要禅让于大禹。舜说:

> 禹!降水儆予,成允成功,惟汝贤。克勤于邦,克俭于家,不自满假,惟汝贤。汝惟不矜,天下莫与汝争能。汝惟不伐,天下莫与汝争功。予懋乃德,嘉乃丕绩,天之历数在汝躬,汝终陟元后。

---

① [英]弗雷泽:《金枝》上册,中国民间文艺出版社,1987年版,第93页。

大意是说，天下"惟汝贤"，"陟元后"（升帝位）者非大禹莫属。

大禹再三推辞、谦让而不就，只得说："枚卜功臣，惟吉之从。"虞夏之时，君王以占卜之术选择后继者，称为"枚卜"。大禹要求通过对所有功臣的占卜来择定吉者，成为舜的继位者。可见，大禹是一位信巫、懂巫之人。

舜进而说：

> 禹！官占惟先蔽志，昆命于元龟。朕志先定，询谋佥同，鬼神其依，龟筮协从，卜不习吉。①

舜告诉大禹，禅让之事，已经占卜过了，倘要再卜，便是违反"卜不习吉"的巫卜规矩了。禅让于你，虽说是"朕志先定，询谋佥同"，"昆命于元龟"（大意：虽说是我先择定的，询问过大家的意见也都赞同，尔后通过占卜得以最后确定），但是"鬼神其依，龟筮协从"（大意：禅让于你是鬼神的旨意，必须依从，而且，龟卜与筮占的结果是一致的）。这里，虽说这一篇《大禹谟》大致写定在周秦之际，不免有些周秦时人的巫术文化观念，比如文中舜说"朕志先定""昆命于元龟"之类的话，传达了周秦时人敢于将自己（朕）的意志凌驾在"元龟"之"命"上面的观念，想来，笃信占卜巫术的夏及夏之前的人是绝不敢如此的；虽说，这里将龟、筮两种巫术方式并提，也是体现出周秦时代中国原始巫术文化的真实状况，因为迄今尚未证实在舜的时代是否存在龟卜这类巫术，更不用说后起的筮占了，相信在舜及舜之前已有原始巫术文化的萌生，但不会是殷、周之时如此成熟的龟卜与筮占。但是，我们还是可以从《大禹谟》的这一段论述中，了解这样一个信息，即无论功高而德贤的大禹还是舜帝，都是信巫而懂得巫术的大巫。

《尚书·虞夏书·皋陶谟》又说，皋陶称"行有九德"。何谓"九德"？

---

① 《尚书·虞夏书·大禹谟》，江灏、钱宗武：《今古文尚书全译》，贵州人民出版社，1990年版，第43、43—44页。

指"宽而栗，柔而立，愿而恭，乱而敬，扰而毅，直而温，简而廉，刚而塞，强而义"。

大意是，为人量大而谨慎小心，脾性谦和，人格卓尔不群，忠厚老实兼严肃庄重，才气横溢且办事认真踏实，柔顺驯从而刚正不阿，耿介忠正又温文尔雅，志存高远、不拘小节却一丝不苟，刚烈不挠且内心充实，坚强无欺而处处、时时符合道义之规。

这样的君王人格真是太完美了。

如此完美的人格，又是与"常吉"之大巫相联系的，此之所谓"彰厥有常吉哉"①。

从大巫与崇高、完美之人格的合一所彰显的原始审美意识，是值得玩味与研究的。

一个原本巫性的人格，可以与道德之善并行不悖，甚至好像给人这样一种启迪，便是中国传统道德人格（其间溶渗着审美人格因素）之善，是直接从原巫等神格中衍生而来的。

西方人类学一直有关于"巫术—宗教—科学"的经典公式，起始于弗雷泽的《金枝》。这一学术见解的提出，在弗雷泽那里，有一个过程。在《金枝》英文第一版中，该书以"宗教的比较研究"为副题，作者将原始巫术归入原始宗教范畴，吸取了泰勒关于宗教起源于原始"万物有灵"说的观念，实际上将以万物有灵为逻辑起点的原始巫术看作原始宗教的一个初始阶段，于是将人类文化史简化为从宗教到科学的历史。1900年之后，《金枝》第二版行世。弗雷泽已将原始巫术从原始宗教中分离出来，成为独立并先于宗教的一个原始文化阶段，所以其第二版的副题，改为"巫术与宗教之研究"。1913年《金枝》出版第三版，依然坚持第二版中的见解。

不管弗雷泽这种人类文化的三阶段说是否有道理，大约一个世纪以来，它在学界觅得了不少的赞同者。英国著名人类学家马林诺夫斯基发表

---

① 《尚书·虞夏书·大禹谟》，江灏、钱宗武：《今古文尚书全译》，贵州人民出版社，1990年版，第52页。

于1925年由Joseph Needham所编撰的《科学宗教与本体》一书的一篇著名论文，其题目就叫《巫术科学与宗教》。[①] 在该论文中，马氏回忆道："最近对于巫术与宗教的研究以傅氏（弗雷泽）此说为起点。德国的普罗易斯（Preuss，1869— ）教授、英国的马罗特（Marett，1866— ）博士、法国的羽贝耳（Hubert，1872—1917）与摩斯（Mauss）都已独立发表见解：一部分是批评傅氏，一部分是追踪傅氏，向前究讨。这些作家都以为科学与巫术不管怎样相近，究属大不相同。"并且该文一开始就说："无论怎样原始的民族，都有宗教与巫术，科学态度与科学。"这是将巫术与宗教、巫术与科学分开的明晰阐述，包含"巫术、宗教、科学"三阶段的思想因子。弗洛伊德《图腾与禁忌》一书则指出，尽管在宗教盛行或是科学昌明的时代，仍然会有巫术的流行，然而从文化品格分析，总该是原始巫术在先，继之为宗教，最后是科学。他举例说，在巫术时代，比如求雨，原始初民通过"作法"（施行巫术）以迫使上天降雨；宗教时代，则是信徒跪倒在神面前祈求降雨；而在科学时代，通过运用科学技术达到人工降雨的弘大目的。[②]

如果说这一学术见解大致不谬的话，那么我们恰好看到了西方从原始巫术（希腊罗马之前）到宗教（起于希腊、罗马，盛于中世纪），再到科学发展（近现代西方科学始于文艺复兴）时代的一般史实。

如果说这一学术见解的逻辑建构似与西方一般史实有所契合的话，那么，这一逻辑建构对于中国史实而言，则是完全不适用的。

在中国古代，自当是原始古巫觋文化诞生、发展在先，这与西方并无二致。但是中国在原始巫觋文化极盛之后，没有进入一个像模像样的宗教时代，而是通过由巫向史的嬗变，推移为源远流长的、世俗的由史官文化所引入的政治—道德文化，这对中华文化及其美学的历史发展影响很大，

[①] 由中国民间文艺出版社1986年出版的《巫术科学宗教与神话》（英国马林诺夫斯基著）一书，分上、下两编，其上编即为该论文，下编题为《原始心理与神话》，原为马氏出版于1926年"英国心理杂志小丛书"中的单行本。
[②] 参见［英］马林诺夫斯基：《巫术科学宗教与神话》，中国民间文艺出版社，1986年版，第3—5页。

盛于巫觋，淡于宗教，重于政治伦理，是研究中华文化及其美学文脉发展的题中应有之义。

这一重要问题，在本书此后的篇章中会再度谈到。这里，笔者只是谈论原始巫、史文化与原始审美意识的历史文脉问题，亦即原始巫、史的人格审美问题。

究竟是什么原因，使得中国原始之巫觋不向宗教的僧侣转化而一变而为朝堂之上的史官？此暂不论。① 从原始纯粹的巫觋到巫史、史巫再到史官的转变，其实是审美的人学对崇拜的神学与巫学的历史性胜利，史官尤其与史官相联系的政治伦理文化，终于填补了宗教不"在场"所留下的历史空白（印度佛教的入传大致是两汉之际的事，本土颇不像样的道教的诞生则在东汉），由于淡于宗教而必然走向重于政治伦理的历史轨道，以使历史的天平达到平衡。由于宗教文化的黯淡与发育不全，而使帝王与史官文化意外地获取神圣的灵光。可以说，帝王与史官人格的伟大，实际是宗教神圣所遗落的辉煌。这里仅就史官的美学境遇而言，实际上是将人格的审美、人的自我意识的自由与觉醒，挤兑到政治伦理领域，从而展开中国美学史"以善为美"的审美风气。清代学者龚自珍《古史钩沉论》说，周之世，官大者，史。史之外，无有语言焉；史之外，无有文字焉；史之外，无有人伦品目焉。自然说得过分了。史之外，怎么会无有语言、无有文字呢？中国人的语言、文字的诞生，远早于周代及周代的史，乃是常识。周代的人伦品目，也不是史所能全部承载的。史在人格尺度上，比起君王来，总是次一等的。《诗经》所谓"文王陟降，在帝左右""丕显文王"之类的伟大人格，注定了史官是不能也是难以企及的。即使"大史""元史"，也不过是君王的侍臣。但是，从原始巫觋发育而来的"史"，在道德伦理的熏染与桎梏之中，毕竟可能深沉地具有溶渗于礼乐文化、道德规范之富于审美意蕴的人文意识与历史意识。

---

① 请参见拙著《周易的美学智慧》，湖南出版社，1991年版，第48—55页。

第四节　甲骨文化与审美初始

中国文字作为中华文明之起源的象征，究竟源于何时、何地以及如何起源，这是中国文字学史研究的课题。中国历来有关于伏羲(伏牺)"始画八卦，初造书契"的古老传说。孔安国《尚书序》称文字是伏羲在"结绳"基础上所创构的：

> 古者伏牺(伏羲)氏之王天下也，始画八卦，造书契，以代结绳之政，由是文籍生焉。①

然而《易传》，却是这样说的：

> 古者包牺(伏羲)氏之王天下也……作结绳而为罔罟，以佃以渔。

《易传》又称：

> 包牺氏没，神农氏作……神农氏没，黄帝尧舜氏作……上古结绳而治，后世圣人易之以书契。②

这里，《易传》给定了一个古史传统：伏羲—神农—黄帝—尧帝—舜帝—禹帝。伏羲是最古老的。都说伏羲作"结绳以为罔罟"，而是否在"结绳而治"

---

① 孔安国：《尚书序》，江灏、钱宗武：《今古文尚书全译》，贵州人民出版社，1990年版，第2页。关于孔安国《尚书序》的真伪，一直以来，学界争议颇多。崔海鹰以为，《尚书序》"当确为西汉孔安国所作"，语见其《孔安国〈尚书序〉真伪及史料价值辨证》，《湖南科学技术学校学报》第36卷第11期，2015年11月。
② 《易传·系辞下》，朱熹：《周易本义》，天津市古籍书店，1986年版，第322—323、323—326页。

的基础上"易之以书契",并未明确断言。有一点是肯定的,即上古"书契"的发明,在"结绳"之后。

又有仓颉造字说:

> 故好书者众矣。而仓颉独传者,壹也。①

这里只是说,自古喜好文字的人很多,仓颉是一个上古初始文字的"独传者"。

《吕氏春秋》则云:苍(仓)颉作书。《吕氏春秋》将创构文字者归于仓颉一人。《淮南子》亦云:"昔者仓颉作书,而天雨粟,鬼夜哭。"②可谓惊天地,泣鬼神。仓颉不仅"初造书契",还是"黄帝之史",牵出了"史"与文字初创的关系问题。纬书进而神化仓颉,称其"龙颜侈哆,四目灵光。实有睿德,生而能书"③。显然,这离历史的真实愈发遥远了。

这些关于中国汉字文化缘起的记述,诸说之间是有矛盾与抵牾的。其一,关于"初造书契"于何时?答案有三:最古为伏羲时代;从伏羲到禹帝的"上古"时代;黄帝时代。其二,关于何人"初造书契"?答案亦有三:伏羲;从伏羲到禹帝"上古结绳而治"之后的"后世圣人";"黄帝之史仓颉"。

有一点是清楚的,即"初造书契"在"结绳"之后。然而所谓"结绳",有"结绳之政"(结绳而治)与"结绳而为罔罟"两种说法,两种"结绳"的真实历史联系,难以考定。

正如前述,所谓伏羲、"后世圣人""初造书契"是在"结绳"时代之后,可见,如果断言"神农氏结绳而治"是历史的真实,那么,神农当在伏羲之先,《易传》所说的那个古史传统是不真实的;或者《尚书序》所说关于伏羲

---

① 《荀子·解蔽篇第二十一》,王先谦:《荀子集解》,《诸子集成》第二册,上海书店,1986年版,第267页。
② 《淮南子·本经训》,高诱:《淮南子注》,《诸子集成》第七册,上海书店,1986年版,第116页。
③ 《春秋元命包》,[日]安居香山、中村璋八辑:《纬书集成》中册,河北人民出版社,1994年版,第590页。

"造书契",也是不真实的。

可见,所谓伏羲或后世圣人或仓颉造字说,仅据有关记载,似乎难以厘定。研究中国原始文化与原始审美意识之初始关系这一课题,以及试图从古文字角度讨论审美初始问题,不能不注意有关古籍记载、古史传说,然而如果拘于此,则会坠入迷思之中。

人类文明史,是从人类发明、掌握文字开始的,中华民族的文明史,也从发明文字始。文字是语言的表达,是文明与文化之辉煌的纪念碑。在文字诞生之前,人类关于生产经验和生活知识的积累与传布,只能依靠有限的记忆与口述,难以世代相传。只有当发明了文字并且实现了社会运用,才使得世世代代、大规模的文化之积累、传布与延续成为可能,文化也才能汇成洪流,蔚为大观。

文字携带着大量古老的生产经验与生活知识信息,蕴含着丰富、深邃而幽微的原始审美意识。

古老的中国汉字,是中华民族(这里主要指汉族)原始审美意识的渊薮。努力从古汉字研究入手,不失为一条探索原始审美意识的有效途径。

古汉字究竟起源于何时尚难考定,但目前考古学的发展,已经为研究中华原始审美意识的缘起提供了线索,有的考古发现,可以为古籍关于"结绳"之后"造书契"的记载提供若干佐证。

据考古,目前所发掘的有关原古文字最确切、原始的材料,是甘肃秦安大地湾一期文化遗存红陶钵形器内壁之彩绘刻画符号。这符号一共十多个,考古界称之为"陶符"或"陶文",发掘于1978年至1982年[1],据碳十四测定,距今在7350至7800年之间。这种古老的陶器刻画符号,其中一个个字符,有类于后之汉字的笔画,称其为"准文字"也是可以的。据祝敏申《说文解字与中国古文字学》(复旦大学出版社,1998年版)一书称,著名历史学家李学勤说,河南裴李岗新石器文化遗址所出土的一片龟甲上契

---

[1] 参见甘肃省博物馆文物工作队:《甘肃秦安大地湾遗址1978-1982年发掘的主要收获》,《文物》1983年第11期。

有一个"目"字,年代距今约八千年,当更早于大地湾(见该书第107页)。在年代上比裴李岗与大地湾更早的,是山西朔县峙峪文化遗址的骨片刻画,属旧石器时代晚期。考古学家只是还不能断定,这是否是人工有意识的"刻画"。"许多骨片上有刻画的痕迹,如果确属人工刻画的符号,那就使我们联想到传说文字发明以前'结绳记事'、'契木为文',都不会是无稽之谈,而是人们实际生活需要的产物。"①

与大地湾考古发现同样可靠的,是在年代上略晚于大地湾"陶符"的仰韶早期文化遗存的宽带纹彩陶钵刻画符号,距今约为六千年。该陶钵上的典型符号,为↑、↓、ㄣ、↘、丨、ㄩ、ㄥ等,有意思的是,这与约早其两千年的大地湾"陶符"在造型上相类似。尽管迄今我们都难以揭示这些"陶符"所表达的究竟是什么意思,但一看便知,这是属于同一类型而构思颇为相似的刻符。

张光裕《从新出土材料重新探讨中国文字的起源及其相关的问题》一文,曾对不同考古年代的出土"陶符"进行比较研究,发现各期原始初民对数字尤为敏感,"陶符"中最频繁出现的是数字。在西安半坡、甘肃半山、甘肃马厂、河南偃师二里头和安阳小屯的"陶符"中,都有一个"一",刻为丨,这"一"是什么意思?是否表示数字"一"?

不是。从原始思维分析,原始混沌未分的人文意识,要先于分析、厘清的思想及其概念的出现,原始思维的基本特征,是"思维的不清晰"。一旦思维清晰起来,一是一,二是二,则原始思维便不复存在了,犹如《庄子·应帝王》所言"中央之帝为混沌",因"儵与忽谋报混沌之德",故"日凿一窍",结果"七日而混沌死"。② 法国著名人类学家列维-布留尔指出:

---

① 郭沫若主编:《中国史稿》第一册,人民出版社,1976年版,第23页。
② 《庄子·应帝王·第七》,王先谦:《庄子集解》卷二,《诸子集成》第三册,上海书店,1986年版,第51、52页。

> 原逻辑思维(即原始思维)不能清楚地把数与所数的物区别开来。这种思维由语言表现出的那个东西不是真正的数,而是"数-总和",它没有从这些总和中预先分出单独的一。①

原始思维之所以未能这样做,根本原因,是因为原始初民的原始智力,还不能将抽象的数从具象的物中抽象出来,这在列维-布留尔那里,称之为"互渗",用中国《周易》的话来说,叫作"象数相倚","象"与"数"断不能分拆,是一种"混沌"。正是原始的"互渗"与"象数相倚",由于其"混沌"的文化品格,在意识上,为此后原始巫术的"移情"(《周易》称为"感应")、宗教"移情"(崇拜)和审美"移情",提供了一个文化的历史性契机。

中华文化发展到甲骨文,已是汉文字相对成熟的历史时期。甲骨文作为殷代文字的主要形态,比史前陶符大大跃进了,它是一种负载大量原始文化信息的符号载体,是留存至今的符号型的"活化石"。

在甲骨文中,蕴藏着丰富的原始审美意识,这里仅择几个汉字,试剖析一二。

一、"九分"井田与天下(宇宙)的原始审美意识

甲骨文有井字,写作:

井,(董作宾:《小屯·殷虚文字甲编》三〇八)井,(郭沫若:《殷契粹编》一一六三)

清人朱骏声《六十四卦经解》:"井,本作丼,穴地而达泉,古者八家一井。"这一说法,源自许慎。《说文》称:"八家一井。"

问题是,朱骏声所言"井,本作丼",该古井字中间的一点,表示什么,后来井字的演变,又为什么在造型上失去了中间的一点。《说文》所言"八家一井",到底指"八个家庭合用一口水井",还是别有深意?

中国古代有井田制。据金景芳先生考证,夏禹时井田制可能已成雏

---
① [法]列维-布留尔:《原始思维》,商务印书馆,1985年版,第187页。

形,到了周代,处于夏周之际的殷,也可能是一个存在井田制的时代。《世本·作篇》:"伯益作井。"伯益,传说为夏禹时东夷部落首领,助禹治水有功,并初"作井"。

作,卜辞为 ᚼ(刘鹗:《铁云藏龟》八一、三)、ᚼ(董作宾:《小屯·殷虚文字甲编》一〇一三),金文多如此。

郭沫若《卜辞通纂》与《甲骨文字研究·释封》认为,"作"者,"封"也。故郭氏称,所谓"作邑""乍邑"云者,实乃"封邑"。同理,所谓"作井",不是掘地营造水井以"达泉"之意,而是"封井"即"封疆"为"井田"的意思。

可见,许子所谓"八家一井",并非八个家庭共掘、合用一口水井,而是"八家"合为一块井田。

这里的"家",本指"夫",有家庭的意思,兼为土地面积单位。

"八家一井",指井田文化的土地制度,也是一种居住方式。

《孟子·滕文公上》:"方里而井,井九百亩,其中为公田,八家皆私百亩,同养公田。"

"里",居之谓。所谓"方里而井",指"八家"共同居住在一块平面为方形的井田之中。这块井田面积一共"九百亩",其四周有八个一百亩,都是私田,中间是"公田",也是一百亩,"公田"是由"八家""同养"的。井田的总面积是九百亩,一共分为九个单位,每一单位皆为古制一百亩。

可见,甲骨文的井字,实际可以写作 田,而 田(田)也是甲骨文田字的写法。井者,田也;田者,井也。

清人段玉裁《说文解字注》:"方里而井"(采孟子之说)。"因为市交易,故称市井。""市井"之说,并非指中国最早的集市贸易在水井边进行,"市"起源于"井"(井田)。

《尔雅》又云:"里,邑也。""邑者,国也。"说明"国"的本义,为供人居住之处,且与井田有关。《公羊传》云:"邑者何?田多邑少称田,邑多田少称邑。"井、田、里、居、邑与国之间存在着原生关系,邑即国起自于田。

国，繁体写作國，从囗（音 wéi）从或（域之本字），是一个象形兼表意字。本指四周以"沟洫"或其他标志物所围合起来的一个区域，指从井田那里发育的都邑。都邑者，城也。甲骨文"国"字，写作吖、㧾，像持戈守卫一片围合的土地，指由井田孕育而成的都邑。

《周礼·考工记》说，"匠人营国"，"辨方正位"。所谓"国"，本义并非指"国家"而是指"都邑"（城）；所谓"辨方正位"，是指匠人营造都城时，须看风水。假如把这里的"国"理解为"国家"，就不通了，试问：匠人何能治理国家？

中国古代的都邑（城市）起源于井田。都邑是一块扩大了的井田。井田与都邑有同构性，凡是典型的，分为九个单位，这是中华古人心目中最理想、最美的一个都邑平面模式。

中国古代理想的城市平面，当为分为九个单位的棋盘格。

《周礼·匠人》："九分其国，以为九分，九卿治之。"在这"九分"之中，王城、宫城居中。其文化原型，即"九夫为井"。夫者，丈夫之谓，一家之主也。"九夫为井"就是"九家为井"。似乎与"八家为井"说相矛盾，其实不然。"八家为井"指一井中"同养"一块公田的"八家"私田，"八家"私田加一块公田，亦即"九夫为井"，一夫等于百亩。

井田制与中华初民的原始审美意识是什么关系？

甲骨文这一个井字，可写作囲，是一个《周易》八卦九宫平面。无论文王（后天）八卦方位还是伏羲（先天）八卦方位，其模式，都为井字形。

"九分"井田制同时是中华古代的一种宇宙观，溶渗着一定的宇宙意识。

战国之时，阴阳家邹衍持"九州"之说。据《史记》，所谓中国者，于天下乃八十一分居其一耳。邹衍将天下分为九个"大九州"，每一"大九州"，又分为九个"小九州"，中国为天下"八十一分"之"一分"。

后天八卦方位图　　　先天八卦方位图

巽	离	坤
震	中	兑
艮	坎	乾

后天八卦方位

兑	乾	巽
离	中	坎
震	坤	艮

先天八卦方位

2	9	4
7	5	3
6	1	8

洛书方位的九数集群。朱熹云，"洛书盖取龟象，故其数，戴九履一，左三右七，二四为肩，六八为足"。(《周易本义》)

这便是说，在空间意识上，天下是一块呈现为九个"大九州"的"大井田"；中国，是天下"八十一分"之"一分"的"小井田"。"井田"者，里也，居也，家园也，不仅是居住意义上的，也是精神意义上的。井田是中国人的"家"，天下也是中国人的"家"。中华初民从井田看"天下"的视角是独特的。一个自古以农立于天下的伟大民族，不能不在它的天下意识里体现出从对土地的耕耘与管理中所激发出来的那种执着与情感，从大地上培育了一种显然是富于条理的原始理性，这种"九分"以及基于"九分"的天下"八十一分"之"一分"的条理性，原本不是审美的，却蕴含着东方古老而独异的人间秩序的原始审美意识。

二、天、人意识

天人合一，是中国文化、哲学与美学最基本的观念，显示出中国人是从天人之际、天人关系来看待审美问题的，这在甲骨文中已有表现。

甲骨文有人、大、天、夫四字。

1. 人，甲骨文作 ? （罗振玉：《殷虚书契后编》上三一、六）、? （刘鹗：《铁云藏龟》四三、一）、? （郭沫若等：《甲骨文合集》三四〇三）、? （胡厚宣：《战后南北所见甲骨录》六三五）、? （郭沫若等：《甲骨文合集》三二二七三）。

这人字造型，象人侧立之形。人侧立而仅能见出其躯干及一臂。许慎《说文》云："人，天地之（间）最贵者也。此籀文，象臂胫之形。"①

2. 大，甲骨文作 ? （郭沫若等：《甲骨文合集》一九七七三）、? （郭沫若等：《甲骨文合集》一二七〇四）、? （董作宾：《小屯·殷虚文字乙编》七二八〇）、? （董作宾：《小屯·殷虚文字乙编》六六九〇）、? （罗振玉：《殷虚书契前编》二、二七、八）、? （罗振玉：《殷虚书契前编》四、一五、二）。

徐中舒《甲骨文字典》："象人正立之形，与象幼儿形之 ? （子）相对，其本义为大人，引申之为凡大之称而与小相对。"②

裘锡圭《文字学概要》："例如古汉字用成年男子的图形 ? 表示（大），因为成年人比孩子'大'。"③

关于"大"，《说文》的解说，有自相矛盾之处。

大，天大地大人亦大，故大象人形，古文 ? 也。

---

① 许慎：《说文解字》，中华书局影印本，1963年版，第161页。
② 徐中舒主编：《甲骨文字典》，四川辞书出版社，1989年版，第1140页。
③ 裘锡圭：《文字学概要》，商务印书馆，1998年版，第3页。

《说文》在释"美"字时却这样说：

> 美，甘也。从羊从大。羊在六畜主给膳也，美与善同意。①

宋人徐铉指出，许子的意思，美指甘味，所谓羊大则美，故从大。

日本学者笠原仲二指出，美是"羊和大二字的组合，是表达'羊之大'即'躯体庞大的羊'这样的意思"。他的结论是：

> 中国人最原初的美意识，就起源于"肥羊肉的味甘"这种古代人们的味觉的感受性。②

应当说，如此理解并没有背离许子关于"美"的原意。至于"中国人最原初的美意识"，是否起源于"肥羊肉的味甘"，这是另一个问题。《说文》释"甘"时称："甘，美也，从口含一。"③

这就显然发生矛盾了。许慎一方面说"大象人形"，另一方面在释"美""从羊从大"时，又将"大"解说为大小的"大"了。

其实，从甲骨文"大"的造型看，确是正面站立的成年男子之形。所谓"美""从羊从大"的"大"，也应作如是解。所谓"羊大为美"，实则"羊人为美"。在甲骨文中，"美"写作 ![字] (董作宾：《小屯·殷虚文字甲编》六八六)、![字] (董作宾：《小屯·殷虚文字甲编》一二六九)，等等，此字的下部显然是一个"大"(人)字。

3. 天，甲骨文作 ![字] (罗振玉：《殷虚书契后编》下一八、七)、![字] (董作宾：《小屯·殷虚文字乙编》四五〇五)、![字] (董作宾：《小屯·殷虚文字乙编》九〇九二)、![字] (罗振玉：《殷虚书契前编》四、一六)。

---

① 许慎：《说文解字》，中华书局影印本，1963年版，第213、78页。
② [日]笠原仲二：《古代中国人的美意识》，北京大学出版社，1987年版，第2页。
③ 许慎：《说文解字》，中华书局影印本，1963年版，第100页。

甲骨文中所有的天字，其下部都是一个人（大）字，上部以"二"为基型，而"二"者，即"☽"，为"上"之义。一些天字的上部，或写作"口"，或写为"0"等，都是"☽"（上）的变体。甲骨文天字言，都表示"人之上"。什么是"天"？"人之上"即头顶之上者为天，一般具有神性意义。

《说文》云："天，颠也。至高无上。从一、大。"① 这里所谓"从一"，实为"从上"；所谓"大"，实际指"人"。

徐中舒《甲骨文字典》："人之上即所戴之天，或以口突出人之颠（巅）顶以表天。"

4. 夫，甲骨文作 ⼤，从其造型看，实际是甲骨文"大"与"天"的变体。徐中舒《甲骨文字典》说："甲骨文大、天、夫一字。"②

由此得出如下三个结论：其一，大、天、夫三字在甲骨文字中的造型与意义相互关联，三字都包蕴着一个人字，人是一个基型。其二，甲骨文从人的角度看"天"，夫是天字的嬗变。天，表示人头顶之上的那个空间，无论天有无神秘性，都与"人"相关。夫，指顶天立地的人（大丈夫）。其三，大、天、夫三字构成了一个文字组群，从其造字的思路都关涉到人来看，体现出中华初民的天、人意识及其天人合一的文化观念，这里蕴含着一定的原始审美意识。《易传》云："夫大人者，与天地合其德，与日月合其明，与四时合其序，与鬼神合其吉凶。先天而天弗违，后天而奉天时。"③ 虽然《易传》是战国中后期至汉初的著述，但这种关于天、人关系的思维方式及其思想，确是与这一组甲骨文字的意义一脉相通的。

三、崇生、崇祖意识

1. 生，甲骨文作 ⊻（郭沫若等：《甲骨文合集》四六七八）。

《说文》："生，进也，象草木生出土上。"④ 生字的上部为 ⼎，草木之

---

① 许慎：《说文解字》，中华书局影印本，1963年版，第7页。
② 徐中舒主编：《甲骨文字典》，四川辞书出版社，1989年版，第4、1179页。
③ 拙著：《易传·文言》《周易精读》，复旦大学出版社，2009年版，第63页。
④ 许慎：《说文解字》，中华书局影印本，1963年版，第127页。

象形；下部为•▬，大地之象形。可见生字的文字营构，出自中华初民对于植物生长于大地的理解，引申为一切生命之"生"。甲骨文董作宾：《小屯·殷虚文字乙编》一〇五二有关于"乎取生雏鸟"的记述，又有郭若愚：《殷契拾掇》三一一关于"癸酉卜出生豕"的记载。"生"的文化意识起源悠古。

2. 姓，甲骨文作 ❦（罗振玉：《殷虚书契前传》六、二八、三）。

姓从女从生。《说文》说："姓，人所生也。"①意思是说，在"民人但知其母不知其父"的母系社会，"姓"则意味着人之所以生。有的学者说："'姓'标明人为谁所生，是一种血统的标记，这正与其字形之造义相契合。"②此说可商。其实，甲骨文姓字，从造型上看，并不直接"标明人为谁所生"，而是体现出女子对具有生命的草木的崇拜。女字在甲骨文的造型中，呈下跪之状。问题是，该女子为何要对草木下跪？这是因为，在初民心目中，草木作为一种原始图腾，是生命的象征、祖宗的象征。初民以为，人之生殖首先关涉于女子，女子向生命之树下跪，为祈求生殖之兴旺。《易经》有关于"其亡！其亡！系于苞桑"的记载，很生动地传达出初民将血亲一族的兴衰，寄托于桑树之荣枯的强烈的生命意识。姓字体现了原始初民的崇生与崇祖意识。

3. 示，甲骨文作 T（罗振玉：《殷虚书契后编》上二八·一一；胡厚宣：《战后京津新获甲骨集》三二九七），古（[日]贝塚茂树：《京都大学人文科学研究所所藏甲骨文字》二九八二）。示，正如本书前述，是⊥的倒写。⊥是且的简写。且表示活着的先祖，示则为亡故的先祖并加以崇拜。

4. 且，即祖字。甲骨文作 𐀁（董作宾：《小屯·殷虚文字甲编》二四九）或 𐀁（董作宾：《小屯·殷虚文字乙编》八四一）。且字在战国演绎为祖字，指男性血亲之根及其崇拜。

---

① 许慎：《说文解字》，中华书局影印本，1963年版，第127、258页。
② 李玲璞、臧克和、刘志基：《古汉字与中国文化源》，贵州人民出版社，1997年版，第256页。

5. 好，学界有谓男（子）女相合为"好"的见解，这是望其字形而生想象之义，未确。许慎《说文》："好，美也，从女、子。"徐楷《说文》注："子者，男子之美称。"①此之谓也。段玉裁《说文解字注》："好，本谓女子，引申为凡美之称。凡物之好恶，引申为人情之好恶。"②段注并未识"好"之本蕴，不得要领。李玲璞、臧克和、刘志基《古汉字与中国文化源》说："'子'在古文字里的取象，并非是'大人'，更不是什么'美丈夫'之义，而是'幼孩'之形。'女'与'子'宜视为主谓关系，'子'为'育子'，因此，'女'与'子'的会意就是传达'女子生育幼子'的关系。"③甲骨文好字作 𡥀，表示女性生养子嗣之义。

可见，从生、姓、示、且到好字，是甲骨文又一组与先民崇生、崇祖有关的字群，关于人之生殖、生命的原始审美意识蕴含其间。

第五节　龙文化与审美初始

讨论中华原始审美意识问题，不能不关涉到中华远古发展而来的龙文化。

关于龙的原型，目前学界尚无一致意见，可谓众说纷纭，莫衷一是。归纳起来，主要有十七种见解。

（一）蜥蜴说

唐兰《古文字学导论》："龙象蜥蜴戴角的形状。"何新《中国神龙之谜的揭破》（《神龙之谜》，1988）："其实所谓'龙'就是古人眼中鳄鱼和蜥蜴类动物的大共名。"

---

① 许慎：《说文解字》，中华书局影印本，1963年版，第261页。
② 段玉裁：《说文解字注》，上海古籍出版社，1981年版，第618页。
③ 该书原注：甲骨文中"子"多作 𠂤（罗振宇：《殷虚书契后编》下四二、五）、𠄌（罗振宇：《殷虚书契后编》下四二、七）等字形。见李玲璞、臧克和、刘志基：《古汉字与中国文化源》，贵州人民出版社，1997年版，第57、61页。

(二)鳄鱼说

何新《龙:神话与真相》(1989):"古中国大陆和海洋上,确曾存在过一种令人恐怖的巨型爬行动物。这种巨型爬行动物,以及与其形状相近的其他几种爬行动物,其实就是上古传说中所谓'龙'的生物学原型。换句话说,'龙'在古代是确实存在的,它就是现代生物分类学中称为 Crocodilus Porosus 的一种巨型鳄——蛟鳄。"

(三)恐龙说

王大有《龙凤文化源流》(1988):"龙,被古人公认为最原始的祖型,可能还是恐龙。古人以具有四足、细颈、长尾、类蛇牛虎头的爬行动物为龙,这可能是古人当时见到并描绘下来的某种恐龙形象。"

(四)蟒蛇说

徐乃湘、崔岩峋《说龙》:"综合起来说,龙是以蛇为基础的。而发展变化了的蛇图腾像就是龙的形象。"

何金松《汉字形义考源》:"龙可以豢养、驯化,为人服劳役,并可杀肉吃。""其中的龙只能是蟒蛇,不是鳄鱼或蜥蜴。"

(五)马说

《周礼》:"马八尺以上为龙。"

王从仁《龙崇拜渊源论析》:"龙源于马。"

(六)河马说

王从仁《龙崇拜渊源论析》:"龙源于河马。"

刘城淮《略说龙的始作者和模特儿》:"充任龙的模特儿之一的马,最初不是一般的陆马,而是河马。""河马不仅把自己的部分形体贡献给了龙,而且把自己的部分性能——善于御水,也贡献给了龙。"

(七)闪电说

朱天顺《中国古代宗教初探》(1982):"幻想龙这一动物神的契机或起点,可能不是因为古人看到了与龙相类似的动物,而是看到天空中闪电的现象引起的。因为,如果把闪电作为基础来把它幻想成一种动物的话,它很容易被幻想是一条细长的、有四个脚的动物。"

(八)云神说

何新《诸神的起源》(1986)："云从龙"。"召云者龙。"(引自《易传》)据《淮南子·坠形训》："黄龙入藏生黄泉。黄泉之埃上为黄云。""青龙入藏生青泉，青泉之埃上为青云。""赤龙入藏生赤泉，赤泉之埃上为赤云。""白龙入藏生白泉，白泉之埃上为白云。""玄龙入藏生玄泉，玄泉之埃上为玄云。"何新说："在上引文中，龙与云的关系是十分清楚的。""所以我的看法是，'龙'就是云神的生命格。"

(九)春天自然景观说

胡昌健《论中国龙神的起源》："龙的原型来自春天的自然景观——蛰雷闪电的勾曲之状、蠢动的冬虫、勾曲萌生的草木、三月始现的雨后彩虹，等等。""其中虹是龙的最直接的原因，因为虹有美丽、具体的可视形象。"

(十)树神说

尹荣方《龙为树神说——兼论龙之原型是松》："中国人传说中的龙，原是树神的化身。中国人对龙的崇拜，是树神崇拜的曲折反映，龙是树神，是植物之神。龙的原型是四季常青的'松'、'柏'(主要是松)一类乔木。""松、龙不仅在外部形象上惊人地相似，而且'龙'的其他属性，与松也同样惊人地相似。"

(十一)物候组合说

陈绶祥《中国的龙》："在广大的范围中，人们选择不同的物候参照动物，因此，江汉流域的鼋类、鳄类，黄河中上游的虫类、蛙类、鱼类，黄河中下游的鸟类、畜类等等都有可能成为较为固定的物候历法之参照动物……后来，这些关系演化成观念集中在特定的形象身上，便形成了龙。"

(十二)以蛇为原型的综合图腾说

闻一多《伏羲考》："它(龙)是一种图腾，是只存在于图腾中而不存在于生物中的一种虚拟的生物，因为它是由许多不同的图腾糅合成的一种综合体。""龙图腾，不拘它局部的像马也好，像狗也好，或像鱼、像鸟、像鹿都好，它的主干部分和基本形态却是蛇。这表明在当初那众图腾单体林立的时代，内中以蛇图腾最为强大，众图腾的合并与融化，便是这蛇图腾兼并与同化了许多弱小单体的结果。"

除此之外，还有"龙起源于水牛""龙由猪演变而来""龙与犬有联系""龙源于鱼"与"龙形由星象而来"等五种看法，加上前述十二种，凡十七种见解。可能还有遗漏。刘志雄、杨静荣《龙与中国文化》一书，搜集了十二种有关龙之原型的言说，何金松《汉字形义考源》一书，倡言"龙源于蟒蛇"说并简略转述王从仁《龙崇拜渊源论析》一文关于龙之原型说的十四种观点。本文总结龙原型十七种时，参阅了前述诸书、诸文的有关内容。

龙之原型诸说，有些为推测之见，缺乏扎实的考古与文字学依据。如所谓"恐龙"说，《龙凤文化源流》称"这可能是古人当时见到并描绘下来的某种恐龙形象"，显然有悖于常识。据考古，恐龙生活的极盛年代为中生代，至中生代末期已全部绝灭，当时地球人类尚未诞生，更谈不上中华文明的存在，如何可能有中华古人"见到"？恐龙又怎么可能成为中华先祖创构龙这一文化意象的动物学原型？如果"古人当时见到并描绘下来的"是出土的恐龙化石，那也必须要有考古学依据及其说明。

罗愿《尔雅·翼·释龙》所描述的龙之形象，是一个由多种动物拼凑起来的角色。所谓龙者，"角似鹿，头似驼，眼似龟，项似蛇，腹似蜃，鳞似鱼，爪似鹰，掌似虎，耳似牛"。这一关于龙的空间意象，颇接近于我们今天所见到的那个样子。是否可以这样说，前述有些关于龙之原型的说法，实际是从这一关于龙的拼凑起来的角色形象中逻辑地反推出来的。那些是否确是龙之原型，颇值得讨论。

中国龙的原型究竟是什么？

一些考古发现，也许可以为这一学术课题的求解提供可靠的资料与思路。

据中国社会科学院考古研究所《宝鸡北首岭》(1983)一书，陕西宝鸡北首岭初民遗址中出土一件蒜头壶。壶上绘有"水鸟啄鱼"纹样。该蒜头壶，据碳十四测定，其年代距今为6000~6800年之际，是迄今所发现的最早的中国龙纹样。

该纹样以一鱼一鸟相构，为鸟啄鱼尾之状。鱼身细长，绘于陶壶的肩部，呈弧形盘曲之势，其头部高昂呈回首状，似鸟啄其尾因剧痛而有挣扎之状。鱼的形象特别，方形口吻，睁着圆睛，头部两侧巨鳃怒张，有腹鳍与背鳍，其腹部有斑驳的花纹，尾部呈三叉形状。学界以为该鱼实际似鱼非鱼，它不像一般常见的鱼，是鱼的基形夸张，有鱼的基形又有一些非鱼的神韵。据考古发现，这种水鸟啄鱼纹样的出土已不是孤例。在河南临汝阎村仰韶文化遗址中，也发掘出类似的纹样，年代稍晚于北首岭遗址。该纹样绘于彩陶瓮棺之上。纹样中的鸟与鱼的造型，显得更为写实，其鸟躯呈站势，非常肥硕有力，鸟嘴非常尖长，它啄着一条形似今之鲫、鲤的鱼。鱼身显得下垂而无力，显然是一条死去的鱼。又在鸟啄鱼图右方绘一石斧之形，斧形巨大而显得十分笨重，并且斧把上刻有"×"标志，可以看作威权的象征。据分析，这种把鸟啄鱼与石斧并列绘在一起的象征意义是很显明的，意味着鸟图腾氏族对鱼图腾氏族的战胜，巨斧的绘出，象征鸟图腾氏族首领的力量、信心与权威。据对该纹样的识别，图样中的鸟不是一般的鸟，是巨躯的白鹳，并且全图是绘描在瓮棺上的，瓮棺为一只陶缸，一般的陶缸作为盛殓的瓮棺都是没有彩绘的。严文明《鹳鱼石斧图跋》指出，该图样的象征性意义在于，"白鹳是死者本人所属氏族的图腾，也是所属部落联盟中许多相同名号的兄弟氏族的图腾，鲢鱼则是敌对联盟中支配氏族的图腾。这位酋长生前必定是英武善战的，他曾高举那作为权力标志的大石斧，率领白鹳氏族和本联盟的人民，同鲢鱼氏族进行殊死的战斗，取得了决定性的胜利。"[1]这一阐发，可能过于坐实。该图样的构图模式，其实在前述宝鸡北首岭蒜头壶的纹样中已经出现过，都在显示鸟图腾氏族对鱼图腾氏族的一种文化优势，体现前者战胜后者的企求。这里的鱼纹，尤其宝鸡北首岭那似鱼非鱼的造型，学界一般以为即原始的龙纹。中国文化有一个基本原型，即所谓"龙飞凤舞"（李泽厚《美的历程》）。龙凤的原型，即为鱼鸟。鸟者，凤也；鱼者，岂不是龙么？龙的形象建构，可能与鱼有关。所以这里的鱼纹，大

---

[1] 严文明：《鹳鱼石斧图》，《文物》1981年第12期。

约就是一种原龙之纹样。

据濮阳市文物管理委员会等《河南濮阳西水坡遗址发掘简报》(《文物》,1988),河南濮阳西水坡遗址编号为 M45 的一座墓葬中,发现"龙虎蚌塑"图样。据碳十四测定,该墓葬之年代距今六千四百六十年左右,遗址发掘于 1987 年。《龙与中国文化》一书对该纹样的描述十分生动:"这幅原龙纹出现在濮阳西水坡遗址 M45 号大墓墓主人骨架的东侧,由白色的蚌壳精心摆塑而成。'龙'长 1.78 米,高 0.67 米,头北尾南,背西爪东。'龙'头似兽,昂首瞠目,它的吻很长,半张的大嘴里长舌微吐;颈部长而弯曲,颈上有一撮小短鬣;身躯细长而略呈弓形,前后各有一条短腿均向前伸,爪分五叉;尾部长而微曲,尾端具有掌状分叉。总体上看,这条'龙'似乎在奋力向前爬行。"而"墓主人骨架的西侧,是一幅与原龙纹相对称的虎形蚌塑。虎头微垂,圜目圆睁,张口露齿,长尾后撑。虎的四肢作交递行走状,真可谓下山猛虎。"同时,"墓主人骨架的正北(足部)有一蚌塑三角图案,三角图案的东侧横置两根人的胫骨。被蚌塑环绕的墓主人是一位身长 1.84 米的壮年男子,他头南足北,仰身直肢葬于墓室正中。整个墓室布局严谨,充满了庄严、神秘的气氛。"①

这一罕见的考古发现,被李学勤先生称为"龙虎墓",由此研究中国"四象的起源"。四象者:东青龙、西白虎、南朱雀、北玄武。李学勤说:"特别奇怪的是,在墓主骨骼两旁,有用蚌壳排列成的图形。东方是龙,西方是虎,形态都颇生动,其头均向北,足均向外。"并说,该"龙虎墓"的方位排列是,"龙形在东,虎形在西,便和青龙、白虎的方位完全相合。"②如果说陕西宝鸡北首岭仰韶文化半坡类型遗址出土的鸟啄鱼纹中的鱼还不太像龙的话,那么,濮阳西水坡遗址 M45 大墓出土的这一龙样,已与后世的龙在造型上极为相似。学界一致认为,这是迄今为止所发现的真正的中国原龙图样,而且它与虎图相对,称它为龙样,殊无疑问。学界有人以

---

① 刘志雄、杨静荣:《龙与中国文化》,人民出版社,1992 年版,第 26 页。
② 李学勤:《走出疑古时代》,辽宁大学出版社,1997 年版,第 143、144 页。

为，中国四象观起源甚晚。《中国天文学》一书甚至说"是秦、汉之后的产物"。《礼记·曲礼上》有关于"四象"的记载："前朱鸟而后玄武，左青龙而右白虎。"①据考，《曲礼》乃儒门七十子后学所作。因此，以往学界多持"四象起于战国"之说。濮阳西水坡龙虎墓的发掘，证明距今约六千五百年前已产生了包括龙在内的四象观。

据考古，甘肃甘谷西坪遗址出土的彩陶瓶上也绘有龙纹，碳十四测定为五千五百年之前的古物。这条龙以墨彩绘描，38.4厘米长，头扁圆而睛鼓，身躯呈曲折状，背有网状鳞片，绘有相对细弱的一对前肢，龙纹属于仰韶文化庙底沟类型。学界一般把这一龙纹称为鲵纹或蜥蜴纹，认为鲵（娃娃鱼）或蜥蜴是中国龙的原型。也有学者如中国台湾袁德星等对此持异议。因为，甘谷西坪遗址这一龙纹的出土，不是孤例。与此同类出土的，还有甘肃武山傅家门遗址彩陶瓶的所谓鲵纹，据测其年代比甘谷西坪遗址晚五百年的样子。袁德星《龙的原始》一书指出："目前追溯商周二足神龙纹的来源，以甘肃武山出土的一件马家窑文化彩陶瓶上的龙纹为最早。虽然大陆的出土报告和后来的图录都称为'蜥蜴纹'，其实这是没有细察的关系……这形象明显是人面蛇身二肢的神话动物，绝对不能视为是四足的蜥蜴。"②无论甘肃甘谷西坪还是武山傅家门遗址两龙之纹样的头部造型，都有类似人面之圆脑鼓睛这一特征，称其"人面蛇身"，似不为无据。两种同类的纹样，无论就鲵、蜥蜴还是蛇而言，其实都可以看作中国龙的原型。

原始龙文化的文化意识，由于溶渗着中国自古所特有的民族生命意识与崇祖意识，在中华审美文化史上，开启了关于中华民族阳刚之美的审美历程。闻一多指出："现在所谓龙便是因原始的龙（一种蛇）图腾兼并了许多旁的图腾而形成一种综合式的虚构的生物（指罗愿《尔雅·翼·释龙》所描述的龙）。这综合式的龙图腾团族所包括的单位，大概就是古代所谓'诸

---

① 《礼记·曲礼上第一》，杨天宇：《礼记译注》上册，上海古籍出版社，1997年版，第36页。
② 袁德星：《龙的原始》，《故宫文物》（中国台湾）第60期。

夏',和至少与他们同姓的若干夷狄。"又说,"龙是我们立国(首先是立族)的象征","龙族的诸夏文化才是我们真正的本位文化"①。龙作为一种文化符号,兼有神话、图腾与巫术三重意义,是我伟大中华审美意识的渊薮之一。

---

① 闻一多:《伏羲考》,《闻一多全集》甲集,生活·读书·新知三联书店,1982年版,第32—33页。

第二章
诸子之学与审美酝酿

　　诸子之学，又称诸子百家，主要繁荣于先秦的春秋战国时期，为先秦至汉初各个学派的总称。诸子，指各学派的代表人物，儒家的孔子、孟子与荀子，墨家的墨子，道家的老子、庄子与列子，阴阳家的邹衍，法家的韩非与名家的惠施与公孙龙等；百家指由诸子所创立的各个学派的总称。《汉书·艺文志》的《诸子略》将先秦诸子学派主要分为十家，依次为儒、墨、道、阴阳、法、名、纵横、杂、农与小说，且著录各家之名与著述篇名"凡诸子百八十九家，四千三百二十四篇"[1]，后人据此称"诸子之学"。《庄子·天下》作为最早的一篇中国学术论著，对先秦诸子之学进行了初步的评析。其文有云："天下之治方术者多矣"，"道术将为天下裂"，对诸子的一些派别与学问进行评论。称儒士为"君子"所谓"以仁为恩，以义为理，以礼为行，以乐为和，薰然慈仁，谓之君子"。又称其"以天为宗，以德为本，以道为门"，"诗以道志，书以道事，礼以道行，乐以道和，易以道阴阳，春秋以道名分"。批评墨家"为之大过，已之大循。作为《非乐》，命之曰《节用》。生不歌，死无服。墨子泛爱兼利而非斗，其道不怒；又好学而博不异，不与先王同，毁古之礼乐"，是谓中肯之见。又评说关尹、老聃之学，言多赞赏，称道家"以本为精，以物为粗，以有积为不足，澹然独

---

[1] 参见班固：《汉书·艺文志第十》，中华书局，2007年版，第324—351页。

与神明居"①。站在庄学的立场,称老聃"建之以常无有,主之以太一,以濡弱谦下为表,以空虚不毁万物为实",肯定那种"人皆取先,己独取后"的处世精神。至于说到庄学本身,则对庄周大加赞扬,称其"独与天地精神往来,而不傲倪于万物,不谴是非以与世俗处",有一种超拔与潇洒的境界。同时,还对具有一定道家思想倾向的彭蒙、慎到与田骈加以评论,说其"公而不党,易而无私,决然无主,趣物而不两,不顾于虑,不谋于知,与物无择,与之俱往",其学亦在"与物宛转,舍是与非"。《庄子·天下》为庄子后学所撰,故对庄学大加褒扬,在情理之中。郭象注庄,改删了些文辞内容,诸多并非庄学本色。该篇还对名家做出评价,言有可取。其文曰,"惠施多方,其书五车,其道舛驳",称其"一尺之棰,日取其半,万世不竭"的学说,使"辩者以此与惠施相应,终身无穷"。而其立于庄学一隅,对名家的"辩学"显然有"误读",不理解"卵有毛,鸡三足""犬可以为羊""火不热""轮不碾地""矩不方,规不可以为圆""狗非犬,黄马骊牛三,白狗黑"与"孤驹未尝有母"之类命题的思辨意义,认为惠施、公孙龙"其道舛驳,其言也不中",故"饰人之心,易人之意,能胜人之口,不能服人之心,辩者之囿也"。②

从《庄子·天下》可以一窥先秦学人对当时诸子之学一些主要学派的基本见解,对我们学习、解读与研究先秦审美意识与审美酝酿这一重要学术课题,显然是很有意义的。

先秦百家争鸣、诸子蜂起,各家各派的审美意识、观念与见解,都在历史、文化的大泽之中酝酿、生成,是在以心性之说为基础的哲学与伦理学的时代思想氛围中发展起来的。道、儒成为先秦"前美学"的代表,开拓了一片深远而灿烂的思想星空。道、儒两家并非自一开始就是因"对立"而

---

① 《庄子·天下第三十三》,王先谦:《庄子集解》,《诸子集成》第三册,上海书店,1986年版,第215、216、215、215、216、217、221页方术:指巫术。又,林希逸《南华真经口义》:"方术,学术也。"参见陈鼓应:《庄子今注今译》,中华书局,1983年版,第856页。
② 《庄子·天下第三十三》,王先谦:《庄子集解》,《诸子集成》第三册,上海书店,1986年版,第215、216、215、216、217、221、222、219、220、222、223、224页。

"互补"的，道、儒原本亲和而相容，这是值得注意的。

第一节 中国的"轴心时代"

春秋战国是一个"多思"的时代。诸子不安而深邃的灵魂、思想，使得这一时代在中华文化史上，充满了理性的光辉。没有人能够否认，这一特殊时代的出现，是中华民族思想早熟的标志。"祛魅"，是中国文化从"巫"的原始文化阶段跨入"史"的历史。这用德国著名学者卡尔·雅斯贝尔斯（Kar.Jaspers）的话来说，叫作"轴心时代"（Axial Period）。雅斯贝尔斯指出：

> 以公元前500年为中心——从公元前800年到公元前200年——人类的精神基础同时地或独立地开始在中国、印度、波斯、巴勒斯坦和希腊奠定。而且直到今天人类仍然附着在这种基础上……
>
> 在公元前800年到公元前200年间所发生的精神过程，似乎建立了这样一个轴心。在这时候，我们今日生活中的人开始出现。让我们把这个时期称之为"轴心的时代"。在这一时期充满了不平常的事件，在中国诞生了孔子和老子，中国哲学的各种派别的兴起，这是墨子、庄子以及无数其他人的时代……
>
> 这个时代产生了所有我们今天依然在思考的基本范畴，创造了人们今天仍然信仰的世界性宗教……[1]

"在公元前800年到公元前200年"这六百年间，大致上正值中国春秋战国之时[2]，尤其在公元前500年前后，确是中国的老子、孔子等思想巨

---

[1] ［德］卡尔·雅斯贝尔斯：《历史的起源与目标》，华夏出版社，1989年版，第8页。
[2] 在中国文化史上，自公元前770年至公元前476年，为春秋时代；自公元前475年至公元前221年为战国时代。

人的思想生命最为活跃的时代。

《历史的起源与目标》一书指出，雅斯贝尔斯所说的"轴心时代"论，的确适合于解读这一特定时代人类普遍的精神历史。"在中国，孔子和老子非常活跃，中国所有的哲学流派，包括墨子、庄子、列子和诸子百家都出现了。和中国一样，印度出现了《奥义书》和佛陀，探究了从怀疑主义、唯物主义到诡辩派、虚无主义的全部范围的哲学可能性。伊朗的琐罗亚斯德传授一种挑战性的观点，认为人世生活就是一场善与恶的斗争。在巴勒斯坦，从以利亚经由以赛亚和耶利米到以赛亚第二，先知们纷纷涌现。希腊贤哲如云，其中有荷马，哲学家巴门尼德、赫拉克利特和柏拉图，许多悲剧作者，以及修昔底德和阿基米德。在这数世纪内，这些名字所包括的一切，几乎同时在中国、印度和西方这三个互不知晓的地区发展起来。"①

虽然这一论述尚有些逻辑不够周密之处，称"在这数世纪内"，贤哲的涌现及其思想，"几乎同时在中国、印度和西方"这"三个"地域"发展起来"是不符史实的。这里显然没有把前文提到的巴勒斯坦、以色列所在的中东地区包括在内，但是，这种关于人类"轴心时代"的学术见解，仍然大致上经得起人类文化、思想与精神之伟大建构的历史检验。

"轴心时代"，有一个文化精神的"原型"。

> 人类一直靠轴心时代所产生的思考和创造的一切而生存，每一次新的飞跃都回顾这一时期，并被它重新点燃。自那以后，情况就是这样，轴心期潜力的苏醒和对轴心期潜力的回归，或者说复兴，总是提供了精神的动力。②

这一伟大的人类历史时期，思想巨人们几乎不约而同从历史文化的深处"苏醒"过来，他们以过人的智慧、睿智的目光，思索与凝视这个多事而烦人的世界，对这个世界的神秘、多变、灾难与平安，对人间的苦难与幸

---

①② [德] 卡尔·雅斯贝尔斯：《历史的起源与目标》，华夏出版社，1989年版，第8、14页。

福，发出惊讶与叹息，他们翘首仰望高远的苍穹，或是脚踏在坚实的大地，在世间与出世间之际，做一次次思想与思维的游历、幻想、执持或是放弃，进行无可逃遁的精神的历险，追问世界哲学的"是"或"不是"，"有""无"或"空"。

"轴心时代"最大的精神事件，便是思想的觉醒与情绪的安顿。

这也便是马克斯·韦伯(Max Weber)所谓"哲学的突破"。每一民族文化的"祛魅"与精神的解放，都是以哲学上的突破为主要标志的，哲学便是人类精神生活与灵魂底蕴的"轴心"。哲学的追问与建构，严重影响人类一定历史时期及其主要民族思想时空的建构。民族精神、人文思想的萎靡、困顿、肤浅与堕落，往往是从哲学的贫乏、庸俗、懒怠与遭到戕害开始的。

在这一"轴心时代"，希腊、巴勒斯坦与以色列、印度以及中国四大人类文明，都以各自方式突出地实现了所谓"哲学的突破"(即哲学之觉醒)，构筑起关于人类处境及其幸福境界之本体理性的精神高地，并且有力地影响各自民族此后漫长的文化精神(包括审美精神)的伟大历程。

这一"突破"，在四大人类文明中各自诞生了伟大的思想家及其思想家群落。古希腊的苏格拉底与柏拉图；以色列、巴勒斯坦地区的耶稣，印度的乔达摩·悉达多(释迦牟尼)与中国先秦的老聃与孔丘，都各自代表了所在民族与时代的灵魂。

同为"哲学的突破"，四大思想家及其群落的思想旨归与个性，不尽相同。

(一)从人对世界之关系、人掌握世界的基本方式分析，苏格拉底及其哲学门徒柏拉图认为，人可以通过知识途径与由知识所决定的思想来寻找、发现与认识人自己，知识理性是古希腊哲人的精神图腾。其哲学的著名命题与理想，是"认识你自己"。黑格尔指出，苏格拉底与柏拉图等"智者们说人是万物的尺度，这是不确定的，其中还包含着人的特殊的规定；人要把自己当作目的，这里包含着特殊的东西。在苏格拉底那里我们也发现人是尺度，不过这是作为思维的人"①。苏格拉底与柏拉图实际上都将"知识"作为人之绝对、永恒的本质，这便是柏拉图所说的"知识的理念"②。理念最真、最善、最美，是柏拉图从知识论预设了"人"的绝对精神本质。正如策勒所言："概而言之，知识观念的形成是苏格拉底哲学的一个中心"③。这位以悲壮之死殉其哲学理想的哲学先贤之理性，以其"自知其无知"而具有残酷的、彻底的清醒。柏拉图的哲学与美学理论尽管倡言"灵魂回忆"的迷狂，从而为神在其哲学王国中留下一个地盘，但其理念说，依然基本上牢牢地建构在以知识论为基石的哲学理性的基础之上。在那个崇尚数学等自然科学的时代里，柏拉图同样信奉所谓"不懂几何学者不得入内"的知识理性的哲学箴言，其本人关于数学之深厚素养，奠定了其哲学与美学的知识论基础。总之，苏格拉底与柏拉图，都以知识（在他们那里的所谓"知识"，有时是先验的、天生的，这亦当注意）与理性面对世界的质疑，其思想超越现实又不否定现实。

相比之下，耶稣要打破一切现世、现存的秩序，人生的现实本身意味着"自我否定"。随之而来的，古希腊作为自我救赎的知识理性，在这里本无立锥之地。耶稣试图让一切都归罪于世界末日来临的国度。上帝"无所不在，无所不知，无所不能"，上帝就是整个世界，上帝就是真善美，而美即上帝"临在"。因此，认识世界就是"认识上帝"。"认识上帝"，并非以上帝为认识对象，而是信众对上帝虔诚的崇拜。上帝这一最高的"本体"不可认知。上帝是圣父、圣子与圣灵三位一体之主神，所以，知识的存在这一现实，就是本体意义上的对上帝的亵渎。人的知识，也是人之原罪的一个确证。上帝说："我就是道路"④。人如果没有上帝的指引，人便寸步难行。奥古斯丁说，假如人"所行的路，是我们自己的，而不是他（指上

---

① [德]黑格尔：《哲学史讲演录》第2卷，商务印书馆，1957年版，第62页。
② [希腊]柏拉图：《克拉底鲁篇》440A，引自蒋孔阳、朱立元主编：《西方美学通史》第一卷，即范明生：《古希腊罗马美学》，上海文艺出版社，2000年版，第217页。
③ [德]爱德华·策勒：《苏格拉底和苏格拉底学派》，引自汪子嵩等：《希腊哲学史》第二卷，人民出版社，1993年版。
④ 《新约全书·约翰福音》第14章第6节，圣经公会，1941年版。

帝)的，就无疑是迷途"①。而基督(耶稣)是上帝的"独生子"，基督与上帝同一，是圣父与圣子、圣灵一体，在这里，基督的复活与升天，就是人在逃避原罪、拒绝知识。

至于释迦牟尼即迦毗罗卫国净饭王之子乔达摩·悉达多，则企求冥思静虑和免于尘世之烦恼，通过修持入于涅槃之境。佛经言，禅定者，静虑也，智慧也，觉悟也。"脱乐欲之缠缚，入无上之寂灭，遂得无生无缚无上之寂灭"，在此瞬间，"忽然正见升起，大彻大悟：吾已解脱，此乃最后生期，更无重生"。② 这里，也没有知识认知与理性的地盘，因为沉思、静虑于涅槃之境者，本已圆满具足。人对世界的把握以及人对自身的认知，被简约为以冥思、禅定为主的宗教修持，所谓"开始努力，排除障碍，专心镇定，不起纷扰，平息身心，不使激荡，集中思绪，注于一点"是也。这便是，且将那纷烦扰攘、心猿意马统统收起，面对世界便"目空一切"(四大皆空)，"达到无所谓乐与不乐的绝对清净境界"③。

老聃与孔丘，则希望在现世中塑造与认识人自己，要使这世界以其既定的秩序(天命、道)的永恒准则发展，通过启发人的心性致力于人格的完成。老聃与孔子都讲"道"，前者是对世界本体的认同，首先从哲学进入，试图以"道"来解决人生道路(主要指政治、伦理，老聃有独特的政治伦理观，详后)问题；后者则几乎放弃一般哲学意义上的探求，在继承与扬弃周礼的基础上，以仁释礼，从而建立"仁"的学说，试图在政治伦理的阈限中安顿人的身心。在楚简《老子》(《老子》原本的最古抄本)中，老聃作为中国哲学之父，倡言"道恒亡(无)名""返也者，道之动也"与"天道员员(圆圆)，各复其根"以及"道法自然""亡(无)为而亡(无)不为"④等思想，述说其政治意义上的治国方略与道德伦理的合"道"与合"理"。孔丘作为中

---

① [古罗马]圣·奥古斯丁：《论本性与恩典》第35章，《奥古斯丁选集》第三篇，宗教文化出版社，2010年版。
② [英]渥德尔：《印度佛教史》，商务印书馆，1987年版，第51—52页。
③ [英]渥德尔：《印度佛教史》，第51页。
④ 《郭店楚墓竹简》，文物出版社，1998年版。

国伦理学之父，以"克己复礼"为己任，一心在于建立一个合"仁"的社会，倡言"一以贯之"的原始儒家之"道"，达到"礼之用，和为贵，先王之道斯为美"的理想境界。① 老聃与孔丘的学说固然有很大差异，一以哲学为主题，一以仁学为主题，在哲学与仁学的文化品格上，具有相通之处，都在于关注人格以及实现人格的理想。在这里，知识的地位，不是很崇高的。孔子在谈到诗的文化功能问题时说，"诗可以兴，可以观，可以群，可以怨。迩之事父，远之事君；多识于鸟兽草木之名"②。虽然肯定"诗"有"识"的功用，到底不是主要的。重于伦理而轻于物理，是孔子学说的显著特点。老聃倡言以"道"治世与治人，无为而治，"亡（无）为而亡（无）不为"，在其学说中，没有为知识留下多大的空间。所谓"绝智弃辩，民利百倍"③，此之谓也。因为在他看来，"智"（与知识相联系）在本体上是背"道"而驰的，如果智巧横行，便天下不宁，世间大伪。

（二）从人的转化来看，苏格拉底、柏拉图看重知识，坚信知识的接受与传播，是促成人之转化的根本动因。人的转化在根本意义上是哲学的转化，而哲学的文化本蕴是"爱智"。上帝即"爱智"。在柏拉图那里，其哲学的"理式"（idea）与上帝的本性同一。"理式"是上帝观念在哲学思辨中的代名词，或者说，"理式"是宗教上帝的哲学精致化的表述。上帝的无上智慧与哲学"理式"的"爱智"在知识论上是对应的，尽管上帝是一种神秘的预设，但在知识论的文化底色上是趋于理性的。因此，所谓人的转化即人的历史性解放，固然需要依靠神（上帝）的指引，经过哲学去消解"原罪"，但人之"原罪"的消解，不仅仅是道德向宗教与哲学的皈依，它包含一种原在的动力，即总有一天，是知识与神（上帝）合一。结果是神（上帝）、知识与"爱智"的哲学，构成了人性与人格之转化的历史性素材与必然途径。

耶稣呢，仅仅要求人对上帝的理想天国之意志的奉献。信仰是执着，

---

① 《论语·学而第一》，刘宝楠：《论语正义》，《诸子集成》第一册，上海书店，1986年版，第16页。
② 《论语·阳货第十七》，刘宝楠：《论语正义》，《诸子集成》第一册，第374页。
③ 《郭店楚墓竹简》，文物出版社，1998年版。

执着是意志的坚定。意志作为人的一种心理驱动力,是将人的欲望、情感锁定在某一种理想或偶像之上。这便是宗教崇拜。崇拜是对象的神化,同时是主体意识的迷失。因此,所谓人的转化的意义,实际是人在由人自己所营造的"基督涤罪所"里失去人的主体性。这种"失去",在宗教意义上显得辉煌、美丽而幸福,却必然以人在人性与人格的成长史上主体意识的被贬损、被剥夺为沉重代价。异己的对象之所以伟大,是因为人自己跪着的缘故。没有人可以在上帝与基督面前自由地张扬其主体性,否则,上帝与基督这一被神化的偶像便不复存在(观念中的存在)。上帝与神化的基督偶像的观念性建构,是尚未被人所准确而正确地掌握到的事物本质规律对人的心灵奴役,是必然王国里人的痛苦呻吟。上帝、神与基督之所以有无比的力量,源于偶像与权威,是因为事物的本质规律即盲目的自然力及其文化表现的盲目社会力未被人把握的缘故。但人的历史性转化,往往必然地、命里注定地要经历宗教崇拜这一充满苦难与欢乐的文化历程。崇拜是认知与审美的"史前"文化方式,是被颠倒的认知与审美。因此在崇拜中,人歪曲地寄托了他自己争取解放的理想。上帝、神与基督的光辉,实际是人满怀希望的理想光辉。所谓神的神秘,又实际是人尚未彻底认识自己的一种心灵的迷茫与幻象。上帝与神灵种种,包括被神化了的耶稣基督的神秘力量,颠倒而夸大地体现了人之内蕴的伟大创造力。因为人的精神在清醒的社会实践中未能把握到自己的真实面貌,因而作为代偿,且将上帝之类认作神秘的精神故乡。巴斯噶有云,"与其说这种神秘是人所不可思议的,倒不如说没有这种神秘,人就是不可思议的"[①]。在此,还用得着德国伟大诗人歌德的一句名言:"十全十美是神的尺度,而要达到十全十美是人的尺度。"在人的历史性转化中,上帝之类的与人同在等于上帝之类的永远与人疏远。上帝是完美之人性的外在尺度,人的完美的宗教表述即是上帝。上帝是人所创造的,上帝对那些无知、无情的动物而言没有意义,上帝的尺度提升人之现实存在的精神品位,同时,上帝的被创造,又是人之

[①] [法]巴斯噶:《冥想录》,志文出版社,1985年版。

自贬、自悲的确证。上帝既体现人的理想与无望，又体现人的伟力与软弱。对人而言，上帝指引人之转化，以便使人性与人格趋于完美，却又永远不能达到绝对的完美。

如果说，耶稣成为基督是人之转化的一种文化方式的话，那么，印度乔达摩·悉达多的变为释迦牟尼（意为：释迦族的觉者），则与此有异曲同工之妙。所不同的，前者强调信众对上帝、基督之意志的信仰与忠诚，后者则主张以沉思静虑来实现与此相应的精神生活。为了达到这一精神境界，外在而约束人之意念、意绪与欲望的种种戒律的制订与实施，则完全是必要的。人一般很难管住自己的一颗"心"。印度佛教就是通过对教义的设立与认同、对戒律的严格践行或者以顿悟方式在这纷繁的世界里安顿人自己。人有两种与生俱来的生命冲动，即生命的进入与退出。进入者，动；退出者，静。动、静都是人之生命的本来面目。但芸芸众生，都在热衷于生命之进入。喜怒哀乐，执着追求，无尽烦恼，生命之"动"也。如果从这生命之动中退出，便是生命之"静"境。静境不是别的什么，无死无生、无悲无喜、无染无净而已。好比一块巨石从山顶滚落，落到谷底，从此不再滚动，便是静境。因此，生命的退出与静，便是生命状态的"落到人生的最低点"，体悟到一切空幻，连空也是空的，便是无所执着的涅槃之静境。释迦的基本教义以及与沉思相应的生命、生活方式，即是如此。如果说，这是人的转化，那么便是从生命之动、之进入向生命之静、之退出的转化，其意义的深邃，不可估量。

在人之转化问题上，中国先秦的老聃与孔丘，则贡献了另一种文化模式。比较而言，老、孔两位思想巨子，对知识在人之转化中的地位与作用，可以说本不抱多大希望，不啻是抱着轻忽的文化态度。但是，人之历史性转化这一重大的时代课题，已经历史地提出并且被自觉地意识到，必须严肃地加以对待。老聃从哲学寻求答案，孔丘从仁学寻找开启的钥匙。前者试图让人回归到他那"朴"的精神故地，所谓"见素保朴，少私寡欲"[1]

---

[1] 荆门市博物馆编：《郭店楚墓竹简》，文物出版社，1998年版。

是也。认为人本有一种素朴的智慧，人的转化便是启悟这一智慧，回归于"道"而"各复其根"①，提倡人的"无待"与人格的独立。后者则相信通过教育的途径，启发心性与良知，达到道德人格的完成。孔夫子说，"朝闻道，夕死可矣"②。然而此"道"并无多少哲学本体意义，仅指认识与处理人际关系的那种生活准则。所谓"天下有道，则礼乐征伐，自天子出。天下无道，则礼乐征伐，自诸侯出"③。大致皆从伦理、政治角度立论。"道"在这里，也指道德理想，"道不同，不相为谋""君子谋道不谋食"④是矣。这也便是救治人性与人格的一帖良药。无论老、孔，都笃信人的转化即精神的"祛魅"，可以通过天下的改造、制度的调整与人际关系的和谐来实现，无须依靠神与上帝的力量，也一般不用知识的参与，而是在世间体"道"、悟"道"与践"道"即可。当然，在这一点上，老、孔还有区别。老聃所言之"道"，实际是从心性角度将"道"这一人生准则本体化；孔丘所言之"道"，则是人际制度的伦理信条，从而一般地拒绝本体意义的提升。老聃言"天道"而不信"天命"，表现出清醒、早熟而葱郁的先秦理性精神；孔丘的理性也相当充分，但还为神与神学保留一点了地盘，所谓"君子有三畏：畏天命，畏大人，畏圣人之言"⑤，所谓"祭神如神在"⑥等，都说明在孔子的思想深处，并未割舍与原始巫文化传统的因缘，因此，从理性精神的纯粹性角度分析，这一人之转化的"祛魅"并不彻底。

（三）从此岸、彼岸及世间、出世间的关系而言，人类四大古代文明之思想家及其群落的学说思想与思维框架，大致上可分为两大类：其一，苏格拉底、柏拉图与老聃、孔丘的立足点，基本在此岸、世间，在"此"实现精神的"突破"与超越。而苏格拉底、柏拉图重知识；老聃、孔丘重人生道

---

① 荆门市博物馆编：《郭店楚墓竹简》，文物出版社，1998年版。
② 《论语·里仁第四》，刘宝楠：《论语正义》，《诸子集成》第一册，上海书店，1986年版，第78页。
③ 《论语·季氏第十六》，刘宝楠：《论语正义》，《诸子集成》第一册，第354页。
④ 《论语·卫灵公第十五》，刘宝楠：《论语正义》，《诸子集成》第一册，第349、346页。
⑤ 《论语·季氏第十六》，刘宝楠：《论语正义》，《诸子集成》第一册，第359页。
⑥ 《论语·八佾第三》，刘宝楠：《论语正义》，《诸子集成》第一册，第53页。

路的哲思认同或是道德的修养与践行。其二，耶稣与释迦牟尼的立足点，基本在彼岸、出世间，在"彼"实现其精神的"突破"与解脱。而耶稣重意志，释迦重沉思。

两大文化模式，很难说孰优孰劣、谁高谁低，都是普遍意义上的"祛魅"与"突破"，其文化品格无所谓高下，仅仅体现为文化个性的差异，一则可称为"人本主义"，一则可称为"神本主义"。

大凡文化上成熟的民族，一般都首先经历过一个原始巫文化时代。按照一般的文化进程，从原始巫文化向宗教文化的历史递进，是顺理成章的。英国古典文化人类学家弗雷泽以及西方精神分析学说的创始者弗洛伊德，都持所谓"巫术—宗教—科学"说，马克斯·韦伯从新教伦理发展的角度探讨西方资本主义文化的成长史，也显然宗"巫术—宗教—科学"之论。弗洛伊德曾经举例说，比如求雨，在原始巫术文化的历史阶段，原始初民通过"作法"的方式，让老天服从人的意志（实际是巫的意志），使天下雨。"作法"是一整套巫术仪式，"作法"的过程，是所谓神、巫与人相互"感应"的过程。原始巫术意义上的求雨，就是通过这一"感应"，在神秘的氛围中，人借助神的力量，达到人的目的。在宗教文化的历史阶段，人在神灵面前已经全然丧失了自信，宗教体现了人的软弱无力，被宗教观念所武装的头脑，已经不相信原始巫术"作法"的所谓"灵力"，于是人就彻底地向神跪下，为求雨而虔诚祈祷。而历史一旦走出宗教时代，理性的展开与科学的昌明使人具有高度的自信与实际的能力，人把神与巫进到了历史的角落，依靠科学理性的力量达到人工降雨的目的。这种所谓"巫术—宗教—科学"的文化史观，一定程度上具有人为地预设逻辑、裁剪历史真实的思想与思维的局限，因为人类文化历史的发展，并不是整齐地"一刀切"的。历史所本在的丰富、复杂或是"例外"，在这一逻辑预设中被简化或被忽略了。然而，人类文化早期的主导形态是原始巫术，并由原始巫术等进入宗教文化时代，大致是西方文化发展的一个真实的历史轨迹。

中国的事情并非如此。在经历了轰轰烈烈伴随以神话与图腾的原始巫术文化阶段以后，并没有像模像样的宗教时代。虽然两汉之际，便有印度佛教的传入，但那原本是人家的东西，印度佛教一旦来华，就被逐渐地中国化了。就中国本土而言，正如梁漱溟所言，"中国文化在这一面的情形很与印度不同，就是于宗教太微淡。"①"淡于宗教"，确是中国本土文化自古以来的一大特色。

中国的原始巫术文化并未转入成熟形态的宗教文化，那么它转向了哪里？一句话，它转向了"史"文化时代，即主要从原始巫术时代转向崇尚历史、人文与礼仁文化的理性（或曰：实用理性）时代，或者可以说是一个"准宗教"时代。

这种"准宗教"型的"史"文化及其人文的主要文化代表，是先秦的原始道学与原始儒学。

"史"文化无疑具有葱郁的理性精神，它不同于"宗教的理性"。凡是宗教，"可以说就是思想之具一种特别态度的。什么态度？超越现实世界的信仰"②。宗教贬损知识、追崇信仰、迷失自我，是非理性而迷狂的，但其深层次的文化底蕴，却具有某种理性的文化品格，宗教诞生本身，便是"理性的胜利"，"尽管'在一些不能把握的重大时刻，信仰先于理性，那说服我们相信这一点的一小部分理性，却必须先于信仰'"③。

因为在宗教里，其一，哲学一方面成为宗教、神的显在的奴婢，另一方面也正因为宗教有一个主神而使人类的思维走向对世界本体的追问。宗教主神的建构本身是非理性的，但主神的预设，却成为哲学本体论的历史与文化前导。其二，凡宗教必具有一定的终极意识与终极关怀，它既包含非理性的情感与意志的祈求，也可能历史地启动一种关于本体的哲学追问。因此，某种意义上可以说，宗教的主神及终极意识、终极关怀，往往与哲学的本体追问相联系，甚至是"本体"的代名词。在宗教中塑造一个上

---

① 梁漱溟：《东西文化及其哲学》，《梁漱溟全集》第一卷，山东人民出版社，1989年版，第441页。
② 梁漱溟：《东西文化及其哲学》，《梁漱溟全集》第一卷，第361页。
③ [美]罗德尼·斯达克：《理性的胜利——基督教与西方文明》，复旦大学出版社，2013年版，第6页。

帝、主神的形象与在哲学里追问一个事物的本体、世界的本体，两者是异质同构的。

宗教主神与"终极"的确立，实际是为这个世界树立了一个最高与最后的尺度，便是信众甚至人类所应遵循、公认的一种宗教化的"道德律令"。就是说，宗教可以是一定道德文化的历史孵化器。宗教严重影响甚至规范了道德生活。在此意义而言，种种宗教戒律与道德准则，也是异质同构的。前者是强制性的，后者是启动自我良知的。

在宗教文化所统治的国度里，上帝、主神与臣民、信众之间是不平等的，这种不平等，凸显了原在、盲目的自然与社会规律作为一种强加的异己力量，是对主体的一种精神奴役。证明宗教主神之类作为权威、偶像，实际是人类尚无力把握的盲目、巨大之自然、社会力量对人的精神压迫，无疑是人的一种历史性悲剧。宗教的严厉，其戒律的不可触犯，也为道德之某一侧面的冷峻制定了一个先在的蓝图。

在不平等的宗教国度里，宗教上帝、主神同时又是辉煌而仁慈的，有如在道德生活中，那个具有一张冷冰冰之面孔的父亲对其子女深沉的慈爱，这也体现了宗教与道德的一致性，而且开启了人类审美理想的历史之门，树立关于道德、关于审美的伟大的人格榜样。如果说，柏拉图的理式，是一种被哲学所精致化了的宗教主神意识，那么阿奎那的上帝，就是一个故意让它在天国放出光辉的哲学本体。尼采宣告"上帝死了"之时，不仅意味着传统文化意义上宗教主神的死亡，而且也是一种哲学本体论的被怀疑与否定。不过作为哲学之本体的上帝，实际是不死的，上帝如果死去，那还是上帝吗？在尼采宣告"上帝死了"之后，"死"去的，只是上帝的存在方式。

同时，由于西方建构了上帝与臣民之间的不平等关系，所以在观念上，便要求达到人与人之间的平等。这种所谓平等，首先是人性与人格意义上的。无论父亲、儿子、丈夫、妻子，还是领袖、平民等，观念上而并非在现实中，大家都服膺于同一个"天父"上帝，便是"在上帝面前人人平等"，后来转递为"在真理面前人人平等"，宗教话语变成了哲学话语。同时又称"在法律面前人人平等",所谓天赋人权。认为一切都必须拿到理性的审判台上来加以审判,在理性面前人人平等。

中国的事情与西方有不同。在巫魅大致被祛除之后,并未进入一个"理性化的宗教"时代。这当然不是说,中国先秦没有哲学追问,没有关于世界本体的"置疑"与"悬搁"。先秦道家就有关于本原本体的哲学思考、追问与建构,老庄的道论具有无可否定的葱郁的哲学品格。

但是,经过宗教文化之濡染与洗礼的哲学文化与一般没有经过宗教文化之濡染、洗礼的哲学文化是大不一样的。中国"史"文化所偏重的,是属于此岸、世间的政治、伦理即人际关系之功能性问题的追问,这里不是没有任何哲学的一席之地,不过,政治、伦理本身一般不是关于世界本原本体的思考与解答,而是关于人伦关系的规定与践行。老庄学说当然是哲学的,表现出对自然与社会、文化之本原本体的哲学思考与关注。但是这里有两点值得注意:一是无论老子还是庄子,他们所关注的,依然是世间、此岸与当下的现实,对出世间与彼岸则采取了"存而不论"的态度,这正是其哲学未经宗教文化传统之培养、酝酿与打磨的缘故。老庄的哲学是直接由"史"文化传统发展而来的,所谓出世间、彼岸诸问题,并未真正进入先秦道家的文化与哲学视野之内。二是尽管老庄的哲学具有鲜明的形上性,其思辨的深刻程度,一点也不亚于古希腊的柏拉图,然而老庄之所以对本原本体问题进行深刻的哲学思考,并不是纯粹的"爱智",而是为了试图从哲学高度、从根本上解决种种政治与伦理问题。《老子》云,"道之为物","其中有象","其中有精","其中有信"[1],可证其哲学本体的"道",并非绝对形上之无,在思维品格上,还有些作为"有"的"象"、"精"(气)、"信"等"杂质"。老庄的哲学同时具有两个文化背景,其远在的背景,是从原始巫文化等转变而来的"史"文化;其近在的背景,是当下所遇的种种政治、伦理的社会现实课题。可以这样说,就老庄哲学的本性分析,它有"爱智"的、形上的一面;就老庄哲学的文化背景而言,它无疑具有显在

---

[1]《老子》上篇,魏源:《老子本义》,《诸子集成》第三册,上海书店,1986年版,第16页。

的，从当下政治、伦理现实中所提取的目的性，这便是通过其哲学来治疗当下政治与伦理现实之弊端。老庄的学说，也在于治世与治人，在这一点上，与先秦以孔孟为代表的儒家没有区别。所不同的，在于通过其哲学途径，希冀从"根"上去"治"。无论老聃还是庄周，都生当乱世，"礼坏乐崩"，这种时代处境，与孔、孟没有区别。以往学界有个误解，以为孔孟的学说为治理社会现实所开出的"药方"很讲求"实际"，而老庄似乎不食人间烟火，非常玄虚。其实老庄也讲实际，是试图从哲学之玄虚来解决他们所面临的关于政治与伦理之类的种种"德性"问题。同样是治理国家，孔夫子坚信通过"克己复礼"，推行仁学那一套就可以将国家治理得井井有条。作为曾经是"周守藏室之史"的老子，却说"治大国，若烹小鲜"①。他反对孔子主张的那样以"仁"治国，如果来那一套"君君、臣臣、父父、子子"，便是使得天下愈加糟糕的瞎折腾。煎小鱼的时候，如果老是翻动，鱼非烂成一团糟不可。因此在老子看来，治理国家好比有经验的厨子烹煎"小鲜"，只要按照"小鲜"怕翻动的本性即"自然"就可以了。这是以"道"治国，"道法自然"。"自然"者，本然如此之意。老子的哲学显然并非无视与反对"治国"，仅仅要求以"道"治国而已。因此可以说，尽管老子与庄子的哲学之高贵而聪慧的头颅，总是仰望着无边无垠的苍穹而做无尽的玄思，然而其双脚，依然踏在当下政治与伦理之坚实的大地之上。从老庄哲学的现实素材看，一是继承了自上古中国巫文化等传统遗存而来的"史"的血脉；二是沾染了其脚下政治、伦理之泥土的"芬芳"。与孔孟相同，老庄哲学具有"经世致用"的一面。所不同者，孔儒的"仁"学由于一般地缺乏哲学的"关怀"而显得更注重于践行。

全部先秦道学与儒学的要旨，大约可以用一句话加以概括：做怎样的人以及怎样做人。就先秦道家而言，做怎样的人是与对世界本体即"道"的体悟相一致的，而且认为只有体悟"道"的真谛，才能谈得上做人的标准问

---

①《老子》第六十章，王弼：《老子道德经注》，《诸子集成》第三册，上海书店，1986年版，第36页。

题。"道"是做人之唯一与最高的尺度，如果背"道"而驰，人则为非人。在这里，"道"不仅是自然、本体，而且正因如此，才真正是做人的标准与尺度。先秦儒家所倡言的做人标准是"仁"。"仁者，爱人"。"爱人"者，"己所不欲，勿施于人"，"克己复礼"也。这是要求以"仁"的道德尺度，来规范与维系人与人之间一种适中、调和的人文张力，缓解人际关系的紧张。如何做人的问题，先秦道、儒自有区别。前者重个体价值，从老子到庄子，都没有抹煞人的个性与主体意识，甚至倡言"遗世独立"，作为个体之人的现实生活道路，与社会群体及其生活准则取"逆对"的态势，并且认为，怎样做人的问题，并不需要个体以群体对个体的道德约束与评判为准则，而是一个践"道"的过程，即在现实生活中使自己的意识、观念、思想、情绪与行为回归于"自然"的境界，此所谓"为亡（无）为，事亡（无）事，味亡（无）味"，"功遂身退，天之道也"[1]。后者重群体价值。从孔子、孟子到荀子，提倡作为个体之人的现实生活道路，应当与社会群体及其生活准则与规范（礼）取"顺对"的态势。怎样做人呢？先秦儒家要求重孝、亲人、贵德、体道。这里所言的"道"，主要指形而下的生活道路之"道"。所谓体道，是体验人之生活道路的经验性质，在观念上一般不向形而上的提升。两者的区别在于，道家为了解决与夯实做怎样的人以及怎样做人的生活道路及其基础问题，预设其形而上的道的哲学来做其理念的证明与精神的提升。为了实现个体道德的完善，首先将这一问题拿到天、人即自然与人的思想与思维高度去加以论证。儒家则直接以人与人之间的关系问题做比较纯粹的政治、伦理的建构。但是在道、儒学说相区别的同时，又须认识两者内在的相似和一致。从根本上说，先秦道、儒，都是中国原始巫文化等向"史"文化转变而为春秋、战国所结出的两大硕果。两者都注重人的生活道路，都主张在此岸、现世与现实中来"安顿"人的生命，在世间寻找与肯定人的幸福与美。都不同程度肯定个体之人的存在价值，即使就高举群体价值与美、善之帜的儒家而言，也没有绝对否定个体的"存在"，否

---

[1] 荆门市博物馆编：《郭店楚墓竹简》，文物出版社，1998年版。

则，孔子所言"三军可夺帅也，匹夫不可夺志也"①之类的话，又当如何理解呢？当然，儒家对个体存在的价值自有一定的保留，即只有那种不违背群体利益、不"害仁"的个体，才被认为是值得肯定的。

处于中国"轴心时代"的先秦道、儒两家，由于历史地、民族地不具有真正成熟意义上的宗教文化的"关怀"，因此，在道家之"道"与儒家之"仁"的审美意识里，由于没有一个真正的主神、上帝作为光辉的本体树立在彼岸，则无以建构主神、上帝与信众、臣民之间的不平等关系，于是，这种原本在宗教文化形态中的彼岸与此岸、神与人之间本在的不平等，被中国先秦的道、儒文化置换、挪移为此岸、世间的人与人之间的不平等。这一点在先秦儒学那里表现得尤为明显。孔子的"爱人"观，是建立在人与人之间不平等观念与现实的基础上的，不是因为所谓"天赋人权""在上帝面前人人平等"，才普施"博爱"于天下，而是正因其不平等，才开出"仁者，爱人"这一"良方"来缓和这不平等。孔子讲"礼乐"。礼的本义，是人对祖宗神的供献，体现了人与祖宗的不平等关系；乐用以调和礼，此即《礼记》所谓"乐者为同，礼者为异"②。凡此都说明，中国先秦文化及其典型代表的先秦道、儒，由于缺乏一个精神意义上的上帝，才有必要将伦理道德与政治或者通过哲学上的证明，或者未经哲学证明来替代宗教，且将政治、伦理抬高到"准宗教"的历史地位。蔡元培曾有中国文化之基本性格是"以美育代宗教"（以艺术代宗教）的著名命题，自当有理，然而说到底，中国文化的基本性格，实际是以政治、伦理代宗教。

那么，为什么中国原始巫术文化终于没有走向宗教而发展为"史"文化了呢？

拙著《周易的美学智慧》曾经就这一学术课题提出过一些假设性的分析③，这里试做进一步的论述。

---

① 《论语·子罕第九》，刘宝楠：《论语正义》，《诸子集成》第一册，上海书店，1986年版，第191页。
② 《礼记·乐记第十九》，杨天宇：《礼记译注》下册，上海古籍出版社，1997年版，第634页。
③ 参见拙著：《周易的美学智慧》，湖南出版社，1991年版，第48—55页。

第二章　诸子之学与审美酝酿

其一，无论从先秦道、儒两家的代表性典籍《老子》《庄子》与《周易》《论语》来看，都不乏关于"神"的言论。比如《周易》多处说过"神无方而易无体""阴阳不测之谓神"与"知几其神"①之类的话。然而此"神"，并不是成熟的宗教意义上的，毋宁说处于原始巫学向"史"学即哲学与政治伦理学等的历史转变之中更为恰当。在甲骨文中，有作为"神"之本字的"申"，写作 ᛋ（见胡厚宣：《战后京津新获甲骨集》四七六）、ᛉ（见商承祚：《殷契佚存》二五六）与 ᛋ（见商承祚：《殷契佚存》二六一）等。许慎《说文》云："申，神也。"②徐中舒主编《甲骨文字典》说："故申象电形为朔谊（义）。"③申是一个象形汉字。在文字造型上，"申"演变为"神"，大约始于战国。"战国时期的《行气铭》上面'神'字的写法，已从电作神，与后来的字书如《秦汉魏晋篆隶》等所收录'神'字写作神已无二致，从电取象，显而易见。"④这说明，中华古代关于"神"的观念，是从原始巫术文化中有关兆象起始的。"神"的初文为"申"，"申"乃雷电之象。原始初民见自然界雷电之象的巨大威慑力，不理解而深感恐惧而加以崇拜。崇拜是一种迷失主体意识的神秘、茫然而虔诚的文化心绪与行为，在崇拜的文化氛围中，不断地培养与积淀初民的原始巫术等意识。久之，人们便将雷电之象作为一种巫术兆象，与命理观念相联系，即把天上电闪雷鸣的自然之象，认作人之命运休咎、吉凶的预兆，并以雷电之兆占验吉凶，尔后决定去做某事或不做某事。在这一原始文化形态中，初民对兆象抱着既惶恐、惧怕又感激、企盼的心态，于是便将其认之为"申"（神，其异体字为神）。

中国原始巫术等文化观念中的"申"（神），显然是初民感到神秘与可敬畏的对象，却从未被提升如宗教主神与"终极"那般的精神高度与深度。神在巫术中仅仅是一个很"实际"的角色，即除了决定巫术的成败别无他用。神在巫术中是一种神秘的感应，它其实也是"巫"（巫师）的一种人文属性。

---

① 《易传》，朱熹：《周易本义》，天津市古籍书店，1986 年版，第 293、295、332 页。
② 许慎：《说文解字》，中华书局影印本，1963 年版，第 311 页。
③ 徐中舒主编：《甲骨文字典》，四川辞书出版社，1989 年版，第 1600 页。
④ 李玲璞、臧克和、刘志基：《古汉字与中国文化源》，贵州人民出版社，1997 年版，第 237 页。

在原始巫术的神秘氛围中，没有人怀疑神灵的力量，否则，便可能是原始巫术文化的历史性消解。巫术之神的出现，具有无可争辩的目的，因此整个巫术文化，被英国人类学家弗雷泽、马林诺夫斯基称为"伪科学""伪技艺"的这种文化形态，是由人类生存目的观念所驱使而走上文化历史舞台的。因此可以说，巫术文化中的神，实际是人为了达到、完成某种实际的生存目的而扮演的一种神秘的精神性"工具"，尽管这一目的实际上难以达到。从"工具"角度看，中国原始巫术中的神具有两重性，既是人（巫）所崇尚、尊敬的对象，又是可供人（巫）驱使（作法）的。神对于巫术，体现出那种当时看来是高级的生存智慧，然而它从一开始就缺乏西方上帝那种"天父"般的精神伟力与本体意义上的人文素质。中国原始巫术目的意识的过分强烈与持久，阻塞了从巫术文化之神走向宗教文化主神的历史通道。

中国人对神的文化态度，在原始巫术文化中表现充分。原始巫术中的神并不是绝对崇高的。神在巫术中可以"呼风唤雨""摧枯拉朽"，或是"祸从天降"，或是"恩被华夏"，但是中华古人相信，神之所以如此"神通广大"，是通神的巫"作法"的结果，离开了巫，面对世界的严重挑战，神也无能为力。巫是半神半人的角色，既通神又通人，在巫的身上，既寄托着神的力量，又在一定程度上曲折而极为有限地体现人的智慧。因此，中国原始文化之主导形态的巫术，只是在一定程度上肯定了人的地位，而对神的绝对性是有所保留的。否则，我们就很难理解，为什么处于"史"文化时代的孔夫子，会具有"敬鬼神而远之"的文化态度与生存智慧。

在文化品位与性格上，中国原始巫术中的神几与"鬼"同列。许慎《说文》有"魖"字，"神也，从鬼申声"[1]。作为神字别体，证明古人造字时在观念上神、鬼未分。钱锺书说，古时"'鬼神'浑用而无区别，古例甚夥"[2]。《论语·先进》云："季路问事鬼神，子曰：'未能事人，焉能事

---

[1] 许慎：《说文解字》，中华书局影印本，1963年版，第188页。
[2] 钱锺书：《管锥编》第一册，中华书局，1979年版，第183页。

鬼？'"①这里，孔子并不是答非所问，而是将鬼与神看作一回事的缘故。《管子·心术》："故曰思之，思之不得，鬼神教之。"这是"鬼神"并称。鬼神者，"初民视此等为同质一体（the daemonic）"②。观念上的神鬼不分，无异于降低神的文化品格即其神性，所以神在巫术中，并未引起人的绝对崇敬，"人之信事鬼神也，常怀二心（ambivalence）焉"③。

中国原始巫术文化之强烈而实际的目的意识以及神性观念的本在淡化，决定了这一文化难以"养育"主神意识，缺乏转变为宗教的内在精神动力，这便是结论。

其二，任何民族的原始巫术文化，如果能够转变为一种成熟的宗教，作为宗教所必备的精神基础与文化蕴涵之一，必须具备充分、足够的非理性基因。因为，任何宗教教义、仪轨以及宗教徒的情感世界，必须充满对主神如上帝与真主等的精神迷狂与激情，这种精神迷狂与激情，往往是在原始巫术与神话、图腾之中孕育的。

中国原始巫术的普遍性格，不可能不具有非理性因素甚至某些激情，不过这种非理性与激情显然是不够饱满、充分的。在一些西方原始巫术中，一个上古欧洲农夫，可以为了丰收而在田埂上日夜蹦跳（作法）。坚信人跳多高，庄稼就能长多高，他的蹦跳中途不能停止，否则便是巫术的失败，导致颗粒无收。于是直至跳到精疲力竭，昏死过去。这里充满了激情与迷狂。古希腊神话与悲剧"被缚的普罗米修斯"，也是始终充满非理性的迷狂因素的，于是这位窃天火给人类的神被宙斯用锁链锁在高加索的悬崖上，每日让饿鹰啄食其肝脏，第二天又使其长好，承受无尽折磨与痛苦。我们由此可以体会到，这一神话与悲剧的非理性与情感之原型，是西方原始巫术之本在的高涨之极的非理性与情感。一个原始部落的男子"成丁礼"，是用一二百枚钝而不锐的骨针刺扎全身，最后一针竟横穿舌头（作

---

① 《论语·先进第十一》，刘宝楠：《论语正义》，《诸子集成》，第一册，上海书店，1986年版，第243页。
② 钱锺书：《管锥编》第一册，第184页。
③ 钱锺书：《管锥编》第一册，第186页。

法），鲜血与非理性的迸流、弥漫，受洗者的痛苦之深巨不可想象。全看这"成丁"的男子能否以迷狂的意志、激情与坚定的信仰来扛过这一"生死劫"，从此造就一个顶天立地的、无畏的、无往而不胜的男子汉。否则，便是巫术的失败。这里，有大痛苦，因大痛苦而进入大欢乐的境界。

中国的原始巫术，也有富于激情与迷狂的，原始文身、凿齿与割礼等等，恰是如此，而原始巫术的非理性与情感不够充分的激越、迷狂，发展到殷周之时，显然有一个退化的趋势。殷代的甲骨占卜，捉龟、衅龟、杀龟、钻龟、灼龟与刻龟，不能说它没有非理性因素（否则就不是巫术了），不过这一占卜过程及其理念，在情感方式上还是相对平和的。从《周易》占筮这种中国古代巫术文化的典型代表来看，都是神秘之数与数的运演，且由数而决定象（兆象）的神秘性，不具有非理性因素是不可能的，但是《周易》的算卦，是一种偏于理性、性质偏"冷"的巫术，这一"伪技艺"的操作过程，是虔诚而慢条斯理的。其心态，不是因虔诚而狂热，而是因虔诚而平静；不是激情洋溢，使情感达到燃烧的程度，而是在平静的情感历险中，渗透着"数理科学理性前的理性"即巫术"实用理性"的人文内容。这种"前理性"，不同于科学理性，但也并非纯粹的非理性，是科学理性的前期形态，是灵性、巫性、神性与实用理性的交互。《周易》占筮的文化内涵，是"数"。《左传·僖公十五年》云，"筮，数也"，《易》曰："参天两地而倚数。""极其数，遂定天下之象"[1]。《周易》占筮中的数，具有两重性。所谓"数术"，一方面被认作是神秘的，可以决定人之命运休咎的。所谓"天数""劫数"，都具有非理性的命理观念；另一方面，"数"又开启通往数理之数的历史之门，是科学意义上的数理之数的前期理解。两方面的二律背反，成为占筮之数的所谓"前理性"。这种"前理性"，是中华初民之原始思维的表现。《周易》中的数是深受原始巫术智慧"奴役"的数学的萌芽，并非数学本身。中华数学有一个前期文化形态，便是不可或缺的巫术占筮之数。

---

[1] 朱熹：《周易本义》，天津市古籍书店，1986年版，第346、309页。

  因为在人类文明刚刚开始出现时,数学思想绝不可能以其真正的逻辑形态出现。它仿佛被笼罩在神话思维的气氛之中。一个科学的数学的最初发现不可能挣脱这种帐幔。①

  《周易》占筮的文化本位是数(与此相关、相融的还有"象"),所以才深埋着一颗可以发育为坚强理性的"种子"。这文化种子的品性,注定要有力地约束巫术的非理性(当然并非灭绝),规范巫术的情感因素,不至于使其如脱缰野马那般的放纵,在"轴心时代"的春秋战国之时,去蔽而发育为以理性为精神底色的哲学与伦理学之类。在人类的原始巫术之文化大泽中,以数(还有象)为文化内涵的《周易》占筮,在智慧品格与层次上是独特而出类拔萃的。世上没有哪一种原始巫术文化形态,能够历史地直接发育为成熟的哲学与伦理学等,唯有中国的易筮。其成因之一,在于与理性相系的巫术的"前理性",且其规定了《周易》占筮文化的历史走向:不向宗教发展而走向哲学与伦理学等的"史"文化。

  其三,如果人类的原始巫术文化能够发育为成熟的宗教文化,还有一个条件是必须具备的,即作为其文化基础的原始巫术,应当可能为宗教之强烈的"苦""乐"意识与境界提供其精神的前期素质。从一般宗教看,宗教所虚构的世界与境界,比如基督教的天堂与佛教净土宗的"西方极乐世界"等,都建构了一种虚妄的理想境界。比如天堂,《彼得前书》第二章第十八节云,其"黄金铺地,宝石盖屋,眼看美景,耳听音乐,口尝美味,每一官能都有相称的福乐"。佛教中描述的"西方净土",也是黄金为屋,宝物无数;花树灿烂,泉水甘冽;舞姿迷眼,诸色微妙;佛相庄严,悦乐无限。而阿鼻地狱的丑恶与痛苦,反衬了净土境界的和美。一般佛教教义倡言所谓无死无生、无染无净、无悲无喜的涅槃之境,似乎无关乎苦、乐,其实佛教涅槃之境对此岸、世间苦乐的消解,恰恰建立在承认此岸、世间之苦乐人生的基础上的。一般宗教的忧患意识,比如佛教以人生存在为忧

---

① [德]恩斯特·卡西尔:《人论》,上海译文出版社,1985年版,第61页。

患与烦恼及其解脱，是由形下到形上趋于精神之本体意义的。这种走向"理想"的境界，一般宗教都将其预设、安置在彼岸与出世间，实际是一种人类理想精神的超拔。这种向彼岸、出世间的精神理想的推移与提拉，不能说作为宗教之前期形态的原始巫术文化就已经具备，不过同样是原始巫术，有的已经为这一推移与提拉准备了条件，有的则没有。前文谈到的那个关于"成丁礼"的原始巫例可以说明，由于初民智力的低下，他们实际上无力战胜盲目而巨大的自然与社会"暴力"，深感其自身的软弱，于是设置一个成丁礼（通过这一巫术方式接受一次严重的人生洗礼）来企求自己"长大成人"，从而成为这个世界的主人。成丁礼这一巫术文化形态的精神实质，在于当人无力战胜来自自然与社会的异己力量时，人就"近取诸身"，以自我摧残的方式，以这一"倒错的实践"，从现实的"大痛苦"跨越到非现实的"大欢乐"的境界。这一巫术的精神素材，包含着人生、生命意义上的大苦与大乐，从世间的人生忧患，趋向于出世间理想境界的原型，从这一巫例，可以见出其"前宗教"的某些精神因子。

值得加以研究的是，由《周易》本经所提供的原始巫术智慧，却在一定程度上"天生"缺乏这一精神素质。

《周易》巫术不是绝对没有"理想"的，不过它所提供的理想蓝图很实际、很实在，即"趋吉避凶"，仅此而已。也就是说，《周易》占筮仅仅在人生道路的吉与凶之际，帮助人做出谨慎的选择，几乎没有从人生忧患提炼、超拔的形上理念。

人类学家将原始巫术一般分为黑巫术（Black Magic）和白巫术（White Magic）两类。黑巫术即恶巫术，指积极而进攻性的巫术，教人怎样行动以攻击对方，使对方遭受苦难甚至死亡；白巫术即善巫术，是消极而防御性的巫术，教人在具有攻击性的盲目而巨大的自然和社会对象面前，怎样躲闪而保护自己不受伤害。这便是《周易》的"趋吉避凶"。从《周易》看，中华古人在"轴心时代"的文化心态与处世态度，是很善意的，他们以"趋吉避凶"为实际的目的，并不追问在此岸、世间的吉凶之外还有没有一个彼岸、出世间的理想境界。

从与理想相契的苦、乐角度看,《易传》处处宣说以"生"为"乐"的思想。所谓"生生之谓易""天地之大德曰生"等,力避用苦、恶与死等字眼来刺激讲求实际的心灵。所谓"趋吉避凶",目的只有一个:逃避苦难与死。《周易》是很乐观的,抱着"乐天知命故不忧"①的文化态度,提倡类于孟子"反身而诚,乐莫大焉"②那般的信条。《易传》忌言"死"。实在不能回避,就将死与生一起来说,还只说过一次,此即"原始反终,故知死生之说"③,并把死看作生命逆旅中一个可以跨越的中介。中国人,尤其接受儒家文化观念的中国人一直坚信,人的个体生命的结束(死)并不是"死",因为"子子孙孙未有穷尽",人的群体生命是不死的。这是崇尚祖先、血亲与亲子的缘故。父亲的死亡,可以在儿子身上复活,"生生"(即"生而又生")之谓"乐",是基本易礼之一。

《周易》巫术观念也不是不讲"忧患"的。《易传》云:"易之兴也,其于中古乎?作易者,其有忧患乎?"④这里,虽是用设问的方式,暗指文王被拘羑里之史事,文王拘而演易,乃"忧患"之作。不过《周易》所言"忧患",与印度佛教所述生死烦恼、因缘轮回是不同的两回事,是指氏族、民族、时世、家国与社稷之忧,个人身世之忧,属于所谓"伤时忧国"一类。《易传》所说的"忧患",是生活之忧、人格之忧,而非生命之忧、人性之忧。这种"史"的文化智慧不是宗教智慧。

总之,乐观向善的中国原始巫术,具有这一伟大、古老之东方民族独异的文化气候与精神气质,在这块广博而富饶的文化大地上,难以开放一般宗教所言的苦、乐之华,建构属于本体意义的"忧患"意识及其精神解脱的"理想国"。正如梁漱溟所说,古代"中国文化在这一面的情形很与印度

---

① 朱熹:《周易本义》,天津市古籍书店,1986 年版,第 295、322、292 页。
② 《孟子·尽心上》,焦循:《孟子正义》,《诸子集成》第一册,上海书店,1986 年版,第 520 页。
③ 朱熹:《周易本义》,第 291 页。
④ 朱熹:《周易本义》,第 336 页。

不同，就是于宗教太微淡"①。

第二节 "道家主干"说评析

研究先秦诸子之学与审美酝酿这一学术课题，首先应辨析在生卒年与学说建构、活动年代上老、孔孰先孰后的问题。偏偏有关老子的生平事迹，史籍言述未详。《史记》等古籍有关老子的记载，只说老子"姓李氏，名耳，字聃"，春秋"楚苦县厉乡曲仁里"（今河南鹿邑县东）人，曾为"周守藏室之史"（管理图书的史官），生于公元前576年前后。《史记》有关于"孔子适周，将问礼于老子"的记载，《吕氏春秋》《礼记》与《庄子》等书，也都记录孔子问礼于老子这一史事，似可信是。与孔子（前551～前479）相比，老子年长。

老子是中国道家的创始人。其哲学上的伟大思想建树，足以使他成为"中国哲学之父"。老子不是美学家，但老子哲学具有葱郁而深邃的美学意蕴，值得深入研究。老子其人，究竟是春秋末年年长于孔子的老聃，还是战国中期的太史儋或老莱子，学界时有争论。本书取老子"本为老聃"说，认为在年代上"老前孔后"。《老子》一书，目前主要有三个传本：（一）通行本，即今本《老子》，由唐玄宗钦定、统一篇章的本子。作者为战国中期太史儋，该本由其在古抄本的基础上编纂而成。（二）帛书本《老子》，1973年出土于长沙马王堆汉墓，分甲本、乙本。（三）竹简本《老子》，1993年出土于湖北荆门郭店村，是1998年出版的《郭店楚墓竹简》一书的重要内容。学界一般认为，这是迄今所发现的最接近于老聃所撰《老子》的最古

---

① 梁漱溟：《东西文化及其哲学》，《梁漱溟全集》第一卷，山东人民出版社，1989年版，第441页。梁漱溟《东方学术概观》云：古代中华"却是世界上惟一淡于宗教，远于宗教，可称'非宗教的民族'"。（巴蜀书社，1986年版，第68页）

抄本①。

在现代新儒学盛行的今天，所谓"现代新道学"，近年也在中国哲学界逐渐发生不可低估的学术影响。像现代新儒学一样，现代新道学也是属于现代文化守成主义思潮的重要一支，并从哲学角度对中国美学的研究产生思想的濡染。

首倡"道家主干"说者，为周玉燕、吴德勤②，陈鼓应先生是宣说、研究现代新道学的重要学者，其《老庄新论》一书指出："目前通行的中国哲学史多以儒家为主线，这是似是而非的。中国哲学史的主干，当是道家而非儒家。"他在《论道家在中国哲学史上的主干地位——兼论道、儒、墨、法多元互补》一文中，对"目前学界流行的一种说法：孔子是中国哲学的创始人，儒家是中国哲学史的主干"的观点很是不满，认为"这个观点，盖基于汉武帝以后'独尊儒术'之现象，沿袭近两千年汉代经学的习惯，似是而实非"③。

"道家主干"说，大致包括如下基本内容：

（一）认为道家的哲学精神偏于"积极入世"

学界一般视传统儒家学说为积极、入世之学，而持道家为"守雌""消极"与"退避"之论。陈鼓应从解析"道"这一元范畴入手，以为道者，指宇宙本体及其规律性，"道"贯融于形下生活准则之中，形上之道，"落实"到"物界"，便是德；形下之德，升华到本体界，便是形上之道。道体德用，体用无间，有无合一。在形上与形下、体与用之际，道的规律性与辩证运动，便是一定条件下事物对立面的对待、对应与互补以及"反者道之动"的相互转化与循环往复。老庄所言"无为"，并非指"无所作为"或"不要有所作为"，而是说"道"作为本体是本然如此、自然而然的，其本性在于排斥

---

① 对此，学界也有不同见解。唐明邦《竹简老子与通行本老子比较研究》（载《郭店楚简国际学术研讨会论文集》，湖北人民出版社，2000年版）一文认为，"竹简《老子》看来并非完本"，"同通行本《老子》相比较，不可否认存在很大的缺陷，不足以被定为《老子》原本"。指出：竹简本《老子》是通行本《老子》的"节录本"。
② 见周玉燕、吴德勤《试论道家思想在中国传统文化中的主干地位》，《哲学研究》1986年第9期。
③ 陈鼓应：《老庄新论》，上海古籍出版社，1992年版，第320页。

人为奴役。因而道家"无为"说,并非一般所谓"社会实践取消"论。老庄确在"避世",但其所力"避"的,仅仅是那种荼毒自然心灵的儒家伦理规范及其知识系统而已,可称之为"绝圣弃智"。"无为"说的根本底蕴,指人的所作所为不违背自然规律(道)。犹如庄子"庖丁解牛",虽染乎技却契于道,循无为之天道以成有为之人事,为返璞归真,也是人生具有深邃审美意蕴的逍遥游之境。认为无论老庄,在深刻地思考自然宇宙、人类世界的本原本体之哲学命题时,并非纯然坐而论道、不食人间烟火,而同样热切地关注人生,仅仅其"入世"方式不同于儒家罢了。可以说,道这一元范畴,灌注生气于自然宇宙与社会人生。老庄的"天下"观,既具形上之"空灵",又富于形下之"充实"的哲思品格。

(二)认为道家哲学,是中国哲学文化之魂,影响深巨

陈鼓应指出,一个哲学流派能否雄踞于哲学史的主干地位,决定于"它的思想的原创性和理论的系统性"[1],看其是否在哲学史上提出和解决新问题。认为纵观中国哲学史,许多重要范畴,如道、德、心、性、命、理、气、有、无、太极与无极等,"都是道家首创"。老子对世界做出了真正哲学意义上的"普遍性的解释"。称老子的"自然主义"及其对宇宙人生做"普遍性的解释"而建立的哲学体系,足以使老子"被尊为中国哲学之父"[2]。而继承、发展了"老子"的庄子哲学,"不仅在发展人的理论思维能力上有无比惊人的高度,而且在提高人的精神境界方面更是举世罕见的"[3]。就哲学思维方式而言,道家的理论贡献表现在:1. 自天道推行人事;2. 天地人的整体性思考;3. 关于"反"的思考;4. 关于循环往复的思考。"这四种又可归纳为两个原则,一是推天道而明人事及天地人一体观,一是对应及循环观"[4]。

---

[1] 陈鼓应:《道家在先秦哲学史上的主干地位》(上篇),北京语言文化大学:《中国文化研究》(夏之卷)1995年版。
[2] 陈鼓应:《老庄新论》,上海古籍出版社,1992年版,第326页。
[3] 陈鼓应:《道家在先秦哲学史上的主干地位》(上篇)
[4] 陈鼓应:《道家在先秦哲学史上的主干地位》(上篇)

老庄的哲学影响深远。其一，战国稷下学宫，汇集道、法、儒、名与阴阳等诸学派，其中，占据主导地位的是稷下道家学派，而荀子作为著名的"稷下先生"，其天道观显然源于早期道家；其二，《易传》的思维框架、基本哲学范畴与主要命题，属于道家或受道家影响；其三，《吕氏春秋》辑录"百家"之言，全书以"无为"说为纲纪，显然主宗于道家；其四，源于战国晚期兴于汉初的"黄老"之学，其说道、法合流，也以道家"无为"哲学为宗；其五，《淮南子》采先秦"百家"之长，集汉初新道学之大成，以"旨近老子"（汉高诱语）为特色；其六，东汉王充《论衡》有《问孔》《刺孟》篇，其批判哲学，实乃"违儒家之说，合黄老之义"；其七，魏晋玄学"以无为本"，典型的以中国道学为主干的时代新学；其八，东晋以降，玄学与佛学趋于合流，道家思想在中国佛教般若学的理论建构中，在观念与思维上，对印度般若学具有"接引之功"；其九，宋明理学作为"新儒学"，糅合佛、道，三学归一，然而"其实是外儒而内佛、老"。

(三)认为就文化本质而言，道家思想在中国文化现代化中的地位与作用，崇高而优于传统儒家思想

尽管陈鼓应不是没有看到道家思想的历史局限，也并非否定儒家思想的仁学在调节社会人际关系内心修养上的积极意义，然而"道家主干"说的抨击对象，则主要是儒家。陈鼓应说，"儒家型的意识形态是中国现代化的最大阻力"，这是因为儒学是一种"十分深沉的惰性文化"之故，它具有君权至上、尊长、亲亲、人治、反法制、排斥异己、反对庶人议政、不利于商业与生产发展、压抑个性和泛道德主义等"十弊"。认为当代新儒学的历史局限性表现在：1. 一般而言，其观念情绪有贬损"五四"新文化"科学与民主"这一文化主题的倾向；2. 所谓"从内圣开出新外王"即"从儒家心性之学中开出科学与民主"的见解，无异于主张"在岩石上播种，而企求长出人参果"；3. 一般以继承孔孟"道统"自居，表现为学术观上的自我封闭和儒家信仰化；4. 将传统儒家伦理概念化、绝对化、超然化，缺乏对民间不平和"民瘼"的关注胸怀。认为应对几年前美国汉学界所提出的"儒家伦理与中国现代化的关系，简单地比附于马克斯·韦伯以新教伦理为动

力"说持保留态度。指出那种把传统儒家伦理作为资本主义精神之动力的观点，是不妥的。指出道家关于不违背自然天则以成就人事的"无为"思想以及破斥天神偶像的思想，比起儒家伦理思想中那些积极的成分，更能为以科学与民主为文化主题的中国现代化所用。

（四）认为道家哲学在尊重个性、歌颂生命的诗性品格以及对生命悲剧精神的沉思等方面，与西方以尼采哲学为文化底色的哲学精神不无相通之处

"新道学"的研究者对儒家的宗法道统、人性禁锢、威权意识、血缘观念等深为不满，并赏识尼采所开拓的哲学"新天地"。陈鼓应《悲剧哲学家尼采》说，尼采宣称"上帝死了"及其浓重的生命悲剧意识，"深深地激荡着我的思绪"。认为以尼采与老子尤其庄子相比，发现老庄所追求的人生境界及对生命终极的彻悟，有如尼采一般携带着痛苦、悲剧因素之恢弘的生命空间或曰精神之大泽。认为在老庄淡泊、虚静的生命境界中，同样深潜着沉重的对生命终极和灵魂的追问与拷打。老庄与尼采都破斥神的偶像，追寻无系无缚的精神自由。但是，如果说尼采基于生命悲剧、高扬个体生命的"冲创意志"（The Will to Power）属于"酒神精神"范畴的话，那么，老庄的"积极入世"与高扬自然个性，却不是意志的强迫，而是自然人性与人格的循天而行，它是一种东方式的"日神精神"，这种"日神精神以恬静含蕴着生命的开阔与精致"。在老子尤其庄子那里，生命悲剧本然的沉重与无奈，却被消解为人生境界的轻灵、潇洒与放达。这是老庄哲学不同于尼采之处。

关于"道家主干"说，本书认为，它是作为"现代新儒学"的对应甚而对立的文化与学术思潮而出现的。如果说，现代新儒学由于从传统儒学中吸取了精神资源，比较关注政治与伦理道德现实问题因而偏于为官方谋划的话，那么，现代新道学可能更多地具有民间的立场。也许有感于"第三期儒学"即现代新儒学自"五四"以来的开场锣鼓敲得震天响，几乎不间断地呼朋引类，在学术与文化之舞台演出文化守成主义之辉煌的"活剧"这一点，现代新道学也便从道家文化的悠远传统中采撷思想素材，同样从文化

守成主义立场出发，试图也来"做"一篇与现代新儒学分庭抗礼的大文章。没有人可以怀疑这两股对应甚至对立的文化思潮，都具有深厚的历史文化传统的巨大力量，然而与现代新儒学比较，现代新道学历史之浅近、阵营之未成以及理论建树之不足，使它在现代新儒学面前，几乎难以争夺"主流话语"的"霸权"。

什么才是中国哲学史的"主干"？一段时间以来，学界大致形成三种见解。其一，以儒为"主干"。李泽厚在其《中国古代思想史论》一书中说，本书"着重讲了孔子和儒家，以其作为主轴。这不是因为我特别喜欢儒家，而是因为不管喜欢不喜欢，儒家的确在中国文化心理结构的形成上起了主要的作用，而这种作用又有其现实生活的社会来源的"。书中同时说"充分了解和估计到这一点，就容易理解为什么儒家会在中国社会和中国思想史上占据了那么突出的地位，为什么儒学、儒家或儒教几乎成了中国文化的代名词"[1]。其二，以儒、道两家共同为"主干"。方克立、张智彦与赵吉惠等学者持此论。认为倘独以儒为"主干"，"多少有些褊狭"[2]。这种学术见解，具有深远的历史渊源。所谓"诸子百家"，司马谈《论六家要旨》仅列儒、墨、阴阳、名、法与道德六家，班固《汉书·艺文志》增纵横、杂、农与小说共为十家。虽然在先秦历史上，儒、墨为显学，道家居其次，然而，以文化传统与历史影响来看，儒、道两家在诸子中无疑首屈一指，正如《刘子·九流》所言："道者玄牝为本，儒者德教为宗，九流之中，二者为最。"其三，以道为"主干"。正如前述，首先提出这一学术见解的，是发表在《哲学研究》1986年第9期上的周玉燕、吴德勤的《试论道家思想在中国传统文化中的主干地位》一文。该文认为，"中国传统文化从表层结构看，是以儒家为代表的政治伦理学说，从深层结构看，则是道家的哲学框架"。尔后才是陈鼓应的《论道家在中国哲学史上的主干地位——兼论道、儒、墨、法多元互补》一文(发表于《哲学研究》1990年第1期)，以及此后

---

[1] 李泽厚：《中国古代思想史论》，人民出版社，1985年版，第300—301、300页。
[2] 杨超、张岱年、方克立、赵吉惠、张智彦：《笔谈老子研究》，《求索》1986年第1期，第60—66页。

发表在《中国文化研究》上的多篇论文，力倡"道家主干"说。

这三种学术见解之间的争辩，其实并不是在同一思想、思维的平台上展开的。首先应当指出，李泽厚的以儒为"主干"说，是就整个中国文化心理结构而言的，他实际并未回答到底什么才是或不是中国哲学史的"主干"这个问题。其次，在第三种见解即以道为中国哲学史"主干"的同一理论阵营里，周玉燕、吴德勤两位首倡者与大张其鼓、力主道为"主干"说的陈鼓应之间，观点也有相左之处。前者先将中国文化分为"表层结构"与"深层结构"两个层次，并把道家设定在中国文化的"深层"，而儒家仅在"表层"。这种说法，是一定程度上肯定儒家历史、文化地位的同时，倡言道家"主干"说的。所谓"主干"，指道家造就了中国文化的"深层结构"。这里，且不说将儒、道分指为中国文化之"表层"与"深层"在理论上是否站得住脚，仅就其立论的角度来看，则基本上持一文化之眼光，认为儒、道两家撑起了整个中国文化的"天空"，在这一点上与第二种见解有相通之处。然而两位学人对儒的肯定是极有限的，仅仅认为儒属于中国文化的"表层结构"，而道建构了中国文化"深层结构"的"哲学框架"。问题是，中国文化中道、儒之间的历史关联，是否就是一清二楚的"深层"与"表层"的结构关系，是值得怀疑的。如果儒仅仅在"表层"，那么又如何理解与解释两千五百年之后的今天，孔夫子依然是世界上最著名、影响最为深远的中国第一文化名人？后者的"道家主干"说，不仅仅是就中国哲学史而言的，并未全面认同周玉燕、吴德勤两位关于"道"在中国文化中"主干地位"的见解。就陈鼓应本人的学术观点来看，也有一个发展、变化过程。他在开始参与学界论争时，力主道家在整个中国哲学史上的"主干地位"说，并持"道、儒、墨、法多元互补"的见解，后来所发表的有关论文，重点在宣说"道家在先秦哲学史上的主干地位"这一学术理念，这与其说是一种理论上的调整，不如说对该问题、该学术课题的把握显得更为谨慎与准确了。

文化与哲学的关系可能有些纠缠不清。说文化是哲学的土壤与温床或称哲学乃文化之魂，是大致不错的。文化这一范畴可能包容哲学却不可替代哲学或等同于哲学，这也是常识。称道家是中国哲学史(先秦哲学史)的"主干"或说其为中国文化的"主干"，显然是大不相同的。一般而言，儒家的学说，比较关注与试图解决政治与道德伦理层次的"治世"与"治人"问题，关注人际关系与内心修养问题，而整个中国文化的基质，是在自原始巫术文化等"祛魅"之后消解神性的"人学"，这其实也就是儒家学说的主题。因此，从中国文化的基本结构内容与历史影响来看，由孔子所首创的儒学，是中国文化尤其是政教、伦理的"主干"，这一论断也许下得不算匆忙吧。

孔子在世时，其学并未显要，仅是诸子之学中的一支，他的思想、学说与治国方略往往难为诸侯国的统治者所采纳。孔子周游列国，发誓云：道不行，乘桴浮于海，热衷于宣说他的"道"，但到处游说而碰壁甚至横遭"陈蔡绝粮"之厄，有"丧家"之危，被讥为"是知其不可而为之者与"①，其人文处境的困难可想而知。

不过，儒学在战国初期之后，已大有发展。韩非指出：

> 世之显学，儒、墨也……自孔子之死也，有子张之儒，有子思之儒，有颜氏之儒，有孟氏之儒，有漆雕氏之儒，有仲良氏之儒，有孙氏之儒，有乐正氏之儒。②

发展到战国中后期，自孟轲到荀卿，儒学已成显学。③

---

① 《论语·宪问第十四》，刘宝楠：《论语正义》，《诸子集成》第一册，上海书店，1986年版，第325页。
② 韩非：《韩非子·显学第五十》，王先慎：《韩非子集解》，《诸子集成》第五册，上海书店，1986年版，第351页。
③ 在孔子与孟子之间，除了"子张之儒，子思之儒"等，还有保存在郭店楚简的儒学，如《缁衣》《鲁穆公问子思》《穷达以时》《五行》《唐虞之道》《忠信之道》《成之闻之》《尊德义》《性自命出》与《六德》各一篇以及《语丛》四篇凡十四篇内，都具有丰富的儒学思想。

孔子的儒学，首开儒家"内圣外王"之宗风①。发展到孟子，则强调心性（性善）与内圣之学；发展到荀子，则强调礼法与外王之学。此后，自西汉武帝纳董仲舒"天人三策"之谏言，推行"罢黜百家，独尊儒术"的政治与文化政策，传统儒学迎来了第一个黄金时代。作为官方统治之学，汉代儒学走上了经学之途，经学又演变为谶纬神学（实际是谶纬巫学）。其学以"天人合一""天人感应"为圭臬，奠定了儒学在中国文化中的"主干"地位。魏晋南北朝时，先是玄风独大，继而佛学当途，直至隋唐儒、释、道三学渐趋于融合，但传统儒学以其顽强的生命力，或潜行于中国文化之大泽，或与道家之学一起，熔铸外来的佛学，坚守其自己的学说命根而不断开拓创新。至于宋明之时，传统儒学更是声势浩大，遂为继先秦原始儒学、汉代儒学（经学）之后的名副其实的"新儒学"。直至清代实学，其实也是传统儒学的回归与发展。汉代曾有古文经学与今文经学之别，古文经学注重笺注、训诂之学，今文经学注重哲思、义理之学的解释。清代实学显然上承、发展与综合了汉代经学中的今、古文经学传统。

要之，说中国文化的"主干"是儒学，实不为过。但这并不妨碍我们同时可以得出道家思想是中国哲学史尤其先秦哲学史的"主干"这一结论。

哲学作为精神高蹈之学，尤其关注的是精神层面上的宇宙、世界与人生的根本问题，可能由人生之根本而追问自然之内涵。哲学常常与宗教结伴，探寻终极。哲学是人之根本意义上的"问题意识"。"在世界而求超世界，在此有限的'活'中而求无限、永恒或不朽；或者，打破沙锅问（纹）到底，去追寻'人活着'的道理、意义或命运"②。哲学是人之问题意识的理性提炼。人的存在是不是问题以及是什么问题或不是什么问题等，都带着怀疑与拷问，具有玄思与超拔的品格。如果某一民族、某一时代的人们面

---

① "内圣外王"一语，首见于《庄子·天下第三十三》，原文为："判天地之美，析万物之理，察古人之全，寡能备于天地之美，称神明之容？是故内圣外王之道，暗而不明，郁而不发，天下之人，各为其所欲焉以自为方。悲夫，百家往而不反，必不合矣。后世之学者，不幸不见天地之纯，古人之大体，道术将为天下裂。"（王先谦：《庄子集解》，《诸子集成》第三册，上海书店，1986年版，第216页。）
② 李泽厚：《世纪新梦》，安徽文艺出版社，1998年版，第8页。

对现实、历史与未来时，竟提不出什么根本问题，或提出的实际是些"假问题"，或不能提出问题等，那么，这个民族与时代的哲学就死了。道家在中国哲学史(尤其在先秦哲学史)上之所以一直具有葱郁而顽强的生命，就因为总在不断地提出问题，不断地追问，并且首先提出了本原、本体意义上的根本问题。当传统儒家的文化头脑，大致上一直纠缠于心性、道德为核心内容的一些偏于形下的问题时，正如"道家主干"说的倡导者所言，道家在中国哲学史(尤其在先秦哲学史)上的哲学追问，一直没有停止。道家哲学，确实集中体现了中华民族文化的玄思、超越之魂。

当然不是说，传统儒学与哲学绝对无涉。早在原始儒学时期，孔夫子就发过一个"愿心"："朝闻道，夕死可矣。"这里的道，具有某些哲学意蕴，带有真理性。孔夫子又曾发出浩叹："逝者如斯，不舍昼夜"。这种蕴含于情绪、感触之深处的思虑，无疑具有哲思品格。但孔夫子毕竟不是一个哲学家，他的思想与思维的域限，基本上在"邦有道""邦无道"之际，正如黑格尔《哲学史讲演录》所言，孔子的确是一位讲究"实际的世间智者"。当然，儒学在与道、释对应、对立与融合的漫长历史中，也在不断吸取道、释的哲学因素，多少改变其自身的精神属性，发展到宋明理学中的"儒"，已经很具有葱郁而深刻的哲学了，其实这是道、释的濡染、影响之故。

新道学的理论主张，对进一步解析老子哲学的美学意蕴具有启示意义。由于美学的哲学品格与哲学的美学意蕴是一个问题的两面，哪里有哲学，那里就可能有美学。从学理与思想传统来看，美学与哲学具有不解之缘。新道学强调老子哲学在中国文化史与哲学史上的崇高地位，无异于强调道家美学在中国美学史上的重要性。道家哲学首先是老子哲学的诸多概念、范畴与命题，孕育与蕴含了道家的审美意识、观念与思想。道家哲学为中国美学——包括道家美学，首先是老子美学——开拓了广阔的思想与思维空间。道家哲学的"自然"本体论、主体"无为"说以及"返璞归真"的人生境界观，是道家美学，首先是老子美学巨大而深邃的精神底蕴。可以这样说，与儒家政治、伦理学相比，道家哲学(此后还有佛禅哲学)可能更直接地、潜在而有力地影响了中国美学的发展路向。在中国艺术审美历程中,即使是儒家思想的浩大声势,也不能掩盖、抹煞道家关于"无为"的精神建构。这种建构,早在老子那里已经正式开始了。道家钟爱自然山水,自然山水在中国传统山水诗、田园诗、山水花鸟画与园林艺术等艺术类型中,自古至今是关于"无为"与"自然"的美学主题。道家哲学,首先是老子哲学,历来培养、陶冶了无数文人学士澄明的审美心态与自然精神,所谓"致虚极,守静笃"是也。首先是老子哲学而不是孔子仁学,深刻影响了中国艺术审美的精神素质。老子及其哲学在先秦的出现,是一个思想的"奇迹"。老子哲学(此后还有庄子哲学)的人生境界说,以"自然"说为其哲思本色,以"返璞"为"终极",以一般地拒绝宗教、在"自然"之中"自静其心"为"祛魅"之特点。老子哲学的美学意蕴及其精神境界,实际是"出淤泥而不染"式的舍弃尘世喧嚣的庄严的"虚静",是以"虚静"安顿人心,从人生"围城"退出,让人的精神得以安宁、自由。中国的艺术审美历史无比悠远,品类繁多,难以一一述说,有一点可以肯定,即老子哲学问世之后,中国艺术的人文素质,大凡以自然的"静观"为最高境界,这不能不是老子哲学对艺术审美的有力影响所致。

因此,尽管"新道学"的理论主张有诸多不完善甚至缺失之处,但它提醒我们注意道家首先是老子哲学的"主干"地位,从而更加关注其深蕴的美学意义,则是可以肯定的。

但这也不等于说要无视儒家首先是孔子仁学对中国美学的深远影响。

第三节 郭店楚简《老子》的审美意识

据考古,1993年10月在湖北省荆门市沙洋区四方乡郭店村出土的楚简《老子》,是迄今所发现的最古的《老子》抄本。该文本的学术思想,显然更接近于《史记》所言那个"周守藏室之史"老聃所撰的《老子》原本,与1973年底所发掘的长沙马王堆帛书甲、乙本《老子》,尤其与通行本《老子》相比较,具有重大区别。如果说,通行本《老子》为太史儋所编纂,它所体现的主要是战国中期的道家思想及其美学见解的话，那么郭店楚简《老子》的思想，可以认为是更直接地接近于道家原貌。楚简《老子》的篇幅，虽不及通行本的五分之二①，但其古朴、深邃的哲学及其美学意识，它所独具的文脉意义的重要学术价值，为体现于老子哲学的美学意识问题的重新研究与再认识，提出了一个学术新课题。关于这一点，与《论语》比较，也能见出。

一、道："有状混成"还是"有物混成"

无论通行本还是郭店楚墓竹简本《老子》，道都是其哲学及其美学意识的元范畴。道，具有事物本原本体、运动规律性、道德准则与人生理想境界彼此联系、牵绕的四重哲学意蕴。通行本《老子》说，道"可以为天下母"（本原、本体），"反者，道之动"（运动规律性），"道生之，德畜之"（形上之道贯彻于形下之德，体用不二，为道德准则），"道法自然""无为而无不为"②（人生理想境界），等等，此之谓也。

楚简《老子》全文有道字凡二十四，与通行本大致相应的，是楚简本所言述的道，也依次具有四重意义，比如：1. "道恒亡（无）名朴"；2. "返也者，道动也""天道员员（圆圆），各复其根"；3. "保此道（指德行）者，不欲当盈"；4. "道法自然""亡（无）为而亡（无）不为"③等。

这说明，楚简本与通行本《老子》在思维理路上的某种一致性。

可是，在思想属性及其深刻程度上，两者论道，依然存在重要区别，由此体现其美学意识与见解的不同。

通行本《老子》说："有物混成，先天地生。寂兮寥兮，独立而不改，

---

① 楚简《老子》的篇幅之所以不及通行本的五分之二，学界以为有三种可能：一、该墓曾遭盗掘而导致竹简残损；二、陪葬时未将《老子》全文放入墓中；三、原本如此，既然是古抄本，篇幅短小合乎常理。究竟如何，目前学界尚无一致结论。
② 《老子》第二十五、四十、五十一、二十五、三十七章，王弼：《老子道德经注》，《诸子集成》第三册，上海书店，1986年版，第14、25、31、14、21页。
③ 《郭店楚墓竹简》，文物出版社，1998年版（后文不另注明）。

周行而不殆,可以为天下母。"①这里,明白无误地称"先天地生"的"道"是一种"物",既然道为"天下母",自然可称为"元物"。由于道是"物",以往有的学人就说老子的哲学及其美学意识是"朴素唯物主义"的,引发所谓老子"美学"究竟是"唯物主义"还是"唯心主义"的长期争论。敏泽说,"至于《老子》一书所说的'道',究竟属于物质性存在,或是观念性存在,长期以来却聚讼纷纭,莫衷一是……笔者认为:老子的'道',在基本上是属于物质性的。"②道具有"物质性",自然是"唯物主义"的道论了。

问题是,通行本《老子》一边称道为"混成"之"物",一边又在该书第四十章赫然写道:"天下万物生于有,有生于无。"其第一章也说:"无,名天地之始。"③显然自相矛盾。因为,如果道为"物",则无异于说道是有限的、形下的时空存在物,说明老子哲学及其美学意识具有经验性的思维品格。道既然是"物"的经验性原始存在,那么,它当然是原本之"有"。可是《老子》一书不是说道又是一种"无"吗?这种关于天地万物及其美既始源于"有"(物)又是"无"的文本矛盾现象,要么说明通行本《老子》的编纂可能并非出于一人之手,在道这一问题上观点相左,要么是该本《老子》思想逻辑上的不周密。

这种颇为"尴尬"的文本现象,在郭店楚简《老子》这里,是不存在的。

考通行本所谓"有物混成",楚简本原作"有状混成"。

可以从楚简《老子》图版有关文字符号的书写得到有力的证明。

据笔者检索,"物"字在楚简《老子》全文凡十一见。是为"是故圣人能辅万物之自然""而万物将自化""万物将自定""万物作而弗始也""天下之物""万物将自宾""万物方作""而奇物滋起,法物滋彰""物壮则老"与"是以能辅万物之自然"。这十一个物字,简文大多写作"𠣘",个别写作"𠔼"。

---

① 《老子》第二十五章,王弼:《老子道德经注》,《诸子集成》第三册,上海书店,1986年版,第14页。
② 敏泽:《中国美学思想史》第1卷,齐鲁书社,1987年版,第221—222页。
③ 《老子》第四十、一章,王弼:《老子道德经注》,《诸子集成》第三册,第25、1页。

而在通行本所谓"有物混成"文辞相应处，楚简《老子》写作"又𦗢𠂇𢦏"。这里的"𦗢"，显然并非物字。正如前述，楚简《老子》别有的十一个物字，都并非如此书写。如将该"𦗢"释为"物"，无疑是欠妥的。侯才《郭店楚墓竹简老子校读》一书则释其为"物"，称"但细辨此字字形当为'𦗢'，与《古老子》的'物'（𦗢）字写法相近，故此字当判为'物'字"①，这是没有将楚简《老子》十一个物字的写法与"𦗢"字细加比较的缘故。

裘锡圭先生从文字学角度研究楚简《老子》"又𦗢𠂇𢦏"四字，认为《郭店楚墓竹简》一书将该四字释为"又（有）䇗蟲（蚰）成"，是可取的。裘先生指出，这里的"又"，为"有"；"䇗无疑也应分析为从'百'（首）'爿'声，依文义当读为'状'，'状'也是从'爿'声的。"又说，"蚰"即蟲字，"蚰即昆虫之'昆'的本字，可读为'混'。"而"𢦏"，为"成"字的战国楚文字写法，当不成问题。因此，楚简《老子》这四字，应为"有状混成"而非通行本所谓"有物混成"。这里的"䇗"，即"状"。"䇗（状）应即'无状之状'，此字作'状'比作'物'合理。"②此说可从。

"有状混成"与"有物混成"，仅一字之差，而其美学意义是不一样的。这里的"状"及其文义，确与《老子》第十四章"无状之状"相应相契。所谓"无状之状"，是对道及其美学意蕴的一种恰如其分的描述与领悟，道既不是"物质性"的，也并非"精神性的"，作为事物的本原、本体，是一种原始、原朴意义上的"无的状态"。

"无的状态"自然并非形下之"物"（有）。作为本原、本体的存在，便是楚简《老子》所言，"道恒亡（无，先秦的无字，往往写作"亡"）名朴""见素保朴"，也即所谓"大象"。"大象"者，"无象"之谓。"无象"即"无的状态"。如果以胡塞尔的现象学方法来加以理会，那么"无的状态"不是其他

---

① 侯才：《郭店楚墓竹简老子校读》，大连出版社，1999年版，第47页。
② 裘锡圭：《以郭店老子简为例谈谈古文字的考释》，《中国哲学》第二十一辑，辽宁教育出版社，2000年版，第187—188页。

什么别的，它是用"括号"将一切生命与生活经验"括了出去"之后的一种"悬置"与"存疑"状态，是真正形上、超越于"物"的状态。正如叶秀山先生所言，"经过胡塞尔现象学的'排除法'，剩下那'括不出去'"……"排除不出去的东西，即还'有'一个'无'在"①。"无的状态"对于审美的意义，在于"无"逻辑地自由建构起超越于经验时空的人类生命创造的契机，是一种有待于"创造"的本原、本体意义上的"状态"。人类之所以是无可争辩的美的创造者，是因为世界本"无"。美的创造，便是"无"中生"有"。"无"，预设了无限的时空可能性。因此，楚简《老子》"天下之物生于有，（有，缺字）生于亡"的"亡"，是预设了本原、本体意义上的逻辑原点，使思想与思维超拔于经验性存在，从而开启美之创造的智慧之门。如果世界一切皆"有"、一切本"有"，那么，本原、本体意义上的美的创造，便是不可能的。

楚简《老子》"有状混成"这一命题及其"天下之物生于有，生于亡"这一相关论述，具有追问美之本原、本体的思想与思维的形上品格。通行本《老子》改"有状混成"为"有物混成"，与该本关于"是故天下万物生于有，有生于无""无，名天地之始"等论述相抵牾，把楚简《老子》已经达到的哲学及其美学意识的深度肤浅化、平庸化了。

二、美之根："玄牝"与"大"

通行本《老子》论道，是从人的生命角度进入哲学及其美学思考的，认为道是人之生命、生存状态的美的本原、本体。在这一点上，楚简《老子》亦然。不过，通行本是同时从男、女两性的生命角度进入，而楚简《老子》不然。

通行本《老子》论美之本根与美之品格，最关键的有两处。

其一，通行本《老子》第六章说："谷神不死，是谓玄牝。玄牝之门，

---

① 叶秀山：《世间为何会有"无"？》，《中国社会科学》，1998年第3期。

是谓天地根。"①严复《老子道德经评点》一书认为，"以其虚，故曰'谷'；以其因应无穷，故称'神'；以其不屈愈出，故曰'不死'。"这是以"玄牝"拟作"道"的"天地根"性。张松如《老子校读》指出，"玄牝"者，"微妙的母性"之谓也。据此，陈鼓应进而强调"道"的雌性与阴柔品性，"虚空的变化是永不停竭的，这就是微妙的母性。微妙的母性之门，是天地的根源"②。自然，这也是美的根源。通行本《老子》这一段名言以人之女性生殖作比，言说美之本原、本体意义上的阴柔性，从根本上阐述老子哲学及其美学意义所认同的美的"守雌"与"虚静"属性。

其二，通行本《老子》第二十五章又说，"有物混成"的"道"，作为"天下母"却难以命名，所谓"吾不知其名"耳，故只能"字之曰道，强为之名，曰'大'"③。这里对道的描述与体悟，显然不同于通行本第六章所言。

笔者以为，此处尤为值得注意的，是一个"大"字。

卜辞"大"字多见，如🏃（郭沫若等《甲骨文合集》一四二一），🏃（董作宾《小屯・殷虚文字乙编》七二八）与🏃（郭若愚等《殷虚文字缀合》八七）等，是一个象形字。

许慎《说文解字》云："故大，象人形"，可谓的解。

然而这"大"，并非象一般意义上的"人"，更非象（"象形"之"象"）女子，而是成年男子正面而立、四肢伸展之象。

裘锡圭指出，"古汉字用成年男子的图形🏃表示（大）"。"大的字形象一个成年大人"④，所言是。

萧兵以为，所谓美学"从羊从大"的"大"，指"正面而立的人，这里指进行图腾扮演、图腾乐舞、图腾巫术的祭司或酋长"⑤。

大字本义，象正双腿叉开、面站立的成年男性，实际上奠定了通行本

---

① 《老子》第六章，王弼：《老子道德经注》，《诸子集成》第三册，上海书店，1986年版，第4页。
② 陈鼓应：《老子注译及评介》，中华书局，1984年版，第85—86页。
③ 《老子》第二十五章，王弼：《老子道德经注》，《诸子集成》第三册，第14页。
④ 裘锡圭：《文字学概要》，商务印书馆，1988年版，第3页。
⑤ 萧兵：《楚辞审美观琐记》，《美学》第三期，上海文艺出版社，1981年版，第225页。

《老子》描述道的又一种朴素的文化意识与美学意识底蕴的基础。

在上古原始母系社会,"民人但知其母不知其父",初民的原始生殖观念,首先是与母系血缘相联系的。后来,原始父系文化代替了原始母系文化,随着原始群婚制的结束与对偶婚制的出现,初民逐渐发现男性在两性生育中同样具有重要的"原生"意义,并加以崇拜。尔后,由于男性不可避免地成为父系社会政治、经济与军事等的权力中心,则进一步加剧了这一崇拜。

于是,作为这一原始文化现象、生命现象之文字符号的表达,便有"大"这一古汉字的创构。

殷墟卜辞中,大字具有两重意义,除表示大小的大[1]之外,其根本之义,指男性祖先[2]。大小的大,是男性祖先的引申义。在卜辞中,男性祖先称为"大示",其宗庙即"大宗"。大是原始先祖尊显的名号,显然体现出对男性生殖"原生"性的一种崇拜意识。在春秋末年的老聃、孔子时代甚至在此之前,大字由表达原始男性生殖崇拜意识,转变为具有哲学、伦理与审美意义上的原生、原始之义。否则,我们便很难理解,为什么通行本《老子》要勉强给"道"起名为"大"。以"大"名"道",就是为了指引人们由"大"悟"道"。这里,大字本指男性生命、生殖意义上的原生、原始性,实际进而是《老子》所体悟到的道的哲学内涵与美学意蕴。尽管通行本《老子》称"道"难以名之("吾不知其名"),故只能"强为之名,曰'大'",但先民从男性生殖崇拜的原生、原始意识,进而领悟道的本始本朴、本原本体意义这一点,确是具有文化历史的真实性的。

以"大"名"道",体现了古人哲学及其美学意义上的生命意识的一种觉醒。

这里的大字,实际读为"太"(tài),大是太的本字。从文字造型看,太比大多的那一点,是古人由大字进而造太字时对男子性器的强调。大即

---

[1] 如"贞其有大雨。"见郭沫若主编:《甲骨文合集》一二七〇四,中华书局,1978—1982年版。
[2] 如"亥卜在大宗又杓伐羌十。"商承祚:《殷契佚存》一三一,金陵大学中国文化研究所影印本(珂罗版),1933年版。

太。难怪朱熹《周易本义》会将"易有太极"一语写成"易有大极"①，目的在以此示其"本"。顺便说一句，通行本《老子》诸如"大象无形""大智若愚"与"大音希声"等大字，都非大小的大，都是太的本字，读 tài，具有本原、本体的哲学与美学意蕴。

不难见出，通行本《老子》一方面以"玄牝"为比言说"道"的"守雌"与"阴柔"本性(所谓"致虚极，守静笃")；另一方面，又以大名道，无异于承认道的本原、本体意义上的雄强与进取的精神品格。

千百年来，人们所认同的道家思想及其美学精神不出乎"守雌""阴柔""虚静"与"退避"等义，由于先入之见，我们今天看到通行本《老子》这种矛盾的文本现象，大约总会以为，关于以大名道的论述与思想，一定是后加、后起的。恰恰相反，我们在比通行本更为古老的楚简《老子》中，发现了与通行本以大名道相类的论述，全文为："有状混成，先天地生。敓缪效独立不改，可以为天下母。未知其名，字之曰道，吾强为之名，曰'大'。"而通行本第六章所言有关"玄牝"之论，在楚简《老子》中未见一字。

这一种文本现象，如果排除楚简《老子》出土前曾因盗掘而残缺与陪葬时未将全文放入墓中两种可能，如果楚简确为《老子》古抄本全文，如果古抄本确是忠实于由老聃所著《老子》原本的，那么笔者有理由认为，楚简《老子》仅以"大"名道而只字不提"玄牝"之论，说明这一文本在描述道的哲学本原、本体思想及其美学意识时，显然并不是从人类母性生命、生殖这一文化基因入手的，它并未将母性与道的思想属性及其美学意识联系起来加以思考。

这是可以理解的。老聃及其《老子》原本所处的时代，大致与孔子同时(稍长于孔子)。这是一个崇尚男性、贬抑女性、歌颂阳刚、树立祖宗权威的时代，因为此时离中国文化进入父系时代更近。自从新石器晚期中国父系文化大声喧闹着登上历史舞台，男性的政治、经济、军事、文化与人格地位得到了全面提升与尊重。周代所盛行的宗法制，其政治、伦理意义在

---

① 朱熹：《周易本义》，天津市古籍书店，1986年版，第314页。

于强调帝王与君主的威权，这种强调的文化基因，是对男性生殖、血缘与父亲的神性、灵性与巫性崇拜。从"殷道亲亲"到"周道尊尊"的文化选择，成为整个民族、社会以男性血缘为文化意识中心的现实肯定与时代转变。时代在转变，但根植于父系文化的尊男抑女的文化主题并未改变，正如派伊《亚洲权利与政治》一书所言，此时的中华，典型的父亲可期待完全的尊敬。父亲，无可替代地被尊为政治的标志、伦理的表率、文化的象征、人格的偶像与人性生命之根。这一父亲的哲学及其审美表达，便是楚简《老子》与通行本《老子》所言的"大"。虽然老聃与孔丘所面对的同一时代课题是"礼坏乐崩"，但这一时代天命思想的淡化与周天子权威的日益削弱，并非意味着深层文化意义上男性、男权与父亲中心地位的被消解。随着身披霞光的男性之高大形象在古老中华大地上昂首苍穹，必然是女性及其母系观念的黯淡与落寞。周代在社会公共事务与私有财产的继承方面，推行严格的父系原则，王位、君位与卿大夫爵位的继承等，以嫡长子为第一世袭者，在国家与家族的权力与财产的再分配上，是完全排斥母系与女性的，女性历史地位的衰落使女性"变成了一种私人的事务，妻子成为主要的家庭女仆，被排斥在社会生产之外"[1]。难怪《论语·阳货》记述孔子之言云："唯女子与小人为难养也，近之则不孙（逊），远之则怨。"[2]孔子斯言，将女子与小人并列，在今人看来，是贬损女性，会激起义愤的，但在孔子及其时人眼里，却并非故意贬损，实在是真实地传达了一种当时很正常的时代意绪及其审美观念。

一个时代的哲学及其审美意识，总是与该时代的文化思潮与意绪相一致的，同时是其折射与凝聚。楚简《老子》描述"道"这一本原、本体时言"大"而不言"玄牝"，反映了这一文本在建构其哲学及其美学意识时，思想与思维层次上对男性文化的强烈认同。

通行本《老子》又为何既以大又以玄牝名道呢？如果我们认同以大名道

---

[1]《马克思恩格斯选集》第四卷，人民出版社，1966年版，第70页。
[2]《论语·阳货第十七》，刘宝楠：《论语正义》，《诸子集成》第一册，上海书店，1986年版，第386页。

体现了先秦原始道家建构道之哲学本原、本体论这一原始思想面貌的话，那么，把通行本《老子》关于道的玄牝之论，看作为道家后学所改，是合乎逻辑的。

学界一般认为，"简本《老子》出自老聃，今本（指通行本）出自太史儋"①。据《吕氏春秋》《礼记》与《史记》等古籍记载，孔子曾问礼于老聃。据《史记·秦本纪》"十一年，周太史儋见献公"之记可知，这位编纂通行本《老子》的太史儋与秦献公同时。献公十一年，即公元前374年，处于战国中期，离老聃所处的春秋末期约百年时光。

太史儋时代与老聃时代相比，其文化观念与时代情绪已经发生了不小的变化。此时七国并雄，天下纷争，曾经作为"天下共主"的周天子权威与政治力量已趋衰微（东周亡于公元前256年）。虽然此时血缘宗族文化中"父亲"崇高的人格魅力并未丧失，但是，曾经被贬抑得毫无立锥之地的女性，却得到文化意义上的部分承认。值得注意的是，此时在哲学上的表述，是天这一范畴不再至高无上、独一无二，而是转变为天、地并称。天、地的根喻是男、女与父、母，亦称乾、坤。正如大致成文于战国中后期至汉初的《易传》所说，"乾，天也，故称乎父；坤，地也，故称乎母"②。天、地并称这一哲学思维构架的文化学原型，是男女与雄雌并提。

这一历史性转变，其实早在战国初期的子思时代已经开始，完成于战国中后期。杨荣国曾经正确地指出，"有一点是不可忽略的：孔墨虽言'天'而不言'地'，子思则是'天'与'地'并言的。可见这时由于血族的宗族关系日形松弛"③。这种"日形松弛"的观念形态，并非意味着战国时代女性社会地位的根本提升与伦理地位的改变，而是雄辩地说明，战国中期

---

① 参见郭沂：《楚简〈老子〉与老子公案》，载《中国哲学》第二十辑，辽宁教育出版社，1999年版，第136页；李泽厚：《初读郭店竹简印象记要》，载《中国哲学》第二十一辑，辽宁教育出版社，2000年版，第8页；姜广辉：《郭店楚简与早期道家》，载《中国哲学》第二十一辑，第277—278页。
② 朱熹：《周易本义》，天津市古籍书店，1986年版，第353页。
③ 杨荣国：《中国古代思想史》，人民出版社，1954年版，第155页。

的太史儋时代，时人已经同时从男、女两性的生命与生殖角度来建构其哲学及其美学意识，那种原先仅从男性角度"看问题"的思维模式被打破了。曾经被巨大的男性这一历史、文化之"阴影"所遮蔽的关于女性生命及其生殖的文化观念，成为战国时人酝酿、建立哲学及其美学意识之重要的思维与思想资料。难怪成文于战国中后期至汉初的《易传》如是说："天地绵缊，万物化醇；男女构精，万物化生。"①难怪比通行本《老子》晚出的《庄子·田子方》也说，"至阴肃肃，至阳赫赫；肃肃出乎天，赫赫发乎地；两者交通成和，而物生焉。"②成书于战国末年的《荀子·礼论》，也同样说"天地合而万物生，阴阳接而变化起"③。凡此思维模式与体现于哲学中的文化视角，都是与通行本《老子》相一致的，便是男女、天地并称。

通行本《老子》同时以大与玄牝名道，仅是战国中期出现的一个著名的文本个案，体现出这一特定历史时期道家哲学及其美学意识的学术气质与思想面貌。通行本《老子》的"玄牝"之论，是后人所添加的，可以看作是对楚简本《老子》以大名道的修正与补充，或曰对源自原始母系文化的女性生命崇拜的一种哲学、文化意义上的追忆与回顾。

要之，楚简本《老子》唯以大名道的美学意义，说明老聃始创道论之初，其实并未自觉地意识到他自己的哲学及其美学意识，是什么守雌、属阴与崇女的，相反倒是顺应源自新石器时代晚期父系文化的血脉，与传统男性生殖崇拜观念相联系。这并不等于说，老聃心目中的"美"（楚简《老子》有云："天下皆知美之为美也，恶已。皆知善，此其不善已。"）是阳刚的、进取的。因为，当时还未及产生阳刚与阴柔、进取与退避等文化观念及相应的审美观念。将男性与阳刚之美、女性与阴柔之美在观念上自觉地联系在一起，起码是战国中期及其后的事情。楚简《老子》独拈一个大字来

---

① 拙著：《周易精读》，复旦大学出版社，2007年版，第332页。
② 《庄子·田子方第二十一》，王先谦：《庄子集解》，《诸子集成》第三册，上海书店，1986年版，第131页。
③ 《荀子·礼论篇第十九》，王先谦：《荀子集解》，《诸子集成》第二册，上海书店，1986年版，第243页。

名道，并非对男性文化情有独钟从而有意贬低女性文化，不过是顺其自然地从当时普遍流行的崇天亦即崇父、崇男的社会文化氛围中，采撷一定的思想与思维素材罢了。

通行本《老子》那种同时以大与玄牝名道、看似矛盾的文本现象，可以说两千多年来的老学研究从未认真注意过。大凡学人都从玄牝为"天地根"来领会与言说道及其美的阴柔性与守雌性，不去推究所谓"吾强为之名，曰'大'"的大究竟是什么意思，错以为先秦道家从一开始就认为道是所谓"致虚极，守静笃"的。如果同时关注"大"这一文化本义及其哲学、美学意蕴，那么，老聃原本所谓道及其美学意识的文化性格是否纯粹为阴柔与守雌这一说法，就难以成立了。而诸如日本学者服部拱《老子说》引东条一堂氏的话说，"此章(指通行本《老子》说"玄牝""谷神"之类的第六章)一部之筋骨。'谷神'二字，老子之秘要藏，五千言说此二字者也"[1]，以及今日学界所言"母性哲学""守雌美学"云云，岂非无根之谈？

三、儒、道：原本"对立"还是相容

关于"儒道对立互补"是否奠定了先秦汉民族文化心理结构及其基本的审美文化基础这一问题，自从李泽厚在美学界提出这一见解以来，学界似乎并无多大歧义。李先生说，先秦"开始奠定汉民族的文化—心理结构。这主要表现为以孔子为代表的儒家的思想学说；以庄子为代表的道家，则作了它的对立和补充。儒道互补是两千年来中国美学思想一条基本线索"。又说："老庄作为儒家的补充和对立面，相反相成地在塑造中国人的世界观、人生观、文化心理结构和艺术理想、审美情趣上，与儒家一道，起了决定性的作用。"[2]这一见解，仅就先秦儒家著述与通行本《老子》《庄子》所体现的思想对应关系而言，确有言之成理之处。我们只要去看一看通行本《老子》及《庄子》那强烈的反儒言辞以及先秦儒、道两家深层的理性精神，

---

[1] 见严灵峰：《无求备老子集成续编》，引自萧兵、叶舒宪：《老子的文化解读》，湖北人民出版社，1994年版，第551页。
[2] 李泽厚：《美的历程》，文物出版社，1981年版，第49、53页。

就够了。通行本《老子》第十八章云："大道废，有仁义。智慧出，有大伪。六亲不和，有孝慈。国家昏乱，有忠臣。"第三十八章又说："故失道而后德，失德而后仁，失仁而后义，失义而后礼。夫礼者，忠信之薄而乱之首。"①《庄子》的《胠箧》《盗跖》《渔父》等篇也有激烈的反儒言述，具体论述，恕在此从略。确可以说"老庄"为"儒家的补充和对立面"。

可是，自从楚简《老子》出土，所谓"儒道对立"云云在理论上是否站得住，成了值得讨论的一个问题。

考楚简《老子》全文，未见非黜儒家之论。通行本《老子》第十八章关于"大道废，有仁义"那一段抨击儒家的名言，楚简本写作"故大道废，安有仁义？六亲不和，安有孝慈？邦家昏乱，安有正臣？"其言辞与思想实质，与帛书甲、乙本《老子》所言大体相同。此句帛书甲本为："故大道废，案有仁义？智慧出，案有大伪？六亲不和，案有孝慈？邦家昏乱，案有贞臣？"帛书乙本为："故大道废，安有仁义？智慧出，安有大伪？六亲不和，安有孝慈？国家昏乱，安有贞臣？"这说明，体现于楚简本与帛书本的道家思想，显然更接近于道家原貌，其所倡言的"大道"（原道，根本之道）与儒家的"仁义""孝慈"之类的精神旨归、走向是一致而不相抵牾的。"大道"兴而"仁义"存，"大道"废而"孝慈"绝。在这一点上，原始儒、道原本相容，不分彼此。区别仅仅在于，体现于楚简《老子》之道论的原始面貌，是将仁义、孝慈等人生典则作为肯定性思想因素，放在原始道家的哲学及其美学意识的视野之内，而原始儒家的"仁义""孝慈"之论，则一般直接便是伦理规范，缺乏哲思意义上的终极关怀与审美诉求。原始儒、道大约都从伦理现实与政治现实出发，儒的思想一般停留在政治、伦理这一实用理性的层面上，而道家则从政治、伦理走向哲学与审美理性，并从这一理性高度来反视、反思政治、伦理现实。

因此，所谓儒、道"原本对立"，冰炭不容，在这里并不存在，并非

---

① 《老子》第十八、三十八章，王弼：《老子道德经注》，《诸子集成》第三册，上海书店，1986年版，第10、23页。

第二章　诸子之学与审美酝酿

"对立",而是相容与致思方式上的差异。

不难发现,楚简《老子》没有如通行本《老子》第三十八章"夫礼者,忠信之薄而乱之首"那样激烈的反儒言述;也不见如通行本第十九章"绝圣弃智,民利百倍;绝仁弃义,民复孝慈;绝巧弃利,盗贼无有"[①]如此对儒家所谓"圣智""仁义"与"巧利"的决绝态度。关于这一点,楚简《老子》原为:"绝智弃辩,民利百倍。绝巧弃利,盗贼亡(无)有。绝伪弃虑,民复孝慈。"在此,先秦原始道家只是对"智辩""巧利"与"伪虑"表示非议,并未抨击儒家的核心思想"仁义",说明其对儒家"仁义"抱着宽容的态度,难怪楚简《老子》有"故大道废,安有仁义"的说法。

这雄辩地证明,儒、道两家的对立与隔阂,并非自古如此,而是大致从战国开始的。正如《庄子·天下》所言,先秦诸子,原本"一家",先有"一家",然后才有"百家",称之为天下原本"公而不党,易而无私,决然无主,趣物而不两"。后来便嬗变为"道术将为天下裂"的时代,造成"天下大乱,贤圣不明,道德不一,天下多得一察焉以自好"[②]的局面。在审美上,于是也只能"判天地之美,析万物之理,察(即上引《庄子》所言"一察"之简文,以便协律。意为各执一端、偏视)古人之全,寡能备于天地之美"[③]了。

儒、道原本相容,可以证明这一点的,可谓在在多是。

据史载,孔子不仅问礼于老聃,而且对老聃十分钦慕。《史记·老子韩非列传》称,孔子在其门徒面前曾喻称老聃为"龙":"鸟,吾知其能飞;鱼,吾知其能游;兽,吾知其能走。""至于龙吾不能知,其乘风云而上天。吾今日见老子,其犹龙邪!"崇拜之情若此。大史笔司马迁还在《史记·老

[①]《老子》第三十八、十九章,王弼:《老子道德经注》,《诸子集成》第三册,上海书店,1986年版,第23、10页。
[②]《庄子·天下第三十三》,王先谦:《庄子集解》,《诸子集成》第三册,上海书店,1986年版,第219、216页。
[③]《庄子·天下第三十三》,王先谦:《庄子集解》,《诸子集成》第三册,上海书店,1986年版,第216页。

子韩非列传》中说过一句关键的话:"世之学老子者则绌儒学,儒学亦绌老子。"①"绌",此通"黜",排斥之谓。所谓"学老子者",当指老聃后学,可证"绌儒"是老聃后学的事情而非老聃,孔、老原本并未相互攻讦、排黜。

从文本看,楚简《老子》说"道",较少玄虚色彩,体现出偏于古朴、与儒相容相通的思维特色。通行本中一系列关于道之本体的玄虚之论,多不见于楚简《老子》。除前述第六章"谷神不死,是谓玄牝"不见于简本外,再如通行本第一章"道,可道非常道""玄之又玄,众妙之门";第十章"涤除玄览""是谓玄德";第二十一章"道之为物,惟恍惟惚";第二十八章"复归于无极"与第四十二章"道生一,一生二,二生三,三生万物"②等,都未见于楚简《老子》,说明《老子》原本的思维能力与思想水平,相容于以孔子为代表的儒。

若以楚简《老子》与《论语》所述孔子的言论相比较,则具有惊人的相容、相通与相似之处。楚简《老子》主张"见素保(抱)朴,少私寡欲",《论语·述而》记孔子之语,"不义而富且贵,于我如浮云。"楚简说,"以其不争也,故天下莫能与之争"。《论语·八佾》称:"子曰:'君子无所争。'"楚简倡言"亡(无)为"的生活与审美态度,《论语·先进》则推崇孔子门徒曾点那种"风乎舞雩,咏而归"的逍遥之境,并说"夫子喟然叹曰:'吾与点也!'"意思是说,这一点孔子是很赞成、同意的。更有甚者,孔子首倡所谓"无为而治"这一著名命题。《论语·卫灵公》说,"子曰:'无为而治者其舜也欤?夫何为哉?恭己正南面而已矣'。"虽然孔子所谓"无为而治",与通行本、楚简《老子》的有关思想在"出世"这一点上具有程度上的差别,然而,这里孔子将舜的德政即所谓"恭己正南面"看作"无为而治"的政治理想与榜样,恰与楚简《老子》所言"以正治邦"相契合,而"以正治邦",又与《论语·颜渊》中孔子所说的"政者,正也"之说相呼应。这里,包容关于

---

① 司马迁:《史记·老子韩非列传第三》,中华书局,2006年版,第394页。
② 《老子》第一、十、二十一、二十八、四十二章,王弼:《老子道德经注》,《诸子集成》第三册,上海书店,1986年版,第1、5、6、12、16、26页。

心"正"、身"正"的某些人格审美的内容。楚简《老子》提倡"守中，笃也"的处世态度与生存策略，孔子则在《论语·八佾》中以"乐而不淫，哀而不伤"的"诗"的精神品格问题，启迪其学生执持一种"过犹不及"（《论语·先进》）的中和、中庸的生活准则。"过犹不及"便是"守中"。而楚简《老子》曾谴责那种"夫天下多忌讳，而民弥叛，民多利器，而邦滋昏"，"法物滋彰，（而）盗贼多有"的乱世、无道，因而主张"功遂身退，天之道也"。这种思想在《论语》中也有相似的表达，其一是《泰伯》说："天下有道则见，无道则隐"；其二，该书《卫灵公》篇又云："邦有道，则仕；邦无道，则可卷而怀之。""卷而怀之"云云，意即国家政治黑暗时，文人学子就与当局取不合作态度，且将浑身的本事收藏起来，勿使外露，这也便是"隐"。这里，在先秦"原始"意义上，可以说是道犹儒、儒犹道。原始儒、道两家在谈论各自的学说时，还都表现出一种有些洋洋自得、自信而矜持的思想巨人的人格。楚简《老子》云："上士闻道，勤而能行于其中。中士闻道，若闻若亡。下士闻道，大笑之。不大笑，不足以为道矣。""道"是如此深奥、玄妙与美丽，是喧嚣中的沉潜与庄严，岂有"下士"能够领会、企及与观照的？"道"横遭"下士"的耻笑与误解，理所必然，否则还是"道"吗？在此，不是可以体会到"道"的横空出世的崇高与渊深无比的精神之力吗？与此相仿的，是《论语·雍也》也有此说。孔子云："中人以上，可以语上也；中人以下，不可以语上也。"这岂不是说，儒学是一门"上"学，哪里是智力与人格在"中"等水准以下的人可以理解与领悟的？这也称之为"惟上智与下愚不移"。可见，孔子对他所悟解和宣说的"道"的钟爱与自珍，实与楚简《老子》取同一思路、同一情感态度与价值评价，这里蕴含着同一种相容的审美态度。

总之，在美学意义上，先秦原始道家与原始儒家思想与思维的相容、相通与相似，是不争的事实。如果说楚简《老子》出土以前学界持儒、道原本"对立互补"说尚为情有可原的话，那么在今天，再要坚持陈说，恐怕是困难的。楚简《老子》为老子美学的进一步研究提供了一个值得重视的、新的文本参照。

第四节　通行本《老子》的审美意识

与楚简《老子》相比，通行本《老子》具有不同的思想特色。正如前述，表现在通行本里的老子，对孔子的仁学大加鞭挞。孔子曾云："郁郁乎文哉，吾从周。"①通行本《老子》则抨击之，从"道"之根本意义上"批判"孔子所信从的周礼与仁学的虚伪与错误。通行本《老子》云：

> 大道废，有仁义。智慧出，有大伪。六亲不和，有孝慈。国家昏乱，有忠臣。②

这个多事的世界，本来是不需要仁义的，仁义对于原朴的世界而言，纯粹是外加而多余的。因为"大道废"，才不得已而求其仁义。可见，孔子的"仁义"之说与老子的"大道"是悖谬的。

吕思勉说："然则既有道德法律，其社会，即非纯善之社会矣。"③这是洞达老子之言。《老子》又云：

> 故失道而后德，失德而后仁，失仁而后义，失义而后礼。夫礼者，忠信之薄而乱之首。④

在《老子》看来，道本是圆满具足，不缺少也不多余。道之本性与儒家所倡

---

① 《论语·八佾第三》，刘宝楠：《论语正义》，《诸子集成》第一册，上海书店，1986年版，第56页。
② 《老子》第十八章，王弼：《老子道德经注》，《诸子集成》第三册，上海书店出版社，1986年版，第10页。
③ 吕思勉：《先秦学术概论》，中国大百科全书出版社，1985年版，第33页。
④ 《老子》第三十八章，王弼：《老子道德经注》，《诸子集成》第三册，上海书店，1986年版，第23页。

言的"德""仁""义"与"礼"相敌对,否则便是非"道"。道乃最高本体,一沾染由儒家所倡言、实施的政治、伦理教条,便每况愈下,不断错失。道→德→仁→义→礼,这是道之不断被污染、被消解的过程,即这里所谓"失"。

如何来收拾、治理这个被"乱之首"的"礼"及"义""仁""德"糟践得一塌糊涂的社会与人心呢?又如前引,《老子》开出的药方是:

> 绝圣弃智,民利百倍;绝仁弃义,民复孝慈;绝巧弃利,盗贼无有。①

圣智、仁义、巧利之类,在《老子》看来,都是必须断然拒绝的。"此所谓圣知(智)者,非明于事理之圣知,乃随社会病态之变幻,而日出其对证疗法以治之之圣知。""所谓巧者,非供民用之械器;所谓利者,非厚民生之物品,乃专供少数人淫侈之物,使民艳之而不能得,而因以引起其争夺之心者耳。"②

吕思勉在此并未对仁义加以解说。其实,前文所引《老子》第十八章有关仁义之说,包含着《老子》对仁义之根深蒂固的蔑视。仁义二字连用,见于《孟子》而不见于《论语》。《论语》讲"仁"尤多,讲"义"的地方也不少,如"不义而富且贵,于我如浮云"之类。可见通行本《老子》文本中出现连用的仁义一词,已证明该文本的晚出。它至少晚于《论语》,或恐与《孟子》同时。通行本《老子》如此激烈地抨击儒家,是不奇怪的,体现了老聃后学而不是老聃本人对儒家对立多于调和的文化态度,有类于此后庄子后学对"儒"的抨击。

---

① 《老子》第十九章,王弼:《老子道德经注》,《诸子集成》第三册,上海书店,1986年版,第10页。
② 吕思勉:《先秦学术概论》,中国大百科全书出版社,1985年版,第33、34页。

一、《老子》美学意义的哲学本根

"宇宙中之最究竟者,古代哲学中谓之为'本根'。"①"本根"一词,出自《庄子·知北游》。其文云:"惛然若亡而存,油然不形而神,万物畜而不知,此之谓本根。"②其实,通行本《老子》已存有"本根"的思想,称之为"根"。其文曰:"夫物芸芸,各复归其根。归根曰静,是谓复命。"③

通行本《老子》美学意义的哲学本根,无疑是"道"。道,《老子》哲学的元范畴。

"道",本义为道路,从首从辵。《说文》云:"所行,道也。"道字原本具形下之义,自《老子》出,道字兼具且主要具有形上之义。牟钟鉴《老子的道论及其现代意义》一文指出:"自古及今,哲学无非要解决三个根本性的问题:一是宇宙和生命起源及演化问题,我们称之为哲学发生论;二是现实世界的本质与基础问题,我们称之为哲学本体论;三是社会与人生的理想问题,我们称之为哲学价值论。"④

《老子》云,"有物混成,先天地生"。又说:"道生一,一生二,二生三,三生万物"。这关乎发生论;"道者,万物之奥","万物恃之而生而不辞,功成不名有,衣养万物而不为主"以及"道生之,德畜之"⑤等,关乎本体论;"道常无为而无不为""道法自然"以及"功遂,身退,天之道"⑥等,关乎价值论。可以说《老子》哲学的道论,是这三大哲学问题的追问。

陈鼓应《老子注译及评介》一书,从哲学本体论释"道",认为"道"具

---

① 张岱年:《中国哲学大纲》,中国社会科学出版社,1982年版,第6页。
② 《庄子·知北游第二十二》,王先谦:《庄子集解》,《诸子集成》第三册,上海书店,1986年版,第138页。
③ 《老子》第十六章,王弼:《老子道德经注》,《诸子集成》第三册,上海书店,1986年版,第9页。
④ 陈鼓应主编:《道家文化研究》第六辑,上海古籍出版社,1995年版,第59—60页。
⑤ 《老子》第二十五、四十二、六十二、三十四、五十一章,王弼:《老子道德经注》,《诸子集成》第三册,上海书店,1986年版,第14、26、38、20、31页。
⑥ 《老子》第三十七、二十五、九章,王弼:《老子道德经注》,《诸子集成》第三册,上海书店,1986年版,第21、14、5页。

有"实体""规律性""生活德用"(准则)三重意义①，其实《老子》所言"道"，还具"人生理想境界"之义。所谓"归根曰静"的思想，是《老子》的"人生理想境界"说，亦即"大曰逝，逝曰远，远曰反"②。《老子》这里言说的，是人类的精神故乡问题。

《老子》哲学的第一个贡献，是破除中国文化原始神话与原始巫术的思想局限与思维框架，所谓"祛魅"就是"渎神"。神巫文化之思，在《老子》哲学体系中基本没有立足的余地。

《老子》哲学尽管言"天"、言"命"之处在在皆是，但实际对"天"已基本取"大不敬"的态度。梁启超《老子哲学》云："他(指老子)说的'先天地生'，说的'是谓天地根'，说的'象帝之先'，这分明说'道'的本体，是要超出'天'的观念来求他，把古代的神造说极力破除。""《老子》说的是'天法道'不说'道法天'是他见解的最高处。"章太炎也说："老子并不相信天帝鬼神和占验的话。孔子也接受了老子的学说，所以不相信鬼神，只不敢打扫干净，老子就敢于打扫干净。"③徐复观总结说：

> 由宗教的坠落，而使天成为一自然的存在，这与人智觉醒后的一般常识相符。在《诗经》、《春秋》时代中，已露出了自然之天的端倪。老子思想最大的贡献之一，在于对自然性的天的生成、创造，提供了新的、有系统的解释。在这一解释之下，才把古代原始宗教的残渣，涤荡得一干二净，中国才出现了由合理思维所构成的形上学的宇宙论。④

以愚之见，在先秦，中国本无真正的宗教，有的只是作为宗教"文化之母"

---

① 参见陈鼓应：《老子注译及评介》之《老子哲学系统的形成》，中华书局，1984年版。
② 《老子》第二十五章，王弼：《老子道德经注》，《诸子集成》第三册，上海书店，1986年版，第14页。
③ 依次见于梁启超《老子哲学》、章太炎《演讲录》引自陈鼓应：《老子注译及评介》，第50、51页。
④ 徐复观：《中国人性论史·先秦篇》，生活·读书·新知三联书店，2001年版，第287页。

的原始"信文化",因而徐复观这里所说的"宗教",实际指原始"信文化"中的巫术与神话、图腾之类。

《老子》所言"命",不同于带有神秘与信仰意义的"天命"思想,不是孔子所说"畏天命"的"天命",而指事物发展的规律性,所谓"复命",指返璞归真。

"复命"者,又有类于《易经》的"一阳消尽,一阳来复"。《易传》云:"七日来复,天行也。"从"一阳消尽"到"一阳来复",以"七"为周期,用卦符表示,便是一个天时运行周期:

☰ ☱ ☲ ☳ ☴ ☵ ☶
姤 遁 否 观 剥 坤 复

从姤卦,经遁、否、观、剥、坤到复卦,构成一个"复命"系列,在这"复命"系列中,存在着《老子》的时间意识。

《老子》哲学的第二个贡献,是其富于现代意义的怀疑主义,具有葱郁而深刻的美学精神。

德国当代学者赫伯特·曼纽什《怀疑论美学》一开始引用休谟的话,其言云:"这就很自然地引出了一个重要的问题:什么是怀疑主义?对这种怀疑和不确定的哲学原理我们究竟有多深的认识?"接着,曼纽什写道:"怀疑态度,即一种在本能状态下作出某种决定的同时,对之加以仔细平衡和毫无偏见的检查的态度。这种在作出决定时不断问一个'为什么'的怀疑态度,通常被视为有学问者或有文化者的典型表现特征。"[1]

是的,人类的低级智慧,是相信真理不证自明;人类的高级智慧(包括美学智慧),是"怀疑一切",把对真理的把握,看作一个无尽的认识与实践过程。黑格尔坚信,凡是现实的,都是合理的;凡是合理的,都是现实的。其实话可以倒过来说,凡是现实的,都是不尽合理的。没有一种关于真理的认识是不包含错误的,否则,便是把握了绝对真理。"人的认识

---

[1] [德]赫伯特·曼纽什:《怀疑论美学》,古城里译,辽宁人民出版社,1990年版,第1页。

是有局限性的，绝对真理和丝毫不容更改的确定性是不可企及的。"①

《老子》云："道，可道非常道；名，可名非常名。"②这是说，可以言说的，不是"常道"；可以命名的，不是"道"之"常名"。道在本性上不可言说，不可被命名，因而《老子》曰："可以为天下母"的那个"本体"，"吾不知其名，强字之曰'道'，强为之名曰'大'"③。这是从根本上怀疑语言、文字符号所传达的真理性。由于人类的一切文化，首先是由语言、文字符号来加以建构的，因此，《老子》对语言、文字符号的不信任，无异于怀疑人类文化包括审美文化及其哲学的真理性与真实性。由于《老子》一书本身也是以一定的文字符号写成的，《老子》一方面向世界庄严宣告："道，可道非常道"，一方面又不得不向世界言说其五千言，《老子》的痛苦、尴尬与无奈正在于此。这也正是整个人类及其文化的万劫不复的痛苦、尴尬与无奈。人类文化包括其哲学及其审美意蕴的本根意义上的悲剧性，是无可逃避的。《老子》将整个人类文化及其哲学与美学等，都放到其"道"之无言的审判台前加以无情的拷问，连同《老子》本身，都在经受怀疑思想的质疑。

这个世界及其哲学、美学等，本来应当沉默。沉默是最有力量的。但人之存在的意义，又不得不向世界发言，一发言便类于佛法"言语道断，心行处灭"。这关乎"道"的本性。

以笔者之愚见，《老子》在哲学上提出过天人之辨、有无之辨、动静之辨、情性之辨与言意之辨等极有思想与思维价值的哲学命题，其中，数言意之辨这一哲学命题最为核心、最为关键，因为，它体现了《老子》的怀疑主义精神，《老子》怀疑"道"这一万物原型的言说性。

赫伯特·曼纽什指出："在欧洲，最早的怀疑论学派出现于公元前三百年的雅典的艾利斯，其代表人物是古希腊哲学家皮罗。大约与此同时，

---

① [德]赫伯特·曼纽什：《怀疑论美学》，辽宁人民出版社，1990年版，第1页。
② 《老子》第一章，王弼：《老子道德经注》，《诸子集成》第三册，上海书店，1986年版，第1页。
③ 《老子》第二十五章，王弼：《老子道德经注》，《诸子集成》第三册，上海书店，第14页。

中国的老子也写了一部《道德经》,这其实是一部涉及范围更广的哲学怀疑论著作。其要旨是阐述人类理性的局限性,以及人类种种价值和道德的相对性。自老子和皮罗之后,怀疑论在东西方世界中一直保持着它的重要地位。"①此言极是。

二、具有一定美学意义的命题、范畴

命题,通常指具有判断意义的语句。在文字表达与口头表达中,命题的出现与运用,体现了思想与思维逻辑的趋于深化与纯化。命题是思想的一种比较深刻而纯粹的表达方式。范畴一词,典出于《尚书·周书·洪范》的"洪范九畴"②。范者,模子、模范之义。王充《论衡·物势》:"今夫陶冶者,初埏埴作器,必模范为形,故作之也。"③畴者,原指田亩。《吕氏春秋·慎大》有"农不去畴"之说,高诱注:"畴,亩也。"畴,指田地的范域。但《尚书·周书·洪范》没有将"范"与"畴"构成一复合词。在哲学史上,"范畴"一词译自希腊语 Kategoria。亚里士多德是提出"范畴"的第一人,成为欧洲古代形式逻辑的奠基者。康德建构了一个先验范畴体系,认为世界分"现象界"与"物自体"。在关于"感性""知性"与"理性"三个环节的人的认识中,人只能把握现象界而向往于物自体。也就是说,人的理性虽然要求对世界本体即物自体加以认识,但这违背与超出了人的认识限度。在哲学观上,康德对感性与知性比较有信心,认为时空是感性的先天形式;并研究了因果性等"十二范畴"为知性所固有的先天形式这一问题,以所谓"先天综合判断"把对范畴的研究提高到一个新的思维水平。总之,范畴是思想与思维之深刻与严密的体现,表达事物之质的规定性、事物与事物之间的本质联系,也便是主体对对象世界的准确而又正确的把握,因此,也便是主观与客观对象的双向建构。任何范畴,都是一种理论形式。因此,

---

① 〔德〕赫伯特·曼纽什:《怀疑论美学》,辽宁人民出版社,1990年版,第1—2页。
② 《尚书·周书·洪范》,江灏、钱宗武:《今古文尚书全译》,贵州人民出版社,1990年版,第233页。
③ 王充:《论衡·物势篇》,《诸子集成》第七册,上海书店,1986年版,第31页。

范畴的逻辑本性，总是理性或起码是趋于理性的。在先秦，名家学说中具有丰富的关于范畴的思想，"名"是范畴的别称。自南宋始，范畴又别称"字"，如南宋陈淳《字义》与清戴震《孟子字义疏证》等著述之所言"字"，实际指的是范畴。

显然，这一名与字的称名，都来自《老子》①。

《老子》思想的丰富性与深刻性，首先是在其一系列命题与范畴中表现出来的。不过，它们首先是哲学意义上的命题与范畴，同时具有一定的美学意义，这是在文化本性上美学与哲学相构、相通之故。

《老子》一书的一系列哲学命题与范畴，蕴含着极具哲学性格的美学意义，《老子》"美学"即中国先秦的"前美学"之一，为其哲学之华。

(一) 道：人法自然

道是《老子》哲学的元范畴、最高范畴，道的崇高性与终极性，表现在《老子》一书中其余一切命题与范畴的美学意义，都是道的逻辑性展开，都由道所规定，都从道之根上来，道是《老子》"美学"之魂。这里的美学二字所以须打上引号，是因为所谓老子美学，实际是"前美学"。

《老子》第二十五章云："故道大，天大，地大，人亦大。域中有四大，而人居其一焉。人法地，地法天，天法道，道法自然。"②

正如本书前述，这一段《老子》关于"道"的名言，上承所谓"有物混成，先天地生"与"吾不知其名，强字之曰'道'，强为之名曰'大'。大曰逝，逝曰远，远曰反"之言而来。这里的关键是一个"大"字，其义并非大小之大，而是"太"的本字。太(大)，原始、原朴、本原、本体之谓。

问题在于，这里的"道大，天大，地大，人亦大"的"四大"说，难道是说，道、天、地与人各有其"大"吗？如果各有其"大"，等于说各有其本原、本体，显然不通。中国哲学及其美学的本原、本体论，不同于古希腊柏拉图或18世纪德国黑格尔的哲学本体论。柏拉图以理式(idea)为万物之

---

① 见《老子》第一、二十五章，王弼：《老子道德经注》，《诸子集成》第三册，上海书店，1986年版，第1、14页。
② 《老子》第二十五章，王弼：《老子道德经注》，《诸子集成》第三册，第14页。

本体，它最高、最真、最善也最美，万物由理式派生，并"分享"其真善美，因此，理式作为本体的美不同于万物个别属性之美。由于万物之属性由理式所派生，因此理式派生的过程及其结果，或曰万物分享理式的过程及其结果，是理式的真善美不断被消解的过程与结果。从理式世界到艺术世界再到现实世界，体现了理式被消解的历程。理式的派生，并不说明万物各具理式，而是万物对理式的分享。好比世上只有一个太阳，万物沐浴在阳光下，万物分享到的阳光，是由理式这唯一的最高本体所派生的，阳光的本原是太阳，但阳光不等于太阳。好比上帝只有一个，理式就是美之至的西方哲学的"上帝"。

在《老子》中，被勉强命名为"道与大"的本原、本体，自然是万物之惟一而最高的本原本体，但是，"道与大"作为本原本体贯彻到万物中，本原本体与万物并不是从一到多的派生的关系，也并非从万物到本原、本体的分享关系，而是如宋明理学所言"月印万川""理一分殊"。世间之月确是唯一，除了高悬于夜空的那一轮明月，世间别无他月。然而，世间"万川"（万物）却各具一"月"，此乃月之影子。朱熹说，"太极"者，理也，而"物物具一太极""人人各一太极"。万物的本原、本体是"道"（大），"道"（大）犹如皓月当空，昭昭在上，朗照万物，它在自然宇宙与社会人生之间只有一个，却在天下无数川流之中留下明丽的倩影，使万物个个显现"光辉"。万物之美，总源于道之美、大之美，却不是美的分享与消解。如果说万物之美是圆融而具足的，那是因为这种美的本根即道（大）是圆融具足的缘故，用《老子》独特的"话语"来说，叫作"道大，天大，地大，人亦大"。

从"道大，天大，地大，人亦大"的语序分析，有一个预设的何者"法"何者的逻辑关系。正如前引，《老子》的回答是："人法地，地法天，天法道，道法自然"。在这一逻辑关系中，值得注意的，有如下几点：

其一，道虽然作为元范畴，具有形上性，但道不是可望而不可即的异己的存在，不是权威与偶像，它是人所可以效仿的。道不离世间，与人具有亲和之力，道与人在一起。它不是对人的强迫，而是人与人间所自然而然地树立起来的人文尺度。道的人间性体现在道对人心的"安顿"。徐复观说：

> 老学的动机与目的，并不在于宇宙论的建立，而依然是由人生的要求，逐步向上推求，推求到作为宇宙根源的处所，以作为人生安顿之地。因此，道家的宇宙论，可以说是他的人生哲学的副产物。他不仅是要在宇宙根源的地方来发现人的根源，并且是要在宇宙根源的地方来决定人生与自己根源相应的生活态度，以取得人生的安全立足点。①

这里，宇宙哲学与人生哲学达到了统一，且以人生为出发点与归宿。如果说，道作为本然如此（自然）的宇宙、世界的本原、本体因而是本在之"美"，那么，人生之美乃法道之故。这里，道既是形上的，也必然贯彻于形下。讲究、追问形上之道，是为了从哲学高度彻底追问形下的人生道路这一生存难题，来安顿人心。

其二，尽管道可供效仿，是人生道路的最高尺度与唯一榜样，道不异于人，然这种效仿是有过程、有阶段的。按《老子》的逻辑，人不能直接去效仿道及其美，永远无法达到道的美的顶点，人即使经过"人法地""地法天""天法道"这几个阶段，也难以证成法道的正果。所谓法道，包括对道的观照与审美。根据《老子》"道，可道非常道"的哲学箴言，可以让人体会到关于道之观照与审美的艰巨性，因为人对道的观照与审美，必须具备许多苛刻的条件。同时，这里所描述的阶段与过程，可以从双向来分析。从人出发，人道是法地道之故，是谓"人法地"，为初步阶段。人无地不立，道的分殊显现，最亲人的是地之道。用《易传》的话来说，地之道与法地者，"地势坤，君子以厚德载物"。也有些所谓归藏易以坤为首卦而尊地的意味。然后是"地法天"。尽管地之道即是"厚德载物"，却也难以自持，地之道须以天道为楷模。以《易传》的话来说，天道与法天者，"天行健，君

---

① 徐复观：《中国人性论史·先秦篇》，生活·读书·新知三联书店，2001年版，第287—288页。

子以自强不息"。从法地到法天，说明人终于在思想与思维上，摆脱载物的厚德(道德)之地，使人的精神向行健的哲学与审美之天提升。而天道与法天，还不是《老子》哲学及其审美意识的终极，天在这里还不是彻底形上、纯粹哲学的。须待"天法道"时，又推进了一步。天道与天的观念，在中国哲学与美学史上，曾经是道这一范畴的"前理解"。在比通行本《老子》资格更老的楚简本《老子》中，天道一词出现较多，如"天道圆圆，各复其根"(此处，通行本为"夫物芸芸，各复归其根"；帛书甲、乙本作"夫物芸芸，各复归于其根")等。在《老子》这里，天道与天已经失去了神性与权威性，它们也不是独立而自足的，其上还有道的高悬。道比天道与天高一层次。经过这几个阶段，人才可能接近于道。这一阶段说，体现了《老子》对其道论的建构，存有经验与伦理等级观念的印痕，其思维模式，显然与《易传》关于天道、地道与人道之"三才"(三极)说相通。而"道法自然"这一具有一定美学意义的重要命题，成为其思想的高地。道者，本然如此，无待无碍，未法自法，没有比道更原本、更美的了。

(二) 致虚极，守静笃

《老子》第十六章云："致虚极，守静笃。万物并作，吾以观复。夫物芸芸，各复归其根，归根曰静，是谓复命。"[1]

我们读解《老子》的这一段名言，须注意如下几点：

其一，该通行本《老子》与楚简本《老子》的重要不同，正如前述，首先表现为通行本把道主要地看作"物"("有物混成")，楚简本把道看作"状"("有状混成")。因此这里所谓"物"，即通行本所言"道"。"道"作为一种"元物"，灌注生气于万物，成就"芸芸"之"物"。万物以道为本根、本性，道原本(本性)是"静"的。道在生天、生地、生万物的过程中，作为"生生"之道的"动"的过程，也即道之展开，恰恰是本根、本性意义上的道的"第二形态"。它积聚了一种属道的力量，必然回归于道的原本状态，这又

---

[1]《老子》第十六章，王弼：《老子道德经注》，《诸子集成》第三册，上海书店，1986年版，第9页。

是对"第二形态"的否定。其轨迹,因静而趋动,由动而复静。道不能不生天地万物,这是对本静的消解,也不能不由天地万物回归于本静,否则便是非道。这也便是《老子》所谓"大曰逝,逝曰远,远曰反"。

其二,不仅道原本为静,而且是虚的。实际是因虚而静、因静而虚。虚极者,道也,也便是"无状之状""大象无形"。虚是道的什么"状态"呢?虚者,无也,即《老子》所谓"是故天下万物生于有,有生于无"的无。无不是虚空,不是空。① 无不等于空。空在本体意义上是佛学范畴,老子包括庄子皆言无不言空。关于无,《老子》第十四章的描述是:"视之不见名曰夷;听之不闻名曰希;抟之不得名曰微。此三者不可致诘,故混而为一。""是谓无状之状,无物之象,是谓惚恍"。②

其三,道的本性且静且虚,而"复"乃道之"本能"。静、虚为体,复为用,体用不二,复是静、虚的本在状态。这便是"归根曰静,是谓复命"。这里所谓归根,回归于本原;复命,释德清《老子道德经解》:"命,人之自性。"这是将命做了狭隘的理解。《老子》所言命,指包括人之自性在内的道的必然、本然,指人力、人为不可违逆的本然如此。《周易》有复卦,卦象震下坤上,为☷,复卦为"一阳息生",与剥卦☶相互构成"反易"。剥是"一阳将消",复乃"一阳来复"。正如本书前引,"反复其道,七日来复,天行也"。天行者,自然规律,即道。

其四,《老子》论道,指静,指虚,指复,更关键的,是为了解答、追问人生道路问题。道本无目的,论道是有旨归的。因此,这里所谓"致虚极,守静笃"与"归根曰静"的致、守与归等,显然是对人而言的。在《老子》看来,道本然地树立了一个人生标尺与理想在那里,这不等于说社会和人生必是循道而行的。要达到"天下莫能与之争"③的社会与人格,最要

---

① 陈望衡《中国古典美学史》云:"'无'还有两个突出特点,一是空,一是虚。"又说:"所谓'空'即是空中见有。"(《中国古典美学史》,湖南教育出版社,1998年版,第41、42页),似可商榷。
② 《老子》第十四章,王弼:《老子道德经注》,《诸子集成》第三册,上海书店,1986年版,第7、7—8页。
③ 《老子》第六十六章,王弼:《老子道德经注》,《诸子集成》第三册,上海书店,1986年版,第40页。

紧的，是人能不能致道、守道与归道。

就人而言，"致虚极"，然后才能"守静笃"，达到"归根曰静"的人生境界。问题是，这一人生境界往往总也难以达到，难以守住，人难以回到他本然的精神故乡。什么缘故呢？人是这样一种"文化的动物"，他创造文化，告别原始状态，既是自然人性及其人格的现实肯定，又是自然人性及其人格的现实否定。人在其本质对象化的同时，也在异化自己的本质。就人而言，审美与反审美因为是互逆互顺的，所以是同时进行、同时实现的，仅仅处于不同的历史与人文水平而已。在现实中，人的超越与堕落，是人的宿命。这种宿命，人能够逃避吗？这便是老子的追问。

《老子》一书的所谓"反文化"是本体意义上的；所谓反"异化"、讲审美，也是本体意义上的。

牟宗三指出，《老子》（还有《庄子》）的"致虚极，守静笃"与"归根曰静"的思想指向，实际是倡导无为，反对有为。"有为就是造作"（artificial）。这里所谓有为，实指妄为。牟氏进而说：

> 照道家看，一有造作就不自然、不自由，就有虚伪。造作很像英文的 artificial 人工造作。无为主要就是对此而发……
>
> 道家一眼看到把我们的生命落在虚伪造作上是个最大的不自在，人天天疲于奔命，疲于虚伪形式的空架子中，非常的痛苦。基督教首出的观念是原罪（original sin）；佛教首出的观念是业识（Karma），是无明；道家首出的观念，不必讲得那么远，只讲眼前就可以，它首出的观念就是"造作"。①

"造作"及其所导致的"痛苦"，存在有三个层次上的问题："最低层的是自然生命的纷驰使得人不自由不自在。人都有现实上的自然生命，纷驰就是

---

① 牟宗三：《中国哲学十九讲》，上海古籍出版社，1997年版，第87页。

第二章 诸子之学与审美酝酿

向四面八方流散出去。这是第一层人生的痛苦。"①追求感官刺激、满足感官之欲无有穷尽，生命便"纷驰"而"流散"，因而《老子》有云："五色令人目盲，五音令人耳聋，五味令人口爽，驰骋畋猎令人心发狂。"②再上一层，是心理的情绪，"喜怒无常等都是心理情绪，落在这个层次上也很麻烦。"喜怒哀乐，人之常情，也被《老子》贬得一无是处。所谓"致虚极，守静笃"，就是对喜怒哀乐的消解，它体现在人格上，就是后人所谓"不以物喜，不以己悲""宠辱不惊"；体现于艺术审美，就是晋人嵇康所提出的著名美学命题："声无哀乐"。"再往上一层属于思想，是意念的造作。现在这个世界的灾害，主要是意念的灾害，完全是 ideology（意底牢结，或译意识形态）所造成的。意念的造作最麻烦，一套套的思想系统，扩大说都是意念的造作。"那么，这里对"意底牢结"的破除，是否就是反对思想本身呢？当然不尽然。思想起码可分"自然"与"造作"两大类。所谓"意念的灾害"指思想的"牢结"与"造作"，"意念造作、观念系统只代表一些意见（opinion）、偏见（prejudice），说得客气些就是代表一孔之见的一些知识"。③

牟宗三的这些见解是深刻的。但三种"造作"实际仅为一大"造作"，即人"心"之"造作"。意念与思想的"牢结"固不必言，第一层次"自然生命的纷驰"，也源自人的心猿意马。所以，去除这一切的造作之良药，就是本体论意义上的审美的"无欲"。

当然，假如把这里《老子》所言"致虚极，守静笃"与其"道，可道非常道"之论联系起来加以讨论，便知牟宗三的"造作"说似与《老子》道论的原意有所不合。实际上，《老子》不仅对那种"意底牢结"投以轻蔑的一瞥，因为它背"道"而驰，而且，它对人类的思想（不管是"意底牢结"，还是自由的思想）一视同仁，都是不信任的。尽管《老子》道论包括"致虚极，守静笃"的思想都是伟大而深刻的思想，但是都毫无例外地遭到了怀疑。老子

---

① 牟宗三：《中国哲学十九讲》，上海古籍出版社，1997年版，第88页。
② 《老子》第十二章，王弼：《老子道德经注》，《诸子集成》第三册，上海书店，1986年版，第6页。
③ 牟宗三：《中国哲学十九讲》，第88页。

对这个世界以及对他自己，实在是很"无情"的。

(三)大象无形，执大象，天下往

《老子》论道的哲学及其美学意义，往往是与"大象"这一范畴联系在一起的。《老子》第四十一章这样展开对"道"的描述：

> 大白若辱……大方无隅，大器晚成，大音希声，大象无形，道隐无名。①

以通行本与楚简本、帛书本《老子》相比较，这一段描述"道"的辞句，在文本与意义上大同小异。文辞上除了"大白若辱"的"辱"比较难解②外，一般是好懂的。而正确理解"大"的本义最为关键。正如本书在分析楚简《老子》时指出，这里的"大"，并非大小的大，指原朴、原始，可作本原意义理解。"大白""大方""大器""大音"与"大象"，乃"原白""原方""原器""原音"与"原象"之谓。其大意是说，根本而原朴的白，好像黑一样。因为既然是原朴的道，则无所谓白还是黑。同理，原朴之道，无所谓方圆。原朴的"器"，因为是本原意义上的器，总是有待于完成(晚成)的器，实际指有待于成器的原朴的道。原朴之音当然是无声的，有声的，还能是原朴之音吗？而原朴之"象"，同样是一种"无形"状态。总之，道是隐的存在，无以名之。

"大象无形"的大象，在楚简本与帛书乙本《老子》里，都写作"天象"。卜辞天字，写作 🇦 (罗振玉：《殷虚书契前编》四、一六)、🇦 (董作宾：《小屯·殷虚文字乙编》九〇九二)与 🇦 (郭沫若等：《甲骨文合集》三六五

---

① 《老子》第四十一章，王弼：《老子道德经注》，《诸子集成》第三册，上海书店，1986年版，第26页。此句楚简本《老子》为："大白如辱，广德如不足，建德如(偷)、(质)真如愉，大方亡隅，大器曼成，大音希声，天象亡形、道(隐无名)。"帛书乙本《老子》作："上德如浴(谷)，大白如辱，广德如不足，建德如(偷)，质(真如渝)，大方无禺(隅)，大器免(晚)成，大音希声，天象无刑(形)，道褎无名。"
② 范应元《老子道德经古本集注》释"大白若辱"的"辱"为"黩"："黩，黑垢也。古本如此。"见陈鼓应：《老子注译及评介》，中华书局，1984年版，第229页。

三五)等。卜辞天字下部,都是一个🧍(大)字,上部表示人的头顶与天之所在。所以,卜辞中有时大、天混用,如卜辞"大戊五牢""贞辛大雨"之大,前者写作 𠑴,后者写作 𠑢①。从造字次序看,古人一定先造大字,再造天字,天的本字是大(从大)。从天、大二字分别与象字构成复合词来看,显然是"天象"在先而"大象"在后,这便是楚简本、帛书乙本《老子》称天象而不称大象的缘故。在哲学智慧上,大象之说趋于形上,天象趋于形下。天象是原始巫学中的一个范畴,大象已趋向于哲学之门。

大象者,原朴之象,根本之象,无象之谓也,是初民关于道的一种体悟。王弼《老子指略》说:"夫物之所以生,功之所以成,必生乎无形,由乎无名。无形无名者,万物之宗也。"②可谓深得大象之奥。

"大象"为自然、生命的混沌状态,即"惟恍惟惚"的原朴状态,因而是无形的,宋张载说"象见而未形也"。"所谓'大象',就是显不出某一具体的'形'而含有很多'形'的全象。这个全象浑然一体,不可分开"③。象,往往与美、审美相联系,大象,可能与美、审美攸关。大象与道的关系,学界一般认为大象即道,汉河上公注:"象,道也。"陈鼓应《老子注译及评介》据此称:"大象,大道。"成复旺《中国美学范畴辞典》在解说王弼《老子指略》关于"象形而物所主焉,则大象畅矣"的"道"为"万物之宗"说时称,"王弼既认为'万物之宗'的道是无形的,而又指明'万物之宗'即'大象'是有和无的统一",并说"'大象'就'道'而言"④。此可参阅。"大象"者,原象之谓,"道"之别称。荣格"原型"说把原型看作是永远关在黑箱里、永远不能解密的一种"本真""存在",这有类于《老子》的"道,可道非常道"。然而,荣格认为原型可以通过"原始意象""显现"出来,原始意象为原型之美的显现。将荣格的原型理论拿来理解《老子》的道与大象的关系,也可以把大象看作道的显现。

---

① 徐中舒主编:《甲骨文字典》,四川辞书出版社,1989年版,第4页。
② 王弼:《老子指略(辑佚)》,楼宇烈:《王弼集校释》上册,中华书局,1980年版,第195页。
③ 黄广华:《"大音希声"的理论意义》,《文艺研究》1992年第3期。
④ 成复旺主编:《中国美学范畴辞典》,中国人民大学出版社,1995年版,第71页。

正因如此,《老子》关于"执大象,天下往"这一命题才可以成立。大象可被执持而道不可执持。人执持大象,天下都来归依("天下往"),这是一种缘象而尽可能接近于道,却不能把握绝对之道的主体审美境界,有类于"虽不能至,心向往之"的美的境界。

(四)天下皆知美之为美

通行本《老子》五千言说"道"在在多是,从其道论出发,《老子》也说到了"美"。

天下皆知美之为美,斯恶已;皆知善之为善,斯不善已。①

按照一般理解,这里以"美"与"恶"对,"善"与"不善"对,可见老子所言美,非道德意义上的善,接近于今天我们所说的美;而恶,因与美相对应,实指丑。吴澄《道德真经注》指出:"美恶之名,相因而有"。陈懿典《老子道德经精解》说:"但知美之为美,便有不美者在。"陈鼓应将此句解读为:"天下都知道美之所以为美,丑的观念也就产生了;都知道善之所以为善,不善的观念也就产生了。"②如此解读,似乎不是没有根据。《老子》斯言,是将美、恶与善、不善对照起来说的,在思维方式上,恰与紧接其后的"故有无相生,难易相成,长短相较,高下相倾,音声相和,前后相随"③一致。

但是,有一个问题值得做进一步思考:既然《老子》已经认识到美与丑的观念是相对、相应而相随的,又为什么不直接说"丑"而要说"恶"呢?难道这里的恶就是丑吗?

其实,从《老子》的哲学怀疑主义思想与从"道,可道非常道"来分析,《老子》斯言,当释为:如果天下之人都知道美之所以为美、善之所以为

---

① 《老子》第二章,王弼:《老子道德经注》,《诸子集成》第三册,上海书店,1986年版,第1页。
② 陈鼓应:《老子注译及评介》,中华书局,1984年版,第68页。
③ 《老子》第二章,王弼:《老子道德经注》,《诸子集成》第三册,上海书店,1986年版,第1—2页。

善，那么这就很糟糕了。为什么呢？因为"美之所以为美"、"善之所以为善"即"原美"（大美）、"原善"（大善），在《老子》看来，是不可"知"的，岂有"皆知"之理？老子对"知"是怀疑而不信任的，因而才以"绝圣弃智"为必然的。企望通过智来达道，这是背"道"而行，南辕北辙。因此，"不仅'知美'、'知善'之'知'，'知'本身就是'恶'，就是'知恶'也还是'恶'；不知不识才不恶，才合于大道"①。另一方面，如果知道美之所以为美、善之所以为善，这等于知道（认识到）美、善的本原、本体。就美之所以为美而言，"它应该是一切美的事物有了它就成其为美的那个品质，不管它们在外表上怎样，我们所寻求的就是这种美"②。美与"美的事物"是两回事，美之所以为美，在于追问美的本原、本体即道。道是绝对的真、绝对的善、绝对的美，不可能为天下所皆知。这里，《老子》所体现的深邃的哲学及其关于美之本原、本体的智慧，可用一句话来概括，即"知道自己不知道"。这是一种用怀疑的目光，冷峻地审视人类认识能力的哲学理性，是清醒而残酷地反视人类自身本性之局限的理性。

　　《老子》能够提出"美之为美"这一命题，证明战国时人已经开始将美的本原、本体问题，放在道的意义上来进行思考。但在《老子》中，美这一范畴是从属于道的，是在对道的深刻思考中涉及美（与此相关的，还有善等）。同时，从"信言不美，美言不信"与"美言可以市，尊行可以加人"③看，《老子》重"信言"而轻"美言"与"美行"。"信言"者，诚实之言辞，因其形式上"不美"，素朴而值得加以肯定；那些花里胡哨的言辞（美言）与装模作样的行为（美行），尽管可以博取虚名（市）与"见重于人"（加人），对其该投去轻蔑之一瞥。《老子》对"不美"的肯定，从悟"道"中来，道自圆融具足，不必横加修饰。形式上浮浅的东西，是一种伪饰。"老子疾伪，

---

① 萧兵、叶舒宪：《老子的文化解读》，湖北人民出版社，1994年版，第1083页。
② [古希腊]《柏拉图文艺对话集·大希庇阿斯篇》，人民文学出版社，1963年版。
③ 《老子》第八十一、六十二章，王弼：《老子道德经注》，《诸子集成》第三册，上海书店，1986年版，第47、38页。河上公本此处作"信者不美，美者不信"。王弼本此处作："美言可以市，尊行可以加人"。《淮南子·道应训》与《人间训》引作"美言可以市尊，美行可以加人。"录此供参阅。

故称'美言不信'。"①"疾伪"即崇尚自然,还美的本来面目。

第五节　孔子仁学的审美意识

　　孔子名丘,字仲尼,鲁陬邑(今山东曲阜东南)人,春秋末期的思想家、教育家,具有世界影响的中国文化巨人,中国伦理学之父。孔子先世为宋国贵族,而年少时家道已经中落,自述"吾少也贱"。及长,做过"委吏"(司会计)与"乘田"(管理畜牧)等事。年五十,由鲁国中都宰升迁为司寇,曾周游宋、卫、陈、蔡、齐与楚诸国,推行其治国方略及其学说,到处碰壁,遂于六十八岁时返鲁。孔子生于公元前551年(周灵王二十一年),卒于公元前479年(周敬王四十一年)。相传曾问礼于老聃。其一生重要贡献在聚徒讲学,倡私学,整理与阐说《诗》《书》等古籍,首倡原始儒学,也是中国美学的重要奠基者之一。

　　在《论语》中,孔子曾"夫子自道":"吾十有五而志于学,三十而立,四十而不惑,五十而知天命,六十而耳顺,七十而从心所欲不逾矩。"②孔子不是哲学家,但他思想的宏博、深微与人格的伟大,中国文化史上无人能匹。作为中国人文领域的"无冕之王",孔子思想影响之深远,也是独步于天下的。有人云,"天不生仲尼,万古如长夜",自然是世俗崇拜性质的溢美过甚,却也道出了孔子思想的不朽。

　　关于孔子的原始儒学,现代新儒学的一些学者,把中国文化的"主干"即儒学的历史发展分为三期,即孔孟为第一期,宋明理学为第二期,以梁漱溟、牟宗三为代表的现代新儒学为第三期,如杜维明教授即持这样的见解。李泽厚先生不同意。他说:"我认为第一期是孔、孟、荀;以董仲舒

---

① 刘勰:《文心雕龙·情采第三十一》,范文澜:《文心雕龙注》下册,人民文学出版社,1958年版,第537页。
② 《论语·为政第二》,刘宝楠:《论语正义》,《诸子集成》第一册,上海书店,1986年版,第23页。

为代表的汉儒是第二期;第三期才是宋明理学。'现代新儒学'的熊十力、冯友兰、牟宗三等人,只能算是第三期(即宋明理学——原注)在现代的回光返照。"①李泽厚此说,有两个属于他本人的思想背景。一是他很看重荀子,认为汉儒很重要②,故汉代儒学别为一期;二是他看不上现代新儒学,称其只是"宋明理学"的"回光返照"。虽然如此,在孔学为"原始儒学"这一点上,各种儒学"分期"说的意见是基本一致的。

(一)孔子的原始儒学,具有深远的文化背景

儒文化源远流长。原始、原型意义的"儒"这一学术课题,曾经引起诸多学人的关注。儒字出现于典籍的第一文本,为《论语·雍也》。其文云:"子谓子夏曰:'女为君子儒!无为小人儒!'"这里既然已有"君子儒"与"小人儒"的区别,说明孔子时代的"儒"已不是原始、原型意义上的了。这里的"儒",具有后代道德人格的意义,无疑是后起的。

原始、原型意义之"儒",为"濡"。

卜辞有儒字,目前可以检索到的,写作:𠂤(董作宾:《小屯·殷虚文字乙编》);𠂤(胡厚宣:《战后京津新获甲骨集》);𠂤(商承祚:《殷契佚存》)。

从卜辞儒字的造型看,徐中舒说:"从大(大)从⫶或⁝,象人沐浴濡身之形,为濡之初文"。"上古原始宗教举行祭礼之前,司礼者须沐浴斋戒,以致诚敬,故后世以需为司礼者之专名。需本从象人形之大,因需字之义别有所专,后世复增人旁作儒,为缛事增繁之后起字。"③卜辞中的"儒"字,从大(大),大是正面而立的成年男性的象形;儒又从⁝或⫶,象滴水之状,儒字原型为濡。可谓的解。上古司礼者行礼(祭祀祖神、山

---

① 李泽厚:《为儒学的未来把脉——在马来西亚的演讲》,《世纪新梦》,安徽文艺出版社,1998年版,第137页。
② 李泽厚说:"儒学中,我认为荀子很重要。""汉代之所以重要,正因为它承继荀子。"(李泽厚:《为儒学的未来把脉——在马来西亚的演讲》,《世纪新梦》第111页。)
③ 徐中舒主编:《甲骨文字典》,四川辞书出版社,1989年版,第878—879页。参见徐中舒:《甲骨文所见的儒》,《四川大学学报》1975年第四期。这里所说的"原始宗教",实指中国原始"信文化"中的神话、图腾与巫术。

川等)之前，先行浴身净体，表示对被崇拜者的虔诚。儒既然是司礼之人，他所从事的司礼这一职业，自然不无神秘兼神圣的意义。神秘者，具有自远古传承而来的神灵意识，说明儒的文化之源，主要是以"巫"为主导形态的原始巫术，且伴随以神话与图腾；神圣者，是由原始巫术文化等发育(祛魅)而来的道德伦理。《礼记·儒行》说："儒者澡身而浴德。"①儒是这样的一个文化角色，他一方面带有自远古巫祝等那里传承而来的文化胎记，另一方面又是一种新时代的道德人格的榜样。儒在孔子时代，具有属于他那个时代的"现代性"。所以《礼记》所谓"澡身而浴德"，既是儒在行礼之前须洗尽自己肉身的污垢，又必澡雪精神，洗涤心田，在道德伦理上达到自律自净。儒的崇高，在于他总是披着从原始巫祝等那里接引而来的那一件拖着长长阴影的巫术"法衣"，同时又以道德人格的时代新形象，挺立在新时代的文化舞台之上。儒的确不同于巫，但儒主要是由原始之巫发展而来的，这一点当无疑问。儒不再像远古之巫那样，仅仅搞那些神神鬼鬼的勾当，但原始、原型意义上的儒，仍然以会算卦、行占卜为其文化"技艺"之一，否则便难称为合格的儒。

　　孔子时代的儒，在人格上已基本脱离了巫性意义的纠缠，谈到巫术占筮，《论语》就有"不占而已矣"的记载，说明当时儒的社会职能中，"占"已不是最重要的。孔子自己也说过："加我数年，五十以学易，可以无大过矣。"②孔子懂得用《周易》来算卦(占筮)，是可以肯定的，但他"学易"的主要目的，在于人格意义上的"无大过"。孔子说自己"五十而知天命"，在"天命之年""学易"，以达到道德人格的完成。所谓"知天命"，包括双重意义，一是对原始巫筮、神话与图腾文化中的命理权威有所"畏"(孔子曾说自己"畏天命")，但绝不屈服于"天命"，认为"天命"可"知"，到了五十岁时就已"知"了，"知天命"就是"天人合一""天人感应"；二是"天命"作为道德律令，显然本具外在的强迫性，否则何必称为"天命"？孔

---

① 《礼记·儒行第四十一》，杨天宇：《礼记译注》下册，上海古籍出版社，1997年版，第1029页。
② 《论语·述而第七》，刘宝楠：《论语正义》，《诸子集成》第一册，上海书店，1986年版，第144页。

子作为儒，对道德伦理能够改造世道人心且先改造自我这一点，已相当自信。

正如前引，孔子时代的儒，已有"君子儒"与"小人儒"的区别。从现代的文化观念看，所谓"君子""小人"，似乎纯粹是就道德意义而言的，在孔子时代，恐怕未必如此。孔子处于原始濡身、占卜之巫向"浴德"、祭礼之儒转型接近于完成的时代。这时，原始之巫作为原儒，已经日益失去其神秘的权威性，那种殷与西周的原儒也因只会从事占卜或占筮以及祭祀祖宗神之类，而逐渐失去社会公众的信任。在孔子看来，这种仅仅会占卜、占筮与祭礼的儒，即为"小人儒"。小人儒这一概念，原本是对占筮、祭礼之儒的蔑称，其"不道德"性而被人看不起。《周礼·天官·大宰》说："儒，以道得民"。郑注："儒，诸侯保民有六艺以教民者"。"以道得民"的儒，即"君子儒"。君子儒，实际是孔子那样的新儒，否则孔子就不会谆谆教导他的学生子夏"无为小人儒"（不要做小人儒）了。

(二)孔子仁学的文化精神

对于"小人儒"即旧儒来说，孔子的原始儒学，就是他一生所倡言的仁学。仁学的基本内容及精神，概而言之，即由神而人，由礼而仁，由外而内、自由自觉。

研究孔子仁学的美学意义这一课题，必先认识孔子仁学的文化学意义。这里首要的问题，是孔子及其学说关于神的文化态度。中国文化自古"淡于宗教"，却并不等于说没有神的意识，在原始巫术、原始图腾与神话中，就储存着丰富而悠远的神学观念及其文化意识。以"郁郁乎文哉，吾从周"为文化箴言的孔子，应当说对神并没有绝对的拒绝，不过也没有把神看得很重。孔子是站在"人"的立场来观照神的，他离神远远地看着神，既不媚神，也不渎神，以此为人生之基本的智慧与态度。

> 樊迟问知。子曰："务民之义，敬鬼神而远之，可谓知矣。"①

"敬鬼神而远之"，一个极富思想意蕴的人学命题。鬼神同是尊奉与疏远的对象，这是对待鬼神的第三种人生态度。不是不尴不尬，也并非不伦不类，更无三心二意之意，而是一种进退自如、左右逢源、富于弹性的文化策略。这策略，中国人自古至今玩得很是熟练、自由。

1996年夏，笔者曾应邀去东北出席一个学术会议。会间，会议主办者邀与会者去参观当地的一所佛寺。但见庙内供奉着各路神仙的泥塑造像（是按人居秩序与等级、伦理来安排的），除了大雄宝殿供释迦之像外，一些偏殿、配殿里，还有老子、孔子、关羽、李时珍甚至当地不知名的土神，等等，来了个"兼收并蓄"。当时那位会议主办者见我待在那里良久，问我对此作何感想。我便对他说，"加得愈多，减得愈多。"别看这里"神"才济济，其实中国人的心灵深处，并无绝对权威的神在，这是"空寂的神殿"。但也不是没有任何一点神的意识与观念。用孔夫子的老话，即"敬鬼神而远之"。孔子还说："祭如在，祭神如神在。"②

反过来说，如不祭呢？那么神就不"在"了。神不是一个本体，所以也更缺乏权威性。神是"祭"出来的，不是笃信彼岸确有神在，而是彼岸之神不妨有，也不妨没有。"子疾病，子路请祷。子曰：'有诸？'子路对曰：'有之。《诔》曰：祷尔于上下神祇'。子曰：'丘之祷久矣。'"孔夫子病重，学生子路请予祷神，孔子却支吾其词，婉言拒绝，借口以前早已祭过神了，何必再祭呢？可见，神在孔子的心目中并非绝对崇高而令人敬畏。《左传·哀公六年》里也有一条材料，说是楚昭王病笃，却拒绝祭神，孔子称赞其"知大道"。这里的大道，即孔子一生所追求与企图实现的人道，朝闻道，夕死可矣之道。总之，孔子对鬼神并不盲目崇信，"子不语怪、力、

---

① 《论语·雍也第六》，刘宝楠：《论语正义》，《诸子集成》第一册，上海书店，1986年版，第126页。
② 《论语·八佾第三》，刘宝楠：《论语正义》，《诸子集成》第一册，上海书店，1986年版，第53页。

乱、神"①。虽然并非绝对"不语",而对鬼神满不当一回事,是可以肯定的。"季路问事鬼神。子曰:'未能事人,焉能事鬼?'"②是又一力证。

孔子对待鬼神的文化态度,主要由原始巫术文化的悠长传统传承而来。原始巫术文化有一个精神内核,即对作为神秘感应力的神灵,尽管崇信却不绝对地拜倒在神灵脚下,巫术的"作法",即弗雷泽、马林诺夫斯基所谓"伪技艺",是人借助神灵之力,由人操作,为了人的目的而进行倒错的社会实践活动,巫术的目的是"实用性"的。因此体现于巫术文化的人对待神灵的态度,也具有实用功利性。在巫术中,人其实并不想要完全让神灵来决定人自己的生活道路,而是"利用"神灵的一臂之力,人企望自己学着走路,企望独立地面对世界的挑战。可以说,早在中华原始巫术文化结构中,已经潜藏着原始儒学的实用理性意识与关于人自己的某种主体意识的因子。

孔子仁学的核心范畴是仁,仁字在《论语》一书中出现了一百零九次,可见孔子及其门生多么耿耿于仁。孔子的人学,实际是仁学。仁学属于伦理学范畴,孔子是以仁学的眼光,去观察、解决审美与文艺问题的,但只有从文化学角度才能揭示仁学的美学意蕴。

孔子做了以仁释礼的"工作"。

礼之本义,在于人对神的崇拜仪式及其观念。由于中华民族自古就是一个十分崇拜祖神的民族,礼,首先是对祖神的供献。

卜辞有礼字,写作🌸(贝塚茂树:《京都大学人文科学研究所藏甲骨文字》八七〇)、🌸(罗振玉:《殷虚书契后编》下八、二)、🌸(刘鹗:《铁云藏龟》二三八、四)等。

王国维说:

《说文》示部云:"礼,履也。所以事神致福也。从示,从豊,豊

---

①《论语·述而第七》,刘宝楠:《论语正义》,《诸子集成》第一册,第152、146页。
②《论语·先进第十一》,刘宝楠:《论语正义》,《诸子集成》第一册,第243页。

亦声。"又，豊部："豊，行礼之器也，从豆，象形"……此诸字皆象二玉在器之形。古者行礼以玉，故《说文》曰：豊，"行礼之器"。其说古矣。①

徐中舒采王国维之说，称"象盛玉以奉神祇之器，引申之奉神祇之酒醴谓之醴，奉神祇之事谓之礼。初皆用豊，后世渐分化"②。

初民事礼，供奉以玉，玉被初民视为具有通神之灵性，故以玉为供献，确在情理之中。但后世奉神之礼日繁，家家户户都须行礼于祖神，采玉之艰难必使行礼以玉不能持久与普及，则以酒代玉，为醴。因而醴是礼的后续方式。

礼，初必严格，后来便渐渐松弛，可以看作人的神性与巫性观念的逐渐消解。

礼之本义，体现了人与神（主要为祖神）之间的不平等。因为祖神曾经也是人，因此所谓礼，同时体现了人与人之间的不平等。不过，这是血亲家族内部父与子、先辈与后代之间的不平等。

礼是意志整肃而强迫性的，首先是人对祖先、对生殖的崇拜。孔子以"克己复礼"为己任。他很重礼。"子曰：'非礼勿视，非礼勿听，非礼勿言，非礼勿动。'"③

孔子不仅重礼，而且以"仁"释"礼"，从而改造了周礼。"仁者，人也。亲亲为大。"④亲其所亲者，仁也。仁是血亲内部的"亲"，仁的根本（大）为亲。亲的扩大，以亲的眼光与尺度去看待和处理人与人之间的关系，便是"仁者，爱人"矣。

---

① 王国维：《释礼》，《观堂集林》卷六《艺林六》，《王国维遗书》第一册，上海古籍书店，1983年版，第15页。
② 徐中舒主编：《甲骨文字典》，四川辞书出版社，1989年版，第523页。
③ 《论语·颜渊第十二》，刘宝楠：《论语正义》，《诸子集成》第一册，上海书店，1986年版，第262页。
④ 《礼记·中庸第三十一》，杨天宇：《礼记译注》下册，上海古籍出版社，1997年版，第910页。

> 弟子入则孝，出则弟，谨而信，泛爱众，而亲仁。
> 君子务本，本立而道生。孝弟也者，其为仁之本欤？①
> 君子笃于亲，则民兴于仁。②

因此孟子云："仁之实，事亲是也。"③

仁是建立在生命和谐基础上的人际关系的理想境界，体现为德性的文化心灵。

仁的文化学内蕴是源自生殖崇拜的生命情调。周予同《孝与生殖器崇拜》一文早就指出：

> 儒家的根本思想，出发于生殖崇拜。就是说，儒家哲学的价值论或伦理学的根本观念是"仁"，而本体论或形而上学的根本观念是"生殖崇拜"。因为崇拜生殖，所以主张仁孝，因为主张仁孝，所以探原于生殖崇拜。④

周予同又说："儒家与墨家不同，不信鬼神，但注意祭祀的仪式与宗庙的制度，似乎自相矛盾；其实不然。因为儒家所崇拜的，假使我们深刻点说，并不是祖先已死的本身，而在祖先的生殖之功；也可以说，而在纪念祖先所给予我们的生命。"⑤

这里所言，如果仅指孔子的原始儒学，自然尚谈不上"本体论"与"形而上学"的"哲学"。而孔子的仁学是建构在悠远而宏大的生命文化的基础上的，这一点自无疑问。

---

① 《论语·学而第一》，刘宝楠：《论语正义》，《诸子集成》第一册，第10、4页。
② 《论语·泰伯第八》，刘宝楠：《论语正义》，《诸子集成》第一册，第156页。
③ 《孟子·离娄章句上》，焦循：《孟子正义》，《诸子集成》第一册，上海书店，1986年版，第313页。
④⑤ 周予同：《孝与生殖器崇拜》，原载《一般》杂志第三卷第一号（1927年9月5日），收入《古史辨》第二册中编（1930年9月）。又见于朱维铮编：《周予同经学史论著选集》，上海人民出版社，1983年版，第77—78页。

梁漱溟说：

> 这一个"生"字是最重要的观念，知道这个就可以知道所有孔家的话。孔家没有别的，就是要顺着自然道理，顶活泼流畅的去生发。他以为宇宙总是向前生发的，万物欲生，即任其生，不加造作必能与宇宙契合，使全宇宙充满了生意春气。①

生者，人之生命自然也。孔子仁学的文化学基础，在于人的肉身而非精神。仁字从人从二，仁指二人之间的关系。二人者，首先指男女，然后才是父子、母子以及君臣之类。仁学是关于人的生命、意识的人文大泽。因为关乎生命，便不仅是伦理学，也与美学有了关联。

李泽厚把全部儒学的结构，分为"表层"与"深层"两个层次：

> 所谓儒学的"表层"结构，指的便是孔门学说和自秦汉以来的儒家政教体系、典章制度、伦理纲常、生活秩序、意识形态，等等。它表现为社会文化现象，基本是一种理性形态的价值结构或知识/权力系统。所谓"深层"结构，则是"百姓日用而不知"的生活态度、思想定势、情感取向；它们并不纯是理性的，而毋宁是一种包含着情绪、欲望却与理性相交绕纠缠的复合物，基本上是以情—理为主干的感性形态的个体心理结构。②

在笔者看来，这里所言"表层""深层"，实际上是个统一于"仁"的礼乐结构。仁是礼与乐的统一且为人之内心的自觉要求。孔子生当"礼坏乐崩"的春秋末年，原始意义上的礼乐文化固然正在消解之中，但一时尚未有成熟的新的文化形态大盛于世。孔子正站在一个历史的转折点上，他口头上说

---

① 梁漱溟：《东西文化及其哲学》，《梁漱溟全集》第一卷，山东人民出版社，1989年版，第448页。
② 李泽厚：《初拟儒学深层结构说》，《世纪新梦》，安徽文艺出版社，1998年版，第116页。

"吾从周""克己复礼",其实并未固守旧文化传统而不思进取,而是在认同渐进文脉的前提下,将本是外在、强制性的"礼",改造成或曰解释为人之生命本身的本然需求。由于孔子的学说一般并未深入到哲学本体论,因此他只得将这种人之内在的本然之需,描述为人性与人格意义上的东西。由于他的人性与人格学说属于儒家人性论、人格论的初始阶段,因此人性与人格的问题,都从哲学落实到"心"的问题,开启了尔后孟子的心性说。试图将"礼"解释为自觉的人性亦即人心欲求,这也便是"仁"。仁是礼的内在化、情感化、精神化与生命化,是"心"的自觉,这开启了属"心"的审美之门。

> 颜渊问仁。子曰:"克己复礼为仁。一日克己复礼,天下归仁焉。为仁由己,而由人乎哉?"①

想要达到仁的境界,全凭自己觉悟,不能靠别人。所谓"克己",便是孔子对仲弓说的"己所不欲,勿施于人"②。这句名言,孔子对子贡也说过一次③。这便提出与初步完成了自外而内、由礼到仁的人学思想的建构。

(三)孔子仁学的美学精神

孔子仁学有没有美学精神?答案自然是肯定的。哲学的美学意蕴与美学的哲学品格,是一而二、二而一的关系。哪里有哲学,那里便可能有潜在的美学;哪里有美学,那里便必须存有哲学之魂。否则,那便是失魂的、平庸的所谓"美学"。

至于美学与伦理学的关系,自然更复杂些。如果伦理学建构在哲学基石之上,成为"形上的道德"之学,或虽从道德伦理进入,却提升为形上之

---

① 《论语·颜渊第十二》,刘宝楠:《论语正义》,《诸子集成》第一册,上海书店,1986年版,第262页。
② 《论语·颜渊第十二》,刘宝楠:《论语正义》,《诸子集成》第一册,第263页。
③ 《论语·卫灵公第十五》,刘宝楠:《论语正义》,《诸子集成》第一册,第343页。原文为:"子贡问曰:'有一言而可以终身行之者乎?'子曰:'其恕乎。己所不欲,勿施于人。'"

学。前者如康德的伦理学，属于"三大判断"之一，自然有美学；后者如中国宋明理学中的伦理学，有一个形上的哲学之魂，亦当有美学。孔子的伦理学自有些不同。它既不是康德所倡言的那种"形上的道德"之学，也并非宋明理学那样的学说。然而仁的精神内核，实际是意志自由、善的自由，则与美学精神相系。当然，正如《庄子·齐物论》所言，"六合之外，圣人存而不论"①。孔子说仁，既罕言"天道"，也并未自觉地归结为形上之道。《论语》记录孔夫子关于道的言辞几乎俯拾皆是，但其思维框架、思想属性一般限于伦理范畴。可以断言，孔子的仁学远不是成熟的美学。

不过，孔子的仁学有一个文化基因，那便是主体对人之生命的关注，未必是哲学本身，却可以是通向哲学与美学的。

> 中国哲学，从它那个通孔(牟宗三指出："每个文化的开端，不管是从哪个地方开始，它一定是通过一通孔来表现，这有形而上的必然性"。)所发展出来的主要课题是生命，就是我们所说的生命的学问。它是以生命为它的对象，主要的用心在于如何来调节我们的生命，来运转我们的生命、安顿我们的生命。②

孔子把"我们的生命"试图安顿在他的仁学之中。凡安顿必关涉于终极关怀；凡终极关怀必有一个哲学的问题，或者起码是关联到哲学的。凡哲学，必追问客体性的真理与主体性的真理问题，这用罗素的话来说，分别称之为"外延真理"("外延命题")与"内容真理"("内容命题")。③ 比如一棵树作为对象，"假定你用审美的态度来看，说这棵树如何如何的美，这个不是科学知识，这是系属于主体的"。④ 所以，"科学里面的命题通通都

---

① 《庄子·齐物论第二》，王先谦：《庄子集解》，《诸子集成》第三册，上海书店，1986年版，第13页。
② 牟宗三：《中国哲学十九讲》，上海古籍出版社，1997年版，第14页。
③ [英]罗素：《理则学》第二章第五节，引自牟宗三：《中国哲学十九讲》，第20页。
④ 牟宗三：《中国哲学十九讲》，第20—21页。

是外延命题(extensional proposition),没有所谓的内容命题"。"因此像'我相信如何如何'或者'我认为如何如何',凡是套在这些'我相信'、'我认为'下面的话通通都是内容命题"。①

孔子仁学关于仁的言说,都是这样的"内容命题",他把人的生命之安顿作为仁学提出来,尽管一般并未涉及知识、科学与外延真理,却是对人这一主体的关注、打造以企求其德性的完善。可见,如果将对"外延真理"的追问与思想之建构看作是哲学的话,那么,孔子以"内容真理"问题为追问与建构方向的仁学,大约可以称其为"亚哲学",它是关乎美学或曰具有生命命题之美学精神的。

孔子仁学的主题是善,同时也谈到美。善与美两个汉字皆从羊。羊者,祥也。羊在上古原始巫术文化中是吉祥之物,是一吉兆。原始巫术文化经过"祛魅",巫性吉兆便演变为伦理意义上的"善"与审美意义上的"美"。但是,甲骨文迄今为止仅检索到美②字而无善字。由此似可推论,美字先出,有"善"意,最早美、善不分,因而《说文》才说:"美与善同义"。后来,随着初民审美意识的觉醒与成熟,便以"美"名之,为示区别,则另造一"善"字,表示区别于审美的伦理意义。善是美的后续字,当然,这并不表示初民文化意识中审美在前而伦理在后,实际上在原始巫术文化中,美、善的意识是同时孕育与酝酿于吉凶的。

诚然在孔子之前,先秦在意识与观念上,美、善已经分离而相互独立。《国语·楚语上》云:

> 灵王为章华之台,与伍举升焉。曰:"台美夫!"对曰:"臣闻国君服宠以为美,安民以为乐,听德以为聪,致远以为明。不闻其以土木之崇高、雕镂为美……夫美也者,上下、内外、小大、远近皆无害焉,故曰美。若于目观则美,缩于财用则匮,是聚民利以自封而瘠民

---

① 牟宗三:《中国哲学十九讲》,上海古籍出版社,1997年版,第20—21页。
② 见董作宾:《小屯·殷虚文字乙编》三四一五、五三二七;胡厚宣:《战后京津所获甲骨集》二八五四。

也，胡美之为？"①

伍举以"无害"即功利的目光观"台之美"，采取排拒的态度，但这里所言"美"，已与"善"（无害）分家，属于形式美范畴。

《论语》说到"美"的地方有十三处。

> 有子曰："礼之用，和为贵。先王之道，斯为美。"②
>
> 子夏问曰："'巧笑倩兮，美目盼兮，素以为绚兮'，何谓也？"子曰："绘事后素。"
>
> 子谓《韶》："尽美矣，又尽善也。"谓《武》："尽美矣，未尽善也。"③
>
> 子曰："里仁为美，择不处仁，焉得知？"④
>
> 子曰："如有周公之才之美，使骄且吝，其余不足观也已。"
>
> 子曰："禹，吾无间然矣。菲饮食而致孝乎鬼神，恶衣服而致美乎黻冕，卑宫室而尽力乎沟洫。禹，吾无间然矣。"⑤
>
> 子贡曰："有美玉于斯，韫椟而藏诸？求善贾而沽诸？"子曰："沽之哉！沽之哉！我待贾者也。"⑥
>
> 子曰："君子成人之美，不成人之恶。小人反是。"⑦
>
> 子谓卫公子荆，"善居室。始有，曰：'苟合矣。'少有，曰：'苟完矣。'富有，曰：'苟美矣。'"⑧

---

① 《国语·楚语上》，邬国义、胡果文、李晓路：《国语译注》，上海古籍出版社，1994年版，第512页。
② 《论语·学而第一》，刘宝楠：《论语正义》，《诸子集成》第一册，上海书店，1986年版，第16页。
③ 《论语·八佾第三》，刘宝楠：《论语正义》，《诸子集成》第一册，第48、73页。
④ 《论语·里仁第四》，刘宝楠：《论语正义》，《诸子集成》第一册，第74页。
⑤ 《论语·泰伯第八》，刘宝楠：《论语正义》，《诸子集成》第一册，第162、169—170页。
⑥ 《论语·子罕第九》，刘宝楠：《论语正义》，《诸子集成》第一册，第184—185页。
⑦ 《论语·颜渊第十二》，刘宝楠：《论语正义》，《诸子集成》第一册，第274页。
⑧ 《论语·子路第十三》，刘宝楠：《论语正义》，《诸子集成》第一册，第286—287页。

子贡曰:"譬之宫墙,赐也墙也及肩,窥见室家之好。夫子之墙数仞,不得其门而入,不见宗庙之美、百官之富。"①

子张问于孔子曰:"何如斯可以从政矣?"子曰:"尊五美,屏四恶,斯可以从政矣。"子张曰:"何谓五美?"子曰:"君子惠而不费,劳而不怨,欲而不贪,泰而不骄,威而不猛。"②

考此十三个美字,其中五处为有子、子夏、子贡与子张所言。孔子心目中的美,一是指道德伦理上的善,如"先王之道,斯为美""里仁为美"与"君子成人之美"等;二是指宫室与服饰等形式美,如"美乎黻冕""苟美"与"宗庙之美"等;三是指以道德伦理意义为主又不完全归于道德伦理范畴的人格美、人品美,如"周公之才之美"与"尊五美"等;四是将"美"与"善"分开,指艺术之美,如"子谓《韶》尽美矣,又尽善也"。孔子以为艺术比如诗,是具有实际用途的。他曾说过"不学《诗》,无以言"③、诗可"多识于鸟兽草木之名"④之类的话,他把艺术看得很实在。孔子论《韶》"尽美""尽善"的"美",不仅指艺术的形式美,也包括内容美的因素。而艺术的内容美,显然不能完全归之于道德教训。孔子对艺术尤其音乐有很高的欣赏能力,那种陶醉其间的"三月不知肉味"的心灵境界,显然有丰富而深刻的纯艺术审美的移情、体会、品味与领悟在其中,不是单纯的道德教训可以营构的。孔子一生及其思想很重道德伦理与政治,但他不是一个纯粹的"道德动物"与"政治动物"。固然孔子谈艺术之"善"时,把艺术看作具有实际用途、可以体"仁"的工具,体现了孔子艺术观中的工具理性。但当孔子欣赏艺术尤其是美的音乐时,他的审美的感性与情味就复苏、飞扬而沉潜在他的心田。这里应当补充一句,总体而言,孔子的审美及其对美的看法,

---

① 《论语·子张第十九》,刘宝楠:《论语正义》,《诸子集成》第一册,第409页。
② 《论语·尧曰第二十》,刘宝楠:《论语正义》,《诸子集成》第一册,第417页。
③ 《论语·季氏第十六》,刘宝楠:《论语正义》,《诸子集成》第一册,上海书店,1986年版,第363页。
④ 《论语·阳货第十七》,刘宝楠:《论语正义》,第374页。

受其仁学思想的影响很大,其审美水平,大致与前述《国语·楚语上》所载的伍举差不多。不过,在伍举与孔子时代,从实用、仁、道德伦理角度观照美、认识美,毕竟体现了中华民族自原始巫术文化等"祛魅"未久之后的一个必经的文脉历程,作为"内容命题"的美,也多少洋溢着关于人之生命的热忱与关注。

孔子仁学的美学精神,第一次真正地体现出人的历史地位与价值,在改造周礼的基础上,建构初步的对人格的审美。

其一,孔子云:"鸟兽不可与同群"①。与动物相比,肯定了人的尊严与高贵。马厩失火,孔子知道后,马上急切地问:"'伤人乎?'不问马。"②体现出对人之命运、处境与生存状态的关切。

其二,孔子强调的是人的社会群体性,而且指以血缘及血缘观念维系的群体性。不仅一个血亲家族成员之间要实施仁的原则,而且把非血亲的千家万户、整个天下,都看作是具有血亲关系的。司马牛忧郁地说:"人皆有兄弟,我独无。"子夏开导他:"四海之内,皆兄弟也,君子何患乎无兄弟也?"③虽然这是子夏说的,作为老师的孔子也是同意的。这里,仁的文化基因在于以血缘联系为基质的社会人群的群团性,在仁之群团内部,又具有礼即人性、人格与人生的等级秩序。这便是《学而》篇所谓"泛爱众,而亲仁"④。

其三,无疑,孔子强调的是群体人格,但也为个体人格的存在与发展留出一定的生存空间。孔子说"克己复礼为仁"。"克己"并非无"己"。虽然"故人生不能无群"⑤,但"三军可夺帅也,匹夫不可夺志也"⑥。这说明,孔子也肯定群体框架中个体人格的相对独立性与美(善)。

---

① 《论语·微子第十八》,刘宝楠:《论语正义》,《诸子集成》第一册,第393页。
② 《论语·乡党第十》,刘宝楠:《论语正义》,《诸子集成》第一册,第228页。
③ 《论语·颜渊第十二》,刘宝楠:《论语正义》,《诸子集成》第一册,第264页。
④ 《论语·学而第一》,刘宝楠:《论语正义》,《诸子集成》第一册,第10页。
⑤ 《荀子·王制篇第九》,王先谦:《荀子集解》,《诸子集成》第二册,上海书店,1986年版,第105页。
⑥ 《论语·子罕第九》,刘宝楠:《论语正义》,《诸子集成》第一册,第191页。

孔子初步奠定以"仁"为文化特色的人格美的审美理想。人格美属于社会美范畴，处于美学与伦理学之际。它是人的自我肯定、人的主要是伦理价值的自我实现，是一种意识到了的人之所以为人的美。这也体现在孔子所赞美的颜回的人格中：

> 子曰："贤哉，回也！一箪食，一瓢饮，在陋巷，人不堪其忧，回也不改其乐。贤哉，回也！"①

在人生的贫寒、困苦与忧患中，仍然"不改其乐"，孔子推重生命的乐观情调。

孔子又说：

> 饭疏食饮水，曲肱而枕之，乐亦在其中矣。不义而富且贵，于我如浮云。②

不合理、违逆道德良心而获得的财富与权贵，孔子是断然拒绝的，孔子把人生看得相当透彻。

孔子推崇伟大的德性人格：

> 子曰："大哉，尧之为君也，巍巍乎！唯天为大，唯尧则之。荡荡乎！民无能名焉。巍巍乎！其有成功也。焕乎！其有文章。"③

尧人格之伟大，乃"则""天"之故，辉煌而崇高。

孔子初步建构了关于自然美的一种审美模式。在孔子之前，《诗经》有

---

① 《论语·雍也第六》，刘宝楠：《论语正义》，《诸子集成》第一册，第121页。
② 《论语·述而第七》，刘宝楠：《论语正义》，《诸子集成》第一册，上海书店，1986年版，第143页。
③ 《论语·泰伯第八》，刘宝楠：《论语正义》，《诸子集成》第一册，第166页。

关于自然美的描述，一是关于大自然的美，如"昔我往矣，杨柳依依；今我来思，雨雪霏霏"之类；二是《硕人》关于女性人体自然之美的描写。

孔子没有专门谈论自然美问题，他对自然美的关注，是与其仁学思想结合在一起的。

> 知(智)者乐水，仁者乐山。知者动，仁者静。知者乐，仁者寿。①

这便是"君子比德"的美学观。孔子是"君子比德"说的倡导者，而首倡者为子产。

智者思虑圆融，情感与意志随物而宛转、随遇而安，坚忍而流畅，好比水之流涌，与优美相应。

仁者的思想品质坚定、沉着，有岿然、静默之美，与壮美相应。

孔子揭示了审美主体的精神品格与自然美作为审美对象之间所建构的一种"比"的异质同构关系，他主要是从仁德的角度来认识与阐述这一问题的。

自然之所以美，是因为审美主体从自然对象"看到"了自己、实现为己心之故。自然美的文化机制，是一种人格比拟。人，自然生命之精华；自然，人之生命的"母亲"，自然美的生命意蕴，不在于自然对象是否是一生命体。无生命的岩石、大地，甚至枯枝败叶等，只要在审美中与主体建立起"比德"关系，就是人之生命的美的象征。但自然美的素质可有不同，正如山之美与水之美，大江东去与流水小桥之美，美的素质与格局差异很大，所以给人的美感也不同。这种差异，决定于作为对象的自然性质、时空存在方式与主体审美心灵、精神与气质的内在依据的对应。孔子看到了仁者与山、智者与水的对应联系，在中国美学的文化历程中，孔子的贡献不可磨灭。孔子云："岁寒，然后知松柏之后凋也。"②"松柏之后凋"的美，

---

① 《论语·雍也第六》，刘宝楠：《论语正义》，《诸子集成》第一册，第127页。
② 《论语·子罕第九》，刘宝楠：《论语正义》，《诸子集成》第一册，上海书店，1986年版，第193页。

不是随便什么人都可以发现与欣赏的，只有那些在艰苦、险恶的境遇中具有顽强意志与执着情感的心灵，才能建构这一"比德"的审美关系。

孔子第一次完整地提出关于艺术审美的社会道德功能说。

子曰："兴于诗，立于礼，成于乐。"①

诗的艺术令人精神振奋，礼的规矩为立身之本，音乐的审美可以陶冶性情，从而完成人格的塑造，使人格健全。孔子对诗与乐的审美功能把握得比较准确，不过在这种把握中，渗透着礼的思想。

> 子曰："小子何莫学夫诗？诗可以兴，可以观，可以群，可以怨。迩之事父，远之事君；多识于鸟兽草木之名。"②

撇开"多识于鸟兽草木之名"这一诗的认知功能不说，兴、观、群、怨的艺术功能并非是纯粹审美的，孔子认为艺术的目的在"事父""事君"，审美服从于这一目的。

按古代文论，兴者，兴寄也。朱熹《诗集传》称，所谓兴，先言他物，以引起所咏之辞。观者，观察、观照之谓。东汉郑玄《论语注》称之为观风俗之盛衰。认为从诗的艺术及其传播，可以体察民风、民俗与民情。群者，群团人心之谓。认为诗歌有缓解人之内心的矛盾与紧张使人心和谐的作用。怨者，孔颖达"传"有"怨刺上政"之言，认为诗歌可以起抒写怨怒、讽谏政事的作用。

从文化角度看，兴，首先是先民祭神之一种方式。③卜辞兴字写作 ▨（郭若愚等：《殷虚文字缀合》二三三）、▨（[日]贝塚茂树：《京都大学人文科学研究所藏甲骨文字》三一五一）与 ▨（董作宾：《小屯·殷虚文字甲编》二一二四）等。卜辞有"辛亥卜兴祖庚"等记载（董作宾：《小屯·殷虚

---

① 《论语·泰伯第八》，刘宝楠：《论语正义》，《诸子集成》第一册，第160页。
② 《论语·阳货第十七》，刘宝楠：《论语正义》，《诸子集成》第一册，上海书店，1986年版，第374页。
③ 参见雒启坤：《诗言志与兴、观、群、怨》，《文艺研究》1995年第4期。

文字乙编》五三二七)。从文字造型看,卜辞中的兴,象两人双手抬着盘中的祭品以献于神。这种祭神仪式,寄托着祭神者对神的一片虔诚,通过兴这一仪式,宣泄对神的崇拜之情。初民祭神以祭品献于神,主祭的巫师须载歌载舞(一种巫术的"作法"方式)以召唤神灵屈临。由于歌(诗)、舞是一种"象"的方式,象参与祭神,是象与兴的第一次"联姻"。或者说,兴即象,兴起即象生,虽然象是巫象,却是中国审美范畴"兴象"的源起。原始的兴实际上源自巫性祭祀仪式中进祭品、兴舞、作乐及诵诗等诸多步骤。因此,孔子的"兴于诗"这一命题,如做功能意义的理解,指诗有兴起、感发志意的作用,已经是后起的意义了。如从文化原型角度去理解,那是指诗作为巫术"作法"方式所存在于兴即祭神仪式的一种"象"的现实。

卜辞观字写作🦅(罗振玉:《殷虚书契前编》四、三九四)或🦅(《殷虚书契前编》八、五)等。观,繁体为觀,从雚从见。卜辞雚字写作🦅(孙海波:《甲骨文录》七〇八)、🦅(罗振玉:《殷虚书契后编》下六、七)与🦅(董作宾:《小屯·殷虚文字甲编》一八五〇)。卜辞观、雚二字造型,都像鸟隼。雚字的甲骨文字造型,更强调与夸张地表现鸟隼的双目,炯炯而有神采。观的本字为雚。在卜辞中,雚为祭名,有"在六月乙巳示典其雚"[①]等记载。这种祭祀以鸟为祭品,是谓"鸟祭"。

在《诗经》中,以鸟为兴象的诗歌尤为多见,如《邶风·燕燕》《邶风·凯风》《小雅·伐木》《小雅·鸿雁》与《唐风·鸨羽》等。《燕燕》一诗有这样几句:

> 燕燕于飞,差池其羽。之子于归,远送于野。瞻望弗及,泣涕如雨。
> 燕燕于飞,颉之颃之。之子于归,远于将之。瞻望弗及,伫立以泣。
> 燕燕于飞,下上其音。之子于归,远送于南。瞻望弗及,实劳

[①] 郭沫若等:《甲骨文合集》三八三一〇,中华书局,1978—1982年版。

我心。

……

这首诗表面"卫庄姜送归妾而作"①,实乃描述离怨别恨。而起象为燕,正如《传说汇纂》所言,当春夏之间,见燕托兴。燕子作为诗的意象,别具深意。上古殷、秦等氏族皆曾以鸟为图腾。《史记·殷本纪》称殷的始祖契为有娀氏之女简狄吞玄鸟卵而生,契被"赐姓子氏"。《白虎通·姓名》说殷"姓子氏,祖以玄鸟子生也"。《史记·秦本纪》又说,秦氏族始祖伯益为颛顼之孙女修吞玄鸟卵而生。这里,玄鸟即燕子。因而诗中反复吟咏"燕燕于飞"所引起的伤感,实即因燕飞而触景生情,勾起对祖神的怀恋。"燕燕于飞"的于,正如"之子于归"的于,据《毛传》注云:"于,往也。"赵沛霖《兴的源起》因而说,"燕燕于飞"即"燕燕往飞"。意思是说,燕子啊燕子啊,你飞走了,祖神离我远去了,让人"瞻望弗及",岂不"泣涕如雨","实劳我心"。

不仅殷、秦氏族以玄鸟为图腾,上古诸多部族都以鸟为图腾,舜族以凤为图腾,后羿以鸟为图腾,丹朱族以鹤为图腾,这些"鸟夷"氏族,皆以鸟为象。《左传·昭公十七年》称少昊之国"纪于鸟,为鸟师之鸟名",有"凤鸟氏""玄鸟氏""伯赵(劳)氏""青鸟氏""丹鸟氏""祝鸠氏""雎鸠氏""鸤鸠氏""爽鸠氏"与"鹘鸠氏"等,皆以鸟为图腾②。

鸟类作为诗的兴象的文化原型,是人对祖神的崇拜。以鸟为祭,是自然而然的事情,以鸟为祭的实质是祭鸟,在"龙飞凤舞"的上古世界,鸟象为祭祖的同一文化符号。

祭祖以鸟,这便是"观"的文化原型。观蕴含以人之源自祖先的生命与血脉,观是对祖宗的追念与怀恋,是以祖宗所传承而来的人文典则来观当下及此后"风俗之盛衰"。观是以祖宗的炯炯之目来审视子孙万代的文化及

---

① 陈子展:《诗经直解》,复旦大学出版社,1983年版,第83页。
② 参见赵沛霖:《兴的源起》,中国社会科学出版社,1987年版,第16页。

其规矩。《周易》有观卦，卦象为坤下巽上(☷)。观卦九五为得中、得正的吉爻，象征祖先。《易传》称其为"大观在上""中正以观天下"，"大观"者，太观也。大(太)的文字原型，是顶天立地的正面而立的男性祖先，大观即祖宗之观以及对祖宗的观照。观照首先是有关生命之祖的。《周易》观卦九五爻辞说："观我生"，上九爻辞称"观其生"，而六三爻辞云："观我生进退"。观是尊祖、崇生的表现。王弼《周易略例》说，"寻名以观其吉凶，举时以观其动静"，"观之为义，心所见为美者也"①。

要之，孔子所谓观，具有深厚的文化与历史意蕴。观的本义是对祖宗的崇敬，确与"事父""事君"("事君"即"事父"之发展)相关，观的功能意义是后起的。同时也须注意，观的崇祖意识有一个从母系文化向父系文化发展的历程，观之本义是鸟，属阴属母，说明中华民族的追远、崇祖意识始于母系文化时期。

考群字之来由，由于迄今为止在甲骨文中未检索到群字，我们只能说，大约关于群的文化意识是比较后起的。从群字从羊来看，群是羊的一种生命现象与生活习性，羊者，合群、群居之动物。徐铉说：羊性好群，故从羊。《诗·小雅·无羊》云，"谁谓尔无羊？三百维群"。《说文解字注》：羊为群，犬为独。

《周易》大壮卦六五爻以羊取象，其爻辞为"丧羊于易，无悔"。《易传》释"丧羊于易，位不当也"。② 六五爻居于全卦第五爻位，此为阳位，如阳爻居阳位，为"得位""当位"，这里却是阴爻居于阳位之上，故"位不当"。《来氏易注》说，本卦(指大壮卦)四阳在下，故名"大壮"；至六五无阳，则丧失其所谓大壮矣，故有"丧羊于易"之象。这里的"易"，《来氏易注》释为场，田畔地也。《周易折中》又说，至六五则壮已过矣。又以柔(指六五爻，阴爻)处中(上卦之中位)，则无所用其壮矣；故虽丧羊而无悔。凡此皆言之有理。不过，羊者，祥也，羊是祥的本字很有力地说明，中国

---

① 王弼：《周易略例》，楼宇烈：《王弼集校释》下册，中华书局，1980年版，第604、618页。
② 《易传》，拙著：《周易精读》，复旦大学出版社，2007年版，第180页。

上古的原始巫术文化中，是以羊为吉祥之动物的，否则后世之美、善与鲜等字，都不会从羊。《周易》大壮卦六五爻辞称"丧羊"于"田畔"，在古人看来，当然不是好兆头，是"无悔"却并非吉兆。该卦上六爻辞又说："羝羊触藩，不能退，不能遂，无攸利；艰则吉。"①从该爻辞本意看，羊的角被藩篱夹住了，进退两难，当然是凶险之象。如果该羊拼命挣扎，则更凶险了。因而，那羊只有安静下来，坚贞自守，可获吉祥。

《论语》有关于羊为吉祥之物的记载：

> 子贡欲去告朔之饩羊。子曰："赐也！尔爱其羊，我爱其礼。"②

杨伯峻在解读"告朔饩羊"时这样说：

> "告朔饩羊"，古代的一种制度。每年秋冬之交，周天子把第二年的历书颁给诸侯。这历书包括那年有无闰月，每月初一是哪一天，因之叫"颁告朔"。诸侯接受了这一历书，藏于祖庙。每逢初一，便杀一只活羊祭于庙，然后回到朝廷听政。这祭庙叫做(作)"告朔"，听政叫做"视朔"或者"听朔"。到子贡的时候，每月初一，鲁君不但不亲临祖庙，而且也不听政，只是杀一只活羊"虚应故事"罢了。所以子贡认为不必留此形式，不如干脆连羊也不杀。孔子却认为尽管这是残存的形式，也比什么也不留好。③

上古以羊为祭，是历史与文化的真实。卜辞有不少以羊为祭的卜例记载，如"丁亥卜亘贞羊受年"（董作宾：《小屯·殷虚文字乙编》六七五三）等，也见于董作宾《小屯·殷虚文字甲编》六一八、六四四、二四八六与罗振玉

---

① 《周易》本经大壮卦上六爻辞。拙著：《周易精读》，第180页。
② 《论语·八佾第三》，刘宝楠：《论语正义》，《诸子集成》第一册，上海书店，1986年版，第59页。
③ 杨伯峻：《论语译注》，中华书局，1980年版，第29—30页。

《殷虚书契前编》四、五〇等。

初民所以以羊为祭,是因为羊为吉祥之动物。羊作为动物,之所以成为表示吉祥的文化符号,一因羊生性温和,与虎豹豺狼不同,羊对人无害,始终深得人的好感;二则在那蛮野无比、弱肉强食的动物世界里,生性温懦的食草动物羊,只有群居才得保全其个体生命以发展其群体生命,这一定给了同处于上古恶劣环境中的初民一个理念,即人须群居为吉。

初民以羊为祭,意在祈求人之群居生活的吉祥如意,进而冀望群体生命的绵绵不绝。从文化角度看,从"殷道亲亲"到"周道尊尊",其潜在的文化内核,实乃一个群字便可概括。

群是血亲宗族生活与生命之常态。

群在原始巫术文化时代寄托了初民趋吉避凶的文化理念与愿望。

群在孔子时代已发展为一种群团人心的道德准则与诗教,此之谓"诗可以群"。

最后说"怨"。

《说文》云:"怨,恚也";"恚,恨也";"恨,怨也"。怨、恚、恨三字可互释。在甲骨文中,未检索到怨字,怨作为一个文字符号可能是比较后起的。当然不等于说上古初民无怨。怨是人类七情六欲的一种基本的心理状态,是人对事物进行否定性评价时同时出现的情绪与情感的表达。

关键是怨的对象及主体敢不敢怨。

在天命思想统治头脑的时代,人们对老天是不会也不敢有所怨恨的。殷人笃信天命。后来周灭殷,殷之遗民由于"昊天大降丧于殷",便开始与周人一起表示对上帝(天命)的怨疑。至于周人,对天的怨恨之情表达得很是大胆。"天不可信"[1]"天之扤我,如不我克"[2]"昊天不公""昊天不平""昊天不惠"[3],天的权威遭到了亵渎。

---

[1]《尚书·周书·君奭》,江灏、钱宗武:《今古文尚书全译》,贵州人民出版社,1990年版,第347页。
[2]《诗·小雅·正月》,陈子展:《诗经直解》下册,复旦大学出版社,1983年版,第657页。
[3]《诗·小雅·节南山》,陈子展:《诗经直解》下册,第648、650、648页。

周人还对先祖神灵有点不客气，因为感到有时祖神不保佑我，便发起牢骚来了："群公先正，则不我助；父母先祖，胡宁忍予？"①"先祖匪（非）人，胡宁忍予？"②至于《诗经》中如《硕鼠》那样怨刺人间不平以及表达怨女之情的诗篇，就更不胜枚举了。"删诗"的孔子，没有将对天、昊天、祖神与人间不平事以及性爱怨情之类的"怨诗"加以删除，说明孔子所谓"诗可以怨"的思想其源甚古，其文化眼光是比较宽广的，并非仅仅如孔安国注"怨，刺上政也"的意思。"刺上政"是后代儒家诗教关于怨的一大功用，孔子本意，却不限于此。清代黄宗羲说，"怨亦不必专指上政"③，这是符合孔子本意的。

从中庸思想看，孔子提倡"过犹不及"，所以他所倡言的诗之怨自然是有限度、有分寸的，所谓"怨而不怒，哀而不伤"是也。诗怨的尺度是仁，仁是"实用理性"、怨之唯一而最高的"游戏规则"。"仁者，爱人"，孔子是从"爱人"出发来提倡诗之怨的，孔子没有离开、违逆仁的原则去另立一个怨的标准。孔子的怨，出于爱，认为只有出于爱人的怨，才是合理合情的，无节制地以诗的方式穷发牢骚、抨击时政（包括"上政"）是不可取的，这一点为历代统治思想的文论所肯定。孔子的怨并非代表民间。从仁出发，孔子并不绝然主张"以德报怨"，而是倡导"以直报怨"，"也就是反对精神上的自我屈辱"④。"子贡曰：'君子亦有恶乎？'子曰：'有恶。'"⑤"有恶"，就是怨。如此看来，孔子并不是一个不讲原则、在可恶的社会现实或背仁的道德面前闭起眼睛的人，他关于怨的诗教是以仁为归依的。

---

① 《诗·大雅·云汉》，陈子展：《诗经直解》下册，第 1005 页。
② 《诗·小雅·四月》，陈子展：《诗经直解》下册，第 728 页。
③ 黄宗羲：《汪扶晨诗序》，《南雷文定》四集卷一，世界书局，2009 年版。
④ 李泽厚、刘纲纪主编：《中国美学史》第一卷，中国社会科学出版社，1984 年版，第 130—131 页。
⑤ 《论语·阳货第十七》，刘宝楠：《论语正义》，《诸子集成》第一册，上海书店，1986 年版，第 384 页。

第六节　郭店楚简《性自命出》的审美意识

郭店楚简《老子》与《太一生水》属道家著作,又在郭店村楚墓中出土了儒家著作凡十一种十四篇,为《缁衣》《鲁穆公问子思》《穷达以时》《五行》《唐虞之道》《忠信之道》《成之闻之》《尊德义》《六德》与《性自命出》各一篇与《语丛》四篇。

关于这批道、儒出土资料的学术价值与历史价值,杜维明说:"我认为郭店楚墓竹简出土以后,整个中国哲学史、中国学术史都需要重写"①,未免言之过甚,但郭店楚简以及上海博物馆藏战国楚简的巨大文化价值,确实不应低估。

这里,仅就郭店楚简《性自命出》篇的审美意识问题,试做简略分析。

学者一般认为,"如果说,郭店楚简的发现,'补足了孔孟之间所曾失落的理论之环',那么,《性自命出》则展示了孔子之后、思孟之前的先秦儒家人性论发展的重要一环"②。

这里有两个问题,一是此处所谓"人性论",亦即心性之说。中国先秦文化史与哲学史上的人性论,实际是从人的"心"来谈"人性"。人性的问题,首先应是生理学意义上的问题,然后才是心理学意义上的,前者属于自然科学范畴,后者属于人文科学范畴。由于先秦时期生理学远未成熟,要从生理学角度来谈人性问题,是不可能的,因而只有以"心"这一范畴来描述人性这一途,是谓心性之说。考性字,从心从生,心与性不分矣。人的生命不是一般动物的生命,它是具有心的生命,"心之官则思"。此心不

---

① 杜维明:《楚简中的新知》,《中国青年报》1999 年 11 月 7 日。又见于《郭店楚简研究》《中国哲学》第二十辑,辽宁教育出版社,1999 年版,第 4 页。
② 庞朴:《古墓新知》,《中国哲学》第二十辑,第 9 页。又见于李维武:《〈性自命出〉的哲学意蕴初探》,武汉大学中国文化研究院编:《郭店楚简国际学术研讨会论文集》,湖北人民出版社,2000 年版,第 310 页。

同于解剖学上的器官心脏，心脏是属于血液循环系统的，心，实指人的意识、思虑、意志与情感等的集成。先秦以心释性，并不奇怪。在当时的文化观中，心本与生同在，心之存在，性之本体也，无心焉得称为人之性？

清代阮元说《性命古训》(载《研经室一集》卷一)云，性字本从心从生，先有生字，后造性字"。在甲骨文中，生，本是长在大地上的一棵树，写作 ⺙ 或 ⺰ (前者见于郭沫若等：《甲骨文合集》四六七八、三四〇八一等；后者见于郭沫若：《殷契粹编》一一三一)，"象草木生出地上之形"①。长在大地之上的树木以及其他植物，是无心之生，唯人之生，是有心的。而迄今所见甲骨卜辞，未检得性字，性的本字为生。从甲骨文有生字而无性字可见，初民的人性意识并未苏醒。

二是孔子仁学中已具有人性论的思想，他第一个提出了"性相近也，习相远也"，并说"唯上智与下愚不移"②这一著名命题。"性"虽"相近"，但智、愚是天生的。

性是什么呢？性与心有没有关系以及有什么关系，孔子未做解答。子贡说："夫子之言性与天道，不可得而闻也。"③孔子把性与道的问题，一般地做了形下意义的理解。在孔子看来，人性的问题，是生活世界域限中的问题，至于人性的本源何在，未做形上之思考。

相传为战国初年子思所撰的《中庸》里，提出了"天命之谓性"这一命题。尔后孟子则说："尽其心者，知其性也；知其性，则知天矣。存其心，养其性，所以事天也。殀寿不贰，修身以俟之，所以立命也。"④令人感到这一儒家思想的跳跃，有些突然。熟悉中国文化及其儒家思想的人都知道，中国文化的历史发展，一般都具有文脉(Context)渐进的特点，从孔子到孟子，在文脉联系上，似乎有些断裂。

---

① 徐中舒主编：《甲骨文字典》，四川辞书出版社，1989年版，第687页。
② 《论语·阳货第十七》，刘宝楠：《论语正义》，《诸子集成》第一册，上海书店，1986年版，第367、368页。
③ 《论语·公冶长第五》，刘宝楠：《论语正义》，《诸子集成》第一册，第98页。
④ 《孟子·尽心章句上》，焦循：《孟子正义》，《诸子集成》第一册，上海书店，1986年版，第517页。

郭店楚简儒家著作尤其《性自命出》篇的发掘，可以说是发现了"孔孟之间的驿站"①，让人由此见出渐进文脉的历史进程。

《性自命出》对性下了一个定义："喜怒哀悲之气，性也。"又说，"好恶，性也"。②"喜怒哀悲"与"好恶"，指人因外物作为对象而激起的种种情感态度与情感判断。情感往往与审美、艺术相联系，因此在这情感态度与判断之中，可能具有潜在的审美意识。喜怒哀悲、好恶者，心也；喜怒哀悲自然不等于喜怒哀悲之气，性指喜怒哀悲之气，而不是喜怒哀悲；尽管古人从心说性，但性不同于心。喜怒哀悲是情感的宣泄，好恶是情感判断，两者是具有差别的。喜怒哀悲之气也不同于好恶。这里关于性的两个定义是相矛盾的。同一篇《性自命出》的性论出现逻辑上的矛盾，说明先秦性论建构之初思辨能力的相对贫弱与不够严密。

气又是指什么呢？

气这一范畴在历史长河中，经过了多次内涵与外延的嬗变。甲骨卜辞有气字，写作 ☰（董作宾：《小屯·殷虚文字甲编》二一〇三）。明义士《殷虚卜辞》有"贞佳我气有不若十二月"之记。气的本义，"象河床涸竭之形，二象河之两岸，加━于其中表示水流已尽。即汔的本字。"③《说文》云："汔，水涸也"，当为的解。饶宗颐《殷代贞卜人物通考》从此解。其引申义为尽、止（汔、迄）、乞，于省吾主是说。甲骨文时代的气这一概念，没有任何哲学与美学意义。气字出现于卜辞，证明它是一个原始巫术概念，类于西方文化人类学关于原始巫学的一个术语"马那"（mana）。马那为美兰尼西亚古语，澳大利亚的原始部落称其为"阿隆吉他"，美洲印第安人称为"瓦坎""欧伦达"或"摩尼图"。梁钊韬说："最原始的民族与一切落后的野蛮人，都信仰有一种自然的力量作用于一切事物，支配世界上的一

---

① 庞朴：《孔孟之间的驿站》，《中国青年报》1999 年 11 月 7 日。
② 《郭店楚墓竹简》，文物出版社，1998 年版。以下凡引《性自命出》篇文辞，皆出自该书，不再注明。该篇标题为编者所加，廖名春《荆门郭店楚简与先秦儒学》一文主张改为《性情》篇。
③ 徐中舒主编：《甲骨文字典》，四川辞书出版社，1989 年版，第 38 页。

切东西，这种力量就是马那"①。在甲骨占卜文化中，气是有类于"马那"的那种神秘的"自然的力量"。初民始见浪涛奔涌，忽而又见河水干涸，百思而不得其解，于是以气字称之。气这一概念，包含初民对水涸这一自然现象的原始巫学解读与对旱灾的恐惧、虔诚心理。气，有类于列维-布留尔《原始思维》一书所说的，物我之间的那种"神秘联系和互渗"，实际是气的本始意义。

气这一概念转入哲学，就目前所检索到的文献资料，大约始于西周末年(前780)伯阳父解说地震起因时所提出的"天地之气"说：

> 幽王二年，西周三川实震。伯阳父曰：周将亡矣！夫天地之气，不失其序；若过其序，民乱之也。阳伏而不能出，阴迫而不能烝，于是有地震。今三川皆震，是阳失其所而镇(于)阴也。阳失而在阴，川源必塞；源塞，国必亡。夫水土演而民用也，水土无所演，民乏财用，不亡何待？②

地震本是自然现象，探问地震之因，应是自然科学问题，但这里却做了古代人文意义上的解答。这种人文解读的显著文化特征，是渗透着自上古传承而来的原始巫术等观念，即将地震看作"国必亡"的征兆(凶兆)，此凶兆之所以出现，是"天地之气"、阴阳"失其序"之故。这里，就伯阳父的本意来说，是站在原始巫术的立场，却由于包含对地震之因的追问(不管这追问是不是准确、正确)，便使思维与思想开始趋于哲学层次。

到了孔子所处的春秋末年，中国人已经能够运用气这一概念来解读人的生命现象及其与生命相联系的人的道德精神。最典型的是孔子的言说：

---

① 梁钊韬：《中国古代巫术——宗教的起源和发展》，引自拙著：《周易的美学智慧》，湖南出版社，1991年版，第96页。
② 《国语·周语上》，邬国义、胡果文、李晓路：《国语译注》，上海古籍出版社，1994年版，第21页。

>孔子曰："君子有三戒：少之时，血气未定，戒之在色；及其壮也，血气方刚，戒之在斗；及其老也，血气既衰，戒之在得。"①

孔子所言血气者，人的生命之气也，是郭店楚简《性自命出》篇所言"喜怒哀悲之气，性也"的前期思想表现。孔子论血气，从戒色、戒斗与戒得（贪）的道德入手，却并非纯粹讲道德，而是从人之生命的三阶段来立论，实际已具有性论的初始意义。所不同者，孔夫子从血气之性论来解释他所倡言的道德伦理。郭店楚简《性自命出》由此推进，从气及其生命表现即喜怒哀悲意绪来言说对于性的理解。这里，气已不是原始巫术之气，而用之于解读人的生命现象及其道德与心理意绪的表达。道德，一般与审美保持着一定的距离；心理意绪即喜怒哀悲（还有好恶）等，与审美的关系却要直接、紧密得多。

《性自命出》的性论，包含对喜怒哀悲即情与审美之关系的朦胧认同。此性并非纯粹生理性的，具有丰富的心理内容。徐复观指出："性之原义应指人生而即有之欲望、能力等而言"，又说，"所以性字应为形声兼会意字"。② 中国古代的性论，从来不是科学意义上而是人文意义上的，性中实乃包含着情，性、情不能分拆。或者正如《性自命出》云，"情出于性"。性是潜在的情，情是以喜怒哀悲与好恶所实现的性；情之所以"生于性""出于性"，是因为在性的人文素质中，已具心的底蕴。性为内在之情，情即外显之性；性为静态的情，情是动态的性。《性自命出》篇之所以与审美意蕴有了不解之缘，并非性为单纯的生理学概念，而是性乃情之渊薮的缘故。因此《性自命出》的性论，其实是中国古代心性说的前期文本之一。

值得注意的是，这种以心释性的文化观念与视角，唯独《性自命出》然，郭店楚简其余多篇"以'心'为形符的汉字如此之多，在所有古代的出土文献中实乃少见"。余治平《哲学本体视野下的心、性、情、敬探究——

---

① 《论语·季氏第十六》，刘宝楠：《论语正义》，《诸子集成》第一册，上海书店，1986年版，第359页。
② 徐复观：《中国人性论史·先秦篇》，生活·读书·新知三联书店，2001年版，第6页。

郭店楚简〈性自命出〉的另一种解读》一文指出：

> 在竹简全篇中，"德"字都写作上直下心；"仁"被写作上身下心；"义"字则有五种写法：宜(《性自命出》——原注，下同)，義(《语丛一》、《五行》)，我(《语丛一》)，上我下口(《忠信之道》)，上我下心(《语丛一》、《语丛三》)；"勇"字写作上甬下心(《尊德义》)；"逊"字作上孙下心(《缁衣》)；"顺"字作上川下心(《唐虞之道》、《成之闻之》)；"爱"字或作上既下心，或作上无下心(《成之闻之》、《性自命出》、《五行》)；"为"字作左忄右为(《性自命出》)；"过"字上化下心(《性自命出》)；"难"作"歎"，上难下心(《老子》、《性自命出》)。①

如此众多以心为偏旁之汉字的同时涌现，自非偶然。也许除了楚地地域文化的因素使然外，确乎能够说明，这个伟大民族曾经在孔、孟之际，经过了一个文化心灵觉悟与以心释性的时代。这种心文化，携带多少来自先秦的审美意识之酝酿的信息，值得引起中国美学研究者的关注。

《性自命出》不仅以心释性，而且以命说性、以天说性，提出一个"性自命出，命自天降"的重要命题。这命题意欲揭示心性之说的哲学本体，排出了一个天—命—性的逻辑序列。

关于天，本书第一章已有论述。天者，人之颠也。甲骨文人、大、天三字实同为一字，说明了中华初民是从人的角度来看天与释天的。王国维《释天》：天本谓人颠顶，故象人形。此为的解。初民自古就具有的天人合一观念由此可见。

有一点要请读者诸君注意的，即卜辞中的天字，多作大字解。如卜辞有"天邑商"(罗振玉《殷虚书契前编》二、三、七)与"天戊五牢"(罗振玉

---

① 《郭店楚简国际学术研讨会论文集》，武汉大学中国文化研究院编，湖北人民出版社，2000年版，第355页。

《殷虚书契前编》，四、十六、四）之记，这里两个天字，实为大。"天邑商"即"大邑商"、"天戊五牢"即"大戊五牢"。杨荣国说："在卜辞中，对于上天的称呼，只称'帝'，或称'上帝'，尚未发现称'天'的。'天'字虽有，但'天'字是作'大'字用，不是指上天。"①说得有点绝对，却大致是正确的。商代早期的"帝"或"上帝"，指神秘的上天或天。盘庚迁殷之后，表现在《商书》的《盘庚篇》中，对于神秘之天，开始既称上帝，又称天，如《盘庚中》有"予迓续乃命于天"之记。当时，帝兼具神秘之天（至上神）与祖神双重意义。周与殷不同，以天命思想代替帝或上帝思想，《尚书·周书·酒诰》称："在昔殷先哲王，迪畏天，显小民，经德秉哲。"这里的"天"，实指殷之"帝"。《尚书·周书·召诰》又云，"我不敢知曰：有殷受天命"②，亦然。因此，天，大致自周始才真正具有神秘之至上神的神圣意义。天命这一观念自天而起，是后续的观念。周人所谓天，具神秘、神圣与支配的意义，为强调天的这种文化意义，便从天的基础上构建复合词曰天命，说明天是有意志的。甲骨卜辞命、令为同一字。令，《说文》云，"发号也"。发号施令者，命也；谁在发号施令？天也。

郭店楚简《性自命出》的"性自命出，命自天降"说，传达了源自古代根因于天的宿命意义。在当时的古人看来，人性或曰心性是天生的，天命使然。天与命或曰天命，是外在于人的一种异己的神秘力量与意志，人只能对此加以敬畏而不可亵渎。为什么呢？因为天、命的文化基因是气，气在原始巫术文化形态中是神秘的感应，是一种"力场"（列维-布留尔《原始思维》语），人可在巫术行为中加以借助，却不能创造与改变它。可以见出，《性自命出》关于心性的审美意识的问题，最后又回到了原始巫学的气论。气实际是决定天、命的一个文化内核。正因如此，《性自命出》说："喜怒哀悲之气，性也。"关于这一点，让我们来引用《左传·昭公二十五年》的一条材料，也许更具说服力。其文云：

---

① 杨荣国：《中国古代思想史》，人民出版社，1954年版，第4页。
② 《尚书·周书·酒诰》《尚书·周书·召诰》，江灏、钱宗武：《今古文尚书全译》，贵州人民出版社，1990年版，第290、310页。

> 民有好恶喜怒哀乐，生于六气，是故审则宜类，以制六志……哀乐不失，乃能协于天地之性。①

六气，指阴阳风雨晦明；六志，指六情，即喜怒哀乐爱恶。从六气生六志（六情），其中介是"天地之性"，这又是一个天人合一的思维模式。

《性自命出》篇的审美意识，根植于原始巫术文化意义上的气；由气而生天、命；由天、命而定人之性、情（心），由性、情（心）而走向审美。是何缘故呢？

人之性、情（心）不是无待的存在，它必须实现于外物。相对于情而言，性是静态的，这不等于说性不具备其本在的生命之冲动。性时刻准备着应于外物的感召，走向悦乐的人生境界。《性自命出》篇指出：

> 凡性，或动之，或逢之，或交之，或厉之，或出之，或养之，或长之。凡动性者，物也；逢性者，悦也；交性者，故也；厉性者，义也；出性者，势也；养性者，习也；长性者，道也。

这里所言，不特指审美，却也关系到审美。物以动性，性之动为情，已是开启了审美意识之门。

那么审美如何实现？《性自命出》篇云：

> 凡声，其出于情也信，然后其入拔人之心也厚。
> 凡人情为可悦也。苟以其情，虽过不恶；不以其情，虽难不贵。苟有其情，虽未之为，斯人信之矣。未言而信，有美情者也。

这里讨论了实现审美的一些必要条件：其一，审美之可悦，必须情之投入

---

① 左豆明：《左传》，上海书籍出版社，2016年版。

与表达，无情焉得审美？只要有感情的投入，对审美而言，即使过分一点，也非坏事，这称之为"苟有其情，虽过不恶"。其二，审美的实现，有赖于声。声指音乐，有如《论语·阳货》所谓"恶紫之夺朱也，恶郑声之乱雅乐也"①，以及后世嵇康所言"声无哀乐"的"声"，亦泛指艺术。古人有云，"声成文，谓之音"②。这里所言可悦之声，显然并非指一般的声音，而是成文之声。其三，成文之声之所以是音乐，是艺术，根本的一点，是其所投入与表达的情达到了信的程度。信者，诚实而不欺也。信是音乐与艺术的真诚与真实境界，也是美与艺术的审美标准。音乐与艺术不可无情，如果有情而无信，绝不能"其入拔人之心也厚"。其四，可悦指什么？可指适度；悦在《论语》里称"说"（悦），"子曰：'学而时习之，不亦说乎？'"由说而发展成悦，重心之故。可悦指审美适度的愉悦，它不等于喜。《性自命出》说：

喜斯陶，陶斯奋，奋斯咏，咏斯摇，摇斯舞。舞，喜之终也。

人内心快乐、欢喜到极点（喜之终），便情不自禁地手之舞之、足之蹈之兼歌而咏之，这是一种可悦的美感。

愠斯忧，忧斯戚，戚斯叹，叹斯辟，辟斯踊。踊，愠之终也。

可悦不仅指喜、陶，而且包括适度的愠、忧。因愠、忧而戚、叹，直到捶胸（辟）顿足（踊）、呼天抢地，指愤怒、悲伤到极点（愠之终），是另一种可悦。

《性自命出》篇对艺术与审美有很好的悟解。在其关于"可悦"的美学精

---

① 《论语·阳货第十七》，刘宝楠：《论语正义》，《诸子集成》第一册，上海书店，1986年版，第379页。
② 《礼记·乐记第十九》，杨天宇：《礼记译注》下册，上海古籍出版社，1997年版，第628—629页。

神中，已经令人惊讶地让人看到处于孔、孟之际的这一文本的深刻见解。不是将艺术的社会功能归之于孔子所言那样的"兴观群怨"，也并非仅仅在于宣泄单纯的喜的情感，而是认为喜怒哀悲之情只要艺术地达到信的程度，便都是可悦的。并且，快乐与悲伤可以互转，《性自命出》说，"凡至乐必悲，哭亦悲，皆至其情也。哀、乐，其性相近也，是故其心不远"。乐极生悲也罢，由悲哭到喜笑也罢，只要"至其情"便入艺术审美的佳境。而凡人之心性相近而不远，立刻使人想起孔子所谓"性相近也"之类的话。

郭店楚简《性自命出》篇，体现了建构于心性说基础上的重情甚至可以说是唯情的美学精神，有点"情本论"的意思。

第七节　孟子思想的审美精神

孟子(约前372—前289)，名轲，字子舆，邹(今山东邹城东南)人，战国重要思想家，宗原儒而成一代儒学大家。史称孟轲年长，受业子思之门人，治儒术之道，通五经，尤长于《诗》《书》。孟子幼年丧父，家境贫寒，受母教导而苦读，这很影响日后孟子本人的人格建构。孟子的人生经历有类于孔子，曾游历齐、宋、滕、魏诸国，一度为齐宣王客卿，终不见用，晚年与弟子万章等人走上著书立说的道路。《孟子》一书为儒家经典之一，《汉书·艺文志》著录十一篇，现存七篇。据汉人赵岐《孟子章句》考证，另有《性善辨》《文说》《孝经》与《为政》等"外书"四篇，已佚。今本《外书》，后人考定为明人伪作。史载孟子退而与万章之徒序《诗》《书》，述仲尼之意，作《孟子》七篇，是可信的。

与孔子比较，作为"亚圣"的孟子思想的美学精神，具有从孔子"接着说"的新特点。

其一，在天人关系问题上，孔子是倡言"人为"的，他老人家"罕言性与天道"，从其"朝闻道，夕死可矣"的话来看，尽管此道主要讲"人道"，不排除有某些"天道"的成分。孔子不是绝对不想讲天道，而是觉得有些难以理解天道吧，故有罕言与夕死可矣的感慨。天道也在孔子的文化视域之内，天道指什么，大约孔子有些茫然与困惑吧。

天道之难求，使孔子的思想一定程度上停留在天命观上。孔子不是绝对相信天命的人，但也要看到，孔子对天命还有"畏"的一面。

关于天，《论语》中有自然之"天"、义理之"天"与命运之"天"三大主要意义。"天何言哉！四时行焉，百物生焉，天何言哉！"为第一义；"获罪于天，无所祷也"（意思是说，人的行为违背了天理，祷告也没有用），为第二义；"天丧予，天丧予"与"天生德于予，桓魋其如予何？"等，为第三义。与命运之天的观念相关，孔子思想中尚有某些命理观念，他曾在《论语》里说过，"亡之，命矣夫"，"不知命，无以为君子也"等。与命观念相关的，是天命思想。孔子说过"五十而知天命""畏天命"与"小人不知天命而不畏也"等话。这里，值得注意的是命字。正如本书前述，命的本义是令。殷人与周人的所谓帝、上帝与天，都能对人发号施令，是谓人之"命"。命对人而言，是既定的外在权威。孔子所言天命，固然并非绝对外在的权威与至上的力量，他在天人关系问题上的处世态度，是听天命而尽人事，并且重在人事，但天命在孔子的思想中，依然具有一定的崇高地位。确切地说，孔子对天命的文化态度，不是五体投地的崇拜，而是尊重。

孟子也讲"天命"与"天意"，不过，他不把天命之类放在眼里，却是事实。孟子曾说，比如禅让的事，由天意来决定，天子得天下，并非天子硬要这样做，是"天与之"而不得不为之，似乎是"天与贤，则与贤；天与子，则与子"，天的权威莫大矣。而实际上，其尊"天命""天意"，不过是其伸张人为、人事的一个幌子。比如尧禅让于舜，最后决定于人心所向，"天下诸侯朝觐者，不之尧之子而之舜；讼狱者，不之尧之子而之舜；讴歌者，不讴歌尧之子而讴歌舜"[1]。故天下归心，即为天命、天意，如此难违，名为尊天，实则重人。

---

[1]《孟子·万章章句上》，焦循：《孟子正义》，《诸子集成》第一册，上海书店，1986年版，第380页。

> 夫天未欲平治天下也，如欲平治天下，当今之世，舍我其谁也？①

天当然不会有"平治天下"的主观意志与理想，平治天下的欲望，试问舍我其谁？这反诘十分有力。在天与天命面前，孟子已将人的主体地位、主体精神提高了。孟子并没有在人之上预设一个主宰人之命运的天，然后加以膜拜。

孟子说过，"莫之为而为者，天也；莫之致而至者，命也"②。他甚至说过"顺天者存，逆天者亡"③这样的话，但孟子没有把天、天命看作主宰人的一种神秘力量，他不是一个宿命论者。孟子是借天以自重，是将天与人看得同样崇高。在孟子的民本思想中，有所谓"民为贵，社稷次之，君为轻"④的思想。虽然这不是扬民而抑君，而是说关注、解决老百姓的问题，比确立君主的问题更为重要，但这种思想的深层，实际是不将君看得天那般的巍然。

在孔子思想的基础上，孟子进一步消解了天与天命的权威意义，这里确有人学意义上的美学精神在。

天不是崇拜对象，而是认识的对象。孟子说：

> 尽其心者，知其性也；知其性，则知天矣。存其心，养其性，所以事天也。⑤

人之事天，不是崇拜意义上的，而是认识论意义上的。在天这一对象面前，人已经开始挺直腰杆。孟子的知天说，虽然不可避免地具有道德伦理色彩，却包含了初起的对天这一对象的认识论意义上的追问。

---

① 《孟子·公孙丑章句下》，焦循：《孟子正义》，《诸子集成》第一册，第184页。
② 《孟子·万章章句上》，焦循：《孟子正义》，《诸子集成》第一册，第383页。
③ 《孟子·离娄章句上》，焦循：《孟子正义》，《诸子集成》第一册，第291页。
④ 《孟子·尽心章句下》，焦循：《孟子正义》，《诸子集成》第一册，第573页。
⑤ 《孟子·尽心章句上》，焦循：《孟子正义》，《诸子集成》第一册，上海书店，1986年版，第517页。

孟子甚至说，"君子有三乐"，其中之一为"仰不愧于天，俯不怍于人"①。不仰"天"之鼻息，也不在旁人面前低声下气，这"人"就活得很有些正气。

孟子曰："说大人，则藐之，勿视其巍巍然。"②

在《易传》中，大人是与天地、阴阳、日月同其辉煌的人物，孟子却敢于说"勿视其巍巍然"，这是需要一些人格上的内在气概的，没有"浩然正气"的主体不能为之。那么孟子为什么能够这样呢？孟子认识到：

故凡同类者，举相似也，何独至于人而疑之？圣人与我同类者。③
舜，人也；我，亦人也。④

圣人是人，我也是人。圣人与我同类，这是拂去了圣人身上神圣的灵光，将圣人请下了圣坛，而还圣人以平常、平凡之人的历史真颜。

于是，正如"孔子登东山而小鲁，登泰山而小天下，故观于海者难为水"，而"万物皆备于我矣"⑤。孟子对"大人""圣人"，取平视的态度。

尽管这位主张"圣人与我同类者"的先秦儒家人物，后来被抬到了"亚圣"的地位，但孟子本人对圣人的这一文化态度是值得称道的。这种建构在天、人关系中的人格，富于那个时代的美的魅力。

其二，既然在孟子那里，天已不是绝对权威，人已经开始拆除天命的樊篱，拒绝天命的精神关怀，那么孟子所谓"人"，又当如何呢？在美学精神上，又有哪些文化特色呢？

一句话，孟子从"气"论来打磨"大丈夫"的人格之美。何谓"大丈夫"？孟子说：

---

① 《孟子·尽心章句上》，焦循：《孟子正义》，《诸子集成》第一册，第533—534页。
② 《孟子·尽心章句下》，焦循：《孟子正义》，《诸子集成》第一册，第596页。
③ 《孟子·告子章句下》，焦循：《孟子正义》，《诸子集成》第一册，第449页。
④ 《孟子·离娄章句下》，焦循：《孟子正义》，《诸子集成》第一册，第351页。
⑤ 《孟子·尽心章句上》，焦循：《孟子正义》，《诸子集成》第一册，上海书店，1986年版，第538、520页。

> 居天下之广居，立天下之正位，行天下之大道；得志，与民由之；不得志，独行其道。富贵不能淫，贫贱不能移，威武不能屈，此之谓大丈夫。①

本书前文已经说过，甲骨文大、天、夫为一字。夫者，顶天立地之大，大是正面而立的男子。大丈夫就是这样一个具有崇高人格的男子，以天下为己任，立身处世以天下为准则，无论得志还是不得志，无论面对富贵、贫贱还是威武，都不改其大丈夫本色。

大丈夫人格之所以如此伟大，不是天命使然，也并非上帝的恩赐，而是人之胸中自有"浩然之气"的缘故。

> "敢问何谓浩然之气？"曰："难言也。其为气也，至大至刚，以直养而无害，则塞于天地之间。其为气也，配义与道；无是，馁也。"②

关于气，本书前文已有论及，这里再做补充。《易传》称为"精气"，所谓"精气为物，游魂为变"。所谓"天地氤氲，万物化醇。男女构精，万物化生"③。这里所言精气或精，是气的别称。所谓"男女构精"，即男女合气。气是人之生命的原始物质。通行本《老子》说："万物负阴而抱阳，冲气以为和。"④冲气者，运动之气，生命的阴气与阳气交合的一种状态。《管子·内业》进一步开拓了气的生命意蕴与思维空间：

> 凡物之精，此则为生。下生五谷，上为列星。流于天地之间，谓

---

① 《孟子·滕文公章句下》，焦循：《孟子正义》，《诸子集成》第一册，第246页。
② 《孟子·公孙丑章句上》，焦循：《孟子正义》，《诸子集成》第一册，第118页。
③ 《易传》，拙著：《周易精读》，复旦大学出版社，2007年版，第283、332页。
④ 《老子》第四十二章，王弼：《老子道德经注》，《诸子集成》第三册，上海书店，1986年版，第26—27页。

之鬼神；藏于胸中，谓之圣人，是故民气(戴望："谓上之精者则人气也。")①。

用《庄子·知北游》的话来说，气者，"通天下一气耳"。人之胸中郁勃，生气灌注，便是孟子所指"我善养吾浩然之气"。

不过孟子所言气，与老、庄有所不同，它仅指人之生命的阳刚之气，是一种恢弘、刚健而岿然的生命状态。这"浩然之气"，也并不仅仅是道德人格意义上的。孟子指出："夫志，气之帅也；气，体之充也。"②

从道德角度看，道德意志(志)是气的主宰；从人之生命的原型来说，气是生命本在，它是先于道德而存在的。正因为人之生命的原型是气，才使道德有了凭依。这里，孟子是把儒家的道德人格学说建构在气的哲学基石之上，用生命的刚健之气来证明儒家道德人格的伟大。气本"至大至刚""塞于天地之间"，而志是气的现实实现。因此，这里与其说孟子所首先肯定的是道德人格的美，倒不如说是气这一生命本在的美。

人之生命本在之气的美，并不一定实现为道德人格的美，两者有一个中间环节，便是"养"。

> 故天将降大任于是人也，必先苦其心志，劳其筋骨，饿其体肤，空乏其身，行拂乱其所为，所以动心忍性，曾(增)益其所不能。③

养气便是磨砺心志，是同时从身、心两方面加以打造，也叫"动心忍性"，逃避对沉重之肉身的苦恋而崇心、气之高扬。从某种意义上说，修身养性便是养气，养气便是养心。养心以至于"善养吾浩然之气"的境界，便"充

---

① 《管子·内业第四十九》，戴望：《管子校正》，《诸子集成》第五册，上海书店，1986年版，第268页。
② 《孟子·公孙丑章句上》，焦循：《孟子正义》，《诸子集成》第一册，上海书店，1986年版，第15—116页。
③ 《孟子·告子章句下》，焦循：《孟子正义》，《诸子集成》第一册，上海书店，1986年版，第510页。

实之谓美"。①

其三，与孔子比较，孟子心性说的独到之处，是第一次在中国思想史上，提出并论述"人性本善"这一命题，推进先秦儒家关于人格美的思想进程。

心性、人性问题，孟子之前或其同时代的一些思想家，做出过富于思想与思维价值的思考。

《论语·阳货》记孔子之言称，"性相近也，习相远也"。人性(心性)是善是恶，孔子未做解答。

战国世硕(生卒年未详)《世子》(已散佚，东汉王充《论衡》辑录有关内容)云："人性有善有恶，举人之善性，养而致之则善长；性恶，养而致之则恶长。如此，则性各有阴阳善恶，在所养焉。"②

战国告子云："生之谓性"，"食色，性也"。"性无善无不善也"。"性犹湍水也，决诸东方则东流，决之西方则西流。人性之无分于善不善也，犹水之无分于东西也"。③

孟子不同意告子的"性无善无不善"说。孟子指出："乃若其情，则可以为善矣，乃所谓善也。"④

杨伯峻《孟子译注》引，"乃若"，相当于"若夫""至于"⑤。又引，戴震《孟子字义疏证》，"情，犹素也，实也"称，"情"有"质性"⑥之义指人性可以"为善"。

那么，人性(包括"情")又为何可以"为善"呢？这是人性本善之故。

> 恻隐之心，人皆有之；羞恶之心，人皆有之；恭敬之心，人皆有之；是非之心，人皆有之。恻隐之心，仁也；羞恶之心，义也；恭敬

---

① 《孟子·尽心章句下》，焦循：《孟子正义》，《诸子集成》第一册，第585页。
② 王充：《论衡·本性篇》，《诸子集成》第七册，上海书店，1986年版，第28页。
③ 《孟子·告子章句上》，焦循：《孟子正义》，《诸子集成》第一册，第434、437、433页。
④ 《孟子·告子章句上》，焦循：《孟子正义》，《诸子集成》第一册，上海书店，1986年版，第443页。
⑤⑥ 杨伯峻：《孟子译注》，中华书局，1960年版，第260页。

之心，礼也；是非之心，智也。仁义礼智，非由外铄我也，我固有之也，弗思耳矣。①

孟子又说：

恻隐之心，仁之端也；羞恶之心，义之端也；辞让之心，礼之端也；是非之心，智之端也。人之有是四端也，犹其有四体也。②

从孟子这两段关于人性本善的言说可以见出：

（一）所谓人性本善之"善"，指道德伦理意义上的"仁义礼智"。说明孟子人性本善的哲学，是从道德伦理出发，从而为其服务的，是为求证明其道德伦理学的合理性而做的哲学的建构。

（二）这种"善"的道德行为与准则，本是外在的，甚至是由外力所强迫于人的，但孟子不这么认为。在他看来，人性之所以"为善"，不是光凭外在环境因素的影响、培养与打磨可以成就的，它是"我"之"固有"的一种素质，是内在于人的，称为人性之原型亦可，这一原型即孟子所说的"良知""良能"。

（三）人性本善这一命题具有普遍意义。本善者，"人皆有之"，无分贵贱、高下，人皆异于禽兽者。"由是观之，无恻隐之心，非人也；无羞恶之心，非人也；无辞让之心，非人也；无是非之心，非人也。"③

（四）人性本善之"善"的内容，本指仁义礼智，指道德的行为与规范，被孟子分别依次解释为"恻隐之心""羞恶之心""恭敬之心"与"是非之心"，这无异于把人性及其本善，变成了人心"向善"的问题，在逻辑上，便是承认人性等同于人心。人性，是人的自然性与社会性的统一，离开对人的自

---

① 《孟子·告子章句上》，焦循：《孟子正义》，《诸子集成》第一册，第446页。
② 《孟子·公孙丑章句上》，焦循：《孟子正义》，《诸子集成》第一册，第139页。
③ 《孟子·公孙丑章句上》，焦循：《孟子正义》，《诸子集成》第一册，上海书店，1986年版，第138页。

然性做自然科学意义上的分析与认知,人性的奥秘是讲不清楚的。孟子生当战国,不可能对人性问题做出自然科学意义上的科学解答,他只能从人心角度对其进行人文意义上的描述。孟子的这一局限,是属于他个人的,也是属于那个时代与民族的。

(五)孟子一边说"恻隐之心,仁也;羞恶之心,义也;恭敬之心,礼也;是非之心,智也",一边又说"恻隐之心,仁之端也;羞恶之心,义之端也;辞让之心,礼之端也;是非之心,智之端也",显然有逻辑不周之嫌。这里关系到对"心"的假定,心到底是仁义礼智本身,还是仁义礼智之"端",这在孟子关于人性本善的解说中,是说法不一的。

肖万源、徐远和指出:"那么孟子所说的人性究竟指什么呢?从内涵上说,孟子所说的人性也就是'人之所以异于禽兽者'(《孟子·离娄下》)。何谓'人之所以异于禽兽者'?'人之所以异于禽兽者'不同于'人异于禽兽者'。'人异于禽兽者'是指人具有仁义礼智等道德,而禽兽没有。'人之所以异于禽兽者'则是'人异于禽兽者'的根据。这也就是说,人性不是仁、义、礼、智本身,而是尚未成为仁、义、礼、智,但可以成为仁、义、礼、智的先天胚芽,所以孟子又称人性为'端'。"[①]

的确,把"人之所以异于禽兽者"与"人异于禽兽者"分开,区别仁义礼智与仁义礼智之"端",是解悟孟子人性本善说的关键。

孟子是说"人之所以异于禽兽者",是因为人性固有"善端"之故,其言述得不周密,包括他对人性的分析不得不落实在对人心的描述之上,体现了先秦儒家哲学心性论的思维特点。

孟子的人性本善说比孔子的人性论显然更富于哲学意味,向人性思想的美学建构接近了一步。

孟子主张人性本善,无异于开拓了先秦儒家人格美学精神的心理空间。在他看来,本善的人性作为人的本质,是一种固有的"善端"与人心向善的内在根据与动力。所以后天的教育不是将道德规范强加于人,而是启

[①] 肖万源、徐远和主编:《中国古代人学思想概要》,东方出版社,1994年版,第13页。

悟人性的"善端"。仁义道德既然是人生而有之的本在的人性欲求，那么道德之善美的实现，就是个体在群体域限中作为道德主体的人之一定的本质力量的实现。人的本质力量是历史范畴，审美是人的本质的自由的实现及其过程，这不等于说，人作为历史主体，须待人之本质的绝对自由才能审美。绝对自由的本质，在历史中是不存在的。因此，在道德实践的历史形态中，只要这一道德实践在其所在时代、民族的生活中具有某种合规律性、合目的性，成为那个时代、民族合理地调整、处理人际关系的文化形态，那么这种道德及其理论建构，就可能多少与审美建立了历史联系。

在这一点上，孟子的人性本善说，实际是把伦理之善与审美联系在一起，第一次尝试将先秦儒家的人格美学精神安放在不太稳固的哲学基础之上。

如果说，孟子将审美降格为伦理，那么，恰恰是其本人，同时试图把伦理提升到审美的高度。

从人的自然本性看，人性无所谓善恶、真假与美丑，因此孟子的人性本善这一哲学预设，只是为先秦的伦理及其美学精神逻辑地而非历史地找到了一个哲学基础，孟子将伦理学与美学精神建构在这一哲学之上，在文化思维上是有一定的历史价值的。

其四，既然人性本善，那么在"善"这一点上，天下所有人的人性都是共同的。在共同人性说的基础上，孟子进而首次提出了"共同美"论。

所谓"共同美"，有两重意义。一是美对所有审美主体来说，都是共同的。美的东西之所以为美的那个本质，对所有审美主体而言，都只能是唯一的一个；二是审美主体面对各个不同的审美对象即个别、具体的美的东西所获得的美感，又可能是相通的、相似的、共同的。这是因为，第一，虽然天下美的东西是个别而具体的，但一切美的东西的本质是同一的；第二，虽然审美主体，有种族、氏族、民族、阶级、阶层与时代的差别，即使同一审美主体，不同环境、时空条件下的审美心态会有不同，然而其审美主体审美接受的生理基础，即所谓"五官的感觉"又是相对共同的。

孟子的"共同美"论，实际上主要说的是美感的共同性。

> 是天下之口相似也，惟耳亦然。至于声，天下期于师旷，是天下之耳相似也，惟目亦然。至于子都，天下莫不知其姣也。不知子都之姣者，无目者也。故曰，口之于味也，有同耆(嗜)焉；耳之于声也，有同听焉；目之于色也，有同美焉。至于心，独无所同然乎？心之所同然者何也？谓理也，义也。①

这一段关于"共同美"的名言，意思是很明白的。值得注意的是其最后一句，"心之所同然者何也？谓理也，义也"。从审美主体的五官的感觉即共同的生理感官来谈美感的共同性，自是不谬，孟子已经猜测与触及了美感的共同生理基础即感官的共同自然性问题。可是，再向前一步，便暴露出孟子思想之美学精神的局限性。这便是，以其预设的"理""义"即道德伦理的"共同性"，来解说"心"的共同性。同一个孟子，曾讲过"心之官则思，思则得之"的话，他很准确地指出，中国文化中的"心"这一概念，不是指生理学意义、解剖学意义上的心脏。心脏是血液循环系统的重要脏器，如何能"思"？并说"耳目之官不思，而蔽于物"。②由此出发，本来可以得出更精彩的结论，即共同美感的生理根源，主要还不是五官的相似、相同，根本的是"心"即头脑的相似、相同。孟子却并没有把"心之官则思"的见解贯彻在他对共同美感问题的理解之中，而是终于将其归之于道德、伦理之"心"即"理""义"的共同性。孟子的"共同美"论，实际是其"人性本善"之道德伦理思想的一个副产品。"人性本善"说是孟子思想之美学精神的逻辑起点而不是历史起点。

---

① 《孟子·告子章句上》，焦循：《孟子正义》，《诸子集成》第一册，上海书店，1986年版，第450—451页。
② 《孟子·告子章句上》，焦循：《孟子正义》，《诸子集成》第一册，上海书店，1986年版，第467页。

第八节　庄子思想的审美精神

庄子(约前369—前286),名周,战国蒙(今河南商丘东北)人,家道贫寒,曾为蒙地漆园吏,道家思想的重要创始者之一,其思想、学说,是对老子的继承与发展。《庄子》一书,后人亦称《南华经》,为道家经典之一。《汉书·艺文志》著录《庄子》凡五十二篇,现存通行本以郭象《庄子注》为底本,凡三十三篇,即内篇七、外篇十五、杂篇十一。学界一般认为,内篇为庄周原著,外、杂篇可能杂有庄子后学的作品与思想。王夫之《庄子解》认为,"外篇非庄子之书","也非出一人之手",杂篇中《让王》《论剑》《渔父》与《盗跖》等,苏轼考为赝作。外、杂篇的思想与语言风格有些不同于内篇。

先秦诸子中,庄子思想的美学精神,可谓最是葱郁。

一、《庄子》美学精神的哲学之魂

庄子是先秦道家继老子之后最重要的哲学家与诗人,但他不是严格意义上的美学家。在哲学深度上,《庄子》一书继承《老子》的文脉而有所超越。确切地说,是为求解答社会、人间的生命难题,去到"自然"领域做一哲学本体的追问与精神历险。老、庄都以"道"为世界最高原理与最后根源,作为哲学原点与逻辑归宿,道,自本自根,自我圆满,生天生地,创构万物,且不凌驾于万物之上。因此,道不是哲学"上帝"(中国哲学没有哲学上帝)。道,自然无为,变动不居,其原型却是处静的、至虚的、阴柔的。道,也是人之心性的哲学表达,道的自然性,实际是人之心性的"自然",道本在的回归与返璞,实际是人性与人心的回其精神故乡。

《庄子》一书,再次阐解通行本《老子》所提出的一系列重要命题,《老子》为原创者,《庄子》是后继者。

比较而言，《庄子》也有诸多不同于《老子》的地方。

其一，通行本《老子》称"道之为物""惟恍惟惚""视之不见""听之不闻""抟之不得"。《老子》有关于"气"的思想，所谓"负阴而抱阳，冲气以为和"。《庄子》也把"道"看作生天生地生万物的本原本体即"气"。

> 生也死之徒，死也生之始，孰知其纪。人之生气之聚也。聚则为生，散则为死。若死生为徒，吾又何患！故万物一也。是其所美者为神奇，其所恶者为臭腐，臭腐复化为神奇，神奇复化为臭腐。故曰：通天下一气耳。①

人与万物可生可死，神奇与臭腐也可以"复化"，但"气"是无生无死的。"万物一"者，气也。

《老子》称道者，"其中有物，其中有象"，《庄子》则不将"物""象"视作道之必然构成，它以"气"代"物"，在文化思维上，是比《老子》有进步的。

其二，《老子》说"道"为自然本体、万物始因与人生准则，这是《庄子》同意的。但二者在人生准则与人生境界问题上存在差异。吕思勉说："老子之主清虚，主卑弱，仍系为应事起见，所谈者多处事之术；庄周则在破执，专谈玄理。"②《老子》论"道"，是为了解决人生问题，人生多政治内容，《老子》重"君子南面之术"，耿耿于"治大国，若烹小鲜"，是为政事而作"道"的谋略。《庄子》则在这方面更看透了些。《庄子》所言人生准则与人生境界，有自然无为的人生政治、伦理内容，更多的却是自然无为的审美内容。

其三，通行本《老子》的哲学及其美学意蕴比较艰深而冷峻，尤为表现出那种由于洞达真际而具有精辟、阴郁的性格，有世人皆醉而吾独醒的哲

---

① 《庄子·知北游第二十二》，王先谦：《庄子集解》，《诸子集成》第三册，上海书店，1986年版，第138页。
② 吕思勉：《先秦学术概论》，中国大百科全书出版社1,985年版，第35页。

思的孤独与痛苦。《庄子》的哲学及其美学精神则具有旷达、明丽、潇洒与神采飞扬的性格，尤具诗的气质，想象丰富，天真烂漫。如果说，《老子》哲学及其美学意蕴尤为深沉的话，那么，这种深沉有时便不免表现些肉身的沉重，《老子》的"致虚极，守静笃"，似乎是苦着脸说的。《老子》之道，固然是思想与情感的高蹈，但它所言的道，因为沾溉了物、象与信等因素，不免有些拖泥带水的尘累。《老子》站在政事、伦理与种种不如意人生境遇的泥泞中，使思想与情感有如惊鸿飞离多事的人间大地而直探云端，却在思虑的高扬中，仍难以断然割舍对人世俗事的一些眷顾。《庄子》的哲学立场已处在《老子》到达的云端之上，它是站在哲学的云端俯瞰人生，且将悲患与痛苦掩藏在大气、明达、潇洒与逍遥的背后。《庄子》的大气是明摆着的，可以让人直观得到。《老子》的大气却在文字背后，不易让人觉察，然而经得住反复品味。闻一多说庄子："他那婴儿哭着要捉月亮似的天真，那神秘的怅惘，圣睿的憧憬，无边际的企慕，无涯岸的艳羡，便使他成为最真实的诗人。""实在连他的哲学都不像寻常那一种矜严的、峻刻的、料峭的一味皱眉头、绞脑子的东西，他的思想的本身便是一首绝妙的诗。"[1]说得很精彩。《庄子》哲学及其美学精神，具有"诗"的气质。它将哲思与诗情联姻，尤显出一片美丽的审美风景。

其四，通行本《老子》一开头就说"道，可道非常道；名，可名非常名"，是一种思想深度与思维价值很高的道家语言哲学。《老子》断言，"道"是可以言说的，一旦言说，则是非"道"。《老子》对语言抱着绝对怀疑与不信任的文化态度。但即使是《老子》五千言本身，不还是字字句句在言说"道"吗？《老子》处在一种自相矛盾与尴尬的人文境遇之中。其实，这也是全人类的矛盾与尴尬。在语言观上，《庄子》，起码是《庄子》"内篇"，是继承了《老子》的，坚持"道"一旦言说即为非"道"的见解。但是在这一点上，《庄子》的意思不同于《老子》，有些别裁心曲。《庄

---

[1] 闻一多：《古典新义·庄子》，《闻一多全集》第二册，生活·读书·新知三联书店，1982年版，第281、280页。

子·则阳》云：

> 言而足，则终日言而尽道；言而不足，则终日言而尽物。道物之极，言默不足以载，非言非默，议其有极。①

这是属于杂篇《庄子·则阳》里的话，可能并非庄周本人的思想。显然，这是对通行本《老子》语言观的修正。假设人之"言"有"足"与"不足"②两种情况，认为"言而足"，可以"尽道"。问题是什么叫"言而足"？其实"言而足"是不可能的，也没有一个客观标准可供衡量。倒是"言而不足"是绝对的，人类文化无论怎样进步，总是处于"言而不足"的状态。既然"言而不足"，便只能"尽物"而不能"尽道"，这是《庄子》继承了《老子》的。但是，《庄子》一定发觉了《老子》语言观上的矛盾与尴尬，认为道既不可言说，也不是一种沉默状态；既不是言，也并非默（无言）。道在"非言非默"之际。《庄子·则阳》对《老子》"道，可道非常道"这一命题有了修正。

其五，值得注意的是，郭象《庄子注》对《庄子》原文做了删改。其中重要的一处，是《逍遥游》篇"汤之问棘也是已"一句后，删去原文"汤问棘曰：'上下四方有极乎？'棘曰：'无极之外，复无极也'"这十分重要的一句。《老子》第二十八章，本有"复归于无极"之句，此"无极"实指"太极"。《庄子》的"无极之外，复无极也"的哲学，是对老子太极哲学的发展。陈鼓应《庄子今注今译》依闻一多等学者意见，将此补入。其实这一重要论述，已见于《列子·汤问》，唐神清《北山录》亦曾指明。③

---

① 《庄子·则阳第二十五》，王先谦：《庄子集解》，《诸子集成》第三册，上海书店，1986年版，第175页。
② "足"与"不足"，陈鼓应解释为"周遍"与"不周遍"。见陈鼓应：《庄子今注今译》，中华书局，1983年版，第700页。
③ 《老子》第二十八章，王弼：《老子道德经注》，《诸子集成》第三册，上海书店，1986年版，第16页。关于补入"无极之外，复无极也"一句，参见陈鼓应：《庄子今注今译》，中华书局，1983年版，第11、12页。

二、《庄子》美学精神的时代新格

(一)肯定"浑沌"之"美"

> 南海之帝为儵,北海之帝为忽,中央之帝为浑沌。儵与忽时相与遇于浑沌之地,浑沌待之甚善。儵与忽谋报浑沌之德,曰:"人皆有七窍,以视听食息,此独无有,尝试凿之。"日凿一窍,七日而浑沌死。①

儵,《说文》称其本义为犬"疾行",转义为极短的时间。《楚辞·九歌·少司命》:"儵而来兮忽而逝。"忽,本义指古代极小的长度单位。《孙子算经》:"度之所起,起于忽。欲知其忽,蚕吐丝为忽。十忽为一丝,十丝为一毫,十毫为一厘,十厘为一分。"转义指空间,且指最小的空间。

"儵忽"的本义,指最原始、最小度量的时空存在,并非仅指时间意义上的突然、瞬间。

"浑沌",即混沌,《庄子》想象中时空未分时的一种存在状态,实指气的状态。"气形质具而未相离,故曰浑沦。"②浑沦即浑沌。曹植《七启》云:"夫太极之初,浑沦未开。"

《庄子》的这一则寓言,以浑沌为原朴。原朴作为时空存在前的"存在",拒绝也经不起开凿与分析;开凿与分析便是人为、人文;人为、人文的建构,便是"浑沌死"。浑沌者,道之别称也。浑沌如果有美,既不是人为、人文之美,也不是返璞归真之美,而是无所谓美丑的"美",指在人为地进行审美判断之前所"存在"的那一种"原美"。浑沌是时空未判、阴阳未分、天地未成之时的气的状态,是一种"未物"或曰"待物"的原始状态,是"无状之状""无象之象""无美之美"。因为无美,所以无丑,故

---

① 《庄子·应帝王第七》,王先谦:《庄子集解》,《诸子集成》第三册,上海书店,1986年版,第51—52页。
② 《列子·天瑞第一》,张湛:《列子注》,《诸子集成》第三册,上海书店,1986年版,第2页。

为"原美",一种未始有美却包容着一切美的"种子"。浑沌是气,是物质本原,而非物之本身。在古希腊神话与哲学中,也有与浑沌相类的思想:

> 不论在中国或在古希腊神话和哲学思想里,"浑沌"一词指的原是未经人为加工的自然。在希腊语里,Chaos 乃是 Kosmos 之反。Kosmos 的原意是秩序,因此 Chaos 就是秩序缺乏——秩序形式的缺乏。这里秩序指的原是文明的秩序。柏拉图宇宙论里的浑沌(Chaos——原注,下同)和亚里士多德形上学里的原质(Prime matter)不过是这原始混沌观念的绝对化、形上化。绝对化的浑沌就是把宇宙间一切秩序或形式(文明秩序和自然秩序)抽离后的本体混沌。①

浑沌是"未经人为加工的自然"吗?是。更是未成于物的自然,它本在地拒绝秩序与形式,而不是"一切秩序或形式抽离后"的那种自然。所以说,中国道家的浑沌与古希腊亚里士多德的质料因,是有区别的。

(二)追求"天人合一"之"美"

《庄子》美学精神的架构,也在天人之际。天人之辨,是中国先秦哲学及其美学意识所表达的重要命题。这里的天,一指神秘的天帝、天神,一种超自然的力量;二指自然界即人们头顶上的天空、苍穹,与大地相对;三指整个自然界,包括整个天地宇宙;四指未经人为加工、无文化的本然;五指已经人为加工、改造,在人文境遇中的对自然的回归。

《庄子》所言天,与人相对应,首先指事物之本然、自然。

> 河伯曰:"何谓天?何谓人?"北海若曰:"牛马四足,是谓天;落(络)马者,穿牛鼻,是谓人。"②

---

① 唐力权:《周易与怀德海之间——场有哲学序论》,辽宁大学出版社,1991年版,第95页。
② 《庄子·秋水第十七》,王先谦:《庄子集解》,《诸子集成》第三册,上海书店,1986年版,第105页。

天者，天生、本然；人者，人为、人工。

那么这样的天与人，能够"合一"吗？

当然。先秦儒家讲天人合一，实际是主张天合于人，以人为、人工的方式首先是道德伦理实践改造天，以达到人的目的。人格的审美便在其中。儒家重人事、人为，重社会，重文化传统，强调人的道德修养与人格建构，都在使天合于人。

先秦道家包括老、庄所倡言的，实际是人合于天。《庄子》认为，"吾在天地之间，犹小石小木之在大山也。""此其比万物也，不似毫末之在于马体乎？"①这不是说，人在天地之间自感太嫌渺小，而是主张人须在天地宇宙之间摆正位置，不要妄为，而须循天则，尽人事，让人为合于天则。人为有妄为与循天而为两种，遵循客观规律的人为，实际是循道的无为。

无为的内在根据，是主体的心灵趋合于自然，或曰"精神自然"。精神本是人类文化的一种"心灵"与"心情"，又何以可进入自然状态？人类的精神现象有两类，一类急功近利、贪得无厌而尔虞我诈，这是心灵的"不自然"，是对"自然无为"的戕害与污染；另一类则以出世之心做入世之事，使被文化所遮蔽的心灵还其"本然"。这用《庄子》的话来说，叫作"以天合天"②。

以天合天是天人合一之最富于美学精神的一种境界，是心灵自然与外在自然的浑契无间。道家一贯倡言怡情于山水、坐忘于林泉，便是以天合天。

(三)倡言巨大的审美尺度与境界，树立伟岸的人格

学界有一种见解，以为先秦老庄的美学精神在主阴柔、尚玄虚、守静笃，似乎其审美仅仅是优柔的、静态的、格局不大的。这与《庄子》所推崇的审美不合。在庄子心目中，其审美空间无比广阔、瑰丽与灿烂。

---

① 《庄子·秋水第十七》，王先谦：《庄子集解》，《诸子集成》第三册，第101页。
② 《庄子·达生第十九》，王先谦：《庄子集解》，《诸子集成》第三册，上海书店，1986年版，第120页。

> 北冥有鱼，其名为鲲。鲲之大不知其几千里也。化而为鸟，其名为鹏。鹏之背不知其几千里也。怒而飞，其翼若垂天之云……
> 鹏之徙于南冥也，水击三千里，抟扶摇而上者九万里。去以六月息者也。野马也，尘埃也，生物之以息相吹也。①

这不能仅仅看作是庄周想象的奇特丰富与文体、文笔的摇曳多姿，这是庄子气吞日月、动感强烈的审美心态的自然袒露。作为道家中人，对宇宙的浩茫无垠、瞬息万变与神秘莫测的内心体验竟如此真切与真诚，只有与道合契的心灵，才有生命之伟力得以轻挽鲲鹏这一巨大意象，奔驰在宇宙野马一般的游气之中。只有无系无累的心灵，才得感觉与领悟这一伟大尺度的宇宙本在的美，进入冯友兰所说的审美的最高境界：天地境界。

关于人生的审美境界，《庄子》一书曾多次论及："有暖姝者，有濡需者，有卷娄者"②。

暖姝，成玄英疏："自许之貌"。濡需，陆德明称："谓偷安须臾之顷。"卷娄，形容形劳自苦。③ 凡此，都是人的系累与自缚，为《庄子》所断然否定。庄子人格的高贵与矜持，可以从下面一则寓言中见出。惠施做了梁惠王的宰相，便不安地猜忌庄子要来夺他的名位。庄子不屑一顾，对惠子说：

> 南方有鸟，其名为鹓雏，子知之乎？夫鹓雏发于南海，而飞于北海，非梧桐不止，非练实不食，非醴泉不饮。于是鸱得腐鼠，鹓雏过之，仰而视之曰："吓！"今子欲以子之梁国而吓我邪？④

---

① 《庄子·逍遥游第一》，王先谦：《庄子集解》，《诸子集成》第三册，第1页。
② 《庄子·徐无鬼第二十四》，王先谦：《庄子集解》，《诸子集成》第三册，第163页。
③ 参见陈鼓应：《庄子今注今译》，中华书局，1983年版，第657页。
④ 《庄子·秋水第十七》，王先谦：《庄子集解》，《诸子集成》第三册，上海书店，1986年版，第108页。

惠子是"不知腐鼠成滋味,猜意鹓雏竟未休"。庄子在此树起了一个崇高的人格榜样。

(四)推重自由的精神之"游"

关于"游"的思想,《庄子》一书,有诸多论述。一曰"乘云气,御飞龙,而游乎四海之外"①。四海之外是什么概念?不是佛家之彼岸、出世间,而是指离弃尘世与污浊之社会的自然界,确切地说,是一种精神拔离尘累的"自然"。二曰"而游心乎德之和"②。德之和,指道本贯融于德,由于道本混沌而内和,故庄子此处所言德,非儒家所倡言的德。而是根于道的德,可见,庄子也具有其独异于儒的道德、伦理思想,并且认为可以在德之和中游心,即心灵获得自由。三曰"吾游心于物之初"③。物之初者,非物也。非物者,形上之道也。道是中性的,无声无味无臭,也无感情色彩,无是非判断,亦不是崇拜之对象,因此就味觉而言,道是一种原朴的淡,也便是"汝游心于淡,合气于漠"④,以主体心灵自然之气,和谐于对象自然之气,这也便是淡的境界。四曰"浮游,不知所求";"猖狂,不知所往"⑤。游本身就是一种审美过程,过程就是一切,目的是无须预设与达到的。猖狂,成玄英疏:"无心妄行,无的当也。"桀骜不驯之谓耳。就儒家种种人生规矩而言,老、庄所倡言的游,就是所谓不合礼俗、不循规矩的猖狂。猖狂是带点野性的、未经人文污染的自由。

游是人之心灵的自由状态,无拘无束,一种无偏执于心的自由。此心乃功利之心、认知之心、敬畏之心。无偏执于此心,对于功利、认知与敬畏而言,便是妄行。破斥功利、认知与敬畏之心,便是审美。游是一种心灵的自由。

---

① 《庄子·逍遥游第一》,王先谦:《庄子集解》,《诸子集成》第三册,第4页。
② 《庄子·德充符第五》,王先谦:《庄子集解》,《诸子集成》第三册,第31页。
③ 《庄子·田子方第二十一》,王先谦:《庄子集解》,《诸子集成》第三册,第131页。
④ 《庄子·应帝王第七》,王先谦:《庄子集解》,《诸子集成》第三册,第49页。
⑤ 《庄子·在宥第十一》,王先谦:《庄子集解》,《诸子集成》第三册,上海书店,1986年版,第66页。

> 庄子与惠子游于濠梁之上。庄子曰："儵鱼出游从容，是鱼之乐也。"惠子曰："子非鱼，安知鱼之乐？"庄子曰："子非我，安知我不知鱼之乐？"惠子曰："我非子，固不知子矣；子固非鱼矣，子之不知鱼之乐，全矣。"庄子曰："请循其本。子曰'汝安知鱼乐'云者，既已知吾知之而问我，我知之濠上也"。①

这是一个非常精彩的论辩，称之为"千古之辩"可也。庄周、惠施虽同在濠梁，所面对的是同一外物——水中游动之鱼，但庄子能体会到"鱼之乐"而惠子不能。其因前者的心灵是审美的，后者则是认知的。从审美角度看，物我浑契，主客同一，鱼之乐即我之乐，此之为游；从认知角度看，鱼之游动无所谓乐与不乐，而且关键是，作为主体的人，"子固非鱼"，怎么能知道"鱼之乐"呢？所以从认知角度看，说鱼乐或不乐，是不可理喻的。

可见，游是审美心态，一种典型的心灵的自由，具有严肃而纯净的心灵内容，与所谓"游戏人生"之游无关。

(五) 执着于"心斋""坐忘"的审美之"虚静"

《庄子》是有执着的，它执着于"心斋""坐忘"。何谓"心斋"？

> 回曰："敢问心斋"。仲尼曰："一若志，无听之以耳而听之以心，无听之以心而听之以气。听止于耳，心止于符。气也者，虚而待物者也。唯道集虚。虚者，心斋也。"②

斋，本指初民在祭天、祭祖或举行其他重要典礼前人沐浴更衣、洁身清心的仪式，以此表示对神灵的崇敬。庄子所言心斋，指审美心灵的虚灵与静笃。"虚者，心斋也"。虚其心，俗念未染或是从俗念之中拔离；静其气，

---

① 《庄子·秋水第十七》，王先谦：《庄子集解》，《诸子集成》第三册，上海书店，1986年版，第108页。
② 《庄子·人间世第四》，王先谦：《庄子集解》，《诸子集成》第三册，上海书店，1986年版，第23页。

181

指心气守于"一志",一片澄明,从心猿意马、纷繁扰攘中退出,只剩下心的本来面目,回归于心之静境、气的本始。气的本始即虚、即静。

与"心斋"相应的,便是审美的"坐忘"及其境界:

> 仲尼蹴然曰:"何谓坐忘?"颜回曰:"堕肢体,黜聪明,离形去知,同于大通,此谓坐忘。"①

坐,古人以双膝着地、臀部压于双脚之脚跟的一种姿态。坐对于行而言,有止息之意。坐有守定的意思,《左传·桓公十二年》所言"楚人坐其北门"之坐,即此义。这是身的坐定,转义为心的守定,坐忘的坐即此义。后世佛教坐禅之坐,有身、心守定双兼之义。忘,从亡从心。亡,无的本字。郭店楚简《老子》以"亡"为"无"义。通行本《老子》"无为而无不为",在楚简中写作"亡为而亡不为"。而佛教的"坐"之境界,为空寂。

《庄子》所言坐忘,为"守定于无心之境"。忘记己身在何处,忘记己心在何处,便是"堕肢体,黜聪明,离形去知"。无论身、心,从形劳、心役中解脱出来,从是非得失、宠辱纠缠、生死进退中解放出来,便是坐忘。"故曰:鱼相忘乎江湖,人相忘乎道术。"②这境界,就是坐忘。

在庄生看来,人类文化既提升了人的精神,也束缚了人的心灵。比方赤足比穿鞋的,更接近于人的本然状态。道家以赤足为自然为自由,儒家则以穿鞋为自由,人不穿鞋,在儒看来是要不得、不可取的。而道的根本,是赤足以顺其自然。人一旦穿上鞋,倘要回归于精神故乡,有一个办法,便是袁枚《随园诗话》所说的"忘足,履之适"。袁枚这一见解,源自《庄子》:

---

① 《庄子·大宗师第六》,王先谦:《庄子集解》,《诸子集成》第三册,上海书店,1986年版,第47页。
② 《庄子·大宗师第六》,王先谦:《庄子集解》,《诸子集成》第三册,上海书店,1986年版,第45页。

> 忘足，履之适也；忘要（腰），带之适也；知忘是非，心之适也；不内变，不外从，事会之适也。始乎适而未尝不适者，忘适之适也。①

庄子的这一见解，并不专意在美学，却实在是很美学的。审美便是忘己、无己的适。适是物我没有矛盾与阻隔，是人之生命及其精神对环境没有"摩擦"，反之亦然。一旦达到忘适之适，便是审美的最高境界了。这一思维，倒有点类似佛教大乘空宗的"空空，如也"②，即不仅认为世界空幻，而且连空幻也是空的。

要达到心斋、坐忘的境界，不是轻而易举的。必须"彻志之勃，解心之谬，去德之累，达道之塞"③。勃，悖也；谬，误也；累，负也；塞，堵也。陈鼓应说，"消解意志的错乱，打开心灵的束缚，去除德性的负累，贯通大道的障碍"④，便是精神的去蔽。去蔽就是从黑暗走向光明。去除志之勃、心之谬、德之累与道之塞，"不荡胸中则正，正则静，静则明，明则虚，虚则无为而无不为也"⑤。

（六）以"养生"解"倒悬"之苦

《庄子》"内篇"有《养生主》篇。其文有云："吾生也有涯，而知也无涯。以有涯随无涯，殆已。"

既然人的生命有限，那么怎么办呢？庄子的答案是："缘督以为经，可以保身，可以全生，可以养亲，可以尽年。"⑥

缘督有顺应自然之义，缘督以为经，就是顺应人生有限这一自然并以此为人生正途。做到这一点，便能保身、全生（性）、养亲、尽年。此之谓

---

① 《庄子·达生第十九》，王先谦：《庄子集解》，《诸子集成》第三册，第120页。
② "空空如也"语，首见于《论语》，这里借用以说明大乘空宗的教义。《论语·子罕第九》云："有鄙夫问于我，空空如也。我叩其两端而竭焉。""空空如也"，孔子自谦语，见刘宝楠：《论语正义》，《诸子集成》第一册，第179页。
③ 《庄子·庚桑楚》，陈鼓应：《庄子今注今译》，中华书局，1983年版，第618页。
④ 《庄子·庚桑楚》，陈鼓应：《庄子今注今译》，第618页。
⑤ 《庄子·庚桑楚第二十三》，王先谦：《庄子集解》，《诸子集成》第三册，上海书店，1986年版，第152页。
⑥ 《庄子·养生主第三》，王先谦：《庄子集解》，《诸子集成》第三册，第18页。

养生。

这种对人之生命的钟爱，触及了一个严肃而深沉的文化主题，便是人应当怎样对待自己的肉身？

人的生命包括肉身与精神两部分，没有精神的肉身或没有肉身的精神，都是不可思议的。对人而言，灵与肉的矛盾甚至对立，是人的本在痛苦或是欢乐、悲剧与喜剧的源泉。人之所以为人，是因为人比动物多了一种精神。人的个体生命是有限的，正因如此，才激励精神对肉身的超越。精神的不朽或曰可以不朽，是人之个体生命"有涯"的一份美丽的补偿。但是，精神一开始就很倒霉，它再怎么高扬与超拔自己，它的双足却始终深陷在肉身这一万劫不复的泥淖之中。人一半是魔鬼，一半是天使；一半是兽性，一半是人性；一半是肉身的低俗，一半是精神的高雅。人命里注定要成为而且永远是这样一个二律背反、往往不能两全的尴尬角色吗？

在古希腊的审美理想中，人之生命的美，是体魄强健与智慧超拔的本在统一，斯巴达城邦的人体竞技与雅典城邦的人文精神的出色建构，证明古希腊人对人的肉身与精神都充满了自信，不啻认为在体魄健全的同时，人可以达到精神的超越。这是一种不舍弃肉身而且恰恰必须有肉身"在场"的精神超越。

基督教基本教义有一个逻辑原点，便是以人的肉身与感官的美为不真实、为虚妄。当亚当由于受了蛇的诱惑，与夏娃在伊甸园偷食禁果之后，人便因了他们自己与生俱来的沉重的肉身而堕落了，人的堕落起于肉身，所谓"原罪"便是肉身的堕落。但基督教说，除此之外，人还可以有另一种生命的选择，就是通过"道成肉身"——基督这一中介获得救赎，舍弃世俗肉身之暂时的美，去选择上帝的全真、全善与全美。上帝是一个"灵"，他彻底地拒绝肉身，所以他十全十美；基督是上帝树立在人面前的一个精神与肉身处于"休战"状态的光辉榜样，上帝还有基督，实际是人之肉身的排拒者。圣·奥古斯丁说，他曾经在肉身之美与精神之美两者之间痛苦地徘徊多年，最后才猛然醒悟："一个人的灵魂不论转向哪一面，除非投入你(上帝)的怀抱，否则即便倾心于你以外和身外美丽的事物，也只能陷入痛苦之中，而这些美好的事物，如不来自你(上帝)，便不存在；它们有生有灭，由生而长，由长而灭，接着便趋向衰老而入于死亡"[1]。肉身的短暂与美的虚幻，被看作是人服膺于上帝、精神进入天国的绊脚石，所以正如佛教那样，基督教不得不制订诸多宗教戒律，来约束人之肉身及其感官的"恣意横行"。

印度佛教也对人的肉身取极不信任的文化态度。倒不是要从根本上消灭肉体，而是要通过佛教教义与戒律来将人的肉身严格地管束起来。作为成佛的第一步，种种修持方式与规诫都是首先针对肉身的。印度佛教对人的肉身的否定，是将其与整个世俗世界看作同样的虚妄不实，所谓无尽的人生烦恼，是虚妄不实的色身纠缠精神使其难于遁入空门。佛本生有"舍身饲虎"，这种血淋淋的生命的贡献，实际是将彻底摒弃肉身看作成佛的一大条件。佛教的戒律多如牛毛，其中最关键的是戒色。佛教将色(此处主要指女性人体)看作"魔"。"魔女"，《普曜经·降魔》有云，形体虽好，而心不端，譬如画瓶中盛臭毒，将以自坏，有何等奇？淫恶不善，自亡其本，死则当堕三恶道(指"六道轮回"说中的畜生、饿鬼、地狱三恶趣)。佛教所谓"降魔"，实际是灭色欲。但看《西游记》写唐僧西天取经，历尽九九八十一难，其中诸多劫难的消除，都是对女色的否定。

总之，如基督教与佛教这样的世界性宗教，都把人的精神的超越、灵魂的得救，建立在否定人的肉身及其感官悦乐的逻辑基点上。

相比之下，中国文化顽强的生命意识，在于对人的肉身的钟爱，认为可以通过对肉身的肯定达到精神的提升。先秦儒家的尊祖、祭祖，是对祖先肉身之生殖力的崇拜，孟子倡言孝，有"不孝有三，无后为大"的名言，是对孔子"孝悌"思想的发挥，儒家杀身成仁杀身取义的思想，似乎是对人之肉身的灭绝，其实不然，旨在舍弃一人、一家或一族的生命，以换取普天下群体生命的昌盛。黑格尔说：

---

[1] [古罗马]圣·奥古斯丁：《忏悔录》卷四第十节，商务印书馆，1963年版。

> 东方(主要指中国)所强调和崇敬的往往是自然界的普遍的生命力,不是思想意识的精神性和威力,而是生殖方面的创造力。"①

这句话只说对了一半。应该说,中国自古由于"强调和崇敬"包括"生殖方面的创造力"在内的肉身因素,才使得其"思想意识的精神性和威力"建构其上。

庄子讲"养生"即养性,是就人的个体肉身而言的,与孔、孟不同,其理由,是有感于"吾生也有涯"。人的个体肉身总是短暂的,所以要认识与顺应这一肉身的"自然",来"保身""全生""养亲""尽年"。

尽可能延长人的个体肉身的生命,这是庄生所肯定的。不仅如此,庄生养生论的主旨,是通过顺任自然的养生(养性、身)同时达到顺任自然的"养神"。精神者,"养生主"也。也便是说,养生应从"怡养精神"入手,不为生死、荣辱、哀乐所困扰,这便达到了养生兼养神的双重目的。《庄子·达生》说:"养形必先之以物,物有余而形不养者有之矣;有生必先无离形,形不离而生亡者有之矣。"②"先无离形"即先"养生(性、身)"当然是必需的,但光凭"形不离"这一点尚不足以健全生命境界的养成。为求畅达生命,必须养神养性,此为养生。

人的个体肉身的短暂,是人本在的悲剧。通过养生(性、身)以求长寿,是庄子对这一人生悲剧的回避。没有人能够通过养生使人的个体肉身得到永生。庄子在这一生命问题上的无奈,体现了人类自身的无奈。人的精神固然可以进入天堂、彼岸,但肉身绝不是不朽的。然而,庄生倡言养生以尽可能延续人之肉身的生命,绝不是没有积极意义的。生命的美丽固然决定于人的生命的人文素质,肉身的延续一般并不与此相矛盾,庄生要的是人的肉身与精神双兼的美,不离肉身即得解脱的灵魂之美。在庄子看来,人之肉身的存在、发展与肯定,不但不影响精神、灵魂的超脱,而且

---

① [德]黑格尔:《美学》第三卷上册,商务印书馆,1982年版,第40页。
② 《庄子·达生第十九》,王先谦:《庄子集解》,《诸子集成》第三册,上海书店,1986年版,第114页。

唯有肉身，才能实现精神、灵魂的飞升；反之，也只有"养神"，才是真正意义上的养生(性、身)。而两者可以得兼的关键，是人须活得"自然"，即"安时而处顺"，以解除生命的"倒悬"之苦。

(七)以"齐物"强调美的相对性，肯定"正色"之美

《庄子》主张"齐物"，提倡相对主义，即将事物的相对性看成是绝对的。庄子说："物无非彼，物无非是。"这里的"是"，可解为代词"这"，即"此"。物无分彼、此，其因在万物都统归于道。在道的本根意义上，万物是"齐"的，故"是亦彼也，彼亦是也"。而未悟道之人的思想与思维，总受着"是非"观的纠缠，这在庄生看来是错失的。所谓"因是因非，因非因是"①的"是"，是判断词，是相对于"非"而言。王先谦《庄子集解》说："有因而是者，即有因而非者；有因而非者，即有因而是者。既有彼此，则是非之生无穷。"庄子以此为尘劳与痛苦。分判是非在庄生看来便是不"自然"。"是以圣人不由，而照之于天，亦因是也"②。这里的"天"，自然、本然之谓。圣人不因循常人的观念与思路，去观照"道"（天、自然），也就因循了"自然"的道理。这里的"亦因是也"之"是"，又是一个代词"这"。

因此庄生总结说，人只要体悟了"道"，天下就显现它本然的澄明与玄虚，"天地一指也，万物一马也"③，便是"齐物"。

齐物我，无是非，等生死，因而也就消解了美丑的观念。

美丑是从人这一主体角度对事物、对象所做出的审美价值判断。庄生认为，该判断由于沾溉了人这一主体的主观因素而不是可靠的。庄生说：

> 毛嫱丽姬，人之所美也；鱼见之深入，鸟见之高飞，麋鹿见之决骤。四者孰知天下之正色哉？自我观之，仁义之端，是非之途，樊然

---

① 《庄子·齐物论第二》，王先谦：《庄子集解》，《诸子集成》第三册，第9页。
② 《庄子·齐物论第二》，王先谦：《庄子集解》，《诸子集成》第三册，上海书店，1986年版，第9—10页。
③ 《庄子·齐物论第二》，王先谦：《庄子集解》，《诸子集成》第三册，第10页。

毂乱，吾恶能知其辩？①

人以为"美"的人与物，其实是无所谓美、丑的。毛嫱、丽姬这样出众的美，也是就人这一审美主体而言的，但鱼、鸟、麋、鹿"四者"就不能认同。可见，人的审美以及心目中的美，其实是并未扪摸到美的东西之所以美的"天下之正色"。在这一点上，其实人与动物一样，都处于同样狼狈而尴尬的地位。

庄子的这一见解，有三点颇可注意：其一，人的感官所感觉到的美，其实无所谓美还是丑，美丑的判断离开了人的感官，试问美在哪里呢？可见，一般人所见所闻的美，是一种美丽的虚构，人是被他自己的感官所欺骗了。其二，庄子认为，从"齐物"出发，人与动物没有区别。假设人能够作为审美主体，那么动物为什么不能呢？假如从动物角度去审美，人以为美的东西，不仅可能变成丑，而且令动物感到可怕。所谓美、丑是相对的。其三，庄子心目中还有没有关于"美"的意识与观念呢？从"天下之正色"这一措辞看，答案是肯定的。通常所谓"美"，比如毛嫱之美，在庄子看来无所谓美还是不美，但庄子毕竟承认除此之外还有所谓正色之美。正色者，道之别称。鱼鸟麋鹿对此不能领悟，正如人一样。这样的人，为"仁义""是非"的偏见错乱（"毂乱"）了头脑，真的，怎么能使其明白正色的道理呢？

(八)标举"返璞归真"之美

这是从道、技关系切入，倡道本技末之说，认为技至圆熟之境，是道的回归。技虽为末，但在道面前，圆熟之技，却不是没有积极意义的。庄子的道论，从逻辑角度为技、艺的现实存在，打开了一道历史的缝隙。

《庄子》"庖丁解牛"这则寓言，称庖丁为文惠君解牛，技术之臻于圆熟，使得"方今之时，臣以神遇而不以目视，官知止而神欲行"。庖丁的

---

① 《庄子·齐物论第二》，王先谦：《庄子集解》，《诸子集成》第三册，第15页。

一把解剖刀用了十九年,"所解数千牛矣"①,仍然锋利无比,什么缘故呢?

> 彼节者有间,而刀刃者无厚,以无厚入有间,恢恢乎其于游刃必有余地矣。②

"游刃有余"者,循"道"之"技"达到高超程度,遂使人工、技艺回归于"道"的境界。徐复观指出,庖丁的境界,即是艺术及美的境界,建立在物我、心物之对立的消解之上。"第一,由于他'未尝见全牛',而他与牛的对立解消了,即是心与物的对立解消了。第二,由于他的'以神遇而不以目视,官知止而神欲行',而他的手与心的距离解消了,技术对心的制约性解消了。"③圆熟的技艺,作为人性与人格力量之自由的体现,意味着人与世界的摩擦与距离消失了,人与世界都呈现其本来面目,称"天地有大美而不言"④,却是人之圆熟的技艺可与进行静默之"对话"的。"大美而不言",便是最有力量、品格最高的原美。这种美,不是背"道"而驰的声色犬马,也不是迷人耳目的美的装饰,它是自然呈现的或是由人工圆熟之技所触动而呈现出来的自然,是人的本质力量与自然本真之"合规律性"的融合,它是最为素朴的,"素朴而天下莫能与之争美"⑤。

可见在"美"的问题上,庄子并不是一个悲观主义者与绝对的否定者。人因了他自己所创造的文化与种种人工技艺、产品而放逐了自己,人的悲哀与不幸是由他自己所造成的。然而,人又可以因了他"合规律性"的"契道"的技艺之路,重新回到他的故乡。人还可以回去。只要循道之无为自然,人无须依靠上天、上帝与祖宗仍可得救,创造美的素朴的未来。庄子

---

①②《庄子·养生主第三》,王先谦:《庄子集解》,《诸子集成》第三册,上海书店,1986年版,第19页。
③徐复观:《中国艺术精神》,春风文艺出版社,1987年版。
④《庄子·知北游第二十二》,王先谦:《庄子集解》,《诸子集成》第三册,上海书店,1986年版,第138页。
⑤《庄子·天道第十三》,王先谦:《庄子集解》,《诸子集成》第三册,第82页。

指出了人类可以回家的路，其说源自《老子》的"反者，道之动"①。

第九节 《易传》思想的审美精神

《易传》是《周易》本经之最早也是最具权威意义的易学概论，亦称"十翼"。《易传》包括彖辞上下、象辞大小、系辞上下、文言、说卦、序卦与杂卦七篇文章共十个部分。《纬书·乾坤凿度》称"孔子……五十究《易》，作十翼明也"，说孔子是《易传》的作者。宋欧阳修《易童子问》首疑《易传》为孔子所撰，今人多接受欧阳氏的这一见解。最有力的理由，便是《易传》中常有"子曰"这样的措辞。欧阳修《易童子问》说："何谓'子曰'？讲师言也。"岂有孔子自称"师言"的？真正是一针见血。可见《易传》不是孔子的著作，在成篇过程中，曾经多人之手，其中记载了孔子的一些言论。学界对《易传》的成书年代问题，多有争论，所见不一。一般认为，《易传》之成书有一颇为漫长的过程，其基本篇章，可能写成于战国中、后期太史儋之后、庄子之前。通行本《老子》有"道""器"相应范畴之说，所谓"道生之，德畜之，物刑之，而器成之"。《易传·系词》进而解说为"形而上者谓之道，形而下者谓之器"，后者显然是前者的阐发与概括。《易传·系词》成篇于太史儋之后。《系辞》又有"天尊地卑，乾坤定矣"之说，《庄子·天道》则进而解说为"夫尊卑先后，天地之行也，故圣人取象焉"，"天尊地卑，神明之位也"，"夫天地至神，而有尊卑先后之序，而况人道乎"？尤其"圣人取象焉"一句，说明庄子是懂得《周易》"取象"之理的。《庄子·渔父》关于"同类相从，同声相应，固天之理也"的思想，又显然是《易传·文言》"同声相应，同气相求"的阐发。凡此，都可证明《易传》的一些基本部分，可能写定于庄子之前。至于荀子的思想，深受《易传》影响并有所阐发

---

①《老子》第四十章，王弼：《老子道德经注》，《诸子集成》第三册，上海书店，1986年版，第25页。

是可以肯定的。《荀子·大略》说,"《易》之咸(即《周易》本经的咸卦),见(现)夫妇。夫妇之道,不可不正也。君臣父子之本也,咸,感也。"显然是对《易传·彖辞》所谓"咸,感也"的诠释。

《易传》所体现的美学智慧与精神相当丰富与深刻①,这里仅择其要简略言之。

《易传》美学精神与审美意识的基本内核,是其所言的"象"。象这一范畴,早在郭店楚简《老子》中就已出现,所谓"天象亡形",在通行本《老子》里,也有"大象无形""其中有信""其中有象"之说,似乎"象"说不是《易传》对中国美学理论建构的重大贡献。其实不然。虽然《易传》所说的"象"较《老子》为晚,但是,中国美学关于"象"的观念及其酝酿,有一个漫长的历史过程。我们可以看到,成书于殷周之际的《周易》本经,虽然在观念上尚来不及提出"象"这一范畴,然而,《周易》本经用于占筮的阴爻、阳爻、八卦与六十四卦等,其实都已融会着原始巫文化意义上的象意识。这种象意识,是审美之前的审美意识得以滋生的前期文化心理。原始"数字卦",揭示了与数的意识相融的象意识的原始文化现实。原始易符的创造,与原始象意识是一致的。早在原始筮符时代,中华初民已经是恩斯特·卡西尔所说的"符号的动物"。《周易》本经建构了一个用于占筮的符号(包括象、数)"宇宙"。尽管卦爻之象不同于艺术与审美之象,但是从前者向后者的文化转型,是必然的。卦爻之象与艺术、审美之象,构成了异质同构的关系。恩斯特·卡西尔说,由于原始巫术占筮的兆象必然"可以定义为一种符号的语言",而"美必然地而且本质上是一种符号",因此,从原始巫术向审美、艺术之象的转递,绝不是人为的虚构,而是历史之必然。

在《易传》中,象已经在原始巫术兆象基础上,转变为具有一定哲学与审美意识的符号。在《周易》本经中,如晋卦的卦象为坤下离上,写作䷢,坤为大地,离为火,火即太阳。整个晋卦,是太阳冉冉升起之象。这一卦

---

① 以上参见拙著:《巫术:周易的文化智慧》(浙江古籍出版社,1990年版)与《周易的美学智慧》(湖南出版社,1991年版)。

象的创构，体现了中华初民对太阳的崇拜与希冀。初升的朝阳，在初民心目中是一个好兆头。在《易传》中，晋卦这一卦象已被赋予了新的人文意义，包括审美意义。《易传》说："晋，进也，明出地上。""明"者，光明也，阳光也。《易传》进而说："明出地上，晋。君子以自昭明德。"①这是说，君子以"明"自比，使仁道显出光辉。这里，已具人格的审美因素。晋卦的这一卦象，实际是初升之朝阳的象符表达。在甲骨文中，初升之朝阳称旦，写作 ᅌ，上象太阳，下象大地，其义为"晋"。"旦"即"晋"。与晋卦相反的卦是明夷，卦象 ䷣，为离下坤上之象。明夷者，光明之毁伤，太阳下山，黑夜降临之象。这一卦象，用文字符号来表达，为 百，百 是昏的原字。

可见，《周易》本经的卦象与中国古文字的建构大有关系，两者所共同体现的，是中国自古所特有的象思维，即融会以象因素的思维方式，属于表象的思维。象形与表意，是这一思维的基本特征。伊格尔顿说：

> 西方哲学是语音中心的，它集中于"活的声音"，深刻地怀疑文字。②

中国哲学却根植于文字之创构的象形之中，这种象形及其表意，无疑首先体现于甲骨文、金文，尔后体现在《周易》本经的卦爻之象中。卦爻之象的象思维，铺设起中国哲学及其审美意识之路，严重地影响后代中国哲学、美学与艺术学的观念。汪涌豪指出，"由于它是表意文字，每个汉字是一个意义集成块，每一集成块又都充满着象形的意味，而不是抽象的代码组合"③，使得中国文字及其象思维，一开始就与原始审美之意象相勾连。这种文字的原始表达，集中体现在《周易》本经用于占筮的爻象、卦象。

整个巫术占筮过程，是象的运转，这种运转自当包含着意，意是象的

---

① 《易传》，拙著：《周易精读》，复旦大学出版社，2007年版，第184、185页。
② [英]特里·伊格尔顿：《文学理论导引》，陕西师范大学出版社，1987年版，第144页。
③ 汪涌豪：《范畴论》，复旦大学出版社，1999年版，第28页。

所指，在原始巫筮中，意是祈求吉兆的神秘的理念与感应，意是象的精神、灵魂。用图式表示，意、象的转换可表述如次：

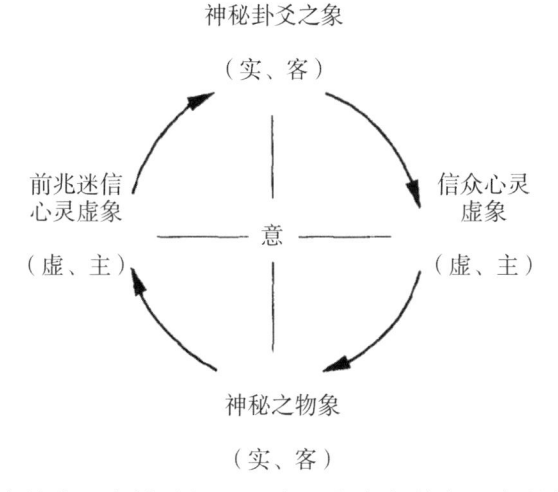

神秘卦爻之象
（实、客）

前兆迷信
心灵虚象
（虚、主）

― 意 ―

信众心灵
虚象
（虚、主）

神秘之物象
（实、客）

这是原始巫术占筮意、象转递的四层次。艺术审美意、象的转递，也有相应结构的性质不同的四层次：

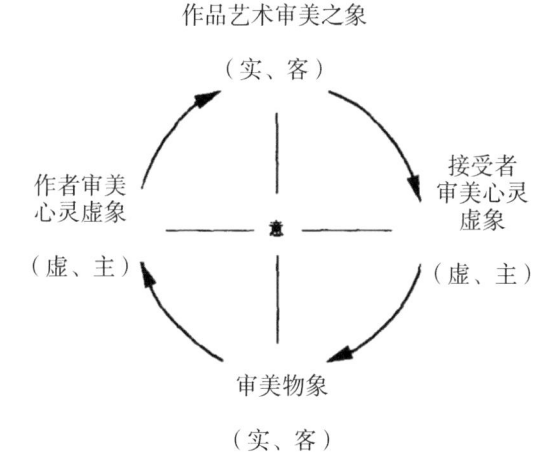

作品艺术审美之象
（实、客）

作者审美
心灵虚象
（虚、主）

― 意 ―

接受者
审美心灵
虚象
（虚、主）

审美物象
（实、客）

在结构上，艺术审美与巫术占筮是异质同构关系。卢卡契《审美特性》第一卷指出："在巫术的实践中包含着尚未分化的以后成为独立的科学态度和艺术的萌芽。"这好像是专门针对中国《周易》巫筮文化而言的。《周易》的象数，确是"艺术"审美与"科学态度"的"萌芽"。就象而言，孔颖达

《周易正义》也说得很对,"凡易者,象也。以物象而明人事,若诗之比喻也。"①章学诚《文史通义》则说,易象通于诗之比兴。易与诗相通,盖因象之故。

《易传》美学精神的另一重要表现,是其辉煌与灿烂的生命意识。所谓"生生之谓易",所谓"天地之大德曰生",都在阐说易理的根本。

苏渊雷《易学会通》正确地指出:"综观古今中外之思想家,究心于宇宙本体之探讨、万有原理之发见者多矣。有言'有无'者;有言'终始'者;有言'一多'者;有言'同异'者;有言'心物'者,各以己见,钩玄阐秘,顾未有言'生'者,有之,自《周易》始。"苏氏又说:"故言'有无''终始''一多''同异''心物',而不言'生',则不明不备;言'生',则上述诸义足以兼赅。《易》不骋思于抽象之域,呈理论之游戏,独揭'生'为天地之大德、万有之本原,实已摆脱一切文字名相之网罗,而直探宇宙之本体矣。"②

《易传》的哲学,确实将生看作宇宙的本体,在生殖崇拜文化中,《易传》进行了关于"生生之谓易"的哲学思考,歌颂人之生命的伟大,体现出一种中华所独具的生命美学精神。

且不说《易传》将《周易》本经的第一、第二卦即乾、坤释为天地、父母之卦,且不说《易传》又将《周易》本经之咸卦解为男女相"感"之卦,且不说《易传》在所谓"乾,阳物也;坤,阴物也"言说的基础上,直率而无邪地讲述男女两性的生殖之功。且说"夫乾,其静也专,其动也直,是以大生焉;夫坤,其静也翕,其动也辟,是以广生焉"③。是指阳物处静之时,其形团状;发动之际,直遂不挠,其功能在于"大生"(原生);阴物静闭而动开,其功能在于"广生"。清人陈梦雷说:"乾坤各有动静。静体而动用,

---

① 李学勤主编:《十三经注疏·周易正义》,北京大学出版社,1999年版,第27页。
② 苏渊雷:《易学会通》,中州古籍出版社,1985年版,第65页。
③ 《易传》,拙著:《周易精读》,复旦大学出版社,2007年版,第333、287页。这里,专,陆德明《经典释文》称其通"抟",为"团"。翕,李鼎祚《周易集解》称其"犹闭也"。辟,开。

静别而动交也。直专翕辟，其德性功用如是。"①《易传》确是从两性之交合来阐说其生命意识与观念的。

《易传》在释贲卦卦义时，很鲜明地体现了关于"天文"与"人文"之美的生命美学精神。《易传》云：

> 贲亨。柔来而文刚，故亨。分刚上而文柔，故小利有攸往，天文也。文明以止，人文也。观乎天文以察时变；观乎人文，以化成天下。②

贲卦卦象为离下艮上，写作 ䷕，由三阴三阳对应穿插构成卦体，彼此文饰，故有阴阳往来亨通之义，所谓"贲亨"是也。"柔来而文刚"一句，指贲卦下卦为离（☲），离为火，火指太阳，太阳为天体，天为乾，因而离火的原型是乾（☰）。离卦的生成，是坤卦的一个柔爻来就于乾，促成乾卦九二变异为六二。离，又通"丽"，美也。离美无疑是乾坤（男女）相感即"柔来而文刚"所成。所谓"分刚上而文柔"，是指贲卦上卦即艮（☶）。艮为山，山属大地，地为坤，因而艮之原型为坤。艮的生成，是乾卦的一个刚爻来交于坤（☷）的结果，坤卦上六被乾卦的一个刚爻所替代而生艮。

可见，贲卦下卦离的原型，是乾卦；贲卦上卦艮的原型，是坤卦，说明贲卦原型，是乾下坤上之象，即泰卦（䷊）。泰者，《易传》说："天地交，泰"③。"天地交"，实指男女相"感"。

这便是《易传》所说的"天文"。天者，自然；文者，通"美"。《易传》所认识与认同的自然之美或曰自然美，绝不是一望即感觉到的外在男女人体及外貌、衣饰之美，而是处于生命原始意义上的男女生殖之美。并且，这里《易传》是以人之生殖来比拟、界说天地自然的原生之美，特具人本之

---

① 陈梦雷：《周易浅述》第四册，上海古籍出版社，1983年版，第1014页。
② 《易传》，拙著：《周易精读》，复旦大学出版社，2007年版，第140—141页。
③ 《易传》，拙著：《周易精读》，复旦大学出版社，2007年版，第104页。

意义上的生命意识与情调。

《易传》对"人文"的界说为"文明以止",仍可从贲卦得以阐明。

从贲卦的象征意义看,其下卦为离,离为火,火即光明,火的发现与运用,表示人类真正文明的开始,火即"文明",因此,离具"文明"之义;贲卦上卦为艮,艮为山,山体岿然静止,艮有"止"义。整个贲卦,象征"文明以止"。

"文明以止"者,"人文"也。这里的人文,无疑包括伦理道德在内的"人为""人工"内容,又不限于此,可以看作人工美(社会美、艺术美)的代称。

可见,《易传》关于《周易》贲卦的阐述,具有丰富而深邃的审美意识与精神,它是从人之生命问题引发而做就的一篇关乎生命意识的"文章"。学界曾有学者以贲为"文饰"之解,释贲卦的美学精神与意义仅在于"文饰之美",是误读了贲卦。

《易传》思想的美学精神还有一个重要内容,便是儒、道文化意识包括两家审美意识与美学精神之初起的融合。

正如本书前述,在老聃、孔丘时代,今日学界所说的所谓"儒道对立"是不存在的,这可以从郭店楚简《老子》得到有力的证明。当时儒、墨是显学,老聃之学与孔子之学,其实并未形成"对立"与"对话"的文化态势。但表现在通行本《老子》与《庄子》中的诸多篇章,站在道的立场,对儒家的抨击已是相当激烈与尖锐(有时甚至很尖刻)。另一方面,在《庄子》中,还借孔子之口来说道家思想,似乎可以说庄生及其后学的有些成员并没有严重的门户之见。有一个情况值得注意,且不说在《论语》里,孔子及其门徒没有很厉害地攻击过道家,在《中庸》里,也大致保持前辈儒家对道家的比较宽容的文化态度。所谓儒道的"对立",主要是一些老聃后学单方面表现出的与儒家的对立。这里可能不包括庄周本人。且说我们今天读《庄子》内篇(学界一般认为为庄周本人所撰),几乎未见庄周对孔子及其学说的攻击与微词。倒是在"内篇"的《人间世》《德充符》与《大宗师》中,可见庄周以孔子与其弟子对话的方式来阐说"心斋""坐忘"等道家思想。这当然不能看作是"内篇"实录了孔子的原话,有些寓言式的虚构,亦在情理之中,这种文本现象起码可以说明,庄周本人对孔子并无恶感,甚至似乎可以推见,庄周这样做,意在借孔子之大名来增强其文章的权威性与说服力。

《易传》一直被历代儒家包含在被尊为"群经之首"的《易经》之中,今本即通行本《易经》的体例,主要由东汉郑玄与魏王弼定下来的。因此,起码自王弼时代至今,《易传》一直被认为是儒家经典,由此把《易传》的整体思想,误读为纯粹的儒家思想。1987年年底,陈鼓应在"济南国际周易学术讨论会"上,第一次提出"《易传》是道家系统的作品而非古今学者所说的'儒家之作'"①这一见解。接着,陈先生撰写了一系列论文,来论证这一学术见解,此后,出版了《老庄新论》与《易传与道家思想》两著。笔者虽然难以苟同陈氏关于"《易传》为道家学派作品"的见解,但是认为陈鼓应的这一新见,确实打开了进一步研究《易传》的一个学术思路。《易传》固然是儒家著作,这不影响它可以具有相当丰富而重要的道家思想。从整体看,《易传》七篇大文十个部分由于不是一人一时所撰,其思想的多出甚至有歧义,是正常的。儒家的道德伦理思想、道家的哲学宇宙论、阴阳家的阴阳变异思想以及自上古传承而来的原始巫术占筮思想的余绪等,构成了《易传》的基本内容。《易传·系词》,比较集中地体现了道家的哲学天道观。其中推天道以明人事的思维方式与阴阳刚柔之说等,与《黄帝内经》相承。《象辞》的自然哲学,有早期道家的神韵。从观点看,所谓"一阴一阳之谓道",是通行本《老子》第四十二章"道生一""万物负阴而抱阳"说的概括与提炼。所谓"精气为物,游魂为变",与《管子·内业》所载稷下道家"精气之极也"有承接关系。所谓"终则有始,天行也""反复其道,七日来复,天行也",与通行本《老子》"反者,道之动"相比,前者是对后者的解说与展开。凡此不一一列举。无疑,道家思想作为重要一支,参与了《易传》整体思想的建构。

美学不等于哲学,但美学总是与哲学相关联的。《易传》的美学精神不

---

① 陈鼓应:《易传与道家思想》,生活·读书·新知三联书店,1996年版,第2页。

是一种在理论形态上成熟的美学，但其中所体现的审美意识，则无疑也与道家思想有关。比如所谓"一阴一阳之谓道"这一命题，不仅体现了阴阳中和的美学精神，而且为《易传》的阳刚、阴柔、刚柔相济之美学精神的启蒙，铺展了哲学思辨之路。又如"精气"说，是《易传》将中国人的生命意识凝结在这一概念中，具有重要的理论建构的意义，严重影响比如魏曹丕"文以气为主"说及其之后的中国美学理论的历史发展。再如《易传》关于"书不尽言，言不尽意"的思想，显然是通行本《老子》所谓"道，可道非常道"的时代新解，作为一个极富哲学品格与美学魅力的著名命题，在魏晋及此后引动了旷日持久的"言意之辨"，激起思想与思维的不息的波澜。还有，《易传》所谓"天行健，君子以自强不息""地势坤，君子以厚德载物"这两个命题，你要说它们是儒家道德伦理思想与人格理想的表达，自无不可。但是这种在思维方式上，将天、地两个具有哲学意味的概念融会于道德人格之美的建构的做法，又可以看作是道家哲学的天地观对儒家伦理学的哲学改造。

可以这样说，道家哲学思想的参与，提升了《易传》思想之美学精神的哲学品位。这也可以看作道、儒开始融合之美学精神的一种历史的先期形态。

第十节　荀子思想的审美精神

荀子(约前313—前238)，名况，字卿，因汉人避宣帝讳，而称孙卿，赵国(今山西安泽)人。曾游历齐、燕、赵、秦与楚诸国，三度为祭酒(学长)，晚年遭谗去楚，由春申君用为兰陵令，并著书终老于此。荀子是先秦儒家的最后一位大家。由于荀子的学说，是在批判诸多儒学传统的基础上综合、发展而成的，所以学界有人称荀子是"儒家别宗"。《荀子》一书，为荀子所撰，今本共三十二篇，其中，《大略》《宥坐》等最后六篇，据考或为其弟子所作。

人们一般会习惯地认为，儒家自古尊重文化传统，其实不一定。作为儒学中人，荀子就有批判传统的一面，除了孔子与子弓，荀子对孔子学生子张、子夏、子游、子思与孟轲，都大有不满，称其为"贱儒"或有"罪"。他批判墨子的"兼爱""节用"与"非乐"，对法家的慎到、田骈与申不害和名家的惠施等人，也颇有微词。

这种批判，富于他那个时代的特色。战国百家争鸣的重要方式，便是彼此辩难。战国末期，先秦诸子文化走向综合，试图各以自家门户以张其说。在荀子之前，《庄子·天下篇》（属杂篇）曾纵论天下学术；在荀子之后，也有韩非的种种问驳以树立己见、自裁新说。荀子对前人与时贤的学术，也是一百个不满意。他说：

> 墨子蔽于用而不知文，宋子蔽于欲而不知得，慎子蔽于法而不知贤，申子蔽于势而不知知，惠子蔽于辞而不知实，庄子蔽于天而不知人。①

荀子提出了"解蔽"的口号。荀子的批判，未必处处中肯，然而，他这样的"问题意识"与思维方式，却为他自己的新颖见解的提出，准备了一个必要的条件。与战国末期吕不韦编纂《吕氏春秋》，兼容儒道墨法阴阳纵横兵农与名诸说相对应，荀子在综合诸子方面也做了努力。荀学这一时代新学出现了。当然，尽管具有新的时代特点，仍不失为儒家之学说。

就美学精神而言，荀学的美学精神因素，建构在他的"故圣人化性而起伪"②的思辨之上。荀子哲学的主要视域，仍是天人关系。

这一视域，包括两大问题：其一，人与自然对象的关系；其二，人性与人格中的自然本性与人文属性的关系。

就人与自然对象的关系而言，荀子摒弃了孔子"畏天命"与孟子"知天

---

① 《荀子·解蔽篇第二十一》，王先谦：《荀子集解》，《诸子集成》第二册，上海书店，1986年版，第261—262页。
② 《荀子·性恶篇第二十三》，《荀子集解》，《诸子集成》第二册，第292页。

命"的思想，不承认天有人格神的意义，把孔、孟的天人合一思想推倒，提出与论证他自己的"天人之分"说。

> 天行有常，不为尧存，不为桀亡。应之以治则吉，应之以乱则凶。强本而节用，则天不能贫。养备而动时，则天不能病。修道而不贰，则天不能祸……故明于天人之分，则可谓圣人矣。①

天的运行有其自身的常则，与人生社会中的"尧存""桀亡"不构成因果关系，因而天人是相分的。《天论篇》还说"治乱非天也""治乱非时也""治乱非地也"②。荀子的"天人之分"思想，是中国哲学史上的认识论的真正起始。它在思维上将对象（天）与主体（人）分开，具有重大的思想与思维的双重意义。在孔孟之说与《易传》那里，圣人与大人的第一人格标准，是必须明白"天人合一"的道理，圣人与大人本身，是与"天"合"一"的。"夫大人者，与天地合其德，与日月合其明，与四时合其序，与鬼神合其吉凶。"③《孟子》也说："尽其心者，知其性也；知其性，则知天矣。"孟子此说，把"知天"归结为"知性"；又把"知其性"归结为"尽其心"。从孟子的这一心、性与天说分析，人来到这个世界，其实没有"知天"的任务，因为人只要了解自己的人性（知其性），就算是"知天"了；而"知其性"，其实也是虚设的，因为只要"尽其心"，就算是"知其性"了。孟子建立在天人合一哲学基点上的认识论，显然是不成熟的。同时，在孔孟与《易传》那里，只要知道天人合一的道理，就能成为圣人或大人。荀子却反其道而说之，认为"明于天人之分"的道理，才是真正的"圣人"。当然，荀子认为这个世界的美好，最终还是归于天人合一的，不过，为了达到这一崇高目标，首先必须人人"明于天人之分"。

荀子的"天人之分"说具有深远的历史影响。唐人柳宗元说："生殖与

---

① 《荀子·天论篇第十七》，《荀子集解》，《诸子集成》第二册，第205页。
② 《荀子·天论篇第十七》，《荀子集解》，《诸子集成》第二册，第207、208页。
③ 《易传》，拙著：《周易精读》，复旦大学出版，2007年版，第63页。

灾荒，皆天也；法制与悖乱，皆人也。二之而已，其事各行不相预。"①刘禹锡称，"大凡入形器者，皆有能有不能。天，有形之大者也；人，动物之尤者也。天之能，人固不能也；人之能，天亦有所不能也。故余曰：'天与人交相胜耳。'"②天与人各有短长，交互优胜，这是把人的地位抬到与天平齐了。明人王廷相则进一步发挥了刘禹锡关于"天与人交相胜"的思想，指出"天有天之理，地有地之理，人有人之理，物有物之理"，因此"人定亦能胜天者"③，何也？人把握天地之"理"与物之"理"即可。

天人关系问题的出发点是天人之分，终极才是天人合一，这才是荀子的天人之论。那么，与天相分的人，在荀子看来，又是怎样的呢？

荀子认为，人的自然本性，不是生来就"善"，或无"善"无"恶"，或无所谓"善恶"的，而是"人性本恶"。荀子说：

　　人之性恶明矣，其善者伪也。
　　凡性者，天之就也。④
　　生之所以然者，谓之性。⑤
　　不可学不可事而在人者，谓之性。可学而能可事而成之在人者，谓之伪，是性伪之分也。⑥
　　性者，本始材朴也；伪者，文理隆盛也。无性则伪之无所加；无伪则性不能自美。⑦

这里，荀子指明了四点：其一，性是天生而自然的，即"天之就""不

---

① 柳宗元：《答刘禹锡〈天论〉书》，《柳宗元集》，中华书局，1979年版。
② 刘禹锡：《刘宾客集·天论上》，陕西人民出版社，1974年版。
③ 王廷相：《雅述》上篇，《王廷相集》，中华书局，1989年版。
④《荀子·性恶篇第二十三》，王先谦：《荀子集解》，《诸子集成》第二册，上海书店，1986年版，第293、290页。
⑤《荀子·正名篇第二十二》，王先谦：《荀子集解》，《诸子集成》第二册，第274页。
⑥《荀子·性恶篇二十三》，王先谦：《荀子集解》，《诸子集成》第二册，第290页。
⑦《荀子·礼论篇第十九》，王先谦：《荀子集解》，《诸子集成》第二册，第243页。

事而自然"与"本始材朴"。其二，性与伪是不同的。伪者人为也，非虚伪之伪，而是对本恶之性的改造。改"恶"从"善"，即伪，是谓"性伪之分"。其三，性与伪的关系：性是原型、基础；伪是基础、原型之上的人为。伪，是人为之意。其四，作为儒家中人，荀子的立论基点，依然在儒家的道德伦理、社会秩序，所以，他把"伪"解说为"文理隆盛"是很正常的。值得注意的是，荀子认为，既然人的本性是恶，无善可言，那么，从美学精神看，恶的人之本性当然无"美"可言，称为"性不能自美"。人性与人格如何才能"美"呢？荀子认为只有一条路可走，即"化性而起伪"。荀子说：

凡所贵尧禹、君子者，能化性，能起伪，伪起而生礼义。①
性也者，吾所不能为也，然而可化也。情也者，非吾所有也，然而可为也。注错习俗，所以化性也。②
故圣人化性而起伪，伪起而生礼义，礼义生而制法度。③

这里，有四点值得注意：

其一，荀子认为"天之就"的人性因其本恶，是道德伦理实践改造的对象，这种改造是人性本身的先天素质所决定而必然的，没有哪一个人可以逃避的。这与孟子的见解大不相同。孟子从"性善"说出发，将人的道德仁义的成就，看作通过后天的教育途径，对善这一先天原型的自觉启迪。道德教育的功用，在于启发本善的人性从沉睡中苏醒过来。荀子的"性恶"论，则根本不承认人先天有什么道德向善的原型与种子，因此，道德伦理实践的功效，不是对内心、良知的启迪，而是对本恶之人性的改造，这便是"化性而起伪"。

其二，从文化品格上分析，"化性而起伪"这一命题，是一伦理学而非

---

① 《荀子·性恶篇第二十三》，王先谦：《荀子集解》，《诸子集成》第二册，第295页。
② 《荀子·儒效篇第八》，王先谦：《荀子集解》，《诸子集成》第二册，上海书店，1986年版，第91页。
③ 《荀子·性恶篇第二十三》，王先谦：《荀子集解》，《诸子集成》第二册，第292页。

美学命题,故言"伪起而生礼义"。不过,同样强调礼义之类,孔孟偏重于做"心"的功夫,把人性的启迪落实到人心的启迪上。所以孔孟的道德心性之说,是偏重于心的。而荀子的学说,纵然不忽视心的意义,也是倚重外在行为与行动的作用的。伪者,人为也。"起伪"是对性之"化"(改造),颇有些外在强迫的意味,"起伪"者,礼也。自然不同于孔子所说的周礼,而是"礼治""法治"。"礼也者,贵者敬焉,老者孝焉,长者弟焉,幼者慈焉,贱者惠焉。"①"贵贵、尊尊、贤贤、老老、长长,义之伦也。"②

可见,中国先秦儒家文化的先期文化形态,是从原始巫术文化等走向周礼的阶段;再由孔子对周礼加以改造,以仁释礼;进而在孟子那里,重在将孔学的修身养性(心)加以发展,在其仁义、仁政与王道的思想中,尤为强调政治、道德准则的内心依据,推崇"善养吾浩然之气"的治心理想,归结为善心的发现与对受污染之善心的加以洗涤。而荀子的学说,由于试图综合诸家之长,已具某些法治的内容(这也就不难理解,此后为什么荀子会有韩非子这样重"法治"的弟子),而从礼到法,其实仅一步之遥。荀学,是由孔子仁学、孟子心学到韩非子法学的历史转捩点。

儒学的一个基本命题,是所谓"内圣外王"。"内圣外王"的出典在《庄子·天下篇》(属"杂篇")。该篇在批评所谓"天下大乱,贤圣不明"之后接着说:"是故内圣外王之道,暗而不明,郁而不发,天下之人,各为其所欲焉以自为方。"③尽管如此,这一点也不影响儒家拿内圣外王来作治人、治世的准则。从内圣外王角度看,孔子之前的周礼,偏于"外王";孔子的仁学,颇有"内圣"与"外王"兼具的特点;孟子则为了"外王"而尤重"内圣"之学;荀子却对孟子所言"内圣"的本在依据(人性本善)有了怀疑。荀子不相信人是天生向善的动物,实质在于否定人生来本具"内圣"这一预设,从相反角度预设"外王"的内在依据,即"人性本恶"。荀学的内圣外

---

① 《荀子·大略篇第二十七》,王先谦:《荀子集解》,《诸子集成》第二册,第323—324页。
② 《荀子·大略篇第二十七》,王先谦:《荀子集解》,《诸子集成》第二册,第324页。
③ 《庄子·天下第三十三》,王先谦:《庄子集解》,《诸子集成》第三册,上海书店,1986年版,第216页。

王,是从逻辑上预设"人性本恶"始,通过"化性而起伪"的道德改造,而达到"外王"之目的。荀子不否认通过"化"性之"恶",打造一个"内圣"的人格,从而达到"外王"之境这一点,毋宁说,荀子的学说,是偏于"外王"的。

其三,"化性而起伪",不是美学命题,荀子所谓"无伪则性不能自美"的"美",指的是道德的完善,而非审美的"美"。但是,尽管在审美关系、过程的瞬间,审美是一种移情,刹那达到物我同一的忘我、忘物的境界,它把政治、伦理、认知诸因素作为心理背景,推到审美之外去,审美确是无功利、无目的的一种纯粹的精神境界。而审美在历史领域,却总是与政治、伦理与认知诸因素结伴而行的。在具体的历史条件与人文环境中,审美作为一种历史形态,固然超拔于政治、伦理与认知诸因素之上,却注定要受到社会、文化因素的制约。并且,这里仅就审美与伦理之关系言,所谓人格之"美",就处于伦理与审美之际。因此,儒家包括荀子一贯所推重的圣人人格,固然是道德型的,却并不缺乏与善相伴的人格审美的因素。荀子所谓"无伪则性不能自美"这一命题,依然体现出一定的美学精神。

其四,"化性而起伪"的逻辑原点,是"人性本恶"。那么,恶又指什么呢?

在荀子看来,恶是人之天生的一种"情欲",它是人性中的一种违礼、违善的生命冲动。

> 今人之性,生而有好利焉,顺是,故争夺生而辞让亡焉。生而有疾恶焉,顺是,故残贼生而忠信亡焉。生而有耳目之欲,好声色焉,顺是,故淫乱生而礼义文理亡焉。然则从人之性,顺人之情,必出于争夺,合于犯分乱理,而归于暴。故必将有师法之化、礼义之道,然后出于辞让,合于文理,而归于治。用此观之,然则人之性恶明矣。[①]

[①]《荀子·性恶篇第二十三》,王先谦:《荀子集解》,《诸子集成》第二册,上海书店,1986年版,第289页。

"好利""疾恶""好声色"之类，"人之性恶"也。如果任其发展（"顺是""顺人之情"），必使"争夺生而辞让亡""残贼生而忠信亡""淫乱生而礼义文理亡"，"合于犯分乱理，而归于暴"。

荀子将"本恶"的人性分为三个层次。《荀子·正名》说："性者，天之就也；情者，性之质也；欲者，情之应也。"①性、情、欲三者的关系：性为天性，情为"性之质"，欲是情的恶性冲动。从情为"性之质"看，荀子所谓"性恶"，实为"情恶"，欲则因"情"而起。人"性"不能无"情"，有"情"则必至于"欲"，欲是"情"的衍生。

在荀子看来，性、情、欲三者，都是人之生命的盲目"自然"。

恩格斯在《路德维希·费尔巴哈与德国古典哲学的终结》一文中引述黑格尔的话说："人们以为，当他们说人本性是善的这句话时，他们就说出了一种很伟大的思想；但是他们忘记了，当人们说人本性是恶的这句话时，是说出了一种更伟大得多的思想。"并指出，"正是人的恶劣的情欲——贪欲和权势欲成了历史发展的杠杆。"②

荀子对人性之恶的发现与描述，与郭店楚简《性自命出》的重"情"思想有一致之处，不同在于，《荀子》称此情（欲）为恶，而《性自命出》说情是美善的。在中国哲学、美学史上，荀子第一次触及了恶这一重大问题。恶一般总是一种破坏性的精神力量，在道德层次上为人类正义、公正与向善所不齿。然而从历史角度看，由于恶中包含人之强烈的执着、追求的意志力与情欲冲动，比如追名逐利以至于失度、执意地发展自己以至于损害社会群体以及心绪迷狂等，在一定历史条件下，可能从反面成为一种激发社会变动的人的心理内驱力。在审美中，恶也与丑、悲剧与怪诞等相联系。总之，"人性本恶"以及"化性而起伪"的思想，丰富了先秦儒家思想的美学精神。

荀子作为先秦儒家的最后一位大思想家，批判地吸取了诸如道家的一

---

① 《荀子·正名篇第二十二》，王先谦：《荀子集解》，《诸子集成》第二册，第284页。
② 《马克思恩格斯选集》第四卷，人民出版社，1966年版，第218页。

些思想精华以滋养自己。荀子重"外王"是实，这不等于他绝对无视"内圣"（心）这一问题。荀子要求"解蔽"，实际在主张心的解蔽，以求达到"虚壹而静"的"知道"的境界。荀子指出：

> 人何以知道？曰：心。心何以知？曰：虚壹而静。心未尝不臧也，然而有所谓虚；心未尝不满也，然而有所谓一；心未尝不动也，然而有所谓静。
>
> 虚壹而静，谓之大清明。①

心"臧"为"虚"，心"不满"为"壹"，心"不动"为"静"，这简直有点老子所言"致虚极，守静笃"的意味了。而仔细分辨，又与老子不同，也不同于庄子的"心斋""坐忘"。荀子说："人生而有知，知而有志。志也者，臧也；然而有所谓虚，不以所已臧害所受，谓之虚。"②显然，荀子所言"虚"，不是老、庄所谓"忘己""无己""丧我"，而是以"知""志"作为其心理内核的。"知"者，了然也；"志"者，信诚、意志、执着之谓。如果人之内心有这一份明了事理与信诚、意执之"心"，那便是心之"虚"。荀子说："心生而有知，知而有异"，故"同时兼知之，两也"，"然而有所谓一，不以夫一害此一，谓之壹"。在荀子看来，人之"知"有一个弊端，即有"知"必生歧义，即为分别；有分别，即为"两"。而既为"两"，又便是背"道"而驰的"无知"了。所以，道总是与"壹"在一起的，知"道"者，无他，弃"两"执"壹"而已。这里，荀子的思想颇有些道学的色彩。荀子又说，"心卧则梦，偷则自行，使之则谋。故心未尝不动也，然而有所谓静，不以梦剧乱知，谓之静"③。由于"人性本恶"，必影响人之"心"；心是一个坏东

---

① 《荀子·解蔽篇第二十一》，王先谦：《荀子集解》，《诸子集成》第二册，上海书店，第263—264页。
②③《荀子·解蔽篇第二十一》，王先谦：《荀子集解》，《诸子集成》第二册，上海书店，1986年版，第264页。

西,本性在做"梦"(心猿意马),为谋划、计较所苦,实际上是"情"动于心,"欲"动于心,"故心未尝不动也"。但是,只要抑"情"、去"欲",就能"不以梦剧乱知",使人性去蔽,执着在去蔽的"知"上。这种"知",其性为"静"。

可见,荀子的"虚壹而静"说,意在推重去"情"、去"欲"之后所留下的那种"性",称其为"知"亦可。中国哲学史、美学史上的性、情、欲与知、情、意之说,由此初显。祛除人性中的情欲与情意,只逻辑地留下"性"与"知",荀子关于"人性本恶"的美学精神,无疑具有葱郁的理性色彩。所谓"虚壹而静",不是如道家所主张的那样是一种心灵澄明的"无"的境界,而是具有充实的心理内容的,即他自己所主张的"德治""礼治"与"法治"及其社会理想,执着、专注于这一理想,因去"情"、去"欲"而入于"静"的境界。因此,"虚壹而静"者,实乃"实壹而静""专壹而静"之谓。"君子知夫不全不粹之不足以为美也"①。

《荀子》思想之美学精神的又一表现,在于发展了孔子所谓"仁者乐山,智者乐水"的"比德"之见,严重地影响中国后代关于自然美之审美的美学建构。荀子说:

> 夫玉者,君子比德焉。温润而泽,仁也;栗而理,知也;坚刚而不屈,义也;廉而不刿,行也;折而不挠,勇也;瑕适并见,情也;扣之,其声清扬而远闻,其止辍然,辞也。②

这里,荀子以自然物即玉的自然美来比拟君子的道德人格之善,其思维属于类比一路。自然之所以美、善,决定于主体观照中自然物作为对象的自然形象素质与主体在对象中所感到的人格的真实。玉的"温润而泽""栗而理""坚刚而不屈""廉而不刿"与"折而不挠"等,是玉的自然形象素质在主

---

① 《荀子·劝学篇第一》,王先谦:《荀子集解》,《诸子集成》第二册,上海书店,1986年版,第11页。
② 《荀子·法行篇第三十》,王先谦:《荀子集解》,《诸子集成》第二册,第351—352页。

体观照中所产生的价值判断,而"仁""知""义""行""勇"与"情"等,是由玉作为自然对象而由对象中所观照、领悟到的君子的道德人格之美、善。在"比德"过程中,对象与主体心灵是同时相互建构的。主体心灵一旦从道德进入,则此玉的自然形象素质,就变成激发"人格比拟"之道德的符号。假设主体心灵从宗教进入,那么,恐怕此玉的自然形象素质便成为崇拜的符号了。什么样的主体的文化眼光,便建构什么样的、相应的审美对象。荀子不是美学家,他的"君子比德"与"不全不粹之不足以为美"的思想,包括《宥坐篇》中关于以"水""比德"的思想,都将玉与大水之类的自然对象道德化了、人格化了,而且从崇尚"化性而起伪"之道德人格的完善中肯定以善为美的理想,凡此,都是具有一定美学精神而联系于纯粹自然美之审美的人格论之见。

第三章
经学一统与审美奠基

　　历史文脉进入秦汉时代，造就了天下一统之空前的封建帝国和宏阔、磅礴的文化格局。作为高蹈的精神领域，这一古老东方伟大民族的审美意识与精神，经过先秦的"祛魅"与酝酿，从纷争走向综合，有一种包举宇内的伟大气度。"独尊儒术"与经学的兴盛，是这一时代的巨大精神事件，使得秦汉时代的审美，一般总是处于这一主流意识形态的文化"阴影"之下，初步奠定中华民族此后两千年一般以儒学为文化主干与背景的审美素质。从先秦的原始理性，到汉代经学直至谶纬神学、印度佛学东渐与道教的创立，这个民族的伟大头脑固然体现为"感性"的丰富，它心旌摇动，好比一个人原先老是蹲着，现在猛地一站起身，头脑的一时"失血"，遂成"眼前发黑"情状，汉代尤其东汉的谶纬，体现了汉代文化的一度"眩晕"，这是"成长的烦恼"。从先秦的心性论所建构的主要是儒家伦理思想与道家哲学思想这两翼，到秦汉的宇宙论，中华民族的文化、哲学思维的空间有了转移，并且空前扩大了。它从人"心"的专注于社会（儒）与人"心"的向往自然（道），发展到主要以仁学的目光，抬头仰望苍穹，试图将人间种种规范与典则的合理性与神圣性，拿到"天"上去加以证明。原始意义上先秦既阴郁又晴朗的审美之晨曦，变成秦汉浑朴而辉煌的日出，有时却不免飘浮几朵乌云。时代变了。秦汉的审美，正在为尔后魏晋时期中国美学思想及其理论的建构积聚力量。

第一节　黄老之学与时代审美

先秦战国末期的思想界，从思想之纷争走向综合的趋势已初显端倪。战国末期的荀子固然属"儒"，而其学，体现了试图"总方略，齐言行，壹统类"①的时代要求，即在"儒"的基础上试图达到"总""齐"与"壹"。当然，实际上荀况没有实现这一要求，乃时代使然。不过，荀学的影响深远，是不能抹煞的。它近接秦代的政治与哲学。陈寅恪《冯友兰中国哲学史下册审查报告》指出："李斯受荀卿之学佐成秦治。秦之法制实儒学一派学说之附系"；"儒家理想之制度，而于秦始皇之身而得以实现之"。此乃中肯之见。它远启秦以后两千年中华思想与政治策略，影响深远。谭嗣同《仁学》甚至说："二千年之政，秦政也"，"二千年之学，荀学也。"李泽厚也看到自先秦到秦汉之际荀子的重要意义，曾说"我还是那个'没有荀子，便没有汉儒；没有汉儒，就很难想象中国文化会是什么样子'（《中国古代思想史论·荀易庸纪要》）的老看法"②，认为汉儒（经学）不同于先秦原始儒学，有相对独立的意义。

同时与《荀子》相应的，是秦相吕不韦召集门客所纂编的《吕氏春秋》。徐复观说，《吕氏春秋》"是对先秦经典及诸子百家的大综合"③。该书提出"故一则治，异则乱。一则安，异则危"④的"天下一统"思想。《吕氏春秋》的思想特色为"杂"，而主旨在"儒"。明人汪一鸾《吕氏春秋·序》云，该书"《劝学》《尊师》《先己》《用众》《孝行》《至忠》诸篇，无非孔、曾之言"，"其于儒家宗旨已得之矣"，"其次莫若老、墨二家"，"又其次莫若法家、

---

① 《荀子·非十二子篇第六》，王先谦：《荀子集解》，《诸子集成》第二册，上海书店，1986年版，第60页。
② 李泽厚：《世纪新梦》，安徽文艺出版社，1998年版，第111页。
③ 徐复观：《两汉思想史》，学生书局（中国台湾），1976年版，第2页。
④ 《吕氏春秋·不二》，高诱：《吕氏春秋注》，《诸子集成》第六册，上海书店，1986年版，第214页。

第三章　经学一统与审美奠基

兵家"。所有这些，为秦代"天下归一"做了舆论准备。

《吕氏春秋》不是美学著作，但其记录了一些自战国末至秦代的美学见解，集中表现在对音乐美与美感的认识上。它深受《乐记》"大乐与天地同和"①之思想的影响，把音乐的和谐之美，看作天下太平、政事清明的表征；将音乐的失"和"之表征，看作乱世民怨的一个凶兆。这种思维方式与评价音乐的角度，远接中华初民的原始巫术关于"兆头"的老观念，近缘于庄子关于天籁、地籁与人籁相应的天人合一思想。《吕氏春秋》说：

> 故治世之音安以乐，其政平也；乱世之音怨以怒，其政乖也。亡国之音悲以哀，其政险也。凡音乐通乎政，而移风平俗者也。②

中华古人一直对音乐持有神秘的观念，这里"凡音乐通乎政"的思想，体现了儒家的音乐观。

《吕氏春秋》说，"凡音者，产乎人心者也"③，与《乐记》所谓"凡音者，生人心者也"④，如出一辙。《吕氏春秋》又说，"音乐之所由来者远矣，生于度量，本于太一。太一出两仪，两仪出阴阳，阴阳变化，一上一下，合而成章"⑤。这种音乐生成说，显然与"凡音者，生人心者也"相矛盾，深受《易传》影响，是显而易见的。《易传》说，"是故易有太极，是生两仪"⑥。《吕氏春秋》的"太一"，即《易传》所言"太极"，"两仪"指天地，"阴阳"指阴气阳气。而《吕氏春秋》关于"美"乃"精气之集也"的见解，不仅来自《易传》的"精气为物，游魂为变"⑦说，而且缘于《庄子》"人之生气

---

① 《礼记·乐记第十九》，杨天宇：《礼记译注》下册，上海古籍出版社，1997年版，第636页。
② 《吕氏春秋·适音》，高诱：《吕氏春秋注》，《诸子集成》第六册，上海书店，1986年版，第50页。
③ 《吕氏春秋·音初》，高诱：《吕氏春秋注》，《诸子集成》第六册，第59页。
④ 《礼记·乐记第十九》，杨天宇：《礼记译注》下册，第628页。
⑤ 《吕氏春秋·大乐》，高诱：《吕氏春秋注》，《诸子集成》第六册，第46页。
⑥ 《易传》，拙著：《周易精读》，复旦大学出版社，2007年版，第309页。
⑦ 《易传》，拙著：《周易精读》，复旦大学出版社，2007年版，第283页。

之聚也"①的见解。

总之，从《荀子》到《吕氏春秋》，都是汉代文化、哲学及其审美意识、观念趋于综合的先声。在此意义上，我们才能理解汉初《淮南子》的出现并非偶然，它也体现出始于战国末期，经秦代到西汉初年愈演愈烈的思想世界趋于一统的时代潮流。不过，由于汉初特定的时代文化背景，《淮南子》的综合之主旨，不是传统意义上的"儒"，而是"旨近老子"的黄老之学。

所谓黄老之学，始于战国中期，承继于战国末期的稷下（今山东淄博附近，当时为齐地都城）学派这里曾经是学人、学派的荟萃之地，如邹衍、田骈、慎到、尹文、鲁仲连与荀况等，都曾在此进行学术活动，推动学术的争鸣与综合。

黄老之学，以传说中的黄帝与老子相配，同尊为新道学的创始者，此之所谓"托名黄帝，渊于老子"。

《淮南子》一书思想繁富，唐人刘知几称其"牢笼天地，博极古今"，其论道发扬先秦老庄之说，所谓"夫道者，覆天载地。廓四方，柝八极。高不可际，深不可测。包裹天地，禀授无形，原流泉浡，冲而徐盈。混混滑滑，浊而徐清，故植之而塞于天地，横之而弥于四海"。因而古人有云，"学者不论《淮南》，则不知大道之深也"②。道，无处不在，无时不存，道为天地万物之本原，但它已不是玄虚、恍惚的东西，《淮南子》将它描述得很沛然，很明丽，很磅礴。汉人对道的阐释通俗化了，好像道就是伸手可以触摸的东西。

> 夫无形者，物之大祖也。无音者，声之大宗也。其子为光，其孙为水，皆生于无形乎。

---

① 《庄子·知北游第二十二》，王先谦：《庄子集解》，《诸子集成》第三册，上海书店，1986年版，第138页。
② 《淮南子·原道训》，高诱：《淮南子注》，《诸子集成》第七册，上海书店，1986年版，第1、2页。

> 所谓无形者，一之谓也。所谓一者，无匹合于天下者也。卓然独立，块然独处，上通九天，下贯九野，员(圆)不中规，方不中矩。大浑而为一，叶累而无根。怀囊天地，为道关门。

> 道者，一立而万物生矣。是故一之理，施四海。一之解，际天地。①

显然，这是从《老子》"道生一"发展出来的思想。道既然能生一，则道不等于一，道者，零也。零既不属正，也不属负，道是一种"存在"的中性状态。由此，《淮南子》进而一下子由道领悟了人生本色之美，即无美之美：

> 天下之要，不在于彼而在于我，不在于人而在于我身，身得则万物备矣。彻于心术之论，则嗜欲好憎外矣。是故无所喜而无所怒，无所乐而无所苦，万物玄同也。无非无是，化育玄耀，生而如死。夫天下者亦吾有也，吾亦天下之有也。天下之与我，岂有间哉？②

这里，仿佛一下子让人看到了庄生通达的心灵与走向自然无为的背影。

问题是，如果仅止于此，那么《淮南子》只是重复了先秦老庄的道论，它在中国文化、思想与美学史上便是少有价值的。

《淮南子》的美学意义，当然不是简单地重复先秦老庄的思想，而是以不同于老庄的黄老之学的精神面貌出现。

黄老之学的实质，在于将道家的清虚无为思想，作为一种治术，纳入儒家思想规范，进入政治领域。

西汉初年，去战乱连年春秋战国与秦代未远，从天下大乱到天下初定，无论国力、民力还是文化心态，都极感疲惫，故民心、军心与政治之

---

① 《淮南子·原道训》，高诱：《淮南子注》，《诸子集成》第七册，上海书店，1986年版，第10—11、11、12页。
② 《淮南子·原道训》，高诱：《淮南子注》，《诸子集成》第七册，第15页。

心，都体现出思"静"的时代要求。顺应这一时代要求，便有所谓"汉兴，扫除烦苛，与民休息"①的政治与文化政策施行。汉初萧何与陈平理政，为汉高祖推行"贵清静而民自定"②的所谓"无为政治"。陈平"少时，本好黄帝、老子之术"③，故为相时笃于黄老，可谓轻车熟路。陆贾的思想，也是道兼于儒的，谈无为而不舍仁义，他看清了"君臣俱欲休息乎无为"④的时代趋势。至于司马迁之父司马谈，更是"论大道则先黄老而后六经"⑤，他的名篇《论六家之要旨》，归纳先秦诸子为阴阳、儒、墨、法、名与道"六要"，以为阴阳家的思想，多拘缠而令人忌畏；儒家笃于仁义，虽深博却寡要；墨家囿于"节用"而少通则；法家酷严却少恩惠；名家又专注于"名辨"而失人情。唯道家十全十美，因阴阳之大顺，采儒墨之善，撮名法之要。虽则如此评判"六家"功过，未必中肯，但扬道而抑其余五家之心可见。

在此浓重的宗黄老、轻烦苛的时代舆论氛围中，《淮南子》及黄老思想的出现，并非偶然。《淮南子》说：

> 夫作为书论者，所以纪纲道德，经纬人事。上考之天，下揆之地，中通诸理。⑥
> 故言道而不言事，则无以与世浮沉；言事而不言道，则无以与化游息。⑦

《淮南子》论"道"，已不是先秦老庄那般偏于"致虚""守静""心斋""坐忘"，而是"纪纲道德，经纬人事"，认为"上考之天，下揆之地"固然重

---

① 班固：《汉书·景帝纪第五》，《汉书》，中华书局，2007年版，第38页。
② 司马迁：《史记·曹相国世家第二十四》，《史记》，中华书局，2006年版，第357页。
③ 司马迁：《史记·陈丞相世家第二十六》，《史记》，第369页。
④ 司马迁：《史记·吕太后本纪第九》，《史记》，第89页。
⑤ 班固：《汉书·司马迁传第三十二》，《汉书》，第622页。
⑥⑦《淮南子·要略》，高诱：《淮南子注》，《诸子集成》，第七册，上海书店，1986年版，第369页。

要，而其"中"以"人事"将天人合一的"诸理"贯"通"起来，是更为关键的。天下人事多如牛毛，首推政事。治理天下必先"言道"，但如"言道而不言事，则无以与世浮沉"。治理天下不免"言事"，但如"言事而不言道，则无以与化游息"。必须道、事双兼，道、儒合契，才是"黄老"本色。这种政治之术看似与美学无涉，其实影响到时代的审美，即以道治心，使民之内心松弛，解除紧张；又以儒治世，使天下安定，社会平和。达到以儒治世这一目的，又必以"安心"为首务。安心者，"安人"之本也，心安然后天下定。《淮南子》体现了自战国末、秦代到汉初民族审美心态由紧张向放松的时代转变；且由道之玄虚向不离于道而援道入儒之实际方向的时代嬗变。这是政治策略与学识兼容，也是审美智慧的生动体现。

> 所谓无为者，不先物为也；所谓无不为者，因物之所为。所谓无治者，不易自然也；所谓无不治者，因物之相然也。①

这里，原先老庄的"无为而无不为"，变成"无治而无不治"。"无不治"是目的，其政治策略是"无治"，关键是"不易自然"，即不人为地违背自然规律与社会规律。如果因循自然，看似"无治"，实乃"无不治"矣。这一政治智慧里面，有一个"无为而无不为"的美学智慧的文化内核。

可以说，《淮南子》所谓"无为"，即"无违"。无违背自然之理，即为体"道"。体道的最大实用之处，便是"无治而无不治"。

早在陆贾那里，就已提出了"夫道莫大于无为，行莫大于谨敬"②的思想，要求达到"是以君子之为治也，块然若无事，寂然若无声，官府若无吏，亭落若无民"③的治世境界。天下本非"无事""无声""无吏"与"无民"，否则不成其天下，而如果做到"无为"于"心"，就能"无不治"于天下，达到"若无事""若无声""若无吏"与"若无民"的境地。好比一个人穿

---

① 《淮南子·原道训》，高诱：《淮南子注》，《诸子集成》第七册，上海书店，1986年版，第8页。
② 陆贾：《新语·无为第四》，《诸子集成》第七册，上海书店，1986年版，第6页。
③ 陆贾：《新语·至德第八》，《诸子集成》第七册，第14页。

着鞋子,由于非常合脚(合于"自然"),就一点也感觉不到穿着鞋子的拘谨与不适。所以穿鞋的自由,是主体感觉不到穿鞋的一种生存自由,这里面有美学。用《淮南子》的另一句话来说,叫作:"禹凿龙门,辟伊阙,决江濬河,东注之海,因水之流也","驾马服牛,令鸡司夜,令狗守门,因其然也。"①如果大禹治水,不是"东注之海,因水之流",而是西驱上山;不是"令鸡司夜,令狗守门",而是令狗司夜,令鸡守门,如此违背"自然",岂不人心不稳,天下大乱?

学界曾有先秦老庄思想的美学精神体现了"求真"这一见解,这与孔孟相比较其说不无道理。而老庄的"求真",是哲学意义上的。《淮南子》思想的美学精神,也是"求真"的,它建立在"因其然"的基础上,这里的"其",指"物",因此《淮南子》思想的美学精神,是始于"物理",转入"哲理"而成之,它固然高蹈于哲理层次,却是目光向下,与现实世界之"物"相联系的。

汉初黄老之学的流行,对自先秦而来的中国生命美学意识、观念与精神的时代建构,也具推动作用,气的学说在这里得到了进一步的发展。

中国美学史发展到西汉初,生命问题成为重要的"话题"与关注的对象。从一般意义而言,人之生命的审美,关乎形与神。《易传》曾说:"在天成象,在地成形,变化见矣。"以"形"与"象"对;又说"知几其神乎","阴阳不测之谓神","神也者,妙万物而为言者也"②。《易传》并未出现"形神"这一复合概念。《庄子》则说:"抱神以静,形将自正","神将守形,形乃长生"③,其思想与思维,已经构成了生命之"神"与"形"的对应。《淮南子》有"故神制则形从,形胜则神穷","神贵于形也"④的见解,由此

---

① 《淮南子·泰族训》,高诱:《淮南子注》,《诸子集成》第七册,上海书店,1986年版,第350页。
② 《易传》,拙著:《周易精读》,复旦大学出版社,2007年版,第278、331、286、348页。
③ 《庄子·在宥第十一》,王先谦:《庄子集解》,《诸子集成》第三册,上海书店,1986年版,第65页。
④ 《淮南子·诠言训》,高诱:《淮南子注》,《诸子集成》第七册,上海书店,1986年版,第249页。

论及绘画艺术的形、神关系:"画西施之面,美而不可说(悦);规孟贲之目,大而不可畏:君形者亡焉。"①这里所言"君形者",神之谓,可见神之重要。此后的中国画论所谓形似、神似、重神似轻形似以及形神兼备诸说,都由此发展而来。

关于人及其艺术的生命问题,《淮南子》还有一个更重要的思想,似乎一直为学人所忽视。该书云:

> 夫形者生之舍也;气者生之充也;神者生之制也。一失位则三者伤矣。是故圣人使人各处其位,守其职,而不得相干也。故夫形者,非其所安也而处之,则废;气不当其所充而用之,则泄;神非其所宜而行之,则昧。此三者,不可不慎守也。②

这是说,形、气、神,构成了生命的三维,它们各自对人之生命而言,都是重要的。拙著《周易的美学智慧》曾经指出:

> 人的外在形体(形)、内在精神气质才识智慧(神)与人的生命底蕴(气)三者统一构成一个完善的人的形象,缺一则其美自损或无美可言。但三者的关系不是对等的,分别呈现人"生"进而是人生之美的三层次、三境界:外在形体之美是"气"(精气)的完满的物质性外化;内在精神气质之美是"气"的心灵升华;"气"则是外在形体、内在精神(形神)两美的根元,这是人的本质之美。如果说,古希腊所推崇的完美的"人",是由柏拉图所谓的"理式"之"上帝"所创造(生命底蕴),体魄强健(形)而且智慧超拔(神),那么,东方中华所钦羡的"人",则是以"气"为本始,生气勃勃、神采奕奕、形神兼备的祖先生殖力的"杰作"。③

---

① 《淮南子·说山训》,高诱:《淮南子注》,《诸子集成》第七册,第281页。
② 《淮南子·原道训》,高诱:《淮南子注》,《诸子集成》第七册,第17页。
③ 拙著:《周易的美学智慧》,湖南出版社,1991年版,第245—246页。

笔者至今依然坚持三十多年前的见解。谈论人及其艺术的生命之美，如果仅说形神而不言气，是舍本求末，说不清楚的。这也正如《淮南子》所言："今人之所以眭然能视，营然能听，形体能抗，而百节可屈伸，察能分白黑、视丑美，而知能别同异、明是非者何也？气为之充，而神为之使也。"

可见，气为根本，神附丽与超拔在上，而形并非可有可无。这种关于人之生命的审美观念，有力而深远地影响此后两千年中国人对艺术、对自然的审美。

当然，《淮南子》作为黄老之学的典型文本，在这一人学与美学问题上，有时会将人之生命的三维说成四维，这便是所谓"形神气志"说："形神气志，各居其宜，以随天地之所为"[①]。这里，志，理性、意志之谓；天地，可释为自然。在"形神气"三者之后加一"志"，显示出《淮南子》虽则"旨近老子"，却不同于老子，在人学与美学问题上，渗溶着属"儒"的生命意识，这亦当注意。

第二节 "独尊儒术"的经学与审美

就汉初而言，黄老之学及其文化思潮对审美的影响是有力而显然的，但这不过是汉代审美奠基的一个序幕，真正恢弘、浑朴显示大汉气度与宇宙精神的审美正剧，有待于拉开磅礴的历史帷幕。当天下初定，社会意识形态与文化政策，可以而且应当高举黄老之学的旗帜，在儒与道的融合与夹缝中，存留审美自由的一方思想空间。此时，政治的相对宽松、经济上的休养生息与天下百姓心态的趋于平静，使审美作为一种自由的意识，如幽灵一般唤起人心沉潜生命的本在需要，以所谓"随风潜入夜，润物细无

[①]《淮南子·原道训》，高诱：《淮南子注》，《诸子集成》第七册，上海书店，1986年版，第17页。

声"或"山路元无雨，空翠湿人衣"般的方式，滋润社会的心田。天下大定之后，其社会意识形态，必然有一个从相对散漫走向集中，以体现社会治人者的权力意志的转换。于是，社会与文化出于内在之需，呼唤先秦儒学"魂兮归来"。汉景帝后元三年（即公元前141年），汉武帝刘彻即位，年仅十六。此时西汉王朝政事安定，民间库粮有余。经汉初"飞鸟尽，良弓藏，狡兔死，走狗烹"的削藩努力，此时刘氏王朝得以巩固，而地方的政治、军事势力对中央政权的威胁其实并未彻底解除，且边患仍在。因此，汉王朝要求在政治上加强中央集权。相应的，在舆论上，自当需要建构先秦儒学的"现代形态"即汉代新儒学。

汉代新儒学，作为官方哲学与主流意识形态，有一个"儒学经学化，经学谶纬化"的历史过程。

经，章太炎《国故论衡·文学总略》说其为编丝缀属之称，以竹简为书，亦编丝缀属也。刘申叔《经学教科书》则称："盖经之义，取象治丝。纵丝为经，横丝为纬；引申之则为组织之义。"战国时已有"经"的称谓，如"墨经"，可见当时"经"不是儒家著作的专称。"经学"一词，首见于《汉书·兒宽传》，其文云："（宽）见上，语经学，上说（悦）之，从问《尚书》一篇。"[1]近人周予同说："'经'，是指由中国封建专制政治'法定'的以孔子为代表的儒家所编著书籍的通称。作为儒家编著书籍通称的'经'这一名词的出现，应在战国以后；而'经'的正式被中国封建专制政府'法定'为'经典'，则应在汉武帝罢黜百家、独尊儒术以后。"[2]皮锡瑞也说："经学至汉武始昌明，而汉武时之经学为最纯正。"[3]

在汉代思想史乃至中国文化史上，公羊学大师董仲舒以贤良（武帝时选拔的官职）对策（即所谓"天人三策"），是一个重大的政治、文化与精神

---

[1] 班固：《汉书·公孙弘卜式兒宽传第二十八》，《汉书》，中华书局，2007年版，第591页。
[2]《周予同经学史论著选集》，上海人民出版社，1983年版，第650页。
[3] 皮锡瑞：《经学历史·经学流传时代》，中华书局，1959年版，第67页。

事件①。董子在第三策中说:

> 《春秋》大一统者,天地之常经,古今之通谊也。今师异道,人异论,百家殊方,指意不同,是以上亡以持一统,法制数变,下不知所守。臣愚以为诸不在六艺之科孔子之术者,皆绝其道,勿使并进。邪辟之说灭息,然后统纪可一而法度可明,民知所从矣。②

这便是董仲舒向汉武帝上奏的"罢黜百家,独尊儒术"的政治主张与文化策略。它在政治上适应天下大一统、中央集权的需要;文化上是民族大融合的表现;思想上,是舆论一律、思想专制的开始;在审美上,体现了经学化了的儒学作为主流意识形态,对历代审美观念与思潮之导引与制约的开始。

从此,董仲舒的公羊学(属今文经学)登上了思想的前台,体现在其著《春秋繁露》一书中。

在哲学及其美学精神上,《春秋繁露》为了证明"君权神授",尤为强调"天人合一""天人感应"思想,甚至将天与人做了牵强的比附:

> 人有三百六十节,偶天之数也;形体骨肉,偶地之厚也;上有耳目聪明,日月之象也;体有空窍理脉,川谷之象也;心有哀乐喜怒,神气之类也,观人之体,一何高物之甚而类于天也。

> 人之身,首**妢**而员,象天容也。发,象星辰也。耳目戾戾,象日月也。鼻口呼吸,象风气也。胸中达和,象神明也。腹胞实虚,象百物也……颈以上者,精神尊严明,天类之状也。颈而下者,丰厚卑辱,土壤之比也。足布四方,地形之象也……故小节三百六十六,副

---

① 关于董仲舒上书"天人三策"的时间,《汉书·武帝纪》说是汉元光元年(前134),《资治通鉴·汉纪》称汉建元元年(前140)。本书取"通鉴"说。
② 班固:《汉书·董仲舒传第二十六》,《汉书》,中华书局,2007年版,第570页。

日数也。大节十二分，副月数也。内有五脏，副五行数也。外有四肢，副四时数也。乍视乍瞑，副昼夜也。乍刚乍柔，副冬夏也。乍哀乍乐，副阴阳也。心有计虑，副度数也。行有伦理，副天地也。①

在董仲舒看来，"以类合之，天人一也。"②天与人，不是异质同构，而是同质同构，岂有"天人"不"感应"的？"国家将有失道之败，而天乃先出灾害以谴告之；不知自省，又出怪异以警惧之；尚不知变，而伤败乃至。"③所以，人须祭山川、祈祖灵，以种种祭祀仪式及祭神的诚心来感动于天。这种文化思想与思维，是原始巫术文化观念的遗响，是《易传》所谓"天垂象，见吉凶"④那一套的翻版。

董仲舒将儒家的政治伦理、治国牧民的方略规范了，尤其是把人的灵与肉提升到了天的高度。他说"天地之行，美也"⑤，进而肯定由经学所一再强调的人世间政治清明、仁被中华的"美"。他说：

> 察于天之意，无穷极之，仁也。
> 仁之美者，在于天。天，仁也。⑥

作为经学的基本文化主题、人伦标准与人文之极的"仁"，被天则化了，而天被"仁"格化、神格化了。归根结底，"天地之美"是由于"仁之美"的缘故，"天地之美"是人格意义上的"仁之美"的自然感应与外在折光。

"天地之美"美在何处？答案是"四时和也"。这差一点儿使我们做出董仲舒具有自然美思想这一结论。问题是，董仲舒所言"和"（还有"中"），乃"天人合一""天人感应"之和，首先并非天地自然本身的中和。

---

① 董仲舒：《春秋繁露·人副天数》，上海古籍出版社，1989年版。
② 董仲舒：《春秋繁露·阴阳义》。
③ 班固：《汉书·董仲舒传第二十六》，《汉书》，中华书局，2007年版，第562页。
④ 拙著：《周易精读》，复旦大学出版社，2007年版，第311页。
⑤ 董仲舒：《春秋繁露·天地之行》。
⑥ 董仲舒：《春秋繁露·王道通三》。

> 中者，天下之所终始也；而和者，天地之所生成也。夫德莫大于和，而道莫正于中。中者，天地之美达理也，圣人之所保守也。
>
> 和者，天(地)之正也，阴阳之平也。
>
> 中者，天之用也；和者，天之功也，举天地之道而美于和。①

虽然说，"和"乃"天地之所生成"，但人间之"德莫大于和"；虽然称"中者，天地之美达理也"，但是归根结底，"中者，天下之所终始也"。总之，"中者，天之用也"，而非天之本；"和者，天之功也"，而非天之原。

因此可以这样说，天地的"中""和"或是美、丑，实际是人世间的政治、伦理与家国、社稷显现于天、地的种种兆头，称之为"人气调和，而天地之化美"②。

当然，由于相信"天人感应"说，认为天人是同一个生命体，因而在预设天具有意志情感的前提下，董仲舒建构起他那神秘的天"心"（情）与人心（情）的相感、对"答"之说，其逻辑基点，是天、人"一贯"的"气"：

> 天亦有喜怒之气、哀乐之心，与人相副，以类合之，天人一也。③

"天人"之所以为"一"，是因为天、人都"有喜怒之气，哀乐之心"。

> 夫喜怒哀乐之发，与清暖寒暑，其实一贯也。喜气为暖而当春，怒气为清而当秋，乐气为太阳而当夏，哀气为太阴而当冬。④
>
> 人生有喜怒哀乐之答，春秋冬夏之类也。喜，春之答也；怒，秋之答也；乐，夏之答也；哀，冬之答也。天之副在乎人，人之性情有

---

① 董仲舒：《春秋繁露·循天之道》，上海古籍出版社，1989年版。
② 董仲舒：《春秋繁露·天地阴阳》。
③ 董仲舒：《春秋繁露·阴阳义》。
④ 董仲舒：《春秋繁露·阴阳尊卑》。

由天者矣。①

天、人之间的情感应"答"关系，建立在天(自然、有意志者)具有生"气"与"心"情的假设基础上，自然是不科学的，无疑具有某种神学、巫学的色彩。董仲舒的这一思想与思维，没有真正地进入审美视域，残留着某些承传于远古神学与巫学的文化因子。也应看到董子的这些言论，已在无意之中旁及了自然变化与审美心境的关系问题。心者，物之所感也。"感"，并非董仲舒那般"天人感应"的意思，但自然(物)或社会(物)的外在之变化包括春夏秋冬天气的变化等，却能引起人之心情的改变。自然界有潮汐现象，心亦然。所谓"生物钟"这一生命的节奏旋律，可以看作某些自然规律在人之生理层次所引起的一种回响。人的生命包括人的情绪与情感的变化，是有节奏的，虽然不像董仲舒所言那般与四季之变有如此刻板的应"答"关系，但天气的阴晴、气候的冷暖与环境的变迁等，确实可能在一定程度上影响个人或人群情绪的高涨和低落、疏放或压抑、亢奋或平静，等等，包括审美心态与心境的改变。

董仲舒的本意并非在审美，但当他将政治、伦理、仁政、王道问题提升至"天人合一""天人感应"的角度来谈论时，在树立天这一权威的同时，有可能以天为哲学之魂，使审美从神秘的"天"的阴影下，从经学的严网之中，旁枝逸出。此其一。

其二，"罢黜百家，独尊儒术"的汉代经学体系，在表现为思想与政治、道德之权威，甚至专制与僵化的模式之同时，仍拥有一种它那得天独厚的文化潜质，确与这一伟大时代壮阔而恢弘的文化尺度、富于生气的浑朴的审美心态相对应。

如果说，先秦的文化、哲学表现为中华民族文化心智的"早熟"，那么，以经学为代表的汉代文化(即使具有一定的神学、巫学倾向)所显示的文化潜质与文化气概，绝对不能说是这一民族"暮年的心态"与黄昏夕照般

---

① 董仲舒：《春秋繁露·为人者天》，上海古籍出版社，1989年版。

的只剩一抹余晖，而恰恰是朝曦喷涌，云蒸霞蔚。其不足在于"少不更事"，情感之冲动多于沉思静虑。

汉代历史漫长，疆土开阔，黄仁宇《中国大历史》称其为"第一帝国"时期。在这一历史时期，经过先秦文化"祛魅"之后的中华民族，可以说真正奠定了它那伟大的文化格局。早在短暂的秦王朝时代，从秦统治者那种"有席卷天下，包举宇内，囊括四海之意，并吞八荒之心"①那里，已经开始显现出这一民族之豪迈的文化心态以及舍我其谁的民族精神，它使得战国以来所谓田畴异亩、车途异轨、律令异法、衣冠异制、言语异声与文字异形的混乱世界一下子成为过去。随着地同域而来的，是行同伦、度同制、书同文与车同轨等的颁行与实现。秦作为汉的序幕，"奋六世之余烈，振长策而御宇内，吞二周而亡诸侯，履至尊而制六合，执敲扑以鞭笞天下"②，使天下"一律"，四海威震。汉承秦制。汉高祖刘邦平定天下未久，还故乡沛地，与故里父老酒酣之际，有《大风歌》气贯长虹："大风起兮云飞扬。威加海内兮归故乡。安得猛士兮守四方"。这是一种典型的郁勃而大度的汉人胸襟。项羽在四面楚歌之际，乌江自刎，也有"力拔山兮气盖世"的悲壮的啸吟。似乎可以见出，这是时代的末路英雄背负着历史，发出沉重的叹息，做"残阳如血"般的告别。个别帝王的人格与意志，自然不等于整个民族、时代的人格与意志，但这个时代的人心与意绪，确是昂扬而坚定的，为家国、社稷立业建功，血染疆场，或是驰骋文坛，成为这个时代文人、武将的特具魅力的人格"话题"。张骞通西域、苏武持节以及霍去病"匈奴未灭，何以家为"的诤言，与汉筑长城的巍然雄姿，长安未央宫阙的大汉风范，"马踏匈奴"那般的雕塑艺术，同其崇高。班固《两都赋》云："其宫室也，体象乎天地，经纬乎阴阳，据坤灵之正位，仿太紫之圆方"，这是东方大地上的汉代巨人的伟岸侧影。一股不息的英迈之气，在汉人的胸中升腾，他们指点江山，激扬文字，谈天说地，气吞山河。别看有时神经兮兮、颠三倒四，然而其气质与气度，却是其他时代的人所学不

---

①②贾谊：《过秦论》，吴楚材、吴调侯选：《古文观止》上册，中华书局，1959年版，第233页。

来的。汉代尤其西汉在完成汉文化共同体之后，这个民族的自信力空前增强，"大一统"的民族精神与民族的凝聚力、向心力，可谓与日月同辉。

在此意义上，我们才能理解汉代经学体系及其经学精神的建立，是不可避免的。

从汉代文化、思想建设来看，经学文化自当成就最高。经学文化尤以易学为主。汉人治易尤重象数（不同于宋人治易偏于义理）。象数问题的复杂与烦难，直到今天，仍困扰着诸多治易者聪明的头脑。汉人宗于《易传》，重新阐释《易传》，发明《易经》的微言大义。卦气说、纳甲说、八宫说、互体说、五行说、爻辰说、飞伏说、阴阳升降说以及十二消息卦说等等，竟如铺天盖地，充溢于汉代易学家富于奇构异想的治易心灵。仿佛大家都想各自建立一个体系，把握天则，以就人事。从孟喜易学，到费直、焦延寿、京房、马融、荀爽、郑玄与虞翻易学，无论今文易还是古文易，或者今文、古文易兼治，都体现出《易传》所言"天行健，君子以自强不息""地势坤，君子以厚德载物"的人格精神与孔子门徒子夏所言"博学而笃志，切问而近思"[1]的学问理想，这是一种落落大方、掷地有声、百折不回、与天地同其尺度的治学与治心的魄力。

汉人做学问有一股狠劲，尤在浩繁的故纸中皓首穷经，虽不一定斩获真理，却不舍对于真理的追索与对于信仰的仰羡。如郑玄遍注群经，兼综诸学，集文字、训诂、考据与校勘于一身，《后汉书·郑玄传论》所言"括囊大典，网罗众家，删裁繁芜，刊改漏失"，真可谓"大哉郑康成，探赜靡不举。六艺既该通，百家亦兼取"，"其学非小补"[2]矣。郑学，典型地体现了汉学本色。我们今天读研汉代经学，可能为那种庞杂、烦琐甚至不着边际的言说、描述弄得精迷神疲，但在汉人原本的文化心态中，却在冷峻的理性杂以神性与巫性的感性意绪中，体会到一种"诗情"。而在学问与人格的对接中，分明蕴含一股勃勃的刚健之气与沉雄之力，其思虑虽欠缜

---

[1]《论语·子张第十九》，刘宝楠：《论语正义》，《诸子集成》第一册，上海书店，1986年版，第402页。
[2] 顾炎武：《述古》，《亭林诗文集·诗律蒙告》，《顾炎武全集》，上海古籍出版社，2012年版。

密、深刻，却是神采飞扬的。汉人在经学中，同样体现了他们的自信以及民族精神的高扬。他们对"天人合一""天人感应"的哲学认同，尽管有些少年般不谙世事的幼稚，但在经学沾染以神性与巫性观念的思考中，不仅以神秘之"天"为尺度与终极，而且正因为相信这一点，才自信是富于生气与力量的。在这里，美学精神沉潜其间，成为人们内心的一种心理素质。

其三，与经学相呼应的，是汉赋崇尚伟大的外在事功，发现与创造伟大人工的意象之美，追求与肯定繁丽的审美风格。

以往学界研究汉赋，往往离开经学这一汉代的宏大"文本"来谈汉赋，这一问题，似可做进一步的讨论。

汉赋是空前绝后的一种文体，繁荣于汉绝非偶然。好比最美丽的花朵只能开放一次，汉赋独异的美及其精神气韵，也只能出现在汉代。

赋这一称谓，最早出现在一般认为写于战国的《周礼》①，称："教六诗：曰风，曰赋，曰比，曰兴，曰雅，曰颂。以六德为之本，以六律为之音"。赋为"六诗"之一。相传为西汉初毛亨、毛苌所传《毛诗序》指出，"诗有六义焉：一曰风，二曰赋，三曰比，四曰兴，五曰雅，六曰颂"。这里所言"赋"，已变为诗的"六义"之一。可见赋本为诗体之一种，具道德教化之义。

赋与诗相比，毕竟是有区别的。在节律上，不如诗严格，赋是处于诗与散文之间的一种文体。班固《两都赋序》认为："赋者，古诗之流也。"《汉书·艺文志》称："不歌而诵谓之赋。"②赋体之作，一般以战国末年荀况的《赋》为首出，该《赋》现存《礼》《知》《云》《蚕》《箴》五篇与《儃诗》一篇，《汉书·艺文志》的《诗赋略》著录《孙卿赋》十篇，可参阅。

---

① 近人以为，周秦铜器铭文中，已载有关官制之言，与《周礼》所言政治、礼制与经济制度、学术思想相应，故定《周礼》大部分内容为战国时所撰，而该书《冬官司空》一篇早佚，西汉初补以《考工记》。
② 班固：《汉书·艺文志第十》，《汉书》，中华书局，2007年版，第342页。

刘勰说:"赋也者,受命于诗人,拓宇于《楚辞》也。"①这指明了汉赋在文体上宗于楚骚,有浪漫情调;在精神气质上,又有《诗》的现实寄托。但笔者以为,汉赋"受命于诗人,拓宇于《楚辞》"的同时,在文化思维上,显然深受汉代经学的影响。或者起码可以说,赋与经两种文本,都宗于同一种文化思维模式,在精神气候上,也是相通的。

汉司马相如为写赋的天下第一高手,其《子虚赋》《上林赋》《长门赋》《大人赋》《哀二世赋》与《美人赋》等,如雄鸡高唱,冠绝古今,一时千金难求,令洛阳纸贵。鲁迅《汉文学史纲要》称其"广博宏丽,卓绝汉代"。赋在美学品格上,尚铺陈其事,笔墨袒露,重在外在形貌、气象的描摹与渲染,尤其其中大赋(与此相对的,还有一些作品称为"小赋"),几乎不写人物内心及作者的心理而不厌其烦地铺陈城市的繁华、商贸的发达、物产的丰饶、宫殿的崔嵬、服饰的奢丽、逐猎的惊鸿一瞥与歌吹的欢畅淋漓,重在外在人工美、自然美的浓墨重彩,抛却了孔子"绘事后素"的古训,用惊奇的目光、夸张的言辞兼现实的精神,宣说人工、物事巨大而令人惊羡的意象之美。在汉赋中,赋作者好像总是以其耳目到处在听、在看,却来不及用脑子好好地想一想,就以直率而动感强烈的感性,和盘托出其感官所拥抱的外在世界。汉赋的美,是大尺度的天地之美、空间之美。汉赋又不是无"心"之作,倘无"心"焉能有"作"?而是将此"心"溶渗于"铺采摛文"之中。司马相如说:

> 合綦组以成文,列锦绣而为质,一经一纬,一宫一商,此作赋之迹也。赋家之心,苞括宇宙,总揽人物,斯乃得之于内,不可得而传也。②

---

① 刘勰:《文心雕龙·诠赋第八》,范文澜:《文心雕龙注》上册,人民文学出版社,1958年版,第134页。
② 严可均辑:《全汉文》卷二十二,商务印书馆,1999年版。

"赋家之心，苞括宇宙，总揽人物"，此"心"，主要不是沉思默想之心，而是偏于感觉之心，外在世界的无比绚烂与壮阔，主要不是思考的对象，而是以心去直接观照的对象。此"心"，实际是浑契于物我、主客之间的"气"。气贯于天地宇宙与人心物事，为人则乐观向上，心气沛然，为文则笔势振荡，文海洋溢，此汉赋审美之本色也。

相比之下，我们发现在经学之中，也不乏这一股"气"，仅表现形式不同罢了。汉赋者，中华汉民族的大块文章，形容之作；经学者，也是中华汉民族的大块文章，却为思虑之作。两者都是底气十足，用了"铺陈"这一文本手法。

汉代经学分今文、古文两派。今文经学以"六经注我"的观念与方法，将儒家经典作为托古而改言的工具，认为"无一字无精义"，于是遍注群经，所谓"《诗》以道志，《书》以道事，《礼》以道行，《乐》以道和，《易》以道阴阳，《春秋》以道名分"①，搜尽枯肠以发明经典的奥义深意。由于恣意发挥，遂使笺注愈繁，"一经说至百万余言"②，以至"苟因陋就寡，分文析字，烦言碎辞，学者罢老且不能究其一艺"③。儒生秦恭释《尚书·尧典》第一句"曰若稽古"四字，竟繁言三万。班固说，时"博学者又不思多闻阙疑之义，而务碎义逃难，便辞巧说，破坏形体；说五字之文，至于二三万言，后进弥以驰逐，故幼童而守一艺，白首而后能言；安其所习，毁所不见，终以自蔽。此学者之大患也。"④古文经学取"我注六经"的观念与方法，认为"六经皆史"，故以《易》为"群经之首"，致力于名物训诂、考据与笺注，其治学信条是"无一字无来历"，穷搜古典，愈尊祖训，尤重师法、家法，以先祖、先王与先圣为学问、人生之准的，也是烦言无厌，琐思不尽。今、古文经学的烦琐，让人不敢恭维，然而两者眼中的学问与世

---

① 《庄子·天下第三十三》，王先谦：《庄子集解》，《诸子集成》第三册，上海书店，1986年版，第216页。
② 班固：《汉书·儒林传第五十八》，《汉书》，中华书局，2007年版，第884页。
③ 《刘歆传》，班固：《汉书·楚元王传第六》，《汉书》，第407页。
④ 班固：《汉书·艺文志第十》，《汉书》，第331页。

界，则毕竟是丰富的。其思维方式与老庄显然并非一路。老子所谓"道，可道非常道；名，可名非常名"的语言哲学思想，对汉代经学而言，是不可理喻的；它们对表现在《易传》、借托孔子所言的"书不尽言，言不尽意"①也不加理睬，阐"精义"、释"来历"的做学问的路数，是以虔诚之心、严肃之思，正襟危坐，说不尽千言万语，竭力以语言文字来传达经学的宏博与深巨。

这种不厌其详、不厌其烦的言说，是对经学之"真理"的绝对信任，也是对语言文字的绝对信任。从审美心态上说，表现于经学的汉人的审美心态，是不甘于静默。"心"所体会的世界，是喧闹、宏富而不是一个沉默的世界。

这种人文心态，其实也同样是汉赋的审美心态。

经学烦琐，是夸饰学者有学问。

汉赋繁丽，是炫耀诗人有才情。

两者的思维与情感方式，是同构的，都对它们所处的世界充满自信与豪迈。

第三节　历史美蕴与人文初祖的塑造

与汉代经学尤其古文经学相一致的，是汉人对中华历史的空前尊重与建构于"五行"说基础上的对黄帝这一人文初祖的塑造。

其一，汉代另一个巨大的精神事件，是大史笔司马迁及其《史记》的撰写。《史记》者，"史"之"记"也。"史"者，史官之谓。其文化原型，为"巫"。司马迁(约前145或前135—?)大致生活活动于汉武帝时代。他继承父业，做太史令，继承《尚书》《春秋》与《国语》之"史"的传统，撰《史记》而开纪传体史书的风气之先，做了一件空前的为中华民族立传的大事。经

---

①《易传》，拙著：《周易精读》，复旦大学出版社，2007年版，第312页。

学、汉赋与《史记》，是汉代文化及其审美的三大文本现象。《史记》五十二万言，包括十二本纪、十表、八书、三十世家与七十列传，凡一百三十篇，宏构巨制，从传说中的黄帝时代，一直"记"到作者所处的时代，正如鲁迅所言此乃，实"史家之绝唱，无韵之离骚"①。无论就篇幅、体例与思想意识而言，都可谓"崇高"。

司马迁这位因李陵案受过腐刑的一代大学者，在谈到自己撰《史记》的动机时说：

> 夫《诗》、《书》隐约者，欲遂其志之思也。昔西伯拘羑里，演《周易》；孔子厄陈蔡，作《春秋》；屈原放逐，著《离骚》；左丘失明，厥有《国语》；孙子膑脚，而论兵法；不韦迁蜀，世传《吕览》；韩非囚秦，《说难》、《孤愤》；《诗》三百篇，大抵贤圣发愤之所为作也。此人皆意有所郁结，不得通其道也，故述往事，思来者。②

"人皆意有所郁结"，故退而论书策，以舒其愤，撰文以自见，很符合司马迁的身世、抱负与心境。司马迁本人及其体现在巨著《史记》中的伟大人格，具有重要的审美意义，的确体现出"舒其愤"与其文直、其事实、不虚美、不隐恶的审美特征。

然而笔者以为，倘论司马迁及其《史记》的美学意义，如仅注意到其"舒其愤"这一点，似乎还不够。③ 从司马迁"述往事，思来者"这一自述来看，其美学意义之最可称道者，是其自觉的历史意识，这是一种从自身遭遇人生悲剧、忧患身世的人格中所体悟到的中华民族的历史意识，显得自觉、葱郁而深沉。与其说这是"舒"个人之"愤"，倒不如说是站在汉之"当代"替中华民族树碑立传。

---

① 《鲁迅全集》第9卷，人民文学出版社，1981年版，第420页。
② 司马迁：《史记·太史公自序第七十》，《史记》，中华书局，2006年版，第761页。
③ 按：李泽厚、刘纲纪主编《中国美学史》第一卷说："舒其愤"，"正是司马迁美学思想的核心和实质所在"。（中国社会科学出版社，第504页）

司马迁《报任安书》称，他撰《史记》的宗旨是："亦欲以究天人之际，通古今之变，成一家之言。"①

从空间而言，"究天人之际"，是汉代哲学、经学文化的一大基本主题。从时间而言，是"通古今之变"，这里司马迁断然拒绝了董仲舒所谓"天不变，道亦不变"的思想而宗《易传》的"与时偕行""与时消息"说，体现了自觉的历史、时代意识。所谓"成一家之言"，是在时空二维意义上，提出与回答"历史是什么"这一问题意识。"历史是什么"呢？历史是存在于一定空间的时间之文化的不息进程。"究天人之际，通古今之变"，自然便成"一家之言"，这是以自然宇宙与社会人文为伟大时空间的审美，这种审美是大尺度的，是建立在宏大胸襟与对民族历史的理性思考的基础上的。儒家向来有"立德、立功、立言"的"三不朽"的人生信条，司马迁的"立言"，从孔孟荀到董仲舒，都是做过的事业，但是，要论体现于"言"中的关于这个民族的历史意识、历史责任与时间意识，《史记》是空前而未有的。确切地说，"舒其愤"，是《史记》作者显在的动机与情感表达；以天人、古今为尺度，以如椽之笔追述往事，以待来者，则是萌生于司马迁文化意识的深层，体现中华民族历史与时间意识之真正的觉醒。这便是在天人、古今之际建构其"言"的美，一种朴素得与漂亮、美丽之类无关，如"以神遇而不以目视"的美。

中华文化自其一开始就是生命文化，建立在崇拜生殖的原始神话、图腾与巫术的基础之上。崇拜人之生殖之功，必导致崇拜祖先。崇拜祖先，必崇拜历史。而崇拜历史，是汉代经学尤其古文经学的基本文化品格。后人刘勰曾批评司马迁"爱奇反经之尤"②，这一批评似乎不够公允。应当说，从司马迁受其父思想影响，对表现于黄老之学中的道学颇有些好感来看，称其"爱奇"，大约不能说欠妥，而从其胸襟、抱负以及对历史、祖宗的文

---

① 司马迁：《报任安书》，袁紫竹编：《古文观止》（吴楚材、吴调侯版本），北京燕山出版社，2002年版，第228页。
② 刘勰：《文心雕龙·史传第十六》，范文澜：《文心雕龙注》上册，人民文学出版社，1958年版，第284页。

化态度分析，则似难说其"反经之尤"。总体上，《史记》及其作者的历史、时间意识的审美意义，与汉代的经学文化相通。

在中国文化史、哲学史与美学史上，时间问题自古受到关注。上古的晷景，固然是一原始巫术方式，却包含着初民对日影移动之时间历程的初步认知。天文问题，实际是时间问题。天象的变幻、天学的真原是时间。因此中华自古关于"天"的观念，无论是神性之天、自然之天还是义理之天，其实都与时的观念纠结在一起。《易经》重时尤为明显。《易传》中几乎到处都有关于时的阐说：

> 大哉乾元，万物资始，乃统天。云行雨施，品物流行。大明终始，六位时成，时乘六龙以御天。

> "潜龙勿用"，阳气潜藏；"见龙在田"，天下文明；"终日乾乾"，与时偕行；"或跃在渊"，乾道乃革；"飞龙在天"，乃位乎天德；"亢龙有悔"，与时偕极。①

又如《易传》中所云，"广大配天地，变通配四时"，"与四时合其序"，"承天而时行"，"其德刚健而文明，应乎天而时行"，"而天下随时，随时之义大矣哉""观天之神道，而四时不忒""观乎天文，以察时变"以及"动静不失其时"，等等，不胜枚举。正如王弼所言，"夫卦者，时也。爻也者，适时之变者也。"②易理的灵魂在于"时"，在于与天偕行的人的生命时间。《易经》卦爻符号之"变"，首先显示了生命时间的机运。《易经》讲"三才"即"三极"之道，所谓天时、地利、人和，以"天时"为首。所谓"仰观俯察"，是首"观"天文，次"察"地理，进而决定人事。

这雄辩地证明，中华民族对时间具有敏锐的文化感觉与强烈的执着，

---

① 《易传》，拙著：《周易精读》，复旦大学出版社，2007年版，第51、60页。
② 王弼：《周易略例》，楼宇烈：《王弼集校释》下册，中华书局，1980年版，第604页。

甚至可以说是崇拜。时至汉代,这种时间意识并未削弱。诚然,汉人的空间意识也在进一步的觉醒,他们发现了外在世界的广阔无比,惊讶于这个世界的空间丰饶之美,早在《淮南子》里,就大力描述与歌颂这种美:

> 东方之美者,有医毋闾之珣玗琪焉。东南方之美者,有会稽之竹箭焉。南方之美者,有梁山之犀象焉。西南方之美者,有华山之金石焉。西方之美者,有霍山之珠玉焉。西北方之美者,有昆仑之球、琳琅玕焉。北方之美者,有幽都之筋角焉,东北方之美者,有斥山之文皮焉。中央之美者,有岱岳以生五谷桑麻,鱼盐出焉。①

然而,这种空前觉醒的空间意识及其审美,归根结底是依附于时间意识的。如西汉易学家孟喜的"卦气"说,特点在以卦象解读一年节气之变,即以六十四卦配四时(春夏秋冬)、十二月、二十四节气与七十二候。又如"十二月消息卦"说,以十二卦序列之变象征一年四季十二月之变。

复 ䷗ 十一月中 冬	临 ䷒ 十二月中 冬
泰 ䷊ 正月中 春	大壮 ䷡ 二月中 春
夬 ䷪ 三月中 春	乾 ䷀ 四月中 夏
姤 ䷫ 五月中 夏	遁 ䷠ 六月中 夏
否 ䷋ 七月中 秋	观 ䷓ 八月中 秋
剥 ䷖ 九月中 秋	坤 ䷁ 十月中 冬

又如西汉京房的"纳甲"说,以八宫卦各配以十干,甲为十干之首,故称"纳甲"。天干地支,天干为十,地支十二。天干者,时序也;地支者,空间也。首以时间配空间,是"纳甲"之本质。京房解说"纳甲":

---

① 《淮南子·坠形》,高诱:《淮南子注》,《诸子集成》第七册,上海书店,1986年版,第58—59页。

> 分天地乾坤之象，益之以甲乙壬癸。震巽之象配庚辛，坎离之象配戊己，艮兑之象配丙丁。八卦分阴阳，六位配五行，光明四通，变易立节。①

值得注意的是，汉人这种与"易"相系空间的时间意识，绝不是纯粹、单纯的关于"自然时间"的意识，而是一种"人文时间"，是以"自然"释"人文"。人文时间便是历史，或者可以说，是自然时间贯通于历史之中。司马迁的历史意识，既得益于自古承传而来、于汉代初期发达的自然时间意识，又以人文时间即历史意识站在那个时代之文化的前列。他的巨著《史记》②塑造与记录了中华民族时间型的伟大人格，体现出在时间、历史问题上中华民族之空前"早慧"的民族意识与对民族生命的领悟。

其二，正因尊重时间与机运、尊重历史，故必尊祖，报本追远，寻根问祖，汉人为求大一统之中华文化共同体(主要表现为汉文化共同体)的巩固与发展，便重新发现与肯定人文初祖黄帝之美。

早在春秋时期，所谓"尊王攘夷"的文化、政治观念，逐渐被华夏居中、夷狄蛮戎分居于天下四方的五行五方说所取代；"九州"说，表明了中华文化共同体与共同地域的一种理论预设；秦始皇统一天下，在实际上大大推进了这一文化、地域共同体的形成。战国后期，黄帝开始被正式发现与塑造为中华民族(当时实际指中原地域的华夏)的人文初祖，代替了《易传》以伏羲为人文初祖的文化立场与观念。到了汉代，司马迁首先为黄帝立"本纪"，称其为"五帝"之一。司马迁说："黄帝者，少典之子，姓公孙，名曰轩辕。生而神灵，弱而能言，幼而徇齐，长而敦敏，成而聪明。"③黄帝成为华夏文明的源头、中原各族的祖先，相传如养蚕、舟车、

---

① 京房：《易传》，《京氏易传发微》，新文丰出版公司(中国台湾)，1982年版。
② 《史记》撰成于武帝太初元年至征和二年间。元帝、成帝年间，西汉成帝年间，褚少孙补撰《武帝纪》《三王世家》《龟策列传》与《日者列传》诸篇，附缀武帝天汉之后史事。
③ 司马迁：《史记·五帝本纪第一》，《史记》，中华书局，2006年版，第1页。

文字、音律、医学与算数等，都始创于黄帝，是一个中华文化的"共名"。

本书不讨论黄帝是否是一位历史人物这一问题。战国末年，阴阳家、齐人邹衍(约前324—前250)"深观阴阳消息"，始创"五德终始"之说，认为朝代更替，依"五行"循环转移，非人力能为。时至汉代，人们重新发现了"五德终始"说与黄帝。那么在汉代，黄帝作为人文初祖，是如何建构起来的呢？

按"五德终始"即"五行相生相克(胜)"说来建构。

相生：水生木，木生火，火生土，土生金，金生水。

相克：水克火，火克金，金克木，木克土，土克水。

如图示。该图的正五边形所显示的，是相生关系；正五角形所显示的，是相克关系。

相生相克之说，体现了古人之朴素的生活、生产经验。

相生：水生木，水为木生之源泉；木生火，木可燃烧；火生土，被燃之为灰烬；土生金，金属埋于土下；金生水，金属被冶为液体。

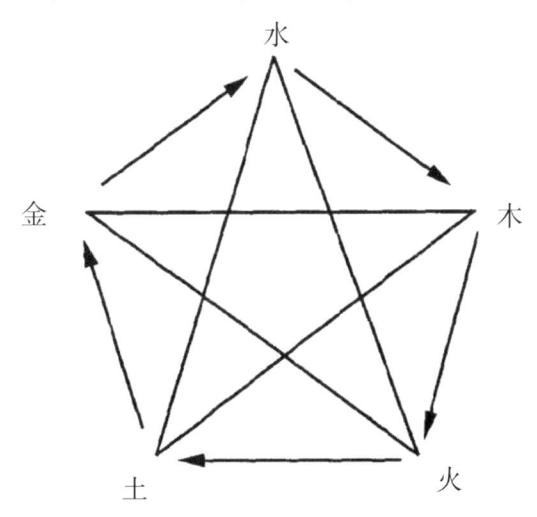

相克：水克火，水能灭火；火克金，火能冶金；金克木，金属比如铁、铜之类所制工具能削木、砍木、制造木器；木克土，古代木制农具比如耒用以掘土；土克水，土能掩水，阻断水流。

汉人不仅沿着邹衍的思路阐说五行相生相克说，而且从《吕氏春秋》找到了依据：

> 凡帝王者之将兴也，天必先见祥乎下民。黄帝之时，天先见大螾大蝼。黄帝曰：土气胜。土气胜，故其色尚黄，其事则土。及禹之时，天先见草木，秋冬不杀。禹曰：木气胜。木气胜，故其色尚青，其事则木。及汤之时，天先见金刃生于水。汤曰：金气胜。金气胜，故其色尚白，其事则金。及文王之时，天先见火，赤乌衔丹书，集于周社。文王曰：火气胜。火气胜，故其色尚赤，其事则火。代火者必将水，天且先见水气胜。水气胜，故其色尚黑，其事则水。水气至而不知数，备将徙于土。①

"祥"，祥瑞，吉兆，其文化思维模式在于"巫"。"天"见吉兆(祥)，五德终始，依《吕氏春秋》这一言述，可排出五行相克的朝代兴替历程：

黄帝时代（黄帝）——→ 夏代（禹）——→ 商代
　　　　土德（木克土）　　　　木德（金克木）

（汤）——→ 周代（文王）——→ 秦代（始皇）——→ 汉代
金德（火克金）　　火德（水克火）　　　水德（土克水）

（高祖）
土德

自黄帝时代到汉代，恰好经历了一个"五德终始"的循环。按五行相克之说，大汉时代与黄帝时代同为土德。因此，以华夏族为主、融合各民族的汉代，便理所当然、理直气壮、无可逃避地追认黄帝为"人文初祖"了。在审美上，黄帝作为先祖，成为崇高、伟大之汉民族与国家群体意志与人格的光辉象征，而黄帝作为"人文初祖"，源于远古原始"信文化"的神话与图腾。

---

① 《吕氏春秋·有始》，高诱注：《吕氏春秋》，《诸子集成》第六册，上海书店，1986年版，第126—127页。

第四节　谶纬神学与审美

西汉武帝纳董子之策，定儒于一尊，遂使儒学经学化。经学的思想灵魂在于树立儒学的绝对权威。与此相应的，是政治的集中与专制。进而君权被神化、儒学被神化与作为"素王"的孔子被神化，就是不可避免的了。汉人宗儒。儒者，濡也。远古巫师沐浴更衣，以虔诚之心从事巫术、祭祀活动者，儒之原型也。所以儒及其学问与人格，在其文化原型上，具有原始非理性的巫性因子。先秦儒学的"实用理性"固然是一种理性，却因其对现实、社会总是抱着"实用"的态度，便大不同于哲学意义上的理性。"实用理性"对权威、信仰、非理性与神学，抱着宽容的文化态度。故一遇人文环境与时机成熟，儒学、经学的走向神学或者说重新回归于巫学，并非偶然。

谶纬神学作为经学的必然发展与末流，是汉代文化、思想的一大景观，盛于东汉。由于重新承认外在的绝对权威与偶像，无异于又一次"摧残"这个民族的"自由"意识，使审美遭受"挫折"。

谶纬神学固然可以称之为"神学"，但不同于成熟意义上的宗教神学。无论就其作为权威、偶像的神性之"天"，还是被神化的孔子而言，都还不够宗教主神的资格。确切地说，汉代谶纬是一种源自原始巫术文化的粗陋的迷信。尽管有诸多谶语与纬书，却没有什么理论体系；尽管有不少儒生、官僚甚至帝王热衷于谶纬，却不成教团，而且也没有种种戒律可供恪守。

《四库全书·总目提要·易类六》云"谶"，"诡为隐语，预决吉凶"。谶是大至天下、国事，小到家事、人物命运的预言。《说文》云："谶，验也。"[1]有征验之书，河洛所出书，曰谶。所谓"河洛"，指河图洛书，汉人

---

[1] 许慎：《说文解字》，中华书局影印本，1963年版，第51页。

指为易理之文化原型。《易传》有"河出图,洛出书,圣人则之"①而创卦的话,意思是说,"易"非人为,而是"自然之易",黄河显出图像、洛水见示文符而成就。圣人呢,不过是按此自然之祥瑞的准则创构卦爻而已。因而,谶亦称为图谶。据说秦末陈胜起事,偷偷将写有"陈胜王"的帛书塞于鱼腹之中。民得鱼剖腹,见"陈胜王"三字而大异之,以此为起义造势。汉武帝时,国势日强而祭灵、封禅与信方术等迷信甚嚣尘上,齐方士少翁称自己有迎天神下凡的本事,武帝很相信。但天神终于没有下凡。少翁为摆脱困境,学陈胜小伎,偷偷地写了一方帛书,喂在牛肚里,并对武帝说:"此牛腹中有奇。"于是宰牛,固得帛书,"应验"了。未承想到,武帝认得少翁的字体,龙颜震怒,杀了他。但武帝仍很迷信巫灵之事。

纬与经相应,是对经义作神秘而迷信的解读。纬书较谶为晚。《汉书》有所谓"五经六纬"说,说是孔子虽然作五经,而恐后人未解经典的奥义,于是又撰六种纬书加以阐说。这种伪托孔子的做法,自无根据,目的在于树立纬书的权威。六纬,指《易纬》《诗纬》《书纬》《礼纬》《春秋纬》与《乐纬》。《乐经》自古亡佚,汉人又杜撰一部《乐纬》,崇拜儒学经典以至于谶的文化心理,于此可见。

谶之迷信起源远古,其文化基质在于巫性的灾异(凶)与符瑞(吉)之说,而在汉代横行,其推波者正是被称为汉"儒者宗"的董仲舒。董氏说:

> 天地之物,有不常之变者谓之异,小者谓之灾。灾常先至而异乃随之。灾者,天之谴也;异者,天之威也。谴之而不知,乃畏之以威。凡灾异之本,尽生于家国之失。家国之失乃始萌芽,而天出灾异以谴告之。谴告之而不知变,乃见怪异以惊骇之。惊骇之尚不知畏恐,其殃咎乃至。以此见天意之仁,而不欲害人也。②

---

① 《易传》,拙著:《周易精读》,复旦大学出版社,2007年版,第311页。
② 董仲舒:《春秋繁露·必仁且知》,中州古籍出版社,2010年版。

天是有知觉、有意志、有情感与有仁爱之心的,它以灾异之象警告人类,如果在"天谴"面前人类无动于衷,不思悔改,则其"殃咎"必至于人间。符瑞与灾异一样,也都是谶,一种来自天命之神秘的预言。

谶纬神学或曰迷信作为一股文化思潮,在两汉之际有愈演愈烈之势,成为改朝换代的舆论工具。西汉末年"王莽改制",是从制造大量符谶着手的。《汉书·王莽传》称其依"白雉之瑞"这一谶语而被册封为"安汉公"。又靠所谓的"白石丹书",成了权倾天下的"摄政王"。最后,竟以"天帝行玺金匮图"与"赤帝行玺某传予黄帝金策书"等图谶符命,登上了皇位。东汉光武帝刘秀未做皇帝而先发谶语:"刘秀发兵捕不道,卯金修德为天子。"①刘字,繁体为劉,从卯从金。接着,又于东汉建武元年(56),宣布"图谶于天下"。光武帝迷恋于谶纬,遂使其风靡于天下。从此言五经者,皆凭谶为说,纬书被尊为"秘经",地位反在经书之上。东汉建初四年(79),汉章帝集群臣于白虎观,以讲议五经异同为名,行图谶、纬说与宣述"君权神授"之实。纬书空前地神化孔子,说孔圣人乃孔母梦中与黑帝交媾而生,故为"黑帝之子",称"玄圣","长十尺,大九围"②,荒诞不经若此,可谓妖言惑众。

问题是,如此的造神运动所制造的漫漫迷氛,竟能迷惑无数的"思想"。当时民族的头脑,真的是一时被弄糊涂了。在非理性甚至迷狂文化意绪的围逼中,理性与审美在经受考验。作为"自由"意识,审美体现了人类一定历史时期社会实践所能达到的广度与深度。而人类包括民族的每一次精神解放,总是在把握世界的四种基本方式即崇拜、实用、认知与审美四维及其合力与冲突中进行的。汉代经学及其谶纬文化的基质,是儒家的所谓"实用理性",它基本上处于道德、政治这一"实用"层次。道德的文化主题,是"我应当如何";政治的文化主题,是"我能拥有什么"(包括权力与财富)。道德与政治,固然可以严重地影响审美,却不一定必须与审美

---

① 范晔:《后汉书·光武帝纪》,中华书局,2007年版。
②《春秋纬·演孔图》,[日]安居香山、中村璋八辑:《纬书集成》中册,河北人民出版社,1994年版,第576页。

永远相伴，甚至可以是反审美的，其中体现了人把握世界的意志或是对意志、欲望的约束。因此在道德与政治环境中，除非主体在这种合目的的实践操作中同时达到了合规律的境界，以至于使道德与政治有可能升华为审美，否则，人往往不可能是精神自由的。情况甚至相反，为了迁就道德教条或政治权力的压迫，人不得不交出精神的自由，使自己变成非主体。

以"实用"为文化把握方式的道德、政治与审美，有悖反的一面。

至于审美与崇拜的关系，审美也不等于崇拜。如果说，审美是人在实践中所实现的精神的自由，那么，崇拜是对象的被神化与主体意识迷失的相互建构。崇拜可以让人在迷氛之中"感觉"到虚妄之美，但崇拜的文化本质，实际是将"我能知道什么"这一认知的文化主题放逐出去，它残酷地斩断了审美与认知都必须达到真理性程度的亲缘联系，从而实现"我能希望什么"这一崇拜的文化主题。不错，崇拜具有"理想"与"终极"的品格，这与审美相比邻。然而，由于崇拜无情地剥夺了人的主体意识，因而实际上是人的本质力量的异己而非自由的实现，它是被夸大的、颠倒的"审美"。

就此意义而言，汉代谶纬神学作为对一定道德、政治的一种崇拜方式，它是反审美的，或者起码是有碍于审美的。

首先，这种"神学"实为巫学的思潮影响到文学创作，使诸多作品带有"经"甚至"纬"的思想特征。自西汉末期到东汉前期，从扬雄、刘向、刘歆到班彪、班固与傅毅的辞赋来看，由于这些作者是朝廷命官兼学者，他们自幼通习儒典，其思想与精神以儒家教条化、天则化了的伦理纲常为最高准则，以歌颂王权的绝对权威为其创作的最高理想。从迷信"天之谴告"出发，颂天、崇天以达到歌功颂德的目的；或是以"天"之权威，来劝诫、讽喻"天子"。刘向曾说，"人为善者天报以福，人为不善者天报以祸"[1]。人之祸福定于天命，"天命信可畏也"[2]。据《汉书·艺文志》，刘向作赋凡三十三篇，仅存仿骚体《九叹》一篇与若干篇残文，我们今日已难悉其赋的思

---

[1] 刘向：《说苑·敬慎》，向宗鲁：《说苑校证》，中华书局，1978年版。
[2] 班固：《汉书·楚元王传第六》，《汉书》，中华书局，2007年版，第405页。

想全貌。然而刘向的"天命"思想，在当时具有典型意义。班固的《两都赋》诚然是汉赋之名篇，文笔铺陈，用墨淋漓，却在字句严谨与音节铿锵之际，少了司马相如之赋那般的奔放激情与纵横气度。其赋的"文心"，在于通过长安、洛阳的比较，歌颂从东汉洛阳所体现出来的东汉政治与道德的辉煌，粉饰东汉的太平盛世，所谓"红尘四合，烟云相连。于是既庶且富，娱乐无疆"，这是由天命、王权所实现的人间美景。班固另有《答宾戏》一篇，也是尽力夸饰时世与汉室安宁平和怎样的令人生羡，要求天下之士尊天命、循王道、守礼制。至于班固、傅毅与崔骃之辈，作为大将军窦宪的幕僚，出于对被神化之王权的崇拜，竟撰《窦将军北征赋》与《西征赋》等，对权臣行吹捧之能事，使辞赋之作入于庸俗一路。还有的作品写得神神鬼鬼，妖氛四起，被王充斥之为"虚妄"之作，理固然也。深受谶纬思潮浸润的文学创作尤其宫廷文人的创作，已经消解西汉初、中期文学的豪迈与浑朴之风，即以辞赋为例，总觉得差了一口气。如果说，西汉初、中期的辞赋感情充沛而饱满，气质阳刚与文辞的磅礴、强烈，体现出汉民族昂扬与自信的话，那么，两汉交替之际尤其东汉初期的一些辞赋作品，与《白虎通》相对应，相当程度上已经变成崇拜天命、王权与宣扬迷信的文字符号。

其次，在艺术思维上，深受谶纬神学思潮影响的文学，把经学之烦琐误为显示学问之宏博推向极点，在其辞赋中大量用典。辞赋作者在《易经》《书经》与《诗经》等儒家经典中寻寻觅觅、摄字摘句，以显示宗经本色与学问涵养功夫。如扬雄《逐贫赋》，采《诗经》"陟彼高冈""泛彼柏舟""终窭且贫"与"翰飞戾天"等字句入赋；崔篆《慰志赋》，也以儒家经典的文辞入赋，不厌其烦。扬雄说："大哉，圣人言之至也"[1]，"圣人言"者，经也。故"舍舟航而济乎渎者，末矣；舍五经而济乎道者，末矣"[2]，"书不经，非书也；言不经，非言也"[3]。扬雄的意思是说，要么不"书"、不"言"，

---

[1] 扬雄：《法言·问道卷第四》，《法言义疏》六，《新编诸子集成》第一辑，中华书局，1987年版。
[2] 扬雄：《法言·吾子卷第二》，《法言义疏》三，《新编诸子集成》第一辑，中华书局，1987年版。
[3] 扬雄：《法言·问神卷第五》，《法言义疏》七。

否则，必以"经"为本。虽然就文辞而言，可以显得很丰富，"深者入黄泉，高者出苍天，大者含元气，纤者入无伦"①，但"经"即"圣人之言，天也"②，天与天命难违。"经"作为"天"，自然高深莫测，甚至神秘之至。扬雄在文之审美问题上，提出了"文必艰深"说，认为天下文章之美，尽集于经。经之美，在其艰深。艰深之美，有"约""要""浑""沈"四大因素："不约，则其旨不详；不要，则其应不博；不浑，则其事不散；不沈，则其意不见"③。扬雄从不讳言他的《太玄》《法言》的艰奇难解，且对此自视很高，大有不顾旁议、一意孤行的劲头。他说："若夫闳言崇议，幽微之涂，盖难与览者同也。""天丽且弥，地普而深，昔人之辞，乃玉乃金。彼岂好为艰难哉？势不得已也。"④崇儒、宗经甚至入于纬，势所然也。在如此汹涌的文化思潮里，扬雄深感"势不得已"，只好"逐流而随波"了。"是以声之眇者不可同于众人之耳，形之美者不可混于世俗之目，辞之衍者不可齐于庸人之听。"⑤其思维受经、纬思维模式影响之深，由此可见一斑。

与扬雄相通的，还有班固。其《汉书·艺文志》与《地理志》中，时有所谓"依经立义"将文学审美理解为替经学作注与解读的言述，在他看来，诗三百不过是演绎经义的一种文本，审美是手段，宗经是目的。

班固说："夫民有血气心知之性，而无哀乐喜怒之常，应感而动，然后心术形焉。"

"哀乐喜怒"者，情也，情为审美之心源，但人"无哀乐喜怒之常"，既然如此，所谓审美便是靠不住的。

班固还说："其威仪足以充目，音声足以动耳，诗语足以感心，故闻其音而德和，省其诗而志正，论其数而法立。"⑥

"音声""诗语"能够"动耳""感心"，但这些都仅仅是一种手段与方式，

---

① 扬雄：《解嘲》，张震泽：《扬雄集校注》，上海古籍出版社，1993年版。
② 扬雄：《法言·五百卷第八》，《法言义疏》十一，《新编诸子集成》第一辑。
③ 扬雄：《太玄·玄莹》，张震泽：《扬雄集校注》。
④⑤ 扬雄：《解难》，张震泽：《扬雄集校注》。
⑥ 班固：《汉书·礼乐志第二》，《汉书》，中华书局，2007年版，第139、140页。

关键在人生终极,是"德和""志正"与"法立"。

班固《两都赋序》称,汉赋这一文体,为"大汉之文章,炳焉与三代同风"。却借作赋之际,宣说自汉武以来儒学经学化、尔后经学谶纬化的所谓"是以众庶悦豫,福应尤盛"的局面,称颂与肯定"《白麟》、《赤雁》、《芝房》、《宝鼎》之歌,荐于郊庙;神雀、五凤、甘露、黄龙之瑞,以为纪年"。这是祥瑞之说,谶纬之言,符命之思,并非审美而与审美相系。

第五节 "疾虚妄"与审美

秦汉是中华民族天下一统的时代,也是经学思维走向以儒为尊的实用理性成长的时代。当西汉末至东汉初的谶纬神学横行之时,却出现了一种文化与哲学思潮,以朴素唯"物"的态度对谶纬进行批判。于是这一历史时期的审美,拨开神秘主义的历史迷雾,显示出一定理性的灿烂。

两汉之际,作为古文经学家的桓谭(前23—56),是力斥谶纬的第一人。"当王莽居摄篡弑之际,天下之士,莫不竞褒称德美,作符命以求容媚。谭独自守,默然无言",表示出对于谶纬的轻蔑态度。面对东汉光武帝刘秀"宣布图谶于天下",桓谭数度犯颜直谏,称"巧慧小才伎数之人,增益图书,矫称谶记,以欺惑贪邪,诖误人主,焉可不抑远之哉!"[1]称光武"乃欲纳听谶记,又何误也"。刘秀要他对谶纬问题表态,"谭默然良久,曰:'臣不读谶'。帝问其故,谭复极言谶之非经。"[2]以致光武以"非圣无法"治以死罪,最后侥幸被逐出朝廷,贬到六安去做一名小官,年近八旬死于赴任途中。桓谭撰《新论》,首倡"神灭"之说,其云:

精神居形体,犹火之燃烛矣……烛无,火亦不能独行于虚

---

[1] 范晔:《后汉书·桓谭传》,中华书局,1987年版。
[2] 范晔:《后汉书·桓谭传》。

空……①

桓谭又说，人"生之有长，长之有老，老之有死，若四时之代谢矣"，而人"则气索而死，如火烛之俱尽矣"②。

如此清醒地看待人之生命的形、神关系与人的生死问题，桓谭首先提出了反对灵魂不死的无神论命题，虽然没有触及精神如何超越的问题，而且他对董仲舒的"天人感应"说依然保持一定的神学信仰③，然而，桓谭关于人之灵肉"如火烛之俱尽"说，无情地拒绝"灵魂不死"的流行思潮，标志着这个民族的文化思维及其审美意识在人的生死与形神问题上，树起一面朴素唯"物"的旗帜，成为南朝杰出的范缜无神论的思想先驱。

与桓谭生命无神论相应的，是年代稍后于王充的杰出天文学家张衡（78—139）的无神论宇宙观。

关于宇宙，中国自古有三大见解，汉人蔡邕（133—192，生卒年晚于张衡）曾言：

> 言天体者有三家：一曰周髀，二曰宣夜，三曰浑天。宣夜之学绝，无师法。周髀术数具存，考验天状，多所违失，故史官不用。唯浑天者，近得其情，今史官所用候台铜仪，则其法也。④

所谓"周髀"，指成书于西汉或可能更早时代的天文、历算著作《周髀算经》。该书内容，阐说中国古代的盖天说与四分历法。所谓盖天说，学界以为古人主张天圆如张伞，地方像棋盘；或是天如斗笠，地像覆盘。天上地下，日月星辰随天之圆盖而行，其东升西没因近远所致，实非没于地

---

① 桓谭：《新论·祛蔽》，《新辑桓谭新论》，中华书局，2009年版。
② 桓谭：《新论·形神》，《新编桓谭新论》。
③ 据《群书治要》引桓谭《新论》，对灾异应"内自省视，畏天威"，才得"祸转为福"。可见，桓谭尚有"天威"决定人之"祸福"的思想。
④ 范晔：《后汉书·张衡传》注引《汉名臣奏》，中华书局，1987年版。

下。盖天说还有另一解。

《淮南子》有云:"往古来今谓之宙,四方上下谓之宇。"①

这里的"宇宙",取时空之义。宙者,时间;宇者,空间。其义,源自《尸子》"四方上下曰宇,往古来今曰宙"之说。

但关于"宇宙",《淮南子》又说:

> 凤皇(凰)之翔,至德也……而燕雀佼(骄)之,以为不能与之争于宇宙之间。②

这里所言"宇宙",并非"时空"之义。高诱注:"宇,屋檐也;宙,栋梁也。"③

宇、宙的本义,指由屋檐、栋梁等所构筑的建筑物。《淮南子》所谓"燕雀"飞于"宇宙之间",实指飞于建筑物的屋宇与栋梁之间。《易传》释《易经》大壮卦,有"上栋下宇,以待风雨"④之说。中国古代建筑的造型,栋柱直立向上而坡形屋宇(屋盖)呈人字形斜向下垂或斜向下垂而檐角起翘,这便是"宇宙"。

在中国古代神话与诗歌中,这种"宇宙"意象多有出现。《河图括地象》这样描述"天"的形象:"昆仑山为天柱,气上通天。昆仑者,地之中也。"《淮南子·览冥训》说:"往古之时,四极废,九州裂,天不兼覆,地不周载……女娲炼五色石以补苍天,断鳌足以立四极。"⑤正如《说文》所言,"极,栋也","栋,极也"。这是将天地宇宙理解为一所巨大无比的房子。屈原《天问》有诗云:"圜则九重,孰营度之?惟兹何功,孰初作之?斡维焉系?天极焉加?八柱何当?东南何亏?"以及"何阖而晦?

---

① 《淮南子·齐俗训》,高诱:《淮南子注》,《诸子集成》第七册,上海书店,1986年版,第178页。
②③ 《淮南子·览冥训》,高诱:《淮南子注》,《诸子集成》第七册,第93页。
④ 《易传》,拙著:《周易精读》,复旦大学出版社,2007年版,第321页。
⑤ 《淮南子·览冥训》,高诱:《淮南子注》卷六,《诸子集成》第七册,第95页。

何开而明？角宿未旦，曜灵安藏""昆仑悬圃，其尻安在？增城九重，其高几里""四方之门，其谁从焉？西北辟启，何气通焉"①，等等，都雄辩地证明，起码在西汉初年，已有关于将天地宇宙想象成一座大房子的另一种盖天说。

至于宣夜说，是关于"气"的一种宇宙学说。天之虚空为气，没有形质，苍穹高远而无有止境，日月星辰飘浮其间。时至汉代，宣夜说已为绝学，新起的是浑天说。

张衡浑天说称：

> 浑天如鸡子，天体圆如弹丸，地如鸡中黄，孤居于内，天大而地小。天表里有水，天之包地，犹壳之裹黄。②

读这样的文字，笔者颇为汉人的智慧而惊讶。张衡所描述的天地宇宙，完全是经验性质的，有边际的，但这种所谓"天之包地"的猜测，可以说是伟大的。

张衡有天文学著作《灵宪》，其著把宇宙的起源描述为三阶段：其一，"溟涬"期："太素之前，幽清玄静，寂寞冥默，不可为象"，无天无地，混沌幽寂，为"道之根"；其二，"庞鸿"期：物之气生成，元气絪缊之时，"自无生有，太素始萌"，为"道之干"；其三，"天元"期："道干既育，万物成体，于是元气剖判，刚柔始分，清浊异位，天成于外，地定于内。天体于阳，故圆而动，地体于阴，故平以静"，为"道之实"。③

张衡的宇宙起源说，为汉代美学的另一翼即理性化审美精神提供了一个出于经验描述的天学背景，它把《老子》通行本关于"是故天下万物生于

---

① 董楚平：《楚辞译注·天问》，上海古籍出版社，1986年版，第83、85、90页。
② 张衡：《浑天仪注》，张震泽：《张衡诗文集校注》，上海古籍出版社，2009年版。《后汉书·张衡传》为《浑天仪》，《开元占经》引称《浑天仪注》。
③ 张衡：《灵宪》，张震泽：《张衡诗文集校注》。

有，有生于无"①的道论加以展开，以"太素之前""太素始萌"与太素之后为"道之根""道之干"与"道之实"三时期，预设了一个"无中生有"的宇宙生成过程。所谓道之"根""干"与"实"云云，显然是以植物为比的农业文化影响其哲学、天文学思维的体现。在美学上，由于张衡的《灵宪》，首次精确地记录在中原地区所观测到的星体数目与唯"物"地解说月食的成因②等，使得其学说虽则依然难免带有自老庄以来道论的玄虚思辨色彩，却已经开始放开眼界，以朴素的自然科学的态度解释自然宇宙的发生。当然，张衡将"太素之前"的"溟涬"期仍旧说成是一种"幽清玄静，寂寞冥默"的原始状态，这在思想与思维上，其实并未超越《老子》所谓"道"者"归根曰静，是谓复命"③的哲学老命题，仍然是对"虚静"为"美之原型"说的认同。

在张衡之前、桓谭之后批判谶纬神学、倡言无神论最力的，是汉代最著名的思想家王充（27—约97）。其出身于"细族孤门"，少读洛阳太学，问学不守章句，博览群书而尤重桓谭《新论》，身处谶纬甚嚣尘上之时则独能冷对之、排拒之。其著《论衡》④，虽《骨相》《命禄》诸篇内容与思想颇具命理色彩，总体是批判谶纬神学的皇皇檄文。

王充身处儒门，"宗祖无淑懿之基，文墨无篇籍之遗"⑤，其学说不为儒家传统所累。在文化、哲学思维上，颇具反叛、异端倾向，有《问孔》、《刺孟》与《非韩》诸篇，提出对"儒"的怀疑。其思想武器，是王充自称"虽违儒家之说"但合乎"黄老之义"的"气之自然"说，宗于先秦道家庄子"通天下一气耳"的道论。王充说：

---

①《老子》第四十章，王弼：《老子道德经注》，《诸子集成》第三册，上海书店，1986年版，第25页。
②《灵宪》："夫月，端其形而洁其质，向日禀光，月光生于日之所照，魄生于日之所蔽。当日则光盈，就日则光尽也。""当日之冲，光常不合者，蔽于地也，是谓暗虚。在星则星微，遇月则食。"
③《老子》第十六章，王弼：《老子道德经注》，《诸子集成》第三册，第9页。
④《论衡》原八十五篇，其中《招致》篇亡佚，现存八十四篇。
⑤王充：《论衡·自纪篇》，《诸子集成》第七册，上海书店，1986年版，第287页。

> 夫天覆于上，地偃于下，下气蒸上，上气降下，万物自生其中间矣。
>
> 天地合气，万物自生，犹夫妇合气，子自生矣。①
>
> 天地，含气之自然也。②

在"气"这一点上，天地万物是同质的；气是一种"自然"，气是万物之原型，当然也是美的原型。王充又说："夫天地合气，人偶自生也"，"天地合气，物偶自生矣"③。这是以天地、人、物"偶自生"的见解，否定"天人感应"论所谓天地生物、生人的"故生万物"的神学目的论。在王充看来，天无"感"无"情"亦无"仁"无"义"，这是因为天乃"气之自然"的缘故。因此所谓天"谴告"于人，这是"虚妄"之说。"夫人不能以行感天，天亦不随行而应人"④。天与人是"同气"的关系，而不是相互"感应"的关系，王充说：

> 夫天道，自然也，无为；如谴告人，是有为，非自然也。⑤

这里，王充将道家的"自然无为"说运用得很是娴熟。

中国自先秦至汉代的宇宙论，大凡经历了三个阶段，即神的宇宙、气的宇宙与物的宇宙。相应的，在神的宇宙时代，《尚书》所谓"神人以和"⑥即神与人之"和"的中介，是原始神话、图腾与巫术。巫之所以通于神、人，因神秘之"气"的感应；在气的宇宙时代，经过文化、思想的"祛魅"，气基本上不再具有巫术文化品格，而嬗变为一个哲学范畴，有如庄子所言

---

① 王充：《论衡·自然篇》，《诸子集成》第七册，上海书店，1986年版，第180、177页。
② 王充：《论衡·谈天篇》，《诸子集成》第七册，第105页。
③ 王充：《论衡·物势篇》，《诸子集成》第七册，第31页。
④ 王充：《论衡·明雩篇》，《诸子集成》第七册，第150页。
⑤ 王充：《论衡·谴告篇》，《诸子集成》第七册，第143页。
⑥ 《尚书·虞夏书·舜典》，江灏、钱宗武：《今古文尚书全译》，贵州人民出版社，1990年版，第33页。

气，人们已承认气是一种生命的原始物质。生死系于气之聚散，所谓"精气为物，游魂为变"①是也。此时，人们所认同的气是看不见、摸不着、听不到的"物"，实际上并未彻底扫除玄虚莫测的迷氛；在物的宇宙时代，王充的"气之自然"论，虽然依然从气入手来解释宇宙的生成及其本质，但其哲学之注意的中心，是"物"即"实在"（实际存在的东西），包括天地、万物与人，便是王充所说的"真"。王充是以"实事"来抗拒谶纬神学的。因此王充的思想，并没有从"物"进而走向人的宇宙时代，即承认人为宇宙主体的时代。

王充的思想、学说，代表了汉代唯"物"审美精神的最高水平。

其一，提出"疾虚妄"求"真美"这一审美命题。王充说：

> 《诗》三百，一言以蔽之，曰："思无邪"。《论衡》篇以十数，亦一言也，曰："疾虚妄"。②

疾，厌恶、憎恨之谓。虚，本义为洞窍，转义为空，空即"不实"，不实即是虚假。妄，亦不实之谓，扬雄《法言·问神》云，无验而言之谓妄，妄便是没有事实根据瞎说一气。王充说撰《论衡》的宗旨在于：

> 是故《论衡》之造也，起众书并失实、虚妄之言胜真美也。故虚妄之语不黜，则华文不见息；华文放流，则实事不见用。故《论衡》者，所以铨轻重之言，立真伪之平，非苟调文饰辞，为奇伟之观也。其本皆起于人间有非，故尽思极心以讥世俗。世俗之性，好奇怪之语，说虚妄之文。何则？实事不能快意，而华虚惊耳动心也。③

《论衡》的"本旨"为"疾虚妄"。疾虚妄者，"起于人间有非"。人间"有

---

① 《易传》，拙著：《周易精读》，复旦大学出版社，2007年版，第283页。
② 王充：《论衡·佚文篇》，《诸子集成》第七册，上海书店，1986年版，第202页。
③ 王充：《论衡·对作篇》，《诸子集成》第七册，第280页。

非"在何处？即"好奇怪之语，说虚妄之文"之"谶纬"也。谶纬"失实"，混淆视听，荒诞不经，"华文放流"，反"胜真美"。可见，谶纬不仅"有非"，而且作为一种"华文"，是丑的。这里王充所言"真美"的"真"，指"实事"，不是事物本质规律意义上的真实，也不是指哲学意义上的所能达到的真理性程度，而是历史事件意义上的实在、事实。王充所谓"真美"，是那种拒绝谶纬迷信，还事物以本来面目的朴素的"美"，说明其美学精神执着于"实事"之美，而尚未真正进入"求是"的境界，实际指"美的东西"。在美学界，有的学者以为王充讲"真美"，与先秦道家以"真"为"美"的见解具有历史渊源联系，这一观点可待商榷。王充受先秦道家思想的影响是事实，但王充的学说与思想之最高范畴，实际是"气"，且又将气落实到可闻可见可触的天、地与人等"物"上。他心目中的"真"与"美"的世界，是"物"的世界。所谓"气之自然"，其实是"物之自然"。所以，"真美"系于"物"，离开"物"即"实事"，世界便是"华虚"的，"华虚之文"无"真美"。可以说，王充的"真美"观，并非指认知意义上因主体把握了真理而入于"美"的意境，而指由气生成的天下"实事"以及主体感知"实事"所达到的一种"自然"状态。相对于汉代谶纬神学而言，王充倡言"疾虚妄"而执求于"真美"，无疑体现出一种属"人"而非属"神"的清醒的实用理性；而相对于先秦道家以"真"为"美"的见解来说，又体现出经验感性的思想水平与思维特征，可以看作是一种"准理性"的美学见解。准理性向前发展，可以进入科学理性层次，也可以倒退到非理性。这就可以理解，为什么王充在"疾"谶纬之"虚妄"的同时，又对"骨相""吉验"之类命理与巫兆等表示肯定甚至迷信。

其二，与"真美"观相联系的，是王充主张"华实"相副的审美见解。相对于谶纬神学而言，王充断然拒绝谶纬这"华虚之文"，拒斥神学迷信的胡言乱语、花言巧辞、鼓舌如簧。这并不等于说走向极端否定一切"实事"之"华"的"美"。"华"与"实"对，即形式与内容相应。王充的意思是说，谶纬因"虚妄"而"华"，"华"不值一哂；"人""物"与"实事"之"华"，是值得肯定的。这便是为什么王充在《言毒篇》肯定那种"美色貌丽"的人体之美的缘故；也不难理解其《佚文篇》称"刘子骏章尤美"与"文辞美恶，足以观才"等肯定"文"之形式美的看法了。关于这一点，学界有王充美学专执于"朴素"之说。须做进一步分析。朴者，原木，未析之木也，析是以斧砍木的意思；素者，原丝，未组之丝也，组为编丝之谓。朴素，就是未加以人工、人为的"本始材朴"，即"自然"。王充所谓"朴素"，指挥斥谶纬迷信而显其本来面目的"实事"，也就是说，面对谶纬的"华虚之文"，王充的"实事"是"朴素"的。然而就"实事"本身包括在"实事"基础上所撰之文章等，又应当是"华实"相副的，达到形式美与内容善的统一。王充说："夫人有文质乃成"①，这是重提先秦孔子所谓"文质彬彬，然后君子"的老话题。又称文章之美，如"有根株于下，有荣叶于上；有实核于内，有皮壳于外"②，此美在于华与实的相依相生：

　　人之有文也，犹禽之有毛也。毛有五色，皆生于体。苟有文无实，是则五色之禽毛妄生也。③

此类比喻，不免有些生硬，意思却是明白的。

那么，怎样才能做到人格与文章之美各自的文质相副呢？王充从先秦《易传》所谓"修辞立其诚"采"诚"字，倡言"实诚""精诚"之说：

　　实诚在胸臆，文墨著竹帛。外内表里，自相副称。意奋而笔纵，故文见而实露也。④

精诚由衷，其文感人而深致。

"诚"是人格美与文章美的内在心理依据与外在行为准则，无论为人还是为文，都须以"诚"为上。就表现人格之美的文章而言，王充说："天文人文，文岂徒调墨弄笔，为美丽之观哉？载人之行，传人之名也。

---

①②③④王充：《论衡·书解篇》，《诸子集成》第七册，上海书店，1986年版，第274、136页。

善人愿载，思勉为善；邪人恶载，力自禁裁。然则文人之笔，劝善惩恶也。"①

可见"诚"即"善"。王充关于"华实"相副的审美见解，从"气"出发，经由"实"（物）这一中介，最后落实在儒家美学的"劝善惩恶"观上。

其三，王充的"气之自然"说，作为生命哲学，具有批判"神不灭"的思想倾向，说明其在关于人之灵与肉的美学思考中，具有重形（生命肉体）而轻神（所谓人死而为鬼神）的思维特征。

王充继承《淮南子》关于人之生命的气、形、神三维之说，以"气"为本，来阐说他关于人的肉体（形）与灵魂（神）关系的美学见解。

首先，王充认为天地万物与人的生命之本原是气，并且以为"阴阳之气，凝而为人"②。人的生命由骨肉与精神构成，"阴气生为骨肉，阳气生为精神"③。但是，他的思考并未到此为止，而是把"气"分为无知之气与有知之气两种。所谓无知之气，生天生地生万物包括人死后离开人之生命"骨肉"的气。有知之气，专指与人之生命"骨肉"共存的气，可以称之为"血气"。关于"血气"的概念，见于《国语·周语》。其文云："夫戎狄，冒没轻儳，贪而不让，其血气不治，若禽兽焉。"④这等于说，西戎、北狄这类"蛮族"的"血气"，有如"禽兽"。这是以"血气"这一概念，把动物、人与其余一切事物区别开来。王充所谓"能为精气者，血脉也"⑤的看法，包含着对"血气"说的认同。这种血脉之气，并未将动物生命的无知之气包括在内。王充改造了《国语·周语》的"血气"说，相当于《管子·禁藏》所言食饮足以和血气与《左传·昭公十年》所言凡有血气、皆有争心的血气观。

其次，在王充之前，中国思想史、哲学史与美学史上，都持气之"一

---

① 王充：《论衡·佚文篇》，《诸子集成》第七册，上海书店，1986年版，第201页。
② 王充：《论衡·论死篇》，《诸子集成》第七册，第204页。
③ 王充：《论衡·订鬼篇》，《诸子集成》第七册，第222页。
④ 《国语·周语中》，《国语》卷二，邬国义、胡果文、李晓路：《国语译注》，上海古籍出版社，1994年版，第52页。
⑤ 王充：《论衡·论死篇》，《诸子集成》第七册，第202页。

元二用"的见解,即承认人之生命的形体与精神统一于气(血气)。然而,或认为人死而无知,乃失血气之故;或认为人死而血气变为鬼魂,仍可有知。《管子》说:"凡物之精,此则为生。下生五谷,上为列星,流于天地之间,谓之鬼神,藏于胸中,谓之圣人,是故名气。"①告别了"生"、"流于天地之间,谓之鬼神"的"气",却是可以离开人之形体而独存的有知(有灵)之气。《庄子》则称,"人之生,气之聚也。聚则为生,散则为死"。气"散"后怎样?似乎庄子未做回答,然而,从庄子随后所说的"通天下一气耳"②这一句话可以推见,其实庄子起码默认人死后的"散"气是有知的。否则,庄子为什么要说"天下"之气包括人之生前、死后的气都是相"通"的呢?

在这个问题上,王充的理论贡献,在于他断然肯定人死后,既是肉体的死亡,也同时是精神(灵魂)的死亡。

> 能为精气者,血脉也。人死血脉竭,竭而精气灭,灭而形体朽,朽而成灰土。

王充改造了桓谭的烛、光之喻,他说:

> 火灭光消而烛在,人死精亡而形(指人的遗体)存。谓人死有知,是谓火灭复有光也。③

王充给了"神不灭"与鬼魂说以迎头一击。他认为,所谓有知之气,是以生命之形体的"活"着而"有知",死了便是"无知",人间不存在什么因果报应的"无体独知之精"。

---

① 《管子·内业》,黎翔凤:《管子校注》,中华书局,2004年版。
② 《庄子·知北游第二十二》,王先谦:《庄子集解》,《诸子集成》第三册,上海书店,1986年版,第138页。
③ 王充:《论衡·论死篇》,《诸子集成》第七册,上海书店,1986年版,第202、204页。

可见，人的灵魂（精神）是依存于人的生命之肉身的。生命之肉身是第一位、起决定作用的。从美学角度看，这无异于承认，人的生命之肉身为原生之美，而人的精神为依存美。这里，鲜明地体现了王充审视人之生命问题的唯"物"的文化眼光。

第四章
玄佛儒之思辨与审美建构

时至魏晋南北朝(220—589),中国美学以哲学为文化契机,经过先秦巫史文化的初始阶段、春秋战国诸子之学的"祛魅"酝酿与两汉经学一统的奠基工作,进入了一个真正建构的时代。

其一,这一历史时期,作为中国文化之精魂与美学之基石的哲学,在玄学与佛学文化的冲突调和兼与儒学的潜行之中,完成了自先秦心性说、两汉宇宙论到魏晋本体论的理论建构。

其二,在尤具哲学品格的魏晋玄学与随之而来的南北朝佛学的"关怀"与影响下,作为中国美学思想重要构成的文论、画论、乐论与书论等走向成熟,有一批理论著述问世。

其三,在美学思辨与理论建构中,涌现出如意象、风骨、形神、言意、有无、才性、体用与自然等重要的美学范畴或美学命题,并在此后的中国美学的文脉历程中影响深远。

其四,生命意识的进一步觉醒,形成以士人人格为代表的民族与时代的审美人格范型。

总之,魏晋南北朝是一个哲学与美学风景美丽的时代。政治哲学意义上的名教、自然之辨,语言哲学意义上的言、意之辨,本体论哲学意义上的有、无之辨,生命哲学意义上的才、性之辨,展现了魏晋南北朝以"玄"为基质、以"佛"为灵枢、以"儒"为潜因的中国美学的历史性建构和思想深度,人的精神性解放推动文的解放,成为这一重要历史时期中国美学的光辉旗帜。

第一节　玄佛儒文化背景与时代氛围

一、两汉经学走向谶纬神学之末路及玄、佛之学的接引

(一)两汉经学的理论核心,是政治上的"罢黜百家,独尊儒术"、哲学上的气一元论、"五德始终"说与"天人感应"观所构成的宇宙论。

从西汉董仲舒的"天人三策"到东汉白虎观会议,两汉经学走完了其儒学经学化、经学谶纬化的历史全程。经学一统及其盛行,曾经适应汉代天下一统的时代需要。然而,经学一旦成为官方哲学且具有了神秘主义的神学倾向,也就必然走向衰落。此时,思想界只有学术而没有思想,弄得十分迷信和庸俗。时代思想之魂的"痛苦",在于堕入难以自拔的学术与精神危机。

经学的遭到怀疑,使玄学的首先"出场"显露曙光。实际上,早在东汉,桓谭、张衡与王充等辈的朴素理性及其学说对经学的历史性怀疑已经开始,它预示着崇尚理性的魏晋玄学从历史的深处走来。这个民族,在经历了一个幻梦连连的"长睡"之后,忽然在某个早晨感到有些清醒起来,从文化心灵深处有一种冲动,意识到有必要重新审视自己曾经执著、热衷的儒术与符命之说,重新认识人的生命以及人在天地宇宙中的位置并追问究竟。作为民族与时代文化的"良心",那些朴素唯"物"的哲学家,做出了代表民族与时代的有力发言,拨开迷雾而显见理则。这说明,人们开始对那些神神鬼鬼的东西失却兴趣与敬畏心理,有一点想要推开神灵,自己学着走路的意思。比如东汉末年的著名思想家仲长统(180—220),倡言"人事为本,天道为末",拒斥"天命""符瑞"之说,认为"信天道而背人事者",是那些"昏乱迷惑之主,覆国亡家之臣"[①]。仲长统是继王充之后又一个挑

---

① 范晔:《后汉书·仲长统传》,中华书局,1987年版。

战谶纬迷信的人。

　　同时，东汉末年不仅谶纬神学遭到拒斥，而且作为一种正儿八经的学问的经学，人们在开始贬损其思想权威的同时，对其思维方式与表达方式的琐碎与庞杂亦心起疑虑，便滋生出舍繁就简、弃多尚一的意绪倾向。东汉后期仍有注经之业，不过此时的经注已有些"变味"，即不再十分严格地遵循古文经学所谓"无一字无来历"与今文经学所谓"无一字无精义"的治经准的，而是试图依经而抒己见，所谓"六经注我"。比如郑玄(127—200)，兼治古文与今文，做起学问来当然是古板危坐、循规蹈矩的，但即便如此，也有不遵治经古训之处。如其治易，便如此解释《周易》革卦卦义，引郑玄之言云："革，改也。水火相息，而更用事。犹王者受命，改正朔，易服色，故谓之革也"①。这种关于"王者受命，改正朔，易服色，故谓之革也"的阐说，已与《易传》所言"水火相息，二女同居，其志不相得，曰革"②相去甚远。《易传》认为，革卦体现了一种社会人生不正常的状态，所以须"革"，但它仅以"汤武革命"来言"革"义，根本没有郑玄所发挥的那种意思。可见即使尊经如郑玄这样的人物，也已经开始跨越经学之雷池而有点自说自话了。

　　郑玄离开卦象与古训来借题发挥的治易观念与方法，可以看作魏王弼"尽扫象数"以释易之理的时代先声。

　　两汉经学的庞杂体系，包含着不可克服的内在矛盾与牵强、乖戾之处，它一旦失去了在公众面前的权威性，其思想与思维的破绽就显露无遗。人们便对那种"故幼童而守一艺，白首而后能言；安其所习，毁所不见，终以自蔽。此学者之大患也"③的治经状况，变得难以忍受。据《三国志·魏书·三少帝纪》，当时经学及经师也在宫廷里遭到非难。如甘露元年(256)夏，曹髦去太学巡察，针对经学反复辩诘，弄得经师无言以对，

---

① 李鼎祚：《周易集解》，中华书局，1989年版，第161页。
② 《周易》革卦卦象兑上离下，依《易传》，兑为泽，泽通于水，离为火，故称"水火相息"；兑为少女，离为中女，故称"二女同居"。既然"二女同居"，不相和谐，故称"其志不相得"。
③ 班固：《汉书·艺文志第十》，《汉书》，中华书局，2007年版，第331页。

只能以"古义弘深,圣问奥远,非臣所能详尽"做搪塞之辞。这既是经学的先天不足、经师的无能之故,也是这位帝王的敢于发问之由。这件事发生在魏室的宫廷诚不足为奇,其实早在东汉末年,已是章句渐疏,而多以浮华相尚,儒者之风渐衰矣。

汤用彤先生曾经说过,"夫历史变迁,常具继续性。文化学术虽异代不同,然其因革推移,悉由渐进,魏晋教化,导源东汉"①。历史、文化之文脉的发展,因内在矛盾所激,犹如钟摆,有势能在,摆过去的钟摆,终于还得摆回来。当然不是简单的循环回复,因为时过境迁。历史与文化形态总是以一个"否定"另一个的方式彼此联系着。两汉经学的内在文化机制及其历史演替,已经为其自身的消解准备了条件。东汉经学的趋于衰微,为魏晋玄学的首先登场,随后是南北朝佛学的流渐腾出了思想与思维的空间,从杂多到守一,从烦琐到简约,从形实到玄虚,时风变了。

(二)两汉经学的思想根基一旦动摇而遭到挑战,那么,建构其上的儒家礼教也必然随之受到沉重打击。

自春秋末年孔子倡言"君君、臣臣、父父、子子"那一套,儒家礼教经过孔子后学如孟、荀之辈的努力宣说与推行,到汉武之世儒术的大扬,已是深入人心,成为公众社会道德践行的规矩。朱熹《四书章句集注》说,礼,谓制度品节也。《礼记·经解》称,"恭俭庄敬,礼教也。"②礼教被尊为神圣的人生信条与道德规范。然而在魏晋南北朝,儒家礼教确有被贬损甚至弃之如敝屣的时候。一些魏晋名士非难"六经",张扬自然人性,措辞颇为果决。嵇康曾说:"六经以抑引为主,人性以从欲为欢;抑引则违其愿,从欲则得自然"③。肯定人欲而抨击"六经"对人欲的压抑。阮籍则大倡"非君"说,称"盖无君而庶物定,无臣而万事理"④。言"无君无臣",真是闻所未闻,可以说是中国古代的一则"无政府主义"宣言。这与西汉初年

---

①汤用彤:《汤用彤学术论文集》,中华书局,1983年版,第214页。
②《礼记·经解第二十六》,杨天宇:《礼记译注》下册,上海古籍出版社,1997年版,第849页。
③《嵇康集·难自然好论》,戴明扬校注,人民文学出版社,1962年版。
④阮籍:《大人先生传》,陈伯君:《阮籍集校注》卷上,中华书局,1987年版。

陆贾《新语·至德》所谓"官府若无吏，亭落若无民"相比较，不可同日而语，颇有先秦老子所言"治大国，若烹小鲜"之思想遗响，而言辞大为激烈，惊世骇俗。此时，甚至连建立在生殖崇拜基础上的神圣的"血亲"观念，也遭到了唾弃。孔融这位孔子二十世孙也居然发问："父之于子，当有何亲？"他自己的回答是："论其本意，实为情欲发耳"。又问："子之于母，亦复奚为？"答曰："譬如寄物缶中，出则离矣。"①。作为礼教基础的人之"血亲"的神圣外衣被剥落殆尽。又，人之服饰，礼之符号也，故冕服是礼的象征。《易传》云，"黄帝尧舜，垂衣裳而天下治，盖取诸乾坤"②。古人又说，上衣有阳奇象，下裳有阴偶象。上衣下裳，象征尊卑上下，不可错乱而民自定，天下治矣。故楚楚衣冠的精神意义，在于重礼。然而，魏晋狂士却敢于蔑视它：

　　刘伶恒纵酒放达，或脱衣裸形在屋中。人见讥之。伶曰："我以天地为栋宇，屋室为裈衣，诸君何为入我裈中？"③

真是放诞无礼，"礼岂为我辈设也！"④

　　可见，经学的式微与礼教的被贬，必然为玄、佛之学登上文化、哲学与美学舞台准备了时空条件。

　　二、从清议到清谈：名士风流

　　中国文人学子的文化传统之一，是关心、参与社会的政事与伦理建设，一般取"入世"的态度，这在儒家尤为典型。即使先秦道家，也是因政事、伦理与人格而论道，缘世而入道的。道家的所谓"出世"，在文化品格上，处于儒家入世与佛家弃世之间，它是半入世半弃世。中国文化从原始

---

① 引自冯天瑜、何晓明、周积明：《中华文化史》，上海人民出版社，1990年版，第501页。
② 《易传》，拙著：《周易精读》，复旦大学出版社，2007年版，第321页。
③④ 《世说新语·任诞第二十三》，刘义庆撰，刘孝标注：《世说新语》，《诸子集成》第八册，上海书店，1986年版，第189页。

巫术等到"史"的历史发展过程，在文化人格上，本都取入世之一路，因此如果有文人学子放归田园、坐忘林泉、白眼礼俗或者遁入空门，那也是不得已而为之的。从人性角度看，在生命之围城进进出出，体现了人生而有之的生命固有的两种冲动，一进一出、一动一静、一内一外、一儒一道，生命的固有乐章就是这样一张一弛，美妙动心。

因此，中国的文人学子，因为人性之故，原本是入世的，总是先进围城然后才从围城退出。

魏晋名士这一人群的出现，一定意义上是入围城而不得的结果。

东汉末年，宦官专权，外戚把握朝政，政治的黑暗腐败已至极点，理与势的矛盾日益尖锐，作为社会之"良心"（理）的文人士大夫，由于忧国忧民忧时而与当时的政治（势）一般采取不合作的态度。于是，从汉代逐渐培养起来的重人物品鉴与察举的文人传统，演变为文人由于不满朝政而对当下政事的指指点点、议论纷纷甚至骂骂咧咧。而且仅就政治察举、品鉴而言，由于汉代取士"大别为地方察举，公府征辟。人物品鉴遂极重要。有名者入青云，无闻者委沟渠"①，这对文人的进退、浮沉几操生杀大权。所以品鉴、议论人物可以左右舆论，或澄清视听，或耸人听闻，影响朝政的清正或是荒暗。偏偏汉末之世，这种对文人学子而言"性命交关"的人物察举，也乱了法度：

> 闻汉末之世，灵献之时，品藻乖滥，英逸穷滞，饕餮得志，名不准实，贾不本物，以其通者为贤，塞者为愚。②

于是，与朝政黑暗势力相对的文人"清议"迅速发展。这便是《后汉书·党锢传序》所谓"故匹夫抗愤，处士横议"，大批文人学子指点江山，激扬文辞，大有"天下兴亡，匹夫有责"的抱负与责任感。

---

① 汤用彤：《汤用彤学术论文集》，中华书局，1983年版，第202页。
② 葛洪：《抱朴子·名实卷第二十》，《抱朴子》，《诸子集成》第八册，上海书店，1986年版，第136页。

可惜，帝政尤其专制政治的"卧榻之侧"，岂容文人叽叽喳喳，横加指责？尤其当对朝政的批评威胁到统治权力的安危时，统治者对党人的镇压就不可避免。汉桓帝延熹九年(166)，酿成历史上的第一次"党锢之祸"。当时，世家望族李膺等辈和太学生郭泰、贾彪之流，联合抨击宦官集团，被人诬告其"诽讪朝廷"，二百余党人被捕。后虽被释放，却终身不得为官，这等于将其前途与身家性命入了"另册"。

然则，经历了第一次"党锢之祸"的文人、士大夫其实并未吸取教训，灵帝时外戚窦武专权，一度起用"党人"，于是"党人"便忘了"前车"，"蠢蠢欲动"，居然密谋诛杀宦官，事泄而反被诛杀。建宁二年(169)，灵帝迫于宦官之威，收捕李膺、杜密等百余众下狱处死，继而杀戮、流放与囚禁六七百人。熹平五年(176)，灵帝听宦官之言，再度诏告天下，凡"党人"父子兄弟、故旧门生，皆免官或禁锢，并连及五族，这便是第二次"党祸"。

如是，持久而大规模的残酷迫害，使天下文士再也不能也不敢"清议"政事了，天下于是太平。文人不谈"国是"，淡泊名利，只一味隐居山林，回归田园，怡情于林泉之下，甚至放浪形骸，纵有一肚皮的委屈、痛苦与悲愤，也假装或者的确活得很潇洒、很反俗。名士们在山水与诗文艺术、药与酒之际宣泄、陶醉或是麻醉自己。

于是，整个文人社会的中心"话语"及其方式，便从清议转变为清谈。清谈，又称清言、玄言、玄谈、谈玄。其主题，在于不直接介入尤其不批评政治，而专门来谈论一些哲学、美学、人物品藻与艺术审美问题。

清谈是魏晋名士的一种美丽的生活事件与精神事件，是文人学子逃避政治事功、崇尚思辨理性、开展名理辩诘与打造人格范型的一种文化方式，体现出独有的魏晋风度。

值得注意的是，两度严酷"党祸"，无疑催化了清谈这一文化方式及名士的诞生，然而清谈与名士的历史性生成，除了"党祸"从反面的催激，根本的，是清谈的文化素质与名士人格的文化底蕴，系由先秦道家文化传承而来。清谈的"话题"，继承与发展了道家喜欢追问本体的思想与思维传统。比如，清代严厉的文字狱，将大批儒生逼入"故纸"，而魏晋名士，却由于东汉末年的"党祸"而将自己放逐于竹林、山泉之域并热衷于追问、言说本体问题，这是很有意思的。汤用彤指出：

> 魏初清谈，上接汉代之清议，其性质相差不远。其后乃演变而为玄学之清谈。此其原因有二：（一）正始以后之学术兼接汉代道家（非道教或道术）之绪（由严遵、扬雄、桓谭、王充、蔡邕以至于王弼），老子之学影响逐渐显著，即《人物志》已采取道家之旨。（二）谈论既久，由具体人事以至抽象玄理，乃学问演进之必然趋势。①

魏晋士人有一种时代嗜好，即喜欢抽象地谈论问题而不滞碍于"物"。如果说，先秦的哲人偏重于发现与人性相连的心灵的时空，汉人发现的是以"气""阴阳""五行"为底蕴，以黄帝这"人文初祖"为主角的"物"的宇宙，那么自魏晋至南北朝的名士们，却惊喜地发现了一个本体的美的世界。

魏晋清谈的"话题"，大致集中于如下四方面：

一是以"三玄"即《老子》《庄子》与《周易》为主要文本，进行哲学辩难，"话题"多集中于自然名教、一多、有无、言意、形神、才性与内圣外王等。由于哲学的美学意蕴与美学的哲学品格相辅相成，因此有关哲学的谈论与追问，包含了深层次的美学问题。

二是重新解释儒家经典。魏晋的玄学建构，无疑以"玄""无"与"有"等范畴为主要风骨与灵魂，但如何看待与解释与"道"相应、相对的儒家思想，是清谈经常谈及的主题。儒家名教等问题是魏晋玄学的有机构成，也是清谈所难以回避的。比如，王弼有《周易注》、《论语释疑》（虽然那时《论语》尚未正式列入儒家经典，但已很受士人的重视），儒家典籍及其思想，很受玄谈的注意，并通过玄谈，把传统儒家思想改造为魏晋士人与玄

---

① 汤用彤：《汤用彤学术论文集》，中华书局，1983年版，第205页。

学可以接受的东西。

三是以佛学为玄谈话题。印度佛学大致入传于两汉之际。据《魏书·释老志》追述,"(西汉)哀帝元寿元年(前2),博士弟子秦景宪,受大月氏王使伊存口授浮屠经"。大月氏,古族之称。据考,汉文帝初年,该族自敦煌、祁连西迁至塞种地域(今新疆伊犁河流域及其迤西一带),史云大月氏。汉武帝初年(前139—前129),因遭乌孙攻击,又西迁大夏(今阿姆河上游地区)。汉元朔元年(前128),张骞出使西域后,汉与大月氏交往渐密。可见印度佛学入传于中原,是此后的事。相传东汉永平十年(67),汉明帝因感梦而"求法",也只能证明当时印度佛学观念虽然已入朝廷上层(如通人傅毅与楚王英等,都知"佛"事),但远未在士人中间普及。佛理精微,开始一般士人未能详解,是很正常的。而自东晋始,佛学已成名士清谈的主题之一。《世说新语》记述名士殷浩研习佛典事,尝欲与支道林辩之,竟不得。又云,"殷中军被废,徙东阳,大读佛经,皆精解。唯至事数处不解。遇见一道人,问所签,便释然"[1]。《高逸沙门传》称,殷浩能言名理,自以有所不达,欲访于遁(支遁)而邂逅不遇,深以为恨。大约当时的一些名士,都以能谈几句佛语为时髦,但倘说格义深切,则谈不上。据《弘明集》所载,夫佛也者,体道者也。道也者,导物者也。应感顺通,无为而无不为也。无为故虚寂自然,无不为故神化万物。这有点儿佛、道未分,以道释佛的意思。名士关于佛的清谈,虽认佛法为玄妙之极,而"误读"程度甚高,其关捩点,是以无释空。

四则继续品鉴人物。品鉴人物是一老话题,早在汉代清议中就是如此。魏晋之清谈的人物品鉴,已从议论政治、国事转变为专注于人物的道德人格与审美,所谓魏晋风度是也。《世说新语》一书对此记述颇详。"孔文举(融)年十岁,随父到洛。"竟造访李元礼(膺),自称"我是李府君亲"。元礼不认识他,孔融说:"昔先君仲尼与君先人伯阳,有师资之尊,是仆

---

[1]《世说新语·文学第四》,刘义庆撰,刘孝标注:《世说新语》,《诸子集成》第八册,上海书店,1986年版,第61页。

与君奕世为通好也"。人以为奇。太中大夫陈韪不以为然，说孔融"小时了了，大未必佳"。岂料文举对曰："想君小时，必当了了。"①真是小小年纪，思敏过人，辩才无碍。

第二节　自然与名教的时代"对话"

魏晋玄学的美学，一种时代新学，承传、发展先秦老庄的思想资源，主要高擎"以无为本"的思想旗帜，成为魏晋时代的美学主流，确在很大程度上消解了传统儒家的伦理道德观念，它无疑是中国美学文脉历程中以老庄道学为基质的新时代美学。

这不等于说，魏晋玄学之美学的思想品格，是绝对纯净与澄明的。实际上，魏晋玄学的美学之内涵丰富繁杂，它的文化成因与发展路数错综复杂。它的思想基干自然是属"道"的，然而其每前进一步，又与"儒"处于冲突、调和的历史语境(文脉，context)中。首先，它是一种被儒学化了的新道学的美学。吕思勉曾经指出：

> 世皆称两晋南北朝为佛老盛行、儒学衰微之世，其实不然。是时之言玄学者，率以《易》、《老》并称，即可知其兼通于儒，非专于道。②

此言可谓中肯。魏晋玄学美学的生起、建构、转变与消亡，皆与儒学攸关，其核心辩题，是政治哲学意义上的自然与名教之关系的时代"对话"。

---

①《世说新语·言语第二》，刘义庆撰，刘孝标注：《世说新语》，《诸子集成》第八册，上海书店，1986年版，第13页。
②吕思勉：《两晋南北朝史》，上海古籍出版社，1983年版，第1371页。

一、正始玄风：名教本于自然

考魏晋玄学的美学关于名教与自然之关系问题的哲思历程，大致经历了何晏、王弼的"名教本于自然"说；嵇康、阮籍的"越名教而任自然"说；裴頠"'崇有'、维护'名教'"说与向秀、郭象"名教即自然"说等诸阶段。

这里先略述其第一阶段。

具有玄学品格的魏晋美学，始于曹魏正始（240—249）年间，由何晏、王弼所创立。"魏正始中，何晏、王弼等祖述老子，立论以为'天地万物，皆以无为本'。"①这简洁而准确地概括了正始玄学两位代表人物的思想。据《魏志·曹爽传》附《何晏传》，何晏，字平叔，东汉大将军何进裔孙。据《太平御览》卷三八五引《何晏别传》："晏时小养魏宫，七八岁便慧心天悟。"《世说新语》亦称"何晏七岁，明惠若神，魏武奇爱之"。约在齐王芳正始元年至八年间，何晏为"清谈"中坚。曹爽"大集名德"，何氏驰骋论域，辩才无碍。何晏在学术上从专注于老庄终而转为"三玄"兼治，有《老子道德论》传世。王弼（226—249），字辅嗣，为王业之子、王粲从孙，望族之后。曾任尚书郎，亦在曹爽"大集名德"时坐而论道却不为曹爽所赏识。王弼是一位真正的天才少年。《魏志·钟会传注》引何劭《王弼传》云，"仲尼称后生可畏，若斯人者，可与言天人之际乎！"王弼著述甚丰，有《老子注》《周易注》与《周易略例》等，对后世产生巨大思想影响，是魏晋玄学美学真正意义上的开山祖。

何晏、王弼在名教与自然关系问题上的见解是共同、相近的，两人都推崇道家"自然"之说。扬"自然"而不抑"名教"，是何、王与先秦老庄"自然"说的根本区别与推陈之见。何晏对正始名士夏侯玄关于"天地以自然运，圣人以自然用"的见解深表赞同，王弼则认为名教虽为政事、制度与伦理，而其根、其本、其原型是"自然"（道）。自然为本，名教为末。自然是名教的原生依据，名教是自然的社会派生；自然、名教都根始于"朴"，

---

① 房玄龄等：《王衍传》，《晋书·列传等十三》，中华书局，1975年版。

两者仅在"朴"之散、聚之际。"朴"散为"器"(名教),"朴"聚为"道"(自然)。"朴"者,一也。既然能"散"而为"器",在一定条件下,为何不能重"聚"为"朴"?王弼吸收老子返璞归真的思想,沟通、凿透名教与自然的逻辑联系。王弼云:"朴,真也。真散则百行出,殊类生,若器也。圣人因其分散,故为之立官长。以善为师,不善为资,移风易俗,复使归于一也。"①此之谓也。

王弼关于名教本于自然的美学观,无疑具有儒学的文化因子。他要解决的现实课题是名教。只是其独特与高明处,在于以"自然"这一哲学观来为名教奠一个哲学之基,遂使其建构起新颖的见解。当王弼的玄学在改造传统道家的"自然"说之时,也同时改造了儒家的"名教"论。

王弼把名教本于自然的见解,精炼地概括在他的"崇本举末"这一哲学命题之中。这里,本与末的并崇与并举,并不是王弼在逻辑上不分名教(末)与自然(本),而是强调名教虽然为末,却是自然(本)的必然的历史展开。而任何名教只有达到"自然"境界,才是善美的、利于世俗人心的、能够践行的、可嘉许的。因此,当王弼说名教本于自然时,既是将自然降格为名教,同时又把名教提升到自然的高度。这位哲学智者实际并非一般地否定儒家名教,而是为理想的名教寻找一个哲学基础,并试图建构那种本于自然的、理想的名教。王弼云:"故竭圣智以治巧伪,未若见质素以静民欲;兴仁义以敦薄俗,未若抱朴以全笃实;多巧利以兴事用,未若寡私欲以息华竞。"②在王弼看来,传统的"竭圣智""兴仁义""多巧利",是名教之弊;祛弊别无他途,只有"见质素""抱朴""寡私欲"这些道家的"自然"才能疗救名教的弊病,祛弊或曰祛蔽以显自然之本美。

作为玄学之祖,王弼的学识构成中不可避免地吸收、熔铸了自先秦承传而来的儒学思想,其治学的观念与方法也在一定程度上受启于儒学。王弼(同时还有何晏)出身于礼教世家,幼诵儒书,也接受过名家、法家之术

---

① 王弼:《老子道德经注》,《老子》,《诸子集成》第三册,上海书店,1986年版,第16页。
② 王弼:《老子指略(辑佚)》,楼宇烈:《王弼集校释》上册,第198页。

的教育，他在笺注《老子》(王弼未注《庄子》，但庄生的思想影响也可从其著论中见出)的同时，尤其用力于注易。王弼对易的钟爱有两大原因，一是看重《易传》所包含的道家宇宙论、自然观；二是《易传》在试图以道家"自然"思想阐释儒家政治伦理说方面，已先于王弼做了拓荒的工作，从而可以得到借鉴。王弼确实把易学玄学化了，他尽扫象数以阐扬义理，他的万物始原说、伏羲重卦说，他对汉代卦气说的改造以及对《易传》所谓"书不尽言，言不尽意"的重新发明等，都在高举"义理"之旗，做哲学文章，而着眼于社会人生的政治伦理问题。王弼的"自然"哲学，为"名教"预设了一个"自然"依据。显然不是自然、名教两者的调和，更非理论上的拼凑与混合，而是从哲学高度，将人性"自然"本体化，是一种新时代的关于名教出于人性"自然"的哲学本体论与美学观。

二、魏末之"玄"：越名教而任自然

所谓魏末，指公元249年(嘉平元年)到公元265年(西晋泰始元年)。这一时期，司马氏为夺取政权，倚儒术而要挟天下，故大畅"孝"风，以"大逆不孝"之罪名铲除曹魏势力，其中包括剪灭那些曾依附于曹魏的文人儒士，正如史书所言，"魏、晋之际，天下多故，名士少有全者"。与曹爽一起被司马氏诛杀和夷三族者众，其中公元249年何晏被诛，251年扬州刺史王凌与楚王曹彪被诛，260年魏主曹髦被诛，包括阮籍好友嵇康，亦在阮籍去世前一年被诛。正如嵇康《与山巨源绝交书》所言："至人不存，大道陵迟"。学人名士多遁入山林，满怀悲郁之情抨击司马氏所推行之礼教的虚伪与政治的残暴。

特定的时代背景，使嵇康、阮籍的"越名教而任自然"的思想成为这一时代的著名的玄学命题与美学呐喊。

嵇康(224—262)，字叔夜，谯郡铚(现安徽宿州西南)人，三国魏末文学家、音乐家，"竹林七贤"之一，官拜中散大夫，人称嵇中散。《晋书·本传》称其"与魏宗室婚"，大约因为这一点，为司马氏政权所难容而被杀，但其公开的罪名是"言论放荡，非毁典籍"。阮籍(210—263)，字嗣宗，陈留尉氏(今河南)人,三国魏末文学家,曾为步兵校尉,世称阮步兵,为"竹林七贤"之一。嵇康、阮籍都白眼礼俗,放逸山林,恨别廊庙,雅好老庄。由于仕途阻塞,人命唯危,不得已与统治集团取不合作态度。"越名教而任自然",是两人共同的政治、玄学与人格宣言。但嵇、阮二人的思想仍有区别。在政治上,嵇康显得更激烈,故遭受的迫害更甚。阮籍晚年以沉默处世,醉酒度日,"口不臧否人物",得以保全自己。

"越名教而任自然"的口号确乎有些狂狷意味。从思想角度分析,应该说,它由承何、王"名教本于自然"说而来,似乎有弃"名教"而独举"自然"的意思。嵇康反对学习"六经","以六经为芜秽,以仁义为臭腐",认为"向之不学未必为长夜,六经未必为太阳也"。这些写在《与山巨源绝交书》《难自然好学论》中的文字,是典型的玄学人格、人性的解放之论。嵇康甚至喊出"非汤武而薄周孔"的口号,痛快淋漓之至。阮籍《大人先生传》也说,"天下残贼、乱危、死亡之术"者,何也?由"六经"所定之典章、名教也。矛头指向"六经"。嵇康《难自然好学论》指出,"六经以抑引为主,人性以从欲为欢。抑引则违其愿,从欲则得自然"。所以,"游心于寂寞,以无为为贵",可以说是嵇、阮二人共同的精神归路。嵇康在《释私论》中将此思想的主旨,归结为"越名教而任自然",是相当精彩的,有一股挥斥名教而追崇自然之美的劲头。

不过,这并不等于嵇、阮二氏的思想深处已彻底摒弃了儒学。须知大凡人生,不外进、退二途。进者,儒;退者,道。人生必在进、退之际。人的生命原本总是执着于"进"的,这是生命冲动、生命的原驱力使然。因进而不得故退,退而又眷恋于进,此乃人性使然。人生总在儒与道、进与退、入世与出世之际忙碌、挣扎与浮沉。人生全部的烦恼与解脱、欢乐与痛苦、躁动与平静大抵存在、发生在这里。儒学重于政治伦理这一套,尤其伪善的政治伦理是戕害人性与人格的,然而,儒学所主张的入世、进取之类,却包含人性正常展开的合理因素,也就是说,包含着一种基于人性的"自然",这"自然"的入世、进取合于美。

如果我们拿这样的见解来看待、审视历史上嵇、阮的"越名教而任自然"，那么笔者以为，这所谓对"名教"的"逾越"，其实并不是否定那种符合于人性"自然"或回归于人性"自然"的"名教"，而是否定荼毒人性"自然"、招致异化的"名教"。如果笔者的这一看法能够成立，那么，所谓嵇、阮著述中所存在的既抨击"名教"又赞扬"名教"的矛盾，大约可以做另一种解释了。嵇康一方面高唱："老子、庄周，吾之师也"，要求无为自然，自适自乐，所谓"大朴未亏，君无文于上，民无竞于下，物全顺理，莫不自得"。① 这显然是对"名教"的否定，对"自然"的肯定。可另一方面又说："人无志，非人也。但君子用心，有所准行，自当量其善者，必拟议而后动。"② 显然，这里又强调立志、守志即循名教之则修身养性的重要，充满了儒家积极入世的精神。所谓凡人必有"准行"，不就是提倡"名教"吗？其实在嵇康看来，"名教"有合乎或违逆人性"自然"的区别，所以对那种违逆人性"自然"的"名教"须加以否定；对合乎人性"自然"的"名教"，则其原来就是"自然"的社会人文体现，又何"越"之有呢？同样，阮籍在《大人先生传》中历数"儒"那种"心若怀冰，战战栗栗""唯法是修，唯礼是克"的人格状态之后，讥笑那些人格卑下的儒生不过是"大人""裤裆中的虱子"，"且汝独不见夫虱之处于裈之中乎？逃于深缝，匿乎坏絮，自以为吉宅也"，对腐儒、名教的讽刺辛辣无比；可是同是这位阮籍，却在其《咏怀诗》中对儒者、名教大加褒扬，"儒者通六艺，立志不可干。违礼不为动，非法不肯言。渴饮清泉流，饥食并一箪"，"信道守诗书，义不受一芳"。这倒很能让人想起先秦孔孟心目中的儒者与名教形象。这种所谓的"矛盾"，其实并不矛盾。

三、元康"崇有"："名教""自然"新释

历史发展到西晋元康(291—299)年间，由嵇康、阮籍所倡言的"越名教而任自然"的激烈玄风，狂放过甚，大批士子口尚虚诞，身则放荡不羁，

---

① 严可均辑：《全三国文》卷五十，商务印书馆，1999 年版。
② 严可均辑：《全三国文》，卷五十一。

于是便有裴頠"深患时俗放荡,不尊儒术","仍著《崇有》之论,以释其蔽"。①

裴頠(267—300),字逸民,河东闻喜(现山西新绛)人,西晋哲学家,博学多闻,兼治岐黄之术,改定度量衡制,刻石写经,官至尚书左仆射。有代表作《崇有论》。

裴頠《崇有论》的现实批评对象,是何、王"贵无"说与嵇、阮"越名教而任自然"之风气。正如前述,"贵无"这一基本哲学思想,由何晏、王弼所奠定,嵇康、阮籍则步其后。何晏说:"天地万物,皆以无为本。无也者,开物成务,无往而不存者也。阴阳恃以化生,万物恃以成形。"②王弼也说,"夫物之所以生,功之所以成,必生乎无形,由乎无名。无形无名者,万物之宗也。"③"贵无"之论,直接承继与发挥了老子的"道"论。王弼《老子注》云:"天下之物,皆以有为生。有之所始,以无为本。将欲全有,必反于无也。"④这显然是重申与阐发了老子关于"天下万物生于有,有生于无"的思想。裴頠则反其"道"而说之。他认为道家与何、王之流关于万物"无"中生"有"的思想不合逻辑。在他看来,万物既为"群有",必生于"有"而非"无"。万物都是"自生"的,其生断不由外在于"有"的"无"来启动。裴頠《崇有论》说,"夫至无者,无以能生。故始生者,自生也。自生而必体有,则有遗而生亏矣。生以有为已分,则虚无是有之所谓遗者也。"显然,这里裴頠哲学的逻辑原点,在认为"虚无"(无)乃"有之所谓遗者","无"即"没有"。这是裴頠对老庄之"无"这一哲学元范畴与玄学"贵无"的不理解,他始终不能理解"无"指形上"存在",不能理解"无"不等于"没有"的道理,其思想、思维始终囿于经验哲学而达不到玄思的深度。

裴頠的"崇有"思想,确是有感而发。裴頠《崇有论》说:"而虚无之言,

---

① 房玄龄等:《晋书·裴頠传》,《晋书》,中华书局,1974年版。
② 房玄龄等:《晋书·王衍传》。
③ 王弼:《老子指略(辑佚)》,楼宇烈:《王弼集校释》上册,中华书局,1980年版,第195页。
④ 王弼:《老子道德经注》下篇,《老子》,《诸子集成》第三册,上海书店,1986年版,第25页。

日以广衍,众家扇起,各列其说。上及造化,下被万事,莫不贵无,所存佥同",认为因"贵无"而目无纲纪,造成"狂玄"时弊。又称"名教"之所以陷入困境,世风日下,盖"贵无"之误矣。裴頠说,"贵无"必"贱有","悠悠之徒","遂阐贵无之议,而建贱有之论。贱有则必外形,外形则必遗制,遗制则必忽防,忽防则必忘礼。礼制弗存,则无以为政矣"①。这体现出裴頠对名教、礼制的自觉维护。其政治伦理观念无疑是崇儒的,而其切入这一名教社会现实课题的思想方法与方式,又具有玄学的一般特点。裴頠并非像传统儒家那样就"名教"谈"名教",而是自觉地从哲学角度论证名教的"合理性"。裴頠的"崇有"之论,实际上把老子"万物生于有,有生于无"这一著名命题的前半句作为他的哲学预设,并将"有"认定为万物尤其是名教的"自然"本性,是对"贵无"论的理论反驳。

四、元康玄辩:名教即自然

西晋元康时期,是玄学思潮相当活跃的时期。除了前述"崇有"思想振扬于一时之外,向秀、郭象的"名教即自然"说,也大致产生、流播于这一时期。

向秀(227—272),字子期,河内怀(现河南武陟西南)人,"竹林七贤"之一,官至散骑常侍。曾为《庄子》作注,"发明奇趣,振起玄风",未竟而逝。诗赋以《思旧赋》著名。向秀生年较早,但其玄学思想因郭象之故而流渐于元康前后,故本书将他与郭象的玄学见解放在一起来叙说。郭象(253—312),字子玄,河南(现河南洛阳)人,哲学家,官至太傅主簿,续撰向秀未竟的《庄子注》,"述而广之",别为一书。

向秀与郭象都持"名教即自然"说。向秀《难嵇叔夜养生论》云:"'且生之为乐',"纳御声色,以达性气,此天理之自然"矣。向秀说,"有生则有情,称情则自然"。"且夫嗜欲,好荣恶辱,好逸恶劳,皆生于自然"。又说,"夫人含五行而生,口思五味,目思五色,感而思室,饥而求食,

---

① 裴頠:《崇有论》,房玄龄等:《晋书·裴頠传》,中华书店,1974年版。

自然之理也。但当节之以礼耳"。这里，向秀把人的生命、生存本能释为"自然"，且对嵇康《养生论》所阐述的所谓"修性以保神，安心以全身""清虚静泰，少私寡欲"的"自然"观不以为意，认为这有悖于"自然之理"。因为这种"自然"境界须修持而得，不若"率性而自然"。但是向秀在肯定人的本能"自然"之时，又认为这"自然""当节之以礼"，人的本能"自然"与人伦是合一的，所谓"天理（自然）人伦，燕婉娱志"，"此天理自然，人之所宜"也。认为人伦不是外加的，人伦如果是善美的，它一定是出于人之本能"自然"的。"天理人伦"共同合契于"自然"，否则，便是"有道而无事，犹有雌无雄耳"。① 向秀这一"名教即自然"的见解，被谢灵运《辨宗论》恰当地概括为"向子期以儒道为一"。

向秀调和名教与自然的矛盾。郭象《庄子注》也说，"凡所谓天，皆明不为而自然。言自然则自然矣，人安能故有此自然哉？自然耳，故曰性。"这是说，天理与人性合于"自然"，圣人居"在庙堂之上"，仍可"心无异于山林之中"，圣人"常游外以弘内"，做到"终日挥形而神气无变"，是何缘故？"夫游外者依内，离人者合俗"也，"夫神人即今所谓圣人"耳。在郭象看来，庙堂无异于山林，圣人等同于神人，系缚即解脱，名教与自然了无差别。

可见在郭象"落马首"哲学与美学中，天则（自然）与人事（名教）被看成是和谐统一的。比如牛马，不系缰绳时"率性自然""落马首""穿牛鼻"② 即违背其自然本性，这原是《庄子》的观点。岂料郭象《庄子注》对此做了这样的发挥："人之生也，可不服牛乘马乎？服牛乘马，可不穿落之乎？牛马不辞穿落者，天命之固当也"。这无异于说，"穿落"是牛马的自然本性使然，否则何以为真牛马？牛马之外无所谓"穿落"，离开"穿落"也无所谓牛马。由此郭象指明，名教与自然如穿落与牛马，本非二分，此乃"天命

---

① 张湛：《列子注》引向秀语，见《列子·黄帝第二》，《诸子集成》第三册，上海书店，1986年版，第22页。
② 《庄子·秋水第十七》，王先谦：《庄子集解》，《诸子集成》第三册，上海书店，1986年版，第105页。《庄子》原文为："牛马四足，是谓天。落马首，穿牛鼻，是谓人。"

之固当"。如以名教为有,自然为无,名教与自然即为有、无之关系。但郭象《庄子·齐物论注》说:"无则无矣,则不能生有"。此说近于裴頠的"崇有";又称"有也,则不足以物众形"。这里显然有别于裴頠。那么名教与自然之关系究竟如何呢?郭象说,既非有生于无,也非有生于有,而是"块然而自生","独化于玄冥之境"。从这一"自生"说看,郭象的"名教即自然"与裴頠所谓"始生者,自生"具有内在联系。而"玄冥"者,这里并非指"无",更非指"有",它是意指离开有、无两边,具有某些"天命"色彩之神秘的精神本原,实际上体现出郭象的"名教即自然"说既属儒又属道的本然的历史性冲突的两难处境。否则,郭象为何要重拈一"天命"概念企图自圆其说呢?

魏晋自然与名教的时代"对话",是在政治哲学层次上运行的,它始终把道与儒、无与有作为论思的主题,无论正始名士或竹林七贤,都把名教(儒)与自然(道)的本在矛盾作为运思与理论操作的焦点。这雄辩地证明,魏晋玄学的美学素质,是基于道而首先融于儒的(佛学也参与玄学的建构)。儒在魏晋玄学的美学中,不是被消解而是被融合了,一般处于文化"潜行"状态。汤用彤说:"故名士原均研儒经,仍以孔子为圣人。玄学中人于儒学不但未尝废弃,而且多有著作。王、何之于《周易》《论语》,向秀之于《易》,郭象之于《论语》,固悉当代之名作也。虽其精神与汉学大殊,然于儒经甚鲜诽谤。"[1]所言甚是。但笔者难以苟同所谓玄学"实质"是"老庄骨架和孔孟灵魂"[2]之说。应当说,魏晋玄学及其美学的"骨架"与"灵魂",都基于老庄而在魏晋有了生发。玄学是新道学、新美学,它从正、反两方面首先受到儒学的滋养与挑战。

---

[1] 汤用彤:《汤用彤学术论文集》,中华书局,1983年版,第220页。
[2] 洪修平、吴永和:《禅学与玄学》,浙江人民出版社,1992年版,第17页。

第三节 言意之辨与审美

语言哲学意义上的言意之辨,肇始于通行本《老子》的"道,可道非常道;名,可名非常名"。是它,首先提出了这一尤具思想深度与思维价值的哲学、美学之见。接着,大约成篇于战国的《易传》对《老子》的这一见解加以展开。《易传》云:"子曰:'书不尽言,言不尽意。'然则圣人之意,其不可见乎?子曰:'圣人立象以尽意,设卦以尽情伪,系辞焉以尽其言。变而通之以尽利,鼓之舞之以尽神。"①在这里,《易传》既持"言不尽意",又持"立象以尽意"的见解,是对《老子》言意之辨的断然拒绝语言符号的一种修正,建立在崇拜"圣人"与"易象"的思想基础之上,与庄子后学所言"非言非默"②的思想基本一致。

从老子到庄子的言述,实际提出了所谓无限之"道"的"美"能否以"言""象"符号加以表达的问题,即所谓"言不尽意"呢,还是"言"能"尽意"。

拙著《周易的美学智慧》曾经指出,就艺术审美过程而言,"从客观物象到这物象的心理储存即审美心理虚象(心理意象),从这心理虚象到蕴含一定意义的美与艺术之象的表达,是三个彼此连接又不同的系统"③。其实,一个完整的艺术审美过程,包含客观物象、作者审美心理虚象、艺术作品的审美之象与接受者审美心理虚象这彼此连接的四环节所构成的系统。如果"言"(立象)能够"尽意",则意味着这四个环节之间能够相互绝对传真,即从客观物象到作者审美心理储存;从作者审美心理储存到作品的艺术表达,从作品艺术表达到接受者的审美接受;从接受者的审美接受

---

① 《易传》,拙著:《周易精读》,复旦大学出版社,2007年版,第312页。
② 《庄子·则阳第二十五》,王先谦:《庄子集解》,《诸子集成》第三册,上海书店,1986年版,第175页。
③ 拙著:《周易的美学智慧》,湖南出版社,1991年版,第187页。

到客观物象之间,都应该是同构对应、同态对应、绝对传真的关系,否则,便必然是"言不尽意"、"立象"难以"尽意"。

显然,在人类文化史与美学历程中,这种"言"能"尽意"、"立象"能"尽意"的事从来没有过,以后也不会发生。"立象"以"尽意",是违背人类文化与审美规律的。

因为,任何客观物象的主体心理储存,主体心理储存的艺术符号表达,艺术符号表达的接受,以及从艺术符号接受到客观物象之间的关系转变,都只能是相互之间的简化同态关系而不是毫无遗漏的全息传递。显然,主体的审美心理模型不等于客观物象原型,作品的艺术意象模型不等于主体(作者)的审美心理模型,接受者的审美心理模型又不等于作品的艺术意象模型,而在客观物象原型与接受者审美心理模型之间,也同样不能画等号。其中每一环节的审美信息量与信息的质素,都必然相互不同。

不仅艺术审美过程的这四环节之间普遍而必然地存在"言不尽意"即"立象"不能"尽意"的规律,而且扩而言之,人类一切文化及其产品的创造、欣赏与相互影响,也都存在、具有"言不尽意"的规律。因为,从前一环节到后一环节,必然存在信息的简约、丰富、抽象、增值、遗漏或是虚构等无尽因素,因此在人类的文化创造包括艺术审美活动中,人想要"立象"以"尽意",是绝对做不到的。"立象"如能"尽意",则意味着人类可以通过"立象"(发言)的方式,把握绝对真理。

那么,在这个美学与文化审美问题上,魏人王弼有些什么见解呢?王弼说:

> 夫象者,出意者也。言者,明象者也。尽意莫若象,尽象莫若言。言生于象,故可寻言以观象;象生于意,故可寻象以观意。意以象尽,象以言著。①

---

① 王弼:《周易略例·明象》,楼宇烈:《王弼集校释》下册,中华书局,1980年版,第609页。

显然，王弼重复了《易传》所言"立象以尽意"的观点，所谓"意以象尽，象以言著"是也，没有什么创造性。

然而，王弼接着又说：

> 故言者所以明象，得象而忘言。象者所以存意，得意而忘象。犹蹄者所以在兔，得兔而忘蹄。筌者所以在鱼，得鱼而忘筌也……是故存言者，非得象者也；存象者，非得意者也。象生于意而存象焉，则所存者乃非其象也；言生于象而存言焉，则所存者乃非其言也。然则，忘象者，乃得意者也；忘言者，乃得象者也。得意在忘象，得象在忘言。①

虽然"言"能"明象"，"象"可"存意"，但是，如果"存言"，便不能"得象"，"存象"亦难以"得意"。因为，要是"存象"即主体执滞于"象"，那么，"所存者乃非其象"；要是"存言"即主体执滞于"言"，那么，"所存者乃非其言"。因此，唯有"忘象"，才能"得意"；唯有"忘言"，才能"得象"。故结论是"得意在忘象，得象在忘言"。

这里，王弼的"意、象"观之关键，是主体为什么要"忘言""忘象"？王弼所谓"言""象"，文化与审美之符号也。用索绪尔语言学的概念来说，即所谓"能指"。能指必有"所指"。但所指与能指并不一一对应，或称之为并非对应同构、绝对传真。西方当代的解构主义学说的根本，在于解构以往文化与审美实践关于事物"本质"的陈见。与其说是对现象、符号的解构，不如说是对本质的解构，所以才有所谓"现象后面无本质""削平深度"这一颠覆性的哲学与美学宣说。解构主义所颠覆的，是既成的能指背后的所指，指引人类文化包括审美从既成的"所指"那里解放出来，是典型的反本质主义。但是，解构主义颠覆了既成的"本质"即所指之后，却并不意味着人类文化包括审美的思想与思维"白茫茫大地真干净"，而是接引与认同

---

① 王弼：《周易略例·明象》，楼宇烈：《王弼集校释》下册，中华书局，1980年版，第609页。

了另一种新的所指即所谓"本质"。这种"本质",就是"现象后面无本质"。解构主义发誓要从"深度"退出,而其本身,却是另一种新的具有思想与思维深度的哲学与美学。

王弼关于"言""象"与"意"之关系的哲学与美学思考却是建立在对事物"本质"(即所谓"意","意"是自我意识到的事物本质)充分信任与肯定的基础上的。在王弼看来,言、象这一文化与审美符号(能指)能够指向事物的本质,是毫无疑问的。王弼对"立象"以"达意"有充分的信心。同时又认为,言、象一旦"明意",如果主体滞累于言、象,那么便是只见"手指"(能指)而不见"月"(所指)。这等于承认言、象作为能指具有背反的两重性:既能"明意",又能遮蔽"意"即事物本质的显现。因此,"忘言""忘象"是祛蔽。言、象这一文化符号及其审美符号,是有局限性的。在王弼看来,事物的本质本可穷尽,否则,他为什么要说"尽意莫若象""意以象尽"之类的话呢?可是他立刻同时指明,之所以"尽意莫若象""意以象尽",恰恰是主体往往滞碍于能指(言、象)所决定的。言、象的局限,实际是主体的局限。同时,既成的言、象是有限的,而"意"(所指)可以无限。无限之所指,要求不拘泥于有限的言、象。王弼举例说:"义苟在健,何必马乎?类苟在顺,何必牛乎?"[1]在《周易》里,刚健这一由卦爻符号所表达的事物本质与美,不一定非以"马"这一物象来象征来指称,也可以如《周易》乾卦那样以"龙"象来表达,或以大壮卦之"雷在天上"之象与"羝羊"(壮健之羊)之象来表达,这种符号的表达(能指)是无尽的;同样,柔顺这一事物的本质属性与美,也不一定非以"牛"这一物象来象征与指称,也可以如《周易》坤卦那般以大地象来表达,或如明夷卦那样以"马"象来表达,等等。

王弼这一"言意之辨"的美学意义是深邃的。其一,言、象在人类文化及其审美中的地位是重要的,言、象即符号(能指),是人类文化及其审美的丰富表征,没有符号,便是没有文化,也谈不上审美,因为它阻断了人

---

[1] 王弼:《周易略例·明象》,楼宇烈:《王弼集校释》下册,中华书局,1980年版,第609页。

的认识与情感进入事物与美之本质层次的可能。好比没有指"月"的"手"（能指），便不知"月"（所指）在何处与何者为"月"。言、象所呈示的，首先是丰富、感性的经验世界。

其二，言、象作为人类文化及其审美符号，是有限的，它之所以"在场"的意义，是因为它具有"能指"这一功能，它是因意义（所指）而"存在"的。假如无意义，它便不"存在"。因此，言、象这一符号系统始终具有依他性，一旦离弃意义，便不能独立。言、象是有局限的。人类对言、象的创造与选定，是随机的。因为同样的"意义"，可以由多种言、象来表达。所以在感性层次上，言、象又无疑是丰富的。

其三，言、象具有表"意"的功能。然而如果执累于言、象，由于言、象是个别的、有限的，必然使人的认识、审美停滞在经验、感性层次，无缘进入认识的理性层次，不能实现有深度的审美。因此，王弼倡言"得意在忘象，得象在忘言"。

其四，"得意在忘象，得象在忘言"，体现出王弼本质主义、理性主义的哲学与美学观，是王弼玄学中的"尽扫象数"这一易学观在美学上的真实体现，在中国美学之文化历程中开所谓"言外""象外"说之先河。明人彭辂《诗集自序》云："盖诗之所以为诗者，其神在象外，其象在言外，其言在意外。"宋代苏东坡也说过："君子可以寓意于物，而不可以留意于物。"[1]"留意于物"者，拘于言、象之谓。王弼倡言审美不离言、象又不拘于言、象，深得文化创造及艺术审美之三昧。"忘言""忘象"使事物本质之美显得空灵而纯粹。

其五，王弼"言意之辨"的美学观，具有深厚的思想与思维背景，它推进了中国文化与哲学的历史进程。言、意之辨，实即体、用与本、末之辨，作为玄学的中心与基本命题，体现了自先秦老庄语言哲学承传、发展的新气象。汤用彤说得好：

---

[1] 苏轼：《宝绘堂记》，《苏东坡集》前集卷三十二，于民主编：《中国美学史资料选编》，复旦大学出版社，2008年版，第281页。

> 忘象忘言不但为解释经籍之要法，亦且深契合于玄学之宗旨。玄贵虚无，虚者无象，无者无名。超言绝象，道之体也。因此，本体论所谓有、无之辨亦即方法上所称言、意之别。①

这里，重"意"而轻"言""象"，无异于崇本抑末、贵无贱有，体现出中国美学因玄学之哲思的"关怀"，由王弼首倡而走上了一条贵无、重神的理论建构之路。通行本《老子》曾说："天下万物生于有，有生于无。"这是从万物发生角度来看有、无。虽然其逻辑最终归于"无"，却并不贱"有"。魏晋玄学分贵无、崇有两派。在王弼的玄学中，虽然并未彻底剥夺"有"（言、象）的逻辑地位，但贱"有"即将哲学、美学思考的重点放在"无"上，是很显然的。王弼的尚"无"，表明中国美学发展到魏晋而更尚形上、超越了，是这个民族的美学精神得到进一步解放的表现。虽然在王弼之后未久，有自称"违众先生"的欧阳建撰《言尽意论》与王弼唱反调，申言"理得于心，非言不畅；物定于彼，非言不辨"。② 似乎说得在理，然而究其思想与思维水平，实际并未超于汉人，其美学思考，大约仍停滞在汉人执"物"的历史阴影之下。比较而言，汉人朴茂，晋人超脱。朴茂者尚实际，超脱者主精神。汉人拘于文辞，甚至甘愿死在章句之下，他们对语言、对符号抱有充分、绝对的信心与信任，甚至可以说达到了崇拜的程度，以为语言、符号是真理与审美的绝对表征，这便是汉代烦琐经学与丰繁辞赋如此盛行的缘故。可以这样说一句，汉代文化及其审美，一定程度上具有"言尽意"的品格。汉人眼中所看到的，是"物"，所体会到的，是"气"。但魏晋时人已不满足于这一点，尽管他们依然眼中有"物"，口中或笔下有"言"，心中有"象"，也体会到"气"，然而，魏晋的文化、哲学及其美学思潮，却基本是舍"言""象"执"意"而直探本体的。汉人不善于沉默，他们仰首望天，发现了宇宙，他们的思想，大致是关于宇宙如何生成的思想。其文化性格，

---

① 汤用彤：《言意之辨》，《汤用彤学术论文集》，中华书局，1983年版，第218页。
② 欧阳建：《言尽意论》，《艺文类聚》十九，上海古籍出版社，1982年版。

基本是外向的、好动的、尚大的。但魏晋及其此后的南北朝时期，虽然从物质层面上看，从社会、时代环境上言，是嘈杂、变化剧烈与无序的，但魏晋这一时代的思想与审美，却是趋向于内敛的、宁静的、深致的、玄远的、本体的。其美学兴趣，不仅关乎宇宙，而且关乎人生之究竟。总而言之，魏晋"已不复拘于宇宙运行之外用，进而论天地万物之本体。汉代寓天道于物理。魏晋黜天道而究本体，以寡御众，而归于玄极；忘象得意，而游于物外。于是脱离汉代宇宙之论（Cosmology or Cosmogony）而留连于存存本本之真（Ontology or theory of being）"①。此言是。

第四节 有无之辨与审美

本体论哲学意义上的有、无之辨，其实早在先秦就已经开始。正如本书前述，通行本《老子》论"道"这一本体在宇宙生成的意义，称"天下万物生于有，有生于无"，把道看作有与无的统一而归宗于无。先秦儒家则基本执着于经验世界，由于其思想与思维基本无涉于"无"，便基本不具有哲学的形上品格。先秦老庄之学崇无而抑有；先秦孔孟执有而弃无。因此前者的审美意识，具有从有入无的空灵性与思辨的深邃性；后者的审美意识，具有弃无而执有的实在性和经验性。至于汉初黄老之学，蹈虚守静，"旨近老子"，崇无而抑有的原始道家思想，此时被改造为崇无而兼有的政治统治术，且以有为宗旨，以无为手段。整个汉代儒学（经学）所体现的审美意识，以执有、弃无为文化特色。

在哲学与美学本体上，魏晋玄学仍以有、无之关系为基本命题，玄学内部分贵无、崇有两派且以贵无派为思想主流。何晏、王弼的贵无与裴頠的崇有之辨以及郭象对有、无的调和，体现出道与儒、自然与名教、形上与形下的哲学、美学分野及其复杂联系。

---

①汤用彤：《汤用彤学术论文集》，中华书局，1983年版，第233页。

第四章 玄佛儒之思辨与审美建构

与先秦老庄比较，以何、王为代表的贵无思想自当承接老庄之血脉，又具有它自己的特点：其一，祛除老庄之道论关于"道"惟恍惟惚的玄虚与神秘色彩。在何、王那里，作为事物与美之本体的道，是明丽而灿烂的。

其二，老庄论道，固然具本体意义，但这种意义，是在其阐述宇宙生成论时得以展开的。通行本《老子》称"道"者，"先天地生，寂兮寥兮，独立而不改，周行而不殆，可以为天下母"。玄学贵无思想则一般未将宇宙生成如何可能这一问题放在其哲学、美学的文化视野之内而直探事物与美的本体。在王弼看来，宇宙生成如何可能这一哲学命题是无须加以论证的。"天下之物，皆以有为生。有之所始，以无为本"。[1] 此乃理所当然。这里的"皆以有为生"，是以"生"者为"有"，即万物的现实"生"存状态为"有"，而不是《老子》所说的"万物生于有"。这里的"有"，不是一种根由而是指万物的现实世界的经验性存在。当然，王弼承认这种"有"即万物（天下之物）是有"始"的，并且指出，万物"始"于"无"。但是，对于为什么万物"始"于"无"这一问题，并未探其究竟。王弼贵无思想的重点，在于阐说"无形无名者，万物之宗也"[2]这一方面。

其三，那么"无"是什么？王弼认为"无"即"道"，即美之根，这不同于通行本《老子》将"道"看作无与有的统一的见解。王弼的哲学与美学固然也谈有说无，但总在努力地摒弃"有"而专执于"无"。同时，王弼继承了通行本《老子》关于"有物混成"而不是楚简本《老子》"有状混成"的思想，将"道"看作是一种"物"（原物），却又不同于通行本《老子》。《老子》"有物混成"的"物"，作为"道"，是无与有的统一。王弼则称这种"物"是"无"，即在论"道"时，执无而遗落了有。

> 无之为物，水火不能害，金石不能残。用之于心，则虎兕无所投

---

[1] 王弼：《老子道德经注》，楼宇烈：《王弼集校释》上册，中华书局，1980年版，第110页。
[2] 王弼：《老子道德经注》，楼宇烈：《王弼集校释》上册，中华书局，1980年版，第195页。

其爪角，兵戈无所容其锋刃，何危殆之有乎！①

从《老子》以"混成"之"物"论道，以无、有统一论道，到王弼同样以"物"论道，却将这种"物"说成仅仅是一种"无"，体现了王弼贵无美学思想的本色。

其四，与此相关，先秦老子的审美意识，就通行本《老子》这一文本看，具有贵柔、守雌的特性，所谓"致虚极，守静笃"是也。王弼所说的"以无为本"的"道"，正如前引，其"水火不能害，金石不能残。用之于心，则虎兕无所投其爪角，兵戈无所容其锋刃，何危殆之有乎"，说明其审美意识中所意识到的道之美，是阳刚气十足的。这一意识，溯源则来自楚简本《老子》独以"大"命"道"（见本书第二章）的思想；影响了齐、梁之际刘勰《文心雕龙》关于"风骨"这一美学范畴的历史性建构。在笔者看来，后世刘勰所言"风骨"，是对生命刚健之美的理论规范与描述。

其五，在贵无哲学与美学中，本体意义的有、无之辨与语言观意义的言、意之辨，是相辅相成的。这一问题的实质在于，既然王弼"贵无"说"以无为本"，那么，又如何在逻辑上安顿与"无"相对的"有"呢？从语言哲学角度分析，有、无问题，即言、意问题。有即言，无即意也。有、无的矛盾即言、意的矛盾。"贵无"说"以无为本"。为求其本，必须"忘象"（忘言）而专执于"意"。但是，"忘象"这一命题的提出本身，已经包含对"象"这一前提的肯定。因为先得有"象"，才谈得上"忘"，倘若本是无"象"，焉得言"忘"？因此王弼"忘象"之论，实际上在舍象、弃象的同时，依然保留了"象"的一点应有的美学地位。这问题等于是说，"贵无"说力主"以无为本"，然而这"无"，却注定不能与"有"毫无关系。好比莲华之美，美在莲华，美在"不染"，然而，倘无"淤泥"作为前提，则何来莲华"出淤泥而不染"之美？莲华之美，固然是对"淤泥"的消解与否定，这里所谓"出"者，超越也，提升也。然而这莲华之美的"双足"，依然深陷于"淤

---

① 王弼：《老子道德经注》，楼宇烈：《王弼集校释》上册，中华书局，1980年版，第37页。

泥"之中。这是体用不二、崇本举末、言意互应、有无一如、非言非默。

钱锺书谈到易象(言)与易理(意)以及诗象与诗境之辩证关系时说：

> 《易》之有象，取譬明理也。"所以喻道，而非道也"(语出《淮南子·说山训》——原注)，求道之能喻而理之能明，初不拘泥于某象，变其象也可；及道之既喻而理之既明，亦不恋着于象，舍象也可。到岸舍筏，见月忽指，获鱼兔而弃筌蹄，胥得意忘言之谓也。词(辞)章之拟象比喻则异乎是。诗也者，有象之言，依象以成言。舍象忘言，是无诗矣。变象易言，是别为一诗甚且非诗矣。故《易》之拟象不即，指示意义之符(sign)也；《诗》之比喻不离，体示意义之迹(icon)也。不即者可以取代，不离者勿容更张。①

钱锺书将易象与诗象加以比较。认为同一易理，可以不同卦象与爻象来表达，所谓"变其象也可"；同时认为"词章之拟象比喻则异乎是"，理由是"诗也者，有象之言，依象以成言。舍象忘言，是无诗矣。变象易言，是别为一诗甚且非诗矣"。这种将易象与易理、诗象与诗境各自对应的关系加以区别的见解，见出易与诗的本质不同，是可取的。但是依笔者之愚见，易象与易理、诗象与诗境之对应关系，其实都是语言哲学的能指与所指的关系。能指是有限而随机的，而所指则无限而难以尽说。既然同一易理可以不同的易符、易象来表达，那么同一诗境，也同样可以不同的诗句、诗象来表达。同时，无论易还是诗，"到岸舍筏，见月忽指，获鱼兔而弃筌蹄，胥得意忘言之谓也"这一点，都是适用的。这也便是王弼所说的"忘"。"忘"者，不拘泥于象之谓。泥象、拘言则无诗境。但是无论易还是诗，都须循言、缘象而入易理、进诗境。既舍象(言)，又立象(言)，这是二律背反。但舍象(言)以明意的前提，是先立其象(言)。象者，言也，有也；理、境之类者，意也，无也。故言、意之辨的哲学、美学本涵，实

---

① 钱锺书：《管锥编》第一册，中华书局，1979年版，第12页。

乃有、无之辨。王弼说:"夫无不可以无明,必因于有,故常于有物之极,而必明其所由之宗也。"①"无"不可以自"明",犹"所指"难以独存,无"必因于有",即"所指"缘依于"能指"。尽管言作为"有",难以尽意即难以穷尽"无",但趋"无"必始于"有"。

可见有、无之辨这一哲学、美学命题,是魏晋南北朝关于形神、有限无限等中国文论、画论与书论之类的哲学、美学理论表述。

关于形神问题,正如本书前述,在汉初《淮南子》中是与"气"一起提出来的,即所谓"形、神、气"人之生命完美形态的三层次说。在东汉王充那里,形神问题主要指人之形体(肉身)与精神(灵魂)的关系问题。王充从气论角度,认为人之肉身、精神是气之生化,"阴气生为骨肉,阳气生为精神"②,"人死精亡而形存",犹"火灭光消而烛在"③,是对当时"神不灭"说的批判。王充的唯"物"思想沉重地打击了神学迷信,却把人的精神问题仅仅看作是一个迷信问题。从批判神学角度看,精神(灵魂)是随人之个体生命的消亡而消亡的。然而从哲学、美学角度分析,人的精神,却可以"活"在人的群体生命之中,并且代代相承。精神是种族、民族与时代的人之群体生命的人文积淀。人类文化是由物质、制度与精神即物、心物与心三大层次构成的。人之个体生命是有限的,但他所创造的精神产品及所负载的精神(心)可能传之永远。这种人类文化的物质与精神的关系,以哲学、美学之简化方式来表述,便可以说是有、无——形、神——有限、无限的关系问题。

魏晋六朝时代,人们固然并未也不能彻底走出"神不灭"的神学迷雾,但就时代文化的总体而言,已经从王充与仲长统等唯"物"思想所到达的终点出发,将形神问题推演到一种真正纯粹而成熟的哲学、美学之境,并且体现在这一时代的艺术审美之中。人们认识到,艺术形态是生命意识的重要载体,它是人之生命存在的象征,从而以形、神进而以有限、无限这样

---

①王弼:《周易》注引《大衍义》,楼宇烈:《王弼集校释》下册,中华书局,1980年版,第548页。
②王充:《论衡·订鬼篇》,《诸子集成》第七册,上海书店,1986年版,第222页。
③王充:《论衡·论死篇》,《诸子集成》第七册,第204页。

的对应范畴来描述、评判与解说艺术审美课题,并标举神似与神韵等审美之境。

在文论方面,陆机(261—303)《文赋》述文学写作构思的心理状态有言,"其始也,皆收视反听,耽思傍讯。精骛八极,心游万仞"。称其"罄澄心以凝思,眇众虑而为言。笼天地于形内,挫万物于笔端"。虽未明言形神,但以"精""心"与"形"相对,已有形神思想存矣。陆机言述写作构思中艺术想象的重要,可以说是刘勰《文心雕龙》"神思"说的文论先导。写作包括文学创作,须"精骛八极,心游万仞",虽"笼天地于形内",但已超越形下之"有"而思接、情缘形上之"神"与"无"也。谢灵运(385—433)《山居赋》云:"援纸握管,会性通神","研精静虑,贞观厥美",亦实以"援纸握管"为"形"、为"有",主张自"形""有"入于"神""无"即"会性通神"。谢氏该文又说:"意实言表,而书不尽"。在自注中称自己撰《山居赋》"但患言不尽意,万不写一耳",对言意、有无、形神之辨有很好的体会与理解。萧子显(约489—约537)云:

> 文章者,盖情性之风标,神明之律吕也。蕴思含毫,游心内运。放言落纸,气韵天成。莫不禀以生灵,迁乎爱嗜,机见殊门,赏悟纷杂……属文之道,事出神思,感召无象,变化不穷。俱五声之音响,而出言异句;等万物之情状,而下笔殊形。[1]

毋庸赘言,所谓"蕴思含毫,游心内运"者,"神思"也;"放言落纸""出言异句""等万物之情状,而下笔殊形"者,为文神趋而形显也。而文章"气韵天成",实际已入"神"的境界。不过须依"下笔殊形"即写就不同文辞风貌的文学文本,才能传达之。不用说,其论文学的思维与思想域限,仍在形、神与有、无之际。

刘勰(约465—约521)的文论思想丰富、深邃而复杂,其一生兼综儒、

---

[1] 萧子显:《南齐书·文学传论》,中华书局,1972年版。

道与佛，其代表性著作《文心雕龙》的文论宗旨，以"原道""宗经""征圣"为准的，所谓"盖文心之作也，本乎道，师乎圣，体乎经，酌乎纬，变乎骚，文之枢纽，亦云极矣"①。从《文心雕龙》一书"体大虑周"的思维框架以及刘勰本人的从佛经历与书中偶采"圆通""圆该"等佛学名词来看，该书文论内容也显然深受佛学影响。同时，《文心雕龙》的文论思想，也必然与魏晋六朝的玄学攸关。这不仅因为《文心雕龙》一书，对玄学家多有褒奖，如称"嵇志清峻，阮旨遥深"等，而且在其对文学的认识中，可以说融会着玄学关于有、无与形、神之思的哲学、美学之魂。别的暂且不论，刘勰论文之"道"，固然总体上不弃儒家的道德教化之说，所谓"经也者，恒久之至道，不刊之鸿教也"②，然而，《原道》篇一开始就将文之根的道，解说为"自然之道"，称"文之为德也大矣，与天地并生者何哉？夫玄黄色杂，方圆体分，日月叠璧，以垂丽天之象，山川焕绮，以铺理地之形，此盖道之文也"。又说，为文者，传道也，"心生而言立，言立而文明，自然之道也"。这是明言老子所言之"道"。《原道》最后又将老子之"道"与孔圣之"道"做了调和，所谓"故知道沿圣以垂文，圣因文而明道，旁通而无滞，日用而不匮"，"道心惟微，神理设教"③。这种思想与思维方式，类于"旨近老子"的汉初《淮南子》，是内道而外儒、体道（无）而用儒（有）。这里，刘勰的文论思想受魏晋玄学关于自然与名教这一政治哲学的影响，是很显然的。自然与名教问题，从本体论哲学角度看，便是有、无之辨。

有、无之辨向文论之域的推进，便是形、神之辨。且看刘勰如何论"神思"：

> 文之思也，其神远矣。故寂然凝虑，思接千载；悄焉动容，视通万里；吟咏之间，吐纳珠玉之声；眉睫之前，卷舒风云之色：其思理

---

① 刘勰：《文心雕龙·序志第五十》，范文澜：《文心雕龙注》下册，人民文学出版社，1958年版，第727页。
② 刘勰：《文心雕龙·宗经第三》，范文澜：《文心雕龙注》上册，第21页。
③ 刘勰：《文心雕龙·原道第一》，范文澜：《文心雕龙注》上册，第1、3页。

之致乎，故思理为妙，神与物游……夫神思方运，万涂竞萌，规矩虚位，刻镂无形，登山则情满于山，观海则意溢于海，我才之多少，将与风云而并驱矣。①

这里，刘勰论文学的创作构思，指出"神思"虽起于人之"形体"，又必"思接千载""视通万里"，打破形体、物质意义上的时空域限而进入"神与物游，神居胸臆"②的无限、自由之境。

在画论方面，形、神之辨同样基于本体论哲学的有、无之辨。作为对偶范畴的形、神，最初是分别提出的。《易传》云，"见乃谓之象，形乃谓之器"。形与象对而不与神对。《易传》又云，"知几其神"，"阴阳不测之谓神"③。此"神"，神秘莫测之谓，是"象"的一种属性，与"形"只具有间接的关系。《庄子·在宥》有"抱神以静，形将自正"与"神将守形，形乃长生"④之说，始以形与神对，以形、神这一对偶范畴来描述一个生命体的健康状态。所谓"抱神以静""神将守形"，是"心斋""坐忘"的另一表述。显然，以形与神比，《庄子》是重神的。之所以重神，是因为在庄子看来，生命之神源于气。"人之生气之聚也。聚则为生，散则为死"，实则气聚则生"神"，气散则失"神"。虽然庄子以"道"为万物之本原，但当谈到形、神问题时，首先是将其与"气"相联系的。庄子说过"通天下一气耳"⑤的话，这似乎等于在说，通天下者，道也。庄子确有以"气"来描述"道"，从而提出关于形、神这一对偶范畴的意思。所以，汉初《淮南子》提出"气为之充而神为之使也"的见解，就一点也不令人感到突然，这是庄子重神说的发

---

① 刘勰：《文心雕龙·神思第二十六》，范文澜：《文心雕龙注》下册，人民文学出版社，1958年版，第493—494页。
② 刘勰：《文心雕龙·神思第二十六》，范文澜：《文心雕龙注》下册，第493页。
③《易传》，拙著：《周易精读》，复旦大学出版社，2007年版，第308、331、286页。
④《庄子·在宥第十一》，王先谦：《庄子集解》，《诸子集成》第三册，上海书店，1986年版，第65页。
⑤《庄子·知北游第二十二》，王先谦：《庄子集解》，《诸子集成》第三册，第138页。

展。《淮南子》说,"神贵于形也,故神制则形从,形胜则神穷"①,这还是基于"气"论基础上的形、神之辨。庄子虽谈及有、无问题,但尚未自觉地站在有、无之辨的哲学立场上来谈形、神。《淮南子》亦然。

相比而言,魏晋南北朝的形、神论就有些不同了。它是魏晋之前关于形、神之辨的一种漫长的历史积淀,又是基于有、无之辨这一本体论哲学基础上的,具有新时代与人文精神的形、神之辨。在画论中,东晋大画家顾恺之(长康)力主"传神写照"之说:"凡生人亡有手揖眼视而前亡所对者,以形写神而空其实对,荃生之用乖,传神之趋失矣。空其实对则大失,对而不正则小失,不可不察也。一像之明昧,不若悟对之通神也"。②"以形写神"自然重要,但不能滞累于形,否则便"传神之趋失矣"。绘画当不以"一像之明昧"为旨归,须"悟对之通神"才是上乘之法。顾恺之在批评《小烈女》时指出,那种"面如银,刻削为容仪""作女子尤丽衣髻,俯仰中一点一画皆相与成其艳姿"的作品与画风,其实都是些拘形而失神之作,都犯了"不尽生气""不似自然"的毛病。又称赞《壮士》一画,"有奔腾大势,恨不尽激扬之态";评说《三马》这一画作,"隽骨天奇,其腾罩如蹑虚空,于马势尽善也"③。刘义庆在《世说新语》中说:"顾长康画人,或数年不点目精。人问其故,顾曰:'四体妍蚩,本无关于妙处,传神写照,正在阿堵中'。"④此处所言"阿堵",犹言"这个"。《世说新语》一书有两处用"阿堵"一词。另一处在该书"文学"篇中:"殷中军见佛经云,理亦应阿堵上"。顾长康所谓"阿堵",实指人物"目精"。"目精"者,精神之所在。绘画重"目精"之点染,求"传神"之画境也。

南朝宋宗炳亦倡言"应目会心""澄怀观道"的重神之论,主张山水画须

---

① 《淮南子·诠言训》,高诱:《淮南子注》,《诸子集成》第七册,上海书店,1986年版,第249页。
② 顾恺之:《魏晋胜流画赞》,沈子丞:《历代论画名著汇编》,文物出版社,1982年版,第7—8页。
③ 顾恺之:《画评》,沈子丞:《历代论画名著汇编》,第5页。
④ 《世说新语·巧艺第二十一》,刘义庆著、刘孝标注:《世说新语》,《诸子集成》第八册,上海书店,1986年版,第187页。

以"妙写"而入于"神理"。

> 夫以应目会心为理者，类之成巧，则目亦同应，心亦俱会。应会感神，神超理得，虽复虚求幽岩，何以加焉？又神本亡端，栖形感类，理入形迹，诚能妙写，亦诚尽矣。①

这与南朝宋王微所言"画之情"说相通。王微云："以一管之笔，拟太虚之体；以判躯之状，画寸眸之明。""寸眸"者，即顾恺之所重"目精"也。王微又说：

> 望秋云，神飞扬；临春风，思浩荡。虽有金石之乐，珪璋之琛，岂能仿佛之哉？披图按牒，效异《山海》。绿林扬风，白水激涧。呜呼，岂独运诸指掌，亦以明神降之，此画之情也。②

"画之情"者，实画之神也。画之神，来源于画家的情致、心神。

南朝齐谢赫更倡著名而深刻的绘画"六法"论，其著《古画品录》为中国第一部画论著作。该书云：

> 六法者何？一、气韵，生动是也；二、骨法，用笔是也；三、应物，象形是也；四、随类，赋彩是也；五、经营，位置是也；六、传移，模写是也。③

这里，最具美学意蕴的，是第一法"气韵，生动是也"。所谓"气韵，生动"，传神之境。正如元代杨维桢《图绘宝鉴序》所言，"论画之高下者，有传形，有传神。传神者，气韵生动是也"。气，生命之气；韵，指乐音之

---

① 宗炳：《画山水序》，沈子丞：《历代论画名著汇编》，文物出版社，1982年版，第15页。
② 王微：《叙画》，沈子丞：《历代论画名著汇编》，第16页。
③ 谢赫：《古画品录》，沈子丞：《历代论画名著汇编》，第17页。

和。魏人张揖《广雅》注："韵，和也。"人之生命，按生命本在的自然韵律存在与发展，则必达到"气韵生动"的"神"境，这也便是绘画艺术美的传神之境，一种体"无"（回归于"无"）而遗"有"的境界。

《古画品录》皆以"六法"尤以"气韵生动"为准则，评判自三国吴至萧梁三百年间画家、画品凡二十七。且看谢赫评说卫协为第一品，称其为"古画皆略，至协始精。六法之中，迨为兼善。虽不该备形似，颇得壮气陵跨，旷代绝笔"。又评张墨之画为第一品，称其"风范气韵，极妙参神。但取精灵，遗其旨法"。凡此，都是崇"神"贱"形"之说。

魏晋南北朝这些基于崇"无"、遗"有"的绘画形、神之辨的美学思想，在中国美学史上影响深远。唐人张彦远所撰《历代名画记》，作为中国第一部画史著作与重要的画论著作，针对当时画坛溺于"形似"的萎靡之风，重提南朝谢赫"六法"之说。张氏以为，绘画旨要，在"气韵"传其心要而非"形似"囿于目娱。甚至激烈地称那些唯求"形似"之作，是否可算绘画作品，还在未定之中："古之画，或遗其形似而尚其骨气，以形似之外求其画，此难与俗人道也。"其结论是："有生动之可状，须神韵而后全。若气韵不周，空陈形似，笔力未遒，空善赋彩，谓非妙也。"[1]

唐朱景玄《唐朝名画录》仿张怀瓘《书断》关于书艺三品之说，立画艺神、妙、能三品之则，推"神品"为第一。且将吴道玄（吴道子）、周昉、阎立本、阎立德、尉迟乙僧、李思训、韩干、张藻与薛稷等画家的画列为神品。如称吴道玄画地狱变，"凡图圆光，皆不用尺度规画，一笔而成"，"立笔挥扫，势若风旋，人皆谓之神助"。又称周昉所画人物，能破"形"之樊篱而"无不叹其精妙为当时第一"。至于张藻笔下的松，"惟松树特出古今，能用笔法。""气傲烟霞，势临风雨"，"精巧之迹，可居神品也。"[2]

至于宋刘道醇《宋朝名画评》，依然重申"三品者，神妙能也"。"大抵观释教者尚庄严慈觉，观罗汉者尚四像归依，观道流者尚孤闲清古，观人

---

[1] 张彦远：《历代名画记·论画之六法》，沈子丞：《历代论画名著汇编》，文物出版社，1982年版，第36页。
[2] 朱景玄：《唐朝名画录》，四川美术出版社，1985年版。

物者尚精神体态，观畜兽者尚驯扰扩厉，观花竹者尚艳丽闲冶，观禽鸟者尚毛羽翔举，观山水者尚平远旷荡，观鬼神者尚筋力变异，观屋木者，尚壮丽深远。"①另一宋人郭若虚所撰《图画见闻志》同样推崇谢赫"六法"论中的"气韵生动"说，称"六法精论，万古不移"，"凡画必周气韵，方号世珍。不尔虽竭巧思，止同众工之事，虽曰画、而非画"。②

总之，魏晋南北朝由于本体论哲学意义上曾经有过一次葱郁而深刻的有、无之辨，遂使艺术审美意义上的形、神之辨展现出一片美丽的人文风景。清郑板桥题画师黄慎绝句有云："画到情神飘没处，更无真相有真魂。""情神飘没处"者，无也；"无真相有真魂"者，神也。无论就这一历史时期的文论、画论而言，都在倡言自形入神、形神兼备而终以神似为上的艺术审美思想，哲学上"导乎先路"的有、无之辨尤其贵"无"之说，使艺术审美深得"神"境，这是"文的解放"。

第五节　才性之辨与人格审美

除了"文的解放"，魏晋南北朝突出的审美现象之一，还有所谓"人的解放"。这便是魏晋士人的人格审美与人格美的建构，基于生命哲学意义上的才、性之辨。

才、性之辨，也是魏晋南北朝哲学与美学文化的一个重要方面。才，本义指初生草木，引申有自然、天生才质之义；性，人的本始材朴、自然天成的生命本身。《易传》有"三才"之说："兼三才而两之，故六。六者非它也，三才之道也。"③"三才"，指天、地、人。人作为自然生成即天生的三才之一，与天、地同列。性的问题，魏晋之前已有深入讨论。孔子及孔子时代之前，天命思想盛行，尤其周代，将"性"看作由天命所定、天命下

---

① 刘道醇：《宋朝名画评·序》，上海古籍出版社，1987年版。
② 郭若虚：《图画见闻志·论气韵非师》，人民美术出版社，1963年版，第14、15页。
③《易传》，拙著：《周易精读》，复旦大学出版社，2007年版，第338页。

贯的人之生命才质。"维天之命,于穆不已。于乎不(丕)显,文王之德之纯。"①朱熹注云:"此亦祭文王之诗,言天道无穷,而文王之德纯一不杂,与天无间,以赞文王之德之盛也。"②丕显文王之崇高、纯一的德性,乃天命所定。《左传·成公十三年》云:"刘康公曰:吾闻之,民受天地之中以生,所谓命也。是以有动作礼义威仪之则,以定命也。"这是说,不仅如文王这样的王与圣人,就是一般的"民",也是天命所降而成就人性,成为道德即"动作礼义威仪之则"。因而,《中庸》有"天命之谓性"之说就不奇怪了。后来,天命观念被逐渐否定,从天命阴影中走出来的,是人之才质、气具、情性皆为"天生"的思想。孟、荀虽不言才性天成,而孟的"性善"与荀的"性恶"之论,内蕴着人的道德之善恶本自天成的思想。此时中华哲人言性而少涉于才,实际由于皆从人之生命、生存的基质上来言性,故此性中已包含了才的因素。汉代董仲舒有所谓"性仁情贪""性有三品"说,称人"身之有性情也,若天之有阴阳也,言人之质而无其情,犹言天之阳而无其阴也"。认为"性"指人的"自然之质",谓之为"仁",实现为"善";"情"指人的感官欲望,谓之为"贪",实现为"恶",也是天生的。所谓"身之名取诸天。天两,有阴阳之施;身亦两,有贪仁之性"③是也。董仲舒又说:"人受命于天,有善善恶恶之性,可养而不可改,可豫而不可去。"④这里重提天命,说明这一才性论具有神学倾向。董氏又将人之才性分为三品:一曰"圣人之性",天生情欲极少;二曰"斗筲之性",情欲极多;三曰"中民之性"⑤,情欲中和,仁贪参半。扬雄提出人之才性"善恶混"之说,"人之性也,善恶混。修其善则为善人,修其恶则为恶人"⑥。王充则称人

---

① 《诗·周颂·维天之命》,陈子展:《诗经直解》下册,复旦大学出版社,1983年版,第1066—1067页。
② 朱熹《诗集传》,上海古籍出版社,1980年版。
③ 董仲舒:《春秋繁露·深察名号》,上海古籍出版社,1989年版。
④ 董仲舒:《春秋繁露·玉杯》。
⑤ 董仲舒:《春秋繁露·实性》。
⑥ 扬雄:《法言·修身》,汪荣宝:《法言义疏》,《新编诸子集成》第一册,中华书局,1987年版。

之才性高下，由禀受元气之多寡而自然生成："禀气有厚泊，故性有善恶也。"①王充承传董仲舒"性有三品"说，把人之才性依禀受元气的厚薄、多少而分为三种：中人以上者为善人；中人以下者为恶人；中人者"善恶混"，并认为从自然本性上看，中人之性者，为绝大多数。

凡此魏晋之前的才、性之辨，其哲学思路不离道德善恶之樊篱，可以称之为道德才性论。因为其思路、理趣集中在道德上，美学因素与审美意义少弱。魏晋之前的才、性之辨，虽言天命、天生、天成之才性，由于执着于道德层次上的人性问题，实际上有关人之天生的才质、才具、禀赋与才识等才性课题，并未充分展开讨论。

自三国魏刘劭《人物志》一书出，标志着自古中华的才、性之辨，有了历史的推进。刘劭应人物察举"惟才是举"的时代政治、政事之需②，把人分为"三材""十二流品"，书中对人的性分、才质、气质与形容等分析甚详，反映了汉末魏初从政治、道德人伦品鉴开始向人格审美转变的时代新风。刘劭(约424—453)从阴阳五行说出发，以为人之才性高下，必见于天生之肉身。而肉身又由骨、筋、气、肌与血五大天生因素决定。其相应的，将人物察举的原则还原于肉身现实，而不从天命角度与骨相之术角度来观察人的才性。从所谓"九品中正制"这一政治、道德察举的选才制度中走出来，开始从肉身现实即人的外貌长相、举止形质去发现、判断人物气质、才学与精神的美善。刘劭《人物志》从人物的仪、容、声、色与神五方面观察、判断人物的才性。如从"仪"的角度看，"心质亮直，其仪劲固；心质休决，其仪进猛；心质平理，其仪安闲"。从"容"角度看，"夫仪动成容，各有态度。直容之动，矫矫行行；休容之动，业业跄跄"。从"声"看，"夫容之动作，发乎心气。心气之征，则声变是也"。从"色"看，"夫声要于气，则实存貌色。故诚仁必有温柔之色，诚勇必有矜奋之色，诚智必有

---

① 王充：《论衡·率性篇》，《诸子集成》第七册，上海书店，1986年版，第17页。
② 史载，曹操用人"唯才是举"。《三国志·武帝纪》注引《魏书》："负污辱之名，见笑之行，或不仁不孝而有治国用兵之术：其各举所知，勿有所遗。"说明曹魏用人察举，已非专注于人物道德名声，而唯有才华、才识、才能者是举。

明达之色"。而从"神"看，则"夫色见于貌，所谓征神。征神见貌，则情发于目"。①虽然人之外貌、仪容、声色与人之内心、素质、学养、禀赋、识具的对应关系，并非如刘劭所言的如此简单，然而，这毕竟触及了这一人格审美的问题；虽然其间仍有从道德品行察举人之素质的因素，如"诚仁""诚勇"之类，但其看问题的角度，显然已不限于道德伦理了。在此，从人之外貌举止到内在素质的人格审美，已经得到了必要的关注与重视。

　　才、性之辨，是魏晋清谈命题之一。魏王弼指出，圣人有"性"且有"情"，"情动于中而外行于言"，"圣人通远虑微，应变神化，浊乱不能污其洁，凶恶不能害其性，所以避难不藏身，绝物不以形也"②。这里，作为哲学家的王弼，似乎并未像《人物志》那样直接谈论人格审美须从外貌到内在气质的问题，实则已从玄学角度，将"圣人"即完美人格的审美问题纳入其关于"情""性"的哲学思辨之中。在刘劭那里，以为"情发于目"，所谓仪、容、声、色都是情的表征，此所谓情动于外。在王弼看来，"圣人"自然也是有"情"的，这与普通人没有区别。但是"圣人""情动于中"，可以做到本在之"性"与显现于外的"情"的统一，乃是因为无论情、性，都本于自然，本于无。在"应物而无累于物者"这一点上，人之情、性，无善，无恶，原本为一。正如何劭《王弼传》所言："圣人茂于人者神明也，同于人者，五情也。神明茂，故能体冲和以通无；五情同，故不能无哀乐以应物。然则，圣人之情，应物而无累于物者也。今以其无累，便谓不复应物，失之多矣。"③外在之"体"之所以见"冲和"之貌相，是因为人之"情""性""通无"之故。在王弼看来，一个完美的人格之所以完美，是因为其既不得不"应物"又"无累于物"，是从"物"（有）通向生命之"玄"（无），从外到内的"无累"，即人格完美之本。另一玄学家郭象，以其"独化"说来释才性，认为万物发生，"幽冥独化"，"自生"也。"生生者谁哉？块然而自生

---

① 刘劭：《人物志·九征第一》，文学古籍刊行社，1958年版。
② 王弼：《论语释疑》，楼宇烈：《王弼集校释》下册，中华书局，1980年版，第631、632页。
③ 陈寿：《三国志·魏书·钟会传》注引，中华书局，1952年版。

耳。""天性所受,各有本分,不可逃,亦不可加。"①万物非生于"有",也不生于"无",万物者"自生"。人之才性,是天然"自生"的。人之才性,也是"任物之自为"的,"任其自为,则性命安矣","性命"之"全"而且"安"于自然无为,即成完美人格。

这一历史时期关于才性之辨与人格审美之关系问题的重要文本,是南朝宋刘义庆(403—444)所撰《世说新语》一书。该书云:"钟会撰《四本论》",②刘孝标注引《魏志》:"会尝论才性同异,传于世。'四本'者,言才性同、才性异、才性合、才性离是也"。才性的审美问题,已入魏晋名士的文化视野,该书实际将自汉末魏初到东晋名士的才性审美问题作为主题,大张魏晋风度。以笔者初识,所谓魏晋风度,人格之魅也,审容神、任放达、重才智、尚思辨是矣。魏晋名士生于乱世,命运、前途未卜,以清谈为时髦,不是学究式的冥思苦索,皓首穷经,而是灵机一动,心有灵犀,机锋迭出,所谓"谈言微中"。牟宗三说:"谈言微中是指用简单的几句话就能说得很中肯,很漂亮。"③名士清谈时的姿态也挺潇洒,执一拂尘,机智应对,四座耸听,或默然,或会心,气氛葱郁而谈吐高雅。

魏晋风度有诸多侧面,其表现之一,是容神之美:

时人目王右军:"飘如游云,矫若惊龙。"

有人叹王公形茂者云:"濯濯如春月柳。"

庾子嵩长不满七尺,腰带十围,颓然自放。

王右军见杜弘治,叹曰:"面如凝脂,眼如点漆,此神仙中人。"④

---

① 郭象:《庄子注》,上海古籍出版社,1989年版。
②《世说新语·文学第四》,刘义庆著、刘孝标注:《世说新语》,《诸子集成》第八册,上海书店,1986年版,第48页。
③ 牟宗三:《中国哲学十九讲》,上海古籍出版社,1997年版,第214页。
④《世说新语·容止第十四》,刘义庆著、刘孝标注:《世说新语》,《诸子集成》第八册,第163、164、161、162页。

所谓容神,并非容貌漂亮,而是美在"容"之有"神"。漂亮可以是一种美,却往往是外在的、肤浅的美。如庾子嵩实为一个矮胖子(其身高"不满七尺",按魏晋时古制一尺等于 0.23 米计算,庾氏大约不到 1.61 米),然"颓然自放"者,就不是一般可以用眼睛看到的美,而是须以心领悟、默契的深层次的"容神"之美。

> 魏武将见匈奴使,自以形陋,不足雄远国,使崔季珪代。帝自捉刀立床头。既毕,令间谍问曰:"魏王何如?"匈奴使答曰:"魏王雅望非常。然床头捉刀人,此乃英雄也。"①

"雅望"虽美,尚不敌"形陋"而凛然、威武的"容神"之美。

魏晋风度表现之二,是兴之所至、任其自然之美:

> 王子猷居山阴。夜大雪。眠觉,开室,命酌酒。四望皎然。因起彷徨,咏左思《招隐诗》。忽忆戴安道。时戴在剡。即便夜乘小船就之。经宿方至,造门不前而返。人问其故。王曰:"吾本乘兴而行,兴尽而返,何必见戴?"②

这种凡事任由兴致、不具任何功利目的的生活态度,体现出在后人看来是"任诞"的审美心胸。

魏晋风度表现之三,是率真、重情之美:

> 潘岳妙有姿容,好神情。少时挟弹出洛阳道,妇人遇者,莫不连手共萦之。左太冲绝丑,亦复效岳遨游。于是群妪齐共乱唾之,委顿

---

① 《世说新语·容止第十四》,刘义庆著、刘孝标注:《世说新语》,《诸子集成》第八册,上海书店,1986 年版,第 159 页。
② 《世说新语·任诞第二十三》,刘义庆著、刘孝标注:《世说新语》,《诸子集成》第八册,第 197 页。

而返。①

无论是女人的"连手共萦""齐共乱唾",还是左思的"效岳遨游",直至"委顿而返",都是率性真实,无遮无拦。

> 王仲宣好驴鸣。既葬,文帝临其丧,顾与同游曰:"王好驴鸣,可各作一声以送之。"赴客皆一作驴鸣。②

真是人间真情难得,不染一点尘埃,真诚若此,超越了等级地位,令人深自感动。

魏晋风度表现之四,是巧辞灵思、智慧俊拔之美:

> 孔文举年十岁,随父到洛。时李元礼有盛名,为司隶校尉。诣门者皆隽才清称及中表亲戚,乃通。文举至门,谓吏曰:"我是李府君亲。"既通,前坐。元礼问曰:"君与仆有何亲?"对曰:"昔先君仲尼,与君先人伯阳有师资之尊,是仆与君奕世为通好也。"元礼及宾客,莫不奇之。太中大夫陈韪后至,人以其语语之。韪曰:"小时了了,大未必佳"。文举曰:"想君小时,必当了了。"韪大踧踖。

> 孔文举有二子,大者六岁,小者五岁。昼日父眠,小者床头盗酒饮之,大儿谓曰:"何以不拜?"答曰:"偷,那得行礼。"

> 钟毓、钟会,少有令誉。年十三,魏文帝闻之,语其父钟繇曰:"可令二子来"。于是敕见。毓面有汗,帝曰:"卿面何以汗?"毓对曰:"战战惶惶,汗出如浆。"复问会:"卿何以不汗?"对曰:"战战栗栗,

---

① 《世说新语·容止第十四》,刘义庆著、刘孝标注:《世说新语》,《诸子集成》第八册,第160页。
② 《世说新语·伤逝第十七》,刘义庆著、刘孝标注:《世说新语》,《诸子集成》第八册,上海书店,1986年版,第166页。

汗不敢出。"①

少年才俊，敏思巧慧，一并辞锋锐利，内秀之极。

魏晋风度表现之五，是雅量、无私之美：

> 郭林宗至汝南，造袁奉高，车不停轨，鸾不辍轭。诣黄叔度，乃弥日信宿。人问其故，林宗曰："叔度汪汪如万顷之陂，澄之不清，扰之不浊，其器深广难测量也。"

> 阮光禄在剡，曾有好车，借者无不皆给。有人葬母，意欲借而不敢言。阮后闻之，叹曰："吾有车而使人不敢借，何以车为？"遂焚之。②

魏晋风度表现之六，是生命悲慨之美：

关于生命情调是喜乐还是悲慨的问题，尽管生命现实本身是一出"美丽的悲剧"，个体生命的一个周期，是从"无"到"有"，再从"有"到"无"，个体生命的开始、发展与结束，是一种轮回。人死对于个人生命而言，是不可抗拒的结束。人死去对于曾经相处的世界而言依然可以有意义，而世界现实对于死者而言是无意义的。现实人生本身是充满苦难、痛苦与悲剧的。关于这一点，只要去读一读《诗》，即可体会。"知我者，谓我心忧；不知我者，谓我何求？""忧"是《诗》所传达的主导人生意绪之一。尽管如此，大致在汉末魏初之前，中华民族的文化头脑，似乎对人之生命本在的"悲"，并未做过多少认真、深刻的哲学与美学思辨。《论语》开头第一句就说："学而时习之，不亦说（悦）乎！有朋自远方来，不亦乐乎！"③话确实

---

① 《世说新语·言语第二》，刘义庆著、刘孝标注：《世说新语》，《诸子集成》第八册，第13、14、17页。
② 《世说新语·德行第一》，刘义庆著、刘孝标注：《世说新语》，《诸子集成》第八册，上海书店，1986年版，第1、8页。
③ 《论语·学而第一》，刘宝楠：《论语正义》，《诸子集成》第一册，上海书店，1986年版，第1页。

不错，而人生悲邪？喜邪？或且悲且喜邪？孔老夫子对此好像并未认真留意过。《论语》多次记述孔子有关"饭疏(蔬)食饮水，曲肱而枕之，乐亦在其中矣"①之类的名言。《周易》强调"生生之谓易"，即生生之谓乐也。《周易》多次讲生命之快乐，却忌言"死"。全书仅一处说到一个"死"字，所谓"原始反终，故知死生之说"②，也仅是将"死"及其悲哀看作两次"生"之际的一个中介而轻轻带过。《周易》不是绝对无视生命的"忧患"问题。所谓中国哲学与美学史上的"忧患"③意识，是由《周易》这一文本提出来的。可是，这种忧患偏重于如文王被囚羑里而演易那样的家国性命之忧，有如屈子那般的伤时忧国之忧，尚不是人之生命本在的忧与悲，《周易》所强调的人生信条是："乐天知命，故不忧。"④

然而时至汉末魏初，事情确实起了变化。只要去读一读汉末《古诗十九首》里的一些诗句，让人不能不深切地感到，当时的中国人尤其是作为时代、社会之良心的文人学子，似乎一下子懂得"痛苦"了。读曹操的《短歌行》⑤，又加深了这一感受。曹丕《与朝歌令吴质书》忆往日之游，写得甚为感伤："清风夜起，悲笳微吟。乐往哀来，凄然伤怀。"面对"中野何萧条，千里无人烟"(曹植：《送应氏》)的社会现实与个人的不幸遭际，陈思王《赠白马王彪》末章中唱道："苦辛何虑思？天命信可疑。虚无求列仙，松子久吾欺。变故在斯须，百年谁能持？"不仅悲从中来，且由叹生命之速逝、人生之无常而疑天命之难违。王粲(建安七子之一)《七哀》第一首有"出门无所见，白骨蔽平原。路有饥妇人，抱子弃草间。顾闻号泣声，挥涕独不还。未知身死处，何能两相完"之句，写来悲哀不已。蔡文姬《悲愤诗》忧愤地唱道："旦则号泣行，夜则悲吟坐。欲死不能得，欲生无一可。

---

① 《论语·学而第一》，刘宝楠：《论语正文》，《诸子集成》第一册，第143页。
② 《易传》，拙著：《周易精读》，复旦大学出版社，2007年版，第283页。
③ 《易传》："《易》之兴也，其于中古乎？作易者，其有忧患乎？"拙著：《周易精读》，复旦大学出版社，2007年版，第334页。
④ 《易传》，拙著：《周易精读》，第284页。
⑤ 曹操《短歌行》："对酒当歌，人生几何？譬如朝露，去日苦多。慨当以慷，忧思难忘。何以解忧，惟有杜康。"(《曹操集》，中华书局，1959年版。)

彼苍者何辜，乃遭此厄祸!"阮籍《咏怀诗》中，充满了如"对酒不能言，凄怆怀苦辛""终身履薄冰，谁知我心焦"与"孤鸿号外野，翔鸟鸣北林。徘徊将何见，忧思独伤心"之类的诗句。总之，这是一个"泪如泉涌""悲不自胜"的时代。以繁钦《与魏太子笺》"莫不泫泣殒涕，悲怀慷慨"来概括，并不为过。钟嵘《诗品》称曹操"古直，甚有悲凉之句"，言王粲"发愁怆之词"，甚确。所谓"悲凉""愁怆"，亦是整个魏晋的基本时调与文脉、文心。"观其时文，雅好慷慨，良由世积乱离，风衰俗怨，并志深而笔长，故梗概而多气也。"①这里所言"气"，慷慨悲郁耳，它构成魏晋风度、人格的内在依据之一，是对人生及其生命的一种感悟，是一种生命沉潜的观照与反思。

在魏晋，人之生命的悲慨之美，成为魏晋风度中极富"深度"的一种"文化"，它可以表现为外在的"意绪"，而其底蕴是沉重的。它是朗照之下的生命的"阴影"、夜暗之中的生命的"亮色"，美丽而富于力度。

魏晋风度充满了关于生命的悲剧感。其中所体现的"悲"，已经不是少年式的"为赋新词强说愁"那样的"假性痛苦"，而是这一时代与民族的"良心"，确实感觉到了人之生命作为"美丽的悲剧"的切肤之痛。比如说一个人，他(她)在童年、少年时代所可能感觉到的痛苦，往往是肤浅的，称其为"假性痛苦"亦可。魏晋的"悲"与"慨"，真实地证明这个伟大民族的生命及其文化正在历史地成长之中，是有如从少年向青年时代一般的"成长"，这悲慨之美中蕴含着深邃的美学精神。除了时代乱离这一外在因素的触发，更主要的与根本的，是这一民族之生命历史性生成的一种"美的韵律"，是"成长中的烦恼"。同时，由印度东渐的以人生苦空及其解脱为基本教义的佛学的严重影响与人格濡染，也是建构这一魏晋风度的一种精神滋养。魏晋风度在人格构成中，是以"玄"为基质的，却不可避免地融渗了佛、儒因素。

---

① 刘勰:《文心雕龙·时序第四十五》，范文澜:《文心雕龙注》下册，人民文学出版社，1958年版，第673—674页。

第四章 玄佛儒之思辨与审美建构

魏晋风度之美,丰富、瑰丽、深邃而独异。好比美丽的花朵,只能开放一次。它的独一无二、不可重复性,是由魏晋这一特定时代的文化土壤所栽植与造就的。魏晋之后,这种极富美学精神的人格风度,并未真正重新出现过。魏晋时人的那种天才与情性,那种独特的"味",绝不是后人所能模仿学习的。魏晋风度,失之久矣。

同时仍须指出,今人心目中的魏晋风度之美及其文化魅力,是在魏晋"原型"的基础上不断重构的结果。我们今天所能做的一些研究,是想努力地"回到魏晋"。要绝对地"回去",是不可能的,只能努力地去接近历史,倾听这历史文脉的呼吸、心跳与回响。魏晋风度中有诸多今人不可理解甚至怪异的东西,但在魏晋那时,想来一定是平常而自然的,毫不做作的,否则,就不是魏晋风度之美了。

魏晋风度有恃才傲物的一面。有无才、性,是品人也是品文的标准。有才,有性,有才具,有个性,率性而自然,从汉儒传统的礼法束缚之中解脱出来,完成"以天合天"的人格上的"自然主义"与"个性主义",遂使"晋人以虚灵的胸襟、玄学的意味体会自然,乃能表里澄澈,一片空明,建立最高的晶莹的美的意境"。[①] 有一种"空潭泻春,古镜照神"、"疏瀹五脏,澡雪精神"、物我浑契、人天互答的审美心胸。魏晋时人的如此钟情于审美,真令后人惊羡不已。然而我们不能误以为,魏晋时人只是一味地"目送归鸿,手挥五弦。俯仰自得,游心太玄",似乎生来就是如此不食人间烟火似的。其实,他们作为名士,也生活得很实际、很艰难,有时也不免俗气。比如竹林名士中不乏饮酒的好手,以嵇、阮为尤。而刘伶曾作过一篇《酒德颂》,想是喝酒喝得很有体会与心得的。无论真的喝得烂醉似泥,还是佯醉而发酒疯,都是内心极度痛苦的表现。

> 刘伶病酒渴甚,从妇求酒。妇捐酒毁器,涕泣谏曰:"君饮太过,非摄生之道,必宜断之!"伶曰:"甚善。我不能自禁,唯当祝鬼神自

[①] 宗白华:《美学散步》,上海人民出版社,1981年版,第179页。

誓断之耳。便可具酒肉。"妇曰："敬闻命"。供酒肉于神前，请伶祝誓。伶跪而祝曰："天生刘伶，以酒为名。一饮一斛，五斗解酲。妇人之言，慎不可听!"便引酒进肉，隗然已醉矣。

刘伶恒纵酒放达，或脱衣裸形在屋中。人见讥之。伶曰："我以天地为栋宇，屋宇为裈衣，诸君何为入我裈中？"

诸阮皆能饮酒。仲容至宗人间共集，不复用常杯斟酌，以大瓮盛酒，围坐相向大酌。时有群猪来饮，直接去，上便共饮之。

张骥酒后，挽歌甚凄苦。桓车骑曰："卿非田横门人，何乃顿尔至致？"①

这种"任诞"行为，宣泄了"难得糊涂"的心态，以人欲（食欲）的放纵，求精神的解脱，不舍肉身而欲使灵肉共舞，实在可以说是一种很世俗的生命的挣扎。

除了狂饮，一些魏晋名士还钟情于药石。服药，也是恃才、任性的魏晋风度的世俗表现之一。在这个人们笃信"酒正使人人自远"②的特定时代里，服药成了时髦。以服药养生、炼形与炼神的观念，是源自先秦老庄养生思想与汉魏以来道教炼丹思想在魏晋的时代综合。玄学贵无派领军人物之一的何晏，不仅尚清谈，而且"是吃药的祖师"。③ 王弼与夏侯玄是他的"同志"。何晏所服之药石，称五石散，大概由石钟乳、石硫黄、白石英、紫石英与赤石脂这五味药石所构成，有毒。因为何晏是名流，他吃开了头，时人便多效仿。服药之余，人便发寒发热，故必须不停地走路，称为"行散"。又须冷水浇浴，吃寒性食物，故五石散又称寒食散。由于浑身发

---

① 《世说新语·任诞第二十三》，刘义庆著、刘孝标注，《世说新语》，《诸子集成》第八册，上海书店，1986年版，第188—189、189、190、197页。
② 《世说新语·任诞第二十三》，刘义庆著、刘孝标注，《世说新语》，《诸子集成》第八册，第194页。这句话大意是说，酒正可以使人人远于俗世、俗情，达到精神的解脱。
③ 鲁迅：《魏晋风度及文章与药及酒之关系》，《而已集》，人民文学出版社，1973年版，第86页。

热,故裸形者有之,衣服也渐见宽大起来了。鲁迅说:"现在有许多人以为,晋人轻裘缓带,宽衣,在当时是人们高逸的表现,其实不知他们是吃药的缘故。一班名人都吃药,穿的衣服都宽大,于是不吃药的也跟着名人,把衣服宽大起来了。"又说,"吃药之后,因皮肤易于磨破,穿鞋也不方便,故不穿鞋袜而穿屐。所以我们看晋人的画像或那时的文章,见他衣服宽大,不鞋而屐,以为他一定是很舒服,很飘逸的了,其实他心里都是很苦的。"真是说得入木三分。又因服药中毒、穿宽大破衣又不常沐浴,身上难免多虱,偏又侃侃而娓娓,滔滔不绝,于是"扪虱而谈",在今人看来真是独具神韵,清通、放达、潇洒得很,其实是一副随意、邋遢、脏兮兮的样子。并且由于嗜酒与滥服药石,身体便欠佳,精神意绪多焦虑甚至狂躁。"晋朝人多是脾气很坏,高傲,发狂,性暴如火的,大约便是服药的缘故。比方有苍蝇扰他,竟至拔剑追赶。"[1]服药寄托了钟爱生命的愿望,结果往往是对生命的戕害,而魏晋时人对这种生命的付出,却总是忽略不计,毫不在意,一意孤行。这便是魏晋风度在如何对待生命问题上的朴质、可爱与大度。魏晋风度在才、性层面上的表现,如此有血有肉,它的永恒的美的魅力,恰恰并非因其美,而是因其今人怎么也学不来的不美甚至丑的缘故。

第六节 玄佛相会的审美意义

整个魏晋南北朝尤其在魏晋时代,玄学无疑是其哲学文化思想的主流。玄学的文化基质是老庄,儒学潜行其间,而佛学亦来相会。

在美学上,玄佛相会的意义是具有哲学与历史深度的,而且影响深远。

这里值得注意的,是玄佛相会的"佛",主要指由印度入渐的佛教般若

---

[1] 鲁迅:《魏晋风度及文章与药及酒之关系》,《而已集》,人民文学出版社,1973年版,第86页。

之学。起码自汉末至刘宋初年，中国佛学的主要流派，是般若学。这一历史时期，《般若经》译本甚多，最早是支娄迦谶的《道行》十卷，同为《大品般若》的《放光》行世于西晋，而《光赞》则流播于东晋道安时代。自鸠摩罗什入长安，又重译般若经典。汤用彤称，这一时期，"盛弘性空（指《般若》教义）典籍，此学遂如日中天。然《般若》之始盛，远在什公以前。而其所以盛之故，则在当时以《老》《庄》《般若》并谈。玄理既盛于正始之后，《般若》乃附之以光大"。①

"当时以《老》《庄》《般若》并谈"，说得十分中肯。大凡一种异族文化思想，初入彼邦皆抵牾而起冲突。为求入渐有效，一则以异族文化思想努力融入于本土文化；二则以本土文化的语汇、概念、观念与范畴之类去解读异族文化，除此别无他途。印度佛教自西汉末年入渐中土之后，其教义有一个不断被中国化即中华本土化的解读过程。魏晋之时，中国佛教史上曾经经历过一个所谓"格义"时期。"乃以本国之义理，拟配外来思想。此晋初所以有格义方法之兴起也。""格义者何？格，量也。盖以中国思想比拟配合，以使人易于了解佛书之方法也。"②一旦经过"格义"，印度佛学的教义逐渐被改造为中国信徒易于接受的东西。这一"格义"，内容便是"以《老》、《庄》、《般若》并谈"。

老庄思想与佛教般若之学的"对话"，实际是魏晋玄学与般若学的对接，是魏晋玄、佛之际所发生的一个值得重视的精神事件。以含蕴于玄学的老庄的"无"，并谈佛教般若学的"空"，是这一场佛教"格义"的精神实质。也便是说，以"空"为基本教义的印度佛教般若之学入渐中土之后，它所遭遇的思想劲敌之一，便是老庄之"无"。以老庄之"无"来"误读"般若性空之学，于是便产生了中国本土化的般若性空说及其流派。东晋之时，由于在以"无"释"空"这一转捩点上对般若之学所谓"空"义的理解与阐述有异，于是便有"六家七宗"。它们是：

---

① 汤用彤：《汉魏两晋南北朝佛教史》上册，中华书局，1983年版，第164页。
② 汤用彤：《汉魏两晋南北朝佛教史》上册，中华书局，1983年版，第168页。

道安本无宗；

竺法深本无异宗；

支道林即色宗；

于法开识含宗；

道壹幻化宗；

支愍度心无宗；

于道邃缘会宗。

其中本无宗与本无异宗为同宗异派，故为"六家七宗"。唐元康《肇论疏》云："论有六家，分成七宗。第一本无宗，第二本无异宗（晓月《肇论序注》作"本无玄妙宗"——原注），第三即色宗，第四识含宗，第五幻化宗，第六心无宗，第七缘会宗。本有六家，第一家为二宗，故成七宗也。"此之谓也。从基本教义看，《肇论疏》又云："第一家，以理实无有为空，凡夫谓有为有，空则真谛，有则俗谛。第二家，以色性是空为空，色体是有为有。第三家，以离缘无心为空，合缘有心为有。第四家，以心从缘生为空，离缘别有心体为有。第五家，以邪见所计心空为空，不空因缘所生之心为有。第六家，以色色所依之物实空为空，世流布中假名为有。"凡此教义各有所差别，皆为"无"释"空"之大前提下所引起的差别。如关于本无宗，陈慧达《肇论疏》说："本无之所无者，谓之本无。"以"本无"说般若性空，故"本无与法性同实而异名也。"因而正如汤用彤所言："释家性空之说，适有似于《老》《庄》之虚无。佛之涅槃寂灭，又可比于《老》《庄》之无为。"[1]吉藏《中观论疏》在谈到道安本无宗时也说："安公明本无者，一切诸法，本性空寂，故云本无。"显然，这里所言"本无"，实即"本空"。又如心无宗，僧肇《不真空论》称："心无者，无心于万物，万物未尝无。"又说，"此得在于神静，失在于物虚。"物本实在而不虚。不虚者，有也，所以元康《肇论疏》云："然物是有，不曾无也。"但是，物虽有，却可以做到主体于物无所执著，无所滞累，即"但于物上不起执心，故言其空"。于

---

[1] 汤用彤：《汉魏两晋南北朝佛教史》上册，中华书局，1983年版，第172页。

是，佛教所谓般若性空，可以用"般若心空"来描述。心空者，性空也。心若空诸一切，便是一切的物性空幻。而心空者，则"无心于万物"。故心空者，又可以用"心无"来描述。再如即色宗，此色，指一切事物现象，万事万物，因缘而起，刹那生灭，故无自性，故曰性空。但即色宗以为，世界的真谛在空性而不空色。这可以用老庄有无之论来阐说，如果性为"无"，则色为"有"。宗少文《答何承天书》破即色义，称"夫色不自色，虽色而空。缘合而有，本自无有。皆如幻之所作，梦之所见，虽有非有。将来未至，过去已灭，现在不住，又无定有"。这里所谓"色不自色"者，即言诸色无有自性，色是假有，本性空无。总之，正如汤用彤言："支法师即色空理，盖为《般若》'本无'下一注解，以即色证明其本无之旨。"①

以"无"说"空"，谈空论无，进出方便，往来无碍，这便是魏晋时期中国哲学、思想界在玄学笼罩下的玄、佛之际的所谓"格义"。这既改造了印度入渐的般若之学，又熔铸了融会着佛禅精神的魏晋玄学，一种新的美学精神酝酿其间。

印度佛教般若经典译介于魏晋，玄学有接引之功。在印度佛教中，般若性空之学与涅槃佛性之论属于不尽相同的两个佛学思想体系。般若性空思想之远端，是印度原始佛学所倡言的"三法印"即"诸法无常，诸行无我，涅槃寂静"说。万法因缘而起，念念无住，故无自性，故曰"性空"。"性空缘起"论的思想主旨，为"四大皆空"，不仅万事万物皆空，而且就连"空"本身也是"空"的。以"空"来不断地消解事物的本体，永不停留地"否定"，这便是般若之智。般若者，智慧之谓。如能默照于此，便悟入般若之境。佛经说，因缘所生之法，究竟而无实体曰空。《维摩经·弟子品》云："诸法究竟无所有，是空义。"龙树《中论》则说："众因缘生法，我说即是空。亦为是假名，亦是中道义。"②中者，不二之义，双非双照之目，绝待之称也。这里的"二"与"双"，指空与有。离开空、有二边，是谓中道。既破斥

---

① 汤用彤：《汉魏两晋南北朝佛教史》上册，中华书局，1983年版，第184页。
② 《中论》，[印]龙树菩萨造，姚秦三藏法师鸠摩罗什译，青目菩萨释，心澄译释，广陵书社，第五册，佛历二五五二年，第1023页。

性空，又破斥假有，进而更破斥执"中"之见，究竟无有实性，为毕竟空，此乃无上智慧。这是大乘空宗般若性空之学的根本义之一。

比较而言，般若性空之学，说"空"而永不执著于"空"，涅槃佛性说却以"空"为"有"，即在承认"四大皆空"的前提下，将这"空"看作是一种"存在"。般若学以万法为空，终无自性，不仅"空"现象，而且"空"本质，就连本质之"空"也是"空"的。佛性论虽然承认一切事物现象虚妄不实（空）、一切事物本质也是"空"的，但是承认这本质之"空"是一"存有"，认为佛性是"存有"、真如是"存有"，亦称为"妙有"。两者的区别在于，般若性空之学彻底破斥它根本不承认的一切事物现象的那"自性"，且"空诸一切"，就连"空"本身亦无"存有"的地位与可能；涅槃论却在承认万法皆空的同时，去执著地追求这作为事物本质的"空"。这一"空"，其实就是涅槃，就是佛性。

如果说，般若性空之学以永远的破斥与否定，以无所执著为精神上的"终极关怀"（实质上般若性空之学以消解"空"即消解"终极"为"终极关怀"），那么，涅槃佛性论则以执著于"空"（佛性）为终极关怀。尽管比如在《大般涅槃经》里同样可以见到许多关于"空"的言说，所谓"空"者，"内空、外空、内外空、有为空、无为空、性空、无所有空、第一义空、空空、大空"。可是在本体意义上，涅槃佛性论其实并非绝对地空诸一切、以空为空，而是以空为实相的，即以空为真实、"存有"的。这正如《涅槃经》所强调的："佛性常住，无变易故"，"惟有如来、法、僧、佛性，不在二空（这里指内空、外空）。何以故？如是四法，常乐我净，是故四法，不名为空"。

般若之学与佛性之论在关于事物本质之"空"的无所执著还是有所执著这一点上见出了分野。而印度般若性空之学对"空"的无所执著所体现出来的"终极"观与思维习惯，不是魏晋时人所能够立即领会与适应的。于是便有以魏晋玄学关于事物本体"无"的先入之见即"前理解"来"误读"般若性空之学。中国佛教的般若性空之学，肇始于高僧鸠摩罗什在中土对印度般若佛学经典的译传，成就于中国僧人僧肇，且在罗什与僧肇之前，以"六家七宗"为前奏。而僧肇作为罗什弟子,他的《不真空论》《物不迁论》《般若无知论》与《涅槃无名论》等,虽主要论述了般若学所谓"不真"故"空"、佛法不可思议、不可言说等思想,却因此时玄学的盛行而得以与玄学贵"无"之论应答、交融。玄学哲学理性上的返本、摄宗意识和谈有说无的魏晋名士兼名僧的清谈风度,构成当时玄、佛趋于合流的时代学术氛围。玄学"以无为本"的本体论,有力地影响了大乘空宗般若学佛典及其思想的译介、流播与重构。汤用彤《汉魏两晋南北朝佛教史》说:"惟僧肇特点在能取庄生之说,独有会心,而纯粹运用之于本体论。"[1]追摄本体是什么以及执著于本体的哲学与美学旨趣,是魏晋自以道安本无宗为代表的"六家七宗"到罗什、僧肇之般若学的共同思想与思维特点。玄学哲学与美学观念的必然渗入,推动了印度入渐的般若性空之学中华本土化的历史进程。由于同样执着于事物本体(无)及其美的魏晋玄学观的渗透,便使无所执著事物本体之"空"的由印度入渐的般若性空之学,嬗变为更易为中国人所接受的中国佛教的般若性空之学,这种中国的般若学,在有所执著于事物本体"空"及其美这一点上,已与佛教涅槃佛性论无甚区别。这是印度大乘般若学教义的中土化、玄学化,实际开启了中国般若性空之学向涅槃佛性论转变的"方便"之门。

这一特点,在慧远佛学思想中也同样表现出来。据《高僧传·释慧远传》,慧远曾撰《法性论》云:"至极以不变为性,得性以体极为宗。"这里所言"至极",即中国佛教所追寻的涅槃、佛性、真如本体,它固然原本不空不有、空有双离,却是其性"不变"的,而且是一个可被体悟、默照、追摄的对象。慧远的这一佛学名言,本意是在谈论大乘空宗的般若之学,而其思想旨趣,却不由自主地开始跨入主张以佛性(空)为"妙有"的涅槃之境。关于这一点,其实早已被元康《肇论疏》所看破:"问云:性空是法性乎?答曰:非。"这里,慧远的"法性"论,其实已经不是本来意义上的般若性空之见。赖永海《中国佛性论》一书指出:"慧远的'法性'与般若性空不

---

[1] 汤用彤:《汉魏两晋南北朝佛教史》上册,中华书局,1983年版,第240页。

是一回事,性空是由空得名,把'性'空掉了;而'法性'之'性'为实有,是法真性(妙有、真如、佛性)。实际上,慧远的'法性论'更接近于魏晋的'本无'说,即都承认有一个形而上学的实体。"①可谓中肯之见。而一旦承认事物实体(空)为"妙有",故可被执著,成为精神上的一种"终极性存有",那么,这种名义上的般若性空之见,其实已趋入涅槃佛性境界。

魏晋时期这一玄、佛相会精神事件的美学意义是值得思考的。

其一,自何晏、王弼初倡玄学"贵无"之说,经阮籍、嵇康发扬光大,到向秀、郭象归结为标榜"玄冥""独化"的玄学本体论,魏晋玄学美学的"贵无"一支,基本上取以"无"为"原美"的本体论立场。这一立场,为魏晋玄学的美学,奠定了一种哲学本体论的形上基础。由于以王弼为代表的美的"以无为本"说,倡言"扫象""忘象",使得这种美学思想不滞累于象,更不滞累、拘泥于物的经验事实。因此可以说,中国美学发展到魏晋以王弼为代表的"贵无"的美论阶段,其思辨的形上性,已达到中国传统文化哲学之思维的顶峰。它为伴随着情感的审美思辨,冥会与领悟美的无限空灵之境界,提供了无限的契机。当然,这种"无限"的思辨与向往,仍然基本局限于世间即此岸。自西汉末年印度佛教东渐尤其在魏晋由印度入渐的佛教般若之学日渐流播,历史与时代本来提供了一个机会,催化中华文化及其美学的思维从世间、此岸向出世间、彼岸迈越,然而,中华本土文化及其审美意识是如此"坚定"与"坚强",终于用"以无为本"消解了印度般若性空之学"以空为空"的思想,让思维框架依然基本建构在世间与此岸。这一历史时期,魏晋玄学名士与名僧往往兼于一身,或者相互交往、应答,以"无"为美或是以"无"谈"空"、以"无"说"空",或是虽言"空幻",却仍执著于"无"的境界,证明中国美学生来就携带中国传统文化的英迈、葱郁的勃勃元气,坚守它的本土立场。这种自史前、先秦积淀而来的中国美学之文脉之所以是充满生气与力量的,是因为自古中国文化的世间性与此岸性无比"顽强"与"强大"的缘故。这一东方古老而伟大的民族的美学思辨,

---

① 赖永海:《中国佛性论》,上海人民出版社,1988年版。

无疑具有独特而鲜明的民族个性,它凭借其个性,从不拒绝吸收世界上其他民族美学的优秀的思想与思维资源,却依然不失其民族的个性特质,自立于世界美学之林。由此可以证明,我们今天在建构具有当代中国特色的美学体系时,其本土的美学及其思维与思想,必然是建构这一美学体系的文化与哲学的基础与基质。这里,"本土"可以被改造、丰富与发展,却不能"缺席"。"本土"永远不会"失语"。"本土"的存在,是潜在而常在的。任何无视、忽视"本土"的美学建构,都是不会成功的。

其二,尽管魏晋玄、佛相会的美学,是以"无"说"空",执著于世间、此岸,且维护了中华本土文化的立场,但这不等于说,这一玄、佛相会的美学比起以往的中国美学来,没有历史的推进。从文脉看,魏晋玄、佛相会的美学对于整个中国美学而言,是一次重要的精神的锻炼。这一锻炼,虽然立足在世间、此岸,而其美学思想意绪的头颅,却能时时探向出世间即彼岸的云端,观照与体味一片"空幻"的美丽的风景。从此,中国美学思维与思想的时空域限,已经不在有(物)、无(本体)之间,而是在于无(此岸本体)、空(彼岸)之间。出入、隐显于世间与出世间,使精神在无、空之间往来无碍,成为魏晋之后中国美学之文脉的基本走向。关于这一特点,发展到唐代的禅宗美学,已经是很典型的了。

而其起始,即在魏晋玄、佛相会,集中地体现在同样曾经以"无"释"空"的僧肇的美学思想中。

尽管僧肇曾经以"无"释"空",但他的高明处,是站在中国传统文化思想的立场,尽可能地融会、贯通由印度入传的大乘空宗的般若之学。僧肇精勤于"解空",却不是简单地以"无"解"空",而是在批判地对待印度佛学的同时,对中国传统文化尤其当下的玄学同时持批判的文化态度。他以玄学老庄之见去观照般若空义,又以般若空义解读老庄无义。从《涅槃无名论》看,僧肇在这里采用了一系列老庄的术语,如无为、无名、无言、谷神、绝智、抱一与自然等,重申"高下相倾,有无相生,此乃自然之数"之类的玄学思想,然而僧肇的佛学思想,显然已从"六家七宗"的历史阴影之中走出,对其中本无、心无与即色三家的思想表示了不满。如对本无宗，僧肇说：

> 本无者，情尚于无多。触言以宾无。故非有，有即无；非无，无亦无。寻夫立文之本旨者，直以非有非真有，非无非真无耳。何必非有无此有，非无无彼无？此直好无之谈，岂谓顺通事实，即物之情哉？①

"好无"是先秦道家的思想与思维旨趣，玄学也是"好无"的。僧肇却对这一"好无之谈"表示了异议。在他看来，本无宗的缺失，在"情尚于无多"，即往往执著、滞累于"无"，这不符佛教般若空义。在中国佛学史上号称"解空第一"的僧肇，以其名作《不真空论》奠定其佛学、美学思想基础，在批判地继承印度佛教般若空宗学说的前提下，提出与阐述其"不真"故"空"的见解。在僧肇看来，首先，一切事物现象因缘而起，刹那生灭，故无自性，而无自性即性空，性空即不有，"物从因缘故不有"。其次，一切事物现象的名称，都是世俗经验层次上的一种预设，是对"假有"的"假定"。"假定"的预设，是"假名"。"假名"者，"不真"，"夫以名求物，物无当名之实"。② 一切"名"不副"实"，"名"与"真"毫无联系。再次，世俗意义上的"有"是"假有"，"无"亦是"假无"。"假有""假无"者，"不真"。"不真"即"空"。更重要的是，执"有"者，执"假"也；执"无"者，亦执"假"也。而所谓执"空"，又如何呢？由于执"空"本身，即意味着要么将"空"作为"有"要么作为"无"来执著，已经是对"空"的一种精神滞累。而且，"空"（正如"真"）作为一种事物现象本体的名称，也无非是关于事物本体的一个"假名"而已，如何可被执著？因此在僧肇看来，如一味执"空"，类于执"有"、亦类于执"无"。执"空"，便落入"有"（假有）、"无"（假无）之

---

① 僧肇：《不真空论第二》，石峻、楼宇烈、方立天、许抗生、乐寿明编：《中国佛教思想资料选编》第一卷，中华书局，1981年版，第144—145页。
② 僧肇：《不真空论第二》，石峻、楼宇烈、方立天、许抗生、乐寿明编：《中国佛教思想资料选编》第一卷，中华书局，1981年版，第145、146页。

泥淖与烦恼之中，不能进入所谓"是以圣人乘千化而不变，履万惑而常通"的精神境界。但是，根据中观义，承认万物本"空"，其实已是落入"假有""假无"的"语境"之中。作为本体的"空"，既言万物（色）无自性，又承认其本身直接体现于万物的"假有""假无"之中。此即无染无净、亦染亦净。因此，"不真空"的意思，从真谛看，非有非无非空（非空，指以空为空；真空，亦即罗什所言"毕竟空"）；从俗谛看，亦有亦无亦空。僧肇所谓"有"，"有非真有"；（世界本非"真有"。"非真有"，"假有"耳。）所谓"无"并非佛家言，道家、玄学之谓也。佛禅讲"缘起"，一旦承认"缘起"说，则万物之本体必非"无"而为"空"，所以僧肇说："万物若无，则不应起，起则非无。以明缘起，故不无也。"[1]

可见，中国佛教发展到僧肇时期，其思虑的深邃性，表现为"六家七宗"以"无"释"空"向僧肇的以"真空"（毕竟空）破斥"有""无"的方向转递。僧肇（384—414，一说374—414）生活于玄学盛期已过的时代，在僧肇的全部著述中，虽然有时仍在申言玄论，"称圣心冥寂，理极同无，虽处有名之中而远与无名同"[2]，说明了玄学"以无为本"的本体论对其思想的有力影响，然而僧肇在中国佛学史上的贡献，主要是在理论上澄清了不合佛学本义的思想，一方面依然多少受到玄学的影响，一方面将般若性空之义从对玄学的依附状态中"解放"出来。在美学上，僧肇的"真空"（毕竟空）说拓展了思考美之本体的思路，将其思想与思维的触须伸向出世间而又不离世间，成为唐代禅宗美学的时代先声之一，为唐代佛禅思想在人生与艺术审美意义上所建构的空灵意境说，准备了思想资料。

---

[1] 僧肇：《不真空论第二》，石峻、楼宇烈、方立天、许抗生、乐寿明编：《中国佛教思想资料选编》第一卷，中华书局，1981年版，第146页。
[2] 僧肇：《答刘遗民书》，石峻、楼宇烈、方立天、许抗生、乐寿明编：《中国佛教思想资料选编》第一卷，中华书局，1981年版，第152页。

第四章 玄佛儒之思辨与审美建构

第七节 《文心雕龙》：一个玄佛儒思想三栖的美学文本

魏晋南北朝最巨大最深刻的文论、美学理论建构，当推刘勰《文心雕龙》一书。关于《文心雕龙》，学界研讨尤多，著述林立，成果丰硕，在此本书不拟重复。但有一个重要问题，尚有进一步讨论的必要，即《文心雕龙》的文论、美学理论系统，究竟是在什么文化、哲学思想的影响下建构起来的？亦即其理论系统的文化性格与哲学本色，是属儒、属玄(道)、属佛的呢，还是玄、佛、儒思想三栖相会？

刘勰著《文心雕龙》，自视颇高。其"志"在改变自魏晋以降在他看来那种种文论、美学的缺失与衰靡，达到"振叶以寻根，观澜而索源"的学术境地。刘勰说：

> 详观近代之论文者多矣：至于魏文述典，陈思序书，应玚文论，陆机文赋，仲洽流别，宏范翰林，各照隅隙，鲜观衢路；或臧否当时之才，或铨品前修之文，或泛举雅俗之旨，或撮题篇章之意。魏典密而不周，陈书辩而无当，应论华而疏略，陆赋巧而碎乱，流别精而少巧，翰林浅而寡要。又君山公幹之徒，吉甫士龙之辈，泛议文意，往往间出，并未能振叶以寻根，观澜而索源。不述先哲之诰，无益后生之虑。[1]

为求进入这一学术境地，在思想与思维层次上走异端是不成的[2]，单打一

---

[1] 刘勰：《文心雕龙·序志第五十》，范文澜：《文心雕龙注》下册，人民文学出版社，1958年版，第726页。
[2] 按：刘勰：《文心雕龙·序志第五十》云："盖周书论辞，贵乎体要；尼父陈训，恶乎异端"（见该书下册，第726页）。刘勰自承古训，忌走"异端"。

是不可取的。刘勰主张其文论、美学理论"唯务折衷"①，亦玄、亦佛、亦儒，体现出玄、佛、儒思想三栖相会而应答的学术上的"大局"观。《文心雕龙》站在时代的高度，有一种"会当凌绝顶，一览众山小"的学术气概。而作者努力会通玄、佛、儒三学的坚实的学术素养，又有力地支持其完成超越前人与时贤的理论建树，成为中国文论与美学在魏晋南北朝走向成熟的重要标志。

学界多将《文心雕龙》文论与美学思想的文化基质归之于儒的见解，这一点似无疑问。

第一，刘勰说："予生七龄，乃梦彩云若锦，则攀而采之。齿在逾立，则尝夜梦执丹漆之礼器，随仲尼而南行；旦而寤，迺怡然而喜，大哉圣人之难见哉，乃小子之垂梦欤！自生人以来，未有如夫子者也。"②这是刘勰自述自己从小对孔夫子及其学说的尊崇，以至于在而立之年达到日思夜梦的程度。言之凿凿，不可不察。

第二，《文心雕龙》有言："盖《文心》之作也，本乎道，师乎圣，体乎经，酌乎纬，变乎骚，文之枢纽，亦云极矣。"③该书卷一《原道》《征圣》《宗经》《正纬》与《辨骚》五篇，所言似不出儒学域限。如《原道》篇所谓"仰观吐曜，俯察含章，高卑定位，故两仪既生矣。惟人参之，性灵所钟，是谓三才"；所谓"人文之元，肇自太极。幽赞神明，易象惟先。庖牺画其始，仲尼翼其终。而乾坤两位，独制文言"④等言辞与思想，皆直接源自先秦儒家著作《易传》。如《征圣》篇倡言，"是以子政论文，必征于圣；稚圭劝学，必宗于经"⑤。明言"圣"则、"经"典是论"文"、取"文"的标准。如《宗经》篇直言，"经也者，恒久之至道，不刊之鸿教也。故象天地，效鬼神，参物序，制人纪，洞性灵之奥区，极文章之骨髓者也"⑥。凡此，都是

---

① ② 刘勰：《文心雕龙·序志第五十》，范文澜：《文心雕龙注》下册，第727页。
③ 刘勰：《文心雕龙·序志第五十》，范文澜：《文心雕龙注》下册，人民文学出版社，1958年版，第727页。
④ 刘勰：《文心雕龙·原道第一》范文澜：《文心雕龙注》上册，第1、2页。
⑤ 刘勰：《文心雕龙·征圣第二》，范文澜：《文心雕龙注》上册，第16页。
⑥ 刘勰：《文心雕龙·宗经第三》，范文澜：《文心雕龙注》上册，第21页。

"儒"味十足的言述。王元化先生说："《文心雕龙》基本观点是'宗经'。"又说："《文心雕龙》书中所表现的基本观点是儒家思想，而不是佛学或玄学思想。"①这结论有对有不对(下详)。

但是，在《文心雕龙》宗"儒"这个问题上，学界的有关见解，并非不值得拿出来作进一步的讨论。

其一，刘勰自述齿在"七龄""梦彩云若锦"与"逾立"之年梦"执丹漆之礼器，随仲尼而南行"，确为确凿情事，我们没有理由加以怀疑。问题是，从刘勰的生平经历与问学历程来看，其思想的宗旨其实是相当复杂的。《梁书·刘勰传》称："刘勰字彦和，东莞莒(今山东莒县)人。祖灵真，宋司空秀之弟也。父尚，越骑校尉。勰早孤，笃志好学，家贫不婚娶，依沙门僧祐，与之居处积十余年。"②从刘勰家族分析，其祖、父辈或未出仕，或虽为官，其官位未登高显。王元化《刘勰身世与士庶区别问题》③考刘氏"并不是出身于士族，而是出身于家道中落的贫寒庶族"，可谓中肯。刘勰出生、生活于这样的一个家庭，追崇儒道以为进身之阶，并且有时于此用心十分急迫是很自然的。刘勰少时"依沙门僧祐"，始终以"白衣"身份"寄居"于定林寺，思想上其实并未真正、彻底地入于"佛"境，看来有点"身在曹营心在汉"的意思。所以后来一旦觅得进身机会，即舍佛生涯而登仕途去了。然而，刘勰最后依然走上了"出家"的归路。其根本缘由，正如其少时入寺之原因不能仅仅归之于"家贫"那样，也不能仅仅归之于仕途不顺，而是系于其思想深处的弃世之思。刘勰终于遁入空门，固然有"家贫"与出仕受挫两个外部原因，但根本之动因，应是由当时时代氛围所造成的"出家"一路以及刘勰自少年依傍寺庙所培养积淀的从佛人生观。否则难以理解其为何终身"不婚娶"。《梁书》刘勰本传称其"家贫不婚娶"，"不婚娶"者，固然有"家贫"这个原因，但如果刘勰内心深处不具备相当牢靠的从佛、崇佛的人生理念，即使"家贫"，也不至于终身"不婚娶"，难道刘勰竟

---

① 王元化：《文心雕龙讲疏》，上海古籍出版社，1992年版，第15、10页。
② 《梁书·刘勰传》，范文澜：《文心雕龙注》上册，第1页。
③ 见王元化：《文心雕龙讲疏》，第1—26页。

然忘记了所谓"不孝有三,无后为大"的儒家古训么?同时,《梁书·刘勰传》称其"遂启求出家,先燔鬓发以自誓",其态度之如此决绝,则雄辩地证明,热衷于入世的儒家思想,在此时的刘勰心目中已经消解。这有一个漫长的人生过程,可证在其出家之前,已是奠定了一个坚实的人格基础。

其二,正如前引,尽管《文心雕龙》有"盖《文心》之作也,本乎道,师乎圣,体乎经,酌乎纬,变乎骚,文之枢纽,亦云极矣"的偏于"儒"的言说以及文中几乎到处可见的儒家著作《易传》的文辞及其思想,而如果将《原道》《征圣》与《宗经》篇的主旨完全归于"儒",则是失之公允的。比如《原道》的"道",究竟指《论语》所说的政治伦理之道即儒家所倡言的"道",还是道家所倡言的"道";是《易传》所说的"一阴一阳之谓道"的"道",还是所谓"天尊地卑,乾坤定矣。卑高以陈,贵贱位矣"①的"道"?也就是说,《文心雕龙》"文之枢纽"即所谓"本",究竟属"儒"抑或属"道"?

显然,《文心雕龙》所言"原道"的"道",指本体意义上的"自然之道"而非一般儒家所说政治伦理意义上的"道"。

该书一开头就指出:

> 文之为德也大矣,与天地并生者何哉?夫玄黄色杂,方圆体分,日月叠璧,以垂丽天之象;山川焕绮,以铺理地之形:此盖道之文也。②

这里,刘勰显然是把"文"与天地及自然万象看作并列、并生的一种东西,指出它们都是"道之文"即作为本体、本原的"道"的美的显现。"道"是显现文章之美与自然万象之美的"本在"。就美"文"而言,自当为"心"所造。此"心"绝非功利、是非之"心",而是契"道"、悟"道"之"心",即刘勰所言"心生而言立,言立而文明,自然之道也"。③"自然"者,文之本原也。

---

① 《易传》,拙著:《周易精读》,复旦大学出版社,2007年版,第285、278页。
②③ 刘勰:《文心雕龙·原道第一》,范文澜:《文心雕龙注》上册,人民文学出版社,1958年版,第1页。

刘勰接着便尽情地描述与阐述这一被本原所决定的文之美韵，在他看来，文章的美，不是"外饰"、外加的结果，它是作者之"心"即"文心"回归于"道"，合于"自然"的缘故：

> 傍及万品，动植皆文：龙凤以藻绘呈瑞，虎豹以炳蔚凝姿；云霞雕色，有逾画工之妙；草木贲华，无待锦匠之奇：夫岂外饰？盖自然耳。至于林籁结响，调如竽瑟；泉石激韵，和若球锽；故形立则章成矣，声发则文生矣。①

这是将"道"即"自然"看作"文"及其"美"之内在的、根本的依据。这里，刘勰无疑接受了自先秦道家以来到魏晋玄学关于以"道"为本原、本体的文论与美论的思想，与儒家所倡言的标榜家国社稷、政治伦理之"道"的儒家文论、美论无关。

《文心雕龙》所言"原道"，不同于唐韩愈的"原道"说。韩愈是站在"儒"的文化立场，要求文化及文学回到儒家道统那里去。刘勰说"原道"，一般是"原"于道家之"道"的意思，尽管将"道""圣""经""纬"与"骚"并提，但其以"道"为"本"（所谓"本乎道，师乎圣，体乎经，酌乎纬，变乎骚"）的思想，是表述得十分清楚的。

这种关于以"道"为"本"又不弃"儒"说即将"道"与"圣""经""纬""骚"并述的思维方式，类似于汉初《淮南子》。《淮南子》有《原道训》篇，称"夫道者，覆天载地。廓四方，柝八极。高不可际，深不可测。包裹天地，禀授无形"。正因如此，才为万物及人文之本原。高诱注云："原，本也。本道根真，包裹天地，以历万物，故曰原道。"②《淮南子》所言"原道"之"道"，自当亦是道家哲学、美学本体论意义上的"道"。《淮南子》一书，也是首言道家本体之论兼取儒家之说的。这种思维模式，肇始于先秦《易

---

① 刘勰：《文心雕龙·原道第一》，范文澜：《文心雕龙注》上册，人民文学出版社，1958年版，第1页。
② 《淮南子·原道训》，高诱：《淮南子注》，《诸子集成》第七册，上海书店，1986年版，第1页。

传》,继见于《淮南子》,发展于《文心雕龙》。刘勰则是将这一思维模式进一步娴熟地运用于论证文章、文体之美的哲学本原及其社会人文体现,所谓"故知道沿圣以垂文,圣因文而明道"。取一种偏于道家又不舍儒说的立场。范文澜指出,《文心雕龙》的高明处,在于"识其本乃不逐其末",称"文以载道,明其当然;文原于道,明其本然。识其本乃不逐其末,首揭文体之尊,所以截断众流"①。在标举道家"文原于道"的"本然"论的前提下称说儒家"文以载道"的"当然"论,这可以看作是刘勰的文论与美论受到魏晋玄学所谓"崇本以息末"思想影响的缘故。

学界有将《文心雕龙》的文论与美学思想归之于"玄"这一点,亦似无疑问。

正如前述,《文心雕龙》既然以"道"明文章、文体的"本然",那么,由于魏晋玄学的哲学本体论源于先秦道家的道论,道在魏晋玄学"贵无"派那里,被解说为"玄""无",因此,把《文心雕龙》的文论与美学思想的本旨归之于"玄",不是没有道理的。

自魏初何、王倡言玄学,到南朝刘勰所生活、活动的齐梁时代,玄学的盛期已过,但其广泛深远的思想影响依然存在。刘勰生当此时,其思想受到玄学的濡染是很自然的。仅从其"原道"之论的推崇于"自然之道"看,就已证明其思想有入于道家一路的特点。而道家实际是玄学的精神祖先,刘勰对此褒扬有加。在《文心雕龙》里,刘勰说"李实孔师,圣贤并世,而经子异流矣"②,又称"老子疾伪,故称'美言不信',而五千精妙,则非弃美矣"③,对老子及其美学思想无疑取了肯定的态度。刘勰又说,"庄周述道以翱翔"④,"是以庄周齐物,以论为名"⑤,"列御寇之书,气伟而采

---

① 刘勰:《文心雕龙·原道第一》范文澜注(二),范文澜:《文心雕龙注》上册,人民文学出版社,1958年版,第4页。
② 刘勰:《文心雕龙·诸子第十七》,范文澜:《文心雕龙注》上册,人民文学出版社,1958年版,第308页。
③ 刘勰:《文心雕龙·情采第三十一》,范文澜:《文心雕龙注》下册,第537页。
④ 刘勰:《文心雕龙·诸子第十七》,范文澜:《文心雕龙注》上册,第308页。
⑤ 刘勰:《文心雕龙·论说第十八》,范文澜:《文心雕龙注》上册,第327页。

奇"①，也能抓住庄子等辈思想的要旨。刘勰说：

> 枢机方通，则物无隐貌；关键将塞，则神有遁心。是以陶钧文思，贵在虚静，疏瀹五藏，澡雪精神……②

这是《老子》通行本所言"致虚极，守静笃"的南朝齐梁版，也是《庄子》"心斋""坐忘"说的传承与阐释。

《文心雕龙》又云："暨乎篇成，半折心始"③，十分准确地解读了《老子》通行本关于"道，可道非常道"的思想精髓。

无疑，刘勰是老庄知音。

因此，《文心雕龙》的思想与玄学相契，是顺理成章的事。

刘勰对一些玄学家及其玄论甚为推崇。刘勰说："迄至正始，务欲守文；何晏之徒，始盛玄论。于是聃、周当路，与尼父争途矣。详观兰石之才性，仲宣之去伐，叔夜之辨声，太初之本玄，辅嗣之两例，平叔之二论，并师心独见，锋颖精密，盖人伦之英也。"又说，"次及宋岱、郭象，锐思于几神之区；夷甫、裴頠，交辨于有无之域；并独步当时，流声后代。"④这里，刘勰对傅嘏的才性之辨、王仲宣(粲)的去伐之说、嵇叔夜(康)的声无哀乐论、夏侯玄的本无观、王弼(辅嗣)的《老子指略》与《周易略例》以及何晏(平叔)的"无为""无名"二论等，评价很高，认为它们都是"师心独见，锋颖精密，盖人伦之英也"。又称宋岱、郭象、王衍与裴頠的玄论"独步当时，流声后代"。刘勰对嵇康、阮籍的诗文尤为推赞，称"唯嵇志清峻，阮旨遥深，故能标焉"⑤。

在思维方式与方法论上，《文心雕龙》受玄学影响亦很明显。所谓"振

---

① 刘勰：《文心雕龙·诸子第十七》，范文澜：《文心雕龙注》上册，第 309 页。
② 刘勰：《文心雕龙·神思第二十六》下册，第 493 页。
③ 刘勰：《文心雕龙·神思第二十六》，下册，第 494 页。
④ 刘勰：《文心雕龙·论说第十八》，范文澜：《文心雕龙注》上册，人民文学出版社，1958 年版，第 327 页。
⑤ 刘勰：《文心雕龙·明诗第六》，范文澜：《文心雕龙注》上册，第 67 页。

本而末从，知一而万毕矣"①，所谓"务先大体，鉴必穷源。乘一总万，举要治繁"②，等等，与玄学"崇本以息末"的哲学本体论相比较，则显然又是《文心雕龙》之论传承于玄学的。

确实有足够的证据证明《文心雕龙》一书的文论思想与美学之见解，濡染于玄思。但是，这仅是问题的一个方面。实际上，刘勰对玄学的文化态度，并不是一味地大加褒扬，而是有褒有贬、有肯定也有否定的。比如仅从前文所引"何晏之徒，始盛玄论"句看，刘勰对何晏已是有些不恭；至于"何晏之徒，率多浮浅"，可谓直言不讳。又称"江左篇制，溺乎玄风。嗤笑徇务之志，崇盛忘机之谈"③，显然表达了对玄学及其文化思潮的不满。并且，对玄风独扇时的"诗必柱下之旨归，赋乃漆园之义疏"的状况，也多有微词。虽然不像晋人范宁那样称"时以浮虚相扇，儒雅日替，宁以为其源始于王弼、何晏，二人之罪深于桀、纣"④，采取一棍子打死的决绝态度，然而，也证明刘勰对玄风泛滥的忧虑与批判。

可见，学界有将《文心雕龙》的文论与美学思想仅归之于玄的见解，则肯定是有疑问的，除了儒、道之论，还有关于佛的言说。

首先，在《文心雕龙》一书中，采用佛教的言辞与概念之处并不鲜见。如《明诗》篇所言"随性适分，鲜能通圆"的"圆"；《杂文》篇所言"足使义明而词净，事圆而音泽"的"圆"；《论说》篇所言"动极神源，其般若之绝境乎"中的"般若"，"故其义圆通，辞忌枝碎"的"圆通"；《神思》篇所言"研阅以穷照，驯致以怿辞"的"穷照"以及"独照之匠，窥意象而运斤"的"独照"；《比兴》篇所言"诗人比兴，触物圆览"的"圆览"以及《指瑕》篇所言"而虑动难圆，鲜无瑕病"的"圆"，等等，大凡都与"佛"有关。

其次，从刘勰现存著述看，除《文心雕龙》之外，另有《灭惑论》⑤与

---

① 刘勰：《文心雕龙·章句第三十四》，范文澜：《文心雕龙注》下册，第570页。
② 刘勰：《文心雕龙·总术第四十四》，范文澜：《文心雕龙注》下册，第657页。
③ 刘勰：《文心雕龙·明诗第六》，范文澜：《文心雕龙注》上册，第67页。
④ 房玄龄等：《晋书·范宁传》，中华书局，1974年版。
⑤ 刘勰：《灭惑论》，《弘明集》卷八，见《中国佛教思想资料选编》第一册，中华书局，1981年版，第323—327页。

《梁建安王造剡山石城寺石像碑》①两文存世,皆为佛学著述。其中《灭惑论》尤为值得重视。其文有云:

> 至道宗极,理归乎一。妙法真境,本固无二。佛之至也,则空玄无形,而万象并应;寂灭无心,而玄智弥照。幽数潜会,莫见其极;冥功日用,靡识其然。但言万象既生,假名遂立。梵言菩提,汉语曰"道"。
>
> 大乘圆极,穷理尽妙,故明二谛以遣有,辨三空以标无。四等弘其胜心,六度振其苦业。②

虽然据王利器《文心雕龙新书序录》称说"《弘明集》卷八,采入彦和《灭惑论》题名为东莞刘记室勰"语可证,刘勰撰《灭惑论》一文当在其入梁之后任记室之时,而《文心雕龙》之作,约始撰于齐明帝建武三年、四年(496、497),撰成于齐和帝中兴二年(501)。两著写成年代有先后,但是二著在崇佛这一点上,无疑是前后相通的,可以相互印证。

又次,从刘勰的学术素养看,其尤擅佛学这一特点是很显明的。《梁书·刘勰传》称刘勰"早孤,笃志好学。家贫不婚娶,依沙门僧祐,与之居处积十余年。遂博通经论。因区别部类,录而序之。今定林寺经藏,勰所定也",又说"勰为文长于佛理,京师寺塔及名僧碑志,必请勰制文。有敕与慧震沙门于定林寺撰经。证功毕,遂启求出家。先燔鬓发以自誓。敕许之。乃于寺变服,改名慧地,未期而卒"。《梁书》为唐姚思廉所撰,唐贞观三年(629)奉命始撰,在其父姚察撰于隋代的旧稿基础上费时七载而成,其撰写年代,离南朝梁代未远,故所记尤其称勰"长于佛理",应当说比较可靠。《梁书》不言刘勰在儒、道(玄)学方面的修养,独言其"长于佛理",可证《文心雕龙》该书一定具有一个融于佛学的

---

① 《梁建安王造剡山石城寺石像碑》,见《会稽掇英总集》十六,人民出版社,2006年版。
② 刘勰:《灭惑论》,《弘明集》卷八,《中国佛教思想资料选编》第一册,第326、324页。

巨大的思想背景。

范文澜说:"彦和精湛佛理,《文心》之作,科条分明,往古所无。自《书记》篇以上,即所谓界品也,《神思》篇以下,即所谓问论也。盖采取释书法式而为之,故能鳃理明晰若此。"①这里,范氏受启于释慧远《阿毗昙心序》所言"《阿毗昙心》者,三藏之要颂,咏歌之微言,管统众经,领其会宗,故作者以'心'为名焉"的见解,从《文心雕龙》亦以"心"名书,进而推论《文心雕龙》一书受佛典"界品""问论"之结构、"法式"影响,固然可能是一种猜测,但已揭示了《文心雕龙》全书"法式"与有关佛典的关系。

尤其应当注意的是,从《文心雕龙》全书的体例与思维结构即"法式"看,以往有的学者关于《文心雕龙》受佛教因明学影响②的见解难以成立。因为天竺因明学,虽最早在北魏孝文帝延兴二年(472)有一部因明学著作《方便心论》译出,但未引起佛学界注意,其译者为吉迦夜与昙曜流支。东魏孝静帝兴和三年(541),毗目智仙与瞿昙流支译成《回诤论》中译本。梁简文帝大宝元年(550),著名佛学翻译家真谛又译出《如实论》。这三著属印度古因明思想系统。刘勰生卒年,约为465—约532年。《方便心论》译出传世时,刘大约七八岁,正值幼年。而《文心雕龙》始撰于刘勰三十三四岁光景,撰成于齐和帝中兴二年(502)。从印度古因明学在中土传播角度看,译于北魏的《方便心论》,是否在刘勰成年之前与之后已自北朝传入南朝,以及该书是否对刘勰产生实际的思想影响,皆不可考。从现存《文心雕龙》的体例看,似乎也见不出古因明思想的印迹。至于《回诤论》与《如实论》的译介,是刘勰撰成《文心雕龙》之后的事,当然更谈不上古因明学对该书的影响。唐贞观元年(627)玄奘西游,到唐贞观十九年(645)携五百二十箧计六百五十七部梵文经卷(其中包括因明学著作三十六部)回长安,于唐贞观二十一年与二十三年,先后译商羯罗主《因明

---

① 范文澜:《文心雕龙注》下册,人民文学出版社,1958年版,第728页。
② 王元化《文心雕龙创作论》(上海古籍出版社,1979年版):"倘撇开佛家的因明学对刘勰所产生的一定影响,那就很难加以解释"。周振甫《文心雕龙注释》(人民文学出版社,1981年版):"刘勰《文心雕龙》的所以立论绵密,这同他运用佛学的因明是分不开的。"

入正理论》与陈那《因明正理门论》,标志着印度新因明学正式入传中土,但这与《文心雕龙》无关。

可见,多年来学界有称印度因明学对《文心雕龙》影响云云,不过猜测而已。

但这不等于说《文心雕龙》不深受佛学影响。

南朝佛学,尤在南齐时代,涅槃说、成实论相继流行。迄梁则《成实论》正当极盛之时。《成实论》本为佛教小乘论典,由于其于有部毗昙"我空法有"的说法以外,分别人、法二空,故一时被作为大乘论来讲授,但它毕竟不同于大乘知空亦空,故判"成实为小内之胜",由约公元4世纪中天竺诃梨跋摩著东晋时鸠摩罗什始译。由于《成实论》的体例明晰,逻辑清楚,用下定义的方式阐说佛学概念,不同于一般佛经尤其般若类经典那样的模棱两可、不加肯定的文本言说形态,便于初学者入门,因而齐梁之世,"成实"蜂起,论师云集。据《高僧传》,北朝尤其南朝,共有成实师七十余人。"成实"论旨,也颇为王公贵族、平民百姓尤其僧众、文人所青睐。南朝"成实"思潮,始端于僧导,僧导参与罗什译经,著《成实义疏》等。南朝齐代的成实论师,以慧次与僧柔为著名。慧次法师居于谢寺,而僧柔法师即在刘勰依僧祐所居的定林寺。僧柔为一代名僧,于"成实"研习精到。《出三藏记集》云:"文宣王(萧子良)招集京师硕学名僧五百余人,请定林僧柔法师、谢寺慧次法师于普弘寺迭讲《成实论》,欲使研核幽微,学通疑执"。[①] 僧柔、慧次宣说"成实","每讲席一铺,辄道俗奔赴"[②]。比如这次五百余人的重大宣讲集会,僧祐不仅是参与者,而且是记录者。[③]据《高僧传》卷八《僧柔传》,"沙门释僧祐与柔少长山栖,同止岁久,亟挹道心"。僧祐(445—518)为一代律学大师,亦精通"成实"。《高僧传》有《僧祐传》。僧祐与僧柔为同辈友好。僧柔圆寂,曾由僧祐制碑,且由擅长

---

① 僧祐:《略成实论记》,《出三藏记集》卷一一,中华书局,1995年版。
② 慧皎:《高僧传》卷八,金陵刻经处本,中华书局,1992年版。
③ 参见任继愈:《中国佛教史》第三卷,中国社会科学出版社,1988年版,第416页。

于"名僧碑志""制文"①的刘勰撰写碑文。

这不等于说刘勰也一定精通"成实"之论,但从刘勰所处齐梁时代"成实"学风行于世,从刘勰之师僧祐通晓"成实"玄义,从刘勰与僧柔交往的可能以及与刘勰大致同时之僧人法云与智藏皆擅"成实"且与刘勰交游、切磋这些情况分析,刘勰对"成实"学的研读、了解,是很可能的。

在当今学界,普慧《文心雕龙与佛教成实学》一文,首先揭示了《文心雕龙》的体例、法式与《成实论》的关系,这是一个精彩的发现。② 该文从任继愈主编《中国佛教史》第三卷第三章第三节"《成实论》和成实论师"受到启发,参阅《高僧传》等资料,得出了《文心雕龙》所谓"体大虑周"的体例、法式与因明学无涉而是借鉴《成实论》体例的正确结论。以《文心雕龙》与《成实论》相比较,《文心雕龙》一书内容,分五大部分,即文原论、文体论、文术论、文评论与绪论。《成实论》内容,也分五大部分,称为"五聚",即发聚、苦谛聚、集谛聚、灭谛聚与道谛聚。这雄辩地说明,《文心雕龙》的总体框架与思维模式,受启于《成实论》。从细部看,《文心雕龙》五大部分的各部分内部结构,也与《成实论》"五聚"之每一"聚"内部结构基本类似,如《文心雕龙》文原论包含两个内容:其一,原道论、征圣论、宗经论;其二,以正纬论、辨骚论为"余论"。《成实论》"发聚"也包含两个内容:其一,佛宝论、法宝论、僧宝论;其二,以十论为"余论"。如《文心雕龙·序志第五十》有"长怀序志,以驭群篇"的概括意义,这在思维方式上,对应于《成实论》"五聚"之"道谛聚",该"聚""以八正道分别正定、正智;用'止观'概括'灭苦'的所有方法"。换言之,《文心雕龙》之所以将"绪论"放在"五论"的最后一论的位置,看来受启于成实论,"道谛聚"在成实论"五聚"中也具有概括、驾驭全论的意义。又如《文心雕龙》"五论"的文术论,分"剖情析采,笼圈条贯"与"摘神性、图风势、苞会通、阅声字"两部分,偏偏成实论"五聚"处于相应位置上的"集谛聚",也

---

① 《梁书·刘勰传》,范文澜:《文心雕龙注》上册,人民文学出版社,1958年版,第1页。
② 普慧:《文心雕龙与佛教成实学》,《文史哲》1997年第5期。

分"业论"与"烦恼论"两部分。

由此不难见出，《文心雕龙》全书的体例、结构、思维方式，确实具有《成实论》的印迹。

可是，我们同样有理由、有证据证明《文心雕龙》全书的体式与结构不仅受《成实论》思路的影响，而且受《易经》思维方式的影响。

《文心雕龙·序志》有云，全书"论文叙笔"，"选文以定篇，敷理以举统"，在总体结构上，具有"纲领明矣""毛目显矣"的鲜明特点。而"位理定名，彰乎大易之数，其为文用，四十九篇而已"①，这一刘勰关于全书总体结构的"夫子自道"，传达出一个《文心雕龙》体式与"群经之首"《易经》之密切关系的强烈信息，可以说，一直为诸多《文心雕龙》研究者所忽视。

显然，《文心雕龙》全书凡五十篇即《程器》篇及其前共四十九篇加上全书第五十《序志》篇这一总篇目数，绝非刘勰任意为之，而是《易经》所载古筮法"大衍之数"即《文心雕龙》所言"大易之数"的彰显。《易·系辞上》说："大衍之数五十，其用四十有九。"②是指古人进行易占活动时，取筮策五十，任取其中一策不用，以象太极，用余下的四十九策进行占筮、算卦，预卜吉凶。《文心雕龙》全书凡五十篇，得启于"大衍之数五十"的"五十"；五十篇为一加四十九，指"序志"篇与其余四十九篇，可见在刘勰心目中"序志"一篇在全书地位的重要，有类于《易经》古筮法中先取一策以象太极，再以余下的四十九策行卦求占。

在结构上，刘勰特以"一加四十九共五十"这一模式经营全书，说明其对《易经》古筮法的熟悉与钟爱。刘勰采用"大易之数"来结构全书，安排篇

---

① 刘勰：《文心雕龙·序志第五十》，范文澜：《文心雕龙注》下册，人民文学出版社，1958年版，第727页。
② 《周易》古筮法以数的运演、求卦以占验人的命运吉凶。以自一至十这十个数字为天、地之数，以一、三、五、七、九五个奇数为天数（象征天），以二、四、六、八、十这五个偶数为地数（象征地）。《易·系辞上》云："天数五，地数五，五位相得而各有合。天数二十有五，地数三十，凡天地之数五十有五。此所以成变化而行鬼神也。"（拙著：《周易精读》，复旦大学出版社，2007年版，第294页）这说明，中国最早的古筮法以天地之数"五十有五"为总筮策数，占筮时，先在五十有五的总筮策数中拿去六策，"以象六画之数"（一卦六爻），以四十九策运演。而发展到战国《易传》之时，因传抄"大衍之数五十有五"脱"有五"二字，变为"大衍之数五十"。

目,可谓用心良苦,证明《文心雕龙》确有宗"儒"的一面而不独取佛教《成实论》的结构法。

要之,《文心雕龙》文论、美学理论系统的文化性格与哲学本色,确是玄、佛、儒的三栖相会,绝不是单打一的。它是亦儒非儒、亦玄非玄、亦佛非佛的,呈现出复杂、宏博的精神面貌与人文内涵。

《文心雕龙》思想,确实深受儒家经典《易经》的深刻影响,正如前述书中几乎到处可见对《易经》言辞与思想的采用。对孔子、荀子的思想也多有采撷,主张为文以儒家所推崇的政治伦理为要。所谓"夫文以行立,行以文传,四教所先,符采相济,励德树声,莫不师圣"①,要求行文以孔圣为准的,以"四教"为第一。《论语·述而》云:"子以四教:文、行、忠、信",此之谓也。在《程器》篇中,刘勰云:"安有丈夫学文,而不达于政事哉?"②其态度再鲜明不过。在《序志》篇中,也申明"唯文章之用,实经典枝条",指出"详其本源,莫非经典"③。但是,刘勰在大谈儒家思想的同时,其实并未简单重复儒家先圣、先贤的古训,而是往往变味,甚至"偷梁换柱",用看似"复古"的方法阐述新见,以便表达一些非儒的思想。正如本书前述,刘勰所言"原道"之"道",一般指的是道家所倡言的"自然之道",而非儒家的政治教化。刘勰固然认为"文能宗经",称"夫经典沉深,载籍浩瀚,实群言之奥区,而才思之神皋也"④,却又绝不滞碍于经典之论。传统儒家有"诗六义"说。《周礼·春官宗伯·大师》以风、赋、比、兴、雅、颂为六诗。《诗·大序》称:"故诗有六义焉:一曰风,二曰赋,三曰比,四曰兴,五曰雅,六曰颂。"刘勰未必不知晓这一传统的儒家诗教,但不予理会,独标他自己的"六义"说,其文曰:

---

① 刘勰:《文心雕龙·宗经第三》,范文澜:《文心雕龙注》上册,人民文学出版社,1958年版,第23页。
② 刘勰:《文心雕龙·理器第四十九》,范文澜:《文心雕龙注》下册,第720页。
③ 刘勰:《文心雕龙·序志第五十》,范文澜:《文心雕龙注》下册,第726页。
④ 刘勰:《文心雕龙·事类第三十八》下册,人民文学出版社,1958年版,第615页。

> 故文能宗经，体有六义：一则情深而不诡，二则风清而不杂，三则事信而不诞，四则义直而不回，五则体约而不芜，六则文丽而不淫。①

虽然这"六义"说有"儒"味的濡染，却是新意别裁，独出心曲，标举"情深""风清""事信""义直""体约""文丽"，其重点已从"宗经"滑行到文体本身，这实际上提出了"文"之美的六个标准，即"文"者，须情致深笃、风格清纯、叙事真实、意义直显、体式简约、文辞和丽，显然，这已远远超出了传统儒家诗教的域限而入于"道"的境域。

南北朝文坛，有文之明道与缘情两股文艺思潮，明道偏于"儒"说，缘情偏于"道"述。在明道方面，《文心雕龙》并不掩饰，而更多的是据易理来重新发明"道"的自然质素，将文之"原"于道，解释为文之"原"于"自然之道"。这一"原道"说，已经渗透着自先秦以来经魏晋玄学所陶冶的道家文道的思想。从缘情角度看，传统儒家并不拒绝"情"，但主张抑"情"，所谓"乐而不淫"，"哀而不伤"，所谓"温柔敦厚"，所谓"发乎情，止乎礼义"等，都是如此。《文心雕龙》对"情"的重视，可以说是空前的。它不仅专辟一篇《情采》来谈论文的"情感"问题，指出"五情发而为辞章，神理之数也"，"研味李老，则知文质附乎性情"，"故情者，文之经"；并说，"情"者，"此立文之本源也"②，要求"为情而造文"，而不是"为文而造情"，对文的情感本体这一点加以肯定，这已有背于传统诗教重礼义而轻情感的见解。而且，当《文心雕龙》阐述其"原道"观时，可以说是首倡"性灵"之说，其文云："仰观吐曜，俯察含章，高卑定位，故两仪既生矣。惟人参之，性灵所钟，是谓三才，为五行之秀，实天地之心。"③这一段话从阐述《易传》"三才"之说出发，却令人惊羡地落到人的"性灵"（关乎文的

---

① 刘勰：《文心雕龙·宗经第三》，范文澜：《文心雕龙注》上册，第23页。
② 刘勰：《文心雕龙·情采第三十一》，范文澜：《文心雕龙注》下册，人民文学出版社，1958年版，第537、538页。
③ 刘勰：《文心雕龙·原道第一》，范文澜：《文心雕龙注》上册，第1页。

"情")问题之上。《易传》所言"三才",即天地人,其中的"人"是道德主体。刘勰谈到这一点时,虽言"仰观""俯察""高卑定位",却是虚晃一枪,接着便说"惟人参之,性灵所钟",将"三才"中的道德主体,变成了"性灵"主体。犹嫌不足,便进而将"性灵"解读"为五行之秀,实天地之心"。我们知道,《易传》只具阴阳思想,无五行思想,刘勰提出"性灵"为"五行之秀"这一命题,在思想域限上已经突破了易理;又说这"性灵""实天地之心",这是将"性灵"这一具有丰富情感的主体提升到天地本体的位置上去了。较《文心雕龙》稍后成书的南朝钟嵘《诗品》亦有"性灵"之说。其文在评说阮籍《咏怀》时说:"《咏怀》之作,可以陶性灵,发幽思,言在耳目之内,情寄八荒之表。"这里的"性灵",包括人之先天意义上的才性、禀赋以及后天习得的、随环境变迁的性情、情感,性灵是先天之灵明与后天之情趣、情志的统一。刘勰独标"性灵",与钟嵘一样,是其美学思想重"情"轻"礼"的表现。刘勰说,大凡美文,"情志为神明,事义为骨髓,辞采为肌肤,宫商为声气"。① 这显然以"情"(志)为美文之首要与根本,是《文心雕龙》重"情"轻"礼"美学思想的又一生动体现,与其"六义"说中的"情深"之见一脉相通,且与唐白居易的"根情、苗言、华声、实义"②说有前后相承的历史、人文联系。

这确实可以说是"亦儒非儒"。

刘勰对道家与玄学的态度,也是有褒有贬,有取有舍。一方面肯定老庄,称《老子》"五千精妙","则非弃美",赞"庄周述道以翱翔";另一方面,不仅在《灭惑论》中采取鲜明的反"道"立场,而且嫌庄周文章"华实过乎淫侈",对魏晋"江左篇制,溺乎玄风"大为不满,又对玄风独扇之中的东晋文坛"诗必柱下之旨归,赋乃漆园之义疏"甚有微词。一方面,刘勰《文心雕龙》的思维方式,得玄学"崇本息末"③之神髓,以"原道"开其首,

---

① 刘勰:《文心雕龙·附会第四十三》,范文澜:《文心雕龙注》下册,第650页。
② 白居易:《与元九书》,朱金城:《白居易集笺校》,上海古籍出版社,1988年版。
③ 王弼:《老子指略》(辑佚)云:"老子之书,其几乎可一言而蔽之。噫!崇本息末而已矣。"(楼宇烈:《王弼集校释》上册,中华书局,1980年版,第198页)

第四章　玄佛儒之思辨与审美建构

"序志"总其后。"原道"者，为其文论与美学系统奠定了一个"道"的本体；"序志"又在体式意义上以"一"治"四十九"，收"以一治万"之效。在《文心雕龙》中，所谓"正末归本"①"振本而末从"②之类的思想表达不乏其例，正确地指出，"若统绪失宗，辞味必乱；义脉不流，则偏枯文体"。③ 另一方面，刘勰的思想总不滞碍于一家一派，有一种"鱼，我所欲也；熊掌，亦我所欲也"的旨趣。比方说，前文所述"序志"论证全书体式上的以"一"治"四十九"，确实与玄学"以一总万""振本而末从"的"崇本息末"说相通，但这个以"一"治"四十九"，又明明是《易经》即非玄学的做派。

这又可以说是"亦玄非玄"。

至于刘勰《文心雕龙》对"佛"的态度，也似乎有些矛盾的。一方面，刘勰以其渊深的佛学修养使《文心雕龙》该书无论在文辞的操练、概念的演绎与总体结构受佛教《成实论》的影响等方面，无不与"佛"同在；另一方面，却并未真正站在"佛"的立场，做以"佛"统"儒"与统"玄"的文章。所谓"周孔即佛，佛即周孔"或"老庄即佛，佛即老庄"这一点，刘勰并不认同。一方面，刘勰《文心雕龙》一书的总体结构、布局，暗合佛教《成实论》的体式与"话语"；另一方面，刘勰自己在《序志》篇里申明，从《原道》到《书记》为上篇，属于"纲领"部分；自《神思》到《程器》，属于"毛目"部分。这种分篇目之方法，又有类于《淮南子》。至于以"序志"一篇总其后，正如前述，其"灵感"源自《易经》，而其在全书的地位与作用，却又同时类于《淮南子》的《要略》篇。这种做法，真有点陈仓暗度的奇妙。一方面，刘勰在其《灭惑论》中宣说："佛之至也，则空幻无形，而万象并应；寂灭无心，而玄智弥照。"这种观念，颇类于什么？从"佛之至也"一语看，是典型的涅槃佛性论，因为它倡言"佛"是一个可被执著的"终极"（止）。从"则空幻无形，而万象并应"一语看，又落入了所谓"六家七宗"之一宗的"即色"义。

---

① 刘勰：《文心雕龙·宗经第三》，范文澜：《文心雕龙注》上册，人民文学出版社，1958年版，第23页。
② 刘勰：《文心雕龙·章句第三十四》，范文澜：《文心雕龙注》下册，第570页。
③ 刘勰：《文心雕龙·附会第四十三》，范文澜：《文心雕龙注》下册，第651页。

从"寂灭无心"看，分明是僧肇《般若无知论》所主张的"无知"。"无心"者，"无知"也。"无心"，空"心"之谓；"心"空即"性空"，"性空"即"寂灭"。而从"玄智弥照"看，则又在空幻的"佛性"上沾染了些玄学"玄智"的光泽。这就不难明白为什么叫"亦佛非佛"的意思了。《文心雕龙》有博采、兼收之趣，总不愿在或儒、或玄、或佛这一棵树上吊死，这便是其洋溢的生命。

《文心雕龙》的文论与美学思想，代表了自先秦到齐梁中国文论与美学的最高水平。作者刘勰企图站在儒、玄、佛之上来综合这三学以自创新格，应当说，这一崇高目标在相当程度上是达到了。然而，由于时代与刘勰学术素养本身的特点与不可避免的局限，虽然刘勰在中国文论与美学的园地里，率先种植或培育了诸如"意象"①"风骨"②等富于思想深度与历史影响的诸多文论与美学范畴，大大推动了中国美学思想的文脉进程，然而，其实刘勰也只是做到了玄、佛、儒三学的三栖与"折衷"。《文心雕龙》是一个玄、佛、儒三栖，并行、相会、应答的文论与美学文本。学界一向称《文心雕龙》"体大虑周"，在笔者看来，《文心雕龙》固然"体大"，而"虑周"与否，值得做进一步的讨论。既然其三栖于玄、佛、儒，便难免有欠"周"之处。《文心雕龙》虽然博采众"长"，却不是后代宋明理学那般的三学融合，在玄、佛、儒三学"折衷"的话语中，有时有些生硬是难免的。

---

① 关于"意象"这一美学范畴，有一个历史生成过程。东汉王充《论衡》先有"名布为侯，礼贵意象"之说，但王充所言"意象"，还不是一个纯粹的美学范畴。在美学意义上，刘勰《文心雕龙》首先提出了"意象"这一美学范畴。详见本书第五章。
② 略早于刘勰的南朝齐谢赫《古画品录》评曹不兴画时首提"观其风骨"说，而"风骨"这一美学范畴的内涵外延之意义，确是由刘勰在《文心雕龙》中所界定的。

第五章
佛学中国化与审美深入

中国美学的文脉，发展到隋唐时期，无可逃避地迎来了它那值得自豪的人文季节。以佛学的中国化促成其审美的深入，是其主要的精神特质与特征，但佛教美学并非隋唐美学的全貌，这是首先应予指明的。

第一节 隋唐美学的文化素质

隋建国于公元581年，公元589年灭陈而最后一统天下，结束了魏晋南北朝长达三百多年的分裂局面（其间仅西晋有短暂的全国统一），然而到其为李唐所覆灭（618），仅三十七年历史，可谓行色匆匆。

隋是大唐帝国之辉煌的序幕。隋虽短祚而亡，经济的真正复苏与繁荣固然谈不上，但北起今北京、南到杭州之南北大运河的开掘以及文帝代北周次年即规划、营建的大兴城（即后之唐长安），为唐朝南北交通与经济的发展以及唐之长安国都的建设准备了条件。在政治方面，隋文帝、炀帝的执政不是成功的。但自隋开始，确立了设科考试选拔官吏的制度，用以代替自汉末以来的"九品中正制"，将始于汉代的临时考试取士之法定型化、完善化、法律化，这对唐以及唐之后各封建王朝的科举制度的设立与实施，造成深远影响。在文化方面，隋不是一个思虑深沉的时代，无论文学及其他艺术，都难说已经取得值得夸耀的建树。虽然由北朝入隋的卢思道（535—586）、杨素（544—606）与薛道衡（540—609）三诗人的一些诗作，为这一时代留下了若干精神的履痕,其中如杨素的五言,曾被清人刘熙载的《艺概》推为"雄深雅健"之作,有悲凉苍郁之气,然而作为这一时代人文精神之象征的隋诗,其实总体上并未走出六朝绮靡诗风的阴影。隋最高统治者及其周围的谋臣文士,从巩固中央政权这一强烈的政治理念出发,从六朝以来某些亡国之君雅爱艺文这一点总结政治经验教训,以为"文章误国",于是要求革新文体,弃绝华饰。李谔《上隋高祖革文华书》措辞激烈,指责六朝"竞骋文华,遂成风俗",要求以行政手段行文字之狱,所谓"请勒有司,普加搜访",有如此者,具状禁绝。开皇四年,隋文帝下诏,以文辞绮靡之名,居然将泗州刺史司马幼交付有司问罪。在文论方面,王通(584—617)《中说》竭力倡说周公文典与孔圣古训,以崇儒为旨归。称周公其道则一,而经制大备,为政者有所持循;赞仲尼其道则一,而述作大明。认为诗者,须上明三纲,下达五常,必征存亡,辨得失,大有汉儒诗教遗风。

这种经济、政治与文化(艺文)状况,体现出这样一种美学精神,即在这一伟大民族的灵魂深处,要求摆脱魏晋南北朝以来之"自由"散漫状态的呼声日渐强烈,有一股趋于天下一统的民族与时代力量在积聚、运行与升腾。时代意识到,自隋之后,这一东方民族将有另一种"活法",而隋,不过是其看似平常、实则不凡的开端而已。

隋的历史短暂,却为大唐的文化及其美学建构准备了一些必要条件,如京杭大运河的开掘与疏通,加强了南北政治、经济与文化的交流。唐历经近三个世纪(618—906)之久,是中国古代最为强盛的朝代。唐疆域广阔,极盛时的势力影响,东至朝鲜半岛,西北达于葱岭以西的中亚,北接蒙古,南临东南亚。其经济、文化的繁荣程度,其综合国力,在唐之前未曾达到过。在世界上,与西方基督教文化圈、东正教文化圈、回教文化圈及印度文化圈鼎足而五的中华文化圈(影响及于日本、朝鲜半岛与越南、印尼等国家、地区),是在唐代形成的。

唐代文化的繁荣,是建立在经济繁荣的基础之上的。太宗朝的"贞观之治"、玄宗朝的"开元之治",都是昌盛之世。贞观时期有斗米仅值三四钱的史载记录。人们也可以从后代杜诗"忆昔开元全盛日,小邑犹藏万家室。稻米流脂粟米白,公私仓廪俱丰实",领略"开元盛世"的个中消息。本来,南方经济、文化自晋室南渡,其发展程度一直胜于北方,到唐代已经成了全国经济、文化的重要支柱。"安史之乱"之后,南方经济与文化如苏州、杭州、南京与广州等,依然在大力发展之中。同时,来自东南的"漕运",通过南北大运河,维系与推动了南北经济、文化的互动,支持了位居北方的中央政权。

唐代文化的第一特点,是谓有容乃大,民族大融合达到了一个历史新水平。

中华民族的大融合的历史进程始于魏晋六朝,不过,当时是冲突多于融合。南北朝时,所谓胡族和汉族之间的文化观念、生活方式、风俗习惯、价值尺度与宗教信仰的冲突尤为尖锐、剧烈。属于胡族的匈奴、鲜卑、羌、羯与氐等民族曾入驻内地,纷纷建立政权。这时,统治者的文化心态处于两难之境。一方面,作为入主中原的统治者,由所谓赫赫战功所培养起来的民族"傲气"和"蛮气",使得他们从心底里蔑视汉人,如将男性汉人蔑称为"汉子"。《北齐书》《北史》曾将男性汉人蔑贬为"汉小儿""无赖汉""恶汉""痴汉"与"贼汉"等,在在多是。尤不足以解恨者,就只好乞助于"武器的批判",来消灭其肉体——"狗汉大不可耐,惟须杀却"[1]。另一方面,作为北方传统的游牧民族,又不能不在相对优越、文明的汉族农耕文化面前,产生卑怯的文化心理,对汉族比较先进的典章礼仪制度、生活方式且恨且羡,茫然无措。"用夷变夏"既不可得,"用夏变夷"又心不甘,其文化心态,只能在游牧文明与农耕文明之际来回奔突。这自然不等于说,所谓夷、夏之间此时绝无可以"对话"的可能,实际上,这种文化"对话"与"应答"早在"五胡乱华"之时已在潜行之中。北魏孝文帝曾于公元493年,将首都由地处西北的平城(现山西大同)迁移到地处中原的洛阳,这种迁移行为,是对"用夏变夷"之无可选择的认同。有的胡族统治者为求

---

[1] 沈约:《宋书·索虏传》,《宋书》卷九十五,中华书局,1974年版。

巩固其统治，不得不任用一些满脑子"子曰诗云"、尊崇汉文化"祖宗家法"的汉族儒生。随之而来的文化之"恶果"，在看似轻慢汉文化的历史岁月之中，却使胡族实难保持胡文化的所谓纯粹与尊严了。同时，汉人在汉、胡两种文化的碰撞中，也是百般贬损所谓胡文化的形象，比如贬称西北一些胡族为羌、羯之类，已有将胡人贬为与动物同类的意思。但是在汉、胡的交往中，其实汉人也在无意之中，沾濡了胡文化的一些长处，比如剽悍之气、雄武以及吃苦精神等。胡人世代居于大漠荒蛮之地，生存环境远较中原的一般地区为恶劣，因此，胡族的生命力尤为顽健。

尽管如此，魏晋六朝以汉文化为文化基调的这种民族文化的历史性大融合，此时远未完成，所谓汉、胡文化根深蒂固的相对敌视、疑虑与诋毁，远胜于彼此之间的握手言欢、笑脸相迎。

然而时至唐代，这一民族文化大融合的历史进程，已基本上完成了，其特点是融合多于冲突。

首先，由于战争逼迫人口迁移或是自然迁徙，造成南北、东西地域的胡汉杂处、相互通婚，在血缘意义上，一定程度上是对汉族人口体质的某种更新和重构。早在魏晋南北朝时期，战乱不断，移民而居即为常事。加上灾荒连年，灾民四处流浪，更加剧了这种迁徙的范围与程度。当时，有所谓"外夷"掠"外夷"者，如慕容皝伐宇文而归，徙其部属五万余众，迁居于昌黎；石虎伐辽，迁其户二万有余，居于雍、司、兖、豫等地。也有"外夷"掠"中国"者，如石虎使夔安等伐汉东，挟七千余户迁于幽、冀。这一时期，因战事而移民众以充实荒废的田园、村落、城镇或险要之地，在在多有。石勒之移民于襄；李寿以郊甸未实、都邑空虚、工匠械器之事未充盈故，徙旁郡户三千以上，以实成都，甚至刘曜之移民于长安等，都是如此。吕思勉云："当时割据之国，初兴之时，多务俘掠，或则逼徙其民，以益其众。"[①]移民促成了胡、汉族之间血缘的融合。

这一融合，在唐代因观念的改变而得到继续。由于原先胡、汉之间的

---

① 吕思勉：《两晋南北朝史》，上海古籍出版社，1983年版，第947页。

隔阂有所消解，汉人的血缘里，可能融入了些"胡气"。平头百姓，出自胡族血统者，不令人生奇。就连一些皇室帝王，据考证，杨隋的炀帝杨广之母与李唐王朝的高祖李渊之母，都出自拓跋鲜卑之独孤氏，太宗李世民之母，出自鲜卑纥豆陵氏，长孙皇后之父系、母系，也都是鲜卑人。① 鲜卑为东胡族的一支，秦汉时游牧于今西拉木伦河与洮儿河之间，依附于匈奴。两晋南北朝时，发展为慕容、乞伏、秃发、宇文与拓跋等部，并先后南下，东进至西北、华北地区建立政权。凡此内迁的鲜卑人，至唐已完全走向了血缘与文化"汉化"的道路。王桐陵称，隋唐时期的汉族，是以汉族为父系、鲜卑为母系的新汉族，大约并非无根游谈。

这一文化态势直接造成了两个结果，一是一定程度上改造了汉人的血缘、秉性与气质。我们今天可从初、盛甚至中唐诗文中，强烈感受到唐人的刚雄、豪迈与坚毅，有如明胡应麟《诗薮》所言"盛唐句如海日生残夜，江春入旧年；中唐句如风兼残雪起，河带断冰流"然。固然不能将此统归之于胡、汉融合，仍可说明，唐人的禀赋之中确是兼具了一些"胡气"的。二则可能影响了唐统治者的某些治国方略包括其文化政策。在唐人眼中，"夷夏之别"可忽略不计，"夷夏无别"是自然而然的事情。唐人的民族眼界尤为宽阔，很少民族禁忌。唐太宗曾自述其治国有方治世有策，其中之一，便是对汉族、非汉族一视同仁。文成公主远嫁藏王松赞干布，是一显例；太宗作为唐朝皇帝，又被尊称为西北诸非汉族的"天可汗"，是又一显例。

其次，一定程度上改造了唐代汉人的风俗习惯与文化爱好，在唐人的日常生活与艺术生活中，体现出一定的"尚胡"倾向。唐人穿胡服、食胡食、奏胡乐、跳胡舞，一时竟为时髦。《旧唐书·舆服志》指出，开元以降，"太常乐尚胡曲，贵人御馔尽供胡食，士女皆竞衣胡服"。比如盛唐音乐，所谓西凉乐、高昌乐、龟兹乐、疏勒乐、安国乐、天竺乐、扶南乐与高丽乐等，都相当流行而相得益彰。"自破阵舞以下，皆播大鼓，杂以龟

---

① 参见王桐龄：《中国民族史》，文化学社，1934年版，第322页。

兹之乐，声震百里，动荡山岳。"又说，"惟庆善乐独用西凉乐，最为闲雅。"这种尚"胡"倾向，不是缺乏民族自信与盲目追捧的表现，恰恰是其心包举宇内、兼收并蓄、"万物皆备于我"、充分自信的体现。

又次，唐代不仅出现了民族文化的融合，而且实现了中国古代最繁荣、频繁的国际文化的交流。唐代不是一个闭关锁国、夜郎自大的朝代，并非抱残守缺与一味小家子气，它在从事国际文化交流时，因国力强盛，底气十足，慧眼独具，百无禁忌。据有关资料，唐代的对外文化交流十分活跃，人员往来规模空前。中印佛教文化的相互交往，据《大唐西域求法高僧传》《续高僧传》称，来自天竺的高僧那提三藏曾活跃于长安，另有罽宾国僧徒般若三藏，在长安从事佛经的译介活动。武则天时，从事译经之最著名者，为来自于阗的实叉难陀，其在洛阳大遍空寺译《八十华严》；菩提流志译《大宝积经》一百二十卷；中印度沙门日照，即地婆诃罗，于武后垂拱(685—688)末年，在长安、洛阳译《大乘显识经》《大乘五蕴经》等十八部。玄宗朝时，天竺僧龙树弟子善无畏(即戍婆揭罗僧诃)、金刚智(即跋曰罗菩提)和不空金刚(即阿目佉跋折买，金刚智弟子)相继来华，其中不空金刚一人译经一百零八部。中国第一名僧玄奘(602—664)曾于贞观三年(629)从长安出发往印度取经，自天山北路入印，历经万险，遍访名师，历时十七年，于贞观十九年(645)得印度佛经六百五十部东归。此后在朝廷支持以及房玄龄的监护之下，与其弟子道宣等，译经凡七十五部一千三百三十八卷。唐时日本佛教徒来华求法者众，如日本佛教真言宗著名创始者空海，曾居长安青龙寺求问于名僧惠果。就长安人口组成而言，其百万总人口中，侨民与外籍居民占总人口的2%，"加上突厥后裔，其数当在百分之五左右"[1]。其侨民与移民程度之高，为中国古代所仅有。不仅如此，唐代还允许来自中亚、西亚、东亚多国的商人在长安等地开设店铺、从事商贸活动。曾有三万余名外国留学生就学于唐的国子监与太学，其中以日本来华学子为最众。长安的外交机构鸿胪寺，曾接纳过来自七十多个国家

---

[1] 沈福伟：《中西文化交流史》，上海人民出版社，1985年版，第156页。

的外交使团。尤其稍感意外的是，唐统治者还选择日本、朝鲜等在华居住的贤者在朝廷任职，表现出博大、坦荡的文化胸襟与政治抱负。

唐代尤其盛唐之时，其文化处于世界文化的优势地位，因而在国际文化的交往中，不存在所谓今人所说的"后殖民主义"的文化倾向。

有容乃大，是唐文化的第一个特点，它给唐代美学的发展，准备了一个广阔的思想与思维的空间。

唐代文化的第二个特点，是诗性"感觉"的灵敏与诗性智慧的葱郁。

"感觉"的问题，是诗的问题；或者说，诗的特异之"感觉"，是唐文化的根本文化素质之一。诗是唐文化举足轻重的一大"华丽家族"。正如魏晋南北朝文化的"泪腺"尤为发达那样，唐诗所体现的，是唐文化的感觉力特别富于诗意。

目前所流行于学界的普通心理学，一般都将感觉看作哲学认识论的一个基本范畴，认为感觉属于人的感性心理，是认识论的感性阶段。这种隶属于认识论的感觉论，只有在知识论的意义上是正确的。人对客观事物的感觉，关系到人认识真理的心灵启蒙。人对真理的把握，确是从感觉开始的。感觉是人作为认识主体与认识客体之间所初步建构的或曰由客体刺激主体感官所产生的、未经理性加工过的原生心灵内容。正因如此，仅仅把感觉看作认识论意义上的一种基础心灵现象，其实是以预设的认识论去裁剪、割裂感觉经验的原生性与整体性。心理学意义上的感觉问题，不仅仅是一个认识论问题。感觉是现象学的一大基本范畴。作为心灵现象，是人作为主体（不仅仅是认识主体）与世界"对话"时所必然激发的原生、原始心理的全息呈现。在现象学意义上，与其说感觉是认识主体认识世界的开始，不如说是人全息地感受、拥抱这一世界以实现审美的初始。感觉具有有待于实现的理性深度，它确实具有趋向于理性这一"本性"，而其"本性"却不仅仅是对理性深度的趋入。感觉的全息心灵内容，除了还原于感性的理性因素，还可以具有主体当时未能意识到的意志因素，情感因素，非理性因素与无意识、下意识因素等种种人性与人格内容。感觉无疑是人类漫长历史所积淀于心灵的产物。此其一。

其二，感觉既然是属人的全息的心灵现象，那么任何感觉，都是始终不离于"象"的。象，无疑具有映照来自主体心灵域限之外的自然、社会物质属性的心理功能，象是一种具有历史内容的心灵印迹，它是显在"心"里的客体的影子，《易传》称之为"见乃谓之象"。象不离意，否则难以成象。象即意象。意象者，意中之象，意象即象，象是感觉的呈现。感觉这一心灵结构，是由象所支撑起来的。由于象是审美的基始，因而，感觉之所以一般地与审美有了联系，盖因感觉始终不离于象之故。哪里有象的呈现，那里便可能有感觉的运动与存在；哪里有感觉，那里便可能有审美的发生。在现象学层次上，审美始终是感觉与象的交互运动。

其三，审美作为一种始终伴随以象的感觉运动，是以情感为心理内驱力与助推器的。情感者，由主体把握客体，激起主体评价从而推动主体情绪激动之谓。它是人对客观事物、环境所产生的一种情绪性的心灵反应，它积淀着理性。而一旦其心灵能量积聚过度，又具有冲决理性、趋向非理性的特点。在审美中，情感之发生因外在世界而起，所谓"人心之动，物使之然也"。但审美的经验往往是，某一次审美，偏偏是审美主体既有的情感素质促使审美对象着"我"之"颜色"。这是因为，任何个人之成熟的审美活动，都是在"前情感"的心理基础上进行的。审美可以激起与体验某种情感，可能发展为美感，而这种美感的发生与发展，除"物使之然也"，同时受到主体"前情感"的制约。审美是一种表现为美好感觉的移情。审美移情，是感觉挪移。这种挪移，既是主体感觉始终缘象的全息运动，又是情感向对象的投射。这种投射又分两大类，构成王国维所谓"有我之境"与"无我之境"的审美境界。

其四，感觉虽然属于感性层次，却并非是一种"白板"式的心灵，一般是在"前理解"的心理基础上发生与发展的。对于任何个人、集团、氏族、民族与时代的审美感觉而言，是在一定的"前理解"的心理前提下进行的。审美感觉的历史内容与历史形式，不可避免地受启与受制于"前理解"。"前理解"以及前文所谈到的"前情感"等，无论就个人或是民族、时代的审美来说，都是由一定历史的人的生命、生存与生活所准备与积淀的。荣格的"原型"说，将美的原型看作某一民族"集体无意识"的显现；弗莱称"原型"是"典型的即反复出现的原始意象"。在这"原始意象"中，我们无法抓住或检索到什么是"集体无意识"，因为"集体无意识"总是永远地处在人类文化之无力打开的黑箱之中。然而，我们却可以从原始意象即原型的反复呈现，来扣摸"集体无意识"跳动的脉搏。因此在原型中，积淀着一种"不知道自己知道"的"种族的记忆"即"前理解"。同时，笔者从荣格的原型说得到启发，认为既然荣格以原型来描述所谓"集体无意识"，那么，任何种族、民族的文化及其审美，不仅与所谓"集体无意识"有关，而且与这一种族、民族的"集体有意识"攸关。这种"集体有意识"与"集体无意识"，都是历史的积淀，是"前理解"，是属于民族与时代整体的历史的"感觉"。可知任何审美的感觉，是整个民族历史之伟大工作的成果，它不仅是感性的，而且达成理性的领悟、聪慧的直觉，甚至是神秘的感应。

要之，唐文化之灵敏的诗性"感觉"，是在这一伟大民族关于诗的"前理解""前情感"甚至"前意志""前信仰"的心理前提下，得以历史地生成的。

中华民族自远古时代开始，就具有良好的、建构在天人合一基础之上的诗性的"感觉"。在中华民族的文化的原始思维中，那种"八音克谐，无相夺伦，神人以和"[1]的文化模式，已经铸就了这一民族的原始诗性的"感觉"与素质，以天人合一"以天合天"的文化方式，将那种人与自然相亲和的灵感与移情，凝聚为审美的诗性，并且把这种亲和而新鲜的诗的"感觉"，一直保持并发扬光大于唐诗。"不记得哪位哲人曾经这样说过，这个民族似乎在其连续不断的记忆里，一直保留着它那孩提时代的经验，中华古人似乎把他们最早与自然界的友善关系从最遥远的上古一直带到了《周易》所在的殷周之际的文明时代。用马克思的话来说，中华民族似乎直到如今还没有完全脱掉与自然所发生的'共同体的脐带'。"[2]这一段三十余年

---

[1]《尚书·虞夏书·舜典》，江灏、钱宗武《今古文尚书全译》，贵州人民出版社，1990年版，第33页。
[2] 拙著：《周易的美学智慧》，湖南出版社，1991年版，第424页。

前说过的话，看来现在应当做一点修正，即中华民族有关人与自然亲和的诗的"感觉"及其"最早与自然界的友善关系"，起码直到大唐时代，并无多大改变。这一诗性的审美，最早是与原始神话、图腾及巫术的神性、灵性和巫性融渗在一起的。尔后才由历史的积淀兼突破，成长为纯粹的诗的审美。唐诗之美，美在"感觉"。其历史原型，则无疑在上古文化的列维-布留尔所说的"神秘的互渗"之中。然而唐诗之美的"感觉"，并非仅仅属于一般的心理感性，而是积淀着葱郁、昂扬、激越或深沉的理性，尤其是哲思的"感觉"。对唐诗的伟大成就，可以从多方面加以高度评价。在笔者看来，唐诗的第一成就，是保持与发扬了一种真正属于诗之气质与氛围的审美"感觉"，是这般、那般的新鲜炽热、苍翠欲滴、葱郁辉煌、彻心彻肺、生气灌注。这种审美"感觉"，造成了唐诗永恒的艺术魅力与不朽的美。它主要由自然及"准自然"即田园文化所催发，由先秦、魏晋传承而来的唐这一时代的儒家、道家与玄学情思所陶冶。唐代出现了诗的高峰，也使这个伟大民族高度、集中地经验了一次美之极致的"感觉"的体验。唐诗中所展现的朝堂、边塞、闺阁、自然与田园之美，是全息的原汁原味的美的"感觉"。随着城市文化的发展，随着居民大量地从城市里坊里走出，到北宋临街设店，有如《清明上河图》所描述的那般甚嚣尘上，自然与田园已经开始从中国人的生活方式的总体格局中渐渐隐去。而唐诗的"感觉"，经历其后续的宋词阶段，好比惊鸿一瞥，夕阳无限好般慢慢没入远山。到明中叶中国古代城市经济文化的进一步发展，以唐诗为峰巅的诗的纯美之"感觉"，总体上已经难以找到了。从此中国不再出现真正可与唐诗比美的、太多的好诗。属诗的"感觉"一旦丧失，也就意味着诗的衰落甚至死亡。鲁迅先生在《致杨霁云信》中写道："我以为一切好诗，到唐已被做完，此后倘非能翻出如来掌心之齐天大圣，大可不必动手。"[①]唐诗达到了中国诗无可比拟的巅峰，其艺术之魅力是永恒的，它是唐文化的一面旗帜。闻一多

[①] 鲁迅：《致杨霁云信》，《鲁迅书信集》下册，人民文学出版社，1976年版。

云："一般人爱说唐诗，我却要讲'诗唐'。诗唐者，诗的唐朝也。"①唐诗之丰产，冠绝古今。仅《全唐诗》所录，有作品四万八千九百余首，诗人二千三百多家。唐人高仲武《中兴间气集·序》道："起自至德之首，终于大历暮年，作者数千。""至德之首"，指唐至德元年(756)。"大历暮年"，指大历十四年(780)。仅短短二十四年间，涌现"作者数千"，而大唐历经三百余载，实际该有多少诗家？杜甫、李白、王维、李贺与白居易等诗人的不朽诗唱，是彪炳千古的，即使如陈子昂的《登幽州台歌》、张若虚的《春江花月夜》与温庭筠的《商山早行》等，都是沁心入骨的。《四库全书总目》云："诗至唐，无体不备，亦无派不有。撰录总集者，或得其性情之所近，或因乎风气之所趋，随所撰录，无不可各成一家。"②唐代是中华民族葱郁之诗情、诗心的一次总爆发，它体现出一种属诗的文化素质与才气，它空前地熔铸、传达与保存了唯有诗才具有的审美"感觉"，成为成就唐诗之灿烂与辉煌的这一伟大民族与时代之优异的文化心灵。

那么，这种唐诗之文化意义上的审美"感觉"，又是什么呢？

一曰灵趣横溢。

唐诗强烈而生动地体现出唐人特有的文化心灵。人与世界的现实关系或曰人对世界的实践把握方式，基本上有实用求善、科学认知、宗教崇拜与艺术审美四种。在实用求善的实践方式中，人心为物、利所囿，心灵难以自由地飞扬，它趋于或执著于实用与实在。在人把握世界的四大基本方式中，实用求善固然是最基本的，而且在一定条件下，由实用求善可以走向审美。然而就实用求善而言，人在当下所"感觉"到的，是物欲、利欲的满足或不满足，人的痛苦与欢乐随物、利而宛转。在科学认知方式中，主体可能不拒绝实用、宗教与艺术把握方式及情思的渗入，但理性求知无疑是基本而主要的。它固然不像人一旦陷入实用求善之关系时拒绝审美，而且科学认知主体的预言、假设、人格与人生理想以及科学实验过程中一般

---

① 闻一多：《说唐诗》，《闻一多全集》第三卷，生活·读书·新知三联书店，1982年版。
②《四库全书总目》卷一九〇《御选唐诗》下，吉林人民出版社，1997年版。

都具有审美的因素，但是就科学结论、公理、公式、定义等来说，则无疑不允许主体情感、意志、信仰与感性的渗入。自然科学认知的真理品格，是科学而非人文意义上的。就真理的科学性而言，它是拒绝感性与自我感觉的。科学求知，是感性积淀为理性；宗教崇拜是对实用与求知的拒绝。在宗教主神的塑造层次，主神是哲学本体的宗教表达，这种表达自然是不精致的，但是其中蕴含着一定的、变态的理性内容。宗教崇拜的非理性甚至迷狂，最邻近于艺术审美。宗教崇拜的"感觉"及其神性，是一种神秘的灵与趣，是颠倒而夸大了的审美；在艺术审美中，主体心灵必然处于非实用功利的氛围之中，审美就是对实用的消解。审美不拒绝理性的参与，理性甚至是审美的心理基础与背景，但所谓审美的理性或曰理性的审美，其实是理性还原为感性，或者是理性溶解于感性。科学理性可以成为某一民族与时代审美文化、艺术的一般的心理文化背景，但审美的理想国、乌托邦却是排斥科学理性的。审美应是具有深度的，因而要求达到生活真理的层次。生活真理，其实是审美感觉的人文理性。审美绝不舍弃象、言、意、情、理与非理性，所有这些因素，构成了审美"感觉"的心理总和。

　　唐代文化有赖于诗神的光顾与关怀。诗的美好"感觉"，首先体现在作为民族与时代之"良心"的骚人墨客的文化心灵专注于艺术审美。诗人们总是善于以审美的心灵与眼光与他们所处的世界"对话"，加以诗意的观照。诗人的"灵"，在人性意义上，是一种审美的"性灵"。"性灵"天生极度敏感，对外界的任何刺激，都本能地经受不住并立即给以"应答"，在灵敏的诗的"感觉"里，本具天生的才气。在人格意义上，又把人生的悲欢离合、喜怒哀乐，都凝聚在"感觉"里，将国家社稷、天下兴亡、边塞宫闱、山川自然、风花雪月、柴米油盐与耳鬓厮磨等任何题材、生活情景，都酝酿成诗人内心的一种"感觉"，尔后发言为诗。在一行行的诗句里，你可以扪摸诗人诚挚而震颤的心跳。它显得那样的脆弱，大自然的一切景物、色彩与声响，田园里日色的变幻与月影的移动，宫闱或是茅舍里的一颦一笑、一悲一啼，哪怕是一针坠落在地，也会立刻激起诗人内心的轰鸣与回响，并且总是极富情趣地在诗中来赏玩自己的心灵。魏徵《述怀》云："古木鸣寒鸟，空山啼夜猿。既伤千里目，还惊九逝魂。"唐太宗《望送魏徵葬》唱道："惨日映峰沉，愁云随盖转。哀笳时断续，悲旌乍舒卷。望望情何极，浪浪泪空泫。"或是孟浩然《宿桐庐江寄广陵旧游》："山暝听猿愁，沧江急夜流。风鸣两岸叶，月照一孤舟。"李白《将进酒》："君不见高堂明镜悲白发，朝如青丝暮成雪。"杜甫《春望》："国破山河在，城春草木深。感时花溅泪，恨别鸟惊心。"韩愈《卢郎中云夫寄示送盘谷子诗两章歌以和之》："是时新晴天井溢，谁把长剑倚太行？冲风吹破落天外，飞雨白日洒洛阳。"柳宗元《江雪》："千山鸟飞绝，万径人踪灭。孤舟蓑笠翁，独钓寒江雪。"，等等。凡此不胜枚举，都洋溢、激荡着新鲜、真切、彻骨而不虚伪的一种"感觉"，其首要在体验人生忧患。唐诗的过人之处，在于审美"感觉"丰富、贴切而有情、有味、有趣，它是诗的"灵犀"，犹如明人王守仁所说的"一点灵明"。笔者以为，在唐人的民族与时代人格里，有一种未泯的"童心"，诗人们对自然、田园甚至刀光剑影的战场、尔虞我诈的你死我活的王室及政坛等，都保持着一种儿童般的惊奇感与陌生感，并能含情脉脉地面对春花秋月、世事沧桑，这一"感觉"便是诗的渊薮。

二曰意象壮美。

唐代是中国美学史上的"意境"说提出的时代，关于这一点，待后文分析。唐诗中的一部分禅诗或富于禅悟的诗篇，都是意境深邃之作。大量的唐诗，都具有壮美甚而静穆之美的意象。

这里有两个问题。一是凡审美"感觉"发言为诗，如果确为审美"感觉"而不是其他什么"感觉"，那一定是伴随着丰赡、生气灌注之意象的，审美"感觉"与意象同在。意象，首先是意象思维①的问题。意象思维是不离意象的诗的思维，融会着意象的思维。凡思维，都必须、必然地具有一定的理性品格。理性，由一系列概念、判断、推理与逻辑构成。这在抽象思维即理性思维中是非常典型的。然而，意象思维具有其自己的特点：（一）在

---

① 这里所说的"意象思维"这一概念，与"形象思维"相区别。笔者以为，文学文本是由一系列有组织的文字或音响所构成的，它有别于绘画、雕塑、书法、园林建筑等文本。文学文本所提供的不是直接诉诸感官的"形"，而是通过文字、声响所唤起的意象。

艺术意象的营构全过程中，主体的理性思维只要能与一定的艺术意象的营构走向和意象的审美品格相应，就可能对意象的创造起到积极的支配与指导作用，它把握艺术美创造的理性思路，可能达到艺术意象的思想深度。(二)虽然写诗要用意象思维，否则审美意象无由创造，但并不等于说，整个诗美的创作过程，都只是意象思维。诗的反复构思、写作与修改，往往是意象思维与理性思维相互交替从而达到互补的。(三)作为诗的文本即创作成果，应当是意象浑整的一种文字或声响的"蒙太奇"(mentage，法文音译，本为建筑术语，组织装配义。喻文辞、段落、句段之间的美的组接与装配)，抽象的概念、判断、推理与逻辑，有损于意象及其诗美的建构。但一定的与意象相契的理性因素，依然可以成为这一艺术意象的心理背景。(四)为要达到文本之意象丰富这一艺术境地，在创作诗的意象文本时，作者的才气、能力、悟性与驾驭文辞或声响的技巧，归根结底一句话，即在一定理性的支配下，能否保持与将一定理性还原于一种审美"感觉"是关键。在这一"感觉"中，融会着一定的理性因素，使理性得以溶渗于意象系统中。任何审美意象，都融渗着一定的理性，但其不能以概念、逻辑与推理的方式出现，比如"水中盐，蜜中花，体匿性存，无痕有味"。

二是唐诗的意象，在审美品格上，总体是壮美胜于优美，壮阔优于纤巧，飞动强于宁静，有骨气、有力度，具阳刚之美。在中国文化史上，唐诗作为唐代审美文化的重要存在方式，所提供的壮美意象之丰赡、宏伟、磅礴与有力，是空前的。初唐四杰牛刀小试，出手不凡。卢照邻有"玉剑浮云骑，金鞍明月弓"[1]，"马系千年树，旌悬九月霜"[2]等句，体现诗境时空的开阔；王勃唱道，"城阙辅三秦，风烟望五津"[3]，"落霞与孤鹜齐飞，秋水共长天一色"[4]，其意象宏博而瑰丽；至于骆宾王，也有"山河千里国，

---

[1] 卢照邻：《结客少年场行》，祝尚书：《卢照邻集笺注》，上海古籍出版社，1994年版。
[2] 卢照邻：《陇头水》，祝尚书：《卢照邻集笺注》。
[3] 王勃：《杜少府之任蜀州》，《王勃集》(修订版)，山西古籍出版社，2008年版。
[4] 王勃：《滕王阁序》，《王勃集》(修订版)。

城阙九重门。不睹皇居壮，安知天子尊"①句，虽是对王权的歌颂，仍不乏豪迈之情。初唐诗有一种无忌不羁的气质，视野开阔而格局不再拘谨，已是初改齐梁旧格、六朝萎靡之遗风的新声雄放的局面了，故曾被一些守旧的文论讥为"癫狂"与"堕落"。正如闻一多所言，"这癫狂中有战栗，堕落中有灵性"②。其诗的字里行间灵慧的"感觉"与灵动，超乎异常。至于盛唐之诗，更为如此。

殷璠《河岳英灵集》专以盛唐之诗入选。该书序言有云："自萧氏(时在南朝梁代)以还，尤增矫饰。武德初微波尚在。贞观末标格渐高。景云中颇通远调。开元十五年(727)后，声律风骨始备矣。实由主上(指唐玄宗)恶华好朴，去伪从真，使海内词场，翕然尊左，南风周雅，称阐今日"。③唐开元十五年后，唐诗"声律风骨始备"，是否是唐玄宗"恶华好朴，去伪从真"之故，这是另一个问题，但盛唐诗的审美品格，确是风骨、声律双兼。王运熙先生指出："盛唐诗歌一方面具有汉魏诗歌的风骨，另一方面又保持了六朝以至初唐时代的严密的声律。"④此之谓也。李白《古风》唱道："自从建安来，绮丽不足珍。圣代复元古，垂衣贵清真。"李白从其主张到实践，都是崇风骨、拒绮丽的。《河岳英灵集》推崇"既多兴象，复备风骨"的诗品、诗风，这概括了盛唐诗"意象壮美"这一特点。元稹称杜甫诗"词气豪迈而风调清深，属对律切而脱弃凡近"⑤，这是准确地指明了介于盛、中唐之际的杜诗既沉雄顿挫又声律兼善的审美特征。直至晚唐，唐诗的壮健意象、中规中矩的声律辞章及蕴含其间的磅礴、雄健的生命之"感"，依然是诗的主流、主脉。韩愈万怪恍惚、崭绝奇崎，孟郊奇险苦寒、硬语盘空，贾岛刻意推敲、内敛外瘦与李贺忧厉绝艳、虚荒幻怪，凡此之类，都是以诗的意象所确证的民族人格、时代人格及其人文精神之伟

---

① 骆宾王：《帝居篇》，《骆宾王集》，中国书店出版社，1988年版。
② 《闻一多全集》第三卷，生活·读书·新知三联书店，1982年版，第14页。
③ 殷璠：《河岳英灵集》，王克让：《河岳英灵集注》，巴蜀书社，2006年版。
④ 《当代学者自选文库·王运熙卷》，安徽教育出版社，1998年版，第398页。
⑤ 元稹：《唐故工部员外郎杜君墓系铭并序》，《元稹集》，山西古籍出版社，2005年版。

大、坚忍生命力的一种"感觉",是唐诗极富灵敏之"感觉"的表现,体现出风力峻急、意气充沛、深具力度的格调与美。

三曰寄慨遥深。

唐诗浩似烟海,佳构如云,其时代诗象有如云霓,变幻而多瑰丽,其文脉气势磅礴。唐诗意象之丰美繁丽、飘逸热情,"感觉"之灵敏活跃、摇曳多姿,气韵之充实淋漓、精力饱满,都洋溢着唐文化正值中华"青春年少"的生命素质与生命情调。好比人生历程,唐代中华正处在这一古老东方民族的青年时代。他满目是外部映照心灵世界的万千气象,只见风云变幻、沧海横流,便应接不暇,惊喜莫名;满耳是大自然的震天雷鸣、涛声依旧,有时也倾听泉水叮咚、秋虫唧唧;满心憧憬耽想,胸中浩气如虹,有时又不免初尝苦涩,情思忧伤,寄慨遥深。整个唐代的哲学,大致体现于诗之"感觉"的对宇宙人生的了悟。唐代是一个热情似火的"青年",一位极易触景伤情、多愁善感的"才子",一片云蒸霞蔚、忽而乱云飞渡的苍穹。这一苍穹有时阳光普照,有时水气迷蒙,未曾显其清澈、高远的"本性",而不等于少具深沉而美丽的哲思品格。唐诗一再证明的,是这一民族在这一时代的"感觉"极好。在"感觉"里,有无比的自信与力量,有炽热的情绪与情感的奔涌,有意志与信仰的执著,有无数生命意象及意境在心头构成一片片美丽的风景,也蕴含关于自然天地、社会人生,关于生命本在的喟叹与了悟。这里有哲学,有远方,有兴会、兴替与感兴,也有悟觉、空幻与静穆。

陈子昂《登幽州台歌》云:

前不见古人,后不见来者。念天地之悠悠,独怆然而涕下。

本是诗人个人情思的宣泄,却无意间成为时代与民族人格及其意绪的真实写照。陈子昂在诗里所真实、真切地"感觉"到的,是这一民族在这一时代之文化无可逃避的嬗变与转换。它所体现的正如青年人一般的心态,有一种目中无人("前不见古人,后不见来者")的狂飙突进的姿态,是一篇断然拒绝这一民族之历史重负、挥斥方遒的宣言,旋又深感前路茫茫,举步维艰。"青年"本已积蓄了足够的力量与自信,"独上高楼,望尽天涯路",又不知路在何处,体会到一种痛彻心扉的孤独之美。他在悠悠天地之际,既雄心百倍,又深感生命之脆弱。他的忧伤令人深为感动!比起那种关于生命之死亡真切的痛苦,则不过是一种属于青年人的自作多情、故作深沉的"假性痛苦"。

这便是初唐中华真实的审美"感觉"。

《登幽州台歌》固然仅仅体悟到人生的"假性痛苦",却毕竟是具有一定的关于历史、天地与民族之命运的哲思品格的。这种唐诗的"传统",在此后的唐诗中以不同方式发扬光大。孟浩然《望洞庭湖赠张丞相》云:

> 八月湖水平,涵虚混太清。气蒸云梦泽,波撼岳阳城。欲济无舟楫,端居耻圣明。坐观垂钓者,徒有羡鱼情。

开头四句意象弘阔,对天地、山河的"感觉"与境界磅礴而大气。后四句寄慨进身无路以至于徒有羡情之叹,格局与境界顿时全失,不免有些庸俗。

这样的"虎头蛇尾",在杜甫诗中也是有的。如《登岳阳楼》开头四句,有"昔闻洞庭水,今上岳阳楼。吴楚东南坼,乾坤日夜浮"的大笔挥写,笔下气象雄浑,意境壮阔。其后四句,落实到个人身世飘零、感怀家国社稷这一主题之上:"亲朋无一字,老病有孤舟。戎马关山北,凭轩涕泗流"。不必也不宜苛责杜甫"爱国""忠君"的俗情,但诗的审美境界,此时其实不在天地之际。倒是李白的诗,在总体格调上,自由、飞扬而无拘,具有比较纯粹的审美特性,但李白诗缺乏杜诗那般沉郁顿挫的悲剧的力量。

不能说唐诗无有寄慨,也并非寄慨未深,杜诗意蕴的深致境界固毋庸多言,以王维为代表的禅诗,亦达到了深微的"悟"的境界。唐诗的总体精神面貌与性格，是具有思想追问的。不能说这是"盛世的平庸"①。而唐代文化素质的意象胜于思辨，感觉多于沉思，诗性智慧优于理性智慧，也是无疑的。其"感觉"的极度敏锐，是唐代文化的特点与优点，建构在"感觉"基础上的唐诗的意象与"悟"的意境，一定程度上是唐代文化理性运思与超理性的灿烂的精神特征，"诗唱大唐"是唐人的哲学方式。在唐之前的魏晋，王弼倡言"扫象"与"得意忘象"之说，开出了玄学"贵无"论之一片灿烂的理性思辨的天空，使这一历史时期的中国美学走向哲学本体论而达到深邃的程度。唐诗的"意象"与"感觉"，是唐代诗性文化永远不可逾越的直觉以及在直觉中了悟的光辉成果，唐人是带着诗性之意象与意境来进行哲学与美学之思的。

唐代文化的第三个特点，是佛学的中国化。

这种中国化，同时具有有容乃大的文化格局与以"感觉""意象""意境"为基本心理特征的象思维的特点。

自从大约两汉之际印度佛教入传中土②，佛学开始走上了曲折的中国化的道路。《后汉书·楚王英传》云，东汉初年，楚王刘英"诵黄老之微言，尚浮屠之仁祠"，又"洁斋三月，与神为誓"，将浮屠、黄老并提，可见刘英奉佛，已有以黄老解读浮屠即以中国人的头脑理解印度佛教教义的意思。在东汉末年之前，佛教虽已入传中华内地，但发展极为缓慢。除至今译者难明的《四十二章经》为中土佛教最初译著与中土佛家最早论著《理惑论》外，没有其他更多的佛经传译与中土佛学论述。然而在东汉桓、灵二帝时代（147—189），有西域佛教学者安世高自安息来。几乎同时，有支娄迦谶、支曜来自月氏。尔后，天竺僧人竺佛朔与康居僧人康孟祥等，都来到中国洛阳，在中国部分信佛文士、学者的支持下，开始大量传译佛经。

---

① 葛兆光：《中国思想史》第二卷，复旦大学出版社，2000年版，第80页。该书云："八世纪上半叶的知识与思想状况"，是"盛世的平庸"。该书又说："在思想的平庸的时代，不一定不出现文学的繁荣景象，也许这恰恰也是一种有趣的'补偿'。"（第115页）
② 三国时魏国鱼豢《魏略·西戎传》（《三国志·魏志·东夷传》注引）按："昔汉哀帝元寿元年（前2），博士弟子景庐（《魏书·释老志》作"秦景宪"）受大月氏王使伊存口授《浮屠经》。"学界一般以为，此为有史可据的印度佛教经大月氏入渐中土之始。

这种传译，免不了采用大量汉语词汇，其中不少来自道家著作的词语与概念来"误读"佛经原义，其结果是逐渐将印度的经义改造为可以被中土道、俗领会与接受的东西。我们今天读安世高所译小乘佛教《安般守意经》，惊讶于其中所用道家著述与言辞之多，如"安谓清，般为净，守为无，意名为，是清净无为也"。这是将佛教的"安般守意"，几乎等同于道家的"清虚无为"了。这是佛学之原始的、粗陋的中国化。东汉末年，大乘佛教般若性空之学已传入中土，其传播、其大流行却在魏晋玄学兴起之后。其中国化的历程，起于以"玄"释"佛"、以"本无"说"空幻"。支谶所译《般若道行经》，以"本无"释"真如"义。支译《道行经》第十四品为《本无品》，此品相当于此后姚秦时罗什所译《小品般若经》第十五品《真如品》与南朝宋施护所译《佛母般若经》第十六品《真如品》。当时曾以"本无"译"真如"[1]。当我们今天读该经《本无品》所言"诸法本无碍，一本无等，无异本无，无有作者，一切皆本无"时，仿佛在领教魏晋玄学"贵无"论的思想。释道安时代，般若学者蜂起而各抒其义，遂有"六家七宗"。般若之学谈空说有，离弃空、有二边而不执于中道，但在"六家七宗"这里，却试图以"无"说"空"，这种"以本国之义理，拟配外来思想"[2]的"格义"方法，一定程度上推动了佛学中国化的历史进程。汤用彤说："窃思性空本无义之发达，盖与当时玄学清谈有关。实亦佛教之所以大盛之一重要原因也。盖自汉代以本无译真如，其义原取之于道家"[3]。诚其然也。这种以"无"释"空"，实际是低水平的佛学中国化的特点，受到了僧肇的批评。僧肇颖悟而学博，早会庄、老而晚从罗什，终以融契印中之义理而自成一格，成为佛学中国化的真正奠基者。僧肇以《物不迁论》《不真空论》《般若无知论》与《涅槃无名论》等著称于世，为学以缘起自性（实相）、立处皆真为主旨，谈体用、动静与佛法"不可思议""不可言说"之义，既不偏执于"贵无贱有"，又不偏执于"崇有贱无"，主旨在非无非有、即静即动、体用一如，澄清了中国佛

---

[1] 参见任继愈主编：《中国佛教史》第一卷，中国社会科学出版社，1981年版，第119页。
[2] 汤用彤：《汉魏两晋南北朝佛教史》上册，中华书局，1983年版，第168页。
[3] 汤用彤：《汉魏两晋南北朝佛教史》上册，第171页。

教中一些不合印度佛教本义的名相、概念与义理。为学路向，先以"我注六经"进入，继以"六经注我"出来，将般若学从依附魏晋玄学的历史阴影之中拉出，一方面力图把握印度佛学本义，另一方面又做中印会通之文章。僧肇在佛学中国化这一点上，是很有理论贡献的。

在唐之前佛学中国化的历程中，值得一提的，还有东晋士族奉佛之代表人物孙绰（314—371）及其《喻道论》。孙绰努力凿通佛、儒之障壁，以所谓"周孔即佛，佛即周孔"名世。《喻道论》称：

> 周、孔即佛，佛即周、孔，盖外内名之耳。故在皇为皇，在王为王。佛者，梵语，晋训觉也。觉之为义，悟物之谓。犹孟轲以圣人为先觉，其旨一也。应世轨物，盖亦随时。周、孔救极弊，佛教明其本耳。[1]

而南朝梁武帝既一心归佛，又认为佛、道、儒"三教"同源，推行三教并用政策。他说："少时学周孔，弱冠穷六经，孝义连方册，仁恕满丹青，践言贵去伐，为善存好生。中复观道书，有名与无名，妙术镂金版，真言隐上清，密行贵阴德，显征表长龄。晚年开释卷，犹日映众星，苦集始觉知，因果乃方明，示教唯平等，至理归无生。"这是概括其一生三教并崇、并学，认为"穷源无二圣，测善非三英"[2]。南朝宗炳（375—443）有《明佛论》，正如梁武帝崇佛主张三教融合那样，宗炳也认为"虽三训殊路，而习善共辙"，称"今依周孔以养民，味佛法以养神"。这些言说，实则主张以"周孔"（儒）来"化"佛，在推动佛学中国化的进程中不是没有作用的。

至于本书前文已经谈到的南朝齐梁之际刘勰的《文心雕龙》，是一个玄、佛、儒思想三栖的美学文本，这种三栖现象，是唐代佛教文化中国化

---

[1] 僧祐：《弘明集·喻道论》卷三，《中国佛教思想资料选编》第一卷，中华书局，1981年版，第27页。
[2] 道宣：《广弘明集》卷三十，《弘明集 广弘明集》，上海古籍出版社，1991年版。

的前期文化铺垫。

正因在唐之前经历过如此漫长而曲折的酝酿与准备，才使得唐代佛学中国化的历史进程水到渠成。

唐代佛学中国化，具有两个基本特点：

其一，在唐代有容乃大的总体文化格局中，唐最高统治者推行儒道释三教、三学并行、融合的政治、文化政策，为佛学中国化营造了一种自由、宽松的政治、文化氛围。

唐最高统治者为李姓，而当时道教、道家以老子李聃（老聃之讹）为教祖与精神领袖，因而"道"自然而然地深得李唐王朝的青睐，以为尊崇道教与道家，就是尊崇先祖，利用道教来达到宣示皇权神授的政治目的。唐宗室自称李聃后裔，高祖采老子降显谶言而于羊角山首建太上老君庙；僧人法琳因言唐宗室为拓跋氏之后、非老子后裔而使太宗震怒，获罪致死。但高祖、太宗两帝的崇道是有限度的，政治上推行"崇道"政策，思想上却未必有牢固的道教信仰。而唐玄宗对道教的崇奉，是真诚、有力而空前的。他登基后，一改中宗、睿宗的佛、道并重政策，大有独尊道教的劲头。唐玄宗说，道教教祖"玄元皇帝"即老子乃"万教之祖，号曰玄元。东训尼父，西化金仙"[1]。推行崇道抑佛抑儒政策。唐玄宗称《老子》其要在乎"理身理国"[2]、"道德者百家之首，清静者万化之源，务本者立极之要，无为者太和之门"[3]。封赐老子多次，如"大圣祖玄元皇帝"（天宝二年，743）、"圣祖大道玄元皇帝"（天宝八年，749）、"大圣祖高上金阙玄元天皇大帝"（天宝十三年，754）等，又居然在长安道观太清宫里，在教祖老子塑像左右，侍立着高祖、太宗、高宗、中宗、睿宗与玄宗的塑像。至于武宗灭佛、"会昌法难"时期，道教也曾一度深得朝野推崇。

尽管如此，初唐王朝推崇道教在于政治需要，似乎有点"言不由衷"的

---

[1] 谢守灏：《玄元皇帝像赞》，《混元圣纪》卷之八，《道藏》第十七册，上海书店出版社，1988年版。
[2] 谢守灏：《混元圣纪》卷之六，《道藏》第九册。
[3]《道藏》洞神部《唐玄宗御制道德真经疏·释题》，《道藏》第九册。

意思。其实无论高祖还是太宗的文化目光，并不专注于"道"。即使就玄宗佞"道"而言，比如封赐这一行为方式，已是儒味十足之举。玄宗曾自称每晚必向老子像顶礼膜拜，这种崇奉仪式，类于佛教"拜佛"。太清宫里以教祖老子像居中，以六帝之像侍立其左右，这种格局，类似于佛教寺庙大雄宝殿"一佛六胁侍"式。从李姓宗室以李聃为远祖这一点看，太清宫里的这一造像序列，又像李唐的"家庙"秩序。因此玄宗的佞道行为本身，实际已包含了儒、佛的文化内容。难怪唐玄宗虽然佞道佞得厉害，在注释《道德经》的同时，却还能虔诚、恭肃地注释《孝经》与《金刚经》，这是三教、三学并行与融会的一种象征。

同样有意思的事，还发生在唐太宗身上。我们知道，早在魏晋六朝，中国文化及其美学先以"道"（玄）为要，其哲学"话语"方式，主要是玄学；继以"佛"为显，其哲学"话语"方式，自般若性空之学到涅槃佛性之论。这里似乎始终没有儒的立锥之地。其实不然。魏晋六朝固然"儒"军不振，儒却始终在中国文化的潜行之中，没有也不能退出中国文化思想、政治的历史舞台，儒之文化生命力尤为坚忍。大唐伊始，要旨在天下一统、政权巩固，因而属儒之国家政治制度与道德律令等的颁行，必然使儒风重新振扬。唐太宗对道、佛都有好感，都能容受与默许，同时"锐意经术"。他对侍臣云："朕今所好者，惟在尧舜之道，周孔之教，以为如鸟有翼，如鱼有水，失之必死，不可暂无耳。"[1]当然，当唐太宗强调儒术的政治、道德功能时，对道、释便颇有微词，他批评道教"神仙事本虚妄，空有其名"，"神仙不烦妄求也"[2]。又在与"道"的比较中，认为"佛"不如"道"，称"其道士女冠宜在僧尼之前"[3]，这是继承了高祖关于"道先、儒次、佛末"的部分思路。唐太宗对玄奘西行求法开始并未大力支持，而当玄奘于贞观十九年取经回到长安时，又积极支持其译经事业。另一方面，在亲佛、重道的同时，又令国子祭酒、一代硕儒孔颖达等撰编

---

[1] 吴兢：《贞观政要》卷六，光明日报出版社，2013年版。
[2] 刘昫：《旧唐书·太宗本纪》，中华书局，1975年版。
[3] 贾善翔编纂：《犹龙传》卷之五，张宇初辑：《正统道藏》，涵芬楼影印明刊本，1923年版。

《五经正义》,以其为儒子科考"课本",并下诏翻历史陈年老账,以左丘明、公羊高、谷梁赤等经学家塑像配享于孔庙。这是祭起历史的亡灵,来演出时代的新场面。

唐太宗面对儒、道、释的这种文化态度与文化选择,似乎有些前后矛盾,左右为难,其实不然。唐太宗这样做说明了两点,一是为达到最高政治目的而采取了"实用"态度,所以可以今天这么说,明天又那么说;二是为求达到一定的政治目的,尽量推行三教、三学并行的文化政策,结果推进了三教、三学的趋于融合。其实,唐太宗的这一文化、政治策略,在于既不废佛、道,又以儒为"主流意识形态",并非说明"不再务求新说"、"人情难免",而是用以垄断文化、学术与思想的"霸权"。结果并没有在思想意识与时代精神上唯"儒"独尊,不同于汉武帝纳董子"天人三策"而推行"罢黜百家,独尊儒术"。唐代关于儒、道、释的论争其实并未平息,如德宗贞元年间,三教论辩于长安麟德殿;文宗太和元年,三教又争说于御前。唐初有道士李仲卿作《十异九迷论》、道士刘进喜撰《显正论》以驳斥佛教;僧徒法琳等作《辩正论》以批驳道教以及华夷之辨、老子化胡之辨与教义高下之辨等,最有趣的是,孔颖达奉旨撰《五经正义》,又在三教论争中偏袒道教,凡此却并未扩大三教、三学大致之裂痕,而是证明有唐一代思想的自由与活跃,加深了对三教、三学互补的认识。《新唐书·徐岱传》记述当年三教大辩于麟德殿时说,"始三家若矛楯然,卒而同归于善"。此之谓也。

正是在这一自由、活跃的文化氛围中,佛学的中国化才真正成为可能。佛学中国化并非始于唐代,而唐代的佛学中国化,具有为以往时代所未有的相对思想深度与大度的文化背景,此其一。

其二,唐代推行三教、三学并行而不悖的文化政策(当然,有尤其重"道"与毁"佛"的时候),在总体思想、文化历程中真正有所推进的,除了本书第六章将要讨论的起自中唐的韩愈、李翱的古文"复兴儒学"运动之外,最重要的宗教及其思想事件,是起自隋代、完成于唐代的中国佛教宗派的真正建立。虽然各佛教宗派的建立及其教义不同,然而依凭其建立,却由于其教义的阐说与论争,加深了佛学中国化的思想性,这在一定程度上推动了唐代美学的深化。

唐代的译经事业,继魏晋六朝之后,再度兴旺发达。其特点有三:(一)基本上由国家统一主持,组织译场,规模宏大;(二)自唐太宗贞观三年(629)到宪宗元和六年(811),历时近两个世纪,历时弥久;(三)译师众多,其中数位中国高僧、居士,成为译经的中坚。据吕澂所撰《唐代佛教》一文,唐代有著名译师二十六人,按从事译经年代先后,依次为波罗颇迦罗蜜多罗(629—633)、玄奘(645—663)、智通(647—653)、伽梵达摩(约650—655)、阿地瞿多(652—654)、那提(655—663)、地婆诃罗(676—688)、佛陀波利(676)、杜行顗(679)、提云般若(689—691)、弥陀山(690—704)、慧智(693)、宝思惟(693—706)、菩提流志(693—713)、实叉难陀(695—704)、李无谄(700)、义净(700—711)、智严(707—721)、善无畏(716—735)、金刚智(720—741)、达摩战湿罗(730—743)、阿质达筱(732)、不空(743—774)、般若(781—811)、勿提提犀鱼(约785—?)、尸罗达摩(约785—?)。名僧玄奘、义净与不空等,译经成果尤为斐然。玄奘译经七十五部,一千三百三十五卷;义净译经六十一部,二百六十卷;不空译经一百零四部,一百三十四卷,其中有些篇章为译者所编撰。玄奘所译佛经包括瑜伽、般若与大小毗昙;义净重律学;不空擅长密宗典籍。

唐代译经力求忠于原典,不少经典为前代译师的重译之作。同时,为传阅、检索、习佛与研究佛学的方便,将自《四十二章经》到唐所译经典,编为"一切经"。这项工作,始于隋代《仁寿众经目录》,而继续于唐代。如贞观初年所编《写经叙录》(七百二十部二千六百九十卷)、龙朔三年静泰编《东京大敬爱寺一切经论目录》(八百一十六部、四千零六十六卷)、开元十八年智升编《开元释教录》(二十卷)与贞元十六年圆照编《贞元新定释教目录》(三十卷)等。吕澂说:"在这些目录里,《开元录》一种实际发生的影响最大。它的入藏目录共收一千零七十六部五千零四十八卷,成为后来一切写经、刻经的准据。"①

可见仅就这一点而言,唐代译经与典籍目录整理,已为佛学的中国化准备了资料条件。

中国佛教宗派的真正建立,始于隋代所立、活跃于唐代的天台宗以及在隋初具雏形的三论宗,至唐诸宗蜂起,达于大盛。

天台宗由智𫖮开创于浙江天台山,故名。依凭《法华经》立教义,又称法华宗。天台一脉,于智𫖮圆寂后由其弟子灌顶弘传。入唐再传,相继有智威、慧威、玄朗与湛然等,其学达于日本。此宗以"三谛圆融""一念三千"为基本教义。以吉藏为祖师的三论宗,以《中论》《百论》与《十二门论》为正依,主诸法性空中道实相论,立破邪显正、真俗不二与八不中道三法义。唯识宗,又名法相宗、慈恩宗,由大德玄奘所创立。此宗宗于印度大乘佛教从弥勒、无著、世亲到护法、戒贤之瑜伽一系的学说,其基本教义,为三性之论与"唯识变现"。玄奘高足窥基扬励宗门,一时极盛。律宗,以佛教五部律中的《四分律》为依据,注重戒律的研习与传持。律宗的思想主张始于曹魏之时,经过历代律师弘传、依持,至隋唐之际的智首,已成法系。唐初道宣承传智首衣钵,潜心著述,教导门徒。该宗将一切佛教戒律归为"上持"与"作持"两类,"以比丘、比丘尼二众制止身口不作诸恶的'别解脱戒'为止持戒,以安居、说戒、悔过等行持轨则为作持戒"②。华严宗,由高僧贤首大师法藏所开创,又名贤首宗。此宗依凭《华严经》,以杜顺(法顺)、智俨、法藏、澄观与宗密等为宗门传系。主"法界缘起"说,倡言"四法界""六相"与"十玄门"。密宗,源于印度古密教,初传于三国。唐开元四年(716)善无畏来华授瑜伽密义。开元八年(720),另一印度高僧金刚智携弟子不空抵达洛阳,授金刚顶瑜伽诸部秘藏。此宗以修持密法为主,或云瑜伽密教,纯用陀罗尼(咒语)作为修习方便,具有神秘色彩。净土宗,为专修往生阿弥陀佛净土的一个宗派,其观念建立在西方净

---

① 参见中国佛教协会编:《中国佛教》(一),知识出版社,1980年版,第63—64页。
② 中国佛教协会编:《中国佛教》(一),第289页。

土、弥陀佛信仰的基础上。立宗始于北魏昙鸾，盛于宋初之后，宋代禅宗、天台宗与律宗等，多兼弘净土。而唐代净土宗已大有发展。智顗与吉藏等，皆撰净土之论说，有智顗《观无量寿佛经疏》一卷、《阿弥陀经义记》一卷；吉藏《无量寿经义疏》一卷。唐道绰、善导、怀感、少康与慧日等，都弘传净土宗系。此宗以《无量寿经》《观无量寿经》《阿弥陀经》与《往生论》即所谓"三经一论"为经论依止，尤为下层信众所尊信。禅宗，最典型的中国佛教宗门，唐代佛学中国化的典型代表，具体论述详后。

唐代佛教各树宗门，又为佛学的中国化准备了组织（教团、宗派）条件。

唐代佛教宗门林立，各标教义，体现了这一时代中国佛教思想及其信仰的自由与活跃，也标志着佛学中国化的进展程度与历史水平。

如天台宗的"圆融三谛"说，其思想原型，与龙树《中论》所谓"三是偈"思想攸关："众因缘生法，我说即是空。亦为是假名，亦是中道义"。一切事物现象因缘而起，故无"自性"，因而为"空"，此为空谛；一切事物现象虽无"自性"而故"空"，但有"假名"，如幻如化，各各分别，故称假谛；一切事物现象，且"空"且"假"、非"空"非"有"，是谓中谛。空、假、中，是谓"三谛"。"三是偈"以"三谛"、中观为基本教义，其实并未回答"三谛"之间是否"圆融"的问题。印度佛教所言"圆融"，正如《楞严经》卷四所言："如来观地水火风，本性圆融，周遍法界，湛然常住"。这是说，万法就其假名而言，事事差别；就其实相"本性"来说，融通无碍。天台宗在印度佛教教义的基础上，将"圆融"的理念，用以看待、解说空、假、中"三谛"之间的关系：

> 若谓即空、即假、即中者，虽三而一，虽一而三，不相妨碍。三种皆空者，言思道断故。三种皆假者，但有名字故。三种皆中者，即

是实相故。①

显然,在天台宗的"圆融三谛"说中,已经明显地融会了中国传统文化关于人与自然、天地相中和的观念因素,"喜怒哀乐之未发谓之中,发而皆中节谓之和。中也者,天下之大本也;和也者,天下之达道也。致中和,天地位焉,万物育焉"②。中和者,"天下之大本""天下之达道",从这一关于"中和"作为人与自然之普遍的原则看,"三谛"之间自当"圆融"。不过,传统文化观念以为人与自然包括人的感情世界的原始状态是一种"中"的状态("未发谓之中"),而"和"是人的感情从"自然"走向"人文"的一种有分别、有条理的状态,天台宗则以不妄执于空、假、中为"圆融",这是两者的区别。

同时,天台宗还从中国传统文化的"心性"说中汲取思想养分,将"圆融三谛"的立论依据,归之于"心"(念),称"三谛具足,只在一心","若论道理,只在一心。即空、即假、即中"③,又说,"一念心起,即空,即假,即中"④。这也便是"三界无别法,唯是一心作",与天台宗的另一基本教义"一念三千"说相勾连。孟子有尽性、知心、知天之说,有"万物皆备于我"之论,这是以"心"释"性"、心外无物之论。在传统儒家"心性"说中,由于从本体论上讨论人性问题的艰难,故从人心角度来谈论人性问题,于是人性的后天习得即人格的修习问题,变成了人心认识论与人心修养问题。天台宗虽从儒家传统的道德人心修养说中汲取思想养料,却将人"心"(念)哲学本体化,称"一心"即万有实体之真如。《探玄记》三云:"一心者,心无异念故。"一心即一念,一念即无念,无念即空幻,空幻即无执。而无执,修持而达于无念、无心之结果也。这里,天台宗明言"一念"

---

① 智顗:《摩诃止观》卷一下,《大正新修大藏经》卷四六,新文丰出版社(中国台湾),1983 年版,第 7 页。
②《礼记·中庸第三十一》,杨天宇:《礼记译注》下册,上海古籍出版社,1997 年版,第 899 页。
③ 智顗:《摩诃止观》卷六下,《大正新修大藏经》卷四六,第 84 页。
④ 智顗:《摩诃止观》卷一下,《大正新修大藏经》卷四六,第 8 页。

为世界本体,却暗隐与融会传统儒家关于"心性"修养说的思想因子,即只要于"心"(念)无执、无系累,则主客泯灭,三谛圆融,心即本体。这也便是唐代另一中国化佛教宗门禅宗所倡言的"即心是佛"。同时,天台宗的"三谛圆融,只在一心"说,也同样接纳来自中国传统文化道家关于"心斋""坐忘"的思想因子。庄子所言"心斋"与"坐忘",是道家的认识论、修养论,而作为一种无心、无我、无执于功利性世俗的心理境界,其实颇通于佛禅的哲学本体说。所不同的是,道家以"无"为世界本体与终极,而这里天台宗却以"空"为本体而无执于"空"。天台宗的"心"(念)论,固然不同于传统道家,却是一定程度上以道家"坐忘""心斋"说接应与改造印度佛学有关教义的结果。

又如华严宗,其基本教义"法界缘起"即"真如缘起",以"一真法界"这一概念代"真如",体现了该宗的理论创造;宗密《原人论》第一节"斥迷执"对儒、道思想的批判,其第四节"会通本末"重提"三教会通"之论,以为"今将本末会通,乃至儒、道亦是"。虽然,华严宗一系的佛学名相、义理精微而烦琐,在这一点上类似于唯识宗,确与中国传统文化的名理、思辨崇尚简约有别,然而我们看到,在华严宗的理论建构中,几乎到处可见对数字"十"的尊崇。华严有"十玄""十圆""十宗""十方"与"十门"等说,如所谓"十圆",《大正藏》卷四五云,其为"处圆、时圆、佛圆、众圆、仪圆、教圆、义圆、意圆、益圆、普圆";所谓"十门",(一)同时具足相应门;(二)一多相容不同门;(三)诸法相即自在门;(四)因陀罗境界门;(五)微细相容安立门;(六)秘密显隐俱成门;(七)诸藏纯杂具德门;(八)十世隔法异成门;(九)唯心回转善成门;(十)托事显法生解门。① 这种尚十的文字景观,是佛学中国化的又一表现。中国传统文化观念最早崇尚数字八,《汉书·律历志》云:"自伏戏(羲)画八卦,由数起,至黄帝、尧、舜而大备。"② 实际是东方殷人推崇神秘数字八,故有八卦之创始。而

---

① 参见法藏:《华严一乘教义分齐章》卷四,《大正新修大藏经》卷四五,新文丰出版社(中国台湾),1983年版,第500—509页。
② 班固:《汉书·律历志第一》上,《汉书》,中华书局,2007年版,第110页。

西方周人推崇九，九被《易经》称为老阳之数。九在历代中国文化中经久出没，成了一个政治、皇权的崇高数字，如称封建帝王为"九五之尊"。(源自《周易》乾卦九五爻辞："九五：飞龙在天，利见大人。")《周礼·考工记》记周代营国制度"匠人营国，方九里，旁三门。国中九经九纬，经涂九轨"等都是如此。同时，随着中国文化的历史性推进，《周易》古筮法所包含的最大自然数"十"被发现。《周易》以自然数自一到十的十个自然数之和即"五十有五"为占筮算卦的"大衍之数"。这便是"天一、地二、天三、地四、天五、地六、天七、地八、天九、地十"①的总数，其中自一至十的十，因是这一自然数列的最大、最后一个筮数，尤为令人敬畏，故久之，在中国人的文化观念中，成为圆满与无尽数的象征。后代所谓十全十美之类，都是源自《周易》筮数十，是从文化发展为道德与审美观念。十这个数何时具有十足、十分、十全十美等意思，似不可考。《商君书·更法》云："利不百(十的十倍)不变法，功不十不易器。"可见起码在秦朝，十已具圆满之义。印度佛教观念与仪规中，十这一数字，也是常被采用的。所谓"合十"即合掌，双手十指并拢，置于胸前，以表示敬意，原为古印度一般礼节，后为佛教徒所沿用。可见，印度佛教仪规中的十，基本是礼的表现。华严宗尚十，确是佛学中国化的又一文化景观，"依《华严经》，立十数为则，以显无尽义"②，"所以说十者，欲应圆数，显无尽故"③。至于华严宗关于"金师子"(金狮子)的著名比喻，就更是佛学中国化的一个有力的证明。

若看师子，唯师子，无金，则师子显，金隐；若看金，唯金，无师子，则金显，师子隐。④

---

① 《易传》，拙著：《周易精读》，复旦大学出版社，2007年版，第294页。
② 《华严五教章》卷四，东方出版社，2016年版，第505页。
③ 《华严五教章》卷四，第503页。
④ 《金师子章》，《大正新修大藏经》卷四五，新文丰出版社(中国台湾)，1983年版，第669页。

读《金师子章》的这一段名言，立刻让人想起战国公孙龙子的"离坚白"说："视不得其所坚，而得其所白者，无坚也；拊不得其所白，而得其所坚者，无白也。"①

再如净土宗，其主旨以念佛行善为内因，以弥陀的愿力为外缘，让信众往生西方净土，其修持方式专以称名念佛为要。这一宗门的主张与修持实践，非常契合中国人尤其下层信众的信仰口味，一是无须高深、玄奥佛理的研读，以免使人头疼；二是无须烦冗佛教仪规的约束。无论称名念佛，还是观想念佛、实相念佛，都是简约而易行的。这是唐人愿意接受与践行的。

这似乎可以说明以沉重之思虑、烦冗之逻辑及印度佛学的"原汁原味"（所谓"真经"）为自豪的唯识宗为何难以持久弘传，可谓昙花一现之缘故了。唐代中国，倘与魏晋或宋明时期相比，无论道、俗，似乎缺乏些有深度的理性思辨的执著与热忱。时代的"少年天才"，从魏晋思想者的王弼，变成了从唐初才气横溢的诗人王勃到"感觉"极好的"诗怪"李贺，这是极具象征意味的。以深刻的理性思虑的无情放逐，换得诗的想象的丰富奇特或是灵慧的禅悟，而禅悟无疑具有诗悟之极空灵、极"意象"的"感觉"，以诗的激情飞扬来映照时代思哲的沉潜，可以说是唐代文化的诗性与思性的兼得。佛学的中国化，化在简约印度佛学原本之庞大、繁复的思想体系与逻辑体系中，从印度佛学经典之说尽千言万语，即从印度佛学"不离文字"，到中国唐代南禅佛学的"不立文字"，佛学在唐代的进一步中国化，对中国美学文脉产生了深远影响。关于这一点，尤其在南宗禅那里让人看得更清楚。

---

① 《公孙龙子·坚白论》，上海人民出版社，1974年版。

第二节　法海本《坛经》的美学意义

在众多唐代佛教宗门中，实际由惠能[①]（638—713）所创立的禅宗（又称南宗禅，相对于神秀的北宗禅而言）的文化、历史地位尤为重要。（一）禅宗是最典型的、佛学中国化程度最高的中国佛教宗派。在中国禅宗史上，惠能被尊为"六祖"，是继达摩、慧可、僧璨、道信与弘忍之后所崛起的禅宗一代宗师。他是一位名副其实的佛教"革命"家。惠能虽为"六祖"，实际在惠能之前，中国只有禅学，而无真正意义上的禅宗。印顺说："菩提达摩传华而发展成的禅宗，在中国文化史上，占有重要的光辉的一页。"从达摩到惠能，是从"达摩禅的原义、发展经过，也就是从印度禅而成为中国禅的演化历程"[②]。又说，惠能的主要贡献，在于简化印度禅烦琐的禅学义理及其逻辑架构，拒绝禅律，倡言"直指人心，见性成佛"这一主题与标举"顿悟"之说，"慧能的简易，直指当前一念本来解脱自在（'无住'），为达摩禅的中国化开辟了通路"[③]。（二）在中国文化史、中国佛教史上，禅宗标志着中国佛教文化的高度成熟以及因成熟而必然到来的衰落，具有深远的影响。惠能开创了禅门，而直至其圆寂，禅宗的弘传范围，依然仅限于中国南方，北方基本仍是神秀北宗禅的天下。禅宗达于极盛，是在惠能之后。尽管在《坛经》所列惠能"十大弟子"中没有南岳怀让与青原行思[④]，然而在禅宗自惠能之后的发展宗谱中，这无疑是两个关键性人物，此后才有所谓"一花开五叶"禅宗兴旺的历史盛期。从六祖惠能到沩仰、临

[①] 惠能，又称慧能。署名法海的《六祖大师缘起外记》作"惠能"，另一署名法海的《六祖大师法宝坛经略序》作"慧能"。目前学界一般称"慧能"。法海本《坛经》作"惠能"，本书所引，为法海本《坛经》，故称"惠能"。

[②] 印顺：《中国禅宗史·序》，上海书店，1992年版，第1页。

[③] 印顺：《中国禅宗史·序》，1992年版，第8—9页。

[④] 这有两种可能：要么当惠能给其"十大弟子"讲述"三十六对"时，怀让与行思尚未来到曹溪；要么该两弟子已离曹溪。参见郭朋：《隋唐佛教》，齐鲁书社，1980年版，第546页。

济、曹洞、云门与法眼五宗，在禅学义理上，建构了不属于传统佛教的诸多"正见"，消解了属于传统佛教的不少东西，因此必然迎来兴旺之后的落寞。无论是禅宗的兴盛与衰落，都说明了以儒、道为代表的中国传统文化对入渐的印度佛学与佛教之成功的改造，也是印度佛学与佛教对中国传统文化之成功的改造，禅宗的深远影响即在于此。这一深远文化影响之启动者，是六祖惠能。惠能的佛教革新，旨在倡言"即心是佛""不立文字，教外别传"，以"自性顿悟"为"心要"。岂料文化与历史的力量极其无情，禅宗以其极具文化魅力的内在素养，收拾与征服过这一伟大民族之散乱的"人心"，而正是这一内在素养本身，成了瓦解、坏灭佛禅的一种精神力量。惠能一手创造了中国佛教的生机与危机。（三）惠能的禅宗既然无情地消解了原本属于佛教所必须具备的一些宗教文化性格，也就必然义无反顾、无可逃避地从宗教走向世俗，从彼岸趋回此岸，从崇拜转入审美。禅宗旨要所标榜的"平常心是佛"，实际是世俗审美的宗教性表述。禅宗是最贴近中国文人士大夫之生活理路与生活情调的中国佛教宗派。在禅宗的精神关怀中，禅宗的教义与理想，实际最能安顿中国文人士大夫的精神生活与精神生命，最能实现中国人所独有的"淡于宗教"又不离宗教的文化心情与种族根性，是最中国化与生活化的一个宗门，也便最富于审美意味与美学意义。"它把日常生活世界当做宗教的终极境界，把人所具有的性情当做宗教追求的佛性，把平常的心情当作神圣的心境，于是，终于完成了从印度佛教到中国禅宗的转化，也使本来充满宗教性的佛教渐渐卸却了它作为精神生活的规训与督导的责任，变成了一种审美的生活情趣、语言智慧和优雅态度的提倡者。"①禅宗的佛学思想，蕴含着一定的、深邃的美学意蕴，体现了中国美学的深化与审美的深入。

禅宗旨要的美学意义，表现在诸多禅宗佛学的文本中，其中法海本《坛经》，尤具研究价值，尤应值得重视。

《坛经》，唐六祖惠能所创立的中国佛教禅宗的一部重要经典，其基本

---

① 葛兆光：《中国思想史》第二卷，复旦大学出版社，2000年版，第172—173页。

内容，作为惠能说法"语要"，体现了南宗的禅学宗旨。惠能曾于广东韶州大梵寺弘传禅法，其言说，由其门徒法海集记，是为《坛经》原始。

在颇为漫长的传世过程中，《坛经》屡被后人增补、附会、刊行，遂形成诸多不同版本。据日本学者石井修道研究，这些版本大抵达十四种之多。① 然学界一般认为，迄今所发现的内容相对独立的，是四种本子，其余都是相应的翻刻本或传抄本。

四种通行的本子为：

(一)法海本。

题为"《南宗顿教最上大乘摩诃般若波罗蜜经六祖惠能大师于韶州大梵寺施法坛经》，兼受无相戒弘法弟子法海集记"，一卷五十七节，约为一万二千字，晚近发现于敦煌石室，故又称敦煌写本。

(二)惠昕本。

题为《六祖坛经》，二卷十一门，约为一万四千字，为北宋邕州罗秀山惠进禅院沙门惠昕于乾德五年(967)改订本，晚近发现于日本京都崛川兴圣寺。

(三)契嵩本。

全称《六祖大师法宝坛经》，一卷十门，约二万字，即曹溪原本。为北宋僧人契嵩至和三年(1056)改编本。元至元二十七年(1290)，由德异重刻于吴中休休禅庵，为德异本(又称延祐寺本)。据日人宇井伯寿《禅宗史研究·坛经考》考定，德异本"亦即曹溪原本"，是契嵩本的一个传抄本。

(四)宗宝本。

全称《六祖大师法宝坛经》，一卷十门，约二万字，由元风幡报恩光孝禅寺住持宗宝于至元二十八年(1291)据曹溪原本改编而成。

比较而言，《坛经》四通行本以契嵩本与宗宝本为宋、元时本子，其篇幅愈见增繁。其中宗宝本，以窜附、颠倒与增补过甚而尤为后人诟病。明

---

① 见[日]石井修道：《伊藤隆寿氏发现之真福寺文库所藏之"六祖坛经"之介绍》。郭朋《坛经校释》一书在引录伊藤隆寿关于《坛经》本子资料时指出，"这个图表里所列的《坛经》本子，共达十四种之多。"(《坛经校释》中华书局，1983年版，第13页)

人王起隆《重锓曹溪原本法宝坛经缘起》一文云："宗宝之于《坛经》"，"更窜标目，割裂文义，颠倒段落，删改文句"，此是。倘与法海本对校，虽有关惠能说法部分两本基本相合，毕竟在其他方面发挥过多。据惠昕本卷末所言，此本为悟真之弟子圆会所传，悟真为法海三传弟子。有云："洎乎法海上座无常，以此《坛经》付嘱志道，志道付彼岸，彼岸付悟真，悟真付圆会。"因此在内容上，惠昕本比较接近于法海本。

至于法海本，该本卷末云："此《坛经》，法海上座集记。上座无常，付同学道漈。道漈无常，付门人悟真。悟真在岭南曹溪山法兴寺，见今传授此法。"这里，法海本称悟真是法海同学道漈再传，显然不同于惠昕本所言，可以证明法海本成集、刊行年代之早。法海本《坛经》刊行之确切年代尚难确定。考虑到该本卷尾有关惠能圆寂情事之记，称神会一系借托惠能所谓"吾灭度后二十余年，邪法遼（缭）乱，惑我宗旨，有人出来，不惜身命，定佛教是非，竖立宗旨，即是吾正法"①之言说以此自抬这一情况，则尚可推测，法海本《坛经》的成书刊行年代，大约在惠能圆寂之后未久的禅宗"菏泽"时期。惠能弟子法海曾说："大师住曹溪山（及）韶、广二州，行化四十余年，若论门人，僧之与俗三五千人说不尽；若论宗指（旨），传授《坛经》以为衣（依）约，若不得《坛经》，即无禀受……无《坛经》禀承，非南宗定（弟）子也。"②这是说，惠能改变了"付法传衣"的老规矩，即以《坛经》一卷为信传。印顺指出，"神会入弘忍传衣给慧能，证明慧能为六祖。袈裟是'信衣'，是证明'得有秉承'、'定其宗旨'的。然而神会自己，慧能并没有传衣给他。"③于是神会一系以手写秘本《坛经》一卷"为依约"，这就难怪现行法海本《坛经》中有有利于神会的言论了，如"神会作礼，便为门人，不离曹溪山中，常在左右"云云。神会入灭于公元762年（代宗宝应元年），公元796年（德宗贞元十二年）被敕定为禅宗七祖。"所以神会门下

---

① 郭朋：《坛经校释·附：坛经考之一》，《坛经校释》，中华书局，1983年版，第134页
② 《大正新修大藏经》卷四八，新文丰出版社（中国台湾），1983年版，第342页。
③ 印顺：《中国禅宗史》，上海书店，1992年版，第250页。

修改《坛经》，以《坛经》为传宗的依约，大抵在780~800年间"①。

由此可以得出一个初步的结论，法海本《坛经》经神会一系的增笔与修饰，已非法海所"集记"的《坛经》原本，而在现存《坛经》诸本中，法海本无疑是最古、最接近于原本的本子，其所阐述的禅学思想的基本部分，则无疑是属于惠能的。因而如欲探研中国禅宗之"原道"及其美学意义，选择诸多《坛经》版本中的法海本作为其阐释的文本，应当说是必须而可取的。

作为佛经，法海本《坛经》不可能是一部直接阐述一定美学思想的文本，其审美意识与美学意蕴，是融会在其禅学思想之中的。因此，讨论法海本《坛经》的美学意义，必须从解读其禅学思想入手。

一、禅思本色：真如缘起

法海本《坛经》禅学思想具有诸多侧面与层次，其思想旨归，从世界观、哲学本体论角度分析，则为真如缘起说。

法海本《坛经》关于真如缘起说的阐述，可谓比比皆是。所谓"真如净性是真佛""故知一切万法，尽在自性中，何不从于自心顿现真如本性""一闻言下大悟，顿见真如本性""莫起诳妄，即是真如性""真如是念之体，念是真如之用"以及"当念时有妄，有妄即非真有；念念若行，是名真有"②等，都表达了真如缘起及与此相关的思想。

真如缘起，中国禅宗之基本佛学观念。在印度佛学中，所谓真如（梵文Bhutatathata），《唯识论》（二）称："真谓真实，显非虚妄；如谓如常，表无变易。谓此真实，于一切法，常如其性，故曰真如。"指真正如实、常住不变的世界本体，是宇宙自然、社会人生即一切事物现象（万法）的本原、存在。在佛典中，真如有如来藏、自性清净心、法身、实相、佛性、法界、法性与圆成实性等诸多别称。《大乘止观》有云："此心即自性清净心，又名真如，亦名佛性，亦名法身，亦名如来藏，亦名法界，亦名法

---

① 印顺：《中国禅宗史》，上海书店，1992年版，第251页。
② 以上引自郭朋《坛经校释》，1983年版，后文凡该校释本的引文，不再注明。

性。"《往生论》注："真如是诸法正体。"所谓缘起，因缘、待缘、自缘而起之谓。《杂阿含经》中"此有故彼有，此生故彼生"，说的就是缘起。一切事物现象皆依缘而起变易。所谓"十二因缘"，乃辟支佛之观门，言众生涉三世而轮回六道之次第缘起。在印度佛教看来，一切世间法与出世间法皆依缘而起。在世间层面上，芸芸众生未斩绝"烦恼"，因缘起而轮回不已；在出世间层面上，"空"即斩断尘缘、尘累。如滞累于空，等于不离尘缘、尘劳，自性仍在轮回中。缘者，攀缘之义；起者，性起之谓。缘起，人之心识攀缘烦恼的一种精神奴役状态。缘起论，是哲学意义上的因果律论，也是佛教信仰意义上的报应说的理论基础。

真如缘起说，作为哲学及其美学本体论，包含着关于以"真如"为世界本原、本体及"美"[①]之本原、本体的认同。真如缘起，是印度佛学中国化的一个佛学概念与命题。

从思想因缘看，《坛经》真如缘起说，受到在中国佛学史上占有重要理论地位的《大乘起信论》的巨大影响。《大乘起信论》，相传为印度大乘玄义著名论师马鸣所撰，由著名的佛学翻译家真谛所译。然而这一点佛学界历来多有怀疑。隋代法经所撰《众经目录》将该书编入"众论疑惑部"，称"《大乘起信论》一卷，人云真谛译，《勘真谛录》无此论，故入疑"。唐人皆正《大乘四论玄义》则怀疑该书非马鸣所著，以为"昔日地论师造论，借菩萨名目之"。近、现代佛学界对此分歧很大。章太炎《大乘起信论辩》以为，该书乃龙树之前印度马鸣菩萨所造，理由之一，隋法经《众经目录》虽将《大乘起信论》列入"疑惑部"，"但疑其译人，非是疑其本论"。梁启超《大乘起信论考证》断言，该书非印度僧人撰作，而是中土梁陈间人的作品。吕澂《起信与禅》说："起信这部书绝不是从梵本译出，而只是依据魏译《楞伽》而写作。"印顺《起信评议》则说，"印度传来的不一定都是好的"，"中国人作的不一定就错"，似在默认《起信论》是中国僧人的著述。日本佛

[①] 佛教否定世俗现实生活，以万法为空、虚妄不实为逻辑原点，是世俗之美的彻底否定者。然而正是在此否定中，体现出一定而葱郁的审美意识，曲折地反映人类的美学精神，故这里所言"美"，宜打引号。

学界对此也有许多争论。高振农则肯定地说："它应该是一部中国人撰述的著作"。又说，"《起信论》这部论著，或许是中国禅宗的先驱者某一禅师所作"。① 理由之一，从文献考证，现存所有有关马鸣的资料，都未提及马鸣曾撰写过《起信论》，后秦鸠摩罗什所译《马鸣菩萨传》，元魏吉迦夜、昙曜《付法藏因缘传》等，都未有马鸣撰"起信"的记载；理由之二，就该书旨要言，"也不像是印度人的撰述"，"它所主张的'真如缘起'论，在中国佛教思想中独树一帜"；理由之三，《大乘起信论》的作者之所以"要托名而不署真实姓名，很可能是作者本人当时在佛教界还没有什么地位和影响，惟恐署了真实姓名，会影响此论的广泛流传"②。而问题是，既然为中国人所撰，又为什么以梵文书写？莫非所谓"马鸣造""真谛译"，都出于伪托？

关于《大乘起信论》的原作者与中译者的真伪问题一时难有断论，该书的佛学理论具有鲜明的佛学中国化的特点以及给予《坛经》的直接影响，却是可以断言的。似乎可以这样说，以"真如缘起"论为主旨的《坛经》，是《大乘起信论》"真如缘起"说的继承与发展。③《大乘起信论》以"一心""二门""三大"说为主要理论架构：

> 显示正义者，依一心法有二种门。云何为二？一者心真如门，二者心生灭门。是二种门皆各总摄一切法。此义云何？以是二门不相离故。④

"一心法"，即"真如"之谓，亦称"众生心"。众生本具之"一心"，未有污染，故曰"真如"，这里已包含"众生本具佛性"这一意思。由"一心法"必开"二门"，即"心真如门""心生灭门"。"心真如门"即"不生不灭门"，

---

① 以上参见《大乘起信论校释》，高振农校释本，中华书局，1992年版，第18—25页。
② 《大乘起信论校释》，高振农校释本，第21、22、25页。
③ 《大乘起信论》，有梁真谛本与唐实叉难陀本，这里指前者。
④ [印] 马鸣菩萨：《大乘起信论》，真谛译，引自《大乘起信论校释》，高振农校释本，第16页。后文所引，皆引自该书，不再注明。

"心生灭门"即"生生灭灭门"。"二门",为真如依缘而生起。真如本自性清净,即言"佛性本是清净",犹言"人性本善"。既然如此,真如又凭什么生起"二门"?《大乘起信论》说,真如作为"一心",本为自性清净,是净法;然真如不守自性清净之境,染缘横起,便生妄念,则为无明,为染法,从而生成现象界生灭变幻无常的假象虚妄。这又似乎承认"人性本恶"。这"二门"与真如(一心)的关系,好比浩茫之海水、海浪与水之湿性的关系。海水本具湿性,此乃真如也;既然海水本"湿",自可海面平静(心真如门),忽为巨风所吹动而浪涛汹涌(心生灭门),然而,作为平静之海水与排空之浊浪的水的湿性(真如),是始终不坏的。可见,真如是无条件的,超时空的本体、存在。但既为真如,是既不坏灭又随缘的。《大乘起信论》说:"心真如者,即是一法界大总相法门体,所谓心性不生不灭。"真如不生不灭,不增不减,绝对平等,但这不等于说真如可以绝对无染。从真谛看,真如即本体、存在;从俗谛看,恰恰因真如可以念起、有染而实现为本体、存在。但真如既然有如恒常的水的"湿性",证明真如既非"本善",亦非"本恶",而是无善无恶,非善非恶,非非善,非非恶。倘以善、恶名真如,"说似一语即不中"。《大乘起信论》又云:

> 所言义者,则有三种。云何为三?一者体大①,谓一切法真如平等不增不灭故。二者相大,谓如来藏具足无量性功德故。三者用大,能生一切世间、出世间善因果故,一切诸佛本所乘故,一切菩萨皆乘此法到如来地故。

大乘之义理有三:首先是以真如体性为本,所谓平等如一、不增不减、毕竟常恒者,真如也;其次,以真如为本的德相,具足圆满,常乐我净,大

---

① 这里,"体大"及后文"相大"与"用大"的"大"为"太"之本字。"太"有原始、原在、原本之义,故"体大",可释为"以真如体性为本";"相大",可释为"以真如为本之德相具足圆满";"用大",可释为"以真如为本的功用,能生起一切善因果报"。学界诸多有关著述,释该"大"为"巨大"之义,似可商榷。

悲大智；又次，以真如为本的功用，体现为能生起一切世间、出世间的善因果报这是说，众生心的性德，具足一切功德，外现报化。初修世间之善因得世间之善果，继修出世间之善因而得出世之妙果。可见在此"三大"中，真如之体性、德相与妙用本是统一。

　　《坛经》真如缘起说，以"真如净性"为"真佛"境界，这便是前文所引"真如净性是真佛"之义。"真佛"即《起信论》所言"一心"。因受《起信论》"一心"说的影响，《坛经》尤多"心"语，如"自身净心""心明便悟""我心自息"、"不识本心，学法无益，识心见性，即悟大意""法以心传心，当令自悟""自识本心，自见本性"以及"识自心内善知识，即得解脱。若自心邪迷，妄念颠倒，外善知识即有教授，救不可得"，等等，俯拾皆是。《坛经》又说："莫起诳妄，即是真如性。"从字面理会，是对什么是"真如性"的解读，实际上这里已包含《起信论》所谓"二门"的思想。不起诳妄，为"心真如门"；染缘而诳妄，是"心生灭门"。至于《坛经》所言"真如是念之体，念是真如之用"，大致上概括、扬弃了《起信论》关于"三大"的佛学内容。《坛经》以哲学上的体用这一对偶性范畴，概括、简约地描述了真如与缘起的辩证关系，其表述比《起信论》简洁而明了。《大乘起信论》关于"三大"的思想中具"业报"之思，《坛经》则云："常后念善，名为报身。一念恶，报却千年善亡；一念善，报却千年恶灭。"这种将善恶、业报系于一"念"即一"心"的思想，正是《坛经》"立无念为宗"之顿教思想的体现。

　　《大乘起信论》"真如缘起"论为了说明"真如"即"一心"为诸法原型，又引入"阿赖耶识"(别译"阿梨耶识")这一重要概念。其文云："依如来藏故有生灭心，所谓不生不灭与生灭和合，非一非异，名为阿赖耶识。""阿赖耶识"者，万法唯识之第八识也，居于眼耳鼻舌身意六识与末那识之后。曰藏，曰种子识，以含藏诸法种子故。种子即原型，为有漏、无漏一切有为、无为法之根本。就阿赖耶识与缘起之关系言，如来藏即真如本体，同时也是"心真如门"，不生不灭；生灭者，依缘而起之妄念，亦是"心生灭门"。真如与缘起即体与用的关系，是"非一非异"的"和合"关系，也就是说，生灭与不生灭、染法与净法、世间与出世间、俗谛与真谛，是一种

369

"非一非异"的"和合"之状。说其"非一",两者殊相有别,岂可同日而语;说其"非异",真如本体与万相假有(虚妄)原于同一根性。这根性便是种子,便是阿赖耶识,一种犹如水之"湿性"与水波一样不可须臾离异的"和合"。这用净觉的话来说,叫作"体一无殊"。净觉《楞伽师资记·源序》云:"真如妙体……寄住烦恼之间","故知众生与佛性,本来共同。以水况冰,体何有异。冰由质碍,喻众生之系缚;水性灵通,等佛性之圆净"。这种"和合"之原型,就是《起信论》所说的"阿赖耶识"。它是世间即出世间、染净不二、体用同一之"和合"的种子。

法海本《坛经》在这一点上,也是深受《起信论》影响的。其文云:"法性起六识:眼识、耳识、鼻识、舌识、身识、意识。六门,六尘。自性含万法,名为藏识。思量即转识。"这里所言"六识",指末那识、阿赖耶识之前的"识",所谓"思量即转识",指第七识即末那识。《成唯识论》卷四云:"次第二能变,是识名末那。依彼转缘彼,思量为性相。"末那识"依"第八识即阿赖耶识生起(转),又"缘"第八识而"思量"。这里所说的"转识",专指末那识。按《唯识论》之见,前七识都可称"转识",而第八识即阿赖耶识作为种子,是依转前七识的"本识"。《坛经》所谓"自性含万法,名为藏识",就是《起信论》所言阿赖耶识,一种含藏诸法之种子的原型。这种子即"真如""自性",即"一心"。所以归根结底,"一心"是原型,"若识本心,即是解脱"。法海本《坛经》的"真如缘起"说,其实是"一心缘起"或曰"本心缘起"说。

二、从"般若"到"佛性"

在研讨法海本《坛经》南宗思想之成因与其禅学宗风时,往往会遇到佛教般若性空之学与涅槃佛性之论的关系问题。对此,有的论者采取回避态度,不置一词;有的则认为,由于般若学与佛性论"是分属于性质不同的两种思想体系的",为求在思想上不至于"混同空、有两宗",就说《坛经》那些有关般若系的"性空"之学与"金刚"之论,是对这部中国禅宗经典之作的"窜改",并且断言,如果说"在慧能思想里,有着很大的金刚思想的成分",那么,"这不过是一种习而不察的历史误会"。①

笔者以为,如欲探讨法海本《坛经》的佛学本旨及其美学意义,对早已存在于法海本的那种般若学与佛性论似乎杂陈的文本现象,是不能回避的。法海本曾多次记述属于般若学系统的《金刚经》思想,如说惠能往求黄梅,"忽见一客读《金刚经》,惠能一闻,心明便悟",说弘忍"大师劝道俗,但持《金刚经》一卷,即得见性,直了成佛",又直接引述《金刚经》云:"凡所有相,皆是虚妄"。称弘忍传衣,"夜至三更,唤惠能堂内,说《金刚经》"。至于法海本直接的般若性空之说,更属多见。凡此,我们总不能不予理睬,将其统统排斥在学术研究的视野之外。尽管法海本可能已经增益了一些属于惠能后学的禅思言说,而倘说凡此都是"窜改"与"历史误会",不免难以令人信服。尤其就法海本《坛经》书题而言,赫然标出"最上大乘摩诃般若波罗蜜经"字样,其意在宣说般若之说,自不待言。而郭朋先生说:"这里,把摩诃般若波罗蜜经也插进《坛经》标题里,是不伦不类的。"②其持论是否中肯、平实,颇值得讨论。

诚然,佛教般若性空之学与涅槃佛性之论属于不尽相同的两个佛学思想体系。般若性空思想之远端,是印度原始佛学的"诸法无常,诸行无我,涅槃寂静"说。因缘所生之法,究竟而无实体,曰空。《维摩经·弟子品》云:"诸法究竟无所有,是空义。"万法因缘而起,念念无住,故无自性,故曰性空。万法因缘起而性空,缘起即性空。而大乘空宗的般若性空之学的要旨,是以空为空,"空空,如也"。龙树《大智度论》四十六云:"何等为空空?一切法空,是空亦空,是名空空。"如药医疾,疾愈药亦应去;若药未去,即复是疾。龙树《中论》又云:"因缘所生法,我说即是空。亦为是假名,亦是中道义。"中者,双非双照,离弃空、有,又缘于空、有,而不执于空、有。既破斥性空,又破斥假有,进而破斥执"中"之见,为毕竟空义,乃无上智、大圆智,典型的大乘空宗般若性空之学的基本教义

---

① 郭朋:《坛经校释·序言》,中华书局,1983年版,第3页。
② 郭朋:《坛经校释》,第2页。

之一。

般若性空之学主旨在万法皆空且不执于空,不仅"空"现象,而且"空"本质,就连本质之"空"亦是"空"的。涅槃佛性论虽然认为一切事物虚妄不实(空),即认为任何事物的现象与本质皆空,但同时认为此"空"是一种"存在"。佛性是"存在",真如是"存在",亦称"妙有"。般若学与佛性论两相比较,有一点重要区别,前者彻底斥破它根本不承认的一切事物的现象与本质,对"空"进行无尽的消解;后者则执著地追求作为事物本质的"空"。这一"空",就是涅槃,就是佛性。如果说,般若性空之学以无所执著为精神上的"终极关怀",那么,涅槃佛性之论则以执著于事物本质之"空"(佛性)为终极关怀。尽管比如在《大般涅槃经》里同样可以见到许多关于"空"的言说,所谓"空者","内空,外空,内外空,有为空,无为空,性空,无所有空,第一义空,空空,大空",可是在本质意义上,佛性论其实并非空诸一切,以空为空,而是以空为实相(妙有)的。《大涅槃经》强调"佛性常住,无变易故",又说"惟有如来、法、僧、佛性,不在二空(内空、外空)。何以故?如是四法,常乐我净。是故四法,不名为空"。

但是,般若性空之学与涅槃佛性之论在终极意义上的区别,仅仅是同一佛教思想内部的区别,两者之间不存在一条不可逾越的鸿沟。这便是为什么以涅槃佛性论为主旨的法海本《坛经》同时记述着诸多有关般若性空学之言说的缘故。

中国佛教的般若性空之学,尤得力于高僧鸠摩罗什在中土对印度般若学系统佛经的译传,成就于中国僧人僧肇。僧肇为罗什弟子,他的《物不迁论》《不真空论》《般若无知论》与《涅槃无名论》,主要论述了般若学所谓即动即静、体用一如、立处即真、"不真"故"空"、无执于"空"与佛法"不可思议""不可言说"等思想。然而,由于民族文化与时代条件的熏染,中国佛教般若学兴起之时,是与魏晋"以无为本"的玄学"贵无"论交融在一起的。《晋书·王衍传》说:"何晏、王弼等祖述老庄,立论以天地万物皆以无为本。"哲学理性的返本、摄宗意识,谈有说无之魏晋名士的清谈风度,在内、外两方面构成当时佛玄趋于合流的时代学术氛围。玄学"以无为本"的本体论有力地影响了大乘空宗般若学佛典的译介与流布。汤用彤说："惟僧肇特点在能取庄生之说，独有会心，而纯粹运用之于本体论。"①追摄本体是什么的哲学旨趣，也是僧肇之前所谓"六家七宗"的共同特点，其中本无宗受玄学"贵无"之说的熏陶尤为明显。玄学哲学之"以无为本"观念的必然渗入，推动印度大乘般若学中国化的历史进程。这造成了这样一个重要的佛学精神事件，即由于玄学观念及其思维特点的必然渗透，本来以世界本体之空为空、无所执著的印度大乘般若性空之学，终于嬗变为中国僧人对世界本体之"空"作为"妙有"（存在）之执著、追求的中国式的般若"智慧"。这种"智慧"虽仍以"般若"名之，其实已是佛性论的智慧了。这种精神事件，类似于文化传布中的"南橘北枳"现象。在文化观念上，是魏晋玄学的"无"改造了由印度入渐的般若学的"空"。这种印度大乘般若之基本教义的中国玄学化，实际上开启了中国般若性空之学向涅槃佛性之论转换的"方便"之门。笔者以为，研究法海本《坛经》的佛禅思想及其审美意识，指出与辨明这一点，是很重要的。

  关于这一点，其实在慧远的佛学思想中，也能得到证明。据《高僧传·慧远传》，慧远曾有《法性论》云："至极以不变为性，得性以体极为宗"。"至极"者，中国佛教所追寻的涅槃、佛性、真如、本体，它固然原本不空不有，空有双离，却是其"性""不变"，而且是一个可被体悟、默照与追摄的"终极"（"体极"）。慧远的这一佛学名言，本意是在谈论大乘空宗的"以空为空"的般若义，然而其思想旨趣，却不由自主地跨入主张以佛性为"妙有"的涅槃之境。其结果是从"般若"走向"佛性"。关于这一点，早已被唐人元康《肇论疏》所看破："问云：性空是法性乎？答曰：非。"这里，慧远的"法性"说，显然已经不是印度佛学本来意义上的般若义。其实在印度大乘空宗看来，"空"也是一个"假名"，而中国人的思想与思维特点，总是愿意寻找一个"终极"以安顿自己的精神生命。一旦在以"空"为

---

① 汤用彤：《汉魏两晋南北朝佛教史》上册，中华书局，1983年版，第240页。

"终极"的地方(僧肇所谓"立处")停留,那么"以空为空"的般若义,不可避免地嬗变为以"空"为"终极"、为"执著"的佛性义。

在中国佛教史上,从般若性空之学到涅槃佛性之论的发展,有一个历史过程,这里不可能对此再做详尽的追述。有一点是重要的,正因如此,所以无论读慧远、僧肇还是竺道生等人的佛学著论,都会碰到般若义与佛性义杂陈于一处的看似矛盾的文本现象。由此便不难理解,以涅槃佛性论为主旨的法海本《坛经》为什么会出现那么多原本属于般若义的文本"话语"。这不是什么"窜改",也非"历史误会",而是始于魏晋,直至唐代以玄学之见"误读"般若义的缘故,这种"误读",实际是印度佛学中国化的一种表现。

法海本《坛经》之所以保留、杂陈某些不属于佛性论的般若学的言说与思想,之所以中国佛教史上曾经发生过从"般若"向"佛性"之历史性转换的现象,归根结底是因在思想内涵上这两大佛学宗风具有相通之一面的缘故。萧衍曾云,"以世谛言说,是涅槃,是般若","涅槃"论执于"妙有""佛性"(空),"般若"义无执于中道、性空。但是两者本具的内在联系在于,"涅槃是显果德,般若是明其因行"[①]。"显其果德"是佛性圆果的执求;"明其因行",就其观念而言乃无所追求、无以执累。因为摩诃般若波罗蜜者,洞达无底,虚豁无边,言语道断,心行处灭,不可以意识知,不可以文字言,不可以数术求,而唯可被默照、悟契、直了。问题是,"无所执累"本身,虽不滞累于"空",而精神上依然须有一"归宿处"。仅就此意义而言,也是一种消解了执著的"执著"。表面看来,般若义主张"明其因行"而不"显其果德",别无他求,而实际上的"果德",则融会于未显"果德"的"因行"之中。此乃般若义、佛性论所共同具有的菩萨之正行,道场之直路,还原之真法,出路之上首。

当然还须指出,尽管法海本《坛经》颇多"般若"之言辞,但实际所表达的不少思想观念,却是对般若义的消解,因而法海本的基本思想,属于涅

[①] 萧衍:《注解大品序》,《中国佛教思想资料选编》第一册,中华书局,1981年版,第306页。

槃佛性论范畴。别的暂且不论，仅就惠能得法偈言，即是如此。所谓"菩提本无树，明镜亦非台，佛性常清净，何处有尘埃!"此偈最值得思量的，是"佛性常清净"一句，这是明言惠能的宗旨属于佛性论。其意是说，菩提、明镜、佛性都是"空"的，原本"清净"，无染"尘埃"，但是可以执求以成圆果，这种执求是"自识本心"，顿入佛地。在惠昕本、契嵩本与宗宝本《坛经》中，这一关键句，一律被改为"本来无一物"，这是以顽强的"本无"观念改动惠能原旨。而法海本中的那些"金刚""般若"之语，可以看作佛性、真如的活参说法。郭朋《坛经校释·序言》曾说，若论惠能思想与《金刚经》般若义的关系，是"慧能转《金刚》，而不是《金刚》转慧能"，"是'我注《金刚》，而不是《金刚》注我'"[1]解读法海本《坛经》的美学意义，这是应当加以注意的。

在初步厘定法海本《坛经》两大佛学思想问题之后，现在让我们来讨论该书的美学意义。

三、心空：无悲无喜，无染无净，无死无生

佛教预设了一个前提，即以现实世界包括自然界与人类社会为虚妄不实。当佛教否定现实之时，已经无情地将美摒弃在其文化视野之外。佛学的理论建构，以名相、概念、范畴与命题的无比繁复为特征，如丁福保《佛学大辞典》收佛学词目三万有余，而搜遍全书，却不见一个词条是直接谈论"美"的。可见，佛教是如此将"美"不当一回事。但是，并不是只有出现"美"的地方，才有美学问题。就中国美学而言，丰富、深邃的美学意蕴，往往存在于某些不直接谈论"美"的文化典籍之中。

法海本《坛经》认为，空者，万法之真如，是本质的真实，未经尘世熏染或是重新荡涤了污染的"自然""真际"，这是"美"的"本色""元色"，是一种"元美"，回归到原点之"美"。禅宗倡言"自然"之"美"，所谓"青青翠

---

[1] 郭朋：《坛经校释·序言》，中华书局，1983年版，第6页。《金刚》，指由姚秦三藏法师鸠摩罗什译《金刚般若波罗蜜经》，简称《金刚经》《金刚》。

竹,尽是法身;郁郁黄花,无非般若"①(这里的"般若",可解为"佛性"),将大自然的种种自然境相,看作是"空幻"的象征。世俗眼光以"青青翠竹""郁郁黄花"为真实存在的美事美物美景,这在禅佛"色空"观念看来,既然"色不异空,空不异色。色即是空,空即是色"②,那么,色乃因缘而起,因缘之外现便虚妄不真,瞬息万变,便无自性,何"美"之有?此处佛禅所言"色",相当于世俗意义上的万事万物、一切事物现象。"色之得名(假名),约有三义,一曰对碍,二曰方所示现,三曰触变。"③"对碍"者,累碍也,遮蔽也。色为真美之累碍与遮蔽;"示现"者,空之示现也。从空的角度看,"空即是色"。所以如此,乃"色即是空"之故。色与空不能分拆,色是空之虚妄的"示现";"触变"者,因缘而起,刹那生灭之谓。《俱舍论》卷一云,色"由变坏故"、"变碍故,名为色"。其卷八又云,色"或示现义"。色乃五蕴之一,佛禅以"色"为虚妄,戒"色"是对美的绝对拒绝。因此在佛禅看来,世俗的审美,可称之为"色害""色缚"之一。"色害"者,为"色"所"害"之谓。其中"害"之尤深者与尤厉者,乃欲之"害"即男女之欲"害"也。《止观》卷四有云:"如禅门中所说,色害最深,令人狂醉,生死根本,良由此也。""色缚"者,为"色"所系累之谓。贪、爱、恶、痴等种种色尘,有如迷雾,使人迷失本性,为种种烦恼所缚,因而世俗审美作为人之本性的系累与不自由,是人性与人格的一种精神牢笼。

  但是问题还有另一面,佛禅既然断然拒绝世俗之美及其审美,却又为什么在禅宗后学中留下"青青翠竹,尽是法身;郁郁黄花,无非般若"这一名言?这证明"翠竹"与"黄花"之类所构成的自然之美,是与"法身""般若"等具有内在、本然之联系的。禅家可以在言辞、观念上否定美,做种种美之"坏灭"的观想,这并不妨碍将诸多寺院包括禅宗寺院建造在名山大川风景尤佳之处。在这一点上,禅家与自然美必然也必须取得妥协。这种

---

① 普济辑:《五灯会元·大珠慧海禅师语录》下册,《诸方门人参问语录》,苏渊雷点校,中华书局,1984年版。
② 《般若心经》,心澄:《心经》译释,广陵书社,佛历二五五二年版,第84页。
③ 熊十力:《佛家名相通释》,中国大百科全书出版社,1985年版,第6页。

妥协，实质是人的本性与自然之美所取得的一种和谐状态。不过，读者千万别以为面对自然之美，禅家所欣赏的是"翠竹""黄花"之类自然形相之美，他只是凭依且超越这一自然形相，由此观悟由自然形相所示现的"法身""般若"；只是在心灵深处将"色害"与"色缚"的精神"对碍"斥破（破"心中贼"）了；只是在瞬息万变、刹那生灭的自然形相之虚妄的迷氛中，守住自心的宁静或是突然发慧，直了佛境。用法海本《坛经》的话来说，叫作"但无妄想，性自清净"。

"但无妄想，性自清净"是什么意思呢？这一命题，实际是惠能得法偈中"佛性常清净"的另一说法。

这意味着在"无妄想""性自清净"的"性""佛性"与"清净"之际构成了一种逻辑关系。问题是，法海本《坛经》的美学意蕴之一，究为何指？

其关键之"立处"，是斥破"妄想"。

《楞严经》云："从无始来，生死相续，皆由不知常住真心，性净明体，用诸妄想。此想不真，故有流转。"心有真心与妄心两种。真心，本心之谓，众生本具之如来藏，真净明妙，离虚斥妄之"想"；妄心，俗心之谓，起念而分别生种种之境碍，妄心即妄想、妄念，凡俗贪恋红尘境界之心。僧肇《注维摩》卷三有云："妄想，妄分别之想也。"《大乘义章》又云："凡夫迷妄之心，起诸法相，执相施名，依名取相，所取不实，故曰妄想。"又说："谬执不真，名之为妄。妄心取相，目之为想。"为达摩禅与东山法门所推重的《楞伽经》卷四也宣说："妄想自缠，如蚕作茧。"在佛典中，有"十二妄想"之说，即"言说妄想""所说事妄想""相妄想""利妄想""自性妄想""因果妄想""见妄想""成妄想""生妄想""不生妄想""相续妄想"与"缚不缚妄想"。[①] 妄想的斥破，即真心、本心的还原。而妄想即妄心与真心、本心的提法，实际便是曾经深刻影响于《坛经》的《大乘起信论》所说的"一心法开二门"即"心生灭门""心真如门"。

可见，法海本《坛经》关于"但无妄想，性自清净"这一佛学命题的美学

---

① 按：参见《楞伽经》卷二，释正受：《楞伽经集注》，上海古籍出版社，2011年版。

意义，包含了这样几层意思：其一，无妄想、妄心，等于是说人的本性、自性原本"无妄"，或虽有妄想、妄心，仍可发慧，重新回到其"无妄"的本性、自性的"精神故乡"；其二，迷途而返、回归精神故乡之圆果，便是"清净"，"清净"是"菩提本无树，明镜亦非台"，原本一尘不染，这是就人之本性、自性之原始、原朴而言的；其三，本性、自性等于本心、自心。所以如从本心、自心看，所谓"清净"，其实是"清静""安静"，人心达到"静寂"境界，其"性"自"净"；其四，"清净"也罢，"清静"也罢，一经发慧顿入，便是"常清净"的"佛性"境界，这一境界便是"空寂"或曰"空"；其五，"空寂"者，实乃"心空"之谓，"心空"者，"性空"耳。故"性空"的关键是"心空"，"心空"便是"但无妄想"。"无妄想"，便是"无分别"，一切平等，悲、喜平等，染、净平等，生、死平等，这便回归于原"美"的生存境界。在禅家看来，无悲无喜、无染无净、无死无生，是其所向往、执著的一种"理想"，是与世俗审美相颠倒的、夸大了的、绝对的"美"，便是佛典所言，"无我无欲心则休息，自然清净而得解脱，是名曰'空'"。① 这种关于"平等"的觉智，类似于先秦庄生的"心斋""坐忘"与"齐物"，但庄生执著于"无""虚静"，而法海本《坛经》尽管吸取了道家的思想因素（后详），却主要在执著于"空寂"，否则便不能称之为佛教禅宗的基本言述之一。这种"空寂"的"美"，在应神会之约、为惠能撰《六祖能禅师碑铭》的王维的禅诗中，体现得最是葱郁与美丽。

四、佛性与人性

在一般佛教教义中，佛性作为佛的属性，是外在于佛教崇拜者而"存在"的一种"空幻"。在佛教崇拜者尚未成佛之前，佛性是异在于"我"的，此乃小乘之见。小乘佛教以为，成佛之艰难，是因为佛性须通过长期的修持才能真正获得，这意味着佛性与人性、佛与众生的原在对立。佛与众生的关系，是被崇拜者与崇拜者的关系。在这种关系中，显示了佛与众生原

---

①《阿含经》下，《大正新修大藏经》卷二，新文丰出版社（中国台湾），1983年版，第500页。

在的不平等。佛与众生之间不是不可以进行"对话",但这种"对话"通常是艰苦而有限的。

在中国佛教史上,晋宋高僧竺道生首先提出"一切众生悉有佛性"且"一阐提"亦具佛性亦能成佛的佛学主张,并疑法显所传六卷本《泥洹经》之未全。这主张竟与后来入传、由昙无谶所译四十卷本《大般涅槃经》相吻合。《泥洹经》说,"如一阐提懈怠懒惰,尸卧终日,言当成佛。若成佛者,无有是处";又称,"一切众生皆有佛性在于身中,无量烦恼悉除灭已,佛便明显,除一阐提"。"一阐提"者,或称"一阐提迦",梵文icchantika的音译,意为"贪欲""极欲"者,"信不具足""断善根"之谓。道生指出:"禀气二仪(阴阳二气)者,皆是涅槃正因。阐提是含(原误为舍,现改)生,何无佛性?"凡"生"者,均是"禀气二仪者",所以都具有"涅槃正因"。"一阐提"也是"生"者,怎么会无佛性呢?这一诘问相当有力。道生又说:"一阐提者,不具信根,虽断善,犹有佛性事。"[①]"一阐提"亦属有情众生,所以"皆有佛性",这是将佛性论关于"一切众生皆有佛性"说贯彻到底,且将成佛之根据,归之于"众生"的内在"正因"。因此道生说:"无我本无生死中我,非不有佛性我也",[②]"佛法有我即是佛性"。[③]"佛法有我",已将佛性、佛法与主体(我)相联系,即承认"佛性我",承认主体(我)本具佛性。这一主体(我)包括一切众生。正如《名僧传抄》云:"今明佛性即我,名之为正见。"又说:"佛性以何为正?……佛法以第一义空为佛性,以佛为真我,常住而不变,非正而何?问曰:何故谓佛性为我?答曰:所以谓佛性为我者,一切众生皆有成佛之真性。常存之性,惟自己所宝,故谓之为我。"[④]

[①] 宝唱:《名僧传抄·说处第十》,《名僧传抄 续补高僧传》(合一册,《续藏经》第一百三十四册),新文丰出版社(中国台湾),1975年版。
[②] 竺道生:《注维摩诘经》卷三,《中国佛教思想资料选编》第一册,中华书局,1981年版,第207页。
[③] 《大般涅槃经卷七·如来性品第四之四》,北凉昙无谶译,上海古籍出版社,1991年版。
[④] 宝唱:《名僧传抄·说处第十》,《名僧传抄·续补高僧传》(合一册,《续藏经》第一百三十四册),新文丰出版社(中国台湾),1975年版。

佛性，就其美学意义而言，其实是一切众生本具的"完美"之人性。由于中国自先秦以来的哲学、美学人性论，是心、性未能分拆，因而该人性论，其实就是心性说。牟宗三指出，孟子的"性善"说包括一个重要命题，即"心能尽性"。中国古人释人之"性"义，首先是从"心"进入的。牟宗三说，"心性"说是由"心体"与"性体"这两个基本范畴建构起来的：

> 依此，性体之全幅具体内容（真实意义）即是心，性体之全体呈现谓心。心体之全幅客观内容（形式意义）即是性，心体之全体挺立谓性。①

从先秦儒家的心性说到宋明理学的心性说，自然不等于竺道生及其此后表现于法海本《坛经》的惠能的佛性论，但是，我们可以从惠能"即心是佛"这一著名佛禅命题中，深切地体会到中国传统心性说对自竺道生到惠能之佛性论的思想渗透。所不同的是，传统心性说的"立命"处，基本在道德人格的完善。佛教涅槃佛性论则专注于世界空幻的了悟。儒学坚信后天习得、加强内心修养工夫、通过教育途径（启发或是强制性的），打造一种完善的道德人格。孟子的"性善"，即通过启悟人的本心达到人格的完善境界，"性善"说提倡完美人性的复归与实现；荀子的"性恶"，即人性本在之缺陷，又强制性的后天教育遂使人性"改恶从善"的逻辑原点。自竺道生到惠能的佛性论，尽管在文化内涵上不同于儒家心性说，然而与心性说尤其孟子的"性善"论具有更为直接的文化承继关系。佛性，其实是人性亦即人心的觉悟，即觉悟到世界空幻，从而"即心是佛"。孟子主张"善端"，认为人性本具"仁义礼智"四大"根本善"。后天习得的途径与目的，是人心对这"善端"的发现与回归。惠能倡言"佛性本自清净"，所谓"清净"，为无善无恶、无悲无喜、无假无真、无美无丑之"心"，说明禅门思考问题，本始于佛学、哲学而非伦理学与美学。但这不等于说，法海本《坛经》的禅学思

---

① 牟宗三：《心体与性体》上册，上海古籍出版社，1999年版，第455页。

想没有一定的蕴含于佛学与哲学的伦理学与美学因素。倘从伦理学角度诠释惠能的禅学，则所谓"清净"，类似于儒家孟子的"善端"之论；倘从美学角度来看惠能的禅学，则所谓"佛性"，便似儒家之完美的人性，或者是虽经污染又重新得以回归的完美人性。《孟子》云，"人皆可以为尧舜"，是因为"人性本善"之故；法海本《坛经》则说人人可以成佛，是因为正如《大般涅槃经》第三十六所言"一切众生悉有佛性"的缘故。同时，儒家荀子一系倡言"性恶"，而并不否认人人可以成就完善之道德人格的必然与可能；竺道生说"一阐提"亦得成佛，内在根据呢？"一阐提""不具信根，虽断善，犹有佛性"，这类似于儒学中的"人性本恶"论，而其根性中又具佛性，类于孟子"人性本善"的善性因素。既然"一阐提"乃小根之器，何以能够成佛？其因有二：其一，小根者不等于绝无佛性；其二，相信佛性"放大光明"，佛力无边，佛能普度众生。法海本《坛经》称惠能初拜弘忍，忍和尚故意问道："汝是岭南人，又是獦獠，若为堪作佛！"惠能答曰："人即有南北，佛性即无南北；獦獠身与和尚不同，佛性有何差别！"可见在惠能心目中，即使如"獦獠身"野性十足之人，亦得成佛。这是惠能对竺道生"一阐提"成佛说的继承。"一阐提"根性未善，仍不妨其成佛之可能。

法海本《坛经》云："心是地，性是王。王居心地上。性在王在，性去王去。性在身心存，性去身心坏。"读这样的经文，如果不看题目，一定会错以为这是典型的儒学心性说，禅宗对儒学文化的汲取、融会即佛学之中国化可谓深切。它雄辩地证明，从佛性到人性或曰从人性到佛性，既遥隔天河，又仅一步之遥。《坛经》在此论说的是佛性问题，使用的却是地道的儒家"心性"这一"话语"，可见禅宗的佛性论，已经中国化到何等程度。

问题是，《坛经》为什么要在人性一词之旁来创构佛性一词，而在讨论佛性问题时又偏偏挥舞人性（心性）的旗帜？

从美学角度看，佛性与人性问题，具有纠缠不清的复杂联系。真谛者，佛性；俗谛者，人性。从染净不二角度领悟，佛犹人，人犹佛也。关键在觉与不觉、迷与悟之际。《坛经》云："自性迷，佛即众生；自性悟，众生即佛"，此之谓也。本来，在一般宗教与美学观念中，此岸与彼岸、人性与神性(佛性)是两相对立的、分离的,但《坛经》打破二元界限,使出世间即世间,佛国即人间,佛与人、佛性与人性合一。正如《坛经》所言,"法元在世间,于世出世间。勿离世间上,外求出世间"。① 这是企图填平观念上的出世间与世间之间的鸿沟,并且要求将成佛的机缘还给世间。把佛性问题解读为人性关于世界空幻的一种"觉",这是中国佛教的世俗化,也是世俗化的佛教,它揭示了在佛性与人性之关系问题上的崇拜与审美之本然的复杂联系,证明两者既悖反又合一。

法海本《坛经》由于承认"法元在世间,于世出世间",由于倡言"人人可以成佛",无异于消解了佛与佛性的权威性与神秘性;由于不承认作为外在于"我"之偶像的佛,无疑等于解放了人自身。因为,既然"人即有南北,佛性即无南北",既然"一切众生悉有佛性","人人皆可成佛",那么,这世界也就无所谓佛与佛性了,这是将佛与人、佛性与人性等量齐观。在美学上,这是将原本至高无上的佛与佛性降格为人与人性,同时把平凡的人与人性提升到佛与佛性的精神高度。这种人对自身的精神提升,是人的自恋、自爱,是人的自我崇拜,但是在这崇拜中,又曲折而夸大地体现出人的审美理想。这一理想不是在于使人变成作为权威、偶像的佛,而是消解偶像,让人的自性、自心直接契证觉性,达成无有烦恼的境界。

然而,彼岸意义上的佛与佛性的完美境界本来就是观念的、逻辑的预设,并不是现实、历史的一种存在,因此佛与佛性,既是人与人性的完美形式,又是其异化形式。所以在观念中,佛与佛性的创造,既是人对完美与自由之人性的绝对的向往与追求,又证明人与人性之现实的真正的不自由。

当然,佛与人之同一、佛性与人性之同一,意味着从人对佛的偶像崇拜向人对自身的审美的回归,在这里,一定程度上是人之主体意识在佛教神秘、神圣外衣下曲折而隐蔽的显现。在佛教史上,人首先把一个印度凡人即"世间的觉者"乔达摩·悉达多变成了一个"佛",从而对其顶礼膜拜;

---

① 惠昕本《坛经》作:"佛法在世间,不离世间觉。离世觅菩提,恰如求兔角。"

中国的禅宗自唐代惠能始,又把"佛"变成了人人自我本具的"觉心"。法海本《坛经》做了一件在佛教史上意义重大的思想"还原"的工作。那么什么是佛？什么是佛性及其"美"？一言以蔽之,"平常心"是耳。"平常心"作为"心真如门",是"觉心",也是"自性","自性不归,无所依处"。

五、顿悟与自度

综观法海本《坛经》,繁言万余,要旨在于"即心顿悟成佛"。《坛经》称,学佛须"从自心顿现真如本性""会学道者顿悟菩提,令自本性顿悟",又说,"一闻言下大悟,顿见真如本性""迷来经累劫,悟则刹那间""若悟无生顿法,见西方只在刹那。不悟顿教大乘,念佛往生路遥"。《坛经》论顿悟,令人倍觉精彩。

《坛经》所倡言的顿悟说,是惠能所创立的禅宗的成佛"心要",是中国晋宋间高僧竺道生佛学顿悟观之直接的历史发展。

顿悟者,寂鉴微妙,不容阶级,一悟顿了是也。速疾证悟圆果,顿悟。马祖禅师弟子大珠慧海《顿悟入道要门论》卷上曰："云何为顿悟？答曰：顿者,顿除妄念；悟者,悟无所得。"又云："顿悟者,不离此生即得解脱。"

佛教顿悟说的始作俑者,并非六祖惠能也并非大珠慧海,而且严格地说,也不始于竺道生。相传灵山会上,世尊拈花,迦叶微笑。释迦于是说："吾有正法眼藏,涅槃妙心,实相无相,微妙法门,不立文字,教外别传,付嘱摩诃迦叶。"是何缘故？因为世尊拈花之际,摩诃迦叶对正法眼藏之妙谛,已是直悟顿了,心有灵犀,一拍即合。此为印度佛教顿悟说之缘起。

就中国佛教而言,早在道生之前的支遁、道安以及慧远等僧人的佛学思想中,已是埋下了佛教顿悟说的思想因子。不过在道生之前,中国佛教顿悟说在思维逻辑上,并未能"快刀斩乱麻"一般地斩断它与渐修、渐悟的逻辑联系。当时的大德高僧,一般仅将顿悟看作渐修达到一定阶段时自然而必然证得的妙果,其思想品格与思维方式,类似于从量变到质变的飞跃。佛教曾将关于妙果的证得、参悟成佛分为十个阶段，称为十地，亦称十住。十住者，即得信后进而住于佛地之位也。（一）发心住；（二）治地住；（三）修行住；（四）生贵住；（五）方便具足住；（六）正心住；（七）不退住；（八）童真住；（九）法王子住；（十）灌顶住。支遁、道安的顿悟说认为，修持是一个漫长过程，修持到第七住才始悟真际、佛性。前七住虽云功行未圆，然佛慧已趋具足。因而，七住为顿悟之性界。正如《支法师传》有云："法师研十地，则知顿悟于七住。"这在中国佛学史上称"小顿悟"。那么，七住为何作为顿悟与否的楚河汉界呢？《肇论疏》云："六地以还，有无不并，有二之理，心未全一，故未悟理也。"此乃未得圆明之果，心系累于妄，天色未曦；而"七地以上，有无双涉，始名悟理"，一切具足，圆融无碍。神秀有"偈"云："身是菩提树，心如明镜台，时时勤拂拭，莫使有尘埃。"这一偈言的基本精神，在于渐修、渐悟，具有传统佛学的特点。

在竺道生看来，"小顿悟"说在佛学理论与实践上是不彻底的。依生公之见，顿悟之对象乃常照之真理，凡真理必湛然圆明，本不可分，这在佛学史上称为"理不可分"。既然真理之本然不可分异，那么，佛徒悟入真理之灵慧，自然不容阶差，一通百通，一了百了，不可人为肢解。以不二之大慧照未分之真际，乃主客相契、物我浑融。

> 夫真理自然，悟亦冥符。真则无差，悟岂容易(容许变易之意)？[①]

这在中国佛学史上，被称为"大顿悟"。

> 竺道生法师大顿悟云：夫称顿者，明理不可分，悟语照极。以不

[①] 竺道生：《大般涅槃经集解·序题经》，《中国佛教思想资料选编》第一册，中华书局，1981年版，第212页。

二之悟,符不分之理,理智悫释,谓之顿悟。①

这说明,顿悟是一种直觉、精神之内证智,是整个心灵对所悟对象(真理)的总体把握。真理倘被理性、理智所切割,便必形成概念分别、逻辑判断,这不是冥悟而是理解,理解是对真理的分析性认知。而顿悟是一种灵感,是突现之心灵的"闪电",是顿除妄念、突然明白,这世界于是告别黑暗,通体光明,意象湛然澄明而无有遮蔽,"美"矣。当然,如悟空而不偏执于"空",这是彻底的般若义的顿悟观;如一切妄念顷刻断尽,刹那尽破心中之贼,从而达到即心即佛的真如之境,便是涅槃佛性义的顿悟观。

正因道生的顿悟说建立在"理不可分"的逻辑预设上,主张刹那实现,不容阶级,使其与"小顿悟"相比具有不相同的理论品格。道生主倡"大顿悟",故自生公视之,支遁等辈所言"小顿悟"仍为"渐悟"之说,非"真顿"也。而"此则后日禅宗之谈心性主顿悟者,盖不得不以生公为始祖矣"。②

道生孤明独发,直接开启了大顿悟之说,继而为法海本《坛经》中的惠能的顿悟说。以笔者愚见,惠能承传了竺道生的顿悟说,又具有其自身的思想与思维特点。

其一,从佛学思想的总体看,道生之佛学根本义有二:般若扫相义与涅槃心性义。或云,道生之学,能融般若空观与涅槃佛性论之精义而成一家言,它正处于从般若性空说向涅槃佛性学的转换之始。道生主张众生皆有佛性,连一阐提也具佛性,皆可成佛,他是中国佛学史上涅槃佛性论的真正倡导者。然而,道生顿悟说所悟照的那个对象(本体)即"理",究竟指"般若"学不可妄执之"空",还是"佛性"说可以执著的"空"(妙有)?这在理论逻辑上似不大分明。所谓顿悟说理论基础"理不可分"的那个"理",究竟指"般若"之"理",抑或"佛性"之"理"?也不太显明。因此可以说,道

---

① 慧达:《肇论疏》卷上,《续藏经》第一辑第七十四套,第一册,新文丰出版社(中国台湾),1975年版。
② 汤用彤:《汉魏两晋南北朝佛教史》下册,中华书局,1983年版,第475页。

生顿悟说的本体论基础，有一种"般若""佛性"兼备的特点，反映了中国佛教顿悟说初起时的思想与思维面貌。

相比之下，虽然法海本《坛经》有关"般若"的言辞颇为多见，由于惠能佛性论在理论上的成熟，因而其顿悟之说，却是牢固地建立在其涅槃佛性论的理论基础上的。《坛经》每每指出："佛是自性作，莫向身外求。自性迷，佛即众生；自性悟（指顿悟），众生是佛。"此处的"自性"，并非指"般若"学意义上的"般若"（不可妄执之空），而是作为精神"归依"之"佛性"论意义上的佛性（可被执著之空）。正如前述，惠能得法偈的大要在"佛性常清净"一句，然后才有关于"顿悟"之见的宣说。值得注意的是，法海本《坛经》要求众生所顿悟的，虽然也是"实相无相"之"空"，却是心识可以执著的真如妙有。

其二，从竺道生到惠能都倡言"大顿悟"，两者在"不容阶级，一悟顿了"这一根本之点上是相同的。但仔细比较，仍有差别。道生以为，顿悟者，当然是刹那全部悟契，此前没有小悟、渐悟或部分之悟的可能，道生斥破"小顿悟"说甚为有力。然而道生又认为，佛徒修行虽然没有渐悟之类可言，却应有"渐修"的存在。此即信众通过读经、打坐之类，以此息心、斥破烦恼，坚定佛禅信仰。这一"渐修"不导致渐悟，却是顿入佛地的一个基础。道生《法华经疏》云："兴言立语，必有其渐""说法以渐，必先小而后大"，等等，说的就是这个意思。道生认为，渐修不同于渐悟，渐修实为信修。道生说："悟不自生，必借信渐。"①这是理解道生与惠能在顿悟问题上具有区别的一句很关键的话。显然，道生的"顿悟"说包含了较多"信"的成分。"信"，诚、诚信之谓，也指信仰。所以，道生所倡言的"顿悟"，自当自性发慧而成，却兼有以虔诚之心信仰他力的意义。

《坛经》以"即心是佛""直了成佛"为其思想旗帜，惠能教导其门徒废除禅坐，不立功课：

---

① 见慧达《肇论疏》所引道生语，《续藏经》第一辑第七十四章，新文丰出版社（中国台湾），1975年版。

> 善知识！又见有人教人坐，看心看净，不动不起，从此置功。迷人不悟，便执成颠，即有数百般以如此教道者，故知大错。

这成为禅门后学所谓"磨砖不能成镜，打坐岂能成佛"的思想源头。

读经、坐禅等在道生那里是顿悟的一种"信修"方式，惠能却统统不要这些劳什子。在他看来，凡此不过是南辕北辙、背"道"而驰的"外修"而不是"自性"毕现、"自心"清净的"内修"。《坛经》说：

> 外修觅佛，未悟本性，即是小根人。闻其顿教，不假外修，但于自心，令自本性常起正见，烦恼尘劳众生，当时尽悟。

小根之人为"信修"者，顿者才成"大器"。"不假外修"是对"信修"的拒绝，是对前贤所铸典籍、功课之修行方式的怀疑。《坛经》的顿悟说，体现出具有一定美学精神的禅学思想的历史性推进与人性（佛性）的解放。

在惠能禅学中，顿悟是佛性的代名词。《坛经》通篇在谈佛性，也通篇在说顿悟。何谓佛性？便是顿悟。佛性在何处？在自性、自心顿悟。顿悟与佛性二者合一。所谓佛性，不在西方，当下即是；不假外求，自性清净即是；不离世间，而且即是本然之"心"，这也便是"迷人念佛生彼，悟者自净其心"。正如前引，从《坛经》"法元在世间"这一句看，惠能的顿悟说，已不甚强调"信"（信仰）这一般佛教所必具的宗教色彩与情感特色，因为"佛法"（法）既然已在世间、此岸，那么，一般佛教所本具的宗教崇拜及其宗教激情与迷狂，在《坛经》这里，已是消解了许多，从而显示了颇为明丽的本然之人性的世俗色彩。

惠能顿悟说的这两个特点，又与其所力倡的"自度"说相一致。法海本《坛经》既然强调"即心是佛""自性清净"，那么在"度"这一问题上，他是主张自救、自度的。自度是什么？自悟也，解脱也。《坛经》说：

> 不能自悟，须得善知识示道见性，若自悟者，不假外善知识。若

> 取外求善知识，望得解脱，无有是处。识自心内善知识，即得解脱。

在《坛经》中，惠能口口声声所宣说的佛性，其实并不是一个客体，并不是说有一客观外在于"我"的佛性权威在引导芸芸众生走上成佛之路，而是说"佛就在心中"；心中之佛，就是顿悟宇宙与人生真谛。

迷妄不能自悟者，逻辑上必须外求一个"善知识"去开导他，然而一经"善知识"的开导，便无所谓《坛经》所说的主体的自悟。我们读《坛经》，不要误以为惠能在主张主体之外另有一个可作为"导夫先路"的"善知识"，就连惠能本人，也不承认自己是什么"善知识"。① 惠能谆谆教导其学生的，始终在于主体之自悟。自悟之外无所谓他悟；他悟不是真悟。真正的自悟，固然是须有一定的条件与机缘的，但它不假外力，不是他度，而是刹那的自我解脱、主体的觉体圆明。《坛经》说"我此法门"，"皆立无念为宗，无相为体，无住为本"，又云"何名无相？无相者，于相而离相；无念者，于念而不念；无住者，为人本性，念念不住，前念、今念、后念，念念相续，无有断绝；若一念断绝，法身即离色身。念念时中（音 zhòlng），于一切法上无住，一念若住，念念即住，名系缚；于一切上，念念不住，即无缚也"。"无念"并非断绝一切思念，而是远弃杂念、妄念，正如《维摩诘经·观众生品》第七云："又问：'欲除烦恼，当何所行？'答曰：'当行正念'。""正念"者，佛教八正道之一。而杂念、妄念即是精神之"系缚"；"系缚"即"心"染万境，于相攀缘，烦恼不已。所以应当"于相而离相""念念不住"，即是"无缚"。"无缚"之精神境界，即顿悟。顿悟是直了宇宙与人生之本然与平常，回到生命与精神之故乡，这是自然宇宙与社会人生的一种原美。前者为本始材朴之"美"，后者乃回返自然之"美"。顿悟即自度。

---

① 诚然，在惠能门徒、禅宗后学那里，惠能依然不幸地成了被顶礼的"善知识"，被历史与时代塑造成一个禅门的权威偶像。

> 何名自性自度？自色身中，邪见烦恼，愚痴迷妄，自有本觉性，将正见度，既悟正见，般若之智，除却愚痴迷妄众生，各各自度。邪来正度，迷来悟度，愚来智度，恶来善度，烦恼来菩提度，如是度者，是名真度。

这里，邪、迷、愚、恶与烦恼，分别依次可以正、悟、智、善与菩提对治，其中"悟"仅对治于"迷"，"菩提"也仅对治于"烦恼"，其实，这里的正、悟、智、善与菩提等，都指"本觉性"，主张"见自性清净，自修自作法身，自行佛行，自成佛道"，自己解放自己，自趋圆满，自己觉悟。其间虽似不涉于审美，然究竟蕴含着几多葱郁的关于人性本然、以平常心安顿自身的美学意义，值得深思。

六、 不立文字

法海本《坛经》对言语、文字能否引导众生入于禅境这一点持怀疑态度，认为悟禅乃"自用智惠（慧）观照，不假文字"。文字在禅悟之中，并无崇高地位。《坛经》又说，悟禅"不在口念，口念心不行"，"迷人口念，智者心行"。

> 尼无尽藏者……常读《涅槃经》。师（指六祖惠能）暂听之，即为解说其义。尼遂执卷问字。祖（指六祖惠能）曰："字即不识，义即请问。"尼曰："字尚不识，曷能会义？"祖曰："诸佛妙理，非关文字"。[①]

《五灯会元》所编的这一则故事，未必实有其事，而所宣说的"诸佛妙理，非关文字"这一条，实与《坛经》"不立文字"相印证。考"不立文字"之说，正如前引，始于古印度灵山拈花示现，又与中国先秦老子所言"道，可道非常道；名，可名非常名"说相通。释迦与老子，古代东方两大智者，在

---

① 普济辑：《五灯会元》卷一，《五灯会元》上册，苏渊雷点校，中华书局，1984年版。

语言、文字问题上，倒是所见略同，都以智慧的目光，对语言、文字能否传达禅悟、真理持怀疑态度，向它们投去轻蔑的一瞥。

语言、文字本出于人类智慧的创造，是灿烂文化之成果。人类之所以为人类，首在能以语言文字为文化符号。人类是"符号的动物"，符号是人性与人格美的提示与显现。符号引导人类思索与把握这一世界的真谛。然而，语言文字既是对世界的传达，又是对世界的遮蔽。不传达不足以遮蔽，不遮蔽不足以传达。传达即遮蔽，反之亦然。人与世界的"对话"，既使人走向真实，又使人陷入虚假；既因真实而可能有美，又因虚假而必然为丑——语言文字同时是属人的美的创造、体现与对属人的美的遮蔽、毁伤。因此，语言文字既体现为人性与人格的优越，又体现人类在这一世界的生存处境的尴尬。语言文字的这种尴尬，实即人本在的尴尬。人类面对世界及其自身，将永远处于"说又不是""不说又不是"的不能两全的困境。

《坛经》的"不立文字"说，是与其顿悟说联系在一起的，顿悟即突然解脱，是试图挣脱语言文字之牢笼的一种精神自由与不自由：

> 不著文字，故无所惧。何以故？文字性离。无有文字，是则解脱。①

"不立文字"，其实并非绝对否定、抛弃文字的意思，因为文字作为文化符号，是人所无法否定与抛弃的。这里，禅宗后学的斗机锋，有相当一部分恰好显现了语言与文字的魅力。机锋所包含的无上智慧本身，也是以一定的语言文字符号来表达的(尽管只能是未能尽意的表达，所谓"言不尽意")，否则整个机锋便难以成立。禅师们的应答与对谈，机锋迭现，玄机之较量，往往智慧横溢，美得令人炫目而惊心动魄，偏偏不是舍弃语言文字之故。比如俱胝的"一指禅"，是舍弃语言的，但其并未能舍弃"一指"这

---

① 《维摩诘所说经·弟子品第三》，心澄：《维摩诘所说经译释》上册，广陵书社，佛历二五五二年版，第174页。

一特殊的符号。这便是说，能指虽然不等于所指，然而所指的有所显示，不能离弃一定的能指。如绝对否定能指，便无所谓所指。《坛经》说："谤法：直言'不用文字'。既言'不用文字'，人不合言语；言语即是文字！"什么缘故？因为这里就连"不用文字"以及"不立文字"这样的表达，也是由一定文字所构成的。相传六祖对尼姑说："诸佛妙理，非关文字"。可是，惠能的这一"说法"及记述惠能言说及禅学观的法海本《坛经》，恰恰是由一系列语言文字符号所构成的。正如宣说"道，可道非常道"的老子，还不是滔滔不绝地说了五千言吗？

"不立文字"的根本义，是教人勿滞累于语言文字符号而非绝对舍弃之。"如人以手，指月示人；彼人因指，当应看月。若复观指以为月体，此人岂唯亡失月轮，亦亡其指。"[1]其一，指、月不能等同；其二，执指必亡月；其三，意在执月而无指则月在何处？归结此三点，因"指"即语言文字符号天生的局限，故《坛经》反复申言的，在于反对对语言文字的偏执。偏执则陷入"文字障"，故不可取。破执以悟禅，此乃"欲令知月不在指，法是我心。故但以心传心，不立文字心"[2]矣。

在美学上，法海本《坛经》的"不立文字"说，宗旨在破文字之遮蔽而直指人心，默然悟对，此乃"夫至理无言，玄致幽寂"[3]。这种佛学及其美学意蕴，从文化传承即文脉角度看，实与先秦庄子的"非言非默"[4]与魏王弼的"得鱼忘筌""得意忘言"[5]之说相通，这是唐代《坛经》审美意识之中国化的一个显明的例子。

---

[1]《首楞严经》卷二，上海古籍出版社，1992年版。
[2] 宗密：《禅源诸诠集都序》，中州古籍出版社，2008年版。
[3] 赞宁：《高僧传》卷第八，《宋高僧传》上册，范祥雍点校，中华书局，1987年版，第183页。
[4]《庄子·则阳第二十五》，王先谦：《庄子集解》，《诸子集成》第三册，上海书店，1986年版，第175页。
[5] 王弼：《周易略例·明象》，楼宇烈：《王弼集校释》下册，中华书局，1980年版，第609页。

第三节　唐代佛学与"意境"说

在中国美学史上，作为中国美学的核心范畴"意境"，最终建构于唐代。它始源于上古与先秦原始"信文化"即原始神话、图腾与巫术，在《周易》的"象思维""象意志"与"象情感"的文化土壤中滋长，在老庄哲学中得到锻炼与熔铸，经过漫长的历史积淀，由于唐代佛学中国化的重大影响，而最终得以成就。这一历史文脉过程，大致为：象—意象—意境。

美学界有关于意境说源于老庄的见解。叶朗指出，"意境说早在唐代已经诞生，而它的思想根源可以一直追溯到老子美学和庄子美学"[①]。这一见解可待讨论。

笔者以为，倘说意境说的哲学根源与老庄相系，可以成立，先秦确有老子关于道者"其中有象"、庄子关于"象罔"等的言说，象的问题，已经存在于老庄的哲学视野之内。

然而，意境说的建构，固然与哲学思想攸关，又不仅限于哲学。中国意境说，是整个中国文化所结出的一个文化、美学硕果。因此，须从文化角度来进一步讨论意境说的历史建构与文脉问题。

从中国文化角度考察，意境说的起始，可以追溯到遥远的年代。

一、象

甲骨卜辞有"象"字，其主要书写符号为：

⻗（罗振玉：《殷虚书契前编》五、三〇、五）

⻗（郭沫若：《殷契粹编》六一〇）

⻗（董作宾：《小屯·殷虚文字乙编》七三四二）

⻗（郭沫若等：《甲骨文合集》一〇二二二）

[①] 叶朗：《中国美学史大纲》，上海人民出版社，1985年版，第265页。

许慎《说文解字》云:"象,长鼻牙,南越大兽,三季一乳,象耳牙四足之形。"①

东汉之时,中国北方中原地区已无大象,故许子称象为"南越大兽"。实际上,起码在殷商之时,中原地区尚有大象行踪。这一点已为考古所证明。据王宇信、杨宝成《殷墟象坑和"殷人服象"的再探讨》②一文,1935年秋与1978年春,在殷王陵区,曾先后发掘祖宗祭祀坑二,出土两具象之遗骸。1935年出土的象坑,为长方形竖穴,长5.2米,宽3.5米,深4.2米,据胡厚宣《殷虚发掘》,坑内埋象骸一、驭象奴骸一。1978年出土的象坑内,其葬式为"一象一猪",其中象的骨架相当完整。殷墟象坑的发掘,引起考古学界的热烈争论,或主"南来"③说;或主"本地所产"④说。徐中舒主编《甲骨文字典》说:"又据考古发掘知殷商时代河南地区气候尚暖,颇适于兕象之生存,其后气候转寒,兕象逐渐南迁矣。"⑤诸多卜辞都记述殷人猎象及以象为祀之事。如:

今夕其雨,隻(获)象。(罗振玉:《殷虚书契前编》三、三一、三)

乙亥,王卜贞,田㘰⑥,往来亡灾,王占曰吉。隻(获)象七,雉州。(王襄:《簠室殷契徵文》八六)

这可证明,殷时中原地区尚有野象出没。

癸未卜,彀,贞王象为祀,若。(罗振玉:《殷虚书契前编》五、

---

① 许慎:《说文解字》,中华书局影印本,1963年版,第198页。
② 见胡厚宣等:《甲骨探史录》,生活·读书·新知三联书店,1982年版,第467—489页。
③ 参见德日进、杨钟健:《安阳殷墟之哺乳动物群》,《中国古生物学志》丙种第十二号第一册,1936年版。
④ 参见徐中舒:《殷人服象及象之南迁》,《国立中央研究院历史语言研究所集刊》第二本第一分册,商务印书馆,1929年版。
⑤ 徐中舒主编:《甲骨文字典》,四川辞书出版社,1989年版,第1065页。
⑥ 㘰,古地名,在今河南省。

三〇、五)

这也足以证明,大象在殷时积极"参与"了中原地区殷人祭祀这一重大文化生活。

汪裕雄《意象探源》一书引罗振玉《殷虚书契考释》云:

> 象为南越大兽,此后世事。古代则黄河南北亦有之。为字从手牵象,则象为寻常服用之物。今殷虚遗物,有镂象牙礼器,又有象齿,甚多。卜用之骨,有绝大者,殆亦象骨,又卜辞田猎有"获象"之语,知古者中原象,至殷世尚盛矣。①

殷周之际或在稍后的周代初期,中原地区气候骤寒,大象因畏寒而南迁,因此早在战国年代,大象已在中国北部地区绝迹多时。当时的中原居民,早已没有目睹大象的福分了,"大象"的话题,成了老辈里的传说与纯粹的历史记忆。因此,倘偶尔从地下发现一堆动物残骸,便怀疑是大象的残骸,这便是《战国策·魏策》所述"白骨疑象"的意思。

由此,"象"便从历史上中原地区真实存在过的一种动物,逐渐转变为某物的一种心理记忆与印象。《韩非子·解老》关于通行本《老子》所言"道"者"其中有象"之"象"作如是解:

> 人希见生象也,而得死象之骨,案其图以想其生也,故诸人之所以意想者,皆谓之象也。②

那么,什么是文化与美学(审美、艺术)意义上的"象"呢?

笔者以为,某物在以往被人见过、接触过,现在此物不在眼前,也无

---

① 罗振玉:《殷虚书契考释》,引自汪裕雄:《意象探源》,安徽教育出版社,1996年版,第30页。
② 《韩非子·解老》,王先慎:《韩非子集解》卷六,《诸子集成》第五册,上海书店,1986年版,第108页。

接触的可能，却对其保持着心理记忆，可被回想或是意想其大致的样子，这便是所谓"象"。

"象"，是以视觉为主的五官感觉在心灵的回响，一种以感性为心理特征的心灵印迹。

象者，"意想者"也。象不是所谓客观存在的占有一定空间的东西。

象在"意"内，不在"意"外，象是一个与文化、美学相契的心理学名词。象作为心理学概念，总是包含"意"的心理成分。某种意义上可以说，象即意象。但"意象"作为一个复合词，出现较晚。在春秋战国时代，意、象两字在汉语里往往分别使用，意具有象的因素，但象必包含了意。在《易传》的有些篇章里，意、象两字并未构成复合词，却是对应地出现的，如"立象以尽意"然。

象不同于形。形即物体之空间存在的外在样式，可被五官直接感觉与感受；象是五官感觉的一种以感性为特征的心理成果。

《易传》的一个理论贡献，是形、象相区别，又揭示出两者之间的内在联系。《易传》云："见乃谓之象，形乃谓之器。"①

形与器相连，器是实实在在的，器必有形。象是对器(形)的感觉所留下的心理图景，具有虚灵性，象是"见"在心里的。

《易传》又云："是故形而上者谓之道，形而下者谓之器。"②

那么，"象"在何处？笔者认为，象在形上、形下之间，在道与器之间。与道相比，象并不那么形上与抽象，它具有感性的品格；与器相比，象又不如器那般实在，象是不占有物理空间的。象确实是一定的心理及其属性，这实际是指心灵映象。

《易传》说："是故易者，象也。象也者，像也。"③易理之本，始源于象(数)；象又具象征(像什么)的文化功能。《易经》所言"象"，首先指爻象、卦象。爻象、卦象不等于爻、卦。爻(六爻)与卦(八卦、六十四卦)，

---

① 拙著：《周易精读》，复旦大学出版社，2007年版，第308页。
② 拙著：《周易精读》，第314页。
③ 同上书，第326页。

指的是实际画出的巫筮符号,这符号作为视觉对象时,实际是"形"。而爻象、卦象,指"见"在占筮者与信筮者心里的、"知几其神"的一种"兆"(吉、凶之兆),即"见微知著"的"微"。"几"即机,指微妙而神秘之变化,所以,与"几"相系的象,原本是神秘的、虚灵的与变幻莫测的。

中国先秦关于"象"的观念,大致上处于从原始知图腾与巫文化转变为哲学、审美与艺术的历史文脉之中。

举例来说,比如《易经》晋卦,其卦之符号为☲☷,坤下离上。《易经》晋卦卦辞有云:"康侯用锡马蕃庶,昼日三接。"卦辞大意:初封于康地的武王之弟(故称康侯)在异国征战得胜,掳马众多(蕃庶),昼夜之间多次将战利品(马)进献给武王。这一卦辞,实际在以周初史事,表示晋卦符号象征吉利,其根因在巫术。但是在《易传》中,同是这一卦符,却由于历史与时代的推进和文化、人文精神的转变而被赋予一定的审美意义。《易传》云:"晋,进也。明出地上,顺而丽乎大明。"

> 从卦符看,晋卦坤在下而离在上,坤为大地,离为火,火的自然原(本)体是太阳,即这里所称"大明"。整个晋卦,象征太阳从地平线喷薄而出冉冉上升而普照大地,其自然景象何等之美,不仅太阳美而且由于坤地在离(日)下是坤附丽于离,大地也显得光辉灿烂了。[1]

这里,晋卦象征朝日喷薄、大地重光之美,其"象"无疑具有一定的审美意义。

而在通行本《老子》中,关于"道","其中有象"以及"大象无形"[2]等命题,显示出其一定的哲学思考,而不只是纯粹形上的,具有一定的"象思维""象情感"的感性色彩。

尽管如此,原始神话、图腾与巫术文化所提供的这一个"象"概念及其

---

[1] 拙著:《周易的美学智慧》,湖南出版社,1991年版,第143页。
[2] 楚简本《老子》称"天象无形",其哲学意味几乎不存在,"象"的意义比较古朴。

思想意绪，证明古代中国"人不再生活在一个单纯的物理宇宙之中，而是生活在一个符号宇宙之中。语言、神话、艺术和宗教则是这个符号宇宙的各部分，它们是织成符号之网的不同丝线，是人类经验的交织之网"①。"象"概念的历史性出现，提升了古代中华的审美民族精神，成为后代意象、意境说的一个历史文脉的起点。

二、意象

"意象"这一复合词与范畴的出现，并非在南朝齐梁之际的《文心雕龙》，而是始于东汉王充的《论衡》。

《论衡·乱龙》云：

> 天子射熊，诸侯射麋，卿大夫射虎豹，士射鹿豕，示服猛也。名布为侯，示射无道诸侯也。夫画布为熊麋之象，名布为侯，礼贵意象，示义取名也。②

王充的这一段话，其意似为难解，然首次提到"意象"一词，在中国美学史及"意境"说中意义重大。

原始初民在原始巫术文化时代，迷信其狩猎与骑射都是神秘而有灵的。射，甲骨文写作 ，金文（现作 。《说文解字》指其从身从寸）。"'寸'本指'寸口'，即腕下一寸"，"手下一横指示这里就是'寸口'。由于诊脉须把握腕下一寸的标准，'寸'又具有'法度'、'准则'之义"。③

因此"射"字的本义，指狩猎时人弯弓搭箭，须身正而严守射猎之法度、标准与分寸，不使偏差，这是狩猎之经验的正确总结，而原始狩猎者却将身正而守则看作狩猎成功的一个吉兆。后来，这一原始巫术观念逐渐

---

① [德]恩斯特·卡西尔：《人论》，上海译文出版社，1985年版，第33页。
② 王充：《论衡·乱龙篇》，《诸子集成》第七册，上海书店，1986年版，第158页。
③ 李玲璞、臧克和、刘志基：《古文字与中国文化源》，贵州人民出版社，1997年版，第228页。

向道德伦理领域渗透，人们认同立德须身正的古训。"故射者，进退周还必中礼，内志正，外体直，然后持弓矢审固；持弓矢审固，然后可以言中。此可以观德行矣"，"以立德行者，莫若射，故圣王务焉"。① 射为古代"六义"之一，后来成为道德意义上"身正"的一种象征。

> 王大射，则共虎侯、熊侯、豹侯，设其鹄；诸侯则共熊侯、豹侯，卿大夫则共麋侯，皆设其鹄。②

《礼记·射义》又指出：

> 故天子之大射谓之射侯。射侯者，射为诸侯也；射中则得为诸侯，射不中则不得为诸侯。③

射者，立射面身正。身的正与不正，涉及礼。射侯，道德意义上的"礼"的表现。射侯的"侯"，本义指箭靶。这一箭靶，可以是张挂于一定距离的一张虎皮或是一块布。王充云"名布为侯"，就是这个意思。射中即"中鹄"。因"射侯"的关系，侯由原指箭靶转义为诸侯之"侯"，即地位尊显者。

射原本具有原始巫术的文化意味，从狩猎之射发展到"射侯"活动，成为选拔人才、判定地位的一种文化仪式。从在荒蛮之大自然实射熊麋虎豹到"射侯"，后者的"射"，已具有虚拟的象征性意义。所谓"名布为侯"，即在布帛上画出熊麋之象来作为靶子，王充称之为"画布为熊麋之象"。此"象"因对象不同而有别，"天子射熊，诸侯射麋，卿大夫射虎豹，士射鹿豕"，这是什么？这是"礼"。然而又非单纯之"礼"。"礼"是不同品格的主体、不同品格的"射"以及不同等级的画在布侯上的多种动物之造型所体现

---

① 《礼记·射义第四十六》，杨天宇：《礼记译注》，下册，上海古籍出版社，1997年版，第1076、1077页。
② 《周礼·天官冢宰·司裘》，徐正英、常佩雨：《周礼译注》，中华书局，2014年版。
③ 《礼记·射义第四十六》，杨天宇：《礼记译注》下册，第1081页。

的，故所谓"礼贵意象"，是既重于"礼"，又重于"意象"。

值得注意的是王充关于"射侯"的记述，既留着一个关于立射狩猎的原始巫术文化的尾巴，又重在宣说作为"礼"的象征的"射侯"本身。同时，"礼贵意象"这一命题，在重"礼"的同时，又将"意象"这一概念引出。而该"意象"本身，已是历史上"象"这一范畴的发展，虽然离不开"礼"的纠缠与遮蔽，毕竟因其具有一定的感性因素而与审美、艺术营构了一种文脉联系。

要之，王充所说的"意象"，尽管并非纯粹意义上的审美范畴，但由于在进行射礼时，所射之物已非实在之动物，而是熊麋之类在侯布上的绘形。这一绘形存于心即谓"意象"，而"意象"出于绘形，则这一绘形实际已通于艺术、审美。

有了王充的"礼贵意象"，自然而然地进而有南朝齐梁之际刘勰的"独照之匠，窥意象而运斤"之说。刘勰云：

> 然后使玄解之宰，寻声律而定墨；独照之匠，窥意象而运斤，此盖驭文之首术，谋篇之大端。①

"玄解之宰"者，立意、主题也；"定墨"者，布局、营构也；"独照"者，默然运思；"窥者"，内视、反思；"运斤"者，用笔为文之谓。其中尤为关键的，是"意象"的葱郁、澄明、空灵而且生气灌注。"意象"，是艺术"神思"、审美之髓。有"意象"未必都是审美，但无"意象"必非审美。刘勰所言"意象"，作为为文与艺术"神思"的一种活力四射的内心图景与氛围，已具有相当纯粹的美学意义。

三、意境

关于"意境"这一"话题"，近年学界尤为关注，诸多学者倾注了大量的

---

① 刘勰：《文心雕龙·神思第二十六》，范文澜：《文心雕龙注》下册，人民文学出版社，1958年版，第493页。

学术热忱与功夫,贡献了不少中肯而有深度的见解,其著论可谓层出不穷。无论所谓"意境"即"主客浑契,情景交融"说①、"象外"说②还是"灵境"说③,等等,都为对"意境"问题的进一步思考与研究,提供了可供借鉴的思想资料。

"意境"说成于唐代,从文脉角度分析,是类学思想与思维长期酝酿、积淀与创造的结果。在中国美学史上,"意境"说的提出,先经历了"象"说与"意象"说等历史文脉阶段,尔后是中国美学文脉的水到渠成。

唐代之所以能够提出"意境"说,是由于唐代佛学中国化之程度日趋成熟之故。在唐人的文论、画论与书论中,传统的审美"象"说与"意象"说,几乎触目皆是,殷璠《河岳英灵集》倡言"兴象",称陶翰诗"既多兴象,复备风骨",又评孟浩然"至如'众山遥对酒,孤屿共题诗',无论兴象,兼复故实"。"兴象"说实乃"意象"说之一种,仅在"意象"说中强调"兴"的审美心理因素而已。司空图《诗品》二十四则,言"意象"者不少。称"雄浑":"大用外腓,真体内充。返虚入浑,积健为雄。具备万物,横绝太空。荒荒岫云,寥寥长风",为阳刚之气象。又称"豪放":"天风浪浪,海山苍苍。真力弥满,万象在旁"。唐人内心的"意象"(在这"意象"中包含着敏锐的审美"感觉")丰赡、葱郁而辉煌,充溢着时代的磅礴的"动"感与民族人格的进取与搏击的品性。另一方面,由于此时佛学及其所提倡的人生境界日渐深入人心,这一伟大民族的时代人格与群体的文化心情,也正在趋于宁和与静寂,在英雄血洒边关、王庭争权夺利与细民百姓柴米油盐的碌碌烦恼之中,难得的是把人生红尘看破,表现在美学上,有一种漫彻于身心的禅寂精神与思想参与"意境"这一美学范畴的建构。

---

① 见刘九洲:《艺术意境概论》,华中师范大学出版社,1987年版。
② 见韩德林:《境生象外》,生活·读书·新知三联书店,1995年版。
③ 见宗白华:《中国艺术意境之诞生》,《美学散步》,上海人民出版社,1981年版。

第五章 佛学中国化与审美深入

"意境"说，是由唐王昌龄（约 698—757）的《诗格》[1]首先提出与简析的：

> 诗有三境：一曰物境。欲为山水诗，则张泉石云峰之境，极丽绝秀者，神之于心。处身于境，视境于心，莹然掌中，然后用思，了然境象，故得形似。二曰情境。娱乐愁怨，皆张于意而处于身，然后驰思，深得其情。三曰意境。亦张之于意，而思之于心，则得其真矣。

笔者以为，意境的"境"，并非如有的学人所说，一开始就是一个佛学名词，其原始观念并非来自佛教。甲骨文与金文，迄今未检索到境字。境，本字为竟，有界义。《周礼·夏官司马·掌固》注："竟，界也。"《诗·周颂·思文》有"无此疆尔界"之句，无竟字而隐含竟义。《战国策·秦策》称："楚使者景鲤在秦，从秦王与魏王遇于境。"东汉《说文解字》"音部"有云："乐曲尽为竟。"段注："曲之所止也。引申之凡事之所止，土地之所止，皆曰竟。毛传曰：疆，竟也。俗别制境字。"[2]

从以上引述，可以得出几个初步结论：第一，境，本字为竟，本指音声之完善，转义有田界、疆界之义，原指井田之域域。竟字后来之所以从土为境，与此本义有关。第二，由指井田之域限扩展为具有空间意义，如国界、国境然。这也正如《新序·杂事》"守封疆，谨境界"然。第三，由空间扩展为具有时间义。

境具有时空义，指实在的物理之境。

境，后来发展为兼具心理义，指心理之境。

---

[1]《四库全书提要》曾以是书为后人伪托（见司空图《诗品》与《吟窗杂录》两条）。而《新唐书·艺文志》载王昌龄《诗格》二卷。北宋陈应行重编宋蔡传《吟窗杂录》中，已收《诗格》一卷与《诗中密旨》一卷（当为《新唐书·艺文志》所收《诗格》二卷的一分为二）。本书采纳王运熙、杨明《隋唐五代文学批评史》"《文镜秘府论》所引王昌龄诗论，当出自王昌龄原著"说（上海古籍出版社，1994 年版，第 204 页）。
[2] 段玉裁：《说文解字注》，上海古籍出版社，1981 年版，第 102 页。

《庄子》云："定乎内外之分，辨乎荣辱之境，斯已矣。"①南朝刘义庆《世说新语·排调》说："顾长康噉甘蔗，先食尾。人问所以，云'渐至佳境'。"②这里所言境，皆指人的心理境界。

无疑，审美意义上的"意境"之"境"，指心理、心灵之境。

然而，如果没有唐代佛学思想因素的参与，便无真正具有民族文化之深度与特色的"意境"说的建构。当然，在印度佛学入渐中土之前，老子的"致虚极，守静笃"与庄周的"心斋""坐忘"说，已经为唐代"意境"说的提出，准备了若干思想与观念条件，而且，早在陶潜的田园诗与谢灵运的山水诗中，实际已有意境之作的存在，说明审美意境有致"虚"、守"静"的文化品格，说明老庄所推重的生活情调对形成审美意境具有重要意义。然而，如果没有佛学观念渗溶于审美领域，中国美学所独唱的"意境"，绝不会具有如此丰富、深邃、多变甚而神秘的精神内蕴，也绝不会恰在唐代提出"意境"之说。而且，即使在陶渊明与谢灵运的一些诗作中，其"玄"境，早已融会了一些佛禅的意思。

在佛学中，境是一个重要概念。

何谓境？心识之所践履、攀缘者，谓之境。实相、妙智内证于心田，谓之法境；色与虚妄为眼识所对应，谓之色境。《俱舍颂疏》卷一有云："色等五境为境性，是境界故。眼等五根各有境性，有境界故。"佛教尤言境界。境界指心识悟禅、度佛之程度。境界有高下，心之圆境为极致。《无量寿经》卷上云："比丘白佛：斯义弘深，非我境界。"《入楞伽经》卷九云："我弃内证智，妄觉非境界。"佛经以般若为能缘之智，诸法为所缘之境。故有境智之说。境智者，心识无别、无执、无染之谓。所观之理谓之境，能观之心谓之智；所观则悟，所止在禅矣。熊十力说：

---

① 《庄子·逍遥游第一》，王先谦：《庄子集解》，《诸子集成》第三册，上海书店，1986 年版，第 3 页。
② 刘义庆著、刘孝标注：《世说新语·排调第二十五》，《诸子集成》第八册，上海书店，1986 年版，第 216 页。

> 真谛，亦名胜义谛。胜谓殊胜，义有二种，一境界名义，二道理名义。境界又略分二种，一者实尘法，得名境相，如色声等物尘是也。二者本非实尘法，而有实体用。如俗谛中，说心、心所为实法；真谛中，真如是实法。真如为正智所缘时，即名境界。心、心所返缘时，其被缘之心亦名境界。①

佛教所言境界，依熊氏之言，是真谛的一种心理、心灵状态。"真如为正智所缘时，即名境界"，"正智"者，佛徒空寂、觉悟之心也。隋代净影慧远《大乘义章》卷三云："言正智者，了法缘起无有自性，离妄分别，契如照真，名为正智。"而"心、心所返缘时，其被缘之心，亦名境界。""心所"者，"心所有法"之简称，为心王之所有而生贪嗔等妄情。"返缘"，指回归于本心，意味着除却心垢。佛教所说的境界，与审美境界自当有别。但其所悟之境智，包含了一种夸大而颠倒、绝对完美的成佛理想，或是以空为空、破斥执碍的思想与思维，毋宁可被看作世俗意义的审美理想即企望人性与人格自由无羁的别一说法。在佛教中，"意境""境界"同义而异称。

意境本为佛学范畴，释"意境"之佛学本义，除应了悟"境"之奥蕴外，更需研究"意"为何指。

意，普通心理学所指"意识"之简称，人类大脑之属性与机能，人的思维活动及其成果，包括显意识与隐意识，即明意识与下意识、潜意识、无意识，指意向、意味、情态与猜度等心理内容。在哲学上，意与物相对应，认为意识是客观世界的心理映照。意识与物质之关系，构成哲学的基本命题之一。朱熹云："意者，心之所发也，实其心之所发，欲其一于善而无欺也。"②

佛学所谓"意"，主要有两解。

---

① 熊十力：《佛家名相通释》，中国大百科全书出版社，1985 年版，第 77 页。
② 朱熹：《四书章句集注·大学章句》，中华书局，1983 年版。

其一，指"六根"说中的第六根，称意根。眼耳鼻舌身意谓之"六根"，是在五官感觉之上，再立意根。《大乘义章》卷四云："六根者，对色名眼，乃至第六对法名意。此之六能生六识，故名为根。"佛学"六根"说，以前五根为四大所成之色法，意根为心法。而小乘佛学以前念之意识为意根。

其二，指大乘佛学"八识"论中的第七识，即末那识。"意"者，思量也，与"心""识"等范畴、名相相勾连。

> 谓薄伽梵处处经中，说心、意、识三种别义：集起名心，思量名意，了别名识，是三别义。①

佛教内部支派纷纭，对"心"的诠释有多种。其一，肉团心，又称草木心。《大日经疏》十二云："此心之处，即是凡夫肉心。"其二，缘虑心，又称虑知心、了别心。《宗镜录》四："……缘虑心，此是八识，俱能缘虑自分境故。"天台宗"一心三观"之"心"，亦称缘虑心。其三，坚实心，即自性清净心。《大乘起信论》所言"不生不灭心"，真如心。其四，积聚精要心，积聚诸佛一切经之要义，为大圆智、菩提心。其五，"思量心，梵名末那，译言'意'，为思虑之义，第七识之特名也。"其六，集起心，《唯识论》卷三云："诸法种子之所集起，故名为心。"②

此处所言"心"，特指大乘唯识宗所谓"集起心"。"集起"，梵语质多（Citta），佛典所谓第八识即阿赖耶识之名。诸法于此识熏习其种子之义为集；由阿赖耶识生起诸法之义为起。阿赖耶识，即种子识、藏识。熊十力云：

> 若最胜心，即阿赖耶识。此能采集诸行种子故。③

---

① [印]护法等：《成唯识论》卷五，玄奘译，韩廷杰：《成唯识论校释》，中华书局，1998年版。
② 以上见丁福保：《佛学大辞典》，文物出版社，1984年版，第350页。
③ 熊十力：《佛家名相通释》，中国大百科全书出版社，1985年版，第58页。

> 阿赖耶者，藏义，处义，是无量诸法种子所藏之处故，故名赖耶。二名藏识，具有三藏义故。三藏者，一能藏，此识能持一切种子，即以种子为所藏故，因说此识是能藏。二所藏，由种子能藏于此识自体中故，复说此识是所藏。三执藏，末那缘此识为自内我，坚执不舍故，故说此识名执藏。由具三藏义故，得藏识名。①

阿赖耶识作为种子识亦即最胜心之"最胜"在何处？"集起"耳，"采集"也。心，乃八识之通相。虽然八识可通名为"心"，而第八识具有"采集种子"与"含藏种子"的功能与深邃意蕴，它是前七识的"所知依""根本依"，是世界之存在与运动的本原、本体，也是转识成智的内在动力与起因。

《楞伽经偈颂集》有云："譬如巨海浪，斯由猛风起。洪波鼓冥壑，无有断绝时。藏识海常住，境界风所动。种种诸识浪，腾跃而转生。"熊十力说："详玩此颂，实以第八识为前七识之根本依，谓第八识含藏前七识一切种子。前七识若遇境界为所缘缘时，则此境界缘力，喻如猛风，能动发藏识中诸识种子，即与境界俱时现起。"②

这便是所谓"集起名心"的基本大意。

"思量名意"，是就八识中的第七识即末那识而言的。此"意"指什么？《摩诃止观》卷二云："对境觉知，异乎木石，名为心；次心筹量，名为意。"《摄论》云："意以能生，依止为义也。""能生"者，"能生"前六识也；"依止"者，"依止"于第八识之谓。《述记》卷二十五云："末那名意。"正如《瑜伽》卷六十三所言："诸识（八识）皆名心、意、识（意思是说，八识中的每一识，都各有心、意、识三名）"，然而第七末那为"最胜"之"意"。这便是"随义胜说，第八名心，第七名意，余识名识。"为什么呢？末那识具有两大"意"的功能：一曰"恒"；二曰"审思量"。这便是《识论》卷五所云："恒，审思量，正名为意。"依佛学大意，末那虽为第七识，究竟并非

---

① 熊十力：《佛家名相通释》，中国大百科全书出版社，1985年版，第114页。
② 熊十力：《佛家名相通释》，第117页。

根本识。作为"意"识,它永恒地依止于阿赖耶识。它的"思量"之功能,固然在对事理进行思虑、度量,而未能彻底。是何缘故呢?思量,必令概念、逻辑、判断鹊起,思量必引起事物之分别义与主体的分别心,而"是法(佛法)非思量分别之所能解,唯有诸佛乃能知之"[①]。想要以"思量"分析、解读佛法是什么?无异于背"道"而驰、南辕北辙,堕入"思惑"之境,未得圆智。大乘教义以"思量"为"造作","造作"即不自然而违反本心。这便是《俱舍论》卷四所谓"思谓能令心有造作"与《大乘义章》卷二所言"思愿造作,名思"的意思。但末那识作为"最胜"之"意",既"能生"前六识,且依止于第八识,在"转识成智"的意义上,具有不凡的心法功能。

"了别为识",是就眼识、耳识、鼻识、舌识、身识与意识等前六识而言的。

这里,有四点颇值得注意:

其一,前六识的功能在于对事物、事理的"了别"。了者,了解、明了;别者,分别、不等之义。了别并非了悟。了别远非究竟智,未入毕竟空之境。佛家大力倡说了悟,即拒绝概念、推理与判断,实即拒绝世俗意义上的、普通心理学意义上的理性。

其二,前六识与末那识、阿赖耶识相比,是对后二者的依止。前六识又分两个层次,前五识与第六识即意识相互有别,前五识类似于五官感觉,第六识所谓"意",已具有超乎五官感觉的某些神秘意味。

其三,从依止说看,前五识以第六识即意识为根;第六识以末那识为根。第七识即末那识,以第八识为依根,正如《成唯识论》所云:"阿赖耶为依,故有末那转","藏识恒与末那俱时转"。

其四,从识性分析,佛教有三识性之说。三识性者,一曰遍计所执性(亦写作:偏计所执性);二曰依他起性;三曰圆成实性。第一,遍计所执性者,其旨在"遍计"与"所执"。"遍者周遍,计者计度,于一切法周遍计

[①]《妙法莲华经·方便品第二》,心澄:《妙法莲华经译释》上册,广陵书社,佛历二五五二年版,第91页。

第五章　佛学中国化与审美深入

度，故说遍计"。"所执"，系累，我执、法执之谓。凡俗众生"依妄情所计实我法等，由能遍计识，于所遍计法上，随自妄情，而生误解"。①这便是说，凡处于"遍计"心态之中，必有"所执"。"遍计"即普遍（周遍）的计度与迷执。而计度即"了别"，"了别名识"，前六识之属性也。第二，依他起性，诸法依他缘而生起之识性。依他而缘起，自无实性。如前六识以末那为意根，即前六识依末那识为根为止，终趋圆成，有漏，无漏，或染，或净，皆为依他性摄。第三，圆成实性者，诸法真实之体性，真如、法界、法性、实相、涅槃之异称。《唯识论》卷八云："二空所显，圆满成就诸法实性，名圆成实。"唐代慈恩宗的基本教义之一，是为"三识性"说。依"了别"之境言，为"遍计所执性"，迷妄幻想；依"思量"之境言，为"依他起性"，相对真实；依"集起"心之境言，为"圆成实性"，绝对真实。"圆成实性"，乃以阿赖耶识为第一因的最高境界，《唯识论》有云："此即于彼依他起上，常远离前遍计所执，二空（破法、我二执）所显，真如为性。"而圆成与依他，两者非离非即，假如相离，真如、佛性何以依缘而起；假如相即，便无所谓依他与真如。二者也是不异不不异的关系，非离非即，如果"不异"，真如、法性，应不是依他起之实相；如果"不不异"，则真如、法性不异依他，应为无常。

围绕佛学所谓"意"做些简略讨论之余，再来分析王昌龄的"三境"尤其"意境"说，便有了些头绪。

首先，佛学所谓"意"，在六根说中指第六识"意识"之"意"，六根说所谓"意根"，是指前五识之根因；在八识论中，"意"指第七识即末那识，此即《唯识论》卷五所谓"思量名意"之谓。八识论称末那识为前六识之"意根"。而与"意"相关的，是所谓"集起名心"的"心"，指第八识，即藏识、种子识、阿赖耶识，这是前文已经说明了的。可见佛学所言"意"，无论六根说之"意"，还是八识论之"意"尤其后者，被设定为超于五官感觉（五识）之上的东西。也就是说，按佛学之见，"意"是消解世俗五官感觉之后

---

① 熊十力：《佛家名相通释》，中国大百科全书出版社，1985年版，第198、199页。

主体的一种心理"存在"状态。假设人的五官感觉可以被消解，那么在此消解之后主体的内心世界还剩下什么？答云：剩下了空灵而无相系于外物与自情的"意"。此"意"无攀缘，于物、情，它是非世俗的、不系累于物的，其情感判断是中性的。这从世俗眼光看，当然具有神秘性与不可理喻性。其实，这是佛学通过一系列繁复、烦琐的概念演绎、推理，反复演说"空幻"二字而已。空幻者，法空、心空也。心空而法空，心空便空诸一切。心空而无执于心空，是谓毕竟空。这种空性，其实就是前文所述"遍计所执"与"依他起"性被斥破之时而当下立见的"圆成实性"。

佛学所谓"意"，作为一种主体心理的"存在"状态，构成空灵、澄明的心理氛围，这一氛围即佛学所言"境""心境"或言"意境"。意境者，意即境也，或曰"心空"即"境"，此"心"即"境"。熊十力说：佛学"不谓无境，但不许有心外独存之境"[①]。此言中肯。心外无境，便是心之外无所谓五官感觉。此心无有尘累，此心即"空"，便是佛学所言"意境"。

其次，王昌龄"诗有三境"之说，说的是诗境而非佛禅之境，这是毋庸置疑的。问题在于，在"诗有三境"说里，已经深深地蕴含佛学"意境"说的思想因素。在王昌龄看来，诗境有三大层次，依次为"物境""情境"与"意境"。物境者，"处身于境，视境于心，莹然掌中，然后用思，了然境象，故得形似"；情境者，"娱乐愁怨，皆张于意而处于身，然后驰思，深得其情"；意境者，"亦张之于意，而思之于心，则得其真矣"。"三境"说所关注与分析的，是审美意义上的诗的品格问题，等于是说，诗有三品。"物境"之品最低，它虽"了然境象"，即诗人在运思诗境时，能够做到"物象""莹然掌中"，烂熟于心，却始终不离弃于"物"，系累于"物"，故仅得"形似"。也可以说，无论从诗境的审美创作与审美接受角度看，这类诗的品格，都以"形似"之"物象"，构成主体内心的韵律与氛围。用佛禅观念分析，不过是"物累""色心"而已。佛教有"物机"说，称众生尘缘未断，机心不除；为物所累，机心萦怀。佛教有"色心"说，认为"色"乃一切事物现

[①] 熊十力：《佛家名相通释》，中国大百科全书出版社，1985年版，第95页。

象，为"物"所缚，"心"被"色"碍，"色心"是众生心的一种遮蔽状态。

"情境"之品为次。这一诗境的品格，因跨越于"物"的阶段而高于"物境"，然而仍为"娱乐愁怨"所碍，虽有"驰思"（诗之想象），但仍"处于身"缚之中。"娱乐愁怨"者，情也。情者，从世俗审美角度言，为诗境、诗美之根本。刘勰《文心雕龙·神思》云："登山则情满于山，观海则意溢于海"①，情、意充沛，然后才能为诗，诗美飞扬必有情、意驱动。无"情"焉得为诗？可是，"情"在佛教那里是被否定的。在佛教看来，"深得其情"的诗，并非真正好诗，因为它沾染于情，系缚于情，为情所累。佛教以情欲为四欲之一，欲界众生多以男欢女爱之情起贪欲，谓之情欲。情在价值判断上是"恶"，也是审美判断意义上的"丑"。佛教"情猿"说指斥"情"为尘垢，心猿意马者，妄情之动转不已。《慈恩寺传》卷九有云，禅定、静虑，就是"制情猿之逸憬，系意象之奔驰"。成佛、涅槃，就是从"有情"入于"无情"之境。佛教六根即为"六尘"，旧译"六情"，以"根"有"情识"之缘故也。不仅前五根遍染情识，第六根（意根）为心法，虽超于五根（五官）之上，由于比邻于五根，亦未根本斩断情缘。正如《金光明经》所云，"心处六情，如鸟投网，其心在在，常处诸根，随逐诸尘，无有暂舍"，并非"无情"之境。佛教所谓"六根清净"，就是"六尘清净""六情清净"。《圆觉经》云，"六根清净"者，"心清净，眼根清净，耳根清净，鼻舌身意复如是"。所谓"清净"，消除六根污垢，显无量功德之庄严，发无碍之妙谛。而"心"之所以难以"清净"，是因为计较、分别且妄情伴随以生之故。王昌龄所说的"娱乐愁怨"，在佛教看来，便是妄情、心垢，六根未得清净。因此，也并非是真正"美"的境界。

至于诗的"意境"，品格最高。高在哪里呢？

第一，意境的创生，是"张之于意，而思之于心"，固"心""意"使然，而此心、意已挣脱"身"（物）的羁绊，使意趣往来自由，神思飞扬。"情

---

① 刘勰：《文心雕龙·神思第二十六》，范文澜：《文心雕龙注》下册，人民文学出版社，1958年版，第493—494页。

境"为"娱乐愁怨"所左右,"皆张于意而处于身"。"物境"呢,固然"神之于心",却"处身于境"。可见,无论"情境"还是"物境",都滞累于"身"(物、形),或是偏执于"情"。

第二,以王昌龄对"意境"之"意"的理解,亦可见出。王昌龄说:"凡作诗之体,意是格,声是律,意高则格高,声辨则律清。格律全,然后始有调。用意于古人之上,则天地之境,洞焉可观。"①这里,王昌龄所说的"意高则格高"的"意",指溶渗着佛禅之"意"因素的"天地之境",即今人冯友兰所言"天地境界",一种至上的宇宙精神。王昌龄《论文意》又说:"意须出万人之境,望古人于格下,攒天海于方寸。诗人之心,当于此也。""意"高出于"万人之境",须从高处俯瞰与回望"古人"的诗之境界,可见,王昌龄对当下"万人"与历史上的"古人"诗之境界的用"意",是不满意的。因为他们没有进入"天地之境",也便是仅执于"物境"与"情境"而已。至于"意境"究竟何指?在《诗格》中似乎语焉未详,仅说"亦张之于意,而思之于心"等,然而《论文意》一文对"意"的诠释,在笔者看来,确是对"意境"说之最精彩的表述。其文云:

> 凡属文之人,常须作意。凝心天海之外,用思元气之前,巧运言词,精练意魄。

"意境",就审美接受而言,是诗的文本之"巧运言词,精练意魄"的审美之境,召唤接受者基于人性、人格深处之宇宙精神的一种心灵自由状态;就审美创造而言,"意境"就是沉寂于诗人内心深处的一种"意魄",叫作"凝心天海之外,用思元气之前"。这实际是以中国传统的易、老之言②来描述王昌龄自己基于佛禅之悟的对"意境"的理解。"天海之外""元气

---

① 见[日]遍照金刚:《文镜秘府论》。据考,《文镜秘府论》天卷《调声》、地卷《十七势》《六义》、南卷《论文意》等,皆采录王昌龄诗论。这一引文,引自《论文意》。
② 通行本《周易》有"精气为物,游魂为变"之说,通行本《老子》云:"致虚极,守静笃"。有"凝心"之意。《庄子》的"心斋"亦然。

之前"是什么境界？难道不就是以"心""意"观照与悟对的彼岸与出世的"方便说法"么？这种"方便"，实际已将易老与佛禅糅合在一处。并不是王昌龄故意为之，而是时代使然，水到渠成。王昌龄"意境"说立"意"之高，得助于此"意"之中易、老思想因素与佛禅之境的有机融会，才能使精神从此岸向彼岸跨越，又回归于此岸；使心灵在世间、出世间往来无碍。而其间，"看破红尘"的佛禅思想因素在建构"意境"说时，无疑起了重要作用。

第三，王昌龄"诗有三境"说对"物境""情境"与"意境"三者似无褒贬，而实际称"意境"独"得其真矣"，已很说明问题。王昌龄称"物境""故得形似""情境""深得其情"，缄口不言两者究竟是否入于真理之境。实际由于"物境"为"物"（形）所累、"情境"偏执于"情"，在佛家看来，是难得其"真"的。甲骨卜辞迄今未检索到"真"字，大约可以证明殷人及之前关于真、假的哲学概念尚未出现。通行本《周易》本经亦未见"真"字，说明殷、周之际还没有树立健全的知识论。"真"字首见于通行本《老子》①，《庄子·齐物论》有"道恶乎隐而有真伪"之说，可见其思想文脉已有推进。佛教有"真如"说："真谓真实，显非虚妄；如谓如常，表无变易。谓此真实，于一切位，常如其性，故曰真如。"②"真如"又称"如""如如"，本真之谓。但佛教又以为文字言语永远无以表述客观、绝对真理之境，只能"照其样子"（如），尽可能接近绝对真理之境。因此，如果把"真"预设为客观本体，那么佛教所谓"真如"，实际是"如真"之谓。但是无论怎样，佛教所言"真""真如"，与佛性、法性、自性清净心、如来藏、实相与圆成实性等，皆同义而别名。王昌龄说"意境""得其真"，这是以融会着佛学"真如"的观念来说诗之"意境"的真理性、真切性与真诚性。为什么这么说呢？王昌龄说"得其真"的"意境"是"张之于意，而思之于心"的，这里的"意"与

---

①《老子》二十一章："其中有精，其精甚真。"其四十一章又云："质真若渝。"五十四章："修之于身，其德乃真"。这里，"真"已具有"真理"的观念成分，如形容"道"的"其精甚真"之"真"；也具有"诚"的意义，如"其德乃真"之"真"。
②［印］护法等：《成唯识论》卷九，玄奘译，韩廷杰：《成唯识论校释》，中华书局，1998年版。

"心",由于它们是离弃"身"根与"身"缚的,正如前述,可以说是指"思量名意"的第七识末那识与"集起名心"的第八识阿赖耶识。正如前述,末那识作为"意",虽然不是藏识,但它是"转识成智"的关键,它虽不是"真理",却又离真理未远。至于阿赖耶识,则是蕴藏着"真理"(真如)的种子识。当然,诗之"真"境不等于佛禅之"真理"(真如),否则,便把佛禅"意境"说等同于诗之"意境"说了。但是王昌龄的"意境"说融会着佛禅"意境"说的文化因素甚至底色,自无疑问。其关键,在于王氏在谈"物境""情境"问题时,都提到了"身"(前者称"处身于境",后者称"皆张于意而处于身"),这是以"身"来统称、暗指佛教所谓的前六识、前六根。在谈到"意境"问题时,王昌龄提出,欲构诗之"意境""必须忘身"这一命题。关于这"忘身",有两点必须辨明,一是这诗境之"忘身",不同于佛境的"忘身",即不同于第七、第八识对前六识的超越与消解,但是显然已有关于佛教前六识的悟解存矣;二是这诗境之"忘身",自当包含王昌龄对庄子"坐忘"说的领悟与理解,但是庄子的"坐忘"入于"无"境,而王昌龄的"忘身"却是出入于"无""空",或言"无""空"双兼的。王昌龄说:凡诗之意境,"若有物色,无意兴,虽巧亦无处用之"。又说:"并是物色,无安身处。"[1]这里所言"物色",显然指作为"物境"与"情境"的"物"累、"色"累,盖因"无意兴"之故。"无意兴"之"意",又显然包含对佛教"意境"说的悟照。真的,诗人若无此悟照,文辞"虽巧",又有什么"用"呢?如果妄执于"物色",便"无安身处"。在深受佛教"意境"说影响的王氏诗之"意境"说看来,就找不到精神回归之路了。所以诗的"意境"之裁成,在精神上必须"忘身","忘身"才有"真"的、空寂而美丽的"安身处"。

要之,王昌龄的诗之"意境"说,用佛学的话来谈,其"物境""情境"的文化品格,在观念上,显然受到佛学"三识性"说关于"遍计所执"与"依他起"的深远影响,因为"遍计所执",便滞碍于"物"(形)而不得其"真";

---

[1] 以上见[日]遍照金刚《文镜秘府论》所录南卷王昌龄《论文意》,周维德校点本,人民文学出版社,1975年版。

因为"依他起",便无"自性清净心",而妄情横生,意马心猿。而其"意境"的文化根性,深刻蕴含了佛学"圆成实性"的观念。

由此可知,中国美学史上由唐人王昌龄所首倡的"意境"本义,受到了佛学"意境"说之深刻的濡染与影响。何谓诗之意境?或者扩大而言,什么是审美意义上的意境呢?它是指由文本符号所传达、召唤的审美创造与接受的一种心灵境界,这一境界便是:无法执、无我执、无空执、无遍计所执,无悲无喜、无染无净、无死无生。它是消解与超越了世俗意义的"物境"之美与"情境"之美的一种空寂而美丽的天地境界、宇宙精神。

这种"意境"之最典型的诗的文本,是与王昌龄同时代的唐代大诗人王维的一些禅诗。

王维的禅诗,就是诗境与禅境合一的。

木末芙蓉花,山中发红萼。
涧户寂无人,纷纷开且落。
　　(《辛夷坞》)

人闲桂花落,夜静春山空。
月出惊山鸟,时鸣春涧中。
　　(《鸟鸣涧》)

荆溪白石出,天寒红叶稀。
山路元无雨,空翠湿人衣。
　　(《山中》)

这里,芙蓉花、涧户、桂花、春山、月出、山鸟、春涧、荆溪、白石、红叶与山路等,构成了王维诗的意象与意象群,这一点与别的什么诗,似无多大区别,但这些诗境却不执于"物境",不重于写貌状物,其"意"根本不在"形似",却是其过人处。尤其,面对如此丰富的"物象",在别的诗人心目中，往往会激起无限遐想，建构人格比拟，并涌起喜剧或悲剧之类情感，如孔子所谓"仁者乐山，智者乐水"，屈子之于《橘颂》，宋玉所言"悲哉，秋之为气也"，以及韩愈的"不平之鸣"等，世上无数的诗篇都在喟叹人生，以世俗情感的宣泄为诗的"心灵世界"。但是在王维的笔下，无论春花秋月、山鸟红叶、荆溪白石还是山路无雨、空翠人衣，总之，诗中所描述的一切景物，都无悲、喜之"神色"，都显现出"太上无情"的"自然"，都消解了诗人主观上的一切情感色彩，仿佛根本没有任何审美判断似的。呈现于诗中的，是宇宙的原本太一、一尘不染而圆融具足。法海本《坛经》曾云："（禅者）顿渐皆立无念为宗，无相为体，无住为本。"①"无念"，心不起也，即心不起妄念；"无相"，不滞累于假有之谓；"无住"，因缘而起，刹那生灭。禅的精神，便在这"无念""无相"与"无住"之中。悟此禅意，固然不等于入于诗之"意境"，而王维的这些诗，却是诗境与禅境合契的。不起尘心，没有机心，亦无分别心，确是王昌龄所言唯有"意魄"存矣。既不执于"物"，又不执于"情"，无所执著，无所追求，没有任何内心牵挂，没有滞碍，也没有焦虑，没有紧张，没有诗人心灵的一丝颤动，连时空的域限都被打破了。这便是深受佛教"意境"熏染的禅诗的"意境"，可以说这类诗的"感觉"尤佳，是一种超于世俗的感觉。

这一诗之"意境"的审美品格，一是物我两忘，物我两弃；二是静寂；三是空灵；四是圆融；五是本然。它舍弃了世俗意义之美，拒绝了实践理性，却叩响了"大美"即"原美"的智慧之门。从美感角度分析，它不是世俗意义上"七情六欲"式的因情感涌起或潜行而引发的那种美感，它是彻悟人生与宇宙之真谛而所激起的那种幸福，是长久追寻和执著之余突然掷来的彻底解脱的一种"快"感，是包括愉悦本身或忧伤本身都被消解之余的异常淡远、澄明、静寂于空幻的一种心境。

这种心境，用冠九《都转心庵词序》的话来说，叫作"清馨出尘，妙香远闻，参净因也；鸟鸣珠箔，群花自落，超圆觉也"。

---

① 惠能：法海本《坛经》，郭朋：《坛经校释》，中华书局，1983年版，第32—33页。

第五章　佛学中国化与审美深入

蔡小石《拜石山房词钞·序》亦有"三境"之说，其文云：

> 夫意以曲而善托，调以杳而弥深。始读之则万萼春深，百色妖露，积雪缟地，余霞绮天，一境也。再读之则烟涛颂洞，霜飙飞摇，骏马下坡，泳鳞出水，又一境也。卒读之而皎皎明月，仙仙白云，鸿雁高翔，坠叶如雨，不知其何以冲然而澹，翛然而远也。江顺贻评之曰：始境，情胜也。又境，气胜也。终境，格胜也。①

宗白华在引述这一段论说时，称蔡小石"三境"说所言"终境"即第三境，"是最高灵境的启示"②，这是中肯之见。"意境"作为中国美学史之重要范畴，尽管在漫长的历史文脉的演替中其含蕴有所嬗变，然而基本文化精神，确是王昌龄所说的佛禅之"意"。而前文所引江顺贻所言"终境，格胜也"的见解，显然与王昌龄所言诗之"意境""意高则格高"的精深见解相契。

"意境"说与佛禅"意境"思想的文脉勾连，是一不争的史实。严羽《沧浪诗话》云："大抵禅道惟在妙悟，诗道亦在妙悟。"实际这是顺着王昌龄"意境"说的思路，说诗境与佛禅之境的合一。那么两者"合一"于何处呢？以笔者看来，简略地说：其一，都是直觉、直观的，悟的；其二，都是突然而至、不假外力强迫的；其三，都是自然而然的，自由的，不受"物境"与"情境"之濡染的；其四，都是静观的，静中有动的；其五，都是"无情"的、"无悦"的，用后世王国维的话来说，即都是"无我之境"。但佛禅"意境"与诗的"意境"毕竟仍有区别：其一，佛禅"意境"具有一定的神秘而阴郁的色彩，诗的"意境"色彩明丽而深邃；其二，前者的境界是"空幻"，后者为"空灵"；其三，佛禅"意境"从象入手，破斥物象之迷氛而直指人心、本心，诗的"意境"也缘象而悟入，却始终不弃诗象又不执于诗象；其四，

---

① 蔡小石《拜石山房词钞·序》，顾翰：《拜石山房词钞》，王云吾主编：《丛书集成初编》，商务印书馆，1946年版。
② 宗白华：《美学散步》，上海人民出版社，1981年版，第64页。

两者都在破斥妄情，但前者主张"无情"，是"看破红尘"意义上的，后者倡言"无情"，说明诗之审美情感判断是"中性"的；其五，双方都在于安顿人的精神生活与精神生命，而其意念，一从世间趋向于出世间，一由彼岸趋于回归此岸。以上五点，值得注意。

第六章
理学流行与审美综合

中华民族之审美意识及其美学的文脉历程，主要在原始巫学伴随以原始神话与图腾学、先秦子学、两汉经学、魏晋玄学、隋唐佛学、宋明理学、清代实学与东渐之西学等文化形态的精神关怀和冲突之中推进，每一历史阶段，都跋涉在其各具个性特质的道路上，一般地兼备承上启下的传统因素，所谓冲撞与调和、守成与创新，是整个中国美学文脉史的重要话题和文化方式。时至宋明，中国美学跨入了思虑严谨而理性深邃、意绪相对平和而艺术秀雅的理学时代，也存在反理学教条的美学思潮。

研究理学与审美之关系这一学术课题，困难颇多。一是宋明历时近七百载，从宋初历经元蒙到明末，其间所发生的哲学文化尽管以理学为主潮，却并未以其为独尊而达于天下一统、舆论一律。可以这样说，理学思潮的兴起、发展、沉潜与衰落，尤其在明中叶之后，理学所面临的严重危机，固然是理学文化内部矛盾所致，是在一定文化背景、历史传统与现实环境中的自我生成、自我发展与自我瓦解，然而，理学的存在与运动，一般是以非理学的一些文化因素为伴随之条件的。比如王安石的新学，就难以归入理学范畴，称其为"非理学"可矣，其间问题的复杂，可想而知。特别是非理学文化与时代审美的关系问题，并不应在我们的学术视野之外，但为了抓住主要论题从而约简本书的篇幅，这里仅就理学与审美之关系加以简略的讨论，相信这不至于引起读者的误解。二是就宋明理学本身而言，其内部学派林立，并随时代而嬗变。周敦颐的濂学、张横渠的关学、程颢与程颐的洛学、朱熹的闽学、陆九渊与王阳明的心学以及王夫之具有批判性与总结意义的理学思想体系等,尽管都可统称为"理学",实际各思想流派在文化视域、哲理思辨、范畴建构及其与美学之关系等问题上,分歧颇多。作为中国美学之文脉历程的研究,多学派之间的思想分歧,无疑是值得关注的。学界有宋明理学三派之论,即以张载为代表的"气本"论,以程朱为代表的"性本"论与以陆、王为代表的"心本"论,这种概括自有其立论依据,可备一说。问题是这一概括是否符合历史实际。笔者想说的是,在所谓"三论"之外,是否应有北宋邵雍"数本"论的一席之地?至于"三论"说对明末清初理学大家王船山理学思想的忽略,恐亦未妥。因此,所有这些理学思想流派与美学文脉之关系问题的讨论,由于问题的巨大、深奥且彼此纠缠,更平添其烦难的程度。三是理学不等于美学,正如本书前文已经讨论过的巫学、子学、经学、玄学、佛学以及后文将要讨论的实学皆不等于美学一样,这是毫无疑问的。因此,这里仅就理学与审美之关系问题发表一些粗浅的意见,其实试图研究的,是宋明理学作为一个主流文化形态所具有的美学意义及其主要是对艺术审美的深远影响。宋明理学的文化主题,只有彼此相关的"本体"与"工夫"两项,即道德作为本体如何可能及其在道德本体观念支配之下的自由之道德人格与生命精神的实现与践行,亦即道德本体与工夫的实现与践行在审美上如何可能的问题,这问题在理论上同样也是烦难的。四是理学作为哲学文化,自当高踞于整个宋明文化之上,这不等于理学文化仅仅具有孤寂的精神性。文化是由物质、精神与制度等彼此攸关的多维所构成的。宋明理学作为时代文化之魂,无疑是一种属于社会与时代精英的精神文化,偏偏注定必然是宋明物质文化与制度文化的高蹈方式。因此,其美学意义总是贯彻与融会于一定的物质与制度文化之中。宋明城市经济、文化与市民生活的历史性推进,始于北宋的文官政治制度与科举制度等的实施与完善,曾经影响理学及其美学的建构,这种物质与制度因素,给予这一民族与时代的美学的影响,自然不容忽视。从物质、精神与制度等文化之多维来观照宋明理学与审美之关系,这是一个"综合"。尤为重要的是,理学以儒学为主干,又历史性地兼容了释、道的文化因素,具有深广的思想容量、深邃的思想伟力与精致的思辨性，它继承了原始儒学与两汉经学又超拔于前者，它无可逃避地披着原始道学、魏晋南北朝的玄学以及隋唐之佛学的历史风又加以超越，成为这一伟大民族以儒为本兼综释、道的理性思想与思维的真正成熟，是儒、释、道三家之融合的真正完成。从这一点上看，宋明理学的美学意义及其对于艺术审美的影响，又无疑具有"综合"的特质。这里，问题的复杂性一点也不亚于以往任何时代。五是就深受理学文化影响的宋明艺术审美这一领域来看，是理论建构与艺术实践的同时进行与同臻于完成，达到双华映对的境地。其理论部分所取得的成果，或者是理学思想的体现，或者是非理学甚至是反理学的，总之是与理学具有密切联系的。首先是诗论，自北宋欧阳修撰《六一诗话》开其端，诗话这一活泼、自由、往往一语道破的诗论方式，在宋明取得了空前的发展。欧阳修《六一诗话》得风气之先，继而如司马光《温公续诗话》，刘攽《中山诗话》，吕本中《紫微诗话》，叶梦得《石林诗话》，杨万里《诚斋诗话》，张戒《岁寒堂诗话》，胡仔《苕溪渔隐丛话》，姜夔《白石道人诗说》，严羽《沧浪诗话》，谢榛《四溟诗话》与王夫之《薑斋诗话》等，各抒己见，综论诗艺，是中国文论史上具有重要影响的诗学著述，成为宋明文论的一大美学景观。同时，词论、乐论、画论与书论等亦竞放异彩，李清照《论词》，张炎《词源》，徐渭《南词叙录》；朱长文《琴史》，郑樵《通志·乐略》，蔡元定《律吕新书》，王骥德《曲律》，朱载堉《乐律全书》；郭熙、郭思《林泉高致》，董逌《广川画跋》，黄休复《益州名画录》，米芾《画史》、倪瓒《跋画竹》、董其昌《画禅室随笔》以及《宣和书谱》（佚名）等，林林总总，精彩纷呈。宋明还是中国建筑、园林艺术理论获得重大收获的人文季节，以北宋李诫《营造法式》与明计成《园冶》为代表。这些著论，都是本书的学术研究所应当关注的，加上小说理论、戏曲理论与舞论等，这一漫长历史时期中国文学艺术思想的发展，可谓空前。其原因之一，在于其一般地与理学这一当时的"主流意识形态"具有直接或间接的历史、人文联系。

第一节　理学的文化前奏

考宋明理学之文化含蕴，须从审视"理"字始。甲骨文至今未检索到"理"字，金文亦大体如是。《韩非子·和氏》云："王乃使玉人理其璞，而得其宝焉。"①"理"有"治玉"之义。由"治玉"之义引申，"理"作名词解，可释为"玉石之纹理"，一种美丽的玉石的外观与质地。从"玉石之纹理"义再做引申，有"事物条理"之称。如《荀子·儒效》有言："井井兮其有理也。"②这是指中国古代井田平面布局井然有序即阡陌纵横的样子。可见，这里的"理"指事物的空间秩序。因而杨倞《荀子》注云："理，有条理也。"再引申之，就道德领域言，为伦理。《礼记·乐记》："乐者，通伦理者也。"③郑玄注："理，分也。"该"理"，指伦理、名分。就哲学与心理学来说，指理性，即与客观事物相应的思想与思维的条理性。

汉末刘劭《人物志·材理》有"理有四部"说：

> 若夫天地气化，盈虚损益，道之理也。法制正事，事之理也。礼教宜适，义之理也。人情枢机，情之理也……是故质性平淡，思心玄微，能通自然，道理之家也。质性警彻，权略机捷，能理烦速，事理之家也。质性和平，能论礼教，辨其得失，义理之家也。质性机解，推情原意，能适其变，情理之家也。④

"道理""事理""义理"与"情理"为"理"之四义。"道理"，指"道家者言"；

---

① 《韩非子·和氏第十三》，王先慎：《韩非子集解》，《诸子集成》第五册，上海书店，1986年版，第66页。
② 《荀子·儒效篇第八》，王先谦：《荀子集解》，《诸子集成》第二册，上海书店，1986年版，第83页。
③ 《礼记·乐记第十九》，杨天宇：《礼记译注》下册，上海古籍出版社，1997年版，第631页。
④ 刘劭：《人物志·材理第四》，中州古籍出版社，2004年版。

"事理",指政治"权略"之理;"义理","儒家者流"之礼教秩序也;"情理",关乎"人情枢机",最近于艺术与审美。

牟宗三对刘劭"理有四部"说不甚满意,他先援引唐君毅"理为六义"说。唐氏有云:

> 一是文理之理,此大体是先秦思想家所重之理。二是名理之理,此亦可指魏、晋玄学中所重之玄理。三是空理之理,此可指隋、唐佛学家所重之理。四是性理之理,此是宋、明理学家所重之理。五是事理之理,此是王船山以及清代一般儒者所重之理。六是物理之理,此为现代中国人受西方思想影响后特重之理。此六种理,同可在先秦经籍中所谓理之涵义中得其渊源。①

"文理""名理""空理""性理""事理"与"物理"之说,也不是牟宗三所能全然同意的。故牟氏云:"是以理之诸义,若以学门范域之,吾意当重列如下":

> 1. 名理,此属于逻辑,广之,亦可该括数学。2. 物理,此属于经验科学,自然的或社会的。3. 玄理,此属于道家。4. 空理,此属于佛家。5. 性理,此属于儒家。6. 事理(亦摄情理——原注),此属于政治哲学与历史哲学。②

"以学门范域之",该"理之六义"说的分类,自有其立论依据,它们依次为:名学、物学、道学、佛学、儒学、事学(包括"情理"学,属于"政治哲学"与"历史哲学")。笔者以为,以六"学"来概括中国文化的"学门"面貌,固然自有其见识,但在逻辑上尚有些纠缠。如物学(物理)与事学(事理)之

---

① 唐君毅:《中国哲学原论》,见牟宗三:《心体与性体》上册,上海古籍出版社,1999年版,第3页。
② 牟宗三:《心体与性体》上册,第3页。

间，既然说"物理，此属于经验科学，自然的或社会的"，那么，该物学（物理）就不可能不渗入属于事学（事理）范畴的"政治"与"历史"内容，此其一。其二，物学（物理）的学科性质是"经验"的即形而下的，而事学即"事理"之学（包括"情理"之学），除了所言"政治哲学与历史哲学"之外，显然也是具有"形而下"问题的，因此，物学与事学二者在分类上似乎有些重叠。其三，"情理"的问题，自然首先是关乎艺术与审美的，因而是形而下的、现象学意义上的，但是，其余所谓名学（名理）、玄学（玄理）、佛学与儒学等，其实也积淀着一定的"情理"内蕴，它们也不是与事学（事理）无关的。所以，看来"情理"问题并不仅仅属于事学（事理）范畴。

从传统意义上说，中国文化有人文国学与自然国学两部分，相应的，有人文之理与自然之理。中华民族自古是一个尤为重视"人文"的民族，依次研究名理、玄理、空理、性理与事理的名学、道学、佛学、儒学与政治历史学等，都属于人文国学。而属于自然国学的，只有"物理"一项，这一物学研究人与自然的"自然"关系，即人对自然本质规律的认识与把握，虽以社会人文为学术、文化背景，其本身当不属于社会人文部分是显然的。

性理之学是传统儒学的重要内容，它尤其是宋明理学的重要内容。作为中华人文国学的一种巨大的学术文化，具有尤为葱郁而深邃的哲思品格，无疑是中国先秦原始儒学的历史继续。"理学"一词出现较晚，它起初称"道学"而不称"理学"。冯友兰《略论道学的特点、名称和性质》认为，"道学"这一称谓出现于宋代。[1]。姜广辉《理学与中国文化》一书指出，"道学"一词，最早见于儒家典籍《礼记·大学》，其文有云："如切如磋者，道学也。"[2]这一"道"字，应训为"言"，所谓"道学"，有"论学或研讨学问"的意思，应该是中肯之见。以名词意义上的"道学"一词称谓宋代儒学（理学），大约始于北宋王景山。撰于南宋绍熙二年（1191）的陈谦《儒志先生学业传》云："皇祐（北宋仁宗赵祯年号，1041—1053）贤良儒志先生王景山，

---

[1] 中国哲学史学会、浙江省社会科学研究所编：《宋明理学讨论会论文集·论宋明理学》，浙江人民出版社，1983年版，第48页。
[2]《礼记·大学第四十二》，杨天宇：《礼记译注》下册，上海古籍出版社，1997年版，第1036页。

讳开祖……所著书多不出，惟《儒志》一编……最末章曰：'由孟子以来，道学不明，吾欲述尧舜之道，论文武之治，杜淫邪之路，辟皇极之门。'……宋兴来百年，经术道微，伊洛先生未作，景山独能研精覃思，发明经蕴，倡鸣'道学'二字，著之话言。"①与王景山差不多同时的张载以及稍后的二程兄弟与南宋朱熹等人的著述，亦屡屡以"道学"名儒学（理学）。其因，大约在观念上直接受到韩愈《原道》一文影响之故。韩愈《原道》云："斯道也，何道也？曰：斯吾所谓道也，非向所谓老与佛之道也。"自称得韩愈之文脉的柳开《应责》亦云："吾之道，孔子、孟轲、扬雄、韩愈之道。吾之文，孔子、孟轲、扬雄、韩愈之文也。"宋代的一些理学家与受理学思想影响的文人学士，有继承传统儒学之道统、文统以自抬的意思。

　　道学又称为理学，而且发展到今天，大有以"理学"代指"道学"的倾向。一因"道学"这一称谓，极易与道家所言"道学"相混淆，且历史上佛学也曾被偶称为"道学"。如果儒、道、释三家都称自家的学问为"道学"，易引起概念的混乱，不易分别；二则宋明理学史曾有朱熹、陆九渊之著名的鹅湖之会及其理学派别之辩，故陆九渊始标举"理学"，称"惟本朝理学，远过汉唐"②，以与朱熹的"道学"称名相对举。陆氏所谓"理学"，首先指其心学。三是正如姜广辉《理学与中国文化》一书所言，在哲学意义上，道、理可以互训。《庄子·缮性》云："古之治道者，以恬养知（智）。知生而无以知（智）为也，谓之以知（智）养恬。知（智）与恬交相养，而和理出其性。"③恬，指情感的宁静、平和状态。"以恬养知"与"以知养恬"，这是"知与恬交相养"，至于"和理"即和谐的理性出于人的本性。《庄子·缮性》接着又说："夫德，和也。道，理也。德无不容，仁也。道无不理，义

---

① 陈谦：《儒志先生学业传》，王开祖：《儒志编·附录》，见脱脱等：《宋史·艺文志》，商务印书馆，1957年版。
② 《陆九渊集·与李省斡》，钟哲点校，中华书局，1980年版。
③ 《庄子·缮性第十六》，王先谦：《庄子集解》，《诸子集成》第三册，上海书店，1986年版，第97—98页。

也。"①这一段话，钱穆《庄子纂笺》与陈鼓应《庄子今译今注》皆以为"非庄子语"，言之成理。而这里所言"和理"，实际指和谐的德性。这里以恬与知、德与道、仁与义，尤其道与理对举，已有道、理互训的意思。道者，理；理者，道。无论理、道，与恬、知及德、性相联系，故以理代道，称"道学"为"理学"，以"理学"代"道学"之称名，是顺理成章的事情。理学实乃"性理之学"，故称"理学"是确当的，也为了凸现"理学"的理性精神。

理学的历史性生成，是一个漫长的文脉历程，符合中国文化史、思想史的演进逻辑。先秦时期，记述于《论语》的孔子的言论中，未检索到一个"理"字。而"道"字，据杨伯峻统计，《论语》言"道"凡六十处。从其词性看，分动词与名词两大类。动词一类，有"说"（"夫子自道也"）、"治理"（"道千乘之国"）与"引导"（"道之斯行"）等义；名词一类，主要指"学说"（"吾道一以贯之""夫子之道，忠、恕而已矣"）、"道路"（"中道而废"）、"主张"（"道不同，不相为谋"）、"方法"（"不以其道得之"）、"道德"（"本立而道生"）、"理想"（"志于道"）与"真理"（"朝闻道，夕死可矣"），等等。这些"道"字，一般未具宋明理学之"理"的含义。孔子学生子贡说："夫子之言性与天道，不可得而闻也。"②孔子几乎不谈"性与天道"问题，确实如此。如关于"性"，孔子只说过"性相近也，习相远也"的话；与孔子同时的郑国子产曾说："天道远，人道迩，非所及也。"③孔子的观念与此同类。关于"性与天道"，孔子采取了存而不论的态度，未见深入的形上思考，因此孔子的"道"论与学说，在形上性这一点上，不同于宋明理学。孔子原始儒学的基本意义与精神，唯在"道德"，这已为后之宋明理学奠定了一个文化底色。不错，正如有些学者所言，宋明理学的精神实质，与孟子的儒学具有更为直接的思想联系。然而孟子是继承与发展了孔子的。孔子

---

① 《庄子·缮性第十六》，王先谦：《庄子集解》，《诸子集成》第三册，上海书店，1986年版，第98页。
② 《论语·公冶长篇第五》，刘宝楠：《论语正义》，卷五，《诸子集成》，第一册，上海书店出版社，1986年版，第98页。
③ 《左传·昭公十八年》，杜预：《春秋左氏传集解》，上海人民出版社，1977年版。

虽然几乎不言"性与天道",而其关于"天命"的思想,如所言"五十而知天命"与"畏天命"等,对理学的"天理"观与"居敬"思想的建立,具有重要影响。"天理"即道德律令,高悬在上,犹如"天命",于是便须"居敬"的态度与工夫。对"天理"的敬畏,是宋明理学作为"道德底形上学"的宗教性的一种主体表现。正如朱熹云:"人只是要求放心。何者为心?只是个敬。""敬字工夫乃圣门第一义","敬之一字,真圣门之纲领,存养之要法"。又说:"敬则万理具在","人能存得敬,则吾心湛然,天理粲然。"①"湛然"者,澄明的样子,"粲然"者,灿烂的样子,是宋明理学所认同的从"道德"超拔的"美"的境界。这种境界,是在人格意义上化"天理"("天命")而为人性本在的生存自觉。同时,孔子的"克己复礼"说对宋明理学的深刻影响,也是不言而喻的。宋明理学以"一"言本体、本原,孔子"未说天即是一'形而上的实体'(Metaphysical Reality),然'天何言哉? 四时行焉,百物生焉。天何言哉'! 实亦未尝不涵蕴此意味"②。因此,从孔子的"天"到理学的"一",显然具有思想与思维上的联系。孔子说"仁"最力,而偶涉于"义",仅说"不义而富且贵,于我如浮云",并未凿通"仁"与"心性"及"心性"与"天"的逻辑联系,这一方面,由后之宋明理学完成了,这也可见孔子原始儒学对宋明理学的影响。

孔子之后,"儒分为八":"自孔子之死也,有子张之儒,有子思之儒,有颜氏之儒,有孟氏之儒,有漆雕氏之儒,有仲良氏之儒,有孔氏之儒,有乐正氏之儒"。③ 这些儒门后学学派,除孟、荀之外,余多不显。孟、荀思想对宋明理学的巨大影响,是很显然的,尤其是孟子之儒学。

首先,依牟宗三之见,宋明理学包括"纵贯系统"与"横摄系统"两大系。前者由"五峰、蕺山系"与"象山、阳明系"所构成。"五峰、蕺山系","此承由濂溪、横渠而至明道之圆教模型(一本义——原注)而开出。此系

---

① 《朱子语类》卷第十二,黎靖德编:《朱子语类》第一册,中华书局,1994年版,第209、210页。
② 牟宗三:《心体与性体》上册,上海古籍出版社,1999年版,第19页。
③ 《韩非子·显学第五十》,王先慎:《韩非子集解》,《诸子集成》第五册,上海书店,1986年版,第351页。

客观地讲性体，以《中庸》、《易传》为主；主观地讲心体，以《论》(《论语》)、《孟》(《孟子》)为主。特提出'以心著性'义以明心性所以为一之实以及一本圆教所以为圆之实。于工夫则重'逆觉体证'"。"象山、阳明系"，"不顺'由《中庸》、《易传》回归于《论》、《孟》'之路走，而是以《论》、《孟》摄《易》(《易传》)、《庸》(《中庸》)而以《论》、《孟》为主者。此系只是一心之朗现，一心之伸展，一心之遍润；于工夫，亦是以'逆觉体证'为主者"。后者为"伊川、朱子系"，"此系是以《中庸》、《易传》与《大学》合，而以《大学》为主"。牟氏又说，"前者是宋、明儒之大宗，亦合先秦儒家之古义；后者是旁枝，乃另开一传统者"①。此可备一说。学界通常以程朱与陆王并举，认为朱子乃宋明理学之集大成者，这是牟氏所不甚同意的。他并且把二程兄弟分开，以为所谓程朱之学，实际是伊川、朱子之学。"吾人不应称程、朱，只应称伊川、朱子。即为与陆、王对言，而称程、朱，心中亦应记住是伊川之程，非明道之程。"②尽管如此，大凡宋明理学，从濂学、关学、闽学到心学诸派的治学"教材"，都基本上为《论语》《孟子》《大学》《中庸》与《易传》，无非各有偏重罢了，都以儒家典籍为文本。

其次，比较而言，《孟子》尤为理学家所推崇。孟子的心性论，是宋明理学的理论基础。在孔子言述中，并未注重"心"的问题，也未说及"仁"即是道德的本心、本体。孟子首创"人性本善"说，所谓"善端"论的"善"，实际指"心善"，他预设了一个"人性"的问题，却以"人心"来加以阐释。何谓"性善"？孟子云："恻隐之心，人皆有之；羞恶之心，人皆有之；恭敬之心，人皆有之；是非之心，人皆有之。"这便是"人性本善"。将人性论变成了人格论。而孟子的这一"性善"说，为宋明儒者所普遍欢迎与肯定。宋明理学以道德救世、治人为文化与美学之主题，对"性善"为道德人格及其美的"原型"这一点，尤为信任，从不怀疑，这是继承了孟子的思想。孟

---

① 牟宗三：《心体与性体》上册，上海古籍出版社，1999年版，第43页。
② 牟宗三：《心体与性体》上册，第45页。

子有"尽心知性知天"的哲学认识论,孟子云:"尽其心者,知其性也。知其性,则知天矣。"这一点在宋明理学中表现得很突出。如朱熹说:

> 尽心,谓事物之理皆知之而无不尽;知性,谓知君臣、父子、兄弟、夫妇、朋友各循其理;知天,则知此理之自然。①。

这是说,人心、人性与天理是同构的,"尽心"必皆"知""事物之理"。而"知性",又必与"知天"同一。所谓"天",即为"循"其"天理"的"君臣"等人伦道德。

宋明理学,一定意义上,是顺着孟子的思路"接着说"。

宋明理学接续孟子之文脉,固不待言。而宋明理学与荀学的关系,学界多以为理学是与荀学无关的,其实不然。荀子云:"今人之性,生而有好利焉,顺是,故争夺生而辞让亡焉;生而有疾恶焉,顺是,故残贼生而忠信亡焉;生而有耳目之欲,有好声色焉,顺是,故淫乱生而礼义文理亡焉。然则从人之性,顺人之情,必出于争夺,合于犯分乱理,而归于暴。"②荀子的"性恶"说认为,人性本恶,"恶"在"生而有好利""生而有疾恶""生而有耳目之欲""有好声色"。虽言"性恶",实际指的是由性的劣根性所决定的所谓"情恶""欲恶",这便是"从人之性,顺人之情,必出于争夺,合于犯分乱理而归于暴"。荀子向我们描绘了一幅可怕的人性图景。"犯分乱理"者,"情恶""欲恶"之为也。触犯名分、扰乱理则,情、欲本恶之故。这一点,其实已为宋明理学所吸取。比如张载的"天地之性"与"气质之性"说中,以为"天地之性"为"气"之澄明之状,所谓清澈纯一,所以是至善的。但"气质之性"是"气"的重浊状态,所以"重浊",其间包含"情恶""欲恶"之故,因此,只有努力克服"耳目口腹之欲",才得消解

---

① 朱熹:《孟子》十《尽心上》,黎靖德编:《朱子语类》卷第六十,《朱子语类》第四册,中华书局,1994年版,第1426页。
② 《荀子·性恶篇第二十三》,王先谦:《荀子集解》,《诸子集成》第二册,上海书店,1986年版,第289页。

"气质之性",回归于"天地之性",这称之为"能使无欲,则民不为盗"。①张载的学说中,已有"性恶"说的因素存矣。又如朱熹云:"性即天理,未有不善者也。"②又说:"天之生此人,无不与之以仁义礼智之理,亦何尝有不善?但欲生此物,必须有气,然后此物有以聚而成质。而气之为物,有清浊昏明之不同。禀其清明之气,而无物欲之累,则为圣;禀其清而未纯全,则未免微有物欲之累,而能克以去之,则为贤;禀其昏浊之气,又为物欲之所蔽而不能去,则为愚、为不肖。"③显然,这种"性即理""气禀为恶"的见解,近接张载"天地""气质"两"性"说,又远承孟子"性善"与荀子"性恶"之论。朱熹所谓"存天理,遏人欲",实际是扬孟抑荀之见。朱熹言"心"兼"体用":"心有体用,未发之前,是心之体;已发之际,乃心之用,如何指定说得!"④。"心之体","天理"也,"道心"也;"心之用","人欲"也,"人心"也。只是这一个心,知觉从耳目之欲上去,便是人心;知觉从义理上去,便是道心。心安理契,存气守志,便是理。"理即是此心之理,检束此心,使无纷扰之病,即此理存也。"⑤"道心"与"人心"、"天理"与"人欲"的区别,是"心"的"未发"与"已发"的区别。"未发"为静,"已发"为动,可见朱熹之论,有老庄"虚静"思想的影响。除此之外,显然同时接续了孟、荀的人性论的见解。姜广辉说:"理学各派都声称自家学说接续了道统。道统既然要由孟子那里接续,所以理学家都是尊孟的。由此可以看出宋、明儒学与汉、唐儒学之不同。汉唐儒者往往尊尚荀学,而冷落孟学,宋、明儒者则黜落荀子,抬高孟子的地位。因而荀学中的天人相分、制天命而用之、性恶、礼伪诸说皆见摈于理学,而孟子的天

---

① 张载:《正蒙·有司》,王夫之:《张子正蒙注》,中华书局,1975 年版。
② 朱熹:《孟子·告子集注》,朱熹:《四书章句集注》,中华书局,1983 年版。
③ 朱熹:《玉山讲义》,《晦庵先生朱文公文集》卷七十四,朱杰人、严佐之、刘永翔主编:《朱子全书》第二十一册,上海古籍出版社、安徽教育出版社,2002 年版。
④ 朱熹:《性理二·性情心意等名义》,《朱子语类》卷五,黎靖德编:《朱子语类》第一册,中华书局,1994 年版,第 90 页。
⑤ 朱熹:《大学五·或问下·传五章》,《朱子语类》卷第十八,黎靖德编:《朱子语类》第二册,第 420 页。

人合一、性善、人皆可以为尧舜、义利之辨等思想却普遍为理学家所认同"。① 这一段话说得不错。是的,"宋、明儒者则黜落荀子",但这不等于说宋明理学排摈荀学中的"性恶""诸说"。作为文化、哲学之前奏,在文脉上,荀学对于理学而言,并非被全盘排拒在外。

从文化、哲学之前奏意义上看,宋明理学的生成与发展,无疑是漫长的中国文化及其哲学包括美学诸因素酝酿、积淀与嬗变的一个伟大成果,其中尤其是儒文化,成了宋明理学的文化基质。同时吸取了道、释的思想养分,限于篇幅,在此不赘。

理学正式开创于北宋初年,所谓"宋初三先生"孙复、胡瑗、石介等,对五代封建伦理纲常的遭到破坏与蔑视痛心疾首,故力倡"以仁义礼乐为学",成为理学之前驱。但宋明理学的文脉启动,早在唐中叶韩愈所倡导的古文运动中已能闻及隐隐之潮声。中唐时期,韩愈、柳宗元倡言"古文",不仅仅在反对骈文与解放文体,更是一场复兴儒学、作为宋明理学之文化序幕的思想文化运动,继而李翱有推波助澜之功。

自汉代经学一统天下舆论一律,从两汉之际谶纬盛行到东汉末年儒学衰微之后,魏晋六朝玄风独扇,佛释当途,直至唐代初、盛之时,儒学作为整个中国文化的主干,此时虽以顽强之文化生命力潜行于世,或融会于道、释文化形态之中,而大致上处于退避、压抑或不振之状态。因此,自魏晋六朝到唐这一晋唐时期的美学文化,就文化基质而言,是属道、属佛的。唐代中叶,"安史之乱",令儒生思其起因,以为"是以上失其源而下袭其流,波荡不知所止,先王之道,莫能行也。夫先王之道消,则小人之道长;小人之道长,则乱臣贼子生焉。臣弑其君,子弑其父,非一朝一夕之故,其所由来者渐矣。渐者何?谓忠信之凌颓,耻尚之失所,末学之驰骋,儒道之不举,四者皆取士之失也"②。显然,这是将"安史之乱"的思想起因,归之于"先王之道消""末学之驰骋,儒道之不举"。这里所言"末

---

① 姜广辉:《理学与中国文化》,上海人民出版社,1994年版,第4页。
② 刘昫等:《旧唐书·杨绾传》,中华书局,1986年版。

学",指佛、道之学及其佛教与道教。天下佞佛或信神仙飞升之邪说,以致扰乱思辨,祸国殃民,故有韩退之"以兴起名教弘奖仁义为事"①倡"原道"之论,"抵排异端,攘斥佛老"②,韩愈对佛、老的抨击甚力,称"夫佛本夷狄之人,与中国言语不通,衣服殊制,口不言先王之法言,身不服先王之法服,不知君臣之义、父子之情"③。虽是两汉以来斥佛之论的老调重弹,并无多少新意,但表达了中唐时人对佛教的怨艾意绪。从当时的社会现实看,佛教的恶性发展与佛教徒的不耕而食而专事迷信活动,也为时人所怒目。韩愈的斥佛体现了这一强烈的社会情绪。

> 今天下僧道,不耕而食,不织而衣,广作危言险语,以惑愚者。一僧衣食,岁计约三万有余,五丁所出,不能致此。举一僧以计天下,其费可知。④

韩愈站在儒家的立场,对道教徒的装神弄鬼大为不满,指出那种"凝心感魑魅,慌惚难具言","白日变幽晦,萧萧风景寒","观者徒倾骇,踯躅讵敢前"⑤之场面的阴怖、荒唐与虚伪。韩愈拒斥佛、道,说明他是一个比较清醒的理性主义者。作为中唐之重要的文学家,韩愈诗、文的文辞老到,感情充沛,意境奇崛,气势磅礴。司空图云,韩诗"其驱驾气势,若掀雷扶电,奔腾于天地之间,物状奇变,不得不鼓舞而徇其呼吸也"⑥。读者只要去品读比如《卢郎中云夫寄示送盘谷子诗两章歌以和之》一诗描述瀑布之景的四句⑦以及如《祭十二郎文》,想必会对韩愈诗、文的这一美学风格印象深刻,便知司空氏此言不虚。韩愈诗、文的奇险意境与沉雄之力

---

① 刘昫等:《旧唐书·韩愈传》。
② 韩愈:《进学解》,马其昶:《韩昌黎文集校注》,上海古籍出版社,1998年版。
③ 韩愈:《论佛骨表》,马其昶:《韩昌黎文集校注》。
④ 刘昫等:《旧唐书·彭偃传》。
⑤ 韩愈:《谢自然诗》,马其昶:《韩昌黎文集校注》。
⑥ 司空图:《题柳柳州集后序》,《司空表圣文集》,上海古籍出版社,2013年版。
⑦ 该韩诗其中四句云:"是时新晴天井溢,谁把长剑倚太行。冲风吹破落天外,飞雨白日洒洛阳。"

度,得之于其宗儒的坚挺的人格根基、深邃的人生悲剧意识与胸中如有惊雷滚动一般的炽热情感,加上文字功夫的锤炼有神,韩愈的文学地位自然是崇高的。然而,韩愈在文化思想史与美学史上的地位,更值得称道。其贡献在于,韩愈的"原道"之论指出,"周道衰,孔子没,火于秦,黄老于汉,佛于晋、魏、梁、隋之间,其言道德仁义者,不入于杨,则归于墨,不入于老,则归于佛"。韩愈对这种文化、哲学及其美学现象表示不满,以为"道统"既绝,令人痛心:

> 曰:"斯道也,何道也?"曰:"斯吾所谓道也,非向所谓老与佛之道也。尧以是传之舜,舜以是传之禹,禹以是传之汤,汤以是传之文、武、周公,文、武、周公传之孔子,孔子传之孟轲。轲之死,不得其传焉。"①

韩愈所言"道",乃"先王之道",儒家之"道",并以上追孟轲、接续儒家"道统"自命,有"天将降大任于是人也"的劲头。的确,自汉代董仲舒"天人三策"倡言"罢黜百家,独尊儒术"以来,唯有韩夫子断然从所谓佛、道的宗教迷雾中走出,大声宣称"惟陈言之务去"②,以振扬儒学为己任,其"原道"说,意在"原"儒家之"道",即向"儒"的回归。应当说,在唐代拥拥挤挤的骚人墨客中,韩愈算是较有头脑的一个。他的艺术审美"感觉"固然丰赡而敏锐,所以诗也写得好,文也做得不错,但不为"感觉"与"意象"所累,他能够静下心来,对时代与民族的社会意识、观念、意绪与思想加以沉思并提出"问题",他算得是一个有点"问题意识"的人物。

当然韩愈所倡言的儒学复兴运动,也并非是原原本本地回到孔子,更非回到所谓的"道统"之"源头"即尧舜那里去,而是以后代朱熹所推崇的四书中的《大学》为主要"教本"。韩愈说:"传曰:'古之欲明明德于天下者,

---

① 韩愈:《原道》,马其昶:《韩昌黎文集校注》,上海古籍出版社,1998 年版。
② 韩愈:《答李翊书》,马其昶:《韩昌黎文集校注》。

先治其国；欲治其国者，先齐其家；欲齐其家者，先修其身；欲修其身者，先正其心；欲正其心者，先诚其意。'"①这是重申了《大学》的思想，将"先王之道"解释为：诚意、正心、修身、齐家、治国、平天下。实际是从内圣、外王②两方面及其统一加以表述。我们知道，孔夫子的原始儒学思想已具"内圣外王"之雏形，孟子的学说偏于"内圣"之学，荀子则偏于"外王"。韩愈以继承孟子自居，而重申"内圣外王之道"，实际是大致地走在宗孟的道路上。不过，这一儒家的"内圣外王"，却是宋明理学的一大基本命题。从这一意义上说，韩愈的"原道"说，是理学之前的"理学"。

韩愈"原道"说，不仅体现了中华文化学术思想之转变的开始，而且反映了深层的民族意识、情绪与时代精神开始转变的要求。起码对宋初的中华思想界与学界的影响较大。柳开(948—1001)以接承韩愈自居，称"吾之道，孔子、孟轲、扬雄、韩愈之道"。③ 孙复(992—1057)也说，"吾之所谓道者，尧、舜、禹、汤、文、武、周公、孔子之道也，孟轲、荀卿、扬雄、王通、韩愈之道也"。④ 这两人提到的扬雄以及后者更提及荀况、王通，显然不符韩愈的"道统"说，但都崇尚韩愈，说明韩愈在宋明理学的历史文脉意义上的重要地位。韩愈有"性情"论，其《原性》一文云："性也者，与生俱生也；情也者，接于物而生也。"性是天生的，具有先天性，性的自然本质与具体内容，是仁义礼智信这"五德"，因而其所谓"性"，是"本善"之"德性"；而"情"，是先天之"德性"接合于"物"即"性"在外界环境之现实实现的产物。"情"作为基于"性"的受外"物"刺激的内心反应，指喜怒哀乐爱恶欲"七情"。韩愈说，"性"有上、中、下"三品"。上品之性，"主于一而行于四"，即以一德为主而通于其余四德；中品之性，"一

---

① 韩愈：《原道》，马其昶：《韩昌黎文集校注》，上海古籍出版社，1998年版。
② "内圣外王"这一命题，首见于《庄子·天下第三十三》："判天地之美，析万物之理，察古人之全，寡能备于天地之美，称神明之容。是故内圣外王之道，暗而不明，郁而不发，天下之人，各为其所欲焉以自为方。"(王先谦：《庄子集解》，《诸子集成》第三册，上海书店，1986年版，第216页)
③《河东先生文集》卷一，四部丛刊初编，商务印书馆，1936年版。
④《孙明复小集》卷二，《河南集 孙明复集 徂徕集 端明集》，上海古籍出版社影印本，1987年版。

不少有焉，则少反焉，其于四也混"，即一德之善性不足或有所违悖，其余四德也是昏暗不明；下品之性，"反于一而悖于四"①，既违反一德之善性，也悖逆于四德之善性。韩愈并且认为，因性有三品，故情亦具三品。显然，这种人性论（"性情"说），杂糅了先秦孟、荀关于人性"本善""本恶"的见解，是西汉董仲舒关于"圣人之性""中民之性"与"斗筲之性"的"性有三品"②的唐代表述，也具有西汉扬雄关于"人之性也，善恶混。修其善则为善人，修其恶则为恶人"③的意思。韩愈的"性情"论，上追前贤而下启于宋明。

至于韩愈的后继者李翱的"复性"之论，又在韩愈与宋明理学之间架起一座思想兼思维之桥。李翱说："性者，天之命也，圣人得之而不惑者也；情者，性之动也，百姓溺之而不能知其本者也。"这是重申了人性的先天性问题，只是"性"唯"圣人得之"，自当是"善"的，而将"情"归于"百姓"所"溺"而"不能知其本者"，可见其"恶"，与韩愈的"性有三品"说有些区别。李翱又说："人之所以为圣人者，性也；人之所以惑其性者，情也。喜怒哀乐爱恶欲七者，皆情之所为也。情既昏，性斯匿矣。非性之过也，七者循环而交来，故性不能充也。""性"是"圣人"的"专利"，"情"乃"惑其性者"，"情"遮蔽了"性"，"性"便"不能充"。因此性、情是对立的，或者可称之为"性善情恶"。于是，李翱主张"灭情复性"："情者，妄也，邪也。邪与妄，则无所因矣。妄情灭息，本性清明，周流六虚，所以谓之能复其性也。"④李翱的"复性"说，既不离韩愈"性情"说的大致思路，又是宋明理学所谓"存天理，灭人欲"的时代先声，而且所谓"妄情灭息，本性清明"，不就是佛禅所说的"明心见性"么？

韩愈在中国儒学史、理学史上的地位无疑是重要的：

---

① 愈：《原性》，马其昶：《韩昌黎文集校注》，上海古籍出版社，1998年版。
② 董仲舒：《春秋繁露·实性》，中州古籍出版社，2010年版。
③ 扬雄：《法言·修身卷第三》，李轨：《扬子法言注》，《诸子集成》第七册，上海书店，1986年版，第6—7页。
④ 《复性书》，李翱：《复性书》上，郝润华校点，甘肃人民出版社，1992年版。

唐代之史可分前后两期，前期结束南北朝相承之旧局面，后期开启赵宋以降之新局面，关于政治社会经济者如此，关于文化学术者亦莫不如此。退之者，唐代文化学术史上承前启后转旧为新关捩点之人物。①

陈寅恪斯言，中肯之见。

在美学上，韩愈及其"古文"运动的美学意义值得注意。清代叶燮说：

吾尝上下百代，至唐贞元、元和之间，窃以为古今文运诗运，至此时为一大关键也。是何也？三代以来，文运如百谷之川流，异趣争鸣，莫不纪极。迨贞元、元和之间，有韩愈氏出，一人独力而起八代之衰，自是而文之格之法之体之用，分条共贯，无不以是为前后之关键矣。三代以来，诗运如登高之日上，莫不复逾。迨至贞元、元和之间，有韩愈、柳宗元、刘长卿、钱起、白居易、元稹辈出，群才竞起，而变八代之盛，自是而诗之调之格之声之情，凿险出奇，无不以是为前后之关键也。起衰者，一人之专力，独立砥柱，而文之统有所归。变盛者，群才之力肆，各途深造，而诗之尚极于化……②

叶燮并且强调指出：

不知此"中"也者，乃古今百代之"中"，而非有唐之所独得而称"中"者也……后此千百年无不从是以为断。③

---

①陈寅恪：《论韩愈》，《历史研究》，第三期(1954)。
②叶燮：《百家唐诗序》，《己畦集》卷八，叶启倬辑：《郎国先生全书》，长沙古书刊印社汇印本，1935年版。
③叶燮：《百家唐诗序》，《己畦集》卷八，叶启倬辑：《郎园先生全书》，长沙中国古书刊印社汇印本，1935年版。

这里叶氏所云，指明了中唐及韩愈在中国文统上重要的时代转变的意义。其实这一文统的转变，就文化基质而言，是道统的转变。这一道统的开始转变，是与中唐与韩愈的名字联系在一起的。研究宋明理学，不可不首先指明这一点。

然而又须指出，对中唐及韩愈在中国理学史与美学史上的重要性又不能褒之太过。韩愈只是首先在中唐提出了儒学复兴的历史任务而远未也不可能完成这一任务；韩愈的儒学思想虽然上承孔、孟与荀，下启宋明理学，但大致上只是重复了前贤的思想而较少创造；韩愈的代表作《原道》《原性》与《原毁》等著述，在当时尽管具有某种发聋振聩的意义，而就其思想深度言，甚至比不上基本与韩愈同时的华严五祖宗密的《华严原人论》，也不及代表唐代最深刻之道教思辨水准的成玄英的《老子义疏》。韩愈的言述，因一般地缺乏本体论思辨而难具葱郁、深邃的哲思品格，其美学意义是颇为有限的。

第二节　道德本体：审美如何可能

全部宋明理学的基本文化主题，是彼此关联的道德本体与道德践行工夫问题。牟宗三指出，宋明理学的"中心问题首在讨论道德实践所以可能之先验根据（或超越的根据——原注），此即心性问题是也。由此进而复讨论实践之下手问题，此即工夫入路问题是也。前者是道德实践所以可能之客观根据，后者是道德实践所以可能之主观根据。宋、明儒心性之学之全部即是此两问题。以宋、明儒词语说，前者是本体问题，后者是工夫问题"。[①] 此言是。其中尤为重要的所谓道德本体，作为宋明理学基本文化主题的核心内容，决定了理学之基本的文化素质与哲学品格，成为从道德走向审美的文化、哲学依据。

[①] 牟宗三：《心体与性体》上册，上海古籍出版社，1999年版，第7页。

问题是，道德能成为本体吗？道德何以成为本体以及审美如何可能？

作为社会之重要的价值形态之一，道德的产生、存在与发展，盖因人类社会总是面临为何处理与如何处理人与人、人与集团、集团与集团之间等关系这彼此攸关的两大难题之故。假如世界上只有上帝而没有他的臣民，假设在荒岛上唯有鲁滨孙而无"星期五"，道德便无由产生，便失却其存在的依据。因而上帝与臣民，鲁滨孙与土著，便是某种道德之时代、民族、种族与阶级等的社会确证。人类社会总是按其一定的道德规范而构成的，人类社会只能随其自身的发展而改变道德的具体内容与规范，却不能消解道德本身。在一定的道德面前，人别无选择。道德似乎是一种权威，是律令，是意志的强迫，然则，道德就其社会、文化本性而言，绝非外在于人与社会之物，它是人的生存方式之一，是人自己设定的行为与精神的"牢笼"。

道德以善、恶之评价的方式规范人的行为，具有调节人际关系的社会功能。问题在于，人类为什么要设定种种善、恶的标准来约束自己？孔子认为韶乐"尽美矣，又尽善也"，称武乐"尽美矣，未尽善也"。这里，暂且撇开"美"或不"美"的问题不说，孔子评价乐曲"尽善"与否这一标准究竟依据何在？一般而言，人类以有利于社会发展、进步，有利于人自身之生存的行为与言说为善；反之，为恶。但孔子其实并未意识到韶乐的内容是否有利于社会之发展与进步的，那么孔子又凭什么说韶乐"尽善"？同样，孟子关于"善"的著名命题是："可欲之谓善"[1]，这又依据何在呢？

人所设定的道德标准，体现了人要求"自我完善"的社会愿望与人格愿望。人格有多种模式，宗教崇拜、科学求知、艺术审美与道德趋善等，是人格的基本模式。由此可知，审美人格不等于道德人格。从快感角度看，崇拜感、理智感、审美感与道德感，在内心体验上是不相同的。你崇拜一个精神偶像所获得的感激或是宁静，不同于科学发现或发明所带来的喜悦

---

[1]《孟子·尽心章句下》，焦循：《孟子正义》，《诸子集成》第一册，上海书店，1986年版，第585页。

甚或狂欢；静静地欣赏一朵花或是一幅画的美，与做了一件好事之后所感受到的愉悦比较，虽然同样是愉悦，其引起的愉悦的心理机制和心理境界也不相同。这说明，这四大快感的人格依据不同。但是这四大快感在"幸福感"这一点上，具有共通性，也便是说，凡此四大人格模式在"幸福"这一点上是相通的。幸福是理想实现之时、之后主体感到满足的一种心理状态、心理体验与心理氛围。因此幸福与否，总是与理想的是否实现、是否感到满足相联系。在笔者看来，这便是道德感与审美感之间本在的一种精神联系（顺便说一句，也同样是崇拜感、理智感与审美感之间的精神联系）。道德何以能够走向审美，在快感这一点上，是因为两者共通于"幸福"的缘故。"幸福"与"幸福感"的文化特质，是精神性的，它一般地与"物质"相关，却根本不受物质生活、环境与条件的羁绊，比如一个一贫如洗的乞丐，完全可以在精神上活得比一个亿万富翁更幸福。道德的"自我完善"在"幸福"这一点上，相通于艺术与审美，"幸福"是从道德到审美的精神通道。

　　从人性与人格的解放角度看，宗教崇拜、科学求知、艺术审美与道德趋善这四大基本的人把握世界的方式，自然是有区别的。宗教崇拜是对象的被神化同样是主体意识的迷失，除了人类从无宗教的社会发展到有宗教的社会、标志着人性与人格的历史性解放之外，在宗教崇拜实践过程中，倘说此时的人性与人格得到解放，是很勉强的。这是因为，宗教崇拜所给予主体的精神"幸福"，有虚妄与悲剧性的文化特质。但是在人所预设的宗教偶像中，又因偶像的"十全十美"而强烈地体现出人性与人格的解放之要求。歌德说："十全十美是上天的尺度，而要达到十全十美的这种愿望，则是人类的尺度。"因此在观念上，神颠倒而夸大地体现了人性与人格之解放的尺度。就此而言，即使宗教崇拜，也并非与人性与人格之解放完全无关。道德趋善的文化特质是什么呢？道德趋善的表层心理机制是意志及意志力的约束，而其历史起点，在于人与自然之本然的矛盾。人与自然的关系，是亲和兼疏远的关系。亲和可分原始亲和与非原始亲和两种。原始亲和指人与自然未曾彻底分开、人类未曾历史地生成的一种原始混沌状态。

因为人类那时尚未来得及通过强有力的社会实践方式，将自己提升到自然之上或自然之对立地位，这种所谓的"亲和"的历史、文化水平，是非常低下的。那时人类的道德与审美，即使已经起步，也肯定是十分粗陋、幼稚与不成熟的。那时的人类，即使可以称之为人类，实际也是"准人类"。多年来，学界往往有人不自觉地将这种"原始亲和"看作人类"天人合一"之最高的审美理想与审美境界，其实是想入非非罢了。因为就"原始亲和"而言，还根本谈不上是真正成熟的、标志着人性与人格之解放的审美，并且与"原始亲和"相对应，也未建构起标志着人性与人格之解放的道德。非原始亲和的历史起点，是人类的高大身躯从蛮野的自然地平线上站立起来之后所引起的人与自然之关系的紧张与对立，从而进一步激发人的本质力量的历史性生成，以实践方式历史地克服这种紧张与对立，达到一种新的亲和关系。这是提升人性与人格的审美，也是标志着具有一定历史、文化水平的道德的建构。道德是人类群体因共同面对自然的压力与挑战而引起的。道德自然不等于审美，但两者具有一定意义上的同构性，道德与审美在本原上，都是人的本质的对象化。这是从道德走向审美的本体依据。人是一种奇怪的"文化动物"，它体现为人的本质对象化与人性的异化是同时进行、同时出现、同时消解的。人类每前进一步都遭到了自然的报复。人与自然的紧张与对立，总是因人的本质的对象化、人性的展开与人格的解放而伴随着人类前进的历史性脚步。克服了这种紧张与对立，达到了一种新的亲和，又因这亲和，衍生新的紧张与对立。因此，在这无休无止的对象化亦是异化的历史进程中，包含纠缠不清的宗教、科学、美学与道德问题。就美学与道德之关系看，审美不仅与人的本质的对象化相联系，也与异化相联系。道德亦然。就道德而言，表面上似乎是人际关系之紧张与对立所致及其关系的调整，实质上任何道德的建构，都在根本上体现了人与自然之关系的紧张、疏远甚至对立。如果人类没有太多的自然难题需要面对，人类本不需要道德规范的约束。道德的善，是这种人与自然矛盾关系暂时解除的一个确证。而这种解除，难道不同时是真与美的问题吗？因此，道德、科学与审美比邻。从道德走向审美之所以可能，固然因道德不

第六章　理学流行与审美综合

同于审美因而步履维艰，然而在深层次上的人性、人格之解放与人的自我完善这一点上，道德与审美具有同构性与比邻性。道德的提升，消解了道德的意志与目的。审美的超越，是无目的的目的，无功利的功利。道德与审美，都以宗教为终极，或者说，两者都以宗教般的境界为栖息之所。所以，道德与审美最后都可能追寻同一精神极致，这便是静穆、庄严、伟大甚或迷狂。两者都体现出人之精神品格的提升，让主体体验到精神性的崇高境界。崇高这一范畴，学界一般将其归之于审美，自可备一说。而崇高同时也是一个道德伦理学范畴，崇高相通于道德与审美。关于这一点，后文还将谈到。总之，崇高与前文所谈及的幸福，都是道德作为本体与审美成为可能的体现。当人们将一定的道德律令神圣地高悬在天上并加以践行、加以观照时，这一道德律令显然是神圣而崇高的。这是因为主体将道德作为本体来认同与瞻仰的缘故。而道德一旦与本体联姻，便必然地趋向于审美。

康德的美学思想具有深沉的道德内容，其最推崇的审美境界，是主体洋溢着幸福情调的崇高。无论是"数的崇高"还是"力的崇高"，都体现为人性的解放与人格的伟大，这便是其所谓的"道德的神学"（moralitheology），或曰"道德底形上学"的观念，包含对道德本体亦即使道德趋于审美的深刻理解。康德说：

> 有两种东西，我们越是经常和持久地思考它们，我们的心灵之中就会充满越来越新奇、越来越强烈的惊叹和敬畏：那就是我头上的星空和我心中的道德律令。①

这里所谓的"两种东西"，原指康德一生所极为关注与研究的宇宙的起源及其星云的运动规律与人际的伦理道德问题。康德的哲学、伦理学与美

---

① 康德：《实践理性批判》，里加，1788年，第221页，见曹俊峰：《康德美学引论》，天津教育出版社，1999年版，第16页。

学，就是对该"两种东西"的沉思与研究的成果。然而，假如从审美角度对康德的这一著名格言加以总体的观照，便会真实地感到，智者康德所言，好像是对中国宋明理学之美学的睿智的领悟。宋明理学的美学精神无他，仅高远而深邃的"头上的星空"与"心中的道德律令"之双华映对而已。"头上的星空"，使道德问题上升到本体，极具哲思品格；"心中的道德律令"，因"星空"之灿烂的映照而达于精神的超拔。于是在两者之间，建构其独特的美学。所不同的是，康德"由意志之自由自律来接近'物自身'（Thing in itself——原注），并由美学判断来沟通道德界与自然界（存在界——原注）"。"意志之自由自律是道德实践所以可能之先天根据（本体——原注）"①，康德的哲学与伦理美学观建构在世界的"现象界"与"物自体"（即牟氏所言"物自身"）二元对立又对应的逻辑预设的基础之上。康德试图通过审美判断来沟通与消解两者的对立，而这审美判断的文化、哲学之内涵，实际就是"意志之自由自律"，即令人"惊叹和敬畏"的道德的完善，此其一。其二，康德的伦理美学固然是一种思辨的将道德作为本体来思考的精神哲学，它一般地缺乏实践即道德存养工夫的强调。因而在康德那里，道德完善的审美实现，最终只能交给"上帝""先天"与"自由"这些超自然的、先验的因素去"完成"而终于必然属于"信仰"。相比之下，宋明理学的美学并不建构在现象与本体二元相分的逻辑之上，它的哲学基础，恰恰是体用一原、天人合一；同时，它十分强调道德审美之所以可能实现的条件与途径，唯有赖于道德主体自觉的存养工夫，道德的审美实现在终极意义上是具有不离世间的神性的，但其"工夫八路"却是人这一主体自做主宰、挥斥神性的，它是人的心性（性理）的改造与觉悟。宋明理学之美学的高远的"星空"（苍穹）与"道德律令"，是属人而非属神的体与用、形上与形下的一种现实的审美关系。

宋明理学所崇尚之"天理"（理）这一"头上的星空"与"心中的道德律令"，是高远、幽深、葱郁而美丽的。

---

① 牟宗三：《心体与性体》上册，上海古籍出版社，1999年版，第8页。

宋明理学之美学的最高范畴是"理",这在张载的"气"本体论、程朱的"性"本体论与陆王的"心"本体论中,有程度不尽相同的体现。

张载倡言"太虚无形,气之本体"说,谓"气之聚散于太虚,犹冰凝释于水,知太虚即气,则无无"。"太虚"即"气",充塞于宇宙,"太虚"是一种本体意义上的"有"。"气"融通于万事万物,为宇宙生命之本原。张载说:"由太虚,有天之名;由气化,有道之名;合虚与气,有性之名;合性与知觉,有心之名。"①又说:"神,天德;化,天道。德,其体;道,其用,一于气而已。"②张载的"气"论,源自《易传》"精气为物,游魂为变"说,实际是从生命原始即"气"这一角度,将自然宇宙与社会人生看作一个整一的生命体。天人合一者,统一于"生"(气),"太和"是"太虚"的本然状态,而生命之"气"的"太和"本然,自然是无比美丽的。太虚者何?天心之实也。万物源起于太虚,人亦出于太虚。太虚者,亦心之实也。所谓"心之实",完善、本然道德之"心"耳。张载的"气"本体论,通贯于人的道德领域,实际是将人之完善的道德、性理,看作生命原始、生气灌注之本然的延伸。张载的哲学及其美学以"太虚"(气)为基本范畴,其间包含以道德、性理与诚明为善美的伦理思想。张载指出:

> 义命合一存乎理,仁智合一存乎圣,动静合一存乎神,阴阳合一存乎道,性与天道合一存于诚。③

因而从道德修养角度看,"自明诚,由穷理而尽性也;自诚明,由尽性而穷理也"。无论"穷理而尽性"还是"尽性而穷理",张载斯言斯思,都是孟子关于"尽心、知性、知天"说的文脉接续。张载自以"太虚"(气)为其主要范畴,然而并没有否定作为伦理权威与终极之善美的"天""天理"与"天命"的思想,这便是所谓"天所以长久不已之道,乃所谓诚","穷理尽性,

---

① 张载:《正蒙·太和》,王夫之:《张子正蒙注》,中华书局,1983年版。
② 张载:《正蒙·神化》,王夫之:《张子正蒙注》。
③ 张载:《正蒙·诚明》,王夫之:《张子正蒙注》。

则性天德，命天理，气之不可变者，独死生修夭而已"。"天理"昭昭在上，"气"亦"不可变者"，不以人之"死生修夭"而减损其善美，这是在证明"天理"的永恒性。

张载的人性论，有所谓"天地之性"与"气质之性"说。"天地"者，自然也，本然也。"天地之性"，人的自然本性，是至善的。"天性在人，正犹水性之在冰，凝释虽异，为物一也。"这里的"物"，指"太虚"这一生命之元气。元气决定了人性之至善，"性于人无不善"，这是先秦孟子"人性本善"说的宋代版。张载对人性本善亦本美这一点，是充满信心的。张载又说："形而后有气质之性，善反之，则天地之性存焉。"①"气质之性"及"形而后"者，沾溉于物性与物欲之渥薄的缘故。人贪得无厌，嗜欲美色美味与系累于"私"等，就会遮蔽、丧失人的仁义礼智的天性。但是，张载对"天地之性"的回归从不怀疑，以为"善反之，则天地之性存焉"。"善"的回返，须靠存养工夫。这里，张载又采撷先秦荀子"人性本恶"的某些思想因素，但不言"人性本恶"。张载理学美学的基本立场，依然是"性善"说，只是比孟子多了"天理""天德"的哲学建构，将孟（荀）的传统儒家之心性论的美学，提升到"天理"等思想与思维的高度与层次。张载理学之高贵的头颅，开始仰望"星空"这一静穆而灿烂的"苍穹"。

二程与朱熹主"性本体"说。"性即理"这一著名命题，由程颐明确提出："性即理也。所谓理，性是也。"②程颐又说："理也，性也，命也，三者未尝有异。"③这深为朱熹所赞同，并加以发挥云：

> 又问："性即理"，何如？曰："物物皆有性，便皆有其理。"曰："枯槁之物，亦有理乎？"曰："不论枯槁，它本来都有道理。"因指案上花瓶云："花瓶便有花瓶底道理，书灯便有书灯底道理。水之润下，

---

① 张载：《正蒙·太和》，王夫之：《张子正蒙注》，中华书局，1983年版。
② 程颢、程颐：《河南程氏遗书》卷二十二上，朱熹辑，商务印书馆，1965年版。
③ 程颢、程颐：《河南程氏遗书》卷二十二下。

火之炎上,金之从革,木之曲直,土之稼穑,一一都有性,都有理。"①

"性即理"之"理",又称"天理",是程颢所提出的。明道说:"吾学虽有所受,'天理'二字却是自家体贴出来。"②"天理"者,"不为尧存,不为桀亡。人得之者,故大行不加,穷居不损,这上头来,更怎生说得存亡加减?是它元无少欠,百理具备"③。"天理"客观自存,不以人事存亡而改变,"天理"是一无关乎社会人事的权威,由此可以体会"天理"的尊严与峻肃;"天理""元无少欠,百理具备",由此可以感悟"天理"本自圆满,"天理"是一种元美与元善的本体。"天理"者,本然之理也,"其所以名之曰天,盖自然之理也"。④ 凡"理"皆为"自然"。不"自然"者非"理"。从这一"天理"的客观自存、独立于世界与圆满具足,让人领会二程所肯定的道德伦理的庄严与圆美。关于"天理"至美至善的问题,二程的见解颇有些分歧。程颢曾持"天理中物,须有美恶"说,以为"事有善有恶,皆天理也"⑤。这是在接受孟子"性善"说的同时接受荀况"性恶"说之故。但有一个矛盾不能解开:既然"天理""有善有恶",所谓"存天理,去人欲"的理学总纲就站不住,因此理学中人除了程颢,余他就不敢声言"理有善恶"了。"理有善恶"说,包含着一种危险的、从内部瓦解宋明理学体系的逻辑力量。

"天理"论的提出,意在为宋明理学的道德论建构提供一个逻辑意义的哲学依据,是企图把心性改造与重塑这一伦理难题拿到哲学领域来求得解决。二程云:"视听言动,非理不为,即是礼,礼即是理也。"⑥又说:"人

---

① 朱熹:《程子之书》三,《朱子语类》卷九十七,黎靖德编:《朱子语类》第七册,中华书局,1994年版,第2484页。
②《程氏外书》卷十二,朱杰人、刘永翔主编,华东师范大学出版社,2010年版。
③ 程颢、程颐:《河南程氏遗书》卷二上,朱熹辑,商务印书馆,1965年版。
④ 程颢、程颐:《二程粹言》卷六《天地篇》,杨时汇辑整理,中华书局,1985年版。
⑤ 程颢、程颐:《河南程氏遗书》卷二上,朱熹辑,商务印书馆,1935年版。
⑥ 程颢、程颐:《河南程氏遗书》卷十五,朱熹辑,商务印书馆,1965年版。

伦者，天理也。"①问题在于，"礼即是理"这一命题能够成立吗？礼的本义，是人献祭于神，因而"礼"这一文化观念的产生，已是人与神之间本然之不平等的一个证明。推之于社会人伦，则体现为人与人之间的不平等。礼意味着不平等，它是人与自然这一本然之矛盾永远不能彻底克服与解决向人伦关系的衍射。理，亦是不平等的哲学证明。"父子君臣，天下之定理，无所逃于天地之间。"②平等便是不合于"理"。程氏"天理"说，只是抬出一个"天"来作为本体，来加强"礼即是理"这一命题之预设的逻辑力量，其文化与哲学之根因，在于人与自然之间本然的矛盾冲突。

在中国文化与哲学及其美学中，"天"是一个重要而尴尬的字眼。天者，颠也。天，从大从一；大，甲骨文为 𠘧，实际指"人"，这是本书前文已经说过的。一方面，人在天面前，颇有些主宰自然的信心与力量，人不承认"天"之决然的神性。在原始巫术文化中人既求助于"天"，信服"天"的魔力，又有胆量叩问于"天"，让"天"为人服务，到底有些不服于"天"与顶天立地的意思，因此以原始巫术文化为主要文化形态发展而来的中国文化，基本上将"天"安顿在此岸而少具彼岸性的。另一方面，人在天面前，又有些敬畏的神色。孔夫子说"三畏"，其中主要是"畏天"。"天"之所以可"畏"，在伦理学上，固然"畏"于现实人伦之帝王与父亲等的权力与威严，然则在文化学上，帝王之权威与父亲的威严等，难道不就是人与自然之本然矛盾中那盲目之自然力的象征吗？这里，"天"是一种神秘而不可驾驭的自然之力。假设人与自然之本然矛盾本不存在或是已经解决，那么，国家与家庭（两性关系）等这些属于人文的"劳什子"何由起源？又如何存在与发展呢？它们起码要换一种存有的样式。所以，"天"绝不是一个外加的权威，它是人与自然之本然矛盾这一根因的本体呈现。在先秦，"天"的文化含蕴甚多。老子的"道法自然"的哲学及其审美意识，固然体现出"道"（天）的自然义，却将"天命"的思想作为其不可挥去的文化背景。老

---

① 程颢、程颐：《河南程氏遗书》卷七，朱熹辑，商务印书馆，1965年版。
② 程颢、程颐：《河南程氏遗书》卷五朱熹辑，商务印书馆，1965年版。

子倡言事物之本体为"道",不承认"天"的权威,而"道"这一哲学本体,又不可避免地从文化"娘胎"里带来"天"之神性与巫性因素的"血脉","道"是一个崇拜与审美双兼、互渗的范畴。墨子的学说,具有较多的原始宗教、巫术文化的神性与巫性观念的遗响,它的鬼神观说明其"头上的星空",基本是一片阴霾的思想空间,仅是其"兼爱""非攻"与"非乐"等现实生活的准则与情调,具有若干"暖意"与"亮色",到底因偏于崇拜,缺乏审美之必要的张力而难以为继,因而早在秦汉之际就被文化、历史所消解而成为一代绝学。这证明中华民族自古是一个既要以审美、又须以崇拜安顿自己的精神生活与精神生命的民族,从而进出于崇拜与审美之际,这便是中国文化、哲学及其美学的"中庸"表现之一,便是这一伟大民族心灵的一种自由。墨家所代表的,是中国文化的支脉。至于先秦儒家,孔子大讲"天命",已有原始宗教、巫术文化之基因存矣。孔子要"克己复礼",这里包含对"天命"的默认。但是孔子的"克己"以就"天命",却并非绝对的"无己",他是认同与肯定人的主体意识与作为的。孔子说"五十而知天命",虽然"知天命"是如此艰难,而"天命"到底是可"知"的。孔子肯定人为,大致上,孔子的生活道路,走在崇拜兼审美的中国文化的正途上。孟子少言"天命"而力倡仁义,大谈浩然之气的圣人人格,这是从道德进入,兼有对审美人格的认同。因而与孔子相比,孟子的学说,偏重有待于道德升华的审美义,而兼有肯定圣人、大人人格之神化的崇拜义。

从美学上说,孔孟的崇拜与审美互摄、互融的文化、哲学思想,因漫长历史的陶冶而在宋代锻造了"天理"这一理学美学概念。"天理"是崇拜与审美的互相涵容,是"头上的星空"与"心中的道德律令"的双兼、映对。"天理"是理、象如一,体、用不二,"至微者,理也;至著者,象也。体、用一源,显、微无间"[1]。这里,"理"之"象",是"理"的感性显现;"象"之"理",是"象"的理性积淀。"体"之"用",是"体"的伦理功能;"用"之"体",是"用"的伦理之本体依据。"显"之"微",是"显"的内在根因;

---

[1] 程颢、程颐:《二程粹言》卷一《易传序》,中华书局,1985年版。

"微"之"显",是内在根因的外放光辉。理象、体用与显微,便是一个既崇拜又审美,既至善又至美,既是实用理性(道德理性),又在这"理性"之中默然积淀某些感性因素的"天理"。

被陆九渊称为学说"支离"之朱熹的"性本体"论,远承孔孟而近接二程兄弟。牟宗三《心体与性体》一书,以为宋明理学分为三系:五峰、蕺山系(由濂溪、横渠与程颢那里开出),象山、阳明系与程颐、朱熹系。将明道(大程)与伊川(小程)之学分属两系,自可备一说。笔者认为,二程在学问、学说上自有区别,但都持"性即理"这一本体论,且与朱子学相一致,故这里宜将二程与朱子放在一起来解读。博学多思有如朱子,集"性本体"论理学之大成而当之无愧,但难说朱熹是集整个宋明理学之大成者。因为自朱子没世到明清之际,理学仍有发展,不是朱子理学所能包容、涵盖的。应当说,集宋明理学之大成者,当推明清之际的大家王夫之。这是我们在论述朱熹"性本体"论理学的美学问题前,必须加以注意的。

"性本体"论理学之美学所遇到的第一个逻辑难题,是在"性即理"的逻辑体系中,如何安排理与气的关系。张载以"气"为本体,又涉及"理","气""理"之关系未曾理顺,只是一般的描述;二程讲"性即理",称"离阴阳则无道(理)。阴阳,气也,形而下也。道,太虚也,形而上也"[1]。"太虚"这一概念,来自关学。阴阳为气的思想,最早始于先秦伯阳父论地震之成因,《易传》的"精气"说隐然有"阴阳,气也"的思想,但二程并没有解决理与气的关系问题。

这个问题,由朱熹解决了。

朱熹说:"天地之间,有理有气。"这听起来好像在主张理、气二元论。如果是这样,那么必然会得出,美有两种本体品质,或理,或气。但朱子接着就说:"理也者,形而上之道也,生物之本也。气也者,形而下之器也,生物之具也。"[2]"问'理与气'。曰:'有是理便有是气,但理是本,而

---

[1] 程颢、程颐:《二程粹言》卷二《论道篇》。
[2] 朱熹:《答黄道夫》,《晦庵先生朱文公文集》卷五十八,朱杰人、严佐之、刘永翔主编,上海古籍出版社、安徽教育出版社,2002年版。

今且从理上说气。'"理与气无有先后,朱子云:"理未尝离乎气。然理,形而上者;气,形而下者。自形而上下言,岂有先后!"①又说:"无是气,则是理亦无挂搭处","若气不结聚时,理亦无所附著"。②

可见,朱熹的理、气之论,(一)理为本体;(二)理作为本体,非孤寂地存在于"头上的星空",它同时贯通于"心中的道德律令",理与气是形上、形下之关系;(三)理、气不分先后而只是体、用关系,体即用,用即体,体用一原。

从美学上说,理是存在本身,气是存在方式,岂有离弃了存在方式的存在,抑或不是存在的存在方式?理的美,是道德律令升华为哲学本体的美;是哲学本体本在于道德律令的美。理是本然,气乃当然,理、气之美,在本然与当然之间。朱熹说:"太极只是个理。"③"太极"的思想,源自《易传》。《易传》云:"是故易有太极,是生两仪。"两仪指阴气、阳气。两仪是太极的展开。理收摄阴、阳二气,阴、阳二气又是理的存在方式。理乃气之微(几),气乃理之显。"太极"既然是"理",而"太极"是一个圆,为世界之终极,故朱子之"理",也是一个圆美的终极。在理学中,太极这一范畴,首先出现于北宋初年周敦颐《太极图说》。其文云:"无极而太极。太极动而生阳,动极而静,静而生阴。静极复动。一动一静,互为其根;分阴分阳,两仪立焉。"又说:"阴阳,一太极也。太极,本无极也。"④"无极"一词,首先见于通行本《老子》第二十八章,称"复归于无极"。周子采"无极"思想入篇,是以道家哲学观修改《易传》的"太极"说。通行本《老子》称宇宙的生成序列是:"道生一,一生二,二生三,三生万物。"因此这里的"道",以数字名,便是"零"。《易传》称:"是故易有太极,是生两

---

① 《朱子语类》卷一,黎靖德编:《朱子语类》第一册,中华书局,1994年版,第2、3页。
② 《朱子语类》卷一,黎靖德编:《朱子语类》第一册,第3页。
③ 《朱子语类》卷九十四,黎靖德编:《朱子语类》第六册,第2370页。
④ 周敦颐:《太极图说》,《周敦颐集》卷一,中华书店,1990年版,第3—4、5页。这里,"无极而太极"句,视《道藏》《性理大全》《宋元学案》与《周子全书》本。《国史·濂溪传》写为"自无极而为太极"。

仪，两仪生四象，四象生八卦，八卦生吉凶，吉凶生大业。"①因此，这里的"太极"，以数字名，便是"一"。《老子》的"道"作为本体，不同于同样作为本体的《易传》的"太极"。前者是零，后者是一。濂溪先生想来一定是看到了这一点，站在儒家理学的立场，认同《易传》以"太极"为"一"、为本体的思想，不同意道家关于"道"为"零"的本体思想，称"太极，本无极也"。这不是说"太极"本来就是"无极"，"太极"等于"无极"，而是说"太极""本"于"无极"。这一"无极"，即《老子》所言"道"，亦即《老子》所说的"无极"。一个理学开山，却采道家之论来说理学的本体论，是理学兼综儒、道的一个显例。理学之美学，确有综合儒、道与释的大美气象。现在，再来续说朱子的"太极即理"说。朱子并没有采纳周子关于"无极"的思想，他的"太极"说宗于《易传》。因此，他"理"之论的原儒色彩要浓于周敦颐。

但朱熹的"太极即理"的美学观有其自己的创造：

> 问：《理性命》章注云，"自其本而之末，则一理之实，而万物分之以为体，故万物各有一太极。""如此，则是太极有分裂乎？"曰："本只是一太极，而万物各有禀受，又自各全具一太极尔。如月在天，只一而已；及散在江湖，则随处而见，不可谓月已分也。"②

这是一段很重要的关于太极的论述。

世界是统一而完整的，它的圆满，便是"自其本而之末，则一理之实"。"一理之实"，即指儒家作为"一"的"太极"，而不是道家作为"零"的"道"。故"太极"的完美与和美，是元在的"实"即"一"之美而不是元在的"虚"（零）之美，此其一。其二，万物的本体是"太极"（理），而"万物各有一太极"，各别事物的"太极"本体，是万物总一"太极"的呈现，既不是别

---

① 拙著：《周易精读》，复旦大学出版社，第309页。
② 朱熹：《周子之书通书》，黎清德编：《朱子语类》第六册，中华书局，1994年版，第2409页。

有"太极",也并非总一"太极"的派生与分享。正如天上只有"一月",太极"如月在天"("头上的星空"),此乃"理一"也。而"一月"之映照"散在江湖",则"随处而见(现)",这是"分殊"。"理一分殊""月印万川",道德的光辉朗照于天地之间,这是理学家所体悟与描述的完善之道德的美。道德原本不是"律令",道德应是人性与人格之健全而自由的实现。道德的完善,体现了人性本在的需要,是健康之人格的有机构成。其三,既然"太极"(理)是世界之元美的总根因,而"万物各有一太极",人人有一太极,那么,这是在肯定人类群体、整体之合"理"性的同时,也肯定了个体的合"理"性。在儒家传统观念中,群体、整体是至高无上的,个体的地位与价值比较卑微,不受重视,只有国家社稷之帝王与家庭之父亲这样的个体必须得到尊重,成为权威,大众作为个人,一直被看作微不足道。在孔子的学说中,群体道德与利益昭昭在上,不可亵渎与否定,但其"匹夫不可夺志也"之说,已开始肯定"匹夫"(个体)的人格志向。朱熹的"太极即理"与"万物各有一太极"说,是以精致化的哲学语言,为个体的道德人格立言,其中体现了对个人人格的尊重与对主体意识的认同,具有某种人格解放的意思。

陆九渊、王阳明的理学主"心本体"论。在理学史上,陆九渊的理学被称为"心学"。王阳明曾说:"圣人之学,心学也。""有象山陆氏,虽其纯粹和平若不逮于二子,而简易直截,真有以接孟子之传。""故吾尝断以陆氏之学,孟氏之学也。"[1]陆学承接孟氏之学尤多。孟子有"善端"说:"恻隐之心,仁之端也;羞恶之心,义之端也;辞让之心,礼之端也;是非之心,智之端也。人之有是四端也,犹其有四体也。"[2]孟子的"善端",实际指"善心"。其"四端"即四大"善端",是其"性本善"论的逻辑预设。本来,"人性本善"问题,是哲学意义上的人性论问题,由于当时孟子尚无力解决这一哲学课题,于是便以道德意义上的"心"来描述他所提出的"性善"这一

---

[1] 王守仁:《象山文集序》,《王阳明全集》上卷,上海古籍出版社,1992年版,第245页。
[2] 《孟子·公孙丑章句上》,焦循:《孟子正义》,《诸子集成》第一册,上海书店,1986年版,第139页。

论题，使得本是哲学的人性论，变成道德的人格论，孟子的"美学"就建构在如此的"人性"与"人格"之间，两者以"心"这一概念加以贯通。陆九渊便从这一"心"处接续孟氏之学往下说，提出"心即理"的哲学、道学亦是美学命题：

> 四端者，即此心也。天之所以与我者，即此心也。人皆有是心，心皆具是理，心即理也。①

这里，陆九渊的理论贡献，是将"理"这一本体概念引入孟子的"心"论。"理"这一概念，在张载那里，是生命之"气"的一种律动的方式。"气"是本在的，"气"升降飞扬，未尝止息，宇宙是一生命体，故宇宙之美，即本在生命之美。而"物无孤立之理"②，"理"乃"气"之"理"。可见该"理"是从属于"气"的。张载也谈到"心"，也不以为其具本体意义，只将"心"看作认识、存养工夫的一个环节与功能。在张载看来，认识与存养是主、客生命之"气"的"合内外，平物我"，于是，"自见道之大端"③，便是"有无一，内外合，庸圣同"。于是，"此人心之所自来也"。④ 无论"理"抑或"心"，在其"气"论中不是主要的。在程朱那里，"理"指独立存在于人"心"的宇宙本原、本体以及宇宙万物本在的存在秩序与美。"理"本与"心"无涉，仅在存养、践行的认识论、实践论意义上，"理"与"心"才有"对话"的机会，即所谓"明理"者，"尽心"而"知天"也。陆九渊则称："盖心，一心也；理，一理也。至当归一，精义无二，此心此理，实不容有二。"⑤消解了原本程朱所言"理"的超主体性，将"理"看作人"心"之本在律动的方式与秩序。一方面，从孟子"万物皆备于我"发展为"万物"皆是"我

---

① 陆九渊：《与李宰书》，《陆九渊集》卷十一，中华书局，1980年版。
② 张载：《正蒙·太和》，王夫之：《张子正蒙注》，中华书局，1983年版。
③ 《张载集·经学理窟·义理》，章锡琛点校，中华书局，2012年版。
④ 张载：《正蒙·乾称》，王夫之：《张子正蒙注》。
⑤ 陆九渊：《与曾宅之》，《陆九渊集》卷一，中华书局，1980年版。

心",称为"万物森然于方寸之间"①。"方寸"即"心"的形容,"森然"者,实际指"我心"之恢弘、深邃与有条有理的美。此美,当然是由道德所升华的美,是道德的光华映照于"星空"的美,类似于孟子的"充实之谓美"。另一方面,是"我心"拥抱万物的美。陆九渊说:"心之体甚大,若能尽我之心,便与天同。"②这里的"天",即"理"(天理)。这便是:"宇宙便是吾心,吾心即是宇宙。"③

"心即理"这一理学命题在王阳明那里得到了继承与发展。阳明年轻时笃信程朱之学,因"格竹子"之失败而疑朱子"格物穷理"之说。"龙场悟道",默然澄心,其学经"三变"而自创新格。黄宗羲云:

> 先生之学,始泛滥于词章,继而遍读考亭(朱熹)之书,循序格物,顾物理吾心终判为二,无所得入,于是出入于佛、老者久之。及至居夷处困,动心忍性,因念圣人处此更有何道?忽悟格物致知之旨,圣人之道,吾性自足,不假外求。其学凡三变而始得其门。④

先是"泛滥于词章",继而执著朱子"格物"之说,后又耽玩于佛老,随后始入儒门理学,此为前"三变"。此后又经历后"三变"。黄宗羲说:

> 自此之后,尽去枝叶,一意本原,以默坐澄心为学的。有未发之中,始能有发而中节之和,视听言动,大率以收敛为主,发散是不得已。江右以后,专提"致良知"三字,默不假坐,心不待澄,不习不虑,出之自有天则。盖良知即是未发之中,此知之前更无未发;良知即是中节之和,此知之后更无已发。此知自能收敛,不须更主于收敛;此知自能发散,不须更期于发散。收敛者,感之体,静而动也;

---

① 陆九渊:《语录上》,《陆九渊集》卷三十四。
② 陆九渊:《语录下》,《陆九渊集》卷三十五。
③ 陆九渊:《杂说》,《陆九渊集》卷二十二。
④ 黄宗羲:《明儒学案》卷十《姚江学案》(修订本)上卷,中华书局,1985年版,第180页。

发散者，寂之用，动而静也。知之真切笃实处即是行，行之明觉精察处即是知，无有二也。居越以后，所操益熟，所得益化，时时知是知非，时时无是无非，开口即得本心，更无假借凑泊，如赤日当空而万象毕照。是学成之后又有此三变也。①

居龙场驿彻悟"格物"妙旨，提出"知行合一"见解；在南昌倡言"致良知"之教；去绍兴授徒讲学，此为后"三变"。

阳明之学，以"良知"为中心范畴。"良知"一词，源于《孟子》②，与"良能"并提，有"生而知之"之义。"良知"即"本心"。"本心"者，为"本体"之"心"。王阳明说："至善是心之本体"③，"心不是一块血肉"，"但指其充塞处言之谓之身，指其主宰处言之谓之心"④"良知者，心之本体"。⑤ 可见王阳明所言的"心"，不是生理学意义而是人文、心理学意义上的，指主观意识、直觉与了悟力。而王阳明所说的"理"，是隶属于"心"的一个概念。"理"并非本在、本然，而是作为本体之"心"的有条理而虚寂的"理性"品格。

其一，王阳明说，理也者，心之条理也。"《大学》所谓厚薄，是良知上自然的条理，不可逾越，此便谓之义；顺这个条理，便谓之礼；知此条理，便谓之智；终始是这条理，便谓之信。"⑥"心"何以有"条理"？因为"心"虽为本体，总有个安顿处，这安顿处，即"物"。有门徒提问：

"程子云：'在物为理'，如何谓'心即理'？"先生曰："在物为理，'在'字上当添一'心'字，'此心在物则为理'。如此'心'在事父则为

---

① 黄宗羲：《明儒学案》卷十《姚江学案》（修订本）上卷，中华书局，1985年版，第180页。
② 《孟子》云："人之所不学而能者，其良能也；所不虑而知者，其良知也。"焦循：《孟子正义》卷十三《尽心章句上》，《诸子集成》第一册，上海书店，1986年版，第529页。
③ 王守仁：《传习录上》，《王阳明全集》上卷，上海古籍出版社，1992年版，第2页。
④ 王守仁：《传习录下》，《王阳明全集》上卷，第121、91页。
⑤ 王守仁：《传习录中》，《王阳明全集》上卷，第62页。
⑥ 王守仁：《传习录下》，《王阳明全集》上卷，第108页。

孝，在事君则为忠之类。"①

"在物则为理"，这是程朱的理学观，王阳明以为谬矣。他说只要在"在物为理"前加一"心"字，成"心在物则为理"，便是"心即理"的意思。那么"物"是什么？它是形下的礼、道德。

> 夫礼也者，天理也。天命之性具于吾心，其浑然全体之中，而条理节目森然毕具。是故谓之天理。天理之条理谓之礼。②

礼本为形下之"物"，一旦发自"本心"，不仅为生存之需，根本上是生命之"全歌"，便达到"心"纯是一个"天理"的至善至美的境界。

其二，"心即理"体现了一种虚寂、空灵的境界。"心外无物""理在心中"。心中之理是虚寂而空灵的。这便是"心"的"理性"品格，一片澄明之境：

> 先生游南镇，一友指岩中花树问曰："天下无心外之物，如此花树，在深山中自开自落，于我心亦何相关"？先生曰："你未看此花时，此花与汝心同归于寂。你来看此花时，则此花颜色一时明白起来。便知此花不在你的心外。"③

这是一个著名的"话题"。"自开自落"的"花树"究竟在心内、心外？对于这一追问，王阳明的回答倒是很具有些"美学"的意思。美学教科书上总是这样说，审美关乎主体、客体，主观、客观。当审美发生之前，主体如何如何，客体又如何如何。其实这种关于审美的叙述方式本身，是很有些问

---

① 王守仁：《传习录下》，《王阳明全集》上卷，上海古籍出版社，1992年版。
② 王守仁：《博约说》，《王阳明全集》上卷，第266页。
③ 王守仁：《传习录下》，《王阳明全集》上卷，第107—108页。

题的。

贺麟曾经指出:"我们不能设想'某个事物离开我们的意识而存在',因为'设想'一个事物,那事物就已经进入我们观念之中了。我们不能说出一个不是观念的事物,因为说的时候,对于那个事物就已经形成观念。"①姜广辉在引用这一段话后接着说:"我们的思维、意识也不能没有事物的内容,没有事物的内容,心之灵明便无着落。"②"某个事物离开我们的意识而存在",这是一个哲学意义的"设想"(预设),而这一"设想"本身已经证明,那个事物终于没有也断然不能"离开我们的意识而存在"。(注意:不是"依我们的意识而存在"。)事物总是"观念的事物",正如观念总是"事物的观念"。事物与意识、事物与观念两者,都不能离弃对方而"独立存在"或称之为"不以人的意志为转移"的"存在"。"独立存在",其实便是不"存在"。就审美而言,"设想"有"花树在深山中自开自落",好像那"花树"是离开我们的"意识""观念"而"独立存在"的。其实不然,因为恰恰是这"设想"本身,已经证明"花树"是与"意识""观念"相关的"花树"。当一个审美过程未展开时,那"花树"固然是与"意识""观念"相关的"花树",但不能称之为审美对象;那主体固然是有血有肉有"心"的主体,但他尚不是审美主体。对象与主体总是同时出现、同时隐没,亦即同时发育、同时衰亡的。在审美过程发生之前,其实无所谓审美对象与审美主体,称之为准审美对象与准审美主体亦可,这便是王阳明所言"你未看此花时,此花与汝心同归于寂"。一旦建构起审美关系,则意味着审美过程的展开与实现,此时审美对象与审美主体同时相应地发育成熟,这也便是王阳明所言"你来看此花时,则此花颜色一时明白起来"。这里,值得玩味的是"同归于寂"与"一时明白起来"。凡言世界,总是对人而言的,因而世界总是人文的世界、意义的世界。审美是一种具有精神哲学品格的意义世界历史地向人生成,同时亦是具有这一品格的主体历史地向意义世界生成。审美一旦

---

① 贺麟:《现代西方哲学讲演集》,上海人民出版社,1987年版,第76页。
② 姜广辉:《理学与中国文化》,上海人民出版社,1994年版,第249页。

实现，便是审美对象与主体的相互浑融，同时衰亡。因此，如果说审美发生之前那种有待于发育成熟之意义世界与审美主体处于"同归于寂"这一"黑暗"状态的话，那么，审美的发生与实现，便是意义世界（"此花颜色"）与审美主体的"心""一时明白起来"。"明白"，是美与美感由世界之"黑暗"的"沉寂"转而向审美主体之"心"的"律动"与"照亮"，同时是审美对象与主体之"心"的精神性隐遁。

当然，王阳明在此并非专言审美，他那"便知此花不在你的心外"的结论也不是我们所能同意的。所谓"心外无物""心外无理"即"世界唯心"的哲学见解，也许经不住进一步的怀疑与追问。然而王阳明对"灵明"的推重，具有不容忽视的审美意义。

"灵明"是审美主体的一种澄明、虚灵的心境与素质，是不无错失地包裹于"世界唯心"见解之中的对审美自由的肯定。王阳明说：

> 我的灵明，便是天地鬼神的主宰。天没有我的灵明，谁去仰他高？地没有我的灵明，谁去俯他深？鬼神没有我的灵明，谁去辨他吉凶灾祥？天地鬼神万物离却我的灵明，便没有天地鬼神万物了。[1]

"灵明"不是什么别的，它是天生的一颗灵气四射的"明白"心，又是"心"之"致良知"的一种精神自由状态。"灵明"便是"致良知"的一种状态，"致良知"便是回归于"本心"。这一"灵明"，便是世界及其美与神秘的"主宰"。无疑，这一"主宰"说里，包含着王阳明对精神自由之审美的悟解。

王阳明虽持"世界唯心"的哲学见解，称人亡则"他的天地万物"固然不在了，而活着之人的"天地万物"依然存在。"我的灵明"固然是"我的天地万物"的"主宰"，却不是他人"天地万物"的"主宰"。显然，"我的灵明"是自作"主宰"。这里，王阳明强调了我"心"作为主体兼本体意义。但是，这种意义是在主体对应于对象的关系中呈现的："我的灵明离却天地鬼神万

---

[1] 王守仁：《传习录下》，《王阳明全集》上卷，上海古籍出版社，1992年版，第124页。

物,亦没有我的灵明,如此便是一气流通的,如何与他间隔得!""又问:'天地鬼神万物,千古见在,何没了我的灵明,便俱无了?'曰:'今看死的人,他这些精灵游散了,他的天地万物尚在何处?'"①"我的灵明"作为心体倘无"天地鬼神万物",便无所谓"我的灵明"。两者"一气流通",便是审美本色。

王阳明"心即理"的美学观,包含了所谓"四句教"的重要内容。"四句教"是本体与工夫的辩证统一。王阳明指出:

> 无善无恶是心之体,有善有恶是意之动,知善知恶是良知,为善去恶是格物。②

并说,"只依我这话头,随人指点,自没病痛,此原是彻上彻下功夫"。③

关于"无善无恶是心之体",就"心"作为美之本体而言,确为"无善无恶"。这一观点,从"心"之自然本质看,无疑具有一定的真理性。自然人性包括自然天成之心,确无所谓善恶美丑。但这里所谓"心",是人文意义上的,并且是人文道德意义上的。道德之心,"无善无恶",这是将道德看作具有先天根因的,这一根因,正如王学门人钱德洪所言:"心体是天命之性,原是无善无恶的。"心体的道德根因"无善无恶"超越了孟、荀的性善、性恶说。心体的"无善无恶"说,似与王阳明自己的另一说法"至善者,心之本体"④相矛盾。这一文本现象,除可用此二说似在证明王阳明的思想有发展之外,还可能的是所谓"无善无恶",仅是从心体之纯粹的"性"方面来立论的。"性"与"情"在"四句教"的逻辑上是有所对立的。"性","理"的静止状态;"情","气"的运行状态。"阴阳一气也,一气屈伸而为阴阳;动静一理也,一理隐显而为动静。"⑤"无善无恶理之静,有善有恶者气

---

① 王守仁:《传习录下》,《王阳明全集》上卷,上海古籍出版社,1992年版,第124页。
②③ 王守仁:《传习录下》,《王阳明全集》上卷,第117、117—118页。
④ 王守仁:《传习录下》,《王阳明全集》上卷,第117、97页。
⑤ 王守仁:《传习录中》,《王阳明全集》上卷,第64页。

之动"。"理之静"即"天理"之"静"。"天理"即前文所引钱德洪所说的"天命之性"。先天之"性",本能地排斥"情"(欲),故"无善无恶",这符合"存天理,去人欲"的理学道德亦是审美总则。王阳明说,"不动于气,即无善无恶,是谓至善。""至善只是此心纯乎天理之极便是。"①这不是说"无善无恶"等于"至善",而是指因为"性"原本"无善无恶",故有待于发展为"至善"。

关于"四句教"的第二句"有善有恶是意之动",这显然是将"意之动"排斥在"天命之性"(心体之静止的"理")之外所得出的一个逻辑结论。"性"是一块"白板",而"意"(情、欲)则不然,它受"气"的驱使("气之动"),便成"善恶":

> 心之发动不能无不善。故须就此处著力,便是在诚意。如一念发在好善上,便实实落落去好善;一念发在恶恶上,便实实落落去恶恶。②

在王阳明看来,性为心之体,情(欲)则为心之用。前者为本而后者为末,前者是根因后者为"流弊":

> 性之本体原是无善无恶的,发用上也原是可以为善,可以为不善的,其流弊也原是一定善一定恶的。③

王阳明的心学以"成圣"(完善理想的道德人格)为目的。"成圣"的标的是"至善"。"至善"的逻辑原点是心之体的"无善无恶"。"无善无恶"的现实展开是所谓"意之动",是将先天意义上的"心之体",实现为现实形态的"有善有恶"。"无善无恶"是"成圣"或不能"成圣"的内在依据。"成圣"是

---

① 王守仁:《传习录上》,《王阳明全集》上卷,上海古籍出版社,1992年版,第29、3页。
② 王守仁:《传习录下》,《王阳明全集》上卷,第119页。
③ 王守仁:《传习录下》,《王阳明全集》上卷,第115页。

将先天的"心"之"理"性,实现为后天摒弃了"意"(气)因素的"至善",其间包含对"有恶"的否定。从"无善无恶"到"有善有恶",是从先天"心"之"未发",到后天"心之所发",便是主体自心之"无念"到"一念"的过程。既是先天"无善无恶"之"性"(理)体完美的现实实现,又是"性"(理)体不完美甚而丑的现实实现。因此,如果说"心之体"因"无善无恶"(实现为"至善"的心性内在依据与最大可能)寄托了王阳明至高无上的道德理想及由道德升华的审美理想,那么所谓"有善有恶是意之动",即"应物起念",实际是"至善"的"心之体"因受"物"之沾染(起念)而不得不有所衰落,这便是所谓"流弊"。这里,王阳明显然糅用了禅学关于"自性本是清静"与"一念之差"的思想,"人心本体原是明莹无滞的,原是个未发之中。利根之人一悟本体,即是功夫,人己内外,一齐俱透了"。[1]"凡应物起念处,皆谓之意"[2],此之谓也。说明在"四句教"的第二句中,不仅将"意之动"(亦即"气之动")说成是"有恶"的现实条件,否定"意"中的"情"(欲)因素,而且在与第一句的关系中,包含着一个矛盾,即既然承认"心之体""无善无恶",那么,又怎么会现实地实现为道德的"有恶"呢?王阳明将"至善"(完美)的道德的现实实现,归之于心体"无善无恶",又承认从"无善无恶"变为"有恶"是"应物起念"之故,这又等于承认"心之体"作为根因并非十全十美。

"四句教"第三句"知善知恶是良知"这一判断中,"良知"是关键词。"良知"在阳明心学中具有多种意义:首先,指本体。"心也,性也,天也,一也。"[3]心者,身之主。心的虚灵明觉,即所谓本然之良知。其次,指本原。良知是造化的精灵,生天生地,成鬼成帝,皆从此出,与物无对。"良知即是未发之中,即是廓然大公,寂然不动之本体。"[4]又次,指人内在的"成圣"即至善至美。良知是人性的本来面目,"良知是天理之昭明灵觉

---

[1] 王守仁:《传习录下》,《王阳明全集》上卷,上海古籍出版社,1992年版,第117页。
[2] 王守仁:《答魏师说》,《王阳明全集》上卷,第217页。
[3] 王守仁:《传习录中》,《王阳明全集》上卷,第86页。
[4] 王守仁:《传习录中》,《王阳明全集》上卷,第62页。

第六章　理学流行与审美综合

处,故良知即是天理"。良知通于是非,是个系于是非的"心",是非只是好恶。是非,道德意义上的价值判断,不是科学意义上的真假判断。故提倡"致良知"。"盖良知只是一个天理,自然明觉发见处,只是一个真诚恻怛,便是他本体。故致此良知之真诚恻怛,以事亲便是孝;致此良知之真诚恻怛,以从兄便是弟(悌);致此良知之真诚恻怛,以事君便是忠;只是一个良知,一个真诚恻怛。"①综合"良知"的三重含义,说明这第三句的提问方式,已由道德的本体(本原)论转向了道德主体论。"良知"是主体的一颗自觉地"知善知恶"的"心"。"良知"也是一种内在的道德规矩,这规矩并非外力所强迫,而是人作为"道德的动物",自发于"本心"而自知方圆。"则凡所谓善恶之机,真妄之辨者,舍吾心之良知,亦将何所致其体察乎?"②"良知"自然天成,既不能人为地制造也不能人为地挥斥。但"良知"可被"意之动"所遮蔽,因此,"致良知"便是向"无善无恶"这一"澄明"之境的"心之体"的回归。作为其第一步,便是"知善知恶",而且是自觉的。"知善知恶",其实便是儒家"践仁知天"中的"知天"。

人皆具"良知",等于承认人皆能"知天"。"良知"论,介于本体(本原)与认识论(实践论)之际。即"良知"既关乎本体,又关乎工夫,是双兼于本体与工夫的一个范畴。因此,从第三句"知善知恶是良知"必然引出第四句"为善去恶是格物"。"格物"就是为了"知天"而"践仁","知天"而必"践仁",是从自觉地体悟本体而必然走向道德工夫,亦即"为圣之功",走向道德完美之境。道德完美为心体之本然,只因为"物"所沾染与遮蔽,故"格物"即"致良知",是去"物"之蔽、涤"物"之染,这也便是"为善去恶"。"利根之人一悟本体,即是工夫,人己内外,一齐俱透了"③。去"蔽"而使本体之善美重见光辉,通体澄明。

总之,"四句教"是王阳明关于道德(善恶)问题之精致的哲学思考,体现出一定的美学意义。"无善无恶是心之体",本体之心既然无善恶之性,

---

① 王守仁:《传习录中》,《王阳明全集》上卷,上海古籍出版社,1992年版,第72、84页。
② 王守仁:《传习录中》,《王阳明全集》上卷,第46页。
③ 王守仁:《传习录下》,《王阳明全集》上卷,第117页。

那么，这种无先天偏颇、无系累、无缺失的"心之体"，就不仅是后天道德培养与道德建构之完善的心性原型，而且是人性与人格之审美的精神故乡。后天道德与审美的实现，无一不是向这一心性原型与精神故乡回归。"有善有恶意之动"，这里所谓"意"，意念之谓。意念因"物"而起，既引起道德善恶之纠缠，又不免因道德之善恶而影响到人性与人格层次的美丑之分别。这里，美丑是善恶的衍化。既然善恶是"意动"之故，那么美丑之分别，则意味着心性原型因"物"起"意"而向世俗"物"累的堕落，善恶及其美丑，既是心体作为人之本质力量的对象化，又是其无可逃遁的异化。"心"在本体意义上是一个"理"，"理"即"心之体"。"理"之堕落是"意之动"。可见阳明心学的美学，是扬"理"（天理）而抑"意"的。正如前述，这一"意"实际指"情"（欲），可见其美学的本体品格与素质，崇"理"而贬"情"（欲）。既然"意之动"才有善恶、美丑的分别，那么，本体之心则无疑是一至"静"之体。心体之至"静"，既是道德完善（至善）也是审美发生（无美丑之分别）的原型。"知善知恶是良知"，一方面，心体不可避免地堕落为"意"，另一方面，又自守其本体境界，不仅知善知恶，也因"知"善恶而对审美人格极度敏感。"知"是心的自觉，觉慧即"良知"，道德之"知"（自觉）通于人格审美。"为善去恶是格物"，此"格物"作为存养工夫，是阳明心学的美学的重要一环。"格物"是去"物"累之"蔽"，"格物"不仅是道德意义上的"为善去恶"，使道德向心之本体回归，也是人格审美的终极。从"无善无恶"到"为善去恶"，是从本体到主体、从心到意再回归到心的一个逻辑的圆圈。这个圆圈在逻辑上并非无懈可击：其一，既然心体原本"无善无恶"，且此"心"与"理"合一，且作为本体，应是坚贞自守、金刚不坏、完美自足的，却为何一遇"意之动"即一遇"物"染，便收拾不住，随"意"而"动"，坠入于"有善有恶"的泥淖之中？可见，本体之心，其实并非绝对完美。而且，将"意"排除在"心体"之外，这"心体"就只能是一个逻辑的预设，而不是具有真实内容的现实的"心体"。这里，阳明的"心即理"说显然经不住现实、历史的检验，其立论难以做到逻辑与历史的统一。其二，"四句教"自第一句言"无善无恶"始，到第四句"为善去恶"止，其间所体现的本体论与目的论显然未能统一。尽管可以说，"为善去恶"是最大善、根本善，但并非"无善无恶"，说明其存养工夫与本体之论，其实并未真正地达到统一。这里，王阳明一方面在本体论上采撷佛禅"自性清净"之见，另一方面在目的论上依然顽强地坚守儒家传统心性说的立场。

"四句教"的真正美学意义，在其标举"主宰"之说。王阳明说："夫心之体，性也；性之原，天也。能尽其心，是能尽其性矣。""心虽主乎一身，而实管乎天下之理，理虽散在万事，而实不外乎一人之心。"①这种我"心"自作"主宰"说，显然是先秦孟子"万物皆备于我"的发展。在美学上，它包含着理学的思想与思维突破张载"气"本体与程朱"性"本体论的时代要求。传统理学标举"道问学"与"尊德性"，所坚持的实际是知识救世与德性救世说，阳明心学的美学意义，在于倡导"心"之解放与自由，具有批判前贤、蔑视儒学传统的一面。

在美学上，王阳明提倡与肯定"心"之本体的"乐"。其云："'乐'是心之本体，虽不同于七情之乐，而亦不外于七情之乐。虽则圣贤别有真乐，而亦常人之所同有。"②圣贤"真乐"者，"致良知"也。常人倘入"真乐"之境，须"致良知"耳。"圣人之知（良知），如青天之日；贤人如浮云天日；愚人如阴霾天日。虽有昏明不同，其能辨黑白则一。"③而"喜怒哀惧爱恶欲，谓之七情。七者俱是人心合有的，但要认得良知明白"，④一旦"明白"过来，便是"真乐"。"圣人一生实事，俱播在乐（此指艺术"古乐"）中。所以有德者闻之，便知他尽善尽美，与尽美未尽善处。若后世作乐，只是做些词调，于民俗风化绝无关涉，何以化民善俗？今要民俗反朴还淳"⑤，此"致良知"之境也。总之，理想而善美双兼的审美境界，便是"良知"的实现，是本体与功夫的兼具合一，便是"存天理，去人欲"。"譬如钟声，未

---

① 王守仁：《传习录中》，《王阳明全集》上卷，上海古籍出版社，1992年版，第43、42页。
② 王守仁：《传习录中》，《王阳明全集》上卷，第70页。
③ 王守仁：《传习录下》，《王阳明全集》上卷，第111页。
④ 《明儒学案·姚江学案》，黄宗羲：《明儒学案》（修订本）上册，中华书局，1985年版，第215页。
⑤ 王守仁：《传习录下》，《王阳明全集》上卷，第113页。

扣不可谓无，既扣不可谓有，毕竟有个扣与不扣，何如？""先生曰：'未扣时原是惊天动地，既扣时也只是寂天寞地。'"①这里所谓本体与功夫的合一，亦是"知行合一"，在审美上，颇有些"主客观相统一"的意思。

第三节　主静与居敬：崇高人格美

"主静"说，并非宋明理学之首倡。

卜辞中至今未检索到静字，可能说明静的观念尚未进入殷人的文化视野。金文有"静"字，见于《毛公鼎》《大克鼎》与《静敦》等礼器铭文。静具"不争"之义，张文虎《舒艺室随笔·论说文》云："静字从争，以相反为义，静则不争矣"②。静字又从青。青，清也，清心则静。静指一种寡欲、平和的心态。《论语》有"知者动，仁者静"之说，可见"静"这一文化观念，与原始儒家之思相关。通行本《老子》云："致虚极，守静笃"，又说"归根曰静，静曰复命"。先秦道家从哲学观上说"静"，并将"静"看作本原意义的事物的一种时空状态。至于"守静笃"一语，已具后代"主静"说的思想因素。《易传》以动、静对举来说人之生殖功用："夫乾，其静也专，其动也直，是以大生焉。夫坤，其静也翕，其动也辟，是以广生焉。"③这里，"专"，唐陆德明《经典释文》作"抟"，通"团"。"翕"，李鼎祚《周易集解》释为"闭"。"辟"，《经典释文》释为"开"。清代陈梦雷说："乾坤各有动静。静体而动用，静别而动交也。直专、翕辟，其德性功用如是，以卦画观之亦然。"④陈梦雷此说，源自朱熹《周易本义》，其文云："乾坤各有动静，于其四德见之。静体而动用，静别而动交也。"⑤《管子》有"虚一而静"

---

① 王守仁：《传习录下》，《王阳明全集》上卷，上海古籍出版社，1992年版，第115页。
② 见张立文：《中国哲学范畴发展史（天道篇）》，中国人民大学出版社，1988年版，第319页。
③ 拙著：《周易精读》，复旦大学出版社，2007年版，第287页。
④ 陈梦雷：《周易浅述》第四册，上海古籍出版社，1983年版，第1014页。
⑤ 朱熹：《周易本义》，天津市古籍书店，1986年版，第296页。

说。《淮南子·原道训》云："人生而静，天之性也；感而后动，性之害也，物至而神应，知之动也。"①《管子》是接承《老子》的话头往下说，《淮南子》则既承《老子》又接《易传》的思路与思想。

在宋明理学之前，古人论"静"以道家为最，儒家亦不忌言"静"。佛教称禅定为"静虑"。《圆觉经》云："若诸菩萨唯取极静，由静力故，永断烦恼，究竟成就。""静力"即指能发慧的禅定力。所谓"静慧"，《圆觉经》说："静慧发生，身心客尘，从此永灭。"儒、道、释三家虽皆言"静"，而其指并不相同。"静"在儒，指主体应对、处理社会人事时的平和心态；在道，一般指事物本原、本体状态，且从生命角度立论；在佛，实际指"寂"，一种弃灭尘缘、遁入空门的精神境界。

理学开山周敦颐有"主静"说："圣人定之以中正仁义（濂溪自注："圣人之道，仁义中正而已矣。"）而主静，（濂溪自注："无欲故静。"）立人极焉。故圣人与天地合其德，日月合其明，四时合其序，鬼神合其吉凶。"②此言"人极"，指做人的最高准则。"中正仁义""圣人之道"，"主静"而已。圣人"无欲"，故内心"静"肃，与"天地""日月""四时"和"鬼神"合一，"无欲"则刚。周子又云："圣可学乎？曰：可。曰：有要乎？曰：有。请闻焉。曰：一为要。一者，无欲也。无欲则静虚动直。静虚则明，明则通。动直则公，公则溥。明通公溥，庶矣乎。"③周敦颐该两段引文的意思，前者是先秦孔子"仁者静"与《易传》关于"大人"（即此处所言"圣人"）"与天地合其德，与日月合其明，与四时合其序，与鬼神合其吉凶"思想的综合；后者指出学习圣人之"要"，在"一"，"一"即"无欲"。圣人"无欲"，表面看，是一种生活策略与生活智慧，实则是"静虚动直"的人性之光辉体现。正如前引，陈梦雷释"乾（阳物）、坤（阴物）各有动、静。静体而动用"，是将乾坤、天地即男女的相交之静、动，看作体、用关系。这种具有哲学意味的解读，其实源于周敦颐据于易理的"静虚动直"说，亦即将

---

① 《淮南子·原道训》，高诱：《淮南子注》，《诸子集成》第七册，上海书店，1986年版，第4页。
② 周敦颐：《太极图说》，《周敦颐集》，中华书局，1990年版，第6页。
③ 周敦颐：《圣学第二十》，《周子全书》卷九，北京出版社，2008年版。

"静"看作人性之体，将"动"看作人性之用。"静"体的人格体现，为"虚"（虚怀若谷），故"静虚则明，明则通"；"动"用的人格体现，为"直"（刚直不阿），故"动直则公，公则溥"，造就了圣人的伟大人格。所谓人格美，在周子看来，其哲学本体是人性本"静"。在人格意义上，便是从俗世之"有欲"状态回归于"无欲"之境。那么"无欲"又是什么呢？周子云："君子乾乾不息于诚，然必惩忿窒欲，迁善改过而后至。"①"无欲"即"惩忿窒欲，迁善改过"，"无欲"即"诚"，"诚"即"静虚"。

这里，周敦颐的"主静"说，以原始儒家"仁者静"为主旨，糅合了道家"虚静"说与佛家"无欲"说，已有综合儒、道、释三家之意。"静"乃人之生命的原始。人一旦降临于人世，便打破这一原始境界，进入人生纷繁扰攘的非"静"状态，这意味着作为"体"的"静"被作为"用"的"动"所遮蔽。去蔽，便是通过存养功夫，从"动用"向"静体"的还原。可见周敦颐"主静"说的"静"，从道德说涉及了哲学本体，指人性意义的美的原型，亦是人格意义的美的本体。

程颢《定性书》以《大学》所言"知止而后有定，定而后能静，静而后能安，安而后能虑，虑而后能得"为文本，采佛、老之思，申言"所谓定者，动亦定，静亦定，无将迎，无内外"。又说，"与其非外而是内，不若内外之两忘也。两忘，则澄然无事矣。""内外之两忘"，既契庄周"心斋""坐忘"，又颇符佛释"定学"主旨，但是又不同于佛、老。佛以弃世，老以出世，程颢的"静"论，要旨在虽然圣人"两忘，则澄然无事矣"，而"圣人之喜，以物之当喜；圣人之怒，以物之当怒。是圣人之喜怒，不系于心而系于物也"。② 程颢(还有程颐)将"心"分为"人心""道心"两类，显然有《尚书》"人心惟危，道心惟微"之遗响。"人心"者，私心（私欲）也；"道心"者，与"道"（天理）合一之"心"。"心，道之所在；微，道之体也。心与

---

① 周敦颐：《乾损益动第三十一》，《周子全书》卷十、卷九，北京出版社，2008年版。
② 程颢：《定性书》，见《宋元学案》卷十三，黄宗羲原著，黄百家纂辑，全祖望补修：《宋元学案》第一册，中华书局，1986年版，第546、547页。

道,浑然一也"①,而所谓"是圣人之喜怒,不系于心而系于物也"的"心"与"物",前者指私心(私欲)、人心;后者指天下、现实。所谓"系于物",非系累于物,而是以天下为己任,心系天下,指以"静"心(道心)应对于天下(物)。

程颐一生恭肃严谨,正襟危坐,道貌岸然,与程颢的宽厚、博大、平和有所区别。程颐有《颜子所好何学论》,推重"孔颜乐处"的审美精神。程颐重提人"其本也真而静"这一老命题,接着便说,这"其本也真而静"的人性,不是道家所谓"虚静",亦非佛家所言"性空",而是"其未发也五性具焉,曰仁义礼智信"。这是回到了孟子"性善""善端"的老路。又据"道心""人心"两分的思路,提出"觉者"(采撷佛家之言)、"愚者"的人格区别:"形既生矣,外物触其形而动于中矣。其中动而七情出焉,曰喜怒哀乐爱恶欲。情既炽而益荡,其性凿矣。是故觉者约其情使合于中,正其心,养其性,故曰性其情。愚者则不知制之,纵其情而至于邪僻,梏其性而亡之,故曰情其性。"②

"性其情"是"觉者"的人格模式,"情其性"为"愚者"的人格模式。程颐并非"惟性无情"论者,而是承认了"情"在人性、人格中的一点地位,所持却是"性善情恶"说。而且,程颐既然说"其中动而七情出焉",那么,他又是一个"性静情动"论者。性本"静",以"静"制"动",是"性其情";情本"动",以"动"凿"静",是"情其性"。前者善美而后者恶丑,其两类人格判然有别。

朱熹的"性即理"说,自当关乎道气、动静之论与性情之说。朱熹说:"'天命之谓性,率性之谓道',性与道相对,则性是体,道是用。""而本禀赋之性则气也。性本自然,及至生赋,无气则乘载不去,故必顿此性于气上,而后可以生。"性为体,情为用,此之谓"性具于心,发而中节,则

---

① 《二程遗书·伊川先生语七下》,程颢、程颐:《二程遗书》,潘富恩导读,上海古籍出版社,2000年版,第331页。
② 程颐:《颜子所好何学论》,程颢、程颐:《二程集》上册,中华书局,2004年版,第577页。

是性自心中发出来也，是之谓情。"而理即中。"中，性之德；和，情之德。"因而，朱熹说，"未发之前，万理备具。才涉思，即是已发动；而应事接物，虽万变不同，能省察得皆合于理处。"①虽然朱熹对周敦颐的"主静"论颇有微词，以为"濂溪言'主静'，'静'字只好作'敬'字看，故又言'无欲故静'。若以为虚静，则恐入释老去。"②其论依然大致循周子与二程之思路而来，所谓性"体"、情"用"，所谓性"静"、情"动"是也。朱子在谈论这个问题时，尤为强调"心则统性情"的意义。从哲学及其美学的角度看，性、情为体、用关系，亦即静、动关系，朱熹的美学观，是重性而主静的，他不认为人格意义上的情与动对审美（包括美的创造与欣赏）具有重要意义，典型地体现了理学本色。人格美之所以是扬性而抑情的，盖因"心之为宰"之故。就"静"态的人格美而言，朱熹《四书集注·大学章句》云："静，谓心不妄动。""心不妄动"，便能节情而守性。于是，"静"之问题，从本体论转向了认识论（实践论）。在理学家中，朱子辟佛颇力，他与陆九渊的论辩，包含着对陆之心学倚重佛禅的不满与批评。但朱熹自己的美学观，也难以斥破某种佛学思想的濡染与浸润，比如朱熹所谓"心则统性情"说，显然继承与吸取了唐惠能在法海本《坛经》中所表达的关于"心王"的思想因素。朱熹所谓"心不妄动"，有佛禅"心不起念"之意。叶适曾说，程颢《定性书》"皆老、佛、庄、列常语"，称其"攻斥老、佛至深，然尽用其学而不自知"。③虽言之有过，到底揭示了程氏理学兼综老、佛尤其佛学思想因素的事实。叶适对程颢的批评，也大致地适用于朱熹。

相比之下，陆、王心学高举"心即理"的哲学旗帜，以"心外无物""心外无理""发明本心"为旨要，要求"收拾精神""自作主宰"，在动、静问题上，也曾做出出入于儒、道、释的哲学与美学思考。同样以"理"（天理）为

---

① 朱熹：《中庸一·纲领》，黎靖德编：《朱子语类》第四册，中华书局，1994年版，第1492、1493、1507、1508、1509页。
② 朱熹：《周子之书·太极图》，黎靖德编：《朱子语类》第六册，中华书局，1994年版，第2385页。
③ 叶适：《习学记言·序目》，上海古籍出版社，1992年版。

善、美之形上原型，程、朱偏于从"性"上说，陆、王偏于从"心"上说。先秦传统儒学以"心性"为一体，程、朱与陆、王偏于各走一边，同时又各自综合了老、佛的思想。但程、朱理学与陆、王心学二者之间并非绝然对立与排斥。① 程、朱大致走在周子所谓"立人极"而"主静"的思路上，朱子云："惟动时能顺理，则无事时能静；静时能存，则动时得力。须是动时也做工夫，静时也做工夫，两莫相靠，使工夫无间断，始得。"②太极而无极，"无极之真是包动静而言，未发之中只以静言。""太极无方所，无形体，无地位可顿放。若以未发时言之，未发却只是静"③。陆、王不明言"主静"，但陆九渊的"心念不起"说，实际包容了"主静"的意思。"心念不起"者，"静"也。问题是，此"心"原本为"静"，还是通过存养修持才得以为"静"？如此"心"原本非"静"，则存养修持便难以使"起念"之"心"回归于原"静"。既然可以做到"心念不起"，则"本心"必定是"无念"之"本心"。"无念"即"静"。可见陆氏所言"心"，是人格美的"静美"原型。有学人请教陆九渊"如何是本心"。陆氏云，孟夫子所言"四端者，人之本心也，天之所以与我者，即此心也"④。"本心"，即孟子所言"仁心"。"仁"之"端"，是"动"是"静"？陆氏与孟子都没有直接回答，但两者的学说，都从孔子之原始儒学这根子上来。也许，我们可以从孔子"仁者静"这一经典格言中体会一二。

陆、王既然不明言"主静"，说明其动、静问题上的美学观已经较程、朱有了变化与不同。比如王阳明倡言"良知"善、美之论，则"良知"作为"心之本体"，"动"还是"静"呢？王阳明说："心者身之主也。而心之虚灵明觉，即所谓本然之良知也。"⑤又云："良知者，心之本体，即前所谓恒照

---

① 程颢云："曾子易箦之意，心是理，理是心。"(《河南程氏遗书》卷十三) 朱熹说："理即是心，心即是理"。(《朱子语类》卷三十七) 王阳明则说："心之体，性也，性即理也"。(《答顾东桥书》，《王阳明全集》上卷《传习录中》)
② 朱熹：《学六·守持》，黎靖德编：《朱子语类》第一册，中华书局，1994年版，第218页。
③ 朱熹：《周子之书·太极图》，黎靖德编：《朱子语类》第六册，中华书局，1994年版，第2369页。
④ 陆九渊：《与李宰》之二，《陆九渊全集》卷一，中华书局，1980年版。
⑤ 王守仁：《传习录中》，《王阳明全集》上卷，上海古籍出版社，1992年版，第47页。

者也。"①所谓"虚灵明觉",所谓"恒照",兼采道、佛之语。按老子"致虚极,守静笃"与佛家"觉"即"开悟"、"照"即"明觉"之见,王阳明的"良知"说中,已有默认"良知"原本为"静""寂"之体的意思在,"静"则"虚","寂"则"空",因而"寂"为绝对之"静"。

然而从总体看"良知"说,如果说程、朱以"理"为原"静",主性"静"、情(欲)"动"之论的话,那么,王阳明显然偏于主张"良知""动静一源"之见,是其"体用一源"说的别一表述:

> 侃问:"先儒以心之静为体,心之动为用,如何?"先生曰:"心不可以动静为体用。动静时也。即体而言用在体;即用而言体在用,是谓体用一源。若说静可以见其体,动可以见其用,却不妨。"②

动、静不分体、用,而是互为体、用。体用不二,等于承认"良知"作为"心之本体",原本"无动无静"。"无动无静"者,为因"时"而运化的"有动有静"在本体意义的展开,提供了无限可能。否则,王阳明为什么要说"动静时也"?这是一个深刻的见解,活用了《易传》所谓"与时偕行""与时消息"的思想。

"无动无静"是笔者对王阳明动静美学观的一个概括,是否契合阳明思想之真实,有待于进一步讨论。值得注意的一点是,王阳明明白无误地指出,"心不可以动静为体用"。因而"心"(本心、良知)作为"美"之"本体",原本"无动无静"。而因其原本"无动无静",才必然是原"动"原"静"的。"无动无静心之体",有类于阳明"四句教"的首句"无善无恶心之体"的逻辑思路与提问方式。这里,笔者愿意"活参"阳明"四句教"的思想与思路来体会与描述其动静问题上的美学观,这便是:"无动无静心之体,有动有静意之动,知动知静是良知,为动去静是格物",以备读者诸君的思考、

---

① 王守仁:《传习录中》,《王阳明全集》上卷,上海古籍出版社,1992年版,第61页。
② 王守仁:《传习录上》,《王阳明全集》上卷,第31页。

讨论与追问。这里，首句可指人性本体(阳明理解为"本心")以"无动无静"即原"动"原"静"为善、美之基因。人性(本心)只有"无动无静"即无所谓动静，才是动静之善、美的本原。动静是善、美的时空存在与运动方式，其形上之本原、本体，自当"无动无静"。二句指心体堕落为动静。"本心"原本混沌而原朴，遇"时"而"动"，此谓"意之动"。因而，"意"中已含动静，动静已从本体之"无"转递为"有"。王阳明说："定者，心之本体。"此"定"，非指"静"，而是指动静及其善美尚未发动与分化，是一种"未发"状态，"而不可以动静分者也"。动静是"已发"状态，故王阳明说："心不可以动静为体用。动静时也。即体而言用在体；即用而言体在用，是谓体用一源。"故所谓"意之动"，是动静及其善美的现实实现。应当指出，动静未必总与善美相联系，也可以是恶丑的，"意之动"，同时包括动静及其恶丑的现实实现。三句指"良知"对动静、善美与恶丑的心灵自觉，是从主体论与认识论出发的。"知动知静"，是一种高超的生存智慧与审美智慧。知动静，知进退，知是非，知生死，故《易传》所谓"知几其神"即见微知著，知善恶美丑，这便是主体论、认识论意义上的"良知"。"盖良知只是一个天理，自然明觉发见处"①，此之谓也。"良知"是一种洞达、觉悟的人格，它是道德的，也是审美的。末句指"格物"之目的，它不仅为了"为善去恶"，这是道德意义上的；而且为了"为动去静"，这是美学意义上的。一直有学者认为，中国文化及其美学，其本质为"静"，称之为静的文化、静的审美，这与西方传统文化及其美学比较，诚是也。"五四"时期，一些学界巨子也曾抨击过中国文化及其美学的这一个"静"，要求变革。这一"静"，指时代的停滞与迟暮，如冻云寒冰。王阳明的美学观，自然并无此意。但是，就阳明本人的心路历程而言，倒有点"为动去静是格物"的意思。阳明始宗程朱，期望通过达摩面壁式的静坐、格竹的方式来"穷理"。而"理"固不可"穷"，于是转而回归于"本心"，在"本心"处用功夫。这功夫不是"静坐"之类的"死功夫"，而是启悟于"一点灵明"。这一"灵明"便

---

① 王守仁：《传习录中》，《王阳明全集》上卷，上海古籍出版社，1992年版，第84页。

是"心之主宰"。有了这一"主宰",无论动、静功夫,都不在话下。"心无主宰,静也不是工夫,动也不是工夫。静而无主,不是空了天性,便是昏了天性,此大本所以不立也;动而无主,若不猖狂妄动,便是逐物徇私,此达道所以不行也"①。阳明的"主宰"说标举心要,当他说"充天塞地,只有这个灵明"之时,已在其心中挤兑了静"性"、静"理"的位置而肯定鲜活、生动之"灵明"。所谓"龙场悟道",是阳明心学由其"静"之格转变为"动"之格的关键处。王阳明说:

> 吾昔居滁时,见诸生多务知解,无益于得,故教之静坐,一时窥见光景,颇收近效。久之,渐有喜静厌动流入枯槁之病。故迩来只说"致良知",良知明白,随你去静处体悟也好,随你去事上磨炼也好,良知本体原是无动无静的,此便是学问头脑。②

这里值得一提的有两点:一是阳明认为"喜静厌动"是"流入枯槁之病"。反之,则"喜动厌静"。阳明倡言在何处,于此颇可体会。二则"良知"作为本体,"原是无动无静"的。可见,笔者仿阳明"四句教"来解读其动、静美学观,所谓"无动无静心之体"云云,并非妄自杜撰。

在动、静问题上,王阳明学说的逻辑起点,是"无动无静"说,其终点是"为动去静"说。他已从周子与程朱处出走,肯定了情(欲)之生"动"的合"理"性,从哲学及其美学角度,敏锐地体现出这个民族与时代之内"心"的骚动与不安。虽未走完从"主静"到"主动"的全路程,毕竟对那时"学者之病,只一个静字"的局面,第一个投去怀疑的目光,黄宗羲评阳明学云:"先生承绝学于词章训诂之后,一反求诸心,而得其所性之觉,曰:'良知'。因示人以求端用力之要,曰:'致良知'。……即动即静,即体即用,即工夫即本体,即下即上,无之不一。"③阳明心学,确有反传统理学的一

---

① 黄宗羲:《明儒学案·崇仁学案二》,《明儒学案》上册,中华书局,1985年版,第33页。
② 黄宗羲:《明儒学案·姚江学案》,第211页。
③ 黄宗羲:《明儒学案·师说》,《明儒学案》上册,中华书局,1985年版,第6—7页。

面。清人颜元说:"宋元来儒者皆习静,今日正可言习动。"①此言有些运思未周,显然没有注意到阳明心学包含"习动"的美学内容,而"今日正可言习动"之见,其实王阳明是得"思想"之先的。

从美学看,人之生命的"冲创"②有相辅相成的动、静两面,动是静的可能,静是动的可能,互为存在与运化之条件,其相关的美与美感亦然。学人论动、静之美学问题,时有以"心不妄动"为是,以"心之妄动"为非,然也。然而,"静"难道必与善、美相联系吗?"静"有没有真或妄的区别?其实"心"之有"妄动",则必相应有"妄静"矣,"妄静"非善、美。

"居敬"说,是宋明理学与美学的又一重要问题。

"居敬"是涵养功夫,与"主静"同被尊为"格物穷理"的途径与方式。但无论"主静""居敬",在美学上,都关乎主体的审美境界与审美心胸问题。

二程之一的程颐提出"居敬"说,其文曰:

> 故孟子言性善皆由内出。只为诚便存,闲邪更著甚工夫?但惟是动容貌,整思虑,则自然生敬,敬只是主一也。主一则既不之东,又不之西,如是则只是中;既不之此,又不之彼,如是则只是内。存此,则自然天理明。学者须是将敬以直内,涵养此意,直内是本。③

"居敬"说的要旨,在"主一""持中"与"直内"④。其一,"居敬"是一种"主一"心态,心不旁骛,企望通过修持追随佛的理想与脚步,实际以佛为"一"个"主",是崇拜对审美的遮蔽。比较而言,大乘空宗的基本教义之一,是以空为空,无所执著。主体精神的解脱,不靠他力的牵引与提升,

---

① 颜元:《习斋先生言行录》卷下,中华书局,1987年版。
② "冲创"或曰"冲创力",英译 The Will to Power,指尼采哲学所说的人类积极、旺盛的生命创造力量。参见陈鼓应:《悲剧哲学家尼采》,生活·读书·新知三联书店,1987年版,第89页。
③ 程颢、程颐:《二程·遗书·伊川先生语一》,《二程遗书》,潘富恩导读,上海古籍出版社,2000年版,第195页。
④ 参见张立文:《宋明理学研究》,中国人民大学出版社,1985年版,第364—365页。

不是他恋亦非自恋，试问"主"在何处"一"在哪里？既然世界是空幻，而此空幻亦不过是一个假名，故倘说"主体作为空幻是一个真实"，那么，这便是一个悖论。因而这里，所谓主体、客体，所谓佛、我，所谓空幻、真实，所谓主、一等，便不必也不能安排。这里，世界及其美刹那生灭永恒消解，确是对佛与佛性的权威性提出了严重的挑战。因此对空宗而言，所谓"主一"，便是无"主一"，是"主一"被无休无止地解构之后的那种状态。相比之下，儒家是一贯主张"居敬"的。比如在先秦，儒家在敬事鬼神方面，大约不如墨家的主张，而孔子就说过"敬鬼神而远之"之类的话，对鬼神的态度，是且敬且远（拒）、若离若即，非常有智慧，对天命、对生命（祖宗）及其政治体现即王权与伦理体现（礼、德、仁）等，也很有些敬畏的意思，比如孔子就有"三畏"（"畏天命"等）思想，儒家还倡言"杀身成仁""舍生取义"，有"立德""立功""立言""三不朽"的人生理想，这便是"主一"，"主一"即"居敬"。在美学上，儒家并不否定外在的权威与偶像，也不否认主体可以成为权威、偶像的条件与必要，执著于终极是"儒"的精神支柱。因而儒家所倡言的人格美，一般而言，是因"居敬"而系累的、没有与宗教崇拜彻底决裂的依存美，且因"居敬"而心专注于"一"，故其所推重的，往往是人格之静态美。在儒家内部，同为"主一"，其心态所受天命之类外在权威的关怀程度不一，孟子就不同于孔子，"说大人则藐之，勿视其巍巍然"①，颇有些与"大人"比肩的"浩然"气概，孟轲所倡言的人格美，更多的否定外界权威而强调主体意识。同是强调"天人合一"之美，孔孟先是承认有一个"天人合一"的精神故乡，将人事活动与主体努力看作对这种先天"合一"的回归，而荀子以及唐代刘禹锡等辈，先是把"天人合一"之美预设在天人相分的逻辑基础上，强调"天人交相胜"，认为天与人、物与我，是一个相互敬畏的关系与相互创造的关系，二者的不同是显然的。

其二，"居敬"是"持中"。"持中"是一种生活态度，谓之中庸。中庸

---

① 《孟子·尽心章句下》，焦循：《孟子正义》，《诸子集成》第一册，上海书店，1986年版，第596页。

也是一种政治策略与道德箴言。"持中"是善的状态。佛教中观派云，中道者，离弃空、有二边而为中，且又无执于此中，中并非精神的栖息之处。中道观的精神哲学本性，是永远的漂泊。这从积极意义看，是精神的自由与解脱。但是，世界上真有一种与"物""尘"没有任何摩擦、无互为系累的自由与绝对之精神吗？精神一开始就很倒霉，它注定要受到"物""尘"的纠缠。因此精神的自由与解脱，是解脱于"物""尘"的妄执，而非绝对无执。中观派的无执于中，是一个绝对善美的理想。从消极意义看，这一精神的永远漂泊，是世界与现实对主体、精神与理想的无情之放逐，倘然主体的精神一旦建构，便处于现实、世界之荒原上而无家可归。所以无执于中，实际是精神与美的焦虑、困惑或骚动。理学之"持中"观自当别论。从传统儒学看，"中"具数义：（一）"中"是中华民族自古所认同的自身所处天下的一个最佳位置，所谓原始巫术文化中的"立中"观念，是"中华先人通过'立中'，在茫茫宇宙中分出前后左右、东西南北以及春夏秋冬，而'中'，正是'人'之所在、'我'之所在，某种意义也是'人'自立、自尊的表现"①。（二）《中庸》云："中也者，天下之大本也"。"大本"即原本、根本。"中"是一种天地精神、宇宙根本。（三）"中"是人间秩序。人间之秩序以"中"为准绳，它是人文道德意义上的。（四）"喜怒哀乐之未发谓之中"，这是就人的精神结构与精神活动而言的。

> 先生曰："喜怒哀乐之未发谓之中"，赤子之心发而未远乎中。若便谓之中，是不识大本也。②

在理学家看来，人的精神结构与活动起码是两分的，即将精神之理性与情欲（喜怒哀乐）分开，并以"喜怒哀乐"之"未发"与"已发"分精神活动为两阶段。这一逻辑预设不符合精神实际，它支离了人的精神整体，是宋明理

---

① 拙著：《周易的美学智慧》，湖南出版社，1991年版，第325页。
② 程颢、程颐：《与吕大临论中书》，《二程集》卷五，中华书局，1981年版。

学所谓"存天理，灭人欲"这一教条的理论支柱之一。

> 大临云：喜怒哀乐之未发，则赤子之心。当其未发，此心至虚，无所偏倚，故谓之中。①

在伊川看来，人的精神结构与活动一旦人为地排除了"喜怒哀乐"（情、欲），便是精神及其美的原型。"先生曰：'不倚之谓中'。"②可见所谓"中"，指无情、欲之性理。这一性理庄敬自持，完美具足。"敬而无失，便是'喜怒哀乐之未发谓之中'也。敬不可谓中，但敬而无失，即所以中也。"③"敬"本身不等于"中"，须是"喜怒哀乐之未发"才是"中"，而"喜怒哀乐"之"已发"，便是"中"的凋落而降格为"偏倚"，是从性理之全（敬而无失）走向性理之失。因此，如果说性理之全是原美、全美，那么，一旦情欲因素参与精神活动，是失去了"中"的素质与品格而非"居敬"。"居敬"之美，在程朱，指客观自存的性理之美；在陆王，指主观自存的心体之美。

其三，"居敬"即"直内"。《易传》有"敬以直内，义以方外"之说，理学分"尊德性"与"道问学"之"致知穷理"、修齐治平二途。"敬以直内"便是内心的"尊德性"。心体之美，按阳明"四句教"之见，乃"无善无恶"之美。心体无有"善恶"，便是一个涵容之"太虚"。"太虚"固然有待于展开、实现为"头上的星空"与"心中的道德律令"之伟大的现实，作为本体，同是善与美的种子。这种子，"有主则虚，无主则实"，"有主则虚，虚谓邪不能入。无主则实，实谓物来夺之"④。它是"中正"之心，是堂堂正正的一颗"心"，它不仅是道德意义上的"良知"，也是审美意义上的"良知"。它

---

① 程颢、程颐：《与吕大临论中书》，《二程集》卷五，中华书局，1981年版。
② 程颢、程颐：《与吕大临论中书》。
③ 程颢、程颐：《二先生语二上》，《二程遗书》，潘富恩导读，上海古籍出版社，2000年版，第95页。
④ 程颢、程颐：《伊川先生语一》，《二程遗书》，第189、215—216页。

"本无私意，只是个循理而已。"①"居敬"，可从内外见出。"俨然正其衣冠，尊其瞻视，其中自有个敬处。"②但此"居敬"，如果有美，仅皮相的美而已。关键在打磨精神，从"心"上做功夫，目的在于以功夫来拒"意之动"而契"天理"。从美学上看，此"直内"的审美品格，具有葱郁的理性，却因绝对拒绝情感、意欲而使活泼的生命精神受到戕害。

在宋明理学中，"居敬"说具有深刻的美学意义：

首先，正如前述，"居敬"之"敬"，有"主一"之义。伊川有云："主一之谓敬"③。所谓"主一"，执一、专一之谓。朱熹云："主一只是主一，不必更于主一上向道理"④，"主者，念念守此而不离之意也，及其涵养既熟，此心湛然，自然无二无杂，则不待主而自一矣"⑤。心不偏倚，"此心湛然"而澄明，即是心之"诚"的状态。心"诚"，即此心"无二无杂"，"不待主而自一"。在理学中，"诚"有多种含义。周敦颐说："诚者，圣人之本。大哉乾元，万物资始，诚之源也。"⑥"诚"是圣人至德的根本，可谓至德之原。且此人伦之至德之所以为至德，盖"源"于"大哉乾元"之故。在《易经》中，"乾元"指天，指阳，指"生生之谓易"的天生的阳刚之气。可见，诚虽为至德之本，却源于超乎道德、生天地生万物的"乾元"。"乾元"是至高无上的宇宙本体。张载说："诚者，天之道也，阴阳有实之谓诚。"⑦横渠持"气即理"说，同样将道德之"诚"提高到"天之道"的高度来加以说明，其不同于周子的地方，是将诚看作"阴阳有实"而不仅仅源自"大哉乾元"。明清之际的王夫之说："诚，以言其实有尔。"⑧诚，指哲学本体意义上的

---

① 程颢、程颐：《二先生语二上》，《二程遗书》，潘富恩导读，上海古籍出版社，2000年版，第85页。
② 程颢、程颐：《伊川先生语四》，《二程遗书》，第233页。
③ 程颢、程颐：《二程粹言》卷一，中华书局，1985年版。
④ 朱熹：《程子之书二》，黎靖德编：《朱子语类》第六卷，中华书局，1994年版，第2465页。
⑤ 黄宗羲原著，黄百家纂辑，全祖望补修：《宋元学案·西山真氏学案》，《宋元学案》肆，中华书局，1986年版，第2701页。
⑥ 周敦颐：《通书》，徐洪兴导读，上海古籍出版社，2000年版，第31页。
⑦ 张载：《张子正蒙·太和篇第一》，王夫之：《张子正蒙注》，中华书局，1983年版。
⑧ 张载：《张子正蒙·天道篇第二》，王夫之：《张子正蒙注》，中华书局，1983年版。

"实有"。这显然发展了张横渠关于"诚"的思想。理学所言"诚",是体现于道德本心、生命阳刚之气的宇宙的真实,是圣人作为道德之楷模与宇宙之"实有"在先天意义上所本有的一种默契。诚不是一种人为的道德良心与主观态度,它实际上是体现于道德的宇宙的本真、本善与本美。理学家关于诚的解读各有不同,而所同之处,都在于从哲学本体、本原高度看问题,其说都基于《中庸》所谓"诚者,自成也,而道自道也。诚者,物之终始,不诚无物"的见解。

可见,所谓"主一之谓敬"的"主一"不是其他别的,而是指"主诚"。"一者谓之诚,主则有意在。"①内心实诚而不虚妄。正如朱熹说:"如主一处,定是如此了,不用讲。只是便去下工夫,不要放肆,不要戏慢,整齐严肃,便是主一,便是敬。"②"敬则诚"③矣。所以,宋明理学的"居敬",是"居"于道德内心的实诚,且自觉而不做作地践履种种道德规范,有如鞋穿于脚而自适,不觉有穿鞋之不适。什么缘故呢?因为鞋(规范)与脚(主体)并非二物,而本是一体之流行。在理学看来,这便是人性、人心(人格)意义上的自由。因此,"主一之谓敬",就本原、本体意义而言,首先是主体的自敬而非敬他。自敬是自尊、自持、自做主宰,是精神的自我升华与解放,是自觉而无意地放个"心"在本体上。不是故意地膜拜本体,而是主体之自觉与自由即见本体。朱熹说:

> 人只是要求放心。何者为心?只是个敬。人才敬时,这心便在身上了。④

"居敬"是本体与工夫的合一,体现了宋明理学通过完善的道德认知与践行

---

① 程颢、程颐:《伊川先生语十》,《二程遗书》,潘富恩导读,上海古籍出版社,2000年版,第372页。
② 朱熹:《朱子十二·训门人四》,黎靖德编:《朱子语类》第七册,中华书局,1994年版,第2788页。
③ 程颢、程颐:《明道先生语一》,《二程遗书》,第173页。
④ 朱熹:《学术》,黎靖德编:《朱子语类》第一册,第209页。

来解放人性、提升人格的审美理想。程端蒙《性理字训》指出："主一无适，是之谓敬。始终不二，是之谓一。"此之谓也。饶鲁《五经讲义》卷九有云："惟其敬，故能诚"。"敬者，所以存养其体，省察其用，乃体道之要也"。"体道之要"，在于主体首先能自"敬"其"心"。"心"不要飘忽在外面，不要意马心猿，不要朝三暮四，而要执著于自"敬"。"心"之"居"于自身所执著的人生目的并为之践履，这便是朱子所言"敬"，便是所谓"放心"。孟子云："学问之道无他，求其放心而已。"朱熹的"放心"说，将其从"学问"推广到整个人格塑造。世上何事最难？"放心"最难。一旦将"心""放"下来了，便起码能缓解主体之人生的焦虑、紧张与不安，使主体之精神如周子所言具有"亭亭净植""出淤泥而不染"的高蹈的品格，进入平常而纯净的审美境界。当然，理学所谓"放心"，不同于道、释。道家的"放心"之"心"，停留在"玄虚"之上；佛家所言"放心"之"心"，一般在于"空幻"；以儒学思想为主干的理学所说的"放心"之"心"，则是"实诚"之"心"。内心"实诚"，而必自"居"于"敬"，一种主体对自身的钟爱与自我肯定。而且更重要的是，主体又将这种对于自身的钟爱与自我肯定，看淡、看透、看得平常了。这一"居敬"的精神境界，显然是起于道德，又超越于道德而走向了审美的。而就看淡、看透、看得平常这一点而言，又显然综合了道、释两家所主张的人格内容。

其次，理学所言"居敬"，固然首先指主体自"放"其"心"，具有自恋、自爱、自我肯定的人格审美内容；固然并非指那种"不是块然兀坐，耳无闻，目无见，全不省事之谓，只收敛身心，整齐纯一"[1]的佛禅所倡言的内心境界；也不是"心"守在田园、相"忘"于江湖的"道"的精神世界；不是关闭心门、独守于枯"心"，或是此"心"入于"虚无"之境；而是以此"实诚"之"心"，敞开"心"扉，去主动地、自觉地、乐观地应对外在世界的挑战。在美学上，这里便有一个主体应对外在世界之挑战的主观态度。"只收敛身心，整齐纯一，不恁地放纵，便是敬。""然敬有甚物？只如'畏'字

---

[1] 朱熹：《学六·守持》，黎靖德编：《朱子语类》第一册，中华书局，1994年版，第208页。

相似。"①所谓"居敬",便是主体清醒地意识到"尊天则以就人事"这一点,将"尊德性"与"道问学"两者统一于人格审美。"天则"便是"头上的星空",不可悖逆。就此而言,"居敬"之"敬",有"畏"义。"居敬"便是主体对"天则"的"敬畏",起于远古文化的敬事天帝与天命观念,属于原始宗教崇拜。因此,"居敬"原指对天帝、祖宗神的祭礼,而且偏重于指主体内心的诚敬。《礼记》云:"子曰:'君子敬则用祭器。是以不废日月,不违龟、筮,以敬事其君长。是以上不渎于民,下不亵于上。'"②又说:"祭礼,与其敬不足而礼有余也,不若礼不足而敬有余也。"③孔子的"畏天命",显然具有敬畏天命的原始"信文化"的崇拜思想,但孔子的仁学,总体上已从敬畏天命的原始"信文化"阴影之中走出而展现一片颇为明丽的、有条理的伦理天地。"畏天命"之说须与孔子"敬鬼神而远之"这另一说对应起来理解,才能理解得确切。"子曰:临之以庄,则敬;孝慈,则忠。"④又说:"居处恭,执事敬,与人忠,虽之夷狄,不可弃也。"⑤凡此,说的都是道德意义上的"居敬"问题。

然而,宋明理学的"居敬"说,固然具有传自于原始"信文化"敬事天帝与祖宗神的文化根性,固然其立足于道德伦理的文化立场,其文化之魂,却是昂首于"头上的星空"的,从本体到工夫,具有葱郁的哲思与审美素质。古人云,"敬,警也,恒自肃警也。"⑥"敬"有警惕、庄肃与畏慎的意思。不是拜倒于天命、天帝面前,而是主体对天则保持一颗谨慎、庄严之"心"。《易传》云:"君子终日乾乾,夕惕若厉,无咎。"不仅仅是道德的反思,而是以庄敬之心去体认天则,使人格合于天道,这是哲学及其审美。

---

① 朱熹:《学六·守持》,黎靖德编:《朱子语类》第一册,中华书局,1999年版,第208页。
② 《礼记·表记第三十二》,杨天宇:《礼记译注》下册,上海古籍出版社,1997年版,第948页。
③ 《礼记·檀弓上第三》,杨天宇:《礼记译注》上册,第103页。
④ 《论语·为政第二》,刘宝楠:《论语正义》,《诸子集成》第一册,上海书店,1986年版,第35页。
⑤ 《论语·子路第十三》,刘宝楠:《论语正义》,《诸子集成》第一册,上海书店,1986年版,第292页。
⑥ 刘熙:《释名·释言语》,王先谦:《释名疏证补》,祝敏彻、孙玉文点校,中华书局,2008年版。

二程称"居敬"为"人事之本","人道莫如敬,未有能致知而不在敬者"。理学所言"居敬",已少崇拜意味,而是"致知"的一种工夫。"致知"于天人之际,使天道与人道相贯通,从工夫走向本体,"居敬"之要也。而既然天则、天道高悬在上,那么,这里的"敬"便兼有"谦"义。《易传》云:"谦,不违则也。""谦也者,致恭以存其位者也。"谦德包含了主体对天则权威的认同,但谦下不等于卑下,是清醒地意识到人在天地、宇宙之本在与应在的位置,是在天则面前的人的庄敬自重、不卑不亢。"敬"又兼具"危"义。人处于危殆之时,内存戒惧之心,"古人所谓'心庄则体舒,心肃则容敬',两语当深体"①。朱子云:"遇事临深履薄而为之,不敢轻,不敢慢,乃是'主一无适'。"②这也正如《诗经·小雅·小旻》所吟:"战战兢兢,如临深渊,如履薄冰。"以敬惧之心应对艰难时世,而知危者,不危也,危机即生机耳,这是易理的辩证,也是宋明理学"居敬"说所包含的生存智慧与美学智慧。

要之,宋明理学所倡言的"主静"与"居敬",可以说是对崇高的道德与审美人格的深刻描述。同是作为存养工夫,"主静"与"居敬",都以心灵的修持为旨要,以知天、穷理、修身、养性和"存天理,灭人欲"为旨归,二者"均之为寡欲也":

> 周(周敦颐)曰"无欲故静",程(程颐)曰"主一之谓敬"。一者,无欲也。③

"寡欲"与"无欲",是两者共通的心理特性。就道德言,以天下、家国、社稷为己任,以出世之心做入世之伟业,以"朝隐"之心态而"出山"干事,实

---

① 黄宗羲原著,黄百家纂辑,全祖望补修:《宋元学案·东莱学案》,《宋元学案》贰,中华书局,1986年版,第1674页。
② 朱熹:《论语三·学而篇中》,黎靖德编:《朱子语类》第二册,中华书局,1994年版,第494页。
③ 黄宗羲:《明儒学案·江右王门学案二》,《明儒学案》(修订本)上册,中华书局,1985年版,第379页。

际已取功利又无执于功利，这便是"主静"兼得"居敬"的理学的道德人格观。就审美言，人格意义上的"寡欲"与"居敬"，亦在入世与出世、动与静、实与虚之际。"（朱熹）先生曰：屏（摒）思虑，绝纷扰，静也。"此言不差。只是道、释以及以儒为主干的理学都主张而且都能做到"屏思虑，绝纷扰"，这里朱熹未指明三家之别。朱熹又说："正衣冠，尊瞻视，敬也。"也说得在理。"敬"确可表现于"衣冠""瞻视"，所谓"道貌岸然"是也。但"敬"首先是存在于主体内心的。主体之内心若无"诚敬"，凭什么说这一人格是"寡欲""无欲"而真正审美的？但朱熹接着又说了一句："致静以虚，致敬以实。"[1]笔者以为，此亦非中肯之言。这里，"致静"与"致敬"，是统一的审美人格之两面而不能分拆，正如虚与实不能分拆一样。试问，理学所提倡并加以身体力行的人格范是型静还是动，是虚抑或实？从人格的逻辑原型来说，人之生命与生存本"静"，因为似乎唯有"静"，才是人心的"寡欲""无欲"状态。问题是，如果人之生命与生存确为本"静"，那么，这生命与生存之"动"又是如何可能的？在宋明理学之前，中国儒、道两家都有各自的"人性本静"说。如果说"人性本静"说是符合现实人性之实际的，那么，这生命与生存的历史性生成，又凭什么力量由"静"而"动"的呢？这在先秦道家、魏晋玄学直至北宋初周敦颐的"主静"说中都没有得到令人信服的理论说明，都将这一人性的严峻课题变作一个"方便"的"人心"问题，称由"静"到"动"，是外力（物）的推动。比如《乐记》就说："人心之动，物使之然也。"这种外因论，一是将人心混同于人性；二是不符合本体论。从本体论看，人之生命与生存，有天生的"动""静"互为的两种"冲创"之力，唯动无静，唯静无动，都不是真实的生命与生存，都是人性自然的扭曲。固然正如朱子所言"致静以虚"，这是因循了道家之见。然而人性本在亦是"致动以虚"的，从人性自然的现实展开即人格意义上看，"致动以虚"的生存状态也是存在的。与此相关，朱熹称"致敬以实"，也只是

---

[1] 黄宗羲原著，黄百家纂辑，全祖望补修：《宋元学案·沧州诸儒学案上》，《宋元学案》三，中华书局，1986年版，第2266页。

说对了一半,其实也可以是"致敬以虚"的。因此,如果说"主静"说较多地承接了道家之见的话,那么所谓"居敬"说则并非是纯粹的原始儒家之论。"敬"作为一种人的内心现实,并非唯实无虚,而是虚、实相生的。胡居仁说:"静中有物,只是常有个操持主宰,无空寂昏塞之患"①。这里,"静中有物"即"静"中有"动"、"虚"中有"实",已非传统道家的理解;而所谓"无空寂昏塞之患",包含了对释之"空寂"与儒之"昏塞"(过于执持功名、利禄)的批评。

可见,宋明理学所提倡的人格美理想,固然有一个"存天理,灭人欲"的总的主题,这在不同时代、不同理学家那里,情况很有些不同。有一点须指明,这一理想包含了非儒非道非释、亦儒亦道亦释与且静且动、且虚且实之"综合"的思想。

"主静"与"居敬"说,寄托着宋明理学对崇高人格的审美诉求。这一崇高人格有许多侧面与范型:或是明道式的心胸宽厚而平和②,或是伊川式的严峻与巍然③,或是朱熹式的博学多闻;或是阳明那般冥思苦索而一朝灵悟,等等,其心胸出入于动、静,隐现于虚、实,居敬而穷理,贯通于知、行,希冀成就一种堂堂皇皇、方方正正、坦坦荡荡的人格。而就"静"的人格范型而言,"当极静时,恍然觉吾此心中虚无物,旁通无穷,有如长空云气流行,无有止极;有如大海鱼龙变化,无有间隔。无内外可指,无动静可分。上下四方,往古来今,浑成一片。所谓无在而无不在。吾之一身,乃其发窍,固非形质所能限也。"④。这一人格之心态虽处"极静"之时,却是"静"中有勃勃郁郁、空阔无垠、不辨内外与古今的意蕴(气)在流动,这一意蕴即阳刚的生命之气,无疑是大尺度的。它磅礴且澄明,有如"大海鱼龙""长空云气"。这一"静"的人格美,实际是动静、虚实相兼的,

---

① 黄宗羲:《明儒学案·崇仁学案二》,《明儒学案》(修订本)上册,中华书局,1985年版,第31页。
② 《程氏外书》卷十二称程颢浑身静穆;"浑是一团和气"。《宋元学案》卷十三称其"未尝见其忿厉之容。遇事优为,虽当仓猝,不动声色。"
③ 《程氏外书》卷十二:"伊川直是谨严,坐间无问尊卑长幼,莫不肃然。"
④ 黄宗羲:《明儒学案·江右王门学案三》,《明儒学案》(修订本)上册,第400页。

其内心实诚,只是一个"敬"。自敬而敬他(它),在自敬、自爱、自重、自持与自律中,敬事天则(天命)及其在人世间的化身即道德,做一番"持敬慎独工夫","想得好一片空阔世界"①。"盖心地本自光明,只被利欲昏了。今所以为学者,要令其光明处转光明,所以下'缉熙'字。心地光明,则此事有此理,此物有此理,自然见得。"②其实是此心本与天合,合于"理"也。"若理,则只是个净洁、空阔底世界。"③在理学家那里,"理"是预设的一个"原善"与"原美",它照彻宇宙,也烛耀于吾心,是一个至高的、毫不讲理而无理不具的精神上帝。

这一精神境界,在意识与理趣上,是天人平齐、天人一如,同其崇高的,是"养心""养气"与"养志"的三者得兼,无有遗缺。"养心"者,"涵养著乐处,养心便到清明高远"。④"养气"者,养成浩然之气之谓,则气与义合矣。"养志"者,"志为之主,乃能生浩然之气。志至焉,气次焉,自有先后"。⑤"志"乃"心""气"之帅,"心""气"广大、清远而恬然,因"志"而起,造就一个理想而崇高的人格。这人格从性体到心体都是"万物皆备于我"。这在阳明心学一系中表现得尤为强烈:

> 是故纵吾之目而天地不满于吾视;倾吾之耳而天地不出于吾听;冥吾之心而天地不逃于吾思。⑥

这人格美之范型,"美"在吾"心"有气吞山河之崇高。学界以为宋明理学所推重的人格美有"敬畏"与"洒落"两类,这两类人格,正如王阳明所言,是

---

① 黄宗羲原著,黄百家纂辑,全祖望补修:《宋元学案·木钟学案》,《宋元学案》叁,中华书局,1986年版,第2091页。
② 朱熹:《学六·守持》,黎靖德编:《朱子语类》第一册,中华书局,1994年版,第209页。
③ 朱熹:《理气上》,黎靖德编:《朱子语类》第一册,第3页。
④ 程颢、程颐:《二先生语六》,《二程遗书》,潘富恩导读,上海古籍出版社,2000年版,第134页。
⑤ 程颢、程颐:《伊川先生语一》,《二程遗书》,第208页。
⑥ 黄宗羲:《明儒学案·江右王门学案三》,《明儒学案》(修订本)上册,中华书局,1985年版,第400页。

崇高之天则的人格化与崇高之人格的天则化,是"敬畏"于天则,同时是天则规范之下的人性的自由与"洒落":

> 夫君子之所谓敬畏者,非有所恐惧忧患之谓也,乃戒慎不睹,恐惧不闻之谓耳。君子之所谓洒落者,非旷荡放逸、纵情肆意之谓也,乃其心体不累于欲,无入而不自得之谓耳。①

"洒落"原指道家所言的一种人格美范型,确有些"放逸"之类的品格,但这里所指,却是主体认同天则权威而加以"敬畏"又不失潇洒风度的一种人格。它兼综了"道"而自守"儒"之本色,它消解了"恐惧"与"忧患",是一种缺失悲剧与痛感的壮美的人格。

总之,宋明理学标举崇高的道德人格,其基本的文化素质,大致依然不出于《易传》所谓"大人"(圣人)人格"与天地合其德,与日月合其明"的思想与思维框架。所不同的,因宋明理学已经过漫长历史、文化的锻炼与陶铸,亦由于道、释文化不同程度的融会,因而呈现出新的时代特质与文化因素。如这里阳明所言"洒落"精神的渗入,使得这一崇高人格,虽仍宗于阳刚一路,却在挥斥一些原始神性与巫气的同时,少了许多阴郁与凝重。诚然,由于理学本在的时代与思想局限,这一人格美学之说在历史文脉的推移中,必然具有严厉甚至冷漠、冷酷的道德说教的一面,这值得注意。

第四节 三学合一与怀疑精神

宋明理学的基本人文精神主题有其特殊性,在于总是企图将这一东方古老伟大民族所一贯热衷与困惑的道德、伦理问题,放在哲学本体高度来

---

① 王守仁:《答舒国用》,《王阳明全集》上卷,上海古籍出版社,1992年版,第190页。

加以认识与践履。所谓工夫即本体、本体即工夫，建构道德的形上学，某种意义上也可以称为道德的神学。中华民族历来有一矢志不渝的道德、伦理"情结"，以儒家文化为主干的中华文化，执著于认同与处理人伦关系问题而较少注意人与自然的物理关系。就较少关注的人与自然的关系问题来说，又往往取人文哲学而不是自然哲学的视角与探究态度。中国古代有许多伟大的科学技术的发明、创造与成就，其思想与思维往往为"术"所遮蔽，并且将这一"术"文化隶属于道德、伦理之巨大的文化阴影之下，是这一文化本在的缺失之一。中国古代文化，一般地缺少人与自然关系问题之自然科学意义上的惊奇、凝视与怀疑精神。先秦道家及其流衍即魏晋玄学，算是比较重视人与自然之关系的一支，却依然取人文哲学而非自然科学的立场，因而道家与玄学的美学，基本上是人文哲学意义上的。由于道家与玄学的美学将"心性"问题作为其思想背景，因此其美学也不是与道德、伦理观念完全无涉的。人把握世界的基本方式，是宗教崇拜、科学认知、艺术审美与伦理求善四种，一种健康的人格，必然是在这四种基本方式中才能历史地生成，否则便不是人与人性的全面发展。当然，在这四种方式中，也可以在人之本质力量对象化的同时出现人的异化，这种异化在宗教崇拜与伦理求善中表现得尤为突出。既然人与人性的全面、健康的发展，必关乎人把握世界的这四种基本方式，那么，以伦理求善为主导文化形态的宋明理学，在人格塑造及其理想精神方面，则无疑是有缺憾的。不管理学家怎样标榜理学所要达到的最高人格境界是如何"圆善"，依然掩盖不住其一般地缺乏科学认知与艺术审美素质这一面，这不是这一民族之群体人格与时代人格的真正解放。

但是，仅就实践理性（实用理性）之哲学本体化这一理学精神本身而言，确实达到了其思想与思维的历史新高度。笔者以为，在宋明理学的文化、哲学精神中，有两点颇值得注意：

第一，基本实现了儒、道、释的"三学合一"。

自从西汉末年印度佛学入渐东土，中国文化就逐渐形成一个以儒为主的兼综道、释的三维结构。中国文化史、思想史、哲学史与美学史等种种精神事件的发生、发展与消亡，都关涉到这三学的内在机制与运动。这些精神事件主要有：(一)在大致成篇于战国中后期至汉初的儒学典籍《易传》中，融会了与儒家道德伦理思想颇不协调的先秦道家的人文哲学观；(二)西汉初期《淮南子》的黄老思想，具有儒道"对话"、以"无为"为"治术"的文化品格；(三)魏晋玄学，固然以"道"(玄)为本，却在自然与名教这一大致的思想与思维框架中，一定程度上容纳了儒、释思想因素；(四)自魏晋至南北朝的中国佛学，通过自印度入传的佛教典籍的译介与流播——通过这一"误读"方式，以玄学的"无"释"空"，将印度大乘般若学熔铸为具有中国哲学素质的佛性论，其中包含一定的中国道家的出世观与儒家的入世观，便是印度佛学的趋于中国化；(五)隋唐时期，以唐惠能所开创的南宗禅为代表的中国佛学，最终完成佛教文化的中国化的历史进程，是以佛禅为主干的、兼综道与儒的"三学合一"；(六)唐中叶，韩愈、李翱的儒学复兴运动及其学说，开启了宋明理学以儒为主干、兼综道与释这一新的"三学合一"的文化、历史之门。

宋明理学的"三学合一"之所以具有新的文化素质，一在于这一时代的理学家与一般的文人士子，都在学养与品性修养上，受到儒、道、释三学的共同熏陶。北宋张方平《扪虱新语》称："儒门淡泊，收拾不住，皆归释氏"，固然言之有过，到底指明宋之儒门为佛禅所浸润的事实。而所谓"淡泊"，本道家之境界，因此张方平所言"儒门淡泊"的"儒门"，实际上不仅着"释氏""空幻"之色，而且内含"道"的情思，当时人称"释氏""淡泊"云云，是说这一"淡泊"中已有"道"本"虚无"的意思在。全祖望指出："两宋诸儒，门庭径路，半出于佛老。"[1]程颐最是宗儒之人，辟佛尤力，而《明道先生行状》称其"泛滥于诸家，出入于老释者几十年，返求诸'六经'，而后得之"。宋代三苏，犹如"荆公(王安石)欲明圣学而杂于禅"，"苏氏出于纵横之学而亦杂于禅"[2]。苏洵作《易传》，采老、释之思想解读《易经》，

---

[1] 全祖望：《鲒埼亭集外编》，朱铸禹整理：《全祖望集汇校集注》，上海古籍出版社，2000年版。
[2] 黄宗羲原著，黄百家纂辑，全祖望补修：《宋元学案·荆公新学略序录》，《宋元学案》肆，中华书局，1986年版，第3237页。

书未撰成而去世，苏轼、苏辙继之，由苏轼玉成是书，因其中颇多以道、释解易之处，被自以为绝对宗儒的朱熹讥为"杂学"，并撰《杂学辨》加以批驳。苏辙作《道德经解》，朱熹称："苏侍郎晚为是书，合吾儒于老子，以为未足，又并释氏而弥缝之，可谓舛矣！"①朱熹学问渊博，凡儒籍、道书与佛典，无不研读，对陆九渊心学不以为然，"看他意思只是禅"②。称"佛氏最有精微动得人处，本朝许多极好之人无不陷焉。""只为释氏最能惑人。初见他说出来自有道理，从他说愈深，愈是害人。"③，可正是他自己，又说"觉者，是要觉得个道理"④。"觉"本佛家言，朱子兼采佛家言来说他的"理"，叶适批评程颐《定性书》云，其"攻斥老、佛至深，然尽用其学而不自知"。⑤ 至于陆、王等辈，其学同样出入于佛、老而归原于儒，不说也罢。正如北宋理学开山周敦颐的《太极图说》以道说儒，其《爱莲说》又援佛入儒，以亭亭净植之形象比拟理学之人格；又如明末僧人智旭撰《周易禅解》以禅解易然。如此等，都雄辩地证明，自宋至明的理学中人与一般文士，都以儒、道、释三学为治学与为人之风尚。这一风尚的形成，不是竞为时髦故意为之，而是自然而然的。

二是以"三学合一"来说哲学本体问题。清人陈确指出，别的暂且勿论，便是这"本体二字，不见经传，此宋儒从佛氏脱胎来者"⑥。说得一针见血。王阳明的"良知"说，源自《孟子》，似乎是儒门正宗之见，可王氏又说："本来面目即吾圣门所谓良知。"⑦而"本来面目"者，佛家言也。王阳明又说："良知者，心之本体，即前所谓恒照者也。"⑧又以佛家之言说理学本体问题。陆九渊以为"理"作为本体，是悟照之对象，"心即理"，"理"

---

① 朱熹：《杂学辨》，《苏黄门老子解》，商务印书馆，1936年版。
② 朱熹：《朱子一·自论为学工夫》，黎靖德编：《朱子语类》第七册，中华书局，1994年版，第2619页。
③ 朱熹：《论语六·〈为政〉篇下》，黎靖德编：《朱子语类》第二册，第587页。
④ 朱熹：《程子门人·谢显道》，第七册，第2562页。
⑤ 叶适：《习学记言·序目》，上海古籍出版社，1992年版。
⑥ 《陈确集》，中华书局，1979年版，第466页。
⑦ 王守仁：《传习录中》，《王阳明全集》上卷，上海古籍出版社，1992年版，第67页。
⑧ 王守仁：《传习录中》，《王阳明全集》上卷，第61页。

之妙在"不说破",这其实便是佛家"第一义不可说"在于理学(心学)的运用。而"第一义不可说",通于老子的"道,可道非常道",儒、道、释三学在此会通。王阳明门人王畿说:"学老佛者,苟能以复性为宗,不沦于幻妄,是即道释之儒也。"①"道释之儒"所认同的"本体",在"以复性为宗,不沦于幻妄"。袁中道说:"道不通于三教,非道也。"②明著名道士张三丰也认为:"窃尝学览百家,理综三教,并知三教之同此一道也。儒离此道不成儒,佛离此道不成佛,仙离此道不成仙。"③"理综三教"者,扪摸到了宋明理学的"本体"论素质。

总之,时至宋明,中国文化、哲学及美学,走在三学(三教)综合的道路上并最终得以实现。虽然具体到各个时代、各个学人,其三学综合的立场、角度与程度有不同,而综合是大势所趋,是致学与人格的基本模式。明代名僧德清曾说:"为学有三要:所谓不知《春秋》,不能涉世;不精《老》《庄》,不能忘世;不参禅,不能出世。此三者,经世、出世之学备矣,缺一则偏,缺二则隘,三者无一而称人者,则肖之而已。"④学通三家,仅从做学问这一点而言,也有大气象。南宋孝宗曾云:"以佛治心,以道治身,以儒治世。"宋明士子,往往具有这三者兼治的社会理想与人格理想,亦儒亦道亦佛又非儒非道非佛。这三"治",成为水到渠成的文化思潮与人格范型。

从美学上看,大凡人性,治世(儒)、治身(道)与治心(佛),各自表达了人性的三种内在生命力的冲动。三学各偏于人性实现之一面,三学合一才是相对完成的人性之健全。儒之入世、道之出世与释之弃世,都是地球人类作为地球之最高级最完善之生命的内在精神之需求,关乎人的肉身与精神之是否满足与解脱。以儒治世、以道治身、以释治心,其实都是人类个体与群体安身立命的一种方式。比方说,这里有一所旧屋,不同的文

---

① 王畿:《三教堂记》,《龙溪王先生全集》卷十七,国家图书馆出版社,2014年版。
② 袁中道:《示学人》,《珂雪斋集》卷二十四,上海古籍出版社,1989年版。
③ 张三丰:《大道论》,《张三丰全集》卷一,浙江古籍出版社,1990年版。
④ 德清:《憨山大师梦游全集》卷三十九,北京出版社,1998年版。

化模式安身立命的方式可以大不相同：儒曰：屋子虽旧，也是祖先传承，弃之不得，修修补补，不失为身心安全之家园；道曰：住在此一旧屋，是对身心的束缚，主张从旧屋出走，拥入自然；佛曰：人类根本就不该有这房子，无论新旧，都是空幻。至于自然，亦无所谓。自然与社会作为"存在"，皆是痛苦与烦恼。因此佛教所谓解脱，是永远的消解、否定与舍弃，是肉身与精神之双重的无家可归。其实，这三种方式，都各自得治世、治身、治心之要。以儒言，虽以治世为显在之人生目的，又在治世中来治身与治心。儒家的治身观，既钟爱人之生命，标榜"人之发肤，受之父母，不敢有所毁伤"之类，又能"舍生取义""杀身成仁"，关键在服从于治世之需。而认为只有在治世中，才有身、心之安与全。所谓"立德""立功"与"立言"，乃世、身与心之三"治"也。以道言，虽以治身为显在之目的，但道家并非没有治世之策，是以"无为而治"为治世之则。道家的治心执著于"无"，"无"便是"虚静"之境。因此道家的出世，是从世界之"有"走向世界之"无"，但它并非遗弃这世界。以佛言，虽以治心为显在之目标，而其实并非没有治世与治身的理想。不过其理想就治世、治身而言，是不治之治，无所谓治与不治。就治心而言，在于以"万法唯空"，一切皆为空幻，且连空也是空的。故所谓"安心"，无"安"之"安"、"安"于无"安"也。

比较而言，儒对自然与社会采取信任与乐观的审美态度，它是站在社会角度，在肯定社会现实美的同时来容受自然之美。因此，热衷于经世致用的孔子称"吾与点也"，也就不奇怪了。儒家对自然、社会之现实以及人之肉身与精神的改造与存在，都抱有充分的信心，所谓"孔颜乐处"，便是"乐"在世、身、心三者兼"治"。当然，这种三者兼"治"，仅是入世之"治"。须知出世与弃世，也能不同程度、不同性质地达到其三者兼"治"。道对自然尤为信任，对社会却投以怀疑与挑剔的目光。道家将人的身、心分为自然与社会两个层次，认为社会便是身、心受污染与戕害的根源。因此，道家所主张的最高的美，是肉身自然与精神自然相兼的美。对社会现实的悲观态度与对自然现实的乐观态度，是道家审美态度之对立而互补的两翼。以佛言，无死无生、无染无净、无悲无喜，固然是佛家的审美理想，却是预设在社会与自然丑恶、人生痛苦这一逻辑基点上的。故佛家对现实(社会、自然与人自身)与存在抱着绝对悲观的态度。从这种绝对悲观的氛围中离舍与出走，便是佛家的涅槃与解脱。这种涅槃与解脱，并不意味着从悲苦走向喜乐，而是走向中性的无有悲喜、染净与无生死之执著，因此，从审美之情感态度来看，佛家的审美，可以说是一种"零度"的情感方式。

儒、道、释三家都申言各自的人生境界是完美的，能够安身立命的，但是实际上这三家都各有其偏失之处。儒之入世过甚，则可导致权迷心窍、利欲熏心、尔虞我诈、道德沦丧；道之出世过甚，也可能生出玩世不恭的处世态度；佛之弃世，固然将人生看破了，可以缓解人生焦虑，问题是弃世之难以彻底实现，弃世是人性的一种内在需求，而绝对弃世却是违背人性的，也是做不到的。

因此，如果说儒之入世、道之出世与佛之弃世体现出各自的人性的一种内在需求的话，那么兼综入世、出世与弃世这三者，是人性可能趋于完善与完美进一步的内在需求。这三者具有合"理"的现实性与互补性。正是在此意义上，宋明理学所能达到的儒、道、释三学(教)合一的境界，体现出人类改造人性、建构趋于完善与完美之人格的一种内在生命力的冲动。人性的解放，是一个无穷无尽的历史实践过程，三学合一的基本实现，无疑是一个必不可少的历史阶段，三学合一的人格美，是趋向于合"理"与健全的。

第二，宋明理学的文化、哲学精神不仅基本实现了"三学合一"，而且在承传儒学传统的同时，具有一定的思想的怀疑精神。

哲学与美学的内在生命，是能够提出与解答新的问题。"问题意识"，是推动哲学与美学之发展的内在动力。宋明理学的"问题意识"，便是本书前文所说的，道德作为哲学本体如何可能。宋明理学发现了汉代经学那种"无一字无来历"的文字训诂、名物考辨的治学观念与方法是一个"问题"，这首先表现于宋学的"疑经"思潮。

作为"新儒学"，宋明理学的"疑经"思潮，起于对众多儒学典籍的重新解读，其中主要有周敦颐的《太极图说》与《通书》，张载的《横渠易说》《正蒙》《西铭》与《东铭》，邵雍的《皇极经世》，王安石的《易解》《周礼新义》《尚书新义》《诗经新义》与《论语解》，程颐的《伊川易传》与《春秋传》，胡安国的《春秋胡传》，胡宏（五峰）的《知言》《易外传》与《皇王大纪》，杨万里的《诚斋易传》，朱熹的《诗集传》《四书章句集注》《四书或问》等（宋人黎靖德编为《朱子语类》一百四十卷），张栻的《论语解》与《孟子说》，孙复的《春秋尊王发微》，吕祖谦的《东莱左氏博议》，陈淳的《北溪字义》（即《四书性理字义》），真德秀的《大学衍义》，陆九渊的《象山先生全集》（后人所编），程端蒙的《性理字训》与《程董二先生学则》，叶适的《习学记言》《水心集》与《水心别集》，蔡沈的《书集传》与《洪范皇极》，魏了翁的《鹤山大全文集》，刘因的《四书精义》，饶鲁的《五经讲义》，吴澄的《五经纂言》，王守仁的《五经臆说》《大学旁释》《朱子晚年定论》与门人所记《传习录》等（后人辑为《王文成公全书》），以及由明朝廷钦编，由胡广、杨荣与金幼孜主持纂修的《五经大全》《性理大全》与《四书大全》等。所有这些著述（这里，还不包括大量易学著述等），都具有宗经的特色，所谓"我注六经"也。

然而在宗经之同时，又具有疑经的一面。疑经是从疑传开始的。宋明理学家与一般文人士子，由于已经习惯于道、释对儒的批评甚至攻讦，头脑里关于儒经的权威观念相对淡薄，便尝试着自疑传始而疑经，直至"六经注我"。王应麟曾经指出："自汉儒至于庆历间，谈经者守训故而不凿"，此言不差。且不说汉儒对六经的崇拜态度，便是唐代的儒者，一般也没有疑传、疑经的勇气，读一读李鼎祚《周易集解》与孔颖达的《周易正义》之类，便对这一点印象深刻。王应麟进而指出："《七经小传》出而稍尚新奇矣。"[1]《七经小传》为北宋仁宗庆历年间儒者刘敞所撰。刘敞，庆历进士，集贤院学士，判御史台。《中国人名大辞典》称其"学问渊博，为文敏赡"，"欧阳修每有所疑，辄以书问之，修服其博"。[2] 有《春秋权衡》《春秋传》

---

[1] 王应麟：《经说》，《困学纪闻》卷八，阎若璩、何焯、全祖望注，上海古籍出版社，2015年版。
[2] 臧励和等编：《中国人名大辞典》，商务印书馆，1958年版，第1468页。

《春秋意林》与《公是集》等著,世称"公是先生"。又为《诗》《书》与《礼》作传,每有新意。北宋大文豪欧阳修始疑《易传》非孔子所撰。其《易童子问》指出,《易传》时有"子曰"之语,倘《易传》确为孔子所撰,岂有自称"子曰"的?《易童子问》说,关于八卦之起源,《易传》一说伏羲"近取诸身,远取诸物,于是始作八卦",二说"河出图,洛出书,圣人则之",三说"观变于阴阳而立卦"①,这显然是矛盾的。欧阳修《易童子问》的结论是"谓此三说出于一人乎?则殆非人情也"。说得有力。这一怀疑态度在唐代是不可设想的。唐《五经正义》以"疏不破注"为准的,以疑经为叛道。而宋人已渐渐不将汉唐经学的章句注疏之学放在眼里,对那种笃守师法、家法的传统进行抨击,颇有些"视汉儒之学若土梗"②的意思。南宋文学大家陆游亦说:"唐及国初,学者不敢议孔安国、郑康成,况圣人乎?自庆历后,诸儒发明经旨,非前人所及。然排《系辞》,毁《周礼》,疑《孟子》,讥《书》之《胤征》《顾命》,黜《诗》之序,不难于议经,况传注乎!"③连司马光这"旧党"的班头,也居然著《疑孟》,讥评传统笺注是"执简伏册,呻吟不息",主张"不治章句,必求其理"④。至于陆、王一系,疑经尤甚。陆九渊说:"为学患无疑,疑则有进也。"⑤怀疑精神,是美学的根本精神。在似乎无问题处发问,不仅是为学的推进,也是美学的推进,是在美学中实现人性的解放。

"宋人好发议论",学界治文论者,多持此说,固未谬也。宋人宗儒且兼治道、释,而儒家的语言哲学,是对语言的极端信任,其传统的见解,是"圣人立象以尽意",亦是魏晋欧阳建的"言尽意"论。宋人相信语言与真理的同一性,以为讲得愈多,真理愈明,故连篇累牍,喋喋无有穷时。宋人著述之丰富,远胜于前。宋人能言善辩,都是宗于"言尽意"的意思。

---

① 拙著:《周易精读》,复旦大学出版社,2007年版,第320、311、344页。
② 王应麟:《经说》,《困学纪闻》卷八,闫若璩、何焯、全祖望注,上海古籍出版社,2015年版。
③ 见王应麟:《困学纪闻》卷八《经说》。
④ 司马光:《温国文正司马公文集》卷六十四,《司马温公文集》丛书集成初编,中华书局,1985年版。
⑤ 陆九渊:《语录下》,《陆九渊集》卷三十五,中华书局,1980年版。

"宋人好发议论",实在是很不错的。宋代有许多书院,那书院的道学先生也是每天都在讲话,都在言述,把个语言的达意功能发挥得淋漓尽致。

然而,"好发议论"却并非理学精神的根本。在"好发议论"之背后,是宋人的思虑器官尤为发达,"好沉思""好怀疑",这才是理学精神之所在。但见朱夫子年方十六,读书痛下苦功,必寻根问由,倘思虑未果,每每竟至三四夜穷究到拂晓,真有那"衣带渐宽终不悔,为伊消得人憔悴"的劲头。朱熹说:"某自五六岁,便烦恼道:'天地四边之外,是什么物事?'见人说四方无边,某思量也须有个尽处,如这壁相似,壁后也须有什么物事。某时思量得几乎成病,到而今也未知那壁后是何物。"①这种思想的困惑,只有思想者才能享受——一种带有迷茫与苦涩的"美感"。朱熹不仅"思量"空间存在问题,对时间运动问题也苦思冥索。他把"太极"看作一个时间过程,认为世界始于"太极","太极"即"原始浑沦状态",但"太极"并非时间之始,仅是世界"辟阖往来"之循环往复过程的一个环节,所谓"动静无端,阴阳无始"是也。

  问:"自开辟以来,至今未万年,不知已前如何?"曰:"已前亦须如此一番明白来。"又问:"天地会坏否?"曰:"不会坏,只是相将人无道极了,便一齐打合,混沌一番,人物都尽,又重新起。"问:"生第一个人时如何?"曰:"以气化。二五之精合而成形,释家谓之化生。如今物之化生甚多,如虱然。"②

尽管是猜测与臆想,依然能够证明朱夫子是一个大有"问题意识"的学者。

王守仁亦然。"龙场悟道"前,阳明依朱熹"格物穷理"一途去"格竹子"。他自述其事云:

---

① 朱熹:《周子之书·太极图》,《朱子语类》卷九十四,黎靖德编:《朱子语类》第六册,中华书局,1994年版,第2377页。
② 朱熹:《理气上·太极天地上》,《朱子语类》卷一,黎靖德编:《朱子语类》第一册,第7页。

先生曰："众人只说格物要依晦翁，何曾把他的说去用？我着实曾用来。初年与钱友同论做圣贤，要格天下之物，如今安得这等大的力量？因指亭前竹子，令去格看。钱子早夜去穷格竹子的道理，竭其心思，至于三日，便致劳神成疾。当初说他这是精力不足，某因自去穷格。早夜不得其理，到七日，亦以劳思致疾。"[1]

这真是思想的痛苦。思想的本质是怀疑。怀疑一切既定真理与秩序的悖谬性。怀疑是人格的本在意义，极富审美意识与美感的思想运动的原动力。怀疑是冷峻之理性的人格美。

理学精神的"三学合一"与思想的怀疑，曾经给宋明的艺术审美以巨大的影响，这又与所谓"存天理，灭人欲"的理学总原则相关。

第五节 崇"理"而抑"情"的审美

宋明理学的基本矛盾，是理与情（欲）的矛盾。理学家与一般文人学士对这一基本矛盾的如何看待与处理，基本决定其艺术审美观与审美态度。无论张载的"气即理"、程朱的"性即理"、陆王的"心即理"还是邵雍的"数即理"，尽管其各自的哲学视角有不同，但宗"理"是彼此一致的。"理"是道德意义上的实用理性的哲学本体化。无论物我、主客、体用与动静，这一世界的本体是"理"，"理"是普遍而本在的。理学固然是一种具有思想深度、广度与思维之精致化的哲学，在哲学本体层次上，它使"理性的审美"成为可能。所谓"理性的审美"，是一个背反的命题，它不是所谓"科学美"及其美感问题。"科学美"所讨论的，是自然科学领域的科学发现、科学理论体系、科学实践及其成果以及主体文化心态的审美如何可能的问题。而

---

[1] 王守仁：《传习录下》，《王阳明全集》，上卷，上海古籍出版社，1992年版，第120页。

理学所谓"理性的审美",一方面将道德提升到哲学本体高度来加以认识与践履,这打开了从道德通过哲学而走向审美的历史与逻辑通道。另一方面,又因实用理性(道德理性)的严厉性从而贬损甚至否定艺术审美。问题在于,在"存天理,灭人欲"这一理学总则的巨大阴影之下,艺术审美到底如何可能?当人们将"存天理,灭人欲"这一道德信条加以认同与践行时,由于排斥"人欲(情)",无异于否定艺术审美。艺术审美岂能无"情"?①

"存天理,灭人欲",这不仅是一个道德难题,也是一个美学难题。因而,理学家们固然说"理"说得头头是道,至于"情""欲"二字,总是不好安排。宋明历时弥久,理学之内部也是观点相左,各自张其军,比如程朱与陆王就大相径庭。而就理学对艺术审美之巨大影响的总体看,如果说,唐代的艺术审美,尤为倚重才气与感觉,在于时代与人格意绪的喷涌与奔放的话,那么自宋代始,那种艺术想象力与生命力尤为强健的品格与风尚,就不同程度地让位于一种崇尚理性而节抑情感(欲)的倾向。严羽《沧浪诗话》指出,"本朝人尚理,唐人尚意兴"。严羽所言"本朝",指南宋,其实北宋人亦"尚理",元代亦大致"尚理"。至于明代,情况更复杂些,别的暂且不论,在阳明心学中,其崇"心"(理)的同时,由于以"心"为本体,此"心"便是"灵明","灵明"虽是一个"理",却因"灵明"中有灵觉、灵慧的心理因素,便不免有些感性与情感(欲)的肯定意义在;或曰"灵明"说虽为"理"之论,而"灵明"却是通于审美之"情感"(欲)的,可谓暗度陈仓。不过,称宋明理学之总体崇"理",总也站得住。所以钱锺书《谈艺录》说得对:"唐诗多以丰神情韵擅长,宋诗多以筋骨思理见胜。"②

宋诗、词、文浩如烟海,固然未可以"崇理节情"而一概言之,但"多以筋骨思理见胜",则诚然也。在理学观念影响下,宋代曾盛行所谓"道学体",毛泽东称"宋诗味同嚼蜡",虽有偏失,仅就"道学体"言,可谓中的。刘克庄曾称此体乃"近世贵理学而贱诗,间有篇咏,率是语录、讲义

---

① 当然,如唐代王维禅诗那样的"元审美",是无"情"的审美,这是另一问题。请参见本书第五章有关论述。
② 钱锺书:《谈艺录》,中华书局,1984年版,第2页。

第六章　理学流行与审美综合

之押韵者耳"①。即使以"韵语"说"理",则审美殆矣,为宋诗之末流。另一类诗,是所谓"理趣诗",写得有些情趣而其意仍在说"理",这在艺术上未得营构全诗统一之意象,但言审美,则自当少弱。一般宋代诗人的一些作品,也有较明显的崇"理"倾向。梅尧臣《陶者》云:"陶尽门前土,屋上无片瓦。十指不沾泥,鳞鳞居大厦。"全诗无一统一意象,是先有一个理念,主题先行,再以一些片断的意象点缀于字里行间,来演绎这一理念。欧阳修曾称梅诗"古硬","硬"在理念太嫌强烈。欧阳修的诗、文极好,却也有些"理"性太强的,如其《感二子》:"英雄白骨化黄土,富贵何止浮云轻。惟有文章烂日星,气凌山岳常峥嵘。"给人的感受,是夹叙夹议,是借某些意象片断来讲一个道理。固然此"理"非理学之"理",却是在理学思潮影响下所养成的"好发议论"在诗歌创作中的表现。又如南宋文学大家陆游的《示儿》:"死去元知万事空,但悲不见九州同。王师北定中原日,家祭无忘告乃翁。"此诗的魅力,来自诗人体现于诗中的忠挚于国家、社稷的人格魅力而非艺术意象或意境本身。王水照先生主编《宋代文学通论》云:"欧、梅、苏(舜钦)开宋诗大量'以议论为诗'的风气,他们的议论有的颇为新警,有的则迂腐生硬。"问题是,"新警"属于思想范畴,不属于诗。又说:"几乎所有的题材都可以谈理寓道,这是欧、梅、苏的一大拓展,也是翁方纲所谓宋诗'精诣'所在。写景、状物、咏史、言情,触处即生议论,表现出宋人理性深思的特点"。② 这一评价,不为无根之谈。大量的宋代诗文即使其中不少名篇佳作,也往往在咏物、抒情之余,不忘议论。如苏轼《水调歌头·丙辰中秋》最后"但愿人长久,千里共婵娟"云云,又如其《念奴娇·赤壁怀古》最后"人生如梦"句。再如范仲淹《岳阳楼记》满篇意象壮阔,还是在抒情之中不忘发表一个议论:"先天下之忧而忧,后天下之乐而乐"。文天祥《过零丁洋》也有"人生自古谁无死,留取丹心照汗青"的议论。凡此议论,都具有思想与道德人格的力度。从审美言,却不是营

---

① 刘克庄:《恕斋诗存稿跋》,《后村先生大全集》卷一〇一,四川大学出版社,2008 年版。
② 王水照:《宋代文学通论》,河南大学出版社,1997 年版,第 96、95 页。

构艺术意象与意境时所必需的。

宋人有"以文字为诗,以才学为诗,以议论为诗"①的嗜好,颇不同于唐人。宋人对"象"似乎并不很看重,有魏晋王弼"得意忘象"的意思。在宋代诗文中,宋人通过文字与议论所炫耀的,往往是"才学"而非"才气",尽管宋代文人士子中独多"才气"横溢之辈。以唐诗与宋诗相比,"假如说,唐诗是一个深情酝染的世界,那么,宋诗是一个思虑精微的宇宙。在这个宇宙中,宋人忘象得意,以意索理,冷静地对外在物象展开概念化思考,进而从凝思中省悟到人生和宇宙的底蕴。'知性反省'和'即物求理'的精神,使宋诗必然酿塑出与唐诗不同的风格"。②

宋代的这一类诗文,为诗、为文者将注意力放在"议论"上,以概念、逻辑、推理与判断来组织文句,必致抑"象"而重"意"。由于"象"之少弱,又必阻断了情感的渲染与宣泄。反之,由于崇"理"而抑"情",便将"象"从诗中放逐出去,留下一些赤条条的道理。明人陈子龙《王介人诗余序》云,宋诗"言理而不言情,故终宋之世无诗焉"③,固然言之有过,但宋诗与文多有"议论",却是事实。宋人的倚重才学与学问,颇似中年人的品性。黄庭坚曾坦言"诗词高胜,要从学问中来"④。学问第一,与唐人相比,诗的精神气候变了。笔者曾说,就思想而言,"它有中年甚或老年人的明彻、睿智与成熟,却少有少年郎那般的英迈与狂放。思想也许变得更为深沉,头脑里的条条框框却也多起来了"⑤。钱锺书《谈艺录》指出,从文脉看,一个民族的诗歌文学有如人之一生,"一生之中,少年才气发扬,遂为唐体,晚节思虑深沉,乃染宋调"。此之谓也。

宋明崇"理"而抑"情"的艺术审美,并非宋明儒与文人学子有意为之,而是整个时代意识、思想现实与学术氛围的一种风尚;并非执意提倡,而

---

① 严羽:《沧浪诗话·诗辨》,郭绍虞:《沧浪诗话校释》,人民文学出版社,1961年版。
② 冯天瑜、何晓明、周积明:《中华文化史》,上海人民出版社,1990年版,第671页。
③ 沈雄:《古今词话》,《词品》卷上,上海古籍出版社,2009年版。
④ 胡仔纂集:《苕溪渔隐丛话》前集,人民文学出版社,1962年版。
⑤ 朱立元主编,王振复副主编:《天人合一:中华审美文化之魂》第一章(王振复撰),上海文艺出版社,1998年版,第29页。

是因长期熏染的理学观念自然而然地渗透于艺术审美之故。宋明独多诗话、词话，乃时人擅长于说"理"、拙于宣"情"之故。

第六节　文与道的矛盾和审美

文与道的矛盾，是中国美学之文论部分的基本矛盾之一，它和阴与阳、道与技、情与性、性与理、理与气意与象等中国美学的基本矛盾一起，一直纠缠着中国美学的智慧头脑，严重影响中国美学之文脉的走向与审美品格。

在中国美学史上，文与道的矛盾关系问题，实际是孔子首先提出来的，孔子称之为文与质："子曰：'质胜文则野，文胜质则史。文质彬彬，然后君子。'"①大意是说，君子完美的道德人格，是"文质彬彬"的。"彬彬"，魏人何晏《论语集解》云"文质相半之貌"。南宋朱熹《四书章句集注》说："犹斑斑，物相杂而适均之貌。"《国语·郑语》说："物一无文。"《易传》说："参伍以变，错综其数，通其变，遂成天下之文"，又云"物相杂故曰文"。杨伯峻《论语译注》将"文"理解为"君子人格的外貌文采"，可从。质，此可释为实、诚信。《大戴礼记·卫将军文子》有"子贡以其质告"语，《左传·昭公十六年》称："楚子闻蛮氏之乱也，与蛮子之无质也。"杜预注："质，信也。"质有实义，故引申为质朴，"夫强乎武哉，文不胜其质"。故杨伯峻《论语译注》释"质"为"朴实"，可从。史，本书第一章释史之本义，为原古巫术"立中"之记载。史者，记也。史巫从事原始巫卜、巫筮与祭祀活动，为史；史官记事记言，为记。史巫在远古受到社会尊重。但是在孔子时代，史巫的权威已经受到挑战，当时不信巫术卜筮者，已不乏其人。《尚书·金縢》云："史乃册"。在一些人看来，史巫为崇信鬼神、虚事鼓舌

---

①《论语·雍也第六》，刘宝楠：《论语正义》，《诸子集成》第一册，上海书店，1986年版，第125页。

之徒。故孔子这里所言"史",确有虚浮、夸饰之义。孔子在此提出了一个君子道德的理想问题。韩非承其绪,称"繁于文采,则见以为史"。"以质信言,则见以为鄙。"鄙者,野也。孔子的这一见解,对中国美学之文道观影响深远,虽未直接言及"道",却须与孔子的另一见解"志于道,据于德,依于仁,游于艺"①参照起来看。这里,道与德对,仁与艺应。道与德显然有别。虽然孔子罕言天道,但不是绝对不言,所谓"朝闻道,夕死可矣"的"道",就不限于伦理道德,"志于道"的"道",亦应作如是观。以笔者之愚见,孔子这里所谓"仁",既包括"德",又包括"道"。而"艺",属于"文"的范畴。因此孔子的这一见解,隐伏着一个文道关系的潜结构,是与其"文质彬彬"的观点相辅相成的。虽然这里说的都是伦理道德意义上的人格问题,却在文化思路与内容上,开启了中国美学之文道关系的历史文脉之门。一是文道问题,所讨论大抵是道德问题与文(文学艺术)之关系,有时超越到哲学领域;二是在历史上以文、道二分的美学观为主,有时也出现文犹道、道犹文的见解。

在文道关系问题上,《国语·晋语》有关于"文益其质"的见解。韩非作为先秦法家的代表人物,已大致上直接提出并论述了文、道关系的美学问题,并且是从哲学角度切入的:

> 道者,万物之所然也,万理之所稽也。理者成物之文也。道者万物之所以成也。故曰道,理之者也。物有理不可以相薄。物有理不可以相薄,故理之为物,制万物各异理。万物各异理而道尽……天得之以高,地得之以藏,维斗得之以成其威,日月得之以恒其光,五常得之以常其位,列星得之以端其行,四时得之以御其变气,轩辕得之以擅四方,赤松得之与天地统,圣人得之以成文章②。

---

① 《论语·述而第七》,刘宝楠:《论语正义》,《诸子集成》第一册,上海书店,1986年版,第137页。
② 《韩非子·解老第二十》,王先慎:《韩非子集解》,《诸子集成》第五册,上海书店,1986年版,第107—108页。

无疑，韩非所言"道"，是从哲学本体、本原角度提问的。有趣的是，他将"理"理解为"成物之文"，相当于宋明理学家有时将"理"理解为事物之"条理"。韩非的文道观，起源于先秦老子而影响宋明理学。韩非指出："和氏之璧，不饰以五采；隋侯之珠，不饰以银黄，其质至美，物不足以饰之。夫物之待饰而后行者，其质不美也。"①这是开了重"质"(道)轻"文"的历史先河。韩非又用"买椟还珠"的寓言，来说明其"以文害用""楚人有卖其珠于郑者""郑人买其椟而还其珠"②的见解，这与后世的"以文害道"说在文脉上是有内在联系的。

相传为西汉戴德辑录的《大戴礼记》，将文、质问题归结为礼，实际是把文、道关系看作礼(道德伦理规范典章制度及其观念)内部的一个问题：

> 先王之立礼也，有本有文。忠信，礼之本也；义理，礼之文也。无本不立，无文不行。③

这正如刘宝楠《论语正义》所言："礼有质有文。质者，本也。礼无本不立，无文不行。能立能行，斯谓之中。"④《淮南子》也谈到了文质关系问题，指出"必有其质，乃为之文"⑤。又说："锦绣登庙，贵文也；圭璋在前，尚质也。文不胜质，之谓君子。"⑥其"话语"原自孔子来，却与夫子唱了反调。

而刘向之言，基本宗于孔子。"故曰：'文质修者，谓之君子。有质而

---

① 《韩非子·解老第二十》，王先慎：《韩非子集解》，《诸子集成》第五册，第 97 页。
② 《韩非子·外储说左上第三十二》，王先慎：《韩非子集解》，《诸子集成》第五册，第 198、199 页。
③ 《大戴礼记·礼器》，《大戴礼记汇校集解》，中华书局，2008 年版。
④ 《论语·雍也第六》，刘宝楠：《论语正义》，《诸子集成》第一册，上海书店，1986 年版，第 125 页。
⑤ 《淮南子·本经训》，高诱：《淮南子注》卷八，《诸子集成》第七册，上海书店，1986 年版，第 123 页。
⑥ 《淮南子·缪称训》，高诱：《淮南子注》，《诸子集成》第七册，第 155 页。

无文，谓之易野。子桑伯子易野，欲同人道于牛马"①。

扬雄主张"华实副则礼"说。"华实"者，文质（文道）也，"圣人，文质者也"②。这是重复了孔子的文质观。扬雄又说："或曰：'良玉不雕，美言不文，何谓也？'曰：'玉不雕，玙璠不作器；言不文，典谟不作经。'"③认为"实无华则野，华无实则贾，华实副则礼"。④

王充则云："有根株于下，有荣叶于上，有实核于内，有皮壳于外。文墨辞说，士之荣叶皮壳也。实诚在胸臆，文墨著竹帛，外内表里，自相副称，意奋而笔纵，故文见而实露也。"⑤这是说"文墨辞说"须与"实诚""胸臆"相副才有美，已将孔子"文质彬彬"说从人格领域转入文章、文学的审美领域。

沈约作为南朝梁代著名诗律学家，尤重声律而持重"文"轻"道"之说。沈约选文强调"赞论之综辑辞采，序述之错比文华，事出于沉思，义归乎翰藻"。

> 夫五色相宜，八音协畅，由乎玄黄律吕，各适物宜。欲使宫羽相变，低昂互节，若前有浮声，则后须切响。一简之内，音韵尽殊；两句之中，轻重悉异。妙达此旨，始可言文。⑥

刘勰的文、道观，显然受魏晋玄学影响，认为为文者，"心生而言立，言立而文明，自然之道也"⑦，但这"道"又非纯粹的老庄之道，因《文心》还有"宗经""征圣"的一面。刘勰又说："然后标以显义，约以正辞：文以辨

---

① 刘向：《说苑·修文》，向宗鲁：《说苑校证》，中华书局，1987年版。
② 扬雄：《法言·先知》，《法言义疏》，《新编诸子集成》第一辑，中华书局，1987年版。
③ 扬雄：《法言·寡见》，《法言义疏》，《新编诸子集成》第一辑。
④ 扬雄：《法言·修身》，《法言义疏》，《新编诸子集成》第一辑。
⑤ 王充：《论衡·超奇篇》，《诸子集成》第七册，上海书店，1986年版，第136页。
⑥ 沈约：《宋书·谢灵运传》，《宋书》卷六十七，中华书局，1974年版。
⑦ 刘勰：《文心雕龙·原道第一》，范文澜：《文心雕龙注》上册，人民文学出版社，1958年版，第1页。

洁为能，不以繁缛为巧；事以明核核为美，不以深隐为奇：此纲领之大要也。若不达政体，而舞笔弄文，支离构辞，穿凿会巧，空骋其华，固为事实所摈，设得其理，亦为游辞所埋矣。"①刘勰实际持"文以明道"说，称"故知道沿圣以垂文，圣因文而明道"②，又认为"经也者，恒久之至道，不刊之鸿教也"，此"极文章之骨髓者也"③。刘勰的文道观，在于将儒家之道玄学化、自然化，有本体化的倾向，却又基本回到"儒"的文道立场，是宋明理学之文道说的重要思想之源。

钟嵘则说："故使文多拘忌，伤其真美。"《诗品》称班固《咏史》"质木无文"，称《汉书·杜周传》"殷因于夏尚质，周因于殷尚文。今汉家承周、秦之敝，宜抑文尚质"。意在推重夏的"尚质"④。主张诗歌须具"滋味"，反对拘于声律，称"理过其辞，淡乎寡味"。这可以看作是对沈约声律说的诟病。

颜之推的文道观具有新的特点，它首先从生命观来看文与道之关系，继而批评"今世""趋末弃本"的重"文"轻"道"倾向：

> 文章当以理致为心肾，气调为筋骨，事义为皮肤，华丽为冠冕。今世相承，趋末弃本，率多浮艳。辞与理竞，辞胜而理伏；事与才争，事繁而才损。放逸者流宕而忘归，穿凿者补缀而不足。⑤

这里，不称"道"而称"理致"，虽不同于理学之"理"，而由此已可闻理学文道论隐隐之潮声了。

刘昼(北朝北齐人)在谈文道问题时，也用了一个"理"字，不过他说的是绘画而非文学：

---

① 刘勰：《文心雕龙·议对第二十四》，范文澜：《文心雕龙注》下册，第438—439页。
② 刘勰：《文心雕龙·原道第一》，范文澜：《文心雕龙注》上册，第3页。
③ 刘勰：《文心雕龙·宗经第三》，范文澜：《文心雕龙注》上册，第21页。
④ 钟嵘：《诗品序》，曹旭：《诗品集注·序》，上海古籍出版社，1994年版。
⑤ 颜之推：《颜氏家训·文章》，《四部丛刊》本，中华书局，2016年版。

> 画以摹形，故先质后文；言以写情，故先实后辩。无质而文，则画非形也；不实而辩，则言非情也。红黛饰容，欲以为艳，而动目者稀；挥弦繁弄，欲以为悲，而惊耳者寡：由于质不美也。质不美者，虽崇饰而不华；曲不和者，虽响疾而不哀。理动于心，而见于色；情发于中，而形于声。故强欢者，虽笑不乐；强哭者，虽哀不悲。①

"先质后文"是其基本观点，如"质不美者"，"文"则无"美"。

时至隋唐，文、道问题依然是中国美学与文论的重要"话题"。隋人王通称，淫于声律者，诗之末流，"今子营营驰骋乎末流，是夫子之所痛也"②，认为"言文而不及理，是天下无文也"③。

唐初，魏徵《隋书·文学传序》有云，文学之"气质则理胜于词，清绮则文过其意"，"意"，犹言"质"也。又称："若能各去所短，合其两长，则文质彬彬，尽善尽美矣。"重申孔子之旨。

韩愈作为宋明理学之前驱，以复兴儒学与道统为己任，文、道问题，自当在其美学视野之内。

> 愈之志在古道，又甚好其言辞。④
> 思古人而不得见，学古道则欲兼通其辞。通其辞者，本志乎古道者也。⑤

如果说韩愈主张文道统一而尤重"古道"的话，那么，与韩昌黎同"道"的柳宗元则倡言"文以明道"说，持以"道"为"本"为"原"之见：

---

① 刘昼：《刘子·言苑》，上海涵芬楼影印正统道藏本，北京大学哲学系美学教研室编：《中国美学史资料选编》，中华书局，1980年版，第229页。
② 王通：《中说·天地》，中国文史出版社，2012年版。
③ 王通：《中说·王道》。
④ 韩愈：《韩昌黎集》卷三，马其昶、马茂元：《韩昌黎集校注》卷三，上海古籍出版社，1998年版。
⑤ 韩愈：《韩昌黎集》卷五，马其昶、马茂元：《韩昌黎集校注》卷五，上海古籍出版社，1998年版。

第六章 理学流行与审美综合

> 始吾幼且少，为文章，以辞为工。及长，乃知文者以明道，是固不苟为炳炳烺烺、务采色、夸声音而以为能也……本之《书》以求其质，本之《诗》以求其恒，本之《礼》以求其宜，本之《春秋》以求其断，本之《易》以求其动：此吾所以取道之原也。①

"文"者，"明道"之器。"文"是宣说、描述、说明"道"的文本。此"道"，当为儒之道。

白居易则说："诗者，根情，苗言，华声，实义。"②在强调诗之审美"情感"的同时，强调文（苗言、华声）、道（实义）如一株植物一般的生命的统一。在其《新乐府序》中，指出写诗的目的，在"总而言之，为君、为臣、为民、为物、为事而作，不为文而作也"。这是重"道"轻"文"甚至惟"道"无"文"的又一表述。他说："淫辞丽藻生于文，反伤文者也"。"王者删淫辞，削丽藻，所以养文也。"要求"为文者必当尚质抑淫，著诚去伪，小疵小弊，荡然无遗矣"。③

五代荆浩也有"华实"（文道）之说。"画者，画也，度物象而取其真。物之华，取其华；物之实，取其实，不可执华为实。若不知术，苟似可也，图真不可及也。"④这里，荆浩的"道"，指"真"，无涉于儒家所倡言的道德伦理。

可见宋代之前，关于文、道关系问题历来有诸多论述，其思想与思维一般宗于孔儒，旁涉老庄。宋之时，这一问题再度作为理学美学的一个主题而受到关注。

其一，北宋初年，矢志于继承韩、柳"古文"运动的柳开（946—999），为北宋"古文"之先驱之一，主张文道合一。他说："吾之道，孔子、孟轲、

---

① 柳宗元：《柳宗元集》卷三十四《答韦中立论师道书》，严占华、韩文奇：《柳宗元集校注》卷三十四，中华书局，2013 年版。
② 白居易：《与元九书》，《白香山集》卷二十八，文学古籍刊行社，1954 年版。
③ 白居易：《策林六十八》，《白香山集》卷四十八。
④ 荆浩：《笔法记》，于民主编：《中国美学史资料选编》，复旦大学出版社，2008 年版，第 254 页。

扬雄、韩愈之道；吾之文，孔子、孟轲、扬雄、韩愈之文也。""古文者，在于古其理，高其意，随言短长，应变作制，同古人之行事，是谓古文也。"①"道也者，总名之谓也。众人则教矣，贤人则举矣，圣人则通矣。""圣人之文章，诗书礼乐也。天之性者，生则合其道，不在乎学焉。"②在他看来，"古文"是文道合一的，而圣人的天性，在"生则合其道"，"圣人则通矣"。因此标榜"古文"，有主张文道统一的意思。柳开的这一见解，类似于与其同时代的田锡（940—1004）。田锡说："夫人之有文，经纬大道。得其道，则持政于教化；失其道，则忘返于靡漫。"③得"道"之文，便是文道合一之"文"。

其二，为文宗于韩、柳的王禹偁（954—1001）说："近世为古文之主者，韩吏部而已。"认为韩文"未始句之难道也，未始义之难晓也"。他明确提出："夫文，传道而明心也。"④这是对韩愈"原道"说与柳宗元"文以明道"说的继承。"道"固然重要，而"传道"之"文"并非可有可无。王禹偁提倡"古雅简淡"之文风，变五代以来的雕琢陋习，"独开有宋风气"。至于文的"明心"功能一说，已在文、道关系问题中杂糅了佛禅"明心见性"的理解。

其三，孙仅（969—1017）释"道"重曹丕《典论·论文》关于"文以气为主"说，倡"文"必宣"天地真粹之气"说。其《读杜工部诗集序》云："故文者，天地真粹之气也。所以君五常、母万象也。纵出横飞，疑无涯隅；表乾里坤，深入隐奥。"又说："夫文各一，而所以用之三，谋、勇、正之谓也。谋以始意，勇以作气，正以全道。"⑤孙仅的见解，远承魏曹丕"文以气为主"说。认为，"文"作为"天地真粹之气"的表现，"用"在"谋、勇、正"

---

① 柳开：《应责》，《河东先生集》卷一，国家图书馆出版社，2019年版。
② 柳开：《上王学士第三书》，《河东先生集》卷五，国家图书馆出版社，2019年版。
③ 田锡：《贻陈季和书》，《咸平集》卷二，巴蜀书社，2008年版。
④ 王禹偁：《答张扶书》，《小畜集》卷十八，《钦定四库全书荟要小畜集》，吉林出版集团，2005年版。
⑤ 宋仅：《读杜工部诗集序》，《全宋文》第269册，四川大学古籍整理研究所编纂，曾枣庄、刘琳主编，上海辞书出版社、安徽教育出版社，2006年版。

之道德三要。又仅将"气"与"勇"对，显然缩小了作为"天地真粹之气"的"文"的社会功用。在讨论"文"之功用问题的同时，又仅将"道"与"正"对。其实"道"不仅有"正"的问题，也与"谋""勇"相关。这里，孙仅的文道观是其文气说的构成部分，在逻辑上，两者是有些矛盾的。

其四，北宋初年与林逋等交厚，其思想兼得于释、儒的智圆(俗姓徐，字无外，976—1022)《佛氏汇征别集序》称："唐祚既灭，五代之间，乱亡相继"，"罗昭谏、陆鲁望、孙希韩辈既没，文道大坏。作雕篆四六者鲸吞古风；为下俚讴歌者扫灭雅颂"。故须大力倡言"古道""古文"。智圆亦主"文以明道"之见："夫所谓古文者，宗古道则立言，言必明乎古道也。古道者何？圣师仲尼所行之道也。"要求"夫为文者，固其志，守其道，无随俗之好恶而变其学也"，"今其辞而宗于儒，谓之古文可也"①。智圆此说，并未真正从韩、柳"古文"之文道观的历史"阴影"之中走出。

其五，孙复(字明复，号富春，992—1057)云："夫文者，道之用也。道者，教之本也。故文之作也，必得之于心而成之于言。得之于心者，明诸内者也；成之于言者，见诸外者也。明诸内者，故可以适其用；见诸外者，故可以张其教。"②"文"乃"道"之"用"，"道"为"教"之"本"，"文"有"明"于"内"心、"见"于"外"教的功用，其思、其虑，大致仍不出"文以明道"一途。孙复作为"宋初三先生"之一，其学承韩、柳"古文"之宗绪，有"以师道明正学"的特点。黄百家这样评价孙复："宋兴八十年，安定胡先生(指胡瑗)、泰山孙先生(按：孙复)、徂徕石先生(按：石介)始以师道明正学，继而濂、洛兴矣。故本朝理学虽至伊、洛而精，实自三先生而始。故晦庵有伊川'不敢忘三先生'之语。"③其文道观，亦追随于韩、柳之后。

---

① 智圆：《闲居编》，《卍续藏经》，新文丰出版公司(中国台湾)，1993年版。
② 孙复：《答张洞书》，《孙明复先生小集》，《儒藏》精华编，第205册，集部，北京大学《儒藏》编纂与研究中心，北京大学出版社，2014年版。
③ 黄宗羲原著，黄百家纂辑，全祖望补修：《宋元学案·泰山学案》卷二，《宋元学案》壹，中华书局，1986年版，第73页。

其六，时至欧阳修（1007—1072），关于文道关系问题的见解，以重"道"为圭臬而同时不废于"文"。其文有云："圣人之文虽不可及，然大抵道胜者，文不难而自至也。""若子云、仲淹、方勉焉以模言语，此道未足而强言者也。""若道之充焉，虽行乎天地，入于渊泉，无不之也。"①故"君子之于学也，务为道。而后履之以身，施之于事，又见于文章而发之，以信后世。"②认为"道"不可弃，而"文"具有相对独立的审美价值，亦当重视。"文"固然以宣"道"为要，"然闻古人之于学也，讲之深而信之笃。其充于中者足，而后发乎外者大以光"。凡"文"，总须以道德之光辉照耀于世，"而光辉之发自然也"。③欧阳修要求文章"自然"地显现道德人格之美。指出为文者，其为道虽同，言语文章，未尝相似。欧阳修撰《六一诗话》，开宋之后历代诗话之先河。采《易传》"书不尽言，言不尽意"说来丰富其文道观，并同意圣俞"状难写之景，如在目前；含不尽之意，见于言外"的见解，批评那种"语涉浅俗""多得于容易"的诗风。

其七，作为理学开山的周敦颐（1017—1073），倡"文以载道"说："文所以载道也。"将文、道二分，文为工具而道为工具之所载，文始终服务于道："文辞，艺也；道德，实也。"④依然是重"道"轻"文"之论。"文以载道"说，具有深远的历史影响。

其八，相比之下，二程兄弟笃守儒学，在文道问题上更持偏激之见。程颢（1032—1085）从《易传》"修辞立其诚"出发，有重"立诚"而轻"修辞"的倾向，认为学者先学文，鲜有能至道者；至如博观泛览，亦自为害。程颐（1033—1107）云："道之外无物，物之外无道，是天地之间无适而非道也。"⑤他更将"文"称为"雕虫小技"，归于"玩物丧志"一类：

---

①欧阳修：《答吴充秀才书》，《欧阳文忠公集》卷四十七，国家图书馆出版社，2019年版。
②欧阳修：《与张秀才第二书》，《欧阳文忠公集》卷四十七，国家图书馆出版社，2019年版。
③欧阳修：《与乐秀才第一书》，《欧阳文忠公集》卷四十七，国家图书馆出版社，2019年版。
④周敦颐：《通书·文辞第二十八》，《周敦颐集》，陈克明点校，中华书局，1990年版，第36页。
⑤程颢、程颐：《二程遗书·二先生语五》，潘富恩导读，上海古籍出版社，2000年版，第125页。

问:"作文害道否?"曰:"害也。凡为文不专意则不工。若专意,则志局于此,又安能与天地同其大也。《书》云:'玩物丧志',为文亦玩物也。"①

这位不苟言笑、"直是谨严,坐间无问尊卑长幼,莫不肃然"的道学先生,自称"某素不作诗,亦非是禁止不作,但不欲为此闲言语"。对杜甫也大不敬:"且如今言能诗,无如杜甫。如云:'穿花蛱蝶深深见,点水蜻蜓款款飞'。如此闲言语道出做甚。"②一笔抹煞诗的审美意义。

其九,苏轼(1037—1101),作为唐宋八大家之一,他的文道观包含了比较丰富的见解,既有对韩愈复兴儒学、倡言"古文"的肯定,又有对范仲淹、欧阳修那种崇高的道德文章与继承道统、文统的公正评说。要求文学艺术如韦应物、柳宗元氏,能"发纤秾于简古,寄至味于澹泊"③。对诗境体会尤深:"欲令诗语妙,无厌空且静。静故了群动,空故纳万境。阅世走人间,观身卧云岭。咸酸杂众好,中有至味永。"④苏轼的文道观,并不非唯"文"而无"道",而是其"道"已从传统儒家道统立场有所转移,渗透着道、释因素。东坡的"至味",是文与道(儒、道、释)高度统一所达到的审美境界。苏轼推重唐司空图,引述其论诗之言云:"梅止于酸,盐止于咸,饮食不可无盐梅,而其美常在咸酸之外。"⑤"咸酸之外"者,韵也。

其十,至于黄庭坚(1045—1105)论书法,其《书缯卷后》有云:"学书要须胸中有道义,又广之以圣哲之学,书乃可贵",推重苏轼书法艺术的"韵"。其《跋东坡〈远景楼赋〉后》说:"余谓东坡书,学问文章之气郁郁芊芊,发于笔墨间,此所以它人终莫能及尔。"《跋东坡墨迹》一文又称,东坡

---

① 程颢、程颐:《二程集·语录》,中华书局,2004年版。
② 《程氏外书》卷十二,朱杰人、严佐之、刘永翔主编,华东师范大学出版社,2010年版。
③ 苏轼:《书黄子思诗集后》,《苏轼文集》卷六十七,中华书局,1986年版。
④ 苏轼:《送参寥师》,《苏轼诗集》卷十七,中华书局,1982年版。
⑤ 苏轼:《书黄子思诗集后》,于民主编:《中国美学史资料选编》,复旦大学出版社,2008年版,第282页。

"笔圆而韵胜,挟以文章妙天下,忠义贯日月之气,本朝善书自当推为第一"①。黄庭坚《大雅堂记》又说:"子美诗妙处,乃在无意于文。夫无意而意已至,非广之以《国风》《雅》《颂》,深之以《离骚》《九歌》,安能咀嚼其意味,闯然而入其门耶? 故使后生辈自求之,则得之深矣;使后之登大雅者,能以余说而求之,则思过半矣。"②杜甫诗所以不同凡响,在黄氏看来,诚"夫无意而意已至"矣。

其十一,张耒(1054—1114)作为"苏门四学士"之一,有"其文汪洋冲淡""一唱三叹"之特色,在文道问题上,张耒的见解在独标"明理"之说,崇"理"而不废"意""气"。其云:"我虽不知文,尝闻于达者。文以意为车,意以文为马。理强意乃胜,气盛文如驾。理惟当即止,妄说即虚假。气如决江河,势盛乃倾泻。文莫如六经,此道亦不舍。"③又说,"自六经以下,至于诸子百氏、骚人辩士论述,大抵皆将以为寓理之具也。是故理胜者,文不期而工;理诎者,巧为粉泽而隙百出","故学文之端,急于明理"。张耒所言"理",首先是理学之"理",兼指"诸子百氏、骚人辩士"之文章的理性精神。

其十二,郑樵(1104—1162)从辞章、义理关系论文道问题。"耽义理者,则以辞章之士为不达渊源;玩辞章者,则以义理之士为无文采。要之,辞章虽富如朝霞晚照,徒焜耀人耳目;义理虽深如空谷寻声,靡所底止。二者殊途而同归。是皆从事于语言之末,而非为实学也。"④

其十三,关于秦观(1049—1100),东坡云:"秦观自少年从臣学文,词采绚发,议论锋起"⑤,为东坡所"爱重"。秦观说:"夫所谓文者,有论理之文,有论事之文,有叙事之文,有托词之文,有成体之文。"又说:

---

① 黄庭坚:《豫章黄先生文集》第二册,卷二九,上海书店出版社,1989年版。
② 黄庭坚:《大雅堂记》,《黄庭坚全集》第二册,中华书局,2021年版。
③ 张耒:《与友人论文因以诗投之》,《柯山集》卷九,武英殿聚珍版,第四十一册,故宫博物院编,故宫出版社,2010年版。
④ 郑樵:《通志》卷七十二,《图谱学·原学》,于民主编:《中国美学史资料选编》,复旦大学出版社,2008年版,第296页。
⑤ 苏轼:《辨贾易弹奏待罪扎子》,《苏轼文集》卷十八,中华书局,1982年版。

"探道德之理，述性命之情，发天人之奥，明死生之变，此论理之文，如列御寇、庄周之所作是也。"①秦观以《列子》《庄子》为论理之文的代表作，可见其所言之"理"，不限于理学范畴。秦观在文道问题上持宽容的态度，其立论较为弘通：务华藻者，以穷经为迂阔；尚义理者，以缀文为轻浮；好为高世之论者，则又以经术文辞皆言而已矣，未尝以为德行。德行者，道也。是三者，各有所见而不能相通。在他看来，文辞、经术与德行三者不能相通，故不必强为之通，理学气息少弱。

其十四，作为道学家的南宋吕本中（1084—1145），在文道问题上的态度，在于既崇"道"又恋"文"。其诗有云："稍知诗有味，复恐道相妨"（《试院中作二首之一》），担心作诗而害道；一边又称"好诗有味终难舍"②，一种审美情感要求得以满足与抚慰的焦虑与饥渴，溢于言表。精神的出路在哪里呢？吕本中认为，在涵养生命之气。气之养，在学道。其《学道》一诗有云："学道如养气，气实病自除。"依然在道德救世、理学治人。不过"养气"毕竟又不同于崇"理"。如果说"理"是绝对的形而上，绝对的严厉与冷峻，那么，"气"是生命的意蕴。所以，理学家如有既说"理"又说"气"者，证明其思其情，起码已从理学的绝对"高度"退了一步，其理学思想观念，容许关于生命的审美情感的存在。

其十五，陆游（1125—1210）的文道观仍以宗于"道"为基本立场，称无"道"之"文章，小技耳"。而"夫文章，小技耳，然与至道同一关捩。惟天下有道者，乃能尽文章之妙"③。从陆游推崇汉代文章来看，其"道"仍大致不离于儒家之旨："汉之文章，犹有六经余味。及建武中兴，礼乐法度，粲然如西京时，惟文章顿衰"④。然而与吕本中相似，陆游亦以"气"论救"道"之弊，其云："平生养气颇自许，虽老尚可吞司并。""周流惟一气，

---

① 秦观：《韩愈论》，《淮海集》卷二二，商务印书馆，1936年版。
② 吕本中：《次韵答曹州同官兼简范寥信中》，《东莱先生诗集》卷八，北京图书馆出版社，2006年版。
③ 陆游：《上执政书》，钱仲联、马亚中编：《陆游全集校注》，《剑南文集》卷十三，浙江古籍出版社，2011年版。
④ 陆游：《陈长翁文集序》，钱仲联、马亚中编：《陆游全集校注》，《剑南文集》卷十五。

天地与人同。"①有曹丕《典论·论文》之遗响。作为爱国诗人，陆游以文"气"之高格独标于世，指诗、文所体现的民族气节，这又不同于曹魏。正是在这一点上，陆游将"道"与"气"对接起来。而其所言"气"，毕竟指生命意义上的阳刚之气，否则，所谓陆游诗、文的豪放，便失却其内在依据。

其十六，陆九渊(1139—1193)云："主于道则欲消，而艺亦可进；主于艺则欲炽而道亡，艺亦不进。""以道制欲则厌而不厌，以欲忘道则惑而不厌。"持道主艺从之见。又称："艺即是道，道即可艺，岂惟二物，于此可见矣。"②又持艺(文)道合一说。

其十七，杨万里(1127—1206)说："《诗》也者，矫天下之具也。""以议天下之善、不善，此《诗》之所以作也。故《诗》也者，收天下之肆者也。"这是典型的诗之工具论。诗之用，在于"议天下之善、不善"，且"收天下之肆者也"。诗是论"道"的工具与约束(收)"肆者"的工具。那么"肆者"是什么呢？指"至情"。可见"情"(欲)不是一个好东西。"盖圣人将有以矫天下，必先有以钩天下之至情。得其至情，而随以矫，夫安得不从？""至情"肆虐，对治者，"道"也。"导其善者以之于道，矫其不善者以复于道也。"③"道"本善，为"情"(欲)所"肆"而必"不善"。"矫其不善者"，即"复于道"。这里，诗具两大功能：(一)导乎本善；(二)矫乎不善。这是以求"善"(主要是道德说教)来遮蔽诗的审美。但是审美是人性本在的需要，理论上可以倡言"收天下之肆者"，而实际是做不到的。诚斋亦然。"我初无意于作是诗，而是物、是事适然触乎我，我之意亦适然感乎是物、是事。触先焉，感随焉，而是诗出焉。"④理学的内在矛盾以及宋时一些理学家或一般文人士子的苦恼与彷徨，大约在于此吧。

---

① 陆游：《桐江行》，《剑南诗稿》卷十八《秋怀》、卷八十四《宴坐》，钱仲联、马亚中主编：《陆游全集校注》。
② 陆九渊：《陆九渊集》卷二十二《杂说》，中华书局，1980年版。
③ 杨万里：《心学论·诗论》，《诚斋集》卷八十四，上海古籍出版社，1989年版。
④ 杨万里：《答建康府大军库监门徐达书》，《诚斋集》卷六十七。

其十八，朱熹(1130—1200)论诗、文之作尤为丰赡，有《诗集传》《楚辞集注》等文艺学、美学著述传世，其后人编纂的《朱子语类》中，也有诸多论"文"、说"道"的见解。朱熹主张："文是文，道是道。文只如吃饭时下饭耳。若以文贯道，却是把本为末，以末为本，可乎？"①持道本而文末之见，却批评苏东坡关于"文自文而道自道"的见解：

> 今东坡之言曰："吾所谓文，必与道俱。"则是文自文而道自道，待作文时，旋去讨个道来入放里面，此是它大病处。②

"文自文，道自道"，是文、道二分说。朱熹认为："道者，文之根本；文者，道之枝叶。惟其根本乎道，所以发之于文，皆道也。"③这是理一元论在文道观上的表现，"文是文，道是道"，虽各是其是，却是统归于"理"的。

问题是，朱熹的理一元论，并非言"理"是孤零零的一个"理"，而是"理"在则"气"在，且持"理先气后"之说。

关于朱熹"理先气后"的理与气的逻辑结构，马一浮如此解读：

> 理气皆源于孔子"形而上者谓之道，形而下者谓之器"，道即言乎理之常在者，器即言乎气之凝成者也。《乾凿度》曰："太易者未见气也，太初者气之始也，太素者质之始也，太始者形之始也。"此言有形必有质，有质必有气，有气必有理。"未见气"，即是理，犹程子所谓"冲漠无朕"。理气未分，可说是纯乎理，然非是无气，只是未见（现）。故程子曰"万象森然已具"。理本是寂然的，及动而后始见气，故曰"气之始"。气何以始？始于动，动而后能见也。④

---

① 朱熹：《论文上》，黎靖德编：《朱子语类》第八册，中华书局，1994年版，第3305页。
②③ 朱熹：《论文上》，黎靖德编：《朱子语类》第八册，中华书局，1994年版，第3319页。
④ 马一浮：《泰和会语》，《马一浮全集》第一册，浙江古籍出版社，2013年版，第45页。按：《乾凿度》原文为："故曰：有太易，有太初，有太始，有太素也。太易者，未见气也。太初者，气之始也。太始者，形之始也。太素者，质之始也。"（[日]安居香山、中村璋八辑：《纬书集成》上册，河北人民出版社，1994年版，第11页）

"未见气,即是理",理的状态,"非是无气,只是未见"。这种对朱熹"理"一元论的理解,可谓入木三分。理的状态是"寂然"(静),"及动而后始见气","气"乃原始生命之"动"。故朱熹的"理",本静而有待于动,自哲学本体而"见"(现)为生命之气(动)的审美,因为有"气"处,必有审美之"象"随而至。程子尤其程颐的理学对审美采取十分严厉甚而否定的态度,然程子所言"万象森然已具",已不自觉地通于审美。审美必关乎文(符号)、道(意义),审美统一于"象","象"者,文、道之统一也。就"理"而言,审美如何可能呢?可能在于:"理"是"未见气"即有待于实现为"气"的一种本原、本体状态。因此,朱熹的"理"一元论,本在地包含着文、道统一的潜在见解。

朱熹《诗集传序》云:"吾闻之,凡诗之所谓'风'者,多出于里巷歌谣之作。所谓男女相与咏歌,各言其情者也。惟《周南》《召南》,亲被文王之化以成德,而人皆有以得其性情之正。故其发于言者,乐而不过于淫,哀而不及于伤。是以二篇独为风诗之正经。"[1]

这是在理学的域限中有条件地肯定《诗》宣泄男女情爱的意义,实际已突破传统文道观中的"道"的意义。尽管这位理学家依然站在理学卫道之立场,将男女相会贬称为"淫",但毕竟肯定了其情感的合"理"性,不同于二程的严厉态度。朱熹的文道观,一是主张"这文皆是从道中流出,岂有文反能贯道之理"[2]的"文道合一"论,二是部分改变了传统文道观中关于"道"的内容,对审美情感有所肯定。

其十九,朱熹之后,关于文、道的"话题"似乎已经说完,各种见解似乎统统登场。其实在朱子之后,关于文、道,还有些看法值得注意。如朱子再传的真德秀(1178—1235),将文、道之"道"释为"义理",认为"义理"非仅限于道德伦理。真德秀说:"三百五篇之诗,其正言义理者盖无

---

[1] 朱熹:《诗集传序》,朱熹:《诗集传集注》,中华书局,2011年版。
[2] 朱熹:《论文上》,黎靖德编:《朱子语类》第八册,中华书局,1994年版,第3305页。

几，而讽咏之间，悠然得其性情之正，即所谓义理也。"①此"悠然得其性情之正"，实指合契于"理"则的审美"性情"。该"性情"，指"必反求之身心"的"性情"，有"内寂"的倾向。真德秀又推重陶诗。于此可见，其在宗儒之余又不舍释、道。

其二十，魏了翁(1178—1237)以"本"说文、道。"本"者，人格之谓，而"辞(文)虽末枝，然根于性，命于气，发于情，止于道，非无本者能之"②。这指明了完善之人格对于建构"文道合一"观的决定意义。又说："盖辞根于气，气命于志，志立于学。气之薄厚，志之小大，学之粹驳，则辞之险易、正邪从之，如声音之通政，如蓍蔡之受命，积中而形外，断断乎不可掩也。"③说的是同一个意思。

其二十一，严羽(生卒年未详，据王运熙先生考证，其生年约在宋光宗绍熙三年即公元1192年前后，卒年为1265年左右。见《中国古代文论管窥》，齐鲁书社，1987年版，第242页)《沧浪诗话》以禅喻诗，提倡诗悟大抵与禅悟同一论。严羽的诗论，大体仍坚持儒家立论而不废佛言。《沧浪诗话》显然触及了理学主题与文、道之关系问题：

> 夫诗有别材，非关书也；诗有别趣，非关理也。然非多读书，多穷理，则不能极其至。所谓不涉理路，不落言筌者，上也。诗者，吟咏情性也。④

诗有"别材""别趣"，既"非关书""非关理"，又须"多读书""多穷理"，这仿佛有了矛盾。其实是严羽关于诗与审美的很高的识见。严羽此说，既反对江西诗派等"以文字为诗，以才学为诗，以议论为诗"那种"涉"于"理路"的诗论与诗风，又批评四灵诗派等无视诗之"理趣"，不以学问为诗人

---

① 真德秀编：《文章正宗纲目》，《文章正宗》第1155册，商务印书馆(中国台湾)，1987年版。
② 魏了翁：《杨逸少不欺集序》，《鹤山先生大全文集》卷五十五，北京图书馆出版社，2004年版。
③ 魏了翁：《攻媿楼宣献公文集序》《鹤山先生大全文集》卷五十六。
④ 严羽：《沧浪诗话·诗辨》，郭绍虞：《沧浪诗话校释》，人民文学出版社，1961年版，第24页。

文化之素质的美学主张。严羽的意思是说，为诗、为文须"多读书""多穷理"，但诗人不能直接以满腹学问入诗，不能掉书袋，也不能以赤条条的一个"理"来写诗。这便是"不涉理路，不落言筌"。对诗人而言，"读书"与"穷理"固不可少，却只能作为写诗的主体文化素质的背景。诗并非无"理"，"妙悟"（诗悟）亦并非无"理"，而此"理"是融会于诗之意象、意境之中的，此之谓"水中盐，蜜中花，体匿性存，无痕有味"。总之，严羽倡言"诗者，吟咏情性"（注意：非"性情"）说，而所言"妙悟"，是一种"极其至"的审美境界，真正的文道浑一。严羽云："盛唐诸人惟在兴趣，羚羊挂角，无迹可求。故其妙处透彻玲珑，不可凑泊，如空中之音，相中之色，水中之月，镜中之象，言有尽而意无穷。"又说："诗有词理意兴，南朝人尚词而病于理；本朝人尚理而病于意兴；唐人尚意兴而理在其中；汉魏之诗，词理意兴，无迹可求。"[①]此之谓也。

其二十二，罗大经（1196—1252）以为，在文道问题上，所谓"以学为诗"或"以诗为学"，都不可取。"以学为诗"者，盖经学之传统。但是，未必经学总是一统天下。"乃若古人，亦何尝以学为诗哉！今观《国风》，间出于小夫贱隶妇人女子之口，未必皆学也，而其言优柔谆切，忠厚雅正。后之经生学士，虽穷年毕世，未必能措一辞。""以诗为学"者，"自唐以来则然。如呕出心肝，掏擢胃肾，此生精力尽于诗者，是诚弊精神于无用矣"。那么，究竟应以什么为诗呢？首先须自"活处观理"："古人观理，每于活处看。""理"不是认识与实践的对象，而是观照（审美）的对象。如孔子"逝者如斯夫，不舍昼夜"之"观水"；如孟子云："观水有术，必观其澜。"又如"明道（程颢）不除窗前草，欲观其意思与自家一般。又养小鱼，欲观其自得意，皆是于活处看"，"学者能如是观理，胸襟不患不开阔，气象不患不和平"。这种"观理"，大有出入于儒、道且沾溉于禅之妙。同时，须造就"诗人胸次"。罗大经认为李、杜"二公所以为诗

[①] 严羽：《沧浪诗话·诗辨》《沧浪诗话·诗评》，郭绍虞：《沧浪诗话校释》，人民文学出版社，1961年版。

人冠冕者，胸襟阔大故也。此皆自然流出，不假安排"。① 这一诗境，文犹道，道犹文也。

其二十三，生活活动于宋末元初的刘辰翁(1232—1297)称："天即道也，道所以为天也。"②有回到先秦"天道"观的意思。"天"有"自然"之义，故道即"自然"。又有道家之遗韵。刘辰翁说："儒者之道，其终不能无情矣乎。"③"儒者"并非"无情"，而是无"妄情"。故"发乎情，止乎礼义"，便是情"正"而无"妄"。情无"妄"即"情真"，"情真"通于"天"（自然）。此诗之去伪去饰，寄慨遥深。而"情真"者，"吾赤子之心也"。返璞归真之心，于是这里所说的"儒者之道"，融道家之论。

如前诸例，仅对宋之前与宋时的文道说做一粗略的回顾。有五点颇可一提：一是文、道问题，本属于儒家诗教。以孔子发其端，至宋而仍偏于宗儒（理学），且以儒家实用理性为其哲学之魂魄。二是文道说作为中国艺术工具论的典型代表，它所讨论与企图解决的美学课题，关乎中国传统文学艺术之审美与道德伦理的关系。历代所论，一般以"文以明道""文以载道"说为主流。工具意识，是中国传统文学艺术之审美的基本意识。虽然愈到后代，文道合一观倡言者愈多，然文学艺术之审美与道德伦理之关系，一直是这一东方古老民族及今后走向现代化的历程中所遇到的一个美学难题。这一难题，也没有在理学中得到真正的解决。三是在文道问题的漫长文脉演变中，曾有道、释思想渗透其间，使这一问题的提问方式带有某种本体论的意义，也许使文道问题之漫长的思想讨论，变得有些深度。四是就理学中的文道论而言，基本传承了儒家的宗旨，重"道"轻"文"是其基本理论特色。但值得注意的是，愈到后来，僵硬而冷峻的"理"，终于不得不放松对"情"（欲）的管束，从而有限地肯定"情"（欲）的合"理"性，而有可能对审美采取宽容的态度。五是自由是审美的本质。人性与人格的自

---

① 罗大经：《鹤林玉露》乙编，卷三，中华书局，1983年版。
② 刘辰翁：《善堂记》，引自顾易生、蒋凡、刘明今：《宋金元文学批评史》上，上海古籍出版社，1996年版，第424页。
③ 刘辰翁：《本空堂记》，《刘辰翁集》卷二，江西人民出版社，1987年版。

由，也是文艺审美之自由的前提，超越于历史之儒、道、释的人的自由，是趋向于文学艺术审美之真正自由的历史之路与未来。

其二十四，时至清季，文道即文与质的美学问题，依然在诸多文论、画论、乐论等学术视野之内被反复审视。王夫之（1619—1692）在其《古诗评选》卷五中说，大凡好诗，必"文以质立，质资文宣"。然质本文末、质体文用。"质近内而文近外，质可生文而文不能生质。"[1]屈大均（1630—1696）云："吾尝谓文人之文多虚，儒者之文多实，其虚以气，其实以理故也。天下之实者理而已耳，至虚者气而已耳。为文者，能以理而主其气，则气实，否则气虚。故有谓'文以气为主'者，非也。儒者之道，舍穷理之外无余事，穷理所以尽其性，尽其性所以至其命。命至矣，性尽矣，如是而发为文，广大为外，精微为内，高明为始，中庸为终，其造诣有非文人之所敢望者。"[2]所论在理与气、实与虚、儒者之文与文人之文之间，对文、道关系这一传统儒家文论与美学的老课题，做出趋于综合的解读。时代的推进，中国美学之文脉的发展，在宗于传统文道之论的同时，力图超越其局限。

第七节　儒道释兼综的审美

关于这一问题，本章前文已有所论及。这里，再做些颇为集中的讨论。儒、道、释兼综，是一般理学精神的基本特征，而具体到某一时代、某一理学家或受理学影响的文人、士大夫，则兼综的程度、倾向与特点自有不同，这对艺术审美的影响可以大不一样。

宋明时期，一些文学大家，具有儒、道、释三学兼综的学养，其人格结构，已是达到儒、道、释三种人生信仰"圆融"的程度。他们一边入朝为

---

[1] 王夫之：《古诗评选》，李中华、李利民校点，上海古籍出版社，2011年版。
[2] 屈大均：《无闷堂集序》，欧初、王贵忱编：《屈大均全集》第三册，人民文学出版社，1996年版，第68页。

官，担负国家、天下之责任，于世事纷繁之际巧于应对，一边亦能潇洒自如地与"自然"神交，身在朝堂之上而心趋于林泉之下，甚或放浪形骸之际又能心系黎民百姓、家国社稷，或显或隐的生存策略运用得很是灵活、自由，一边还能耽玩于佛禅之空境，从儒之"实有"、经道之"虚静"而潜入释之"空幻"的人生与审美境界。大凡文学大家，其文学修养尤高，且对艺术意境的领悟，已是达到不凡的程度。他们的世界观、人生观与审美观，不可能不受作为官方哲学的理学的巨大影响，理学的实用理性精神以及"存天理，灭人欲"的道德教训也往往表现在他们的一些文学篇什中。比如，北宋欧阳修作为一代文坛领袖的一些古体长诗，也免不了铺陈其事，好发议论，沾染些一般宋诗的坏习气。但是，这一时代真正代表最高之艺术审美精神的文学作品，都是既吸收了理学的理性精神，又挥斥其道德说教，将理性的沉思、意象的丰赡静雅与意境的空美，结合得天衣无缝。正如本书本章前文所述。文道问题上的论述与思想，是宋代文论与美学的重要一页，却由于其思想品格的偏于道德伦理，其思虑难以概括这一时代文学艺术的最高审美精神。可以这样说，宋代凡是在审美上震撼人心的作品，都以理性沉思作为主体的心理背景，彻底消解了道德教条又融会以道德哲学意义上的"终极关怀"，且以道、释的"空静"为审美境界。

欧阳修《秋声赋》云：

> 欧阳子方夜读书，闻有声自西南来者，悚然而听之，曰：异哉！初淅沥以萧飒，忽奔腾而砰湃，如波涛夜惊，风雨骤至。其触于物也，鏦鏦铮铮，金铁皆鸣；又如赴敌之兵，衔枚疾走，不闻号令，但闻人马之行声。予谓童子："此何声也？汝出视之！"童子曰："星月皎洁，明河在天，四无人声，声在树间"。[①]

欧阳子这里所描述的是"秋声"吗？"秋声"究竟是什么"声"？难道"秋声"

[①] 欧阳修：《秋声赋》，《古文观止》，北京燕山出版社，2002年版，第476页。

是可被观"视"的么？既然云"四无人声"，怎么又说"声在树间"？

其实，这一名篇所写，乃"无声之声"，"虚静""空寂"之"声"，"大音希声""声无哀乐"之"声"。"秋声"是一个意象，却并非自然界的"秋声"，而是作者心目中所体悟到的"秋声"。这"秋声"是什么又不是什么，在有无、虚空与静动之际。作者将"秋声"写得极其萧瑟、宁静、空幻，为求达此审美境界，却以反笔状写"秋声"的极动与磅礴、辉煌。作者的情思入于天籁之境，因这天籁的无比平常，故惊心动魄，使人联想起王维的那一句"月出惊山鸟"。"月出""无声"，又何以"惊山鸟"？这是一个"禅"的问题，也是一个深层次的审美问题。这里，欧阳修之所悟，达到何等深度，这又是一个问题。但倘说其悟唯在道、释，则又非是也。读者诸君可能已经注意到，《秋声赋》第一句"方夜读书"云云，分明是宋儒苦读、苦思形象的艺术概括。而又非一纯儒形象。纯儒之情思，大凡在道德领域，岂能做如此颖悟？《秋声赋》"方夜读书"之"儒"，"道释之儒"[①]也。《秋声赋》的意境，儒、道、释三者兼融，分明在动静之际，实际是以动写静，动静合一。理学史上，曾有王学门人，请问所谓三更时分，儒者(理学家)思虑澄明、空空静静，与佛禅所谓"空静"到底区别何在？王阳明为此讲了一段精彩的话："动静只是一个。那三更时分空空静静的，只是存天理，即是如今应事接物的心。如今应事接物的心，亦是循此天理，便是即三更时分空空静静的心。故动静只是一个，分别不得。知得动静合一，释氏毫厘差处亦自莫掩(通掩)矣。"[②]释氏之"空静"，落脚处在以世界为虚妄，朱熹说："释氏虚，吾儒实。"[③]儒本实、有、动；释本空、虚、幻。而"道释之儒"或者"儒之道释"，既非唯实、唯动，又非唯空、唯静，而是一颗"应事接物的心"，"只是存天理"，却"空空静静"，无所沾溉，无所滞累。在这"秋声"中，分明潜藏着一颗"应事接物的心"，否则为什么"方夜读书"？但其"心"已是"空空静静"。因其"空空静静"，

[①] 王龙溪：《三教堂记》，《龙溪王先生全集》卷十七，国家图书馆出版社，2014年版。
[②] 王守仁：《传习录下》，《王阳明全集》上册卷三，上海古籍出版社，1992年版，第98页。
[③] 朱熹：《释氏》，黎靖德编：《朱子语类》第八册，中华书局，1994年版，第3015页。

却将道德意义上的"天理",涵溶为哲学、审美意义上的"天籁"。"天籁"之美,自当不以目视而以心悟。

《秋声赋》是一篇传达儒、道、释三学相互涵溶的范文。其实,苏轼《前赤壁赋》等亦是如此。东坡另一短篇《记承天寺夜游》,其文有云:

> 庭下如积水空明,水中藻荇交横,盖竹柏影也。何夜无月?何处无竹柏?但少闲人如吾两人者耳。①

此作者记无眠之夜游。月光如水,清冷而空寂,确有些"那三更时分空空静静"的意境。然并非仅是佛禅的空寂,这里有"闲人"(指作者自己与好友张怀民)的"游"兴与"游"趣在。"游"是道家的生活与审美情趣,这里却并非纯为道家,而是与承天寺的佛教氛围与"闲人"内心"积水空明"似的空寂心境相兼的。月光似水,"水中藻荇交横",写竹柏投影于"庭下"之美,美得令人心颤。值得注意的是,这里又以"竹柏"之意象来营构诗境,不由令人联想孔夫子"岁寒,然后知松柏之后凋也"②这一儒家人格比拟与古人以"竹"为气节、"宁可食无肉,不可居无竹"的清雅人格。这种空寂、朦胧、寂寥、闲适而淡淡的却是灌注生气的、泠泠如水的月色,以及高举气节与风骨的竹柏之影,共同营构气韵生动、美得难以形容的人格比拟的艺术意境,有庄,有禅,也有儒,是亦庄亦禅亦儒又非庄非禅非儒,确是儒、道、释三者浑融的审美。这样的文学,没有经过儒、道、释三学长期熏染与积淀的审美心灵之建构,是决营构不了的。这样的美文及其意境,是中国文化、哲学与美学发展到宋明的"自然天成",是儒、道、释三者浑成合一的赐予,是后人所学不来的,也模仿不了的。儒、道、释三学浑融的审美,如今绝矣。

---

① 苏轼:《记承天寺夜游》,《苏轼文集》卷七十一,岳麓书社,2000年版。
② 《论语·子罕第九》,刘南楠:《论语正义》,《诸子集成》第一册,上海书店,1998年版,第193页。

第八节　冷色调、女性化、宁静、秀逸而严谨的审美

有一点必须首先提问，即不仅宋人的诗文尤爱写月色，如王安石《岁晚》"月映林塘澹，风含笑语凉"；苏轼《游金山寺》"是时江月初生魄，二更月落天深黑"，《水调歌头·丙辰中秋》"明月几时有？把酒问青天"；张先《卜算子·慢》"水影横池馆，对静夜无人，月高云远"；柳永《雨霖铃》"杨柳岸，晓风残月"；晁补之《摸鱼儿·东皋寓居》"堪爱处，最好是、一川夜月光流渚，无人独舞"与秦观"雾失楼台，月迷津渡，桃源望断无寻处"；等等，不胜枚举，在理学家那里，还以"月印万川"来说"理一分殊"的哲理。那么试问，宋明理学为什么偏偏要以"月印万川"而不是"日照大地"或"丽日中天"来比喻"理"的境界呢？

在宋明的文学艺术审美中，月是一个审美意象与符号，传达出静寂、感伤、朦胧、秀逸甚至清冷的意境。在理学中，月又作为思"理"的代码。朱熹曾说，太极者，"本只是一太极，而万物各有禀受，又自各全具一太极尔。如月在天，只一而已；及散在江湖，则随处而见，不可谓月已分也"。[①] 以"月印万川"来说"物物各一太极""人人有一太极"[②]之"理"，可谓至妙。"太极"观念，典出于《易传》"是故易有太极，是生两仪"说。在儒家经典《周易》中，太极是易筮"不取"之"一"策；在哲学意义上，太极是万物之本原；从原始宗教与审美情趣看，太极是朗朗在天的太阳与阳刚之美；以伦理而言，太极又是人间世界的父亲。可是在宋明理学中，却以"月"喻太极，以"月印万川"喻"理一分殊"。这一文化、哲学之"根喻"的传递，证明了宋人较之前人审美情趣与品格、品位的改变。以"月"代"日"，正是中国审美文化大体从汉唐的壮美转向宋明优美、从辉煌转向灿

[①][②] 朱熹：《周子之书·通书》，黎靖德编：《朱子语类》第六册，中华书局，1994年版，第2409、2371页。

烂之文脉的改变；也是这一民族的时代审美意识从"热"趋"冷"、自"动"向"静"、由"绚烂"归于"平淡"的转变。而且在这转变的美感中，具有严谨的审美素质。

因而，欧阳修云："闲和严静，趣远之心难形"，"萧条淡泊，此难画之意"①。"难"在欧阳修时代，这一文脉的转变还刚开始。苏东坡云："大凡为文当使气象峥嵘，五色绚烂，渐老渐熟，乃造平淡。"②老熟的审美，是归于"平淡"的审美。苏东坡还说："欲令诗语妙，无厌空且静。静故了群动，空故纳万境。"③方回提倡诗境的"静"而"清"："天无云谓之清，水无泥谓之清，风凉谓之清，月皎谓之清。一日之气夜清，四时之气秋清。空山大泽，鹤唳龙吟为清。长松茂竹，雪积露凝为清。荒迥之野笛清，寂静之室琴清。而诗人之诗亦有所谓清焉。"④"静"与"清"确是"月印万川"的审美本色。明人杨慎亦说："杜工部称庾开府曰'清新'。'清'者，流丽而不浊滞；'新'者，创见而不陈腐也。"⑤徐渭云："谢道韫，虽是夫人，却有林下风韵，是谓秀中现雅。"⑥胡应麟批评宋诗有二"病"："禅家戒事理二障，余戏谓宋人诗，病政坐此。苏、黄好用事而为事使，事障也；程、邵好谈理而为理缚，理障也。"其实，这是就江西诗派与二程、邵雍的某些诗与理论主张而言，并未全盘横扫宋诗。他肯定"清新、秀逸、冲远、和平、流丽、精工、庄严、奇峭，名家所擅，大家之所兼也"。这已基本上扪摸到了宋诗审美主流的脉搏，又重申"诗最可贵者清。然有格清，有调清，有思清，有才清"⑦，此续方回诗论之旨。袁宏道说："苏子瞻酷嗜陶令诗，贵其淡而适也。"⑧袁中道则云，"流泉"遇"大石横峙"而跌落澎湃，

---

① 欧阳修：《鉴画》，《欧阳文忠公文集》卷一三〇，商务印书馆，1936年版。
② 引自何文焕辑：《历代诗话·竹坡诗话》，中华书局，2009年版。
③ 苏轼：《送参寥师》，《苏东坡集》前集卷十，于民主编：《中国美学史资料选编》，复旦大学出版社，第283页。
④ 方回：《冯伯田诗集序》，《桐江集》卷一，江苏古籍出版社，1988年版。
⑤ 杨慎：《清新庾开府》，《升庵集》卷一四四，上海古籍出版社，1993年版。
⑥ 徐渭：《跋书卷尾二》，《徐渭集》卷二十一，中华书局，1983年版。
⑦ 胡应麟：《诗薮·内编》卷二，外编卷二、卷四，上海古籍出版社，1979年版。
⑧ 袁宏道：《袁中郎全集》卷三，上海古籍出版社，1981年版。

"已如疾雷震霆,摇荡川岳","故予神愈静,则泉愈喧也。泉之喧者,入吾耳而注吾心,萧然泠然,浣濯肺腑,疏瀹尘垢,洒洒乎忘身世而一死生。故泉愈喧,则吾神愈静也"。① 这说的是欣赏自然美因物境之"动"而心"静"的审美体会,以此审美心境去欣赏艺术美或创造艺术美,亦得尚"静"之佳境。至于明末清初的徐上瀛,精研琴理,为古琴高手,他的琴论体现出精彩的音乐美学之思。其文曰:琴声之美,"所首重者,和也","抚琴卜静处亦何难,独难于运指之静","然指动而求声,恶乎得静"?答曰:"惟涵养之士,淡泊宁静,心无尘翳,指有余闲,与论希声之理,悠然可得矣。"又云,抚琴者心"静",则必致琴音清雅,"故清者,大雅之原本,而为声音之主宰"。"地不僻,则不清。气不肃,则不清。琴不实,则不清。弦不洁,则不清。心不静,则不清。皆清之至要者也。"又说,"古人之于诗则曰风雅,于琴则曰大雅",此"大雅","修其清静贞正,而藉琴以明心见性"。② 至于在明崇祯末年撰成《园冶》(原名《园牧》,日本人曾称为《开天工》)一书的计成,其造园之理论主旨,亦在倡言静寂、清和、聊作出世之思的园境,"虽由人作,宛自天开"是其一书之纲要。"天开"者,"自然"也。"自然"者,乃于城喧之间闹中取"静","城市喧卑,必择居邻闲逸""兴适清偏,贻(怡)情丘壑",故"顿开尘外想",有"林阴初出莺歌,山曲忽闻樵唱""俯流玩月,坐石品泉"之静趣。中国园林艺术,至宋代,私家文人园林大量涌现。据李格非《洛阳名园记》,当时仅洛阳一地名园,已有三十余处,所谓京城一地,百里之内,并无隙地矣。《吴兴园林记》亦记述吴兴名园三十余例。苏州文人园如拙政园、留园等闻名于世。拙政园以晋潘岳《闲居赋》所言"拙者之为政"为主题,有亦儒亦道、不仕而宦情不减之牢骚,言"筑室种树""灌园鬻蔬"即"拙者之为政也"。苏州网师园,寄托以"渔隐"之理想。网师者,渔人也。此庄周之情思。上海豫园之得名,取自《易经》豫卦之"豫",有愉悦之意。明潘允端《豫园记》称此园所

---

① 袁中道:《珂雪斋集》卷六,上海古籍出版社,1989年版。
② 徐上瀛:《溪山琴况》,中华书局,2013年版。

造,"以隔尘市之嚣","取愉悦老亲意也"。有"人境壶天"、以小见大之审美特征。大凡中国宋明园林,以私家文人园艺术成就最高。其审美特征,一在于占地小,不似皇家园林那般广阔空疏,三二植株,拳石勺水,已成佳境,确具"人境壶天"之情思。二是园景朴素自然,园林建筑小巧玲珑,而且色调偏于淡雅,灰瓦白墙,一如江南民居。即使其中的厅堂之类,作为园的主题建筑,也建造得素雅而不失庄重,不比皇家园林建筑通常所有的金碧辉煌。三是园境意象中充满了曲线之美。如园林之亭,或静伫于小丘之巅,或隐显在藤萝掩映之际,或建造在幽篁深处,以亭盖反翘飞檐者为多见,所谓"有亭翼然"(欧阳修《醉翁亭记》)是也。又如曲廊、波形廊或回廊、爬山廊之类,有"小廊回合曲阑斜"之美趣。而云墙起伏,连属徘徊,至于各种花窗、漏窗,到处可见曲线。水岸依势就曲,植株自然生长,小路弯弯,尤忌通衢,而湖石讲究皱、瘦、漏、透,曲线造成了园的意境。美国当代建筑师波特曼曾经说过:"大部分建成的环境是矩形的,因为这样建造起来较为经济"。但曲线让人联想到自然,"无论你观看海洋的波涛、起伏的山岳,或天上朵朵云彩,那里都没有生硬的笔直的线条"。"在未经人们改造过的大自然,你看不到直线。"[1]宋明园林尤其文人园之所以充满曲线的造型,正在于造就以人工向自然回归的意境。文人园林的审美主题,无疑是道家情思与阴柔之美,不少文人园林中还有寺塔等佛教景观,文人园林并不拒绝弃世之佛的境界与观念的渗入,至于儒家思想,在园林厅堂一类建筑造型中表现出来,而且造园者、居园者的思趣与境界,往往是亦道亦佛亦儒的。他们把园林看作人生、仕途的一个精神驿站。仕途未顺,即退归于园林,作"退思"之"方便";一旦东山再起,便走出园林登上庙堂。可谓出入自由,进退自如。

宋明时代的艺术审美,尽管依然时有"金戈铁马""大江东去"般的时代呐喊,不乏"生当作人杰,死亦为鬼雄"般的铿锵音调,而那种狂野、粗

---

[1] [美]约翰·波特曼、乔纳森·巴尼特:《波特曼的建筑理论及其事业》,赵玲等译,中国建筑工业出版社,1982年版,第71页。

犷、磅礴甚至是狞厉、浑莽的艺术风格,总体上毕竟已成过去。如果说,汉唐艺术以雄浑气势、壮阔意象与硕朴品格取胜的话,那么时至宋明,大致以典雅、秀逸、静寂、柔丽与小型化、女性化的审美特性见长。这一理学盛行的时代,再也没有屈子式的奇幻悲慨与李白那样的潇洒风流;再也不是先秦青铜纹饰的巫风鬼气,龙飞凤舞;再也见不到魏晋六朝的悲歌慷慨与风骨劲健。隋唐的雄伟英气与敏锐的审美"感觉",被这一时代艺术的文雅、思辨与精神静寂所代替。尤其宋人,仿佛他们总是用头脑在"想",而不习惯于以心来"感"。从唐风转而为宋调,失去了也得到了许多东西。宋代诗人墨客多以杜甫为"宗师",而其诗其文却多少缺乏"诗圣"杜甫那种刚健忠贞、沉郁悲怆的吟唱。又以含蓄、静寂而深邃的艺术意境,来挤兑那种壮美的艺术意象,审美口味有些变了。人们仿佛再也不想去崇拜旭日喷薄,而宁可月照无眠,静静而寂寂地"想"自己的心事,思虑宇宙与人生之真谛。宋代艺术甚至元代艺术的禅味十足,所不同者,多在寂而润与寂而枯之际。宋元书画,有一个自苏轼般"成竹在胸""身与竹化"、郭熙般"三远"的"逸"境向倪云林那般山水的枯寂之境转化的过程,其间,多是些雨蒙蒙、湿漉漉、潮乎乎、孤寂寂的感伤的调子,女性般多愁善感的艺术"迷雾",几乎笼罩了这一时代,终于酿成关汉卿元曲的天地同悲,这真是一个例外。证明在这月光如水的时代,仍有些灼热的情感与悲愤在涌动。否则,这一时代艺术审美"内心独白"的老主题,就宁可总是大团圆:一种廉价的理想诉求。虽有豪放与婉约对唱的时候,而精神的归宿,大凡总也"休去倚危阑,斜阳正在,烟柳断肠处"。王羲之早已走了。张旭、怀素的笔走龙蛇,也已成绝响。颜真卿的恢弘博大,曾经炙手可热,而这一尚大、尚刚的书体,似乎是这一理学时代所难以承载的。宋末元初的赵孟頫确也书艺别裁,然而难道我们没有理由嫌其有些娇柔吗?明代复古派以宗唐抑宋为主旨,然唐的传统与大气,却是难以挽留的。明"前七子"代表人物李梦阳说:"诗至唐,古调亡矣。然自有唐调可歌咏,高者犹足被管弦。宋人主理不主调,于是唐调亦亡。黄、陈师法杜甫号大家,今其词艰涩,不香色流动。如入神庙坐土木骸,即冠服与人等,谓之人可乎?⋯⋯宋人主理,作俚语,于是薄风云月露,一切铲去不为。又作诗话教人,人不复知诗矣。"①"师法杜甫"如"坐土木骸",虽"冠服与人等",实非"人"也。明"后七子"之一的胡应麟也说:"宋人学杜得其骨,不得其肉;得其气,不得其韵;得其意,不得其象。"宋人学杜,却难学杜诗的"肉""韵"与"象",什么缘故呢?都因宋人少具唐诗那种不可言传的时代"感觉"。胡应麟又说:"唐人才超一代者,李也;体兼一代者,杜也。李如星悬日揭,照耀太虚;杜若地负海涵,包罗万汇。李惟超出一代,故高华莫并,色相难求;杜惟兼总一代,故利钝杂陈,巨细咸畜。"②唐诗以李杜为代表,既"天行健",又"地势坤";既"照耀太虚",横空出世,又"厚德载物",惊神泣鬼。而从宋明时期的诗之大势看,皆所不及。宋人自己也说:"故诗至于杜子美,文至于韩退之,书至于颜鲁公,画至于吴道子,而古今之变天下之能事毕矣。"③与唐相比,宋以及元、明的艺术审美,总体上已是少了些男子般的浩然之气,狂放的力度差些,野性不足,也少了许多边塞的"英雄"叙事。词人们爱写那儿女情长、离愁别绪。秦观《鹊桥仙》云:"纤云弄巧,飞星传恨,银汉迢迢暗度。金风玉露,一相逢,便胜却人间无数。柔情似水,佳期如梦。忍顾鹊桥归路?两情若是久长时,又岂在朝朝暮暮。"同样面对大自然,一般宋代诗词,已少有李白"疑是银河落九天"与杜甫"星垂平野阔,月涌大江流"那般浩大的审美心理空间。即使写到宇宙天地,也弄出个"纤云弄巧,飞星传恨"而已。此时的文学,确有些"养"在"闺中"的意味。宋代诗词,除稼轩、东坡、陆游等辈,大致确是成亦"女人"味,不成亦在"女人"味。"冰肌玉骨,自清凉无汗,水殿风来暗香满",对儿女情思的体悟细细且深深,意境深邃而幽微,格局却是不大的。因人心思静而导致艺术一般地缺乏沉雄的呼吸,从敢于面对喷薄之朝阳转而遥望明寂的星空,其间禅悦之风时时掠过心头。我们今天欣赏马远、夏

---

① 李梦阳:《缶音序》,《空同集》卷五十二,蔡景康编选:《明代文论选》,人民文学出版社,1993年版,第106页。
② 胡应麟:《诗薮·内篇》,上海古籍出版社,1979年版。
③ 苏轼:《东坡题跋》,屠友祥:《东坡题跋校注》,上海远东出版社,2011年版。

珏这些尤其是南宋时代的文人绘画小品,其所选择的题材及所蕴含的主题,往往都是深堂静且幽,一琴几上闲;柳溪恋归牧,暮云夕照际;万岫千山雪,独钓叹寒江;渔火愁永夜,秋江泊眠舟之类及其人生喟叹,在那残山剩水、滴雨枯荷与夜月清辉之际寻寻觅觅,寄托吾"心"之宁静。宋人的心眼比唐人细,因此,其艺术上的"活儿"干得很是细巧而精致。熟学深思,问难辨疑与注意内心体验,是宋代艺术之一般的内心氛围与文化素质。"内倾""内敛""向内转",是一般宋代的艺术心理的显著特点。别的暂且勿论,就以宋代建筑艺术而言,北宋首都东京,原为唐之汴州,据清徐松《宋会要辑稿》,该城设城墙三重,每重城墙之外侧有护城壕沟,为三重城制,即外城、内城与宫城(大内)。据考古实测,该外城周长仅为19公里,其内城周长仅为9公里,宫城面积更小,大约仅为内城的七分之一。这东京的规模,远不如唐帝国首都长安的84.10平方公里大,也绝无长安那般的其街衢竟有宽至220米的。元大都的面积倒有50平方公里,但比起唐长安来还是小多了。这种城市面积的普遍缩小,证明宋元时代的中国人的文化心态与审美心理,已有趋"小"、恋"小"的趋势。而宋陵尺度的缩小,更为显著。唐太宗死后"因山为陵",其葬制之恢弘无与伦比,其葬处周围60公里,面积30万亩,有陪葬墓167座,其昭陵之大,试问谁个能敌?宋陵显然不可与之比肩。以北宋八陵即永安陵、永昌陵、永熙陵、永定陵、永昭陵、永厚陵、永裕陵与永泰陵言,其平面皆为方形,故称"方上",而其陵体高度,都仅在20余米之间,在气势上远不及唐陵。当然,宋代艺术尺度的趋小,并不能说明宋人文化气质与审美理想的平庸与委琐,宋代建筑在物质、制度上一般未求宏阔,而在精神气候上,依然具有以小见大的深广的心理内容,这是与某些宋人诗词的趋小的心理空间有所不同的。北宋理学家邵雍《伊川击壤集》说到建筑文化,称"心安身自安,身安室自宽""谁谓一室小,宽如天地间",又说"墙高于肩,室大如斗",气吐胸中,充塞宇宙"。[①]"室小"而"气"不小,"室小"却象征"宇宙"。同

[①] 邵雍:《伊川击壤集》卷十一、十四,学林出版社,2009年版。

时也值得注意，以宋代艺术言，讲究规矩方圆，是其又一显著特点。北宋由李诫主持编纂的《营造法式》，就以儒家伦理制度且据建筑文化的技术要求，立下诸多营造规矩，如种种建筑模数及其斗口制度等，使该书成为宋以后中国建筑史上影响极为深远的一部建筑"文法课本"①，这是"理"的文化素质在建筑上的体现。以宋代绘画艺术而言，那种工笔花鸟，追求诸如"孔雀升高必先举左"的细节真实，宋人曾一度乐此而不疲。张择端《清明上河图》这一丹青长卷，细细刻画京城开封汴河景物风情、街衢人物与屋宇车马等景观，所用技法重在工笔，其笔触严谨而工细，确为宋代"理"文化影响所致。

总之，尽管由于理学的影响，在道德与人格审美上，宋代文人学子、士大夫多追求崇高这一境界，这是本书前文已经谈到的。而在艺术审美方面，则一般以冷色调、小型化、女性化、宁静、文雅、秀逸而严谨的特点而见长。尽管在这方面，宋与元有些区别，宋与明更不同，而明中叶之前与之后，难以同日而语，但宋作为典型的理学时代，其艺术审美的这一特征，是显而易见的。以唐与宋相比，则笔者可以用八个字加以概括："唐人饮酒，宋人品茶"，不知读者诸君以为如何？

第九节　雅俗不二的审美

理学时代的审美，又有雅、俗不二的特点。

以笔者看来，倘用真、伪二分，则人类文化，可分真文化与伪文化两类。何谓"伪文化"，这里暂且不论②。凡真文化，即人类之积极的本质力量对象化的过程及其成果。真文化可分为雅文化与俗文化两种，这可以说是审美意义上的分类。何谓"雅"？正也。合乎规范即是雅。《荀子·王制》

---

① 梁思成：《中国建筑之两部"文法课本"》，《中国营造学社汇刊》第七卷第二期，1945年版。
② 参见拙文：《"伪文化"小议》，《毛泽东思想邓小平理论研究》1994年第3期。

云:"使夷俗邪音,不敢乱雅。"雅与邪相对。雅是沾溉了儒家审美意识的、融会以儒家道德人格观念的一种审美判断兼道德判断的标准与风格。孔夫子闻《韶》,陶醉其间,"三月不知肉味"。《韶》乐是雅乐。雅乐与俗乐相对,是中国古代帝王祭祀天地、祖宗神与朝贺、宴享时所用的一种乐舞。雅乐的审美风格是典雅纯正、中正和平。故俗是不典雅、不文雅。古代儒家以雅乐为正声,而谓郑声为俗、为"淫邪之音"。赵翼《陔余丛考·雅俗》云:"雅俗二字相对,见王充《论衡·四讳篇》引田文问其父婴不举五月子之说","然则雅俗二字,盖起于东汉之世"。

雅俗作为一个审美问题,各个历史时代所包含的时代精神与审美理想自当不同,并且在宋明之前,一直以崇雅去俗为正统观念。司马迁《史记》写廉颇"负荆请罪",歌颂蔺相如的雅量人格。《世说新语》有"雅量"篇,其中一则记云:"庾太尉风仪伟长,不轻举止,时人皆以为假。亮有大儿数岁,雅重之质,便自如此,人知是天性。"又一则云:"戴公从东出,谢太傅往看之。谢本轻戴。见,但与论琴书。戴既无吝色,而谈琴书愈妙。谢悠然知其量。"晋人尚风度,雅量也是一种风度。处事、举止不做作、自然天成即是雅。"大人不计小人过"一般的能容人,也是一种雅。但晋人的风度,主要在于任性率直、天才自成,这不同于儒家以守于规矩、后天习得为雅。历史上儒、道关于人格与艺术审美的雅(还有俗)的标准自当不同。比如唐人重意气,雅么?它与宋人尚思虑,究竟孰雅?这似乎有点难以判断。不过,雅、俗(邪)的问题,既然首先是由先秦儒家提出来的,那么,无论就人格审美还是艺术审美而言,它指打上道德(规矩)判断之烙印的审美标准与风格,大约是无疑的。

就艺术审美而言,宋明时代,雅、俗问题常常引起讨论。这里仅就所见资料,做一点简析。

其一,北宋范仲淹(989—1052)主张君子必立"雅言":"松桂有嘉色,不与众芳期。金石有正声,讵将群响随。君子著雅言,以道不以时。仰止江夏公,大醇元小疵。孜孜经纬心,落落教化辞。"①

其二,宋祁(998—1061)大致从雅、俗与道真与否总结唐代文学三百年历程,其文云:"唐有天下三百年,文章无虑三变:高祖、太宗大难始夷,沿江左余风,缔句绘章,揣合低印",故为欠雅之时。"玄宗好经术,群臣稍厌雕琢,索理致,崇雅黜浮,气益雄浑",此乃趋雅之世。"大历、贞元间,美才辈出,擩哜道真,涵泳圣涯。于是韩愈倡之,柳宗元、李翱、皇甫湜等和之,排逐百家,法度森严,抵轹晋魏,上轧汉周,唐之文完(宛)然为一王法,此其极也。"②这是站在复兴儒学的"古文"立场来判定唐三百年文之雅、俗问题。

其三,黄休复(约公元1001年前后在世),其名著《益州名画录》撰成于公元1006年即真宗景德三年,论画一改唐人朱景玄《唐朝名画录》以"逸品"为"神""妙""能"三品之后的见解,将"逸品"列于画品"神""妙""能"之前,称"逸格":"画之逸格,最难其俦。拙规矩于方圆,鄙精研于彩绘,笔简形具,得之自然,莫可楷模,出于意表,故目之曰逸格尔。"③虽未直言"逸格"即"雅格",却开宋及此后以"逸"为"雅"品文人画之风气。

其四,石介(1005—1045)严词抨击宋真宗朝至仁宗初年溺于声律的西昆体,称杨亿文风为"怪"(俗)。其文曰:"今天下有杨亿之道四十年矣。今杨亿穷妍极态,缀风月,弄花草,淫巧侈丽,浮华纂组","其为怪大矣"④。杨亿(974—1020),北宋文学家,任翰林学士兼史馆修撰,参与《册府元龟》《宋太宗实录》的编修,其诗风宗于唐李商隐,辞藻艳丽且其诗多叙身边琐事,有《西昆酬唱集》。作为"宋初三先生"之一,石介的批评基于理学之立场。

其五,苏舜钦(1008—1048)斥"晋、唐俗儒之赋颂",其文以"正儒"

---

① 范仲淹:《谢黄欣揔太博见示文集》,《范文正公集》卷一,上海书店出版社,1989年版。
② 欧阳修、宋祁:《新唐书》卷二〇一,国家图书馆出版社,2014年版。
③ 黄休复:《益州名画录》,《寺塔记 益州名画录 元代画塑记》,人民美术出版社,1964年版,第1页。
④ 石介:《怪说》中篇,《徂徕石先生文集》卷五,中华书局,1984年版。

自居："夫道也者，性也，三皇之治也。德也者，复性者也，二帝之迹也。文者，表而已矣，三代之采物也。辞者，所以董役，秦汉之训诏也。辩者，华言丽口，贼蠹正真而眩人视听，若卫之音、鲁之缟，所谓晋、唐俗儒之赋颂也。"①对"华言丽口""眩人视听"之类所谓"三代之后"的天下文章尤其晋、唐之"俗"文颇多微词，称为"无道"之文。

其六，黄庭坚（1045—1105）评苏轼《卜算子》一词说："东坡道人在黄州时作，语意高妙，似非吃烟火食人语。非胸中有万卷书，笔下无一点尘俗气，孰能至此。"②又说："诗者，人之情性也"，"其发为讪谤侵陵，引领以承戈，披襟而受矢，以快一朝之愤者，人皆以为诗之祸，是失诗之旨，非诗之过也"。这是基本宗于孔子"温柔敦厚""怨而不怒""哀而不伤"传统儒家诗教之言。就诗而言，"中和"即为"雅正"。"情性"之"雅正"，便是"无一点尘俗气"的心理境界，故黄庭坚主张诗人"忠信笃敬，抱道而居"。③所以汉司马迁所谓"《诗》三百篇，大抵贤圣发愤之所为作也"的见解，显然为正统儒家所不取。

其七，张戒(生卒年未详)《岁寒堂诗话》评诗云："自建安七子、六朝、有唐及近世诸人，'思无邪'者，惟陶渊明、杜子美耳，余皆不免落邪思也。六朝颜、鲍、徐、庾，唐李义山，国朝黄鲁直，乃邪思之尤者。鲁直虽不多说妇人，然其韵度矜持，冶容太甚，读之足以荡人心魄，此正所谓邪思也。"④黄庭坚论诗基本宗于儒家传统诗教，但在张戒看来，却还不够"传统"，大约嫌鲁直肯定苏轼诗文雅、俗观之故。东坡所言文之"道"，有道、释思想因素，其"平淡""自然"以及"无厌空且静"，等等，都有背于韩愈所谓道统。苏轼提出"以俗为雅"的主张，认为"好奇务新，乃诗之病"⑤。此发聋之言。

---

① 苏舜钦：《上孙冲谏议书》，《苏学士文集》卷九，上海书店出版社，1989年版。
② 黄庭坚：《跋东坡乐府》，《豫章黄先生文集》卷二十六，上海书店出版社，1989年版。
③ 黄庭坚：《书王知载朐山杂咏后》，《豫章先生文集》卷二十六。
④ 张戒：《岁寒堂诗话》，陈应鸾：《岁寒堂诗话笺注》，四川大学出版社，1990年版。
⑤ 苏轼：《题柳子厚诗》，《东坡题跋》，浙江人民美术出版社，2016年版。

其八，朱熹(1130—1200)对雅、俗问题亦多论述。其云：编诗的"根本准则"，"要使方寸之中无一字世俗言语意思。则其为诗，不期于高远而自高远矣"。又说："来喻所云'潄六艺之芳润，以求真澹'，此诚极至之论。然恐亦须先识得古今体制雅俗乡(向)背，仍更洗涤得尽肠胃间凤生荤血脂膏，然后此语方有所措；如其未然，窃恐秽浊为主，芳润入不得也。"①同时，对屈子骚体做了"变风""变雅"的评说。

其九，严羽(南宋诗论家、诗人，生卒年未详)以禅喻诗评诗："论诗如论禅，汉魏晋与盛唐之诗，则第一义也。大历以还之诗，则小乘禅也，已落第二义矣。晚唐之诗，则声闻、辟支果也。"②其诗论有尚雅弃俗之见解。严羽说："学诗先除五俗：一曰俗体；二曰俗意；三曰俗句；四曰俗字；五曰俗韵。"③

其十，王若虚(1174—1243)推崇白居易的"俗"："郊寒白俗，诗人类鄙薄之。然郑厚评诗，荆公、苏、黄辈，曾不比数，而云乐天如柳阴春莺，东野如草根秋虫，皆造化中一妙，何哉？哀乐之真，发乎情性，此诗之正理也。"④白诗之思想宗儒而其文辞通俗，王若虚称其"此诗之正理"，其实在这雅、俗观上，已具有新的时代精神。

其十一，元好问(1190—1257)推崇诗之"古雅"："曲学虚荒小说欺，俳谐怒骂岂诗宜？今人合笑古人拙，除却雅言都不知。"⑤今人所谓"古拙"，其实是"雅言"，不是"俳谐怒骂"。又称"初，予学诗，以十数条自警"，其中"无怨怼""无谑浪""无为聋俗哄传""无为市倡怨恩，无为琵琶娘魂韵词，无为村夫子《兔园策》，无为算沙僧困义学"⑥等，都是反"俗"之说。

其十二，方回(1227—约1305)推重屈原"《离骚》之蕴"，以为"奏《九

---

① 朱熹：《答巩仲至》，《晦庵先生朱文公文集》卷第六十四，国家图书馆出版社，2006年版。
② 严羽：《沧浪诗话·诗辨》，郭绍虞：《沧浪诗话校释》，人民文学出版社，1961年版。
③ 严羽：《沧浪诗话·诗法》，郭绍虞：《沧浪诗话校释》。
④ 王若虚：《滹南诗话》卷上，《滹南遗老集》卷三十八，人民文学出版社，1962年版。
⑤ 元好问：《论诗三十首》，《遗山先生文集》卷十一，国家图书馆出版社，2015年版。
⑥ 元好问：《诗文自警》，《遗山先生文集》卷三十六，国家图书馆出版社，2015年版。

歌》而舞《韶》兮聊作假日以媮乐","彼尧舜之耿介兮,既遵道而得路"。①又说:"东坡谓'郊寒岛瘦,元轻白俗',予谓诗不厌寒,不厌瘦,惟轻与俗,则决(绝)不可。"②

其十三,胡应麟(1551—1602)称,诗之"清者,超凡绝俗之谓,非专于枯寂闲淡之谓也"。又说:"四言变而《离骚》,《离骚》变而五言,五言变而七言,七言变而律诗,律诗变而绝句,诗之体以代变也。"而有一不变者,"风雅之观,典则居要"③。

其十四,明末画家董其昌(1555—1636)论画反对"甜俗",云:"士人作画,当以草隶奇字之法为之。树如屈铁,山似画沙,绝去甜俗蹊径,乃为士气。不尔,纵俨然及格,已落画师魔界,不复可救药矣。"又云:"士人作画,以取物无疑为一合,非十三科全备,未能至此。范宽山水神品,犹借名手为人物,故知兼长之难。"④

如前所述,难免挂一漏万,归纳起来,似可注意如次:

第一,雅、俗问题,原就先秦音乐而言,孔子以"雅"为"正声",如齐之《韶》;以郑声为"淫"(俗)。

第二,雅作为诗之"六艺"之一,首见于《周礼·春官》:"大师……教六诗:曰风,曰赋,曰比,曰兴,曰雅,曰颂。"《毛诗序》亦云:"故诗有六义焉:一曰风,二曰赋,三曰比,四曰兴,五曰雅,六曰颂。"《诗》以雅与颂以及风为三种诗之文体。故唐孔颖达说:赋、比、兴是诗之所用;风、雅、颂是诗之成形。用彼三事,成此三事,是故同称为义。

第三,雅、俗用以人格品评与艺术审美之标准,在中国美学的文脉历程中,大抵属于儒家思想范畴。但在道家思想中,无论就人格或艺术品鉴而言,皆不拒绝或雅、或俗的评判。不过,其标准与儒家是不同的。如果

---

① 方回:《离骚·胡澹庵一说》,《桐江续集》卷三十,上海古籍出版社,1987年版。
② 方回:《桐江集》卷一,引自北京大学哲学系美学教研室编:《中国美学史资料选编》下,中华书局,1981年版,第94页。
③ 胡应麟:《诗薮》卷一,上海古籍出版社,1979年版。
④ 董其昌:《画诀》,《画禅室随笔》卷二,沈子丞编:《历代论画名著汇编》,文物出版社,1982年版,第250、265页。

儒家以典则、规范之道德恪守为人格、艺术之"雅正"的话，那么，道家则以做作、不自然为"非雅"。《庄子·渔父》斥"俗"而举"真"："礼者，世俗之所为也。真者，所以受于天也，自然不可易也。始圣人法天贵真，不拘于俗。愚者反此。不能法天而恤于人，不知贵真，禄禄而受变于俗，故不足。惜哉，子之早湛于人伪而晚闻大道也。"[1]庄子后学以"法天贵真"为雅，以尊礼者为"俗儒"。先秦雅、俗之辨，奠定了此后整个中华民族关于雅、俗的美学素质及其文脉历程。自西汉末年印度佛教入于东土，虽说对此后中国雅、俗文化及其审美贡献无多，但其与儒、道结合而熔铸为中国的"禅"，成为中国文人、士大夫的一种生命与生活情调。"禅"之雅，在入世与出世之际，既具儒雅之气质，又有率真任性、不滞不碍之人格韵致。表现为艺术审美，则为淡雅、静雅与典雅之类。

第四，宋明时代，雅、俗问题备受关注，争论亦颇激烈，表现在一些典型的理学家或受理学思想较深影响的文人、士大夫，一般都宗于先秦儒家"雅正"之说。在这方面，他们一再重复先贤古训，坚守阵地，斥非儒者为不雅、为俗气。另一类颇受道、释思想影响的文人、士大夫，则以法天贵真、自然平淡、圆融无碍甚至藐视礼法为雅。比如王阳明所言"灵明"，是儒家之"心性"、道家之"虚静"与佛禅之"本心"的融合。"灵明"是天才自成，本心发现与后天习得之"灵慧"与"良知"，实为人格灵秀之"内雅"。这在正统的理学家看来，自然是有些轻狂而不雅的。"于是宗朱者诋陆为狂禅，宗陆者以朱为俗学，两家之学各成门户，几成冰炭矣"[2]，此是。

第五，宋明之世的雅、俗之争，乃时代使然。宋代如北宋之城市经济、文化的发展，对陈陈相因的传统雅、俗观念，起了巨大的冲击。其一，北宋城市手工业有猛进之势，如当时冶铁术已淘汰皮囊鼓风而采用木风箱，且以煤（炭）为新燃料。据曾公亮《武经总要》，宋仁宗年间，全国冶

---

[1]《庄子·渔父第三十一》，王先谦：《庄子集解》，《诸子集成》第三册，上海书店，1986年版，第208页。
[2] 黄宗羲原著，黄百家纂辑，全祖望补修：《象山学案》，《宋元学案》叁，中华书局，1986年版，第1886页。

铁产量高达七百多万斤。其二，北宋毕升发明了活字印刷术，使书面文化之传播大为跃进。而指南针不仅用于看"风水"，而且用于航海，内河航行的所谓"万石船"，载重量竟达一万二千石。其三，火药不仅用于制造爆竹，且制成"火枪""霹雳炮"等，开始了中国战争史自冷兵器向热兵器时代的转变。其四，城市建设的最大变化有二，一是打破传统里坊制，可临街设店，如《清明上河图》所绘，体现了城市新风貌。二是城市人口剧增。原先唐十万户以上的大城市仅十余个，到北宋已发展为四十多个。北宋东京（今开封）是继东晋建康、唐长安之后，中国古代第三个人口逾百万的大城市。这导致了市民阶层的迅速崛起，他们不仅需要物质，也需要精神包括艺术审美的消费。酒肆、旅舍与勾栏、瓦舍之类，成为市民、流民逗留之处，一些文人也耐不住书房、书院的寂寞生涯，混迹于此。城市商业经济与文化的发展，使得商人、业主、摊贩、苦力、僧尼、卜者以及青楼女子等在此拥拥挤挤、热热闹闹地"讨生活"。比如南宋临安（今杭州）之夜，有"近坊灯火如昼明，十里东风吹市声"之盛。说话、讲史、杂技、杂剧、皮影、傀儡、诸宫调、角抵与舞术，等等，体现出市民俗世的爱好。柳永《望海潮》云："钱塘自古繁华，烟柳画桥，风帘翠幕，参差十万人家。"又唱云："羌管弄晴，菱歌泛夜，嬉嬉钓叟莲娃。千骑拥高牙，乘醉听箫鼓，吟赏烟霞。"同时，宋朝是典型的文官政府，文人地位因极大地扩大科举取士范围而提高，刺激了全国各地书院文化与讲学授徒制度的发展。在行为举止、社会公德方面，必提倡儒雅、文雅之风气。

从文体发展来看，自先秦到西汉，诗艺完成了从原始质朴的艺术审美到经学道德教训的时代转变。晋宋时，道家思想（玄学）借助佛禅力量，曾经对诗学的依附于经学进行冲击，其他艺术门类，包括绘画、音乐与书法等都曾如此。同时，儒家美学内部关于生命美学（尚气韵、意象）一派，也具有一些背叛儒家道德、经学传统的倾向，共同构成了对于传统经学文道观与雅俗观的冲击。这种冲击并不能彻底改变儒家美学思想的正统地位与在中国文化中的主干地位。宋明理学的美学，也是以此为基本特征的。但是，萌生于隋、唐之际（一说始于南朝），与燕乐的兴盛相关的词，作为一种新文体，能合乐歌唱，竟大畅于宋。词在宋没有根本撼动诗的儒教正统地位，曾经被称为"诗余""长短句"。作为与"雅正"之诗相应的词，毕竟颇有些"俗"。发展到元明之世，词之外与诗相应的文体，又有杂剧（元曲）与从"说话"发展而来的小说大声喧闹着登上文坛。词、元曲与小说，其实都是由城市文化所孵化出来的，它们并非如诗那样来自乡野田园与庙堂，可以说是中国文学的新俗体。在正统文学观念中，俗文学不能与诗的"贵族"至尊地位相提并论，但其随城市经济、文化的发展而自张其军。于是，一些美学与文学观念比较开放与先进的文学家，提出了与传统儒家诗教不尽相同的雅俗观。

宋明时代，受理学观念与传统儒家美学思想深远影响的雅俗观，主要表现为反俗尊雅，坚守自先秦孔子以来的固有阵地，此其一。其二，一些受理学思想濡染又融通道、释的文人学子，则对新兴城市的俗文化、俗审美采取宽容的态度。梅尧臣、苏东坡的"以俗为雅"就是如此。其三，提倡雅俗不二。以为雅者，俗之雅；俗者，雅之俗。雅俗融通，亦俗亦雅。大俗大雅，雅俗共赏。第一类雅俗观宗于儒，最具理学本色。站在原道、宗经的立场，对已经发生变化了的时代采取漠视态度，拒绝因城市经济、文化新兴而起的俗文化、俗审美，是文化守成主义的表现。同时，站在儒家传统的道德立场，努力排斥道、释文化及其审美意识、观念与情趣向"儒"的渗透，希望保持儒家审美雅俗观的所谓"纯洁性"，对正在兴起的城市俗文化、俗艺术既表现为矜持的贵族气，又投之以质疑的、挑剔的目光。第二类雅俗观，对俗文化、俗文学之类采取欢迎、接受的态度，是一种"与时偕进"的审美观。比如苏东坡的诗文中，就曾大量采用所谓"俗"的日常生活题材，津津有味地大写种种可口的饭菜，以鱼肉荤腥、菜蔬汤羹、烟酒茶点入诗，而其诗文的格调仍显高雅，这便是"以俗为雅"。朱弁曾云："惟东坡全不拣择，入手便用。如街谈巷说，鄙俚之言，一经坡手，似神仙点瓦砾为黄金，自有妙处。"[1]雅俗问题其实与题材无涉，关键在作家、

---

[1] 朱弁：《风月堂诗话》卷上，中华书局，1988年版。

诗人的心胸、灵魂是否"雅",若是,则以"俗"一点的生活琐事入诗及其人文,亦有可能达到"雅"的审美境界。不过这一"雅"趣,自不同于传统儒家所说的那种。在这一点上,擅长于"宏伟叙事"的稼轩词,亦颇通于东坡情调。辛弃疾《清平乐》下半阕云:"大儿锄豆溪东,中儿正织鸡笼,最喜小儿无赖,溪头卧剥莲蓬。"无论就取材、用字与口语化而言,皆可谓之"俗",却极富生活与审美情趣。陈亮《洞仙歌·丁未寿朱元晦》:"许大乾坤这回大。向上头些子,是雕鹗抟空,篱底下,只有黄花几朵。"也是俚语俗言,以口语入词。这说明,文学的俗化是一大趋势,而自俗中求雅,以俗为雅,自俗返雅,审美的"终极"仍在于"雅"。第三类雅俗观,以融通雅、俗为旨归,是超越于俗与雅的第三种境界。惟俗、惟雅,都不是审美高格。必如佛教大乘"中观":离弃空、有二边而无执于中道,不滞累于此"中"。王水照先生主编的《宋代文学通论》一书,借隋僧吉藏《二谛义》卷上之论来说"雅俗圆融"。吉藏说:"真俗义,何者?俗非真则不俗,真非俗则不真。非真则不俗,俗不碍真;非俗则不真,真不碍俗。俗不碍真,俗以真为义;真不碍俗,真以俗为义也。"雅俗圆融有如真俗不二,《二谛义》并说审美意义上的雅俗不二观,"尤与大乘中观学派的'真俗二谛'说颇有相通之处。"①此可供参阅。正如《大智度论》所云:"不坏假名而说实相,盖即俗而见真,即不于俗中起执,便唯一真,此般若了义。"以亦正如窥基所言:"俗是真家俗,真是俗家真。有俗亦有真,无真亦无俗,真俗相依而建立故。"②也是这个意思。宋明时代的一般文人、士大夫,对佛教真俗不二说之类的学养总也有的,故而在方法论上,移来认识与处理审美意义上的雅、俗矛盾并以雅俗不二为审美高格,一点也不令人奇怪。雅俗不二的境界,在于既不执滞于雅,又非系累于俗,是基于雅俗又超乎雅俗的一种"高妙"之境。姜夔云:

---

① 王水照主编:《宋代文学通论》,河南大学出版社,1997年版,第55页。
② 见熊十力:《佛家名相通释》,中国大百科全书出版社,1985年版,第78页。熊十力在引述窥基言说时,漏掉"无真亦无俗故"此句的一个"故"字,以及漏引原有的"非遣依他而证圆成实,非无俗谛可得有真"一句。

> 诗有四种高妙：一曰理高妙，二曰意高妙，三曰想高妙，四曰自然高妙。碍而实通，曰理高妙。出事意外，曰意高妙。写出幽微，如清潭见底，曰想高妙。非奇非怪，剥落文采，知其妙而不知其所以妙，曰自然高妙。①

此所言诗之"四种高妙"，其实是一种，即据于理、意、想与自然又超乎此四者。诗的"高妙"之境，是此四者的和谐与涵溶。这里，姜夔并未直接谈到雅俗不二问题，但是，所谓"理"之"碍而实通"，"意"之"出事意外"，"想"之"写出幽微，如清潭见底"，"自然"之"非奇非怪，剥落文采，知其妙而不知其所以妙"，皆如身在泥淖又出污泥而不染般非雅非非雅、非俗非非俗的一种雅俗不二之境。

第十节　从"存天理，去人欲"到"童心""性灵"与"情教"

宋代理学家以"存天理，去人欲"（或"明天理，灭人欲"等）为道学之帜，使得由他们所说的艺术审美，具有坚强甚而是坚硬的实用理性精神。为情（欲）所累、所苦，大约是其人生第一烦恼，如程伊川那般的仿佛能拒"情"（欲）于人生、学问之外的理学的美学，总也有些畸形。然而，明中叶之后至明末，这一东方古老的伟大民族的艺术审美思潮，便有些违背天理、张扬个性与肯定人欲（情）的意味。其代表，首先是一些理学营垒里的人物。从"存天理，去人欲"，到"童心""性灵"与"情教"的肯定，中国美学之文脉历程，至此又在酝酿历史性的转变。

"存天理，去人欲"的命题，由王阳明提出。其云："圣人述六经，只

---

① 姜夔：《白石道人诗说》，《白石诗词集》，人民文学出版社，1959年版。

是要正人心，只是要存天理，去人欲。"①此说较朱熹要委婉些。朱熹说："《书》曰：'人心惟危，道心惟微，惟精惟一，允执厥中'。圣贤千言万语，只是教人明天理，灭人欲。"②一则以"去"，一则以"灭"，程度上是有区别的。无疑，朱熹较阳明为严厉。"灭人欲"是无论正反、善恶、美丑，一律都"灭"；"去人欲"，是"去"悖理之"私欲"与"淫欲"。王阳明云："岂有邪鬼能迷正人乎？只此一怕，即是心邪，故有迷之者，非鬼迷也，心自迷耳。如人好色，即是色鬼迷；好货，即是货鬼迷；怒所不当怒，是怒鬼迷；惧所不当惧，是惧鬼迷也。"王阳明要求将好色、好货、好名等私欲，逐一追究搜寻出来，定要拔去病根，永不复起，方始为快。"须是平日好色、好利、好名等项一应私心扫除荡涤，无复纤毫留滞，而此心全体廓然，纯是天理，方可谓之喜怒哀乐未发之中，方是天下之大本。"③

明中叶之前，自宋元沿袭而来的程朱理学，备受推崇。明太祖曾昭告于天下："一宗朱子之学，令学者非五经、孔孟之书不读，非濂洛关闽之学不讲。"④永乐年间，朝廷敕修儒家《四书大全》《五经大全》与《性理大全》，并颁行于天下，达到"舆论一律"。朝廷规定科考之命题，以朱子学为限。明初还严行文字狱以剪除异端思想。

然而明中叶东南沿海的城市经济、文化的空前繁荣，使苏、杭、松、嘉等地成为经济重镇。经济的竞争必致人欲横流，被理学观念、伦理教条所长期压抑的人的情欲要求，成为一种"恶"的精神力量，给时代的艺术与审美注入了新的生命力。三教九流、声色犬马、五光十色，甚至巧取豪夺，你死我活，有如小说《金瓶梅》所描述的那样，成为城市文化一道奇丽而妖冶的风景线。作为文化、观念的新因素，在市民意识的催激下，人心真是变"坏"了。"舆马从盖，壶觞罍盒，交驰于通衢。水巷中光彩耀目，

---

① 王守仁：《传习录》上，《王阳明全集》上卷，上海古籍出版社，1992年版，第9页。
② 朱熹：《学术·守持》，黎靖德编：《朱子语类》第一册，中华书局，1994年版，第207页。
③ 王守仁：《传习录》上，《王阳明全集》，上卷，上海古籍出版社，1992年版，第16、23页。
④ 陈鼎：《东林列传》卷一，广陵书社，2007年版。

游水之舫，载妓之舟，鱼贯于绿波朱阁之间，丝竹讴舞与市声相杂"①，古老而古板的民族之魂魄，开始"移情别恋"，对金钱的追逐与无厌，导致对王权的轻忽与对礼教的背离。晚明时，民间流传一首《题钱》，其中有云："人为你东奔西走，人为你跨马行舟，人为你一世忙，人为你双眉皱。细思量多少闲愁。铜臭明知是祸由，每日家营营苟苟。人为你招惹烦恼，人为你梦忧魂劳，人为你易大节，人为你伤名教。细思量多少英豪，铜臭明知是祸苗，一个个因他丧了。"言辞恳切而满是对于"铜臭"这一社会情状的讽刺与抨击。读书人终于有些明白，寒窗苦读、科举高中、加官晋爵、封妻荫子的人生虽然很"理想"，而毕竟太逼仄、太凶险，"读书个个营公卿，几人能向金阶走"？而混迹于江湖码头，厕身在店肆酒楼，狎妓戏女，乱伦偷情，似乎也不错。有一首《山歌》这样唱道："结识私情弗要慌，捉着子奸情奴自去当！拼得到官双膝馒头跪子从实说，咬钉嚼铁我偷郎！"②真正可以让道学家们痛心疾首，掩面而羞。

明中叶之中华民族的思想灵魂及其艺术审美，确乎有些"解放"的意味，古典、传统意义上的文化的神圣、严谨与崇高已悄悄遭到怀疑，朱夫子的理学权威面临挑战。阳明学以"万物皆备于我""我的灵明"与"满街都是圣人"（其实是说："满街都不是圣人"）为旗帜而深得人心。程朱理学的逐渐解体所留下的精神空白，是由阳明的心学来填补的，以至于"正嘉以后，天下之尊王子也甚于尊孔子"③。在艺术审美领域，首先是"名为山人，而心同商贾"④的李贽倡言"童心"。"童心"者，"绝假纯真，最初一念之本心"，"若失却童心，便失却真心；失却真心，便失却真人"。⑤ "童心"即道之"静虚"之"心"、佛之"明心见性"之"心"。"童心"说，体现出将一颗长期为儒教规矩所扭曲、污染的民族之"心"，重新扭转与洗涤为审美诉

---

① 王锜、于慎行：《寓圃杂记》，中华书局，1984年版。
② 引自冯天瑜、何晓明、周积明：《中华文化史》，上海人民出版社，1991年版，第779页。
③ 顾宪成：《日新书院记》，《顾端文公遗书·泾皋藏稿》卷十一，凤凰出版社，2012年版。
④ 李贽：《焚书》卷二，《焚书 续焚书》，中华书局，1975年版。
⑤ 李贽：《焚书》卷三，《焚书 续焚书》。

求。汤显祖《牡丹亭还魂记》唯"情"是举，称"生可以死，死可以生"，生、死在有情与无情之际。"三袁""公安"派则独抒"性灵"，"不拘格套，非从自己胸臆流出，不肯下笔"①。"性灵"说，实始于先秦的生命美学（气论）之流裔，近承阳明的"灵明"说，与李贽"童心"之言亦不无联系。"性灵"之"性"者，真情性也；"灵"，"慧黠之气"也。"性灵"是天生的"性"与"灵"。"此皆天地间一种慧黠之气所成"，"慧黠之气"成于人，便是人之"性灵"；成于文，便是文之"性灵"，故有"道法自然"之旨，明显是以"道"之观念来针砭理学陈腐观念。"性灵"既原于"慧黠之气"，则从"慧"看，又有佛家意思在。"慧"是天生的悟力与悟性。因而就艺术审美而言，凡原于"慧黠之气"的文，都是自然天成而带点原始野性的美文。袁中道说："凡慧则流，流极而趣生焉。天下之趣，未有不自慧生也。"②故"趣"是天生之"慧"的审美体现。袁宏道说："夫趣得之自然者深，得之学问者浅。当其为童子不知有趣，然无往而非趣也。"显然是针对理学的"学问"而言的。"童子也不知有趣"者，"童心"也，故"无往而非趣"。而大凡审美之"趣"，只要是自然天成的，总与"情"合契。理学曾肯定"理趣"，这在袁中道看来，无美无趣，"入理愈深，然其去趣愈远矣"③。认为"理"是戕害基于自然人性之审美的。

无论标举"童心"抑或"性灵"，都有张扬审美个性的意义。李贽得"异端"之名，时人称为"端方正直"之逆反。"未必是圣人，可肩一狂字"④，有狂禅、狂狷之精神。李贽自称："余自幼倔强难化。不信学，不信道，不信仙释。故见道人则恶，见僧则恶，见道学先生则尤恶。"⑤虽然这一情绪化的自述，未必十分符合李贽自己的人格与学识之真实，因为他用以批判理学观念的思想武器，实际上并不离儒、道、释之大域，只是作为"异

---

① 袁宏道：《叙小修诗》，《袁中郎全集》卷三，上海古籍出版社，1981年版。
② 袁中道：《刘玄度集句诗序》，《珂雪斋集》卷一，上海古籍出版社，1981年版。
③ 袁宏道：《叙陈正甫会心集》，《袁中郎全集》卷三，上海古籍出版社，1981年版。
④ 汪本钶：《哭卓吾先生告文》，《李氏遗书》附录，《丛书集成续编》十九，新文丰出版社（中国台湾），1960年版。
⑤ 李贽：《阳明先生年谱后语》，《焚书 续焚书》，中华书局，1975年版。

端",是新兴的城市与市民文化在他的思想中注入了一些新的时代精神。他实际仍是借用道、释(禅)的精神力量,来对儒家思想,对理学进行抨击。确实,"敢于叛圣人者,莫甚于李贽"。① 而李贽的叛逆,是审美意义上的人格之个性的张扬。

有明一代,如李贽般狂放之士、之文并不鲜见。且不说徐渭及其《四声猿》,被世人叹为"奇人奇文",祝允明、唐寅之辈,亦不很"安分",从为人到为文,做一些"出格"的事情,似魏晋名士再世,又少了些风度,但对"名教"的抨击之力,一点也不亚于魏晋:

> 我笑那李老聃五千言的《道德》,我笑那释迦佛五千卷的文字,干惹得那些道士们去打云锣,和尚们去打木鱼,弄儿穷活计,那曾有什么青牛的道理、白象的滋味,怪的又惹出那达磨老臊胡来,把这些干屎橛的渣儿,嚼了又嚼,洗了又洗。又笑那孔子老头儿,你絮叨叨说什么道学文章,也平白地把好些活人都弄死。又笑那张道陵、许旌阳,你便白日升天也成何济,只这些未了精精儿到底来也只是一淘冤苦的鬼。②

笑骂一切传统文化之代表人物,痛快而淋漓。蔑视权威,扫荡历史,情感力量之汹涌,早已不是当年"存天理,去人欲"的精神世界。也不是晋人对孔丘的白眼,所谓"非汤武而薄周孔";不是陈子昂式的"前不见古人,后不见来者"的孤独与痛苦;亦非李白式的"凤歌笑孔丘"的潇洒,而是痛彻于传统文化之重压与陈腐气息的精神虐待,浑身不舒又不知到底不舒在何处、为何不舒,想要冲决精神之樊篱而不得的内心紧张、困惑与焦虑,中国美学正如其整个文化那样,在此做出历史的呻吟。看不到精神的出路与回归,于是依然倚重一个"情"字,说出"六经皆以情教也"之类大为违背圣

---

① 顾炎武:《日知录》卷十八,黄汝成:《日知录集释》,浙江古籍出版社,2013年版。
② 冯梦龙:《笑府附》,《广笑府序》,海峡文艺出版社,1992年版。

贤古训的话，算是对经学及理学的亵渎。就艺术审美而言，可谓令人备受鼓舞，因为审美焉能无"情"？但是所谓"情教"，究竟是什么意思？难道它能拯救这个临近日暮的时代么？按冯氏所言，"六经皆情教也。《易》尊夫妇，《诗》有《关雎》，《书》序嫔虞之文，《礼》谨聘奔之别，《春秋》于姬姜之际详然言之，岂非以情始于男女?"①这里有两个问题：一是经之言皆关于"男女"，不等于其各自的美学精神都是重"情"的，更非唯"情"。从经的基本精神看，都在"发乎情，止乎礼义"，礼义是其根本。二是就理学美学而言，从"存天理，去人欲"到"童心""性灵"与"情教"之说，说明了从建构到转换的双兼的历史悲剧性与喜剧性。但无论崇奉"理"本体还是"情"本体的美学，都是这一民族美学文脉的展现，包含着这一民族之美学的某些缺失。

---

① 《冯梦龙全集·情史》，上海古籍出版社，1993年版。

第七章
实学精神与审美终结

时至清代，中国美学之文脉，又有一变，大凡与清世整个时代文化思潮取同一步调。"清代思潮果何物耶？简单言之：则对于宋明理学之一大反动，而以'复古'为其职志者也。"①

"复古"，是个什么意思呢？

梁启超说，有清一代的时代思潮，其主题在"以复古为解放"：

> 综观二百余年之学史，其影响及于全思想界者，一言蔽之，曰"以复古为解放"。第一步，复宋之古，对于王学而得解放。第二步，复汉唐之古，对于程朱而得解放。第三步，复西汉之古，对于许郑而得解放。第四步，复先秦之古，对于一切传注而得解放。夫既已复先秦之古，则非至对于孔孟而得解放焉不止矣。然其所以能著著奏解放之效者，则科学的研究精神实启之。②

这里所言，大抵取于"清学"，而并非纯一学术"话题"。"其影响及于全思想界者"，自当包括清代审美及其美学在内。所谓"以复古为解放"，该措辞有待于进一步斟酌，因为，"复古"并非一定导致"解放"。但这一"复古"在中国思想史与美学史上的意义，由于它不仅仅是学术、学问与学派

---

① 梁启超：《清代学术概论》，《梁启超论清学史二种》，复旦大学出版社，1985年版，第3页。
② 梁启超：《清代学术概论》，《梁启超论清学史二种》，第6页。

之方法论与研究手段、策略上的"复古"，必然具有精神"解放"的一面，体现于清代的文人人格建构、自然审美与艺术审美诸方面。按梁启超的见解，清代的学术思想与理念的"解放"，分四步走，最终回到"先秦之古"而不仅仅是回到"孔孟"，这是一个很精彩的见解。因而"清学"不等于"汉学"。清代学术及其思想走在"回家"的路上，好比一个老者意识到来日无多而在精神上回到他的童年，这本身是很有些"美学"的。清代美学与这一学术思潮、精神究竟有没有文脉上的联系以及是何联系，其精神到底同样是否走在"回家"的途中，它是否提出与解答了这一时代所能提出的问题，有没有新的美学意义上的"问题意识"，这些，都是值得加以研究与讨论的。

清代美学是中国古典美学的"终结"。前此，中国古典美学经历了这样几个阶段：伴随以原始神话与图腾的原始巫文化及其审美意识的发生；先秦子学所呈现的主要是心性问题与审美酝酿（儒之仁学是"心性"问题的伦理学解，道家的道学是关乎"心性"问题的哲学解）；两汉经学，以儒学的"伦理学的哲学"这一"霸权"，企图解决宇宙生成论关怀之下的人生道德的审美课题；魏晋玄学，主要从先秦道家那里汲取思想养分，导致玄学的美学尤具葱郁而深邃的哲学本体论的思辨性；隋唐佛学的美学，以禅宗美学为代表，使审美成为文人人格处于入世与出世之际的生命与生活情调。这一时代，实现了自先秦"易象"，经东汉至南朝的"意象"到唐代"意境"说的历史性建构；宋明理学的美学，是以儒学为文化基质的儒、道、释三学的综合，使人格审美在哲学本体与道德存养工夫之间达到对应。而清代美学，直接便是否定"不能承受之轻"的明中叶阳明心学之美学，从"虚"到"实"的时代转变，是一种具有一定实学精神的美学。它以自明清之际王夫之接承而来的哲学"气"论为其精神素质与底蕴，呈现出中国古代美学之辉煌的落日余晖，又预示着明日的辉煌。它在思维品格上，比较地熏染于"实"（物）而处在"气"这一介乎形上之"道"与形下之"象"两者之间的层次。实学精神，使得中华以抒情诗为代表的民族艺术审美能力与感觉，在此进一步衰退与迟钝，从宋明理学美学的"深度"退出，是其显著的精神特点。

而其一般所具有的近代科学精神，体现为在"复古"之中的一种"解放"的历史趋势。至于清代实学的反美学的一面，亦值得注意。

第一节 "气"论的美学：在时代交接点上

清代美学，如果说"以复古为解放"的话，那么，这一"戴着镣铐的舞蹈"的"解放"可以说始于明、清之际的王夫之的美学。这一美学，屹立在时代交接点上。就宋明理学美学而言，是集大成意义上的总结与批判；就清代实学美学来说，奠定了"气"论美学的思想基础。

以"六经责我开生面，七尺从天乞活埋"而自勉的王夫之（1619—1692），字而农，号薑斋，湖南衡阳人，明遗民，人称船山先生（因晚年隐居于衡阳石船山潜心于著述而得名）。其一生，自四岁（1622年，明天启二年）至二十六岁（1644年，崇祯十七年明亡），为求学、求仕时期；自二十七岁（1645年，清顺治二年）到三十九岁（1657年，清顺治十四年），参与抗清活动；自四十岁（1658年，清顺治十五年）到七十四岁（1692年，康熙三十一年）谢世，为隐居、著述时期。王夫之一生撰述多达百余种，以《张子正蒙注》《周易外传》《尚书引义》《续四书大全说》《诗广传》《思问录》与《薑斋诗话》等为其代表作。其为人、为文，确实正如《论语》所记子夏所言："博学而笃志，切问而近思"，受到很高评价。清末谭嗣同曾说："五百年来学者，真通天人之故者，船山一人而已。"[1]

明末清初，学者辈出，王夫之与方以智（1611—1671）、黄宗羲（1610—1695）与顾炎武（1613—1682）等大学者，大致是同时代人。而谈到对于中国美学的贡献与影响，同时代的其他一些学者，恐都不及王氏。清代"史学之祖当推宗羲"，"经学之祖推炎武"[2]，王夫之则主要在哲学上独

---

[1] 谭嗣同：《仁学》卷上，中州古籍出版社，1998年版。
[2] 梁启超：《清代学术概论》，《梁启超论清学史二种》，朱维铮校注. 复旦大学出版社，1985年版，第14页。

有建树。

　　明中叶阳明心学极盛,至晚明已成强弩之末。此时,心学嬗变为"狂禅"之论,所谓"酒色财气不碍菩提路""满街皆是圣人",既糟践了禅,又亵渎了儒。"以无端之空虚禅悦,自悦于心;以浮夸之笔墨文章,快然于口。"①此尚"清谈",可追魏晋。"昔之清谈谈老庄,今之清谈谈孔孟。"思想界看似热闹非凡,而不能掩其思想的贫困与精神的空虚。顾炎武说:"有明一代之人,其所著书,无非窃盗而已。"②话是说得过于绝对与情绪化了,但到底指出了问题严重之所在。李贽对思想界陈陈相因的情况亦极不满,他引用唐柳宗元关于庸国与蜀国之南"恒雨,少日",故"日出则犬吠"的典故,讽刺当时思想界的无思想、没头没脑与庸俗无聊,称之为"因前犬吠影,亦随而吠之"③。用语之刻薄,说明其对阳明心学及其流裔的愤激与厌恶,也体现出其内心的极度紧张与焦虑。凡是没有思想的地方与时代,哲学与美学都是不能成活的。阳明心学及其后学的空疏与支离,即所谓"束书不观,游谈无根"之弊,已是令人不能忍受了。时代呼唤新的哲学与美学思想的出现。

　　王夫之继承北宋理学家张载的"气"本体论,来解释世界之"实有"及其物质(气)的统一性,建构其"气"论基础上的美学见解。

　　其一,王夫之的哲学立场,在于坚持世界"实有"。他说:"盈天地之间皆器矣。"④"实有者,天下之公有也,有目所共见,有耳所共闻也。"⑤世界不是一个"理",也不是一个"心",亦并非为"数",而是耳、目等五官可以"见""闻"的"器"。"器"是"实有"而非虚无的。"是故阴阳奠位,一阳内动,情不容吝,机不容止,破魄启蒙,灿然皆有。""有"是一种"灿然"的美的存在。"有"者,非"妄"而"真",天下"其常而可依者,皆其生

---

① 吴肃公:《明语林》卷七,黄山书社,1999年版。
② 顾炎武:《日知录》卷七、十八,《日知录集释》,中州古籍出版社,1990年版。
③ 李贽:《续焚书》卷四,《焚书 续焚书》,中华书局,1975年版。
④ 王夫之:《周易外传》卷五,中华书局,1977年版。
⑤ 王夫之:《尚书引义》卷三《说命上》,上海古籍出版社,2007年版。

而有；其生而有者，非妄而必真"①。故"实有"为"真有"，是世界的生命状态，是真实存在的世界的生命现象。这里，王夫之对世界的观察与理解，首先是建立在人之生命经验基础上的，他对人之五官的感觉持一种充分信任的态度，已是将审美与经验联系在一起。

其二，在美学本体论上，王夫之接过张载关于"气"的"话题"，亦承认"太虚"在"气"说。那么"太虚"是什么呢？王夫之云："太虚，一实者也。"②

"太虚"一词，首见于《庄子·知北游》："是以不过乎昆仑，不游乎太虚。"成玄英称"太虚"为"深玄之理"。在先秦庄学那里，"太虚"实为"无"的一种存在状态，故"太虚"之性为"虚"。张载哲学的基本命题，是"太虚即气"，以为"太虚不能无气，气不能不聚而为万物，万物不能不散而为太虚"③。"太虚"是天下"万物"的"散"在状态，即是"气"的状态。故"太虚"是"实有"。从庄周到横渠，"太虚"已由"虚"转"实"。王夫之的"太虚"说，是接续于张载的。然而仔细分别，王夫之此说与张载仍有所区别。张载只说"太虚不能无气"，气聚为万物，气散为太虚，这是活用庄子所言"气聚则生，气散则死"的见解。至于当"太虚"聚而为"万物"时，"太虚"是否是一种"气"的"实有"状态，这一点张载并未注意。王夫之所言"太虚"，无论"气"之聚、散，都是"实"的本在状态。这里，王夫之所谓"太虚，一实者也"，亦可句读为："太虚，一，实者也"。此"一"，即指"气"。"气"者，"实"也。

其三，王夫之的"太虚"说，实际是其"太极"说的理论展开，亦可以说是两者互为发明。王夫之说"易有太极，固有之也，同有之也"④。"太极"是"有"而非道家所谓"无"，这是宗于《易传》的"是故易有太极，是生两仪"说而不是《庄子》的"无极而太极"说。《易传》的"太极"，是"一"（实

---

① 王夫之：《周易外传》卷二，中华书局，1977年版。
② 王夫之：《思问录·内篇》，《船山思问录》，上海古籍出版社，2000年版。
③ 张载：《正蒙·太和》，王夫之：《张子正蒙注》，中华书局，1983年版。
④ 王夫之：《周易外传》卷五，中华书局，1977年版。

有"），由"一"而"二"（两仪）。"两仪"者，阴阳也。王夫之以为"太极"具"固有"与"同有"之本性。"固有"，本有；"同有"，天下万物悉皆具有而无一遗漏。这是同时活用了汉代人所谓太极"一片淳和之气"与朱熹所谓"人人有一太极，物物有一太极"的见解。"太虚"固然不等于是"太极"，但在"气"为本体这一点上是相通的。毋宁说，"太虚"是天下之美的"气"之本在状态，"太极"是"气"之本在的美的"终极"。两者相通于"气"。

其四，"气"是运动还是静止，世界原于动抑或静，是王夫之"气"论的美学的动静观所要回答的问题。

首先，王夫之将宇宙的"实有"存在，看作是一"阴阳无始，动静无端"的时间过程，所谓"宇宙者，积而成乎久大者也"。① "久"为时间之无限，"大"是空间之无垠，这是接续了东汉张衡关于"宇之表无极，宙之端无穷"②的哲学见解。

其次，在动、静美学观问题上，先秦道家以为万物本原固"静"，因而要求"致虚极守静笃"，回归于"静""虚"即为人生之美景，所谓"静为躁（动）君""归根曰静"之谓。北宋周敦颐说："太极动而生阳，动极而静；静而生阴，静极复动。"这是将动静观哲学意义上的逻辑原点设定在"动"，而周子的人生哲学却是主"静"的："定之以仁义中正而主静，立人极焉。"③可见，周濂溪的哲学动静观未能处处贯通。而且，按其所言"动而生阳，动极而静；静而生阴，静极复动"的逻辑，似乎"太极"化生天地万物时，先生"阳"，后生"阴"，而不是《易传》所谓"是故易有太极，是生两仪（阴阳）"。似乎"太极"原本并无阴气、阳气的"种子"而是由动、静这种"生"的方式所决定的。所以王夫之批评说："动静者，乃阴阳之动静也"④，"非初无阴阳，因动静而始有也"⑤，动、静皆"实"。萧汉明指出，

---

① 王夫之：《思问录·内篇》，《船山思问录》，上海古籍出版社，2000年版。
② 张衡：《灵宪》，张震泽：《张衡诗文集校注》，上海古籍出版社，2009年版。
③ 周敦颐：《太极图说》，《周敦颐集》，中华书局，1990年版，第4、6页。
④ 王夫之：《张子正蒙注·大易篇》，中华书局，1983年版。
⑤ 王夫之：《周易内传·发例》，九州出版社，2004年版。

王夫之动静观包含这样的意思："阴阳为太极之固有，分阴分阳只是太极自身的展开过程，并非太极本身没有阴阳。"①说得不错。笔者愿意补充一句，其实动静亦为太极所固有，动静是太极的本在状态亦是其展开、实现过程。太极本身如本无"动静"的根因，则何以展开、实现为动、静？因此，倘论太极之美，则非仅动为美或仅静为美。作为根因，动、静都可以是美的。人生之美，动、静皆可。但王夫之的动静观具有主"动"的一面，他说："太虚者，本动者也。动以入动，不息不滞。"②这是从《易传》"天地之大德曰生""生生之谓易"处化出的思想，颇有些时代气息。所谓"虚则丧实，静则废动，皆违性而失其神也。"③ 求"实"求"动"，王夫之的美学思想具有推重笃实、阳刚与求变的思想品格。王夫之说："一动一静，皆气任之。气之妙者，斯即为理。"④"动静"者，生气灌注。"气之妙者"，气之美的高妙境界。王夫之在此称"理"之使然，说明其美学思想刚从宋明理学之营阵中"反"出，还来不及抖落其历史尘埃。

其五，王夫之称："太极，大圆者也。"⑤"大圆"之美，美在"大圆"内部之阴、阳与动、静的"太和"，"太和"为"太极"的原本和谐状态。

> 太和，和之至也。道者，天地人物之通理，即所谓太极也。阴阳异撰，而其絪缊于太虚之中，合同而不相悖害，浑沦无间，和之至矣。未有形器之先，本无不和；既有形器之后，其和不失，故曰太和。⑥

"和"有多种，以"太和"为"和之至"。王夫之采《易传》"天地絪缊，万物化醇。男女构精，万物化生"之说，称"絪缊者，气之母"⑦，说明"絪缊"为

---

① 萧汉明：《船山易学研究》，华夏出版社，1987年版，第90页。
② 王夫之：《周易外传》卷六，中华书局，1977年版。
③ 王夫之：《张子正蒙注》卷九，中华书局，1983年版。
④ 王夫之：《读四书大全说》卷五，中华书局，1983年版。
⑤ 王夫之：《周易内传·发例》，《周易内传 周易外传》，九州出版社，2004年版。
⑥ 王夫之：《张子正蒙注》卷一，中华书局，1983年版。
⑦ 王夫之：《周易外传》卷二，中华书局，1977年版。

"气"未成之前的那种原本状态,可以说是"气"之"原型"。此其一。其二,从"未有形器之先"走向"既有形器之后",是"至""极"的"原美"趋于消解与衰退,这是采老庄的"道"本原之说来解读"太和"。而"既有形器之后","其和不失",是"太和"的回归,亦是循老庄之说。可见,王夫之并没有对"既有形器之后"的自然、社会与人生丧失信心,他认为,人的精神与审美倘要返回"故乡",还是有路可走。

"太和"的思想,即"天人合一"的思想。"天人"何以"合一"? 因"气"贯通于"天人"之故,所谓"人之道,天之道也"①。人、天之际,一气而已,气本"淳和"。在这"天人合一"的宇宙中,有"天"(自然)之美,有"人"(人工)之美,有二者"合一"之美,而究竟孰美? 王夫之的回答是:"天地之生,莫贵于人矣。人之生也,莫贵于神矣。神者,何也? 天地之所致美者也。百物之精,文章之色,休嘉之气,两间之美也。函美以生,天地之美藏焉。天致美于百物而为精,致美于人而为神,一而已矣。"②人乃天地灵气之化生,人最为天下之"贵",其"美"达到"神"的境界。"神"为"天地"之间"所致美者"。中国美学史所言"天人合一"之美,有三种境界:其一,"以人合天",道家之境;其二,"以天合人",儒家之境;其三,"天人合于空幻",释家之境。"以人合天"者,"天人"合于"无";"以天合人"者,"天人"合于"有";"天人合于空幻"者,实乃"天人"无所谓"合",亦无所谓不"合",或曰"合"于"空"③。王夫之称"天地之生,莫贵于人",人乃"天地之所致美者",强调人之美高于天地之美,显然指"以天合人"的儒家所主张与追求的"有"(实)之美,而非"以人合天"道家"无"之美。王夫之说"天之道,人不可以之为道也",有先秦荀况"天人相分"的意思与唐刘禹锡"人定胜天"的意思,亦属儒家"天人合一"观。

其六,王夫之的美学主"气",主"实",则必重"象"。《易传》云:"形乃谓之器,见(现)乃谓之象"。"象"是天下之"形""器"的"见"。就"形"

---

① 王夫之:《续春秋左氏传博议》,《船山全书》,第五册,岳麓书社,2018年版。
② 王夫之:《诗广传》卷五,中华书局,1964年版。
③ 这里所谓"合于空",显然乃执"空"之见,为佛教大乘空宗所不取。

"器"言，"象"因"见"而性"虚"，但"象"毕竟是"形""器"之"见"，不如形上之"道"那般玄虚与抽象，"象"处于形上与形下、道与器之际，亦即在虚、实之际。同时，"象"乃生命之"见"，生命之根因是"气"，凡"气"皆有"象"，凡"象"皆具"气"，气、象不可分拆。因此，所谓"象"之美，实乃生命之"气"的呈现，美是生命之"气"的"象"之见。"象"因"气"之流行而美。"气"是生命之原型。在原始巫术文化中，"气"具神秘意味，即李约瑟所谓神秘之"感应力"。"气"又是中国生命哲学与生命美学的元范畴，它是审美之"象"的生命素质。气就道而言，是"实"。王夫之一生精研易学，对"象"与"气"与易理之关系独有会心。《易传》云："易者，象也。"象乃易之本。王夫之说：

> 天下无象外之道。
>
> 盈天下而皆象矣。①

凡言"道"必涉于"象"，这是与魏王弼"扫象"说的不同之处。而"天下""皆象"，是因为天下万事万物作为"形""器"，皆可"见"于"心"的缘故。"心"作为主体的"灵府"或阳明所言"灵明"，具"见"之为"象"的功能。王夫之强调"盈天下而皆象矣"，实即肯定主体认知与体悟客体对象的生命力。主体认知与体悟对象之属性与现象靠什么？靠生命之气。生命之气化为认知与体悟，实即"意"。"意"，以主体生命之气为底蕴与素质，为知"道"、悟"象"的主观心理的品格与深度。因此，哪里有"象"，那里便有"气"；哪里有"象"，那里也必然有"意"。气、象与意、象不能分拆，它们共同"见"之为美。王夫之说：

> 道者，物所众著而共由者也。物之所著，惟其有可见之实也；物

----
① 王夫之：《周易外传》卷六，中华书局，1977年版。

之所由，惟其有可循之恒业。既盈两间而无不可见，盈两间而无不可循，故盈两间皆道也。可见者其象也，可循者其形也。出乎象，入乎形；出乎形，入乎象。两间皆形象，则两间皆阴阳也。两间皆阴阳，则两间皆道。①

这里所谓"两间"，指"物所众著"与物之"共由者"。"物所众著"为"可见之实"，此"实"有实体、实相之义；"物之所由"为"可循之恒"，此"恒"，常道之义。"可见"与"可循"，关乎"象""形"，皆蕴含"道"、达于"道"。王夫之说：

今夫象，玄黄纯杂，因以得文；长短纵横，因以得度；坚脆动止，因以得质；大小同异，因以得情；日月星辰，因以得明；坟埴垆壤，因以得产；草木华实，因以得财；风雨散润，因以得节。其于耳启窍以得聪，目含珠以得明，其致一也。②

从自然美到社会美（艺术美、人格美等），皆是一个"象"的问题。王夫之"气"论的美学，也是"象"的美学。

其七，正如前述，"象"之美学，必关乎"意"。"意"在审美中的地位，是王夫之所强调的：

无论诗歌与长行文字，俱以意为主。意犹帅也。无帅之兵，谓之乌合。李、杜所以称大家者，无意之诗，十不得一二也。烟云泉石，花鸟苔林，金铺锦帐，寓意则灵。③

这是将魏曹丕的"文以气为主"变成了"审美以意为主"。不仅关于文，而且

---

① 王夫之：《周易外传》卷五，中华书局，1977年版。
② 王夫之：《周易外传》卷六。
③ 王夫之：《薑斋诗话》卷二，《四溟诗话 薑斋诗话》，人民文学出版社，1961年版。

关于自然("烟云泉石"之类)、社会("金铺锦帐"之类)的审美,都"寓意则灵"。

王夫之所言"意",不等于儒家(理学)之"理",又关涉于"理",这可以从其言论中见出:"以意为主,势次之。势者,意中之神理也。"①势者,执力之谓,原指雄性的生殖功能。王夫之以"势"来形容"神理",可见其内心还留下一块存有儒家之"理"(道德纲常及其审美)的地盘。然而,他的所谓审美"以意为主"的目光已经放开,明言:"意"不等于"势",而"势次之"。王夫之说:"宽于用意,则尺幅万里矣。"②又说:"亦理亦情亦趣,逶迤而下,多取象外,不失圜中。"③说明其审美与诗论的视野,已非囿于儒而旁采道家之言,此所谓"多取象外,不失圜中",以司空图之说而推重道家之旨。

由此,王夫之对文论史上"达理"与"缘情"之辨做了一个理论总结,对宋人的"以议论为诗"做了正确的评判:

> 王敬美谓"诗有妙悟,非关理也",非理抑将何悟?④
> 王敬美谓"诗有妙悟,非关理也",非谓无理有诗,正不得以名言之理相求耳。⑤

诗之美,当然在"妙悟",但这不等于说诗"非关理"。凡令人"妙悟"者,绝非"无理之诗"。问题是,诗之"理",既不局限于儒家、理学所推重的道德伦理,更不是"名言之理"。这里的"名",指概念、逻辑;"名言",指抽象的语言文字。抽象的、概念化的"言"与议论,是"妙悟"之诗美所排斥的。在王夫之看来,"以议论为诗"所以不可取,因其唯求"达理"而无诗象

---

① 王夫之:《薑斋诗话》卷二。
② 王夫之:《唐诗评选》卷四,《船山全书》第十四册,岳麓书社,2018年版。
③ 王夫之:《古诗评选》卷五,《船山全书》第十四册。
④ 王夫之:《薑斋诗话》卷一。
⑤ 王夫之:《古诗评选》卷四,《船山全书》第十四册,岳麓书社,2018年版。

之故。

> 诗固不以奇理为高。唐宋人于理求奇，有议论而无歌咏，则胡不废诗而著论辨也。①

这种诘问，可谓有力。王夫之的结论是："诗以道性情，道性之情也。"②"性之情"不等于"情之性"，前者重"情"而后者重"性"，可见王夫之的诗论偏于主"缘情"一路，但他又不废以诗象"达理"之说："诗源情，理源性，斯二者岂分辕反驾者哉？"③情、性或曰性、情是不可分割的健全人性与人格的两翼，诗作为人性与人格的审美文本，美在性情(情、性)、意象(象、意)、气象(象、气)之际，达到"合化无迹者谓之灵，通远得意者谓之灵"④的境界。

其八，王夫之"气"论的美学，因重"象"而独拈"现量"之说而言说审美感悟与审美直觉。王夫之指出：

> 现量，现者有现在义，有现成义，有显现真实义。现在，不缘过去作影；现成，一触即觉，不假思量计较；显现真实，乃彼之体性本自如此，显现无疑，不参虚妄。⑤

王夫之又结合"现量"说来论诗的感悟与直觉：

> "僧敲月下门"，只是妄想揣摩，如说他人梦，纵令形容酷似，何尝毫发关心？知然者，以其沉吟"推""敲"二字，就他作想也。若即景

---

① 王夫之：《古诗评选》，卷五，《船山全书》第十四册。
② 王夫之：《明诗评选》卷五，《船山全书》第十四册。
③ 王夫之：《古诗评选》卷二，《船山全书》第十四册。
④ 王夫之：《唐诗评选》卷三，《船山全书》第十四册。
⑤ 王夫之：《相宗络索·三量》，《船山全书》第十三册，岳麓书社，2018年版。

> 会心，则或"推"或"敲"，必居其一，因景因情，自然灵妙，何劳拟议哉？"长河落日圆"，初无定景；"隔水问樵夫"，初非想得；则禅家所谓"现量"也。①

这里所言"现量"以及后文所要谈到的"比量"与"非量"，是印度原始因明学之量论的基本范畴。印度原始各哲学流派在"量"问题上多各持己见。据孙剑英《因明学研究》一书，"总起来共有十种量，即：现量、比量、圣教量、譬喻量、假设量、无体量、世传量、姿态量、外除量与内包量等。"②"正理派"持此前四量说；古因明即陈那之前的瑜伽行宗也持前四量说。而陈那的因明学说，尤为重视现量、比量与非量。印度因明学认为：量，度量、决定之义。凡构成知识的过程及知识本身，称为量。

现量有真现量、似现量的区别。

> 此中现量，谓无分别。若有正智，于色等义离名、种等所有分别，现现别转，故名现量。③

现量，是感官直接接触对象（所量）而不假判断、推理与逻辑，使主体直接"印可"知识的过程及知识本身。不假语言、思维，无有分别，主体处于纯粹感觉状态，其精神"无有迷妄"者，即所谓"正智"，此之谓真现量。如果主体对对象的感觉因思维活动而起，于对象上有了分别与执著，其获得的是一种具有思维与逻辑的知识，那么，这便是似现量。"似"是迷误之意。因此，真现量亦称为无思维现量，似现量即有思维现量。

现量说虽为因明、逻辑之见，但主张于对象上感觉不起分别与无所执著，即主张"有正智于色"（色，一切事物现象）、"离（弃）名、种等所有分

---

① 王夫之：《薑斋诗话》卷二，《四溟诗话 薑斋诗话》，人民文学出版社，1961年版。
② 孙剑英：《因明学研究》，中国大百科全书出版社，1985年版，第6页。
③ [印]商羯罗主：《因明入正理论》，陈大齐、吕澂：《因明入正理论悟他们浅释 因明入正理论讲解》，中华书局，2007年版。

别",而通于审美直觉与审美感悟。

正如前引,如唐人贾岛《题李凝幽居》:"僧敲月下门"而倡言作诗须"沉吟'推'、'敲'二字",这在王夫之看来,是有悖于"现量"说的。这是因为在作诗的推敲过程中,已有逻辑思维与分别观念、精神执著等打破直觉与感悟"真实"的缘故。也可以说是"误"入了非审美的"比量"与"非量"之境。王夫之说:"比量,比者,以种种事比度种种理。以相似比同,如以牛比兔,同是兽类;或以不相似比异,如以牛有角比兔无角,遂得确信。此量于理无谬,而本等实相原不待比,此纯以意计分别而生。"比量,关于知识的推理、类比,已有悖于直觉与审美。王夫之又说:"非量,情有理无之妄想,执为我所,坚自印持,遂觉有此一量,若可凭可证。"①非量是个什么状态呢?"情有理无"也。审美不可无"情",然绝对的非理性,绝对地为"情"所累,为"情"所遮蔽,以及"执为我所,坚自印持",即执滞、迷乱于"情",也是王夫之所反对的。

总之,王夫之移用因明"三量"尤其其中的"现量"说,进而研究审美感悟与直觉的审美心理机制问题,显得相当精彩、准确与有思想深度。

第二节 崇"实"的审美

清代历经二百五十余年,以鸦片战争之爆发为界,可分前、后两期。要论这一时代的审美,可谓历时弥久、范围广大而情况多变,并不是一句话可以说清楚的。种种的矛盾与"意外",同样证明这一历史时代审美的丰赡与繁复。而美学理论之流派与宗门迭出,仍有些给人以眼花缭乱的"美"的风景。虽则有些身处末路般的彷徨与呻吟,而凝聚为审美的民族之魂,依然有力量与才智去面对时代的挑战。清代审美,一方面是中国古代美学

---

① [印]商羯罗主:《相宗络索·三量》,陈大齐、吕澂:《因明入正理论悟他门浅释 因明入正理论讲解》,中华书局,2007年版。

的终结，另一方面在这终结中，孕育着这一伟大民族审美的新生。其间，圆熟与枯涩并存、守成与潜在的趋新相映对。由于审美总是这个民族与时代思想与情感之最自由的领域，因此无论艺术创作与理论建设，都有些阔步高蹈、不食人间烟火似的，甚至喁喁私语式的"内心独白"，但其时代的意识、氛围与思考，作为哲学与思想的底蕴，作为文脉，却是客观自在，难以抹煞。这文脉之大要，崇"实"而已，即有一种实学精神，给这一民族、时代的审美以深远的影响。

笔者所言清代审美的实学精神或言实学精神对审美的影响，大凡有四：

其一，原始儒学所谓"实用理性"（实践理性），是道德伦理意义之"实"。原始儒学的"内圣外王"之学，在孔子那里，"内圣"与"外王"是统一未分的，其仁学，既是"正心""修身""养性"的"内圣"之学问，又是"齐家""治国""平天下"的"外王"之践履。孔子的仁学，有"经世致用"之功。"经世致用"之学，实学也。梁启超倡言"以复古为解放"的所谓"复古"，其实主要在"复"孔子伦理"实学精神"之"古"。这尤其是针对明中叶之后阳明心学及其流衍之崇尚玄谈、虚妄而言的。

在清代的艺术审美中，以孔子儒学为原始的实学精神，依然具有巨大影响，它体现出清代艺术审美之"文化守成"的特点。

黄宗羲重提孔子"兴观群怨"说，以为"昔吾夫子以兴观群怨论诗"，有"兴，引譬连类""观风俗之盛衰""群居相切磋"与"怨刺上政"之诗的实际功用，称"盖古今事物之变虽纷若，而以此四者为统宗"。黄宗羲不忘补充了一句："然其情各有至处，其意句就境中宣出者，可以兴也；言在耳目，赠寄八荒者，可以观也；善于风人答赠者，可以群也；凄戾为骚之苗裔者，可以怨也。"[①]这已有从审美上重新解释"兴观群怨"的意思，但到底还是基本站在孔子原有以实用理性精神解读"兴观群怨"的意思，其基本思路，依然不出诗者"迩之事父，远之事君，多识于鸟兽草木

[①] 黄宗羲：《汪扶晨诗序》，《南雷文定》四集卷一，世界书局出版社，2009年版。

之名"的域限。

叶燮以为"盈天地间万有不齐之物之数，总不出乎理、事、情三者"。"而天地备于六经。六经者，理、事、情之权舆也。合而言之，则凡经之一句一义，皆各备此三者，而互相发明。"①

这种"宗经"的文学审美观，依然颇具儒味。

顾炎武云："文之不可绝于天地间者，曰明道也，纪政事也，察民隐也，乐道人之善也。若此者，有益于天下，有益于将来，多一篇，多一篇之益矣。"②这是"文以明道"说的重申，有"盖文章，经国之大业，不朽之盛事"③之旨。

章学诚说："文，虚器也；道，实指也。""文可以明道，亦可以叛道。"④文之功用莫大矣，此为实用理性意义上的艺术审美之工具论。

沈德潜重弹儒家之"诗教"："温柔敦厚，斯为极则。"又说："诗之为道，可以理性情，善伦物，感鬼神，设教邦国，应对诸侯，用如此其重也。"⑤沈德潜有"格调"说，然其所言"格调"，是其"诗教"说即所谓"和性情厚人伦，匡政治，感神明"前提下的"格调"。

翁方纲主"肌理"说，称"经籍之光，盈溢于宇宙，为学必以考证为准，为诗必以肌理为准。"⑥以诗艺耀"经籍之光"，指诗艺之功用。

桐城派的方苞也说："盖政事文学，皆人臣所以自效，而政事之所关尤重。""尤重"在何处呢？"不专以文辞，而必求其实济。"⑦所谓"实济"，"济"世为"实"也。

总之，清代的艺术审美观，在"宗经"、尊儒、"文以明道"等方面，大

---

① 叶燮：《与友人论文书》，《已畦文集》卷十三，叶启倬辑：《郋园先生全书》，长沙中国古书刊印社汇印，1935年版。
② 顾炎武：《日知录》卷十九，黄汝成：《日知录集释》，上海古籍出版社，1985年版。
③ 曹丕：《典论·论文》，傅亚庶：《三曹诗文全集译注》，吉林文史出版社，1997年版。
④ 章学诚：《原道下》，《文史通义》，仓修良：《文史通义新编新注》，浙江古籍出版社，2005年版。
⑤ 沈德潜：《说诗晬语》，王宏林：《说诗晬语笺注》，人民文学出版社，2013年版。
⑥ 翁方纲：《志言集序》，《复初斋文集》卷四，文海出版社（中国台湾），1966年版。
⑦ 方苞：《诂律书一则》，《方苞集》，刘季高校点，上海古籍出版社，1983年版。

抵仍在因袭儒门实用理性的诗学传统。

其二，清人的实学精神，一般是一种做学问的"求是""求事"精神。清儒尤重考据之学。清乾隆、嘉庆（1736—1820）近百年间，训诂、考据之风盛于域中。它以明清之际的顾炎武为首唱，至乾嘉而笃行于天下。学者们承传汉古文经学之传统，以文字训诂与校勘之学从事古籍整理与文化研究，形成"朴学"，追求"无一字无来历"的治学境界，具有强烈而严谨的经学与历史哲学精神。有以惠栋为首的"吴派"与以戴震为首的"皖派"。乾嘉学人的学问做得尤为扎实。就校勘而言，或两籍互校，以古籍为准；或据本籍或他籍之旁证与反证来校读讹误；或发现著者原定体例以刊正全书通有之讹误；或据别有资料校正原著之错失。虽因历史、时代局限，未入于后人王国维"二重证据法"之境，但崇"实"是其不移的学术立场。

梁启超《清代学术概论》谈朴学之学风，凡立十条：一、"凡立一义，必凭证据。无证据而以臆度者，在所必摈"；二、"选择证据，以古为尚。以汉唐证据难宋明，不以宋明证据难汉唐"，等等；三、"孤证不为定说"；四、"隐匿证据或曲解证据，皆认为不德"；五、"最喜罗列事项之同类者，为比较的研究，而求得其公则"；六、"凡采用旧说，必明引之，剿说认为大不德"；七、"所见不合，则相辩诘"；八、"辩诘以本问题为范围，词旨务笃实温厚"；九、"喜专治一业，为'窄而深'的研究"；十、"文体贵朴实简洁，最忌'言有枝叶'"。[①]

这种朴实学风，不仅有方法论意义，而且深潜以崇"实"的人格精神与思想意义，时代之审美，必与之取同一步调。

就艺术审美而言，清代文学的求"实"精神，是很明显的。开一代朴学之风气，在音韵学诸方面多有学术建树的顾炎武的诗作，全部四百余首中除叠用典故以炫耀学问、文辞古雅有些美感外，所撰大抵沉醉于史实的记叙，滞累于历史真实而削弱了艺术真实的审美意味。朱彝尊《送袁骏还吴门》等诗亦喜用典故："袁郎失意归去来，弹铗长歌空复哀。天寒好向汝南

[①]《梁启超论清学史二种》，朱维铮校注，复旦大学出版社，1985年版，第39页。

卧，酒尽谁逢河朔杯"。仅此诗上半短短四句，已连用冯谖弹铗、袁安卧雪与袁绍子弟与刘松河朔醉饮等典故，其用意在夯"实"诗的学问根基，结果导致以学问遮蔽诗情。清代诗词，虽有钱谦益兴亡感喟的真挚、吴伟业笔墨的偏于清婉平易、王士祯独抒神韵、陈维崧追随稼轩词以自叙悲慨、纳兰性德自然而凄婉、袁枚性灵轻越、赵翼于悲情中见其豪健、郑板桥略具狂放怪诞而有平民气、张惠言文辞细腻而雅净、魏源山水诗壮伟雄丽以及谭嗣同的激越慷慨，等等，但总体上思想与艺术成就都难与唐诗、宋词相比。"李杜诗篇万口传，至今已觉不新鲜。江山代有才人出，各领风骚数百年"①。关键是，这一时代人们的文学审美情趣大致已从诗词领域"出走"与转移，既难以神交于李诗的潇洒风流、想象奇特，又不能以杜诗的沉雄顿挫为知音同调，李杜的"不新鲜"，正是清代诗词审美趋于沉没的悲哀。尽管"江山代有才人"，而"才人"的移情别恋，想在诗词领域"各领风骚"，怕亦难了。

清代诗词的总体水平之所以如此，此未可一一评述其种种成因，而时代求"实"之风气，使本当"凭虚临风"的诗词艺术难以搏动其"沉重的翅膀"而翱翔于苍穹，必是其中一个重要原因。

就清代散文艺术而言，以桐城派为代表。方苞、刘大櫆与姚鼐等辈的散文审美理想，在所谓"义法"。方苞申言：

> 《春秋》之制义法，自太史公发之，而后之深于文者亦具焉。义，即《易》之所谓"言有物"也；法，即《易》之所谓"言有序"也。义以为经而法纬之，然后为成体之文。②

方苞所言"言有物""言有序"，前者出自《易传》之"象辞"释"家人"之文："君子以言有物而行有恒"；后者引述于《周易》"艮卦"六五爻辞："艮其

---

① 赵翼：《论诗》，《瓯北集》卷八二，上海古籍出版社，1997年版。
② 方苞：《又书货殖列传后》，《方苞集》，刘季高校点，上海古籍出版社，1983年版。

辅,言有序,悔亡"。"有物"而"有序",前者以文辞内容笃实、言之无妄为准,后者以叙述有条有理、合乎规范为则,两者合一,可谓文之全美。这种审美理想,到底是沾溉或曰执著于"物"与"物"之"序"的,无疑是崇"实"精神的体现。桐城古文,倚重于老老实实的学问与规规矩矩的叙述,在精神气质上追慕三代两汉,合乎孔孟、程朱,确有些道德说教的复古倾向。后人曾骂桐城古文为"谬种",固然带有五四时期抨击儒家文化及其美学的愤激之情,然而桐城古文大都缺乏灵虚之魂,仅此而言,难道不是审美之一缺憾么?审美如果是有深度、有魅力的,必然有哲学与宗教作为其终极关怀,必然对世界、对人生提出问题,有惊奇以及惊奇之余的凝视,仅此而言,难道不是桐城古文的一个缺失么?它脚踏于大地,是其力量的源泉,它的平实纵然有许多好处,它的古雅确实也往往是庄严的,然而人们依然有理由认为,它缺少那种惊鸿一瞥而非媚俗的"眼神"。

清代美学的崇"实"精神也在小说、戏曲创作与理论上得到了体现。中华民族原自不擅长于讲故事,所以其远古神话的灵感发蒙较迟,所谓"志怪"与"志人"的小说,大抵较诗为后起。直至唐代诸如传奇《李娃传》等,已能把那故事编得有头有尾,跌宕有致,曲尽其态,引人入胜。元明之世,在宋"说话"的基础上,小说空前地发展起来,这得自城市文化、市民生活的发展。《三国演义》《水浒》《西游记》《金瓶梅》以及"三言""二拍"等,成为清代《聊斋志异》《儒林外史》与《红楼梦》的宏伟前奏。除《西游记》外,这些小说以写"实"为基本艺术特色。《聊斋志异》虽以狐鬼与花木精灵为虚构之意象,其骨子里到底还是写"实"的,其世态人情与举止行为,都如实描绘。但在《聊斋志异》491篇中,有相当一部分篇章无故事情节,其实不算小说,仅各种传闻的笔录而已,说明蒲松龄在"叙事"方面,尚未篇篇臻于娴熟。而《儒林外史》尤其《红楼梦》的写"实"性程度高,是白描艺术的精品。《红楼梦》除"太虚幻境"为虚写外,几乎笔笔都是实写。从小说艺术理论看,写实是诸多学人的一贯主张。金圣叹说:"《史记》是以文运事，《水浒》是因文生事。"①"以文运事"的"事"，是史事、史实；"因文生事"的"事"是虚构之"事"，尽管是虚构，仍不失为"事"（实）。又说："他妙手所写纯是妙眼所见，若眼未有见，他决（绝）不肯放手便写，此良工之所以永异于俗工也。凡写山水，写花鸟，写真，写字，作文，作诗，无不皆然。"②毛宗岗这样评论《三国演义》与《西游记》两著之短长："读《三国》胜读《西游记》。《西游记》捏造妖魔之事，诞而不经，不若《三国》实叙帝王之实，真而可考也。"③这是站在历史真实立场比较两著之优劣，并不妥当，而毛宗岗的写"实"思想于此昭然。李渔说，文学小说所写"古事多实，近事多虚。予曰：不然"。"若谓古事皆实，则《西厢》《琵琶》，推为曲中之祖，莺莺果嫁君瑞乎？"倘言"近事多虚"，则非是。""则其人其事，观者烂熟于胸中，欺之不得，罔之不能，所以必求可据，是谓实则实到底也。"④这种虚实之辨，仍拘泥于历史真实之思路，于讨论艺术真实之义无补。而李渔的崇"实"思想，亦是清楚的。周亮工《尺牍新钞》云："文有虚神，然当从实处入，不当从虚处入。尊作满眼觑著虚处，所以遮却实处半边，还当从实上用力耳。"⑤虽然承认"文有虚神"，仍旧是持"实"之见。又明确指出："天下事，无论作文做人，只以老实稳当为主。"⑥真是一言中的。脂砚斋则云："非经历过，如何写得出"，"试思若非亲历其境者，如何摹写得如此。"⑦要求亲身经历，固然不谬。但凡事都非亲历而不能写小说，则等于全盘否定艺术虚构的可能与必要，其立场仍坐实在事实之"实"上。刘熙载也说："实事求是，因寄所托，一切文字不外此两种。"⑧"因寄所托"固然重要，而"实事求是"，在"实事"上"求是"尤为重要。

---

① 金圣叹：《读第五才子书法》，《金圣叹全集》卷一，陆林辑校整理，凤凰出版社，2008年版。
② 金圣叹：《杜诗解·戏题王宰画山水图歌》，《金圣叹全集》卷二，同上书。
③ 毛宗岗：《读三国志法》，《天下第一才子书》，海南出版社，1993年版。
④ 李渔：《闲情偶寄·词曲部·审虚实》，江巨荣、卢寿荣注，上海古籍出版社，2000年版。
⑤ 周亮工：《与友人论文》，《尺牍新钞》，上海书店出版社，1988版。
⑥ 周亮工：《又与程正夫》，《尺牍新钞》。
⑦《红楼梦》，第十七、七十六回脂砚斋本批语，《脂砚斋批评本红楼梦》，岳麓书社，2006年版。
⑧ 刘熙载：《艺概·赋概》，上海古籍出版社，1978年版。

第七章　实学精神与审美终结

其三，尽管清代诗文的内容，多以"史""事"为栖息之处而其哲学意蕴往往不受重视，这不等于这一时代的艺术审美与人格审美等绝对没有任何哲学关怀。正如本书前文已经谈到的，清代审美的基本哲学精神，是生命哲学的"气"论。"气"在形上之"道"与形下之"器"之际。不过，由于清人说"气"，往往与"事""情"同列，"气"是一种看不见、摸不着、听不到却是存在而有功用的"物"，因而，以"气"为哲学基础的清代美学，无疑具有"实"的思想与思维品格。

清人论"气"，亦随古贤之见，称"夫文章，天地之元气也"[1]。并无新意。清初文士、学者关于"愤气"的论述，是前贤所谓"发愤"著述、"不平则鸣"说的历史遗响，渗透以新的时代意识与精神。廖燕说，天地间本有"愤气"在，"天地未辟，此气尝蕴于中"。这是将"天地"人性化、人格化了。又称"故知愤气者，又天地之才也。非才无以泄其愤，非愤无以成其才，则山水者，岂非吾人所当收罗于胸中而为怪奇之文章哉？"[2]"怪奇之文章"，"天才"所为，"天地之才"（天才）本具天地之"愤气"，这是将人的"愤气"天地化了。"愤气"说，体现了清初"社会良心"的不平与苦闷。黄宗羲也曾指出："其文，盖天地之阳气也。"可见，他所言"元气"，其实尤指"阳气"。"阳气在下，重阴锢之，则击而为雷；阴气在下，重阳包之，则抟而为风。"[3]这是以活用先秦伯阳父所谓"阳迫阴蒸"遂成"地震"之说来宣泄对民族压迫的愤懑之情。倡言"风雷"之文，肯定阳刚、雄健的文品与人品，说明清代美学虽为中国古代美学的"终结"，不等于全是精神的萎靡不振，而时有些"大气"的呐喊与挥写。"鸟以怒而飞，树以怒而生，风水交怒而相鼓荡，不平焉乃平也。观余诗余者，知余不平之平，则余之悲愤尚未可已也。"[4]原本"不平"却强抑之，此"不平之平"，则"悲愤"无以复

---

[1] 黄宗羲：《谢翱年谱游录注序》，《南雷文约》卷四，《黄梨洲文集·南雷文约》，中华书局，2011年版。钱谦益《纯师集序》说："夫文章者，天地之元气也。"
[2] 廖燕：《刘五原诗集序》，《二十七松堂文集》卷四，上海远东出版社，1999年版。
[3] 黄宗羲：《缩斋文集序》，《黄宗羲全集》第十册，浙江古籍出版社，2005年版。
[4] 贺贻孙：《诗余自序》，《水田居诗文集》卷三，上海古籍出版社，1979年版。

加。故须以"吹沙崩石,掣雷走电,鼓鲸奋蛟"之文宣泄之,"然后知风之为物:其怒也,乃其所以宣也;其激也,乃其所以平也;其凄怆也,乃其所以于喁唱和也,风人之诗亦犹是已。"①可见清人为文为人,亦有悲慨之气在,证明这一伟大民族的古代美学正值日落之时,亦仍不失其生命洋溢的底气,即有一股顽强的阳刚之气在奔突。

清人论"气"与"文"之关系,不同于宋儒。

叶燮以"理、事、情"三元言说"文"之大要:

> 仆尝有《原诗》一编,以为盈天地间万有不齐之物之数,总不出乎理、事、情三者。②

> 譬之一木一草,其能发生者,理也;其既发生,则事也;既发生之后,夭乔滋植,情状万千,咸有自得之趣,则情也。苟无气以行之,能若是乎?③

以草木之"能发生""既发生"与"既发生之后"来论述理、事、情三者关系,具有明显的经验性比附的思维特征。除了"其能发生者,理也"颇有些宋人本原说的余韵之外,虽则讲了些"平实"的道理,然而倘若宋人泉下有知,则一定要被宋人笑。从逻辑上分析,理、事、情三者不能相提并论。"理"是思的对象而非思之本身,思是经验的而"理"是非经验的,经验世界无"理"。因而超验的"理"不能与同是经验性的"事""情"并列。与宋人相比,叶燮在此虽言"理"却不大信任、看重这一"理",既不得不踵宋人之后,又以为"理"本不足以说明这一世界,故在"理"之后便捡得"事""情"来做补正。可见其思维的品位,已从形上向形下挪移,最后落"实"在"事"与

---

① 贺贻孙:《康上若诗序》,《水田居诗文集》卷三。
② 叶燮:《与友人论文书》,《己畦集》卷十三,叶启倬辑:《邰园先生全书》,长沙中国古书刊行社汇印,1935年版。
③ 叶燮:《原诗·内篇下》,《清诗话》,上海古籍出版社,1999年版,第576页。

第七章　实学精神与审美终结

"情"上。由此可以推见，叶燮所言"美"不在"理"，而是"美"在"事"与"情"上。朱熹云，"天下之物莫不有理"，① 所以"格物只是就事物上求个当然之理"。说"理"虽关涉于"物""事"，而作为本原、本体，"理"是独一份的，不沾染于"物""事"的。叶燮却以草、木为比，称理、事、情不能分拆。朱熹言"性情""情性"，以为"情"与"性"互对，"心如水，性犹水之静，情则水之流，欲则水之波澜"②。而"性即理"也，故"情"与"理"亦成互对关系。叶燮不然，他在"理"与"情"之间设置了"事"这一道屏障，又称"情"是"事"后的"自得之趣"，与"理"无直接关系，所以，以"情"为主的审美，关乎"事"（实）而非直接与"理"（虚）相关。

叶燮说：

> 曰理、曰事、曰情三语，大而乾坤以之定位，日月以之运行，以至一草一木一飞一走，三者缺一，则不成物。文章者，所以表天地万物之情状也。然具是三者，又有总而持之、条而贯之者，曰：气。事、理、情之所为用，气为之用也。③

"情"仅为人之"情"，除人之外，一切皆无"情"可言，那么，又如何可以说理、事、情"三者缺一，则不成物"。其实，除了人的活动（事）与人之"情"，天下万"物"无所谓"事"、无所谓"情"。"理"也是对人而言的，它是"思"之对象而非客观本在。

同时，将理、事、情尤其理隶属于气之下，这真是清人之典型的哲学与美学的思维方式。宋张载言"知太虚即气，则无无"④。故"太虚"是"有"，"气"即"有"。而"物无孤立之理"。⑤ 张载主"气"一元论，"理"与

---

① 朱熹：《四书章句集注》，中华书局，1983年版。
② 朱熹：《性理二》，黎靖德：《朱子语类》第一册，中华书局，1994年版，第93页。
③ 叶燮：《与友人论文书》，《已畦集》卷十三，叶启倬辑：《郎园先生全书》，长沙中国古书刊行社汇印，1935年版。
④ 张载：《正蒙·太和》，王夫之：《张子正蒙注》，中华书局，1983年版。
⑤ 张载：《正蒙·动物》，王夫之：《张子正蒙注》。

565

"气"的关系，并未引起关注。朱熹早年研究周子《太极图说》。在其四十四岁撰成的《太极图说解》里，以"理""气"关系解说太极与阴阳的关系，理、气即体、用；其五十九岁时与陆象山争辩，持"理生气"之说；六十五岁之后，认为理、气无先后而逻辑上必是理先气后。[1] 可见，叶燮以"气"为体，以理、事、情为用的见解，是超越了理学思想的新说。所谓文以"气"为体，实即主张文以"气"为美。叶燮主张"才、胆、识、力"为文之四要，且以识为先。

> 大约才、识、胆、力，四者交相为济。苟一有所歉，则不可登作者之坛。四者无缓急，而要在先之以识。使无识，则三者俱无所托。无识而有胆，则为妄，为鲁莽，为无知，其言背理叛道，蔑如也。无识而有才，虽议论纵横，思致挥霍，而是非淆乱，黑白颠倒，才反为累矣。无识而有力，则坚僻妄诞之辞，足以误人而惑世，为害甚烈。[2]

无才、无胆、无识与无力，便是无"气"，文之无美也。

清代美学既然以"气"为本体哲学，而且时时倡说"阳气"与"愤气"之类，那么，由于这指的是崇"实"意义之"气"，必导致对文之禅味与禅悟的轻忽。清初周亮工说：

> 诗与禅相类，而亦有合有离。禅以妙悟为主，须从最上乘，具正法眼，悟第一义，而无取于辟支声闻小果。诗亦如之，此其相类而合者也。然诗以道性情，而禅则期于见性而忘情。[3]

这大抵接续严羽《沧浪诗话》的"话题"，而说诗、禅的"有合有离"，已经不如严羽那般对禅悟的热情肯定。站在儒家"诗教"的立场，称禅诗"见性

---

[1] 参见陈来：《朱熹哲学研究》，中国社会科学出版社，1987年版，第26页。
[2] 叶燮：《原诗》卷二《内篇下》，《清诗话》，上海古籍出版社，1999年版，第584页。
[3] 周亮工：《与雪崖》，《尺牍新钞》，上海书店出版社，1988年版。

而忘情",是"诗之攻禅,禅病也"①,也不够公允。照此逻辑,如唐王维的禅诗,尤为"见性而忘情",大约都非好诗了。

在贺贻孙看来,诗之美,美在既非说"理",又不谈"禅"。贺贻孙云:

> 夫唐诗所以夐绝千古者,以其绝不言理耳。宋之程朱,及故明陈白沙诸公,惟其谈理,是以无诗。②

这是先以精神的投枪刺向理学及其诗。

> 近有禅师作诗者,余谓此禅也,非诗也。禅家、诗家,皆忌说理。以禅作诗,即落道理,不独非诗,亦非禅矣。诗中情艳语皆可参禅,独禅语必不可入诗也。尝见刘梦得云:"释子诗因定得境,故清;由悟遣言,故慧。"余谓不然。僧诗清者,每露清痕,慧者即有慧迹。诗以兴趣为主,兴到故能豪,趣到故能宕。释子兴趣索然,尺幅易窘,枯木寒岩,全无暖气,求所谓纵横不羁、潇洒自如者,百无一二,宜其不能与才子匹敌也。③

这是说,"释子"对世俗生活"兴趣索然""全无暖气",其生存状态与心境果然如此,可谓"以禅作诗,即落道理,不独非诗,亦非禅矣"。把那"禅师作诗者"贬得一无是处。想当时唐人竞相以作禅诗为尚,宋明文人学士又以儒道释三学融会为精神与学问之高格,岂料时至清季,禅诗与禅悟,已难得那些具有儒之实学精神的学人的垂青,大约嫌禅诗的审美意境"全无暖气"与骨力,是一大原因;亦因明中叶之后至明末,那些满街乱走的狂禅之徒悖俗出格,使禅失却庄严与清净,以至于坏了名声,是又一

---

① 周亮工:《与雪崖》,《尺牍新钞》。
② 贺贻孙:《诗筏》,《清诗话续编》上,上海古籍出版社,1983年版。
③ 贺贻孙:《诗筏》,《清诗话续编》上,上海古籍出版社,1983年版。

原因。

关于这一点,即使是主张"性灵",并不很古板的袁枚,对"禅悟""以禅为诗",亦颇有微词:

> 阮亭好以禅悟比诗,人奉为至论。余驳之曰:"毛诗《三百篇》,岂非绝调?不知尔时,禅在何处?佛在何方?"人不能答。①

总之,禅之所以在清代遭到抨击,有清人尚"气"崇"实"、却"虚"、株守实学这方面的原因。

其四,清代是中国古代美学终结的季节,其原因在于具有自然科学意义上的实学精神之西学开始东渐之故。

本书所言"实学"精神,不仅包括明清之际如东林党人反对王学末流"落空学问"、推崇"崇实致用"的思想精神,做学问"求事""求是"的训诂、考据与校勘功夫,以"气"为本的哲学关怀,而且也包括因西学(自然科学)的初步东渐而引起的中国人精神气候的崇"实"倾向。

早在明嘉靖三十年(1551),西方耶稣会创办者之一圣方济各自印度来华,到达广东上川,为西洋传教士直接踏上中土第一人。明万历十年(1582),意大利传教士、对西学的开始东来具有重要影响的利玛窦(字西泰)来华,开始在广东肇庆传教,后担任在华耶稣会会长,1601年到达北京,进献《堪舆万国全图》与西洋名物自鸣钟等。其间,陆续有意大利传教士毕方济、罗雅谷、龙华民、高一志、熊三拔、艾儒略与利类思,葡萄牙阳玛诺、傅汛际,西班牙庞迪我,法国金尼阁与德国汤若望等人来华。他们入乡随俗,"习华言,易华服,读儒书,从儒教,以博中国人之信用"。②通过传教这一文化传播方式,不仅将西方的宗教神学思想,而且将大量的西方学术包括哲学、自然科学与文学艺术等译介给中国人。"中国通"利玛

---

① 袁枚:《随园诗话补遗》卷一,人民文学出版社,1962年版。
② 柳诒徵:《中国文化史》下,中国大百科全书出版社,1988年版,第19页。

窦与礼部尚书兼东阁大学士、中国著名学者徐光启等交厚。徐光启以及光禄少卿李之藻等，都对西学抱欢迎、接纳的文化态度。徐光启曾说："余尝谓其教必可以补儒、易佛"①，西学"真可以补益王化，左右儒学，救正佛法"。② 称西方自然科学"一一皆精实典要，洞无可疑"③。徐光启从利玛窦等学习西方天文学、数学、测量学与水利学等科学技术，译著《几何原本》等，影响很大，并主持编译《崇祯历书》，编著《农政全书》，成为西学东渐最早的积极推动者。据沈福伟《中西文化交流史》一书介绍，由于利玛窦等人温文尔雅、十分友好的"文化殖民主义"，西方教会势力在明末迅速扩大，其信徒直线上升：1584年，三人；1596年，百余人；1605年，千余人；1610年，二千五百人；1615年，五千人；1617年，一万三千人；1644年，三万八千人。从1584到1644年这六十年间，中国人信耶稣教的人数，增加一万多倍。这一股受纳西学的文化思潮，不仅仅局限在几个社会精英身上，而是具有一定的社会群众基础的，证明劣势文化在西方强势文化面前之无奈的历史选择。晚明之时，中国社会文化结构中，已因西方神学兼自然科学与人文社会科学的"文化侵略"而注入了一些文化新因素，这都为清代实学文化及其思潮的兴起准备了条件。徐光启笃执于实学，虽其"章句、帖括、声律、书法均臻佳妙"④，但"即谓雕虫不足学，悉屏不为，专以神明治历律兵农"⑤。虽谓传统文学艺术"雕虫不足学"，而在接纳西学的过程中，在"治历律兵农"之余，已有一颇具新质的"实学"的美学潜伏在那里。徐光启认为，如《几何原本》这样的著作与学术，"有三至三能：似至晦，实至明，故能以其明明他物之至晦；似至繁，实至简，故能以其简简他物之至繁；似至难，实至易，故能以其易易他物之至难。易生

---

①徐光启：《泰西水法序》，王重民辑校：《徐光启集》，中华书局，2014年版。
②徐光启：《辨学章疏》，王重民辑校：《徐光启集》。
③徐光启：《刻几何原本序》，王重民辑校：《徐光启集》。
④李杕：《徐文定公行实》，引自冯天瑜、何晓明、周积明：《中华文化史》，上海人民出版社，1990年版，第812页。
⑤徐光启：《与孙潇湘侍御书》，王重民辑校：《徐光启集》，中华书局，2014年版。

于简,简生于明,综其妙在明而已。"①李之藻作为徐光启的同道者,亦推崇西学,以为"遐方文献,何嫌并蓄兼收"②。

西学的开始东渐,早在晚明已开启了一扇通于清代实学的历史之门,从无奈的历史选择中,提供了一种不同于中土传统经学、理学的知识模式,首先依赖于入渐的数理、逻辑与实证,企图动摇中国传统的"象"思维、实用理性与天人合一观。有一种呼喊从中华历史与民族之魂的深处隐隐传来,体现为努力挣脱尚虚、钩玄的缺乏真正自然科学支撑的形上之人文诉求,要求走出以儒为代表的经学与经验的文化之迷雾。中华文化史自然不乏古代自然科学的文化传统,汉代《九章算术》、张衡的浑天地动仪、南朝大数学家祖冲之的《大明历》与圆周率计算、唐一行和尚的天文学成就以及四大发明,等等,都曾经代表人类自然科学知识体系的最高水平,足可引以为自豪。而其数理、物理以及自然科学意义上的天理等,往往为沉重而几乎无所不在的伦理所遮蔽,以及所谓"自然国学"的思辨逻辑及实学精神之难以深刻影响中国古代美学的时代建构,可以看作是中国古代美学的基本特点与缺失之一。因此,晚明开始的西学的文化侵略与传播,为中国美学之文脉发展能否亦以一种自然科学的实学精神为其精神品格之一面,提出了一个哲学的追问。李时珍的《本草纲目》,方以智的《物理小识》及其"质测""通几"之说,宋应星的《天工开物》与朱载堉的《乐律全书》及其"立表测量"与"治历之本"说,正如徐光启的基本学识,都是具有某种文化之新质因素的时代实学。

清代伊始,虽有徽州新安卫官生杨光于顺治十六年(1659)与康熙三年(1664)两度倡言"黜教"以"禁传其学术",但朝野赏爱西洋"机巧"仍有蔓延之势。清初的文字狱严酷而多血迹,而顺治、康熙二帝居然亦与西洋教士往来。顺治帝赐由明入清的传教士汤若望为"通玄教师"。汤若望在《修

---

① 徐光启:《几何原本杂议》,王重民辑校:《徐光启集》。
② 李之藻:《同文算指序》,《利玛窦全集》第四卷《同文算指》,光启出版社、辅仁大学出版社(中国台湾),1986年版。《同文算指》,凡十卷,为利玛窦与李之藻据克拉维乌斯《实用算术概要》所编译,卷首题:"西海利玛窦授,浙西李之藻演"。

历纪事》中称顺治"亲自到我住处来了二十四次","在我的住处吃饭、喝茶"。① 康熙任用一些西方传教士在朝廷为官,被康熙作为"钦差"派回西方的白晋(鲍威特)曾携两张易图去欧洲。白晋以及安多、巴多明与张诚等传教士曾应召入宫讲欧几里得几何学、物理学与天文学这些"洋玩意"。说明清帝作为满族入主中原,在警惕明末遗民造反以及一些汉儒不服管教而加以残酷镇压之余,则容受了部分西方实学思想,时风真是有些变了。虽然这些开明、崇实之举好景不长,清初之后,清廷依然贯彻闭关锁国之国策,直到1840年鸦片战争才被轰开国门,但这种西方以自然科学为代表的实学思潮以及人文社会科学的实学精神,对中国古代美学及文学艺术观念的建构,虽非直接却具有潜在的影响。

随西学之初步东渐与孔子、经学传统遭到怀疑,19、20世纪之交的中国文坛,一是以所谓"谴责小说"的"故事新编"来奚落这一老大帝国的种种不是,以引起疗救的注意。"谴责小说"的艺术水准在此并不值得多说,其政治理念,在于与社会、时代取一个合作的态度,在无奈之中发发牢骚而已,其审美品位,大抵是情绪化多于理性之沉思,被鲁迅《中国小说史略》称为"辞气浮露,笔无藏锋",固然是也。"谴责小说"诸作者,早已不是传统意义上的那种皓首穷经的儒生,他们多半接受了些东渐之西方实学精神的濡染,不是精神上的仰天长啸,没有那么多不可排遣的痛苦与悲愤,也并非是些能够仰望苍穹、擅长哲理玄思的静虑的头脑,却是以实实在在的生活态度脚踏在大地之上,眼光向下注视,对社会、时代的黑暗、滑稽与不平,做一点审美经验的描绘,对洋人、洋文化入侵中国这一现实,半是排斥,半是容受。"遍地都是这些东西,我们中国怎么了哪?"② 内心满是不解与困惑。这一"谴责"本身之所以发生在这一批文学家身上,崇"实"与眼光向下、关注于社会现实问题,是其原因之一。"谴责"者尽管可以在其小说里对西方传入的文化、人物及生活方式等深恶痛绝,表现出极大的民族

---

① 张力等:《中国教案史》,四川社会科学出版社,1987年版,第57页。
② 吴趼人:《二十年目睹之怪现状》第二十二回,人民文学出版社,1959年版。

义愤,而其"谴责"本身所具有的某些理念与精神,却与西学及其实学精神的东渐有关。这一点在四大"谴责小说"之一的《孽海花》那里,表现得尤为典型。这一作品原署"爱自由者发起,东亚病夫编述"。"爱自由者",为曾朴友人金天翮,意谓金天翮是该作品的策划者;"东亚病夫",是作者曾朴带有自我嘲讽式的笔名。"东亚病夫"云云,是西方人对中国人的鄙称。有意思的是,《孽海花》"谴责"慈禧有云:"暴也暴到吕政、奥古士都、成吉思汗、路易十四的地位;昏也昏到隋炀帝、李后主、查理士、路易十六的地位"①,把些个洋人的"主"一股脑儿都骂了进去,却不知其骂人、谴责的眼光与观念,是受西方入传的实学思想的影响。二则以梁启超1899年所正式倡言的"诗界革命"说为旗帜,成为此后"五四"文学革命的前驱景观。梁启超对诗与小说的"革命"功用十分看好,如谈到小说时说:"欲新一国之民,不可不先新一国之小说。故欲新道德,必新小说;欲新宗教,必新小说;欲新政治,必新小说;欲新风俗,必新小说;欲新学艺,必新小说;乃至欲新人心,欲新人格,必新小说。何以故?小说有不可思议之力,支配人道故。"②此说过于夸大了文学(小说)的社会功能,不无偏激之辞。当时有大量西洋小说译介来华,也开始译介西方哲学与美学著述。这些西方著述,不少为日译本转译而来。1899年,梁启超亡命日本时著《论学日本文之益》指出,日本人"自维新三十年来,广求智识于寰宇,其所译所著有用之书,不下数千种,而尤详于政治学、资生学(经济学)、智学(哲学)、群学(社会学)等,皆开民智强国基之急务也"。作为一个思想启蒙者与爱国者,因甲午之败而急火攻心,痛感我中华民族之落后与衰弱,以"吾国四千余年大梦之唤醒"③、"当革其精神"④为己任,一时又未能真正找到"精神革命"即"欲新一国之民"的正确道路,遂将一般由西方经日本入传的文学思想,糅合中国传统的文学"工具"论,裁成其"小说界革命"之

---

① 曾朴:《孽海花》第一回,上海古籍出版社,1979年版。
② 梁启超:《论小说与群治之关系》,《新小说》1902年第1期。
③ 梁启超:《饮冰室合集·文集》之四,中华书局,1989年版,第81、38页。
④ 梁启超:《饮冰室诗话》六三,人民文学出版社,1982年版。

说，有些偏激却很可爱。黄遵宪说："诗虽小道，然欧洲诗人，出其鼓吹文明之笔，竟有左右世界之力。"①梁启超引以为同调。他们都极度称许与夸大文学的精神力量。梁启超的文学观，还潜藏着一个"壮哉我中国少年"之梦，称"吾心目中有一少年中国在"；"老年人如夕照，少年人如朝阳。老年人如瘠牛，少年人如乳虎。老年人如僧，少年人如侠。老年人如字典，少年人如戏文。老年人如鸦片烟，少年人如泼兰地酒。老年人如别行星之陨石，少年人如大洋海之珊瑚岛。老年人如埃及沙漠之金字塔，少年人如西比利亚之铁路。老年人如秋后之柳，少年人如春前之草。老年人如死海之潴为泽，少年人如长江之初发源。此老年与少年性格不同之大略也。任公曰：人固有之，国亦宜然。"以"老年""少年"之比，喻"美哉我少年中国，与天不老"②之审美理想。而在梁启超看来，"诗界革命"及"小说界革命"就是实现这一理想的途径与方式。这一诗化的见解，不乏对西方文明与文化的赞美，而少年必胜于老年之观念，根植于西方具有自然科学进化之"实学"精神的哲学进化论。

要之，酝酿于明中叶之后至晚明，继起于清代文化与哲学的实学精神，是中国古代美学走向终结的体现。它依然基本守成在传统实用理性的思想与思维域限，以前所未有的广度与深度的朴学工夫，来证明、追溯与追问实用理性的合"事"、合"理"与合"情"；归结为"气"的哲学关怀，又旁采开始东渐之西学的自然科学精神因素，构成清代美学崇"实"的文化景观，画出一个并非圆满的中国古代美学的"句号"。中国美学之文脉，面临着重大而趋于现代的时代转嬗。

第三节　从古典走向现代

在中国美学从古典走向现代的文脉历程中，王国维是一个开拓者。

---

① 黄遵宪：《人境庐诗草》，钱仲联：《人境庐诗草笺注》，上海古籍出版社，1981年版。
② 梁启超：《少年中国说》，高等教育出版社，2010年版。

王国维(1877—1927)，浙江海宁人，初名国桢，字静安、静庵，亦字伯隅，号礼堂，后改号观堂，为清秀才。早年游学日本，接受西学思想。年轻时从事哲学、文学与美学研究。后又研究经史，致力于古文字学、古器物学、古音韵学、古史料学与古地理学等的考订。在甲骨学、金文与汉晋简牍的考释方面，亦颇多创获。王国维是国学大师，其政治态度保守，曾出任逊位之溥仪的"南书房行走"(文学侍从)。1927年6月2日，有遗书云："五十之年，只欠一死，经此世变，义无再辱"。自沉于颐和园昆明湖。关于王国维的学术业绩，著名学者陈寅恪认为主要表现在三方面："取地下之实物与纸上之遗文，互相释征，凡属于考古学及上古史之作，如《殷卜辞中所见先公先王考》及《鬼方·昆吾·俨狁考》等是也"，此其一；"取异族之故书与吾国之旧籍，互相补正，凡属于辽、金、元史事及边疆地理之作，如《萌古考》及《元朝秘史之主因亦儿坚考》等是也"，此其二；"取外来之观念与固有之材料，互相参证，凡属于文艺批评及小说、戏曲之作，如《红楼梦评论》及《宋元戏曲考》等是也"①，此其三。并称，"此先生之遗书，所以为吾国近代学术界最重要之产物也。"②

显然，王国维的美学研究及其学术成就，属于陈寅恪所说的第三类。其美学思想，主要体现于如下著述：《叔本华之哲学及其教育学说》《红楼梦评论》《论哲学家及美术家之天职》《屈子文学之精神》《文学小言》《古雅之在美学上之位置》《人间词话》《人间词乙稿序》《宋元戏曲考》《唐宋大曲考》《戏曲考源》《古剧脚色考》《优语录》《录鬼簿校注》《录曲余谈》与《曲录》等。

王国维美学思想，在广深、宏博之中国儒、释、道传统文化基础上，显然深受康德、叔本华美学这些东渐之西学的影响。王国维美学的理论贡献，无疑具有中国美学从古典趋向现代的时代内容与特点。

---

① 陈寅恪：《王静安先生遗书序》，《王国维遗书》第一册，上海古籍书店，1983年版。
② 陈寅恪：《王静安先生遗书序》，《王国维遗书》第一册，上海古籍书店，1983年版。

一、在"境界"与"意境"之际

"境界"说，是王国维美学的基本理论，集中体现在《人间词话》一书中。在大谈"境界"的同时，王国维也说"意境"。那么，王国维的"境界"说与"意境"说的关系究竟如何，以及"境界"说在中国美学史上的地位到底怎样，这是研究从古典走向现代的王国维美学这一学术课题所首先应予讨论的。

应当指出，"境界"说确实不是王国维的首倡。

据笔者仅见，境界一词，在中国古籍中出现较早。《后汉书·仲长统传》云："当更制其境界，使远者不过二百里"。此"境界"，指地理疆界，虽不具美学意义，却是"境界"本义。耶律楚材《和景贤》云："吾爱北天真境界，乾坤一色雪花霏。"此"境界"，已从其本义扩而说及人的精神之域，显与审美有关，却仍不失于兼指地理空间。本来意义上的"境界"，原只以"境"一字表达。如《荀子·强国》有"入境观其风俗"的"境"；又如陶渊明《饮酒》所言"结庐在人境"，等等。故"境界"是"境"字的衍生。

佛教亦言"境界"。如《入楞伽经》云："我弃内证智，妄觉非境界"。《俱舍论颂疏》亦说："如眼能见色，识能了色，唤色为境界。"《无量寿经》上曰："比丘白佛：斯义弘深，非我境界。"《大乘起信论》："境界相，以依能见故，境界妄现。"佛教所谓"境界"，指空幻实相，指内心的一种空寂状态，指对空幻的无执。

王国维治学及其美学思想是否受佛学影响，从《人间词话》引述严羽《沧浪诗话》"羚羊挂角，无迹可求""如空中之音，相中之色"诸语看，不会与佛学无涉。《人间词话》又说：

> 尼采谓："一切文学，余爱以血书者。"后主之词，真所谓以血书者也。宋道君皇帝《燕山亭》词亦略似之。然道君不过自道身世之戚，

>后主则俨有释迦基督担荷人类罪恶之意,其大小固不同矣。①

称"后主之词"有尼采所言"以血书者"的品格,兼得了佛陀"慈悲"、基督"原罪"之意,说明王国维治文学与美学,受西学之熏染,亦颇持佛学之"只眼"。王国维说,文学与哲学的区别在于,"一直观的,一思考的;一顿悟的,一合理的耳。"②"顿悟"云云,显然采自佛禅之学。

无疑,王国维美学的"境界"说,具有佛教"境界"说的思想因素。尽管佛学对中国美学"意境"说在唐代的理论建构具有重要影响(参见本书第五章有关内容),但在佛教典籍中,言"意""意识""意业""意力",不言"意境"而多言"境界"。这也许是王国维受佛学影响,在《人间词话》等著述中多说"境界"偶提"意境"③的一个原因。

《人间词话》所说的"境界"与"意境",在艺术审美意义这一点上,是相通的、合契的、一般可以互用。如:

>词以境界为最上。有境界则自成高格,自有名句。④

>境非独谓景物也。喜怒哀乐,亦人心中之一境界。故能写真景物、真感情者,谓之有境界,否则谓之无境界。⑤

>"红杏枝头春意闹",著一"闹"字,而境界全出。"云破月来花弄影",著一"弄"字,而境界全出矣。⑥

---

① 况周颐、王国维:《蕙风词话 人间词话》,人民文学出版社,1960年版,第198页。
② 王国维:《王国维文集》第三卷,中国文史出版社,1997年版,第72页。
③ 王国维《人间词话》仅有一处说到"意境":"古今词人格调之高无如白石。惜不于意境上用力"。见该书第四十二则,《蕙风词话 人间词话》,人民文学出版社,1960年版,第212页。
④⑤ 王国维:《人间词话》第一则,《蕙风词话 人间词话》,人民文学出版社,1960年版,第191页。
⑥ 王国维:《人间词话》第六则,《蕙风词话 人间词话》,第192页。

这里的"境界",实指艺术审美的"意境"。

那么,王国维为什么通常要以"境界"代替"意境"呢?

笔者以为,除了前述因其受佛学影响之外,根本一点,是王国维在中国美学史上既以"境界"说发展"意境"说,又消解"意境"说的缘故。

在《人间词话》中,"境界"作为美学范畴,其含义比"意境"更为广泛、深远。"意境"仅限于艺术审美;"境界",可以包括艺术审美在内的人生、宇宙境界。

宗白华说:

> 人与世界接触,因关系的层次不同,可有五种境界:(1)为满足生理的物质的需要,而有功利境界;(2)因人群共存互爱的关系,而有伦理境界;(3)因人群组合互制的关系,而有政治境界;(4)因穷研物理,追求智慧,而有学术境界;(5)因欲返本归真,冥合天人,而有宗教境界。功利境界主于利,伦理境界主于爱,政治境界主于权,学术境界主于真,宗教境界主于神。但介乎后二者的中间,以宇宙人生的具体为对象,赏玩它的色相、秩序、节奏、和谐,借以窥见自我的最深心灵的反映;化实景而为虚境,创形象以为象征,使人类最高的心灵具体化、肉身化,这就是"艺术境界"。艺术境界主于美。[1]

笔者曾在拙著《周易的美学智慧》中说:"宗白华在这里实际是将艺术境界看作人生的第六境界。我们可以将这六个境界再归纳为四个境界,即将功利境界、伦理境界和政治境界合并为求善境界,包括求人之生理的满足和求人际关系的和谐,再加上求真境界(学术境界,认知境界)、崇拜境界(宗教境界)和审美境界(艺术境界)。"[2]

可见,"意境"仅是"境界"的一种,它主于美。可以用"境界"来称"意

---

[1] 宗白华:《美学散步》,上海人民出版社,1981版,第59页。
[2] 拙著:《周易的美学智慧》,湖南出版社,1991年版,第201—202页

境",却不能以"意境"来涵盖人生的全部境界。意境通常是艺术的、审美的,而境界远非艺术可以概括,且有高下。它可以美,可以不美;可以真,可以不真;可以善,可以不善。

王国维的"境界"说,固然以艺术(词)为出发点,但远非局限于此。王国维说:

> 古今之成大事业、大学问者,必经过三种之境界:"昨夜西风凋碧树,独上高楼,望尽天涯路",此第一境也。"衣带渐宽终不悔,为伊消得人憔悴",此第二境也。"众里寻他千百度,回头蓦见(原词为:"蓦然回首"),那人正(原词为:"却")在,灯火阑珊处",此第三境也。[①]

这里,王国维依次所引用的,是晏殊《蝶恋花》、柳永《凤栖梧》与辛弃疾《青玉案》里的词句,进而加以发挥,有如但丁《神曲》所说的地狱境界、炼狱境界与天堂境界。也可以说,道出了人生追求三境:第一境,敢于追求。虽然孤独与茫然,却是信心百倍,有"我不入地狱,谁入地狱"的劲头和高瞻远瞩的眼光。第二境,坚持于追求。这是生命的熬煎与精神受鞭挞的阶段,有如被投掷于烈火焚烧,是灵魂的拷问。第三境,追求已得,精神的巨大痛苦暂时解除,是解脱、幸福与怡乐的人生,臻于真、善、美的境界。

笔者以为,这是王国维"境界"说之最具思想价值的部分,研究王国维"境界"说如撇开这最重要的部分,是研究不清楚的。考虑到王国维美学思想受尼采尤其叔本华哲学、美学思想的影响尤深这一点,则可以见出,王氏这人生三境说,其实指人欲的无厌与暂时满足的循环往复的精神生命过程。这一过程,佛教称为"轮回";在叔本华那里,指精神意志(人欲)犹如

[①] 王国维:《人间词话》第二十六则,《蕙风词话 人间词话》,人民文学出版社,1960年版,第203页。

"劫数"一般的永恒的痛苦。人生痛苦无有穷时,这是王国维受佛教与叔本华哲学之影响而形成的人生悲剧论(后详)。王国维的"境界"说,实际是其整个悲剧观的重要构成。从其逻辑推见,王国维人生三境说的第三境之后其实还有追问,即追求已得、精神进入"天堂"以后人生到底如何。回答:因为追求已得,则必生新的欲望与痛苦,故"天堂"也不是人生之精神的最终栖息处。

王国维的"境界"说,从人生之根本上立论,拓宽了原先"意境"说的思想与思维域限,这无疑发展了艺术审美意义上的"意境"说。叶朗曾经指出,"王国维的境界说并不属于中国古典美学的意境说的范围,而是属于中国古典美学的意象说的范围。"①将"意境"说与"境界"说加以区别是对的,但王国维这一"境界"说并不是属于"意象"说"范围"。"意象"这一美学范畴,依然局限于艺术审美,与"境界"说的文化、哲学的视野是不同的。

应当指出,王国维的这一"境界"说,虽并非专言艺术审美,甚至也不是专指审美而言,却由于能从宇宙与人生哲学角度谈论人生境界,倒是很"美学"而有深度的。他的"有我之境"与"无我之境"说、"隔"与"不隔"说以及"写境"与"造境"等,固然所言不离艺术审美,又不限于此。所谓"无我之境",所谓"不隔"云云,都能从"天人合一"这一哲学"大局"上着眼,具有较高的哲思素质。王国维说:"然沧浪所谓'兴趣',阮亭所谓'神韵',犹不过道其面目,不若鄙人拈出'境界'二字,为探其本也。"②又说:"言气质,言神韵,不如言境界。有境界,本也。气质、神韵,末也。有境界而二者随之矣。"③试问,这里的王国维为什么在理论上表现得如此自信?这是因为,他看见并且肯定了他的"境界"说,已直"探"哲学之"本"。

---

① 叶朗:《中国美学史大纲》,上海人民出版社,1985年版,第621页。
② 王国维:《人间词话》第九则,《蕙风词话 人间词话》,人民文学出版社,1960年版,第194页。
③ 王国维:《人间词话删稿》第十三则,《蕙风词话 "人间词话》,第227页。

在王国维之前，中国美学史上谈论"境界"的不乏其人，如：宋郭熙《林泉高致》："诗是无形画，画是有形诗……境界已熟，心手已应，方始纵横中度，左右逢源。"恽寿平《南田论画》："方壶泼墨，全不求似，自谓独参造化之权，使真宰欲泣也。宇宙之内，岂可无此种境界。"孔尚任《桃花扇·凡例》："排场有起伏转折，俱独辟境界。"汤显祖《红梅记·总评》："境界迂回宛转，绝处逢生，极尽剧场之变。"这里，除恽寿平所言"宇宙之内，岂可无此种境界"颇从哲学高度谈"境界"外，余之所谓"境界"，等同于"意境"。由此可见，王国维"境界"说对"意境"说的发展。

既然王国维多以"境界"言"意境"，实际上也标志着传统"意境"说的逐渐被消解。正如本书第五章所言，唐代"意境"说的建构，与中国佛教在唐代发展到烂熟的文化现实相联系。宋人的文学艺术最讲意境，所谓"神韵""气韵""逸格"等属于意境范畴群落的这些范畴最为活跃。明以后渐渐被"童心""性灵"与"格调"等所遮掩，同时，以"境界"代言艺术"意境"屡有所见，这与唐宋之后中国佛教与佛学的渐趋于不振有关。明中叶之后，因中国城市经济、城市文化与市民审美口味的改变，实际已从重抒情的诗、词意境趋向于重叙事的小说、戏剧的境界。加上西学的逐渐东来，种种社会、文化因素的影响，那种传统的田园诗、山水画以及园林艺术等所营构的意境及其观念，便逐渐被打破。尤其在明清之际及以后，社会的动荡不安与战事的频仍，使人心难以株守空灵、虚静而趋于激动、慷慨，清初一些文人士子那般提倡"发愤""忿怒"便是明证。清代实学所倡言的，可以说是境界而不是意境。王国维的"境界"说，在审美层次上，是求动强于守静、崇实优于蹈虚，并且由于接受西学影响，拓展了其哲学视野，既发展又逐渐消解中国传统的"意境"说，是不令人奇怪的。但王国维没有断然拒绝"意境"说，他的美学思想，只是体现了中国美学史从"意境"说走向"境界"说的文脉轨迹，这便是其著述为什么"境界"说与"意境"说并陈而偏重于"境界"说的缘故。

二、悲剧说的初步建构

悲剧在中国传统的文学艺术中并不发达，这是"中国审美"的特质之一。天人合一的哲学观与和谐观，是与悲剧观对立的。讲天人合一，讲和谐，就是在观念上消解悲剧。所谓"大乐与天地同和"的思想以及儒家那种"温柔敦厚""乐而不淫，哀而不伤"的诗教，等等，都在强调世界本在之"和"、天人之"和"、人与社会之"和"、人与人之"和"以及人内心的"和"。尽管人生现实充满了悲剧，但中国传统的文学艺术对悲剧的表现，无论在广度、深度与力度上，都不如传统的西方悲剧艺术。西方的文艺形象，以塑造典型为艺术之高致，这一艺术典型，可以是而且往往是悲剧性的。中国传统文学艺术，以营构意境为最高审美理想，崇尚淡泊、虚静、空灵，缺乏悲剧性。屈子《离骚》伤时忧国；魏晋"风骨"有悲歌、慷慨之气；老杜的一些诗，具沉郁顿挫之美；司空图的《诗品》，将"悲慨"列为"二十四品"之一；严羽《沧浪诗话·诗辨》，亦说"悲壮"，说"凄婉"；凡此等等，都与美学意义上的"悲剧"有关。然而，早在《易经》时代，中国的审美文化包括文学艺术，已由这一民族乐天知命的文化素质定下了一个审美基调："生生之谓易"。中国人总是倾向于将人生之历程看作生命之悦乐的展开与实现。《易传》有云："原始反终，故知死生之说"。中国人即使承认"死"及其痛苦是人生一大悲剧，却将其看作愉悦之生命历程的附属部分，其公式是：生—死—生。生既是生命之"原始"，而生命之"反终"亦是生。个体生命总有"死"的一天，而群体生命是不死的；肉身有"死"而精神不朽。《周易》有"豫"卦，"司空季子曰'豫，乐也'。"[1]李鼎祚引郑玄云："豫，逸乐之貌也。"[2]"乐天知命，故不忧"。[3] 应当说，中华文化一般并不回避人生的忧患问题，《易传》称文王被囚羑里而演易，便是对人生忧患的认

---

[1]《国语·晋语四》，邬国义、胡果文、李晓路：《国语译注》，上海古籍出版社，1994年版，第317页。
[2] 李鼎祚：《周易集解》，上海古籍出版社，1989年版，第68页。
[3]《易传》，拙著：《周易精读》，复旦大学出版社，2007年版，第284页。

同。但是，这种人生忧患一般指道德层次的、伤时忧国型的。"知我者，谓我心忧；不知我者，谓我何求。"无论是屈原式的掩涕自沉，还是宋玉的"悼余生之不时兮，逢此时之狂舆"，或者贾长沙的《吊屈原赋》、司马迁的《悲士不遇赋》，等等，都是文王演易式之忧患的历史延续。杜甫的"感时花溅泪，恨别鸟惊心""穷年忧黎元，叹息肠内热"，范仲淹的"先天下之忧而忧"，等等，都是道德、伦理意义上的忧患意识的表现。可以这样说，在印度佛教尚未入渐中土之前，关于人之生命存在本身是不是悲剧的问题，这一伟大民族的头脑，似乎没有认真地沉思过。因而，即使诸多文学艺术作品写"死"、写"悲"，也仍要力争一个"大团圆"的结尾了事。元曲《窦娥冤》冤情似海，惊天地泣鬼神，而最后得到"昭雪平反"，来了个虚假的"大团圆"；杜丽娘明明因"情"而死，却奇迹般地由"情"而复生。因"情"而死是残酷的、活生生的生活现实，由"情"而复生却只是一个理想。汤显祖的唯情主义，称"如丽娘者，乃可谓之有情人耳。情不知所起，一往而深，生者可以死，死可以生"。① 其功在以"情"反理学禁锢，其过在由"情"而虚构了一个廉价的"大团圆"。金圣叹腰斩《水浒》，固然与其政治立场有关，在美学理念上，也是"大团圆"思想的体现。曹雪芹很了不起，他原设想《红楼》的结局是"落了片白茫茫大地真干净"，而续书来了个"狗尾续貂"，弄出些"兰桂齐芳""家道复初"之类的"劳什子"。对此，鲁迅是看不惯的，他笔下的阿Q临刑前立志画一个"圆"而终于画不成的情节设计，对"大团圆"思想观念的讽刺与否定，可谓入木三分。鲁迅的悲剧观是彻底的。

在鲁迅之前，中国美学史上第一个建构悲剧说的，是王国维。王国维也是反对"大团圆"这一美学理想的，他称中国一般的小说戏曲："无往而不著此乐天之色彩：始于悲者终于欢，始于离者终于合，始于困者终于

---

① 汤显祖：《牡丹亭记·题词》，《玉茗堂书经讲意》之六，《汤显祖全集》，徐朔方笺校，北京古籍出版社，1999年版。按：该书戏曲部分，由钱南扬校点。

亨。"①王国维的功绩，在于一改中国传统伤时忧国式的悲剧观念而为人之生命本在的悲剧说，而并非宣扬人生悲观之见。

王国维的美学思想深受叔本华的影响。王国维说：

> 夫美术之源，出于先天，抑由于经验，此西洋美学上至大之问题也。叔本华之论此问题也，最为透辟。②

王国维悲剧说的逻辑起点，是叔本华的"意志"亦即王国维所言生活之"欲"。"生活者非他，不过自吾人之知识中所观之意志也。吾人之本质，即为生活之欲矣。"王国维说：

> 生活之本质何？欲而已矣。欲之为性无厌，而其原生于不足。不足之状态，苦痛是也。既偿一欲，则此欲以终，然欲之被偿者一，而不偿者什百。一欲既终，他欲随之。故究竟之慰藉，终不可得也。即使吾人之欲悉偿，而更无所欲之对象，倦厌之情既起而乘之。于是吾人自己之生活，若负之而不胜其重。故人生者，如钟表之摆，实往复于苦痛与倦厌之间者也，夫倦厌固可视为苦痛之一种。③

欲是人生之本质，欲海难填，欲即人性天生的"无厌"，是人之生命的本在状态。故人生历程无它，不过是此欲的暂时满足而"苦痛"与生俱来，"一欲既终，他欲随之"。假设人生之欲都得到满足（"悉偿"），则又生"倦厌"，而"倦厌"亦为"苦痛之一种"。

王国维的悲剧说，是叔本华悲剧说的东方版。叔本华以"意志"为世界本体，他说："意志自身在本质上是没有一切目的、一切止境的，它是一个无尽的追求。""世界作为意志"，"大自然的内在本质就是不断的追求挣

---

①②③ 王国维：《红楼梦评论》，郭绍虞、罗根泽编：《中国近代文论选》下册，人民文学出版社，1959年版，第773、774页。

扎，无目的无休止的追求挣扎。"①这种永无止境的"追求挣扎"的精神原型，是"生命意志"，而"生命意志"的本质就是悲剧、痛苦：

> 第一，这是因为一切欲求作为欲求说，就是从缺陷，也即是从痛苦中产生的……第二，这是因为事物的因果关系使大部分的贪求必然不得满足，而意志被阻挠比畅遂的机会要多得多，于是激烈的和大量的欲求也会因此带来激烈的和大量的痛苦。原来，一切痛苦始终不是别的什么，而是未曾满足的和被阻挠了的欲求。②

叔本华又说：

> 人的本质就在于他的意志有所追求，一个追求满足了又重新追求，为此永远不息。是的，人的幸福和顺遂仅仅是从愿望到满足、从满足又到愿望的迅速过渡。因为缺少满足就是痛苦，缺少新的愿望就是空洞的向往、沉闷、无聊。③

显然，王国维的"生活之欲""苦痛"与"倦厌"，即叔本华的"欲求""追求挣扎""痛苦"与"空洞的向往、沉闷、无聊"，从思想观念到措辞，都是相同相通的。

印度佛教谓人生之本质曰"苦"，有"二苦""三苦""四苦""五苦""八苦"与"十苦"等说。如"十苦"：一"生苦"、二"老苦"、三"病苦"、四"死苦"、五"愁苦"、六"怨苦"、七"受苦"、八"忧苦"、九"病恼苦"、十"流转大苦"[参见《释氏要览》(一)]。佛教四圣谛说苦、集、灭、道四谛，称人生皆苦(苦谛)、苦必有因(集谛)、苦厄之解脱(灭谛)、解脱之正路(道

---

① [德]叔本华：《作为意志和表象的世界》，石仲白译，商务印书馆，1982年版，第235、427页。
② [德]叔本华：《作为意志和表象的世界》，第497—498页。
③ [德]叔本华：《作为意志和表象的世界》，第360页。

谛)。其中苦谛说的"苦",是佛教全部教义的逻辑原点。人生如苦海无边。《法华经·寿量品》云:"我见诸众生,没在于苦海。"那么人生之苦因何而起?佛教说缘于人性本在的"贪爱"无厌。《般若经》(一)说:"众生长夜,流轮六道,苦轮不息,皆由贪爱。""贪爱"是人之无穷无尽的欲求,现实人生无以挣脱,佛教称为"苦缚",亦即"六道轮回""流转大苦"。用叔本华的话来说,为"追求挣扎";王国维则称"生活之欲"。

可见,王国维的悲剧说与叔本华所言如出一辙。对于初起的中国现代意义上的悲剧说而言,基本照搬别人的东西,固然说明了其理论的幼稚,却不值得大惊小怪,毕竟王国维做了一件类似"窃天火给人类"的播撒思想种子的工作。王国维之学识的佛学基础及其人生观中的厌世思想,是其能够接受经"东方印度智慧的洗礼"的叔本华悲剧观的人格依据。叔本华的思想尤其是他的悲剧说,显然在其西方传统"原罪"说的基础上,熔铸了印度佛教苦谛说,这很合乎王国维的思想与学术口味。但笔者以为,王国维的悲剧说,与叔本华,与印度佛教相比尚有不同。

叔本华一方面认为"生命意志"是世界及其悲剧的本原本体,认为人的理性、认识无法拯救世界与悲剧性的人类,另一方面却指出了人类从悲剧苦海中解脱的一个出路:神秘的"直观"。叔本华说:"直观"即"直接的了知","直观是一切根据的最高源泉。只有直接或间接的直观为依据才有绝对的真理"。[1] 这一神秘的"直观",其实就是叔本华从印度佛教"顿悟"说采撷而来的所谓"悟性":"一切因果性,即一切物质,从而整个现实都只是对于悟性。由于悟性而存在,也只在悟性中存在。悟性表现的第一个最简单的、自来即有的作用便是对现实世界的直观。"[2]这说明,在叔本华看来,处于水深火热悲剧之中的人类,终于是有救的,叔本华悲剧说的神秘"直观"论,是其受印度佛教影响的"解脱"论。印度佛教亦认同于"解脱"。大凡"解脱"有二途,其一是通过渐修而达到渐悟,最后圆成;其二是无须

---

[1] [德]叔本华:《作为意志和表象的世界》,石仲白译,商务印书馆,1982年版,第114页。
[2] [德]叔本华:《作为意志和表象的世界》,石仲白译,商务印书馆,1982年版,第37页。

渐修，当下顿悟而证得圆果。因此，无论叔本华还是佛教的悲剧观，其逻辑起点是人生皆苦，其终极关怀是直观、顿入，都具一"光明"的理想。

王国维则不然，他对叔本华及佛教式的"解脱"之途并不寄予多大信任与希望：

> 试问释迦示寂以后，基督尸十字架以来，人类及万物之欲生奚若？其痛苦又奚若？吾知其不异于昔也。然则所谓持万物而归之上帝者，其尚有所待欤？抑徒沾沾自喜之说，而不能见诸实者欤？果如后说，则释迦、基督自身之解脱与否，亦尚在不可知之数也。①

"释迦、基督自身之解脱与否"，"尚在不可知之数"，更遑论你我？王国维的悲剧说是有些特别。他的自沉于昆明湖，可以看作其悲剧说的一个实践，称为"不是解脱的解脱""不了了之"可矣。

三、以政教为中心之传统文论的趋于消解

以儒家政教伦理为中心之文论及其发展，是中国传统文论的主脉。比如汉代文论之典范《毛诗序》特别强调诗"经夫妇，成孝敬，厚人伦，美教化，移风俗"的政治伦理教育功能，是先秦孔子"兴观群怨"说的文脉沿袭。王充以为："故夫贤圣之兴文也，起事不空为，因因不妄作；作有益于化，化有补于正。"②又如唐新乐府运动的倡导者白居易，称"文章合为时而著，歌诗合为事而作"，"总而言之，为君、为臣、为民、为物、为事而作，不为文而作也"。文学作为为政教伦理服务的"工具"，其本身的审美价值，一般是不被肯定的。中国文论史上的所谓"文以明道""文以载道"诸说，两千余年基本统治了中国文论及其美学的主导思想与思维，而庄、禅的文论及其美学思想大致只是其对立与补充。

---

① 王国维：《红楼梦评论》第二章《红楼梦之精神》，郭绍虞、罗根泽编：《中国近代文论选》下册，人民文学出版社，1959 年版，第 760 页。
② 王充：《论衡·对作篇》，《诸子集成》第七册，上海书店，1986 年版，第 280 页。

第七章　实学精神与审美终结

这种状况，直到王国维文论观与美学观的出现，才真正开始被打破。

其一，王国维说："政治家之眼"与"诗人之眼"是不同的，源于两者审视现实的眼光不同："政治家之眼，域于一人一事；诗人之眼，则通古今而观之。词人观物，须用诗人之眼，不可用政治家之眼。"①王国维区别了政治家与诗人两种不同的"眼"与"观"，是其向传统儒家以政治教化为中心的美学思想说"不"的第一步。

> 余谓一切学问皆能以利禄劝，独哲学与文学不然……至一新世界观与新人生观出，则往往与政治及社会上之兴味不能相容。若哲学家而以政治及社会之兴味为兴味，而不顾真理之如何，则又决(绝)然非真正之哲学……文学亦然。餔餟的文学，决(绝)非真正之文学也。②

"真正的哲学"与"真正的文学"，绝不以"政治及社会之兴味为兴味"，而以"真理之如何"为判断依据。传统儒家的美学与文学思想以政治伦理为旨归，王国维在此提出了一个"真理"的标准，这是想把哲学、美学与文学从依从于政治伦理的樊篱中"解放"出来的努力。他指出，"我国哲学美术不发达之一原因也"，是因为"美术之无独立之价值也久矣！""此无怪历代诗人，多托于忠君爱国、劝善惩恶之意以自解免，而纯粹美术上之著述，往往受世之迫害而无人为之昭雪者也。"③为"美术之无独立之价值"而鸣不平，此"迫害""昭雪"云云，措辞之激烈，说明王国维此心的不能平静。他要求"哲学美术"应具"独立之价值"。

其二，依据康德关于"美"是"无功利的功利"说，王国维认为，"美之性质，一言以蔽之曰：'可爱玩而不可利用者是已'。"并说，"虽物之美者，

---

① 王国维：《人间词话删稿》第三十七则，《蕙风词话　人间词话》，人民文学出版社，1960年版，第238页。
② 王国维：《文学小言十七则》，《静安文集续编》，《海宁王静安先生遗书》，商务印书馆，1940年版。
③ 王国维：《文学小言十七则》，《静安文集续编》，《海宁王静安先生遗书》，商务印书馆，1940年版。

有时亦足供吾人之利用，但人之视为美时，决不计及其可利用之点"①。美的东西，有时具有实用性，"亦足供吾人之利用"，但美本身是无用、无功利的，"无功利"就是美的"功利"。这是接受了康德关于美的"二律背反"说。

既然承认美的"不可利用者"，那么必然得出"一切之美，皆形式之美也"②这一结论。这并非否定内容之美，而是否定"形式"所携带的"内容"即政治伦理教化。在王国维看来，"美在形式"这一命题，并不是无内容的，这一内容即形式美的意蕴与意味。美作为形式，是独立自主的，故政治伦理教化作为内容，是外加的。这证明，王国维所言"一切之美，皆形式之美"这一命题，虽来自康德，却是针对儒家关于"文以明道""文以载道"之说而言的。换言之，"文"是一种"形式美"，它本来就不是"明道""载道"的工具。这是以康德来清算传统儒家的"明道""载道"说，将政治伦理教化，排除在其美论之外。

其三，美既然是"可爱玩而不可利用者"，那么，作为"美之形式"的文学，就只能是一种"审美游戏"。王国维说：

> 文学者，游戏的事业也。人之势力，用于生存竞争而有余，于是发而为游戏。③

> 诗人视一切外物，皆游戏之材料也。然其游戏，则以热心为之。④

这一"游戏"说，是彻底地将儒家美学及文论之沉重的政治伦理教化的使命放下，专以审美自由与自娱为己任。康德以为，在一般理性认知活动中，

---

① 王国维：《古雅之在美学上之位置》，《静安文集续编》。
② 王国维：《古雅之在美学上之位置》，《静安文集续编》。
③ 王国维：《文学小言十七则》，《静安文集续编》，《海宁王静安先生遗书》，商务印书馆，1940年版。
④ 《人间词话删稿》，《蕙风词话　人间词话》，人民文学出版社，1960年版。

审美的想象力为知性所规定，所以认知不是游戏。而审美活动则不然，"在这里知性为想象力而不是想象力为知性服务"。① 当想象力不受知性、理性的局限而"飞翔"于无限时空，则意味着主体"心灵充满生气就是把它的活动置于自由游戏中"②。游戏是心灵自由的一种生存方式，它是相通于审美的。席勒以为，游戏是感性与理性的统一，艺术是一种审美游戏。"只有当人充分是人的时候，人才游戏；而且只有当人游戏的时候，他才完全是人"③。斯宾塞的"游戏"说认为，"游戏"之所以产生，是因为"过剩精力"需要"发泄"。动物比如小狗饱食之余互相追逐嬉戏，小猫扑线团之类，正如小孩"做家家"一般，都是"过剩精力的发泄"，艺术也是如此。王国维说："婉娈之儿，有父母以衣食之，以卵翼之，无所谓争存之事也。其势力无所发泄，于是作种种之游戏，迨争存之事亟，而游戏之道息矣。""而成人以后，又不能以小儿之游戏为满足，于是对其自己之感情及所观察之事物而摹写之，咏叹之，以发泄所储蓄之势力。故民族文化之发达，非达一定之程度，则不能有文学。"④

王国维推重"游戏"说，同样是对传统儒家关于文学之政治伦理教化功能说的一种理论上的消解。

四、趋新之中的守成

王国维倡言中西、新旧美学的交融，以为"中西二学，盛则俱盛，衰则俱衰，风气既开，互相推助"⑤。为真正以大学者潜心于学问的良好素质，吸纳西学最早、最多并建构其美学思想的第一人。虽然如此，其深厚的国学底子与作为士大夫的传统人格，不可能不在他那趋于现代的美学建

---

① [德]康德：《康德全集》第五卷，曹俊峰、朱立元、张玉能：《德国古典美学》，蒋孔阳、朱立元主编：《西方美学通史》第四卷，上海文艺出版社，1999年版，第119页。
② [德]康德：《康德全集》第十五卷，曹俊峰、朱立元、张玉能：《德国古典美学》，蒋孔阳、朱立元主编：《西方美学通史》第四卷，第221页。
③ [德]席勒：《审美教育书简》第十五封信，北京大学出版社，1985年版。
④ 王国维：《文学小言十七则》，《静安文集续编》，《海宁王静安先生遗书》。
⑤ 王国维：《国学丛刊序》，《观堂集林别集》卷四，《王国维遗书》第四册，上海古籍书店，1983年版，第9页。

构中，对古典与传统有所留恋与继承。正如前述，其"境界"说，便具有传统"意境"说的思想因素，体现出"守成"的特点。他一方面采西学以为己用，另一方面又在融会中西、力求趋新的同时，时时"回眸"中国传统的美学。

谈到美的本质问题，王国维说："夫美术（大致类似于今日所言"艺术"）者，实以静观中所得之实念。"①这，成为其"纯粹艺术哲学"的重要表述。这里，"实念"即西学所谓"理念"。"静观"，虽直接采自叔本华，归根结底是东方古代一种观照世界、人生与美的角度、方式与境界。通行本《老子》云："致虚极，守静笃，万物并作，吾以观复。"已有"静观"的意味在。北宋理学家邵雍有"以物观物"说，称"夫所以谓之观物者，非以目观之也，非观之以目而观之以心也；非观之以心而观之以理也。"②"观之以理"，为什么呢？因为"天下之物莫不有理焉，莫不有性焉，莫不有命焉"。所以，"以理观物"，便是"以物观物"。"以物观物，性也。""以理观物，见物之性。"③而"以物观物"，是"忘我"之"观"。"忘我"之"境"，又必为"静虚"。"因闲观时，因静照物"④，故"以物观物"，亦是审美意义上的"静观"。王阳明《睡起写怀》说："闲观物态皆生意，静悟天机皆窅冥"，指的就是无功利、无目的而忘我的"静观"。"静观"而生美感。佛教有"静力""静虑"与"静慧"说。《圆觉经》："诸菩萨取极静，由静力故，永断烦恼。"《圆觉经》又说："静慧发生，身心客尘从此永灭。"烦恼断灭，亦即静虑。佛教此说，也已有"静观"的意味在。《摩诃止观》（五）称"观"为"法界洞朗，咸皆大明"。"观"乃真理、真际、烛照之境。"观"必性空。虽然佛教此"观"，不等于"静观"，却是两者相通的。

王国维又说："美之对象，非特别之物，而此物之种类之形式；又观

---

① ［德］格奥尔格·西美尔：《叔本华与尼采》，莫光华、李俊译，上海译文出版社，2006年版。
② 邵雍：《皇极经世·观物内篇》，郭彧、于天宝点校，上海古籍出版社，2016年版。
③ 邵雍：《皇极经世·观物外篇》。
④ 邵雍：《伊川击壤集序》，陈明点校，中华书局，2001年版。

之之我，非特别之我，而纯粹无欲之我也。"①"形式"为审美对象，而审美主体是"无欲之我"。"无欲之我"，庄周所谓"心斋""坐忘"之"我"，无偏私、无机心、无功利之"我"也。既与康德的审美判断"无利害"说相联系，又根植于庄子美学。

王国维时代，随着俗文学、俗审美之风的进一步兴起，雅、俗问题是美学所思考的一大问题今之俗、古之雅是中国美学的重要思想、思维表现之一。王国维关于"古雅"的思想，体现出其美学的某种崇古精神，是与其整个美学的趋新趋势相映成趣的。

王国维认为，美是形式。"形式"有"第一""第二"之分。所谓"优美""宏壮"，"为先天的，故亦普遍的、必然的也"，"即一艺术家所视为美者，一切艺术家亦必视为美"。"优美"与"宏壮"，既可实现为美的"第一形式"，亦可实现为美的"第二形式"。美的"第一形式"关乎构成美的"材质"因素，但不等于"材质"，它存在于艺术与自然之中。美的"第二形式"，"后天的也，经验的也，故亦特别的也，偶然的也"。如果说，"优美"与"宏壮"属于美的"第一形式"，"则非天才殆不能捕攫之而表出之"，那么，"古雅之致存于艺术而不存于自然"，它"以第二形式表出之"，"于是艺术中古雅之部分，不必尽俟天才，而亦得以人力致之"②。王国维将"古雅"与"优美""宏壮"加以比较：

> 优美之形式，使人心和平；古雅之形式，使人心休息，故亦可谓之低度之优美。宏壮之形式，常以不可抵抗之势力，唤起人钦仰之情。古雅之形式，则以不习于世俗之耳目故，而唤起一种之惊讶。惊讶者，钦仰之情之初步，故虽以古雅为低度之宏壮，亦无不可也。故

---

① 王国维：《叔本华之哲学及其教育学说》，《静安文集》，《王国维遗书》第五册，上海古籍书店，1983年版，第29页。
② 王国维：《古雅之在美学上之位置》，《静安文集续编》，《王国维遗书》第五册，上海古籍书店，1983年版，第26页。

> 古雅之位置，可谓在优美与宏壮之间，而兼有此二者之性质也。①

"古雅"既是"低度之优美"，又是"低度之宏壮"，如此看来，王国维有扬"优美""宏壮"而抑"古雅"的意思。他确实说过："故古雅之价值，自美学上观之，诚不能及优美及宏壮。"②这是其接受康德、叔本华"天才"说、"先天"说的表现，说明在中、西问题上，王国维有崇尚西学的思想倾向。然而在古、今问题上，他又是尚古而贱今的，否则，为什么他要特意标举"古雅"，以给美学定位呢？王国维认为，虽然"优美""宏壮"高于"古雅"，但是"优美""宏壮"绝离不开"古雅"，认为优美与宏壮必与古雅相合。"雅"的素质，同时是"优美""宏壮"的共同素质，否则，遑论"优美""宏壮"？而"雅"是与"古"联系在一起的，往往是"古"即"雅"，因"古"而"雅"。"古雅"与"今俗"相对。王国维说"古雅"，意在肯定"雅"在中国美学史上应有的地位。

应当说，"古雅"作为审美范畴，并非王国维的独标、首倡。雅者，夏也。梁启超《释四诗名义》："雅音即夏音，犹言中原正声云尔。"《毛诗序》说："言天下之事，形四方之风，谓之雅。雅者，正也。言王政之所由废兴也。"可见其美学思想中仍有关于"雅正"的一块思想领地。对照前文关于王国维初步消解儒家以政治伦理教化为中心的文论思想的分析，是很容易得出这一结论的。这一诗教源远流长。"古雅"一词，唐人已有使用。王昌龄曾以"古雅"为五大诗格之一，其余为"高格""闲逸""幽深"与"神仙"③。司空图《诗品》有"高古"与"典雅"之说，两者合参，有"古雅"之意。宋人爱古玩、阅古籍、临古迹以及在旧址上营构园林等，都在追寻"古雅"之境，所谓"喜古图画器玩，环列左右，前辈诸公笔墨，尤所珍爱，时时展玩"④；所谓"尝见前辈诸老先生多蓄法书、名画、古琴、旧砚，良以是也。

---

①② 王国维：《古雅之在美学上之位置》，《静安文集续编》，《王国维遗书》第五册，上海古籍书店，1983年版，第24、27页。
③ 王昌龄：《诗格》，参见张伯伟编校《全唐五代诗格汇考》，江苏古籍出版社，2022年版。
④ 袁燮：《行状》，袁燮：《絜斋集》，上海古籍出版社，1987年版。

明窗净几，罗列布置，篆香居中，佳客玉立相映。时取古文妙迹，以观鸟篆蜗书，奇峰远水，摩挲钟鼎，亲见商周"。① 其生活情调以"古"为"雅"，便是"古雅"这一美学范畴得以确立的审美背景。明人屠隆曾言，《左传》《国语》妙不可言，"六经而下，《左》《国》之文，高峻严整，古雅藻丽，而浑朴未散"②。凡此，都说明王国维的"古雅"说，有很深的历史文脉背景。作为审美范畴，体现了王国维在趋新之时对中国传统审美趣味与风格的眷恋。

总之，王国维的美学思想，标志着中国美学的文脉历程从古典趋于现代的文脉特点，不仅挥斥清代实学的美学，而且脚踏在中国传统文化、哲学与美学之坚实的大地上，接纳来自西方的美学思想，从而体现出趋于现代的某些新思路、新素质与新气象。

---

① 赵希鹄、《洞天清禄集　格古要论》：《洞天清禄集序》，广陵书社，2020年版。
② 屠隆：《文论》，《由拳集》卷二十三，李亮伟、张萍：《由拳集校注》，浙江大学出版社，2016年版。

第八章
20世纪中国美学的现代格局

　　时至20世纪初，中国美学的文脉，逐步实现从古代传统到现代开新的时代嬗变。它是在"中国"当下、中国古代美学传统与西方美学大举东渐的现实与历史条件、背景下发生的，达成20世纪中国美学观念、思潮、思想与思维方式之空前的革新。反帝反封建，走具有中国特色的民主革命与中国式社会主义的文化、哲学之途，是20世纪中国美学的重大主题，马克思主义的革命思想及其哲学、美学，与科学、民主，构成其走向现代化的基本内涵与人文精神的基本素质，富于文化、哲学的民族现代化、现代民族化的鲜明特征。

　　自古以来，中国文化的基本品格，是"淡于宗教"而重于政治伦理。这一点，时至20世纪初，基本未变。清末西方列强的大举入侵，加速了古老东方帝国的衰落，促成了民生的愈加凋敝，深重的时代与民族危机，提供了文化、政治、哲学、科学、民主与美学进行变革的种种可能。1911年的辛亥革命与1919年的"五四运动"，无疑是20世纪初所发生的重大历史事件。可以将20世纪的中国美学，分为1949年前后两大历史时期。1949年前，基本实现了民族、民主的革命与思想、精神的解放，其深刻的、脱胎换骨的思想启蒙，一般是在多种文化、政治与哲学思潮的严重冲突或调和中进行的。苦难深重的中国及其文化逐渐觉醒，其美学，也尝试着"另一种活法"。从辛亥革命、"五四运动"到中华人民共和国的成立，不能不使这一历史时期的中国美学，既具精神超拔的哲学品格，又有脚踏于现实大地的世俗素质。1949年以后的中国美学，经历了"文革"前十七年、"文革"十年与从70年代末至20世纪末改革开放三个历史时期。其间,大致自1956年延续至1964年的"美学大讨论"以及八九十年代的美学再讨论,是令人鼓舞的、多少能够达到美学追问与沉思的精神事件,尽管其并非没有任何历史缺失。

无疑,20世纪中国美学已经取得了巨大的思想与思维成果,而每前进一步,都尤为艰辛、曲折。

从20世纪中国美学文脉的学理分析,不妨可将辉煌而趋于现代的百年中国美学在中国大陆的历史进程,分为五个阶段。

(一)从19世纪末20世纪初到"五四运动"(1898—1919)为启蒙期。在这一历史阶段,西方美学如康德、叔本华、尼采与柏格森等的学说与马克思主义的美学思想,主要由王国维、梁启超、胡适、李大钊与鲁迅等人介绍到中国[1],形成美学思想的启蒙,成为"五四运动"思想启蒙的有机构成。其中,王国维的《人间词话》《红楼梦评论》与《古雅之在美学上之位置》等著论,与蔡元培的"以美育代宗教"说等,是中国美学草创期的重要学术成果。

(二)从"五四运动"到中华人民共和国成立(1919—1949)为奠基期。在这一历史阶段,西方美学思想与西方现代美学被进一步译介到中国,以马克思主义美学与西方现代美学为主流;以瞿秋白、鲁迅为代表的美学思想,尤其以《在延安文艺座谈会上的讲话》为代表的毛泽东文艺思想,成为中国马克思主义美学的重要构成;朱光潜、宗白华与蔡仪等学者的美学初步形成;起于二三十年代初的梁漱溟、熊十力等新儒家及其美学思想,亦

---

[1] 中国学界接受西方美学,主要通过日本。一般认为,诸多美学概念、范畴如美学、美、美感等西方美学思想,经由日本而入传中国。王宏超博士学位论文《学科与思想:中国现代美学的起源》(2008年10月)指出:"就目前资料所见,最早在中国译介'美学'的是罗存德(Wilhelm Lobscheid,1822—1893)。1866年至1869年间英国来华传教士罗存德在香港出版了其编著的《英华词典》(*English and Chinese Dictionary*),在这本集马礼逊(Robert Morrison,1782—1834)以来字典之大成的著作中,Aesthetics被译作'佳美之理'和'审美之理'(按:引自黄兴涛:《"美学"一词及西方美学在中国的最早传播》,《文史知识》2000年第1期)。"(王宏超:《学科与思想:中国现代美学的起源》,第99页。改论文经修改、增删,于2022年9月由复旦大学出版社正式出版,书名为《美学的发明:中国现代美学的学科制度与知识谱系》。)

登上历史舞台。

（三）从中华人民共和国建立到"文革"前(1949—1966)为建构期。在这一历史阶段，1956—1964年间的"美学大讨论"，是20世纪中叶中国美学开始建构的标志性事件。蔡仪的"美是客观"说，吕荧、高尔泰的"美是主观"说，朱光潜的"美是主客观的统一"说与李泽厚的"美是社会性与实践性的统一"说，尽管在美学讨论与争辩中各持己见，针锋相对，而其颇为共同的思想旨趣，是努力坚持马克思主义或趋于马克思主义的，争论各方皆愿以马克思主义美学观为指导。其间，马克思《巴黎手稿》的实践论美学思想与苏联发生于50年代中叶"解冻"时期的美学讨论的思想具有重要的影响，而朱光潜、高尔泰等的美学，较多地吸取了西方自由主义美学的思想因素。

（四）"文革"十年(1966—1976)为停滞期。在这一历史阶段，中国美学作为"封资修"被"彻底"批判，但依然存在一定的关于美学的"潜思考"与"潜写作"。

（五）改革开放时期(1976—2000)为发展期。在这一历史阶段，随着思想观念的空前解放，西方美学包括古典主义、现代主义、后现代主义与"西方马克思主义"等美学著述，大量译介到中国，成为发展中国美学的思想资源之一。人道主义、人性论、异化思想、主体性问题与结构主义、解构主义、方法论以及实践论美学、中国古代美学之现代转换与比较美学等，成了这一时期中国美学界一再讨论的学术主题。与五六十年代"美学大讨论"相比，这一历史时期的中国美学的政治背景与氛围变了。

启蒙、奠基、建构、停滞与发展，构成20世纪中国美学从古代、近代而走向现代的文脉历程。

美国哈佛大学教授史华慈(Schwartz)《论保守主义》一文指出，文化守成主义(保守主义)、自由主义与激进主义"这三项范畴大致同时出现的事实，恰足以说明他(它)们在许多共同观念的同一架构里运作，而这些观念出现于欧洲历史的第一时期"①。在笔者看来,20世纪的中国文化,其实也是文化守成主义、自由主义与激进主义相互冲突、融合与三足鼎立的,20世纪的中国美学亦然,而且直到今天,依然大致如此。这关乎中国美学的文化三大主义,具有各自的相对独立甚至严重对立的文化品性与思想内涵,而在赞同、趋向与努力实践于美学现代化这一点上,又是共同而相通的。

第一节 "文化守成主义"的美学

20世纪中国守成主义的美学思潮,以因袭、承续与发展中国古代美学的传统为基本特色。需要强调的是,守成主义美学并非否定、反对美学的现代化,而是认为,这种现代化,恰恰须在认同中华民族美学的根因、根性与传统的前提下,才有可能实现,本土化是守成主义美学的思想之帜。从学理角度看,诸如19世纪到20世纪初王国维、蔡元培等的美学,曾经受到来自西方自由主义美学的深刻影响,但其美学的文化立场,则无疑基本属于守成主义美学的范畴。

正如本书前述,王国维的《人间词话》《红楼梦评论》《古雅之在美学上之位置》等,开启了中国守成主义美学的研究。蔡元培的"以美育代宗教"说,直到今天还是一个不断讨论的美学命题。鲁迅的《摩罗诗力说》以及尔后朱光潜的《无言之美》与宗白华的《中国美学意境之研究》等论文,是早期中国守成美学的重要成果。

守成主义美学的"井喷"现象,出现于改革开放时期,是关于中国古代美学史的研究。早在20世纪60年代,北京大学哲学系的学者已经开始了关于中国古代美学资料的收集与整理,《中国古代美学思想资料选编》一

---

① [美]史华慈:《论保守主义》。见《近代中国思想人物论——保守主义》,台湾时报文化出版社(中国台湾),1980年版,第20页。

书，初版于1962年，当时，"第一次全国美学大讨论"尚未结束。

改革开放以来，中国守成主义美学，主要体现为中国美学史研究的六个方面，其最早成果为：

（一）断代史。施昌东《先秦诸子美学思想述评》(1979)、《汉代美学思想述评》(1981)，李泽厚、刘纲纪主编《中国美学史》(第一卷，1984；第二卷，1987)。（二）通史。李泽厚《美的历程》(1981)、叶朗《中国美学史大纲》(1985)。（三）门类史。蔡仲德《中国音乐美学史》(1993)、蔡子谔《中国服饰美学史》(2001)。（四）范畴史。王振复主编(兼第一卷主要作者)《中国范畴史》(三卷本，2006)。（五）宗教史。祁志祥《中国佛教美学史》(1997)。（六）地域史。邱紫华《东方美学史》(2003)。守成主义美学，还体现于有关美学专题的研究，如：曾祖荫《中国古代文艺美学范畴》(1987)，蔡钟翔主编《中国美学范畴丛书》(第一辑，2001)，王志敏、方珊《佛教与美学》(1989)，曾祖荫《中国佛教与美学》(1991)，潘知常《生命美学》(1991)，曾繁仁《生态美学导论》(2010)，王振复《建筑美学》(1987)，《中华古代文化中的建筑美》(1989)，等等。以上所列，恕笔者或有遗漏。

20世纪中国的守成主义美学，还体现于现代新儒学的美学研究。

现代新儒学作为一股强大的文化、哲学思潮与流派，是在20年代初中西文化剧烈冲撞中诞生的。中西文化论战如"科玄论战"等，直接刺激了现代新儒学的生成与成长。它是作为应对东渐之西方科学主义、实证哲学与美学尤其"全盘西化即现代化"论的对立、对应而出现的。现代新儒学，正如前述中国古代美学研究那样，对中国传统文化、哲学与艺术审美尤其对于具有文化主干地位的儒家文化及其学说，充满"同情与敬意"。在传统儒家所谓"花果飘零"的年代，现代新儒学重申北宋张载"为天地立心，为生民立命，为往圣继绝学，为万世开太平"的儒学宗旨，以天下为己任，是一种满怀民族危机意识与强烈"救世"观念的文化、哲学及其美学。现代新儒家以梁漱溟、张君劢与熊十力等为代表，坚信中华儒文化的世界意义与现代意义，认为其"人文睿智""和谐智慧""生存美学"为"恒常之道"，并非墨守传统,而是在接续儒之"香火"的前提下,努力开新,以作为"内圣"的仁之"心性","开出新外王"即科学与民主。梁漱溟发表于1921年至1922年年底再版四次的《东西文化及其哲学》一书,是现代新儒学及其美学的奠基之作,被蒋百里称为"烁古震今之作"。梁漱溟自述《东西文化及其哲学》有云:"这书的思想差不多是归宗儒家,所以其中关于儒家的说明自属重要。"①该书特别重视孔子的生命文化及其美学思想,指出"这一个'生'字是最重要的观念,知道这个就可以知道所有孔家的话"②。又认为"中国文化在这一面的情形很与印度不同,就是于宗教太微淡"。③可见,以儒家文化为主干的中国古代美学,除了中国佛教与道教美学,一般是"淡于宗教"的美学,是关乎生命的,以《易传》所言"生生之谓易""天地之大德曰生"为圭臬,而且以祖宗之"生"为最大的崇拜兼审美对象,这是因为祖宗乃人的生命之根,其生命美学理念中,敬畏祖神是其文化与哲学的人文内涵。而且从尊重人之生命的角度,将动植物、宇宙看作伟大而永远生气灌注、生气勃勃的生命之场。梁漱溟说,儒家的人生哲学与美学,是讲"宇宙之生"的,称"孔家没有别的,就是要顺着自然道理,顶活泼流畅的去生发","宇宙总是向前生发的,万物欲生,即任其生,不加造作必能与宇宙契合,使全宇宙充满了生意春气"。④梁氏又说:"宇宙是一个大生命。从生物进化史,一直到人类社会的进化史,一脉下来,都是这个大生命无穷无尽的创造。一切生物,自然都是这大生命的表现"⑤。"大生命"这一概念,恰为传统儒家所倡"天人合一"的思想相契,试问天下合一于何?答曰:合一于"生"。天下合一的美,是人与自然、宇宙万类达成和谐、统一的美。梁漱溟关于"宇宙是一个大生命"的思想,是将"生"看作人类审美的本原、本体。

---

① 梁漱溟:《东西文化及其哲学》第八版自序,《梁漱溟全集》第一卷,山东人民出版社,1989年版,第324页。
②④ 梁漱溟:《东西文化及其哲学》,《梁漱溟全集》第一卷,第448页。
③ 梁漱溟:《东西文化及其哲学》,《梁漱溟全集》第一卷,第441页。
⑤ 梁漱溟:《朝话》,中国文化服务社,1936年版,第85页。

另一位现代新儒学的代表者熊十力，也高举"生命"的大旗。其新唯识论的逻辑原点，是"生"。他改变了佛教唯识学以"死""生"为"空"的思维素质与格局，站在"生"的这一本原、本体的立场，研究"体用不二""翕辟成变"。他说："浑然全体，即流行即主宰，是乃所谓生命也。""夫生命云者，恒创恒新之谓生，自本自根之谓命。""吾人识得自家生命即是宇宙本体，故不得内吾身而外宇宙。吾与宇宙，同一大生命故。此一大生命非可剖分，故无内外。"①熊十力的"大生命"说，与梁漱溟所言相合，都将世界、宇宙与人合而为一，看作"生"之本原、本体的大化流行，而美，就是对这一"大生命"的价值判断。熊氏指明，"大生命"之所以"美"，是因为"生命之表现，自无机物而有机物，以至于人类，皆其创进之迹也"②。创进即美，美哉，创造也。

梁漱溟认为，"文化即是一个民族的生活样法"，"一家文化，不过是一民族生活的种种方面"③。人之生命的现实实现，便是生活。这个生活的概念，自然是广义的，实际指文化。梁漱溟说："生命与生活。在我说实际上纯然是一回事。"在广义上，生命与生活，凡是美的、真的、善的，都是人的积极本质力量的对象化，皆为自然的人化、人化的自然。然而从体用角度看，又可将"生命"看作"体"、将"生活"看作"用"。中国哲学及其美学，又是崇尚体用不二的，"体"与"用"，"不过为说话方便计，每好将这件事打成两截。所谓两截，就是一为体，一为用。其实这只是勉强的分法。"④因此从美学上说，"生命"是本体美，"生活"是依存美，本体不等于依存，这是体用二分的说法。可是实际的情形是，就美而言，是体用不二的，这种美是"大生命"本身的"创进"即创造。

熊十力的"体用不二"说中，也包含"生命"与"生活"之关系的见解。

---

① 熊十力：《新唯识论》，中华书局，1985年版，第102—103、534—535页。
② 熊十力：《新唯识论》，第328页。
③ 梁漱溟：《东西文化及其哲学》，《梁漱溟全集》第一卷，山东人民出版社，1989年版，第352页。
④ 梁漱溟：《朝话》，中国文化服务社，1936年版，第85页。

作者自述云："本论以体用不二立宗,本原、现象不许离而为二,真实、变异不许离而为二,绝对、相对不许离而为二,质、力不许离而为二,天、人不许离而为二。"①体和用,在本然意义上无有不同,仅在应然意义的"表体"与"表用"上有区分,梁漱溟说:"生命与生活只是字样不同,一为表体,一为表用而已。"②因而,美本身便是"不二"之宇宙、世界的"一",而美之显现即美的现象、美的人,等等,便是美的"生活"、"生活"的美,熊十力称其为"实体流行"。"余说实体流行一语,本谓实体即此流行者是。譬如大海水,即此腾跃的众沤之外,非甚愚不至此也。"③这里所谓"实体",即本体之谓。"实体"不在"流行"之外,也不是"流行"之外另存"实体",即体即用,即用即体,美本身与美的事物现象并非截然两分。

另一方面,现代新儒家所说的"生活",实际又指以"生命"为文化、哲学之根因的"道德生活"。道德内在于"仁心",一种先天的"道德精神",牟宗三称为"尽理精神",或曰"仁"之"心性"。唐君毅云:"中国文化之精神,在度量上、德量上之足够,多只见精神之圆而神。"④儒家的道德生活虽则是人为的、可以由人修为的,而其本体,与"天地"的"度量"相系。道德生活之本然即"天地"之"度量"是哲学本体性的,不啻于承认道德作为本体是可能的。儒家种种道德规范及其践行,具有外在强迫的一面,便是体现于意志的"礼"。假如有一种"礼"合乎人之内心自由的需求,便是儒家所说的"仁"。仁者,天也,自然也,自由意志也,是道德的完善。完善之道德作为审美,便是自由人格的实现,其精神境界,契合于人之天性。譬如穿鞋,鞋子太松太紧不合脚,便是"礼"。有一种鞋穿在脚上,非常的合脚,人穿着这样的鞋,比不穿鞋还要让人感到自由、舒适,便是"仁"的境界,证明其在"度量"与"德量"上"乃已足够",是"圆而神"的美。

---

① 熊十力:《体用论》,中国人民大学出版社,2006年版。
② 梁漱溟:《朝话》,中国文化服务社,1936年版,第85页。
③ 熊十力:《体用论》,学生书局(中国台湾),1980年版,第336页。
④ 唐君毅:《中国文化之精神价值》,正中书局(中国台湾),1969年版,第503页。

这里，崇尚文化守成主义的现代新儒学，明显汲取了先秦孟子的"人性本善""心性"说，糅合宋陆九渊的"宇宙即吾心，吾心即宇宙"说与王阳明的"良知"与"灵明"说，又回归于孔夫子的"尽善尽美"说。

牟宗三在谈到这一点时，以"心体""性体"不二为逻辑原点，从康德那里采撷其"纯粹理性"的哲学思想因素，建构其"道德的形上学"，试图将宋明理学"道德作为本体，审美如何可能"加以哲学思辨的"解决"，使"头上的星空（本体）"与"心中的道德律令（工夫）"相对应，从而言说道德兼审美的"崇高"与道德自由主体内心的"幸福"①。在思辨方式上，牟宗三受康德哲学的影响颇大，其学注重于形上分析，而忽略了道德与审美之关系的历史性与实践性。

梁漱溟说："你且看，文化是什么东西呢？不过是那一民族生活的样法罢了。"这一段话的主要意思，本书前文已有所引述，值得注意的，是梁氏关于"生活"的另一看法。其文云："生活又是什么呢？生活就是没尽的意欲（Will——原注）——此所谓'意欲'与叔本华所谓'意欲'略相近——和那不断的满足与不满足罢了。"又说："然则你要去求一家文化的根本或源泉，你只要去看文化的根原的'意欲'，这家的方向如何与他家的不同。"②

其一，"生活"即"意欲"。其二，所谓"意欲"，梁氏称"与叔本华所谓'意欲'略相近"。叔本华主张"世界作为意志"说，是一种以"意志"为本体的哲学与美学。叔本华指出，所谓"自在之物就是意志"，"意志自身在本质上是没有一切目的、一切止境的，它是一个无尽的追求"③。在"意志"的"无尽的追求"上，梁漱溟的"意欲"说确与之相类，而二者的区别又是显然的。叔本华的"意志"，将人的这一心理机制、能量与功能本体化了，世界及其美的本质、本涵为"意志"，它是没有"目的"与"止境"的。梁漱溟的"意欲"，除了指"不满足"的欲望以外，兼指"满足"。在梁氏看来，人

---

① 请参见本书第六章第二节，此处从略。
② 梁漱溟：《东西文化及其哲学》，《梁漱溟全集》第一卷，山东人民出版社，1989年版，第352页。
③ [德] 叔本华：《作为意志和表象的世界》，商务印书馆，1982年版，第117、235页。

的"意欲"总是难以满足,"意欲"的暂时满足,便驱动了新的不满足,"欲壑难填"是人的本性。"意欲"的不能彻底满足,便酿成痛苦,有点类似佛经所说的"人生本苦"的"求不得苦"。而"意欲"的暂时满足,作为一种精神的"幸福",总是稍纵即逝,抓不住的。那么,如何跳出这一"意欲"生活之苦的"无尽"轮回呢?梁漱溟认为,人的"生活"即"意欲",并非叔本华"唯意志"说那般是盲目的生命冲动与执著,而是蕴含着向善性的道德本体因素,在此,我们立刻可以体会到,梁氏的"意欲"说,还与先秦孟轲的"性善说"相系。如果说,叔本华的"意志",由于其文化本体、本性为没有"目的""止境",而本然地与审美有直接的联系,那么,梁氏的"意欲"作为一种道德本体,是直接指向至善的,且因至善而与至美相系。叔本华"唯意志"的哲学、美学,受到佛教苦空思想之影响而具有悲剧性的色彩,梁漱溟的"意欲""无尽"说,作为"文化的根原",实由先秦儒家重"生"之根而生成,且不拒绝佛教苦空之思的因素,从而有一点乐观人生的情调。前者因是种种具有破坏性的恶的力量的根由,后者则基于儒家的"人性本善"说,因而与人性的"善端"相系。可知梁漱溟的"生活""意欲"的美学观,源自先秦儒家的生命意识。

梁漱溟还说:"生活即是在某范围内的'事的相续'。这个'事'是什么?照我们的意思,一问一答即唯识家所谓一'见分'一'相分'——是为一'事'。一'事',一'事',又一'事'。……如是涌出不已,是为'相续'。为什么这样连续的涌出不已?因为我们问之不已——追寻不已。"[1]生命以及生命的现实实现即生活,便是"意欲"的"涌出不已",是"事的相续",梁氏称其"一问一答即唯识家所谓一'见分'一'相分'",有类于柏格森所谓"绵延"。"绵延",即生命之美的"生活之流",便是"意欲"的不断"涌

---

[1] 梁漱溟:《东西文化及其哲学》,《梁漱溟全集》第一卷,山东人民出版社,1989年版,第377页。见分,佛教术语,指佛教"八识"论的"四分"之一。法相宗立"八识"之"心王""心所"虽名各别,而分别所起之用,则为"四分":"相分""见分""自证分""证自证分"。"见分"与"相分"相联系,"见者见照,能缘为义,缘其所变,相分之见照作用也。"(丁福保:《佛学大辞典》,文物出版社,1984年版,第378页)

出"如泉，只是梁氏的"意欲"，并非纯是哲学与美学的，主要指道德本体而多"冲动"。

本书在讨论宋明理学之美学意义问题时，多次论及"存天理，灭人欲"（或云："存天理，遏人欲"，"存天理，去人欲"），梁漱溟的"意欲"说，实由宋明理学接续而来。然而其并非认为，"天理"与"人欲"相对立，而是"天理"即"人欲"，"人欲"即"天理"，这一看法实际已经从宋明走向现代。宋之二程与朱熹的理学，都高扬天理而主张灭人欲（或曰"去人欲"等），其美学无疑是反"人欲"的。意绪与情欲作为感性的情感表现，本与审美相系，而宋明理学的美学，一般都是崇"理"而抑"欲"的。陆王心学的美学，是崇"心"的美学，此"心"并非"肉团心"、功利"心"、机巧"心"，乃是纯净之"心"，"一点灵明"之"心"，固然站在传统儒学的"心性"立场，而其目光，已经收摄了庄学的"虚无"与佛学的"空幻"。就此而言，以梁漱溟等为代表的现代新儒学的守成主义美学，是有所违背理学传统之教条而有所开新的。传统儒学以"仁"为生命、生活之本体，董仲舒《春秋繁露》就有"仁者，天也"的著名命题。然而，"仁"是一个在思维意义上将生命的活生生的"情""欲"努力剔除干净的本体，"仁"之美善，无情无欲。可是梁漱溟等偏要以"意欲"为美的本根，同时又坚持"仁者本心也，即吾人与天地万物所同具之本体也"①的立场，看似矛盾，实际体现了现代新儒学的文化守成主义的所谓"守成"，颇具接纳新思想而与时偕行的一面。

在清末民初，王国维的美学之见，多言"境界"而偶尔谈到"意境"问题，其思想与学术的注意力，已从"意境"转移到"境界"上来。王国维不仅以"境界"论诗，所谓"词以境界为最上。有境界则自成高格，自有名句，五代北宋之词，所以独绝者在此"。而且以"境界"说人生："古今之成大事业大学问者，必经过三种之境界：'昨夜西风凋碧树，独上高楼，望尽天涯路'，此第一境也。'衣带渐宽终不悔，为伊消得人憔悴'，此第二境。'众里寻他千百度，回头蓦见，那人正在，灯火阑珊处'，此第三境也。"尽

---

① 熊十力：《新唯识论》，中华书局，1985年版，第567页。

管"意境"与"境界"在意义、意蕴上有时是相同的,可以互训,然而"意境"仅指艺术审美境界或自然、人文环境的氛围,"境界"内涵与外延,要宽泛得多。

在这一点上,现代新儒学的守成主义美学继承且发展了王国维的"境界"说,他们多言"境界"而极少提及艺术意义的"意境",尤为提倡"天地境界"。

什么是境界?即人所处之自然与社会及人之生活意义呈现于心灵的一个总和。冯友兰说:"他做各种事,有各种意义,各种意义合成一个整体,就构成他的人生境界。"①"人对于宇宙人生底觉解的程度,可有不同。因此,宇宙人生,对于人底意义,亦有不同。人对于宇宙人生在某种程度上所有底觉解,因此宇宙人生对于人所有底某种不同底意义,即构成人所有底某境界。"②冯友兰将人生境界分为"自然境界""功利境界""道德境界"与"天地境界"四类,凡此四,并非审美,却都与审美相系。"自然境界"为人尚未摆脱自在状态的一种初步、初级的生存情形,亦指对于自然景观的审美;"功利境界",人对于"功利"目的及"功利"之"我"的"觉解",并非审美却培育了审美意识;"道德境界",一方面与审美相系却不等于审美,而道德"至善"的人格,是富于审美意义、境界的,另一方面则为人格"至善"而臻成道德的"自由";"天地境界",在哲学、宗教与艺术等文化中,都可以富于"天地境界",一种最高"觉解"的生存之境、心灵之境,"他已完全知性,因其已知天"③,这是孔子"七十而从心所欲不逾矩"的境界。

这里值得指明,冯友兰的人生四"境界"说,将科学境界遗漏了。人类把握世界的基本方式,为求神、求善、求真与求美四种。求真而得科学境界。凡此四种,一旦认知、解悟与践行到极致,都可能达成"天地境界",这是一种具有深度精神品格的审美。

唐君毅有"心通九境"说,其《生命存在与心灵境界》,便是研究境界问

---

① 冯友兰:《中国哲学简史》,北京大学出版社,1985年版,第389页。
② 冯友兰:《新原人》,商务印书馆,1946年版,第34页。
③ 冯友兰:《新原人》,第33页。

题的专著。唐君毅将"所有境界"归纳为"三类九境"。第一类，客观境界：万物散殊境、依类成化境、功能序运境；第二类，主观境界：感觉互摄境、观照凌虚境、道德实践境；第三类，超主客观境界：归向一神境、我法二空境、天德流行境。"三类九境"说，有一个层层递进的、思维上的逻辑结构，以万物散殊境为最低，以天德流行境为最高。这一境界说的思维模式，有黑格尔那种"正、反、合"三维的结构与中国传统易文化崇"九"的特点，然而或恐经不起推敲。大凡境界，都是就心灵、心理意义而言的，可知所有境界，都是主观的。如唐君毅所说的万物散殊境，并非指那种所谓客观存在、所谓不以人的意志为转移的客观事物，而是客观事物在心灵、心理的万物散殊的景象、映象、印象及其可能的美与美感，由于哪里有美，那里同时就有美感，二者是同构的、合一的，主客统一的，可以说是依主观而"存在"而变化的，所以还是王国维所说的"有我之境"与"无我之境"①比较简洁而可取。境界，凡是美的，都是天人、物我、主客统一的。"有我之境"固然有"我"，"无我之境"并非无"我"，只是那个"我"，审美主体在审美时，已经"忘我"而并未感觉到而已。

第二节 "文化自由主义"的美学

科学意义的自由，指主体对事物本质规律的准确把握。政治学意义的自由，与人格（群体或个体）的被束缚、被压制，与专制统治相对立。在道德领域，自由是对一定人际规范、律令的蔑视与突破。思想、精神的自由，首先是一种理性自觉。笛卡儿的"我思故我在"，体现了理性主体的自由观。康德在美学上提出"自由的愉快"这一命题，认为"自由的概念应该把它的规律所赋予的目的在感性世界里实现出来"②。审美，一种渗融在

---

① 王国维：《人间词话》卷上，《王国维遗书》第十五册，上海古籍书店，1983年版，第1页。
② [德]康德：《判断力批判》，上卷，宋白华评，商务印书馆，1964年版，第13页。

"感性""意象"与"情趣"中的理性,"在感性世界里实现出来"的精神自由,一种"忘"物,"忘"我,"忘"去是非、真假、善恶与美丑等达成天人、物我、主客统一的精神境界,因而审美即自由。

20世纪中国美学的自由主义一系的基本点,是对"审美自由"的追求与研究。20世纪西方美学,以现代人本主义与现代科学主义为两大相辅相成的思潮与流派,无论克罗齐、科林伍德与鲍桑葵的表现主义美学,柏格森的生命直觉主义,英国贝尔的美"是有意味的形式"等形式主义美学,弗洛伊德的精神分析美学,荣格原型说的美学,抑或诸如现象学、存在主义、符号论、结构主义、阐释学与解构主义等美学,其共同的人文主题,是"审美自由"。这种西方美学"自由主义"说的东渐,以现代主义与后现代主义为旗帜,以二三十年代与八九十年代为两大高潮,严重影响了20世纪中国美学的时代进程。20世纪中国的自由主义美学思潮,是东渐的西方自由主义美学、中国传统以庄禅为代表的美学思想与从当下现实中存在、升华而起的自由意识、观念、诉求与思想相结合的产物。

从传播角度看,自由主义的中国美学一派的始起,以王国维、梁启超为最早。

1898年春,王国维因罗振玉创农学社、设东文学社被聘为"馆主",而初识于罗氏。其《三十自述》有云:"是时社中教师为日本文学士藤田丰八、田冈佐代治二君。二君故治哲学,余一日见田冈君之文集中,有引汗德(康德)、叔本华之哲学者,心甚喜之。"然则,"顾文学睽隔,自以为终身无读二氏之书之日矣。"1900年冬,王国维因罗振玉之襄助而赴日留学。1901年夏因病回国,受日人藤田等影响决意从事哲学研究。《三十自序》云:"余之研究哲学始于辛(丑)壬(寅)之间。"1903年春,王氏开始阅读康德《纯粹理性批判》(当时译为《纯理批判》)一书,"苦其不可解,读几半而辍。"尔后,读叔本华之书,尤为喜好。王国维说,"自癸卯(1903)之夏以至甲辰(1904)之冬,皆与叔本华之书为伴侣之时代也",1905年重读康德,在理解上已觉无有"窒碍"①。

　　从王国维有关著述看，1900年所撰《欧罗巴通史序》（收入《静安文集续编》），为其撰文首度以"欧西"为题。1903年《汗德象赞》发表，表明对于康德的理解与赞美，且译英人西额惟克《西洋伦理学史要》，发表于《教育世界》第五十九至六十一号。1904年，是王国维集中撰写文章向中国读者宣说康德、叔本华与尼采等学说的一年。其中主要有：《叔本华之哲学及其教育学说》《叔本华与尼采》《书叔本华遗传说后》《尼采氏之教育观》《汗德之哲学说》《汗德之知识论》《汗德之事实及其著书》《德国文化大改革家尼采传》《德国哲学大家叔本华传》《希腊圣人苏格拉底传》《希腊大哲学家柏拉图传》《近代英国哲学大家斯宾塞传》与《法国教育大家卢骚传》等，并站在中国本土文化的立场，运用叔本华的哲学美学及其悲剧理念，撰述、发表《红楼梦评论》，成为以西方美学观研究《红楼梦》且获成功的开拓者。凡此论著中诸多篇章文字，皆发表于《教育世界》杂志（该杂志为罗振玉主办，王国维主编），后于1905年编入《静安文集》。1907年，王国维对自己大量引入与阐析西方哲学与美学的学术现状进行了反思。《三十自述》云，"余疲于哲学有日矣"，"伟大之形而上学、高严之伦理学与纯粹之美学，此吾人所酷嗜也。然求其可信者则宁在知识论上之实证论、伦理学上之快乐论与美学上之经验论。知其可信而不能爱，觉其可爱而不能信，此近二三年中最大之烦闷"。于是，"而近日之嗜好所以渐由哲学而移于文学，而欲于其中求直接之慰藉者也"。为何如此？"余之性质（指个性、人格）与才气等，欲为哲学家则感情苦多而知力苦寡；欲为诗人则又苦感情寡而理性多"。于是彷徨无依，主观上似愿意弃哲学而就文学。实际情形是，王国维于1907年大致实现了学术转向，然早年其所接纳、消化的西方自由主义美学观，尤其研究方法及其思维视野，都表现出西学影响的思想烙印。1904年发表的《红楼梦评论》，1907年发表的《古雅之在美学上之位置》，1908年发表的《人间词话》（连载于《国粹学报》第四十七、四十九、

---

① 王国维：《三十自述》，见佛雏：《王国维诗学研究》，北京大学出版社，1999年版，第4页。

五十期），等等，都是如此。其为学之立场，实际大致在文化自由主义与文化守成主义之际。

与王国维相比，早在1902年9月，梁启超就在其流亡日本期间创办的《新民丛报》第十八号发表名文《进化论革命者颉德之学说》，先于王国维撰文提及尼采，称"尼志埃（尼采）谓今日社会之弊，在少数之优者为多数之劣者所钳制"，宣说尼采的超人哲学。1903年，梁启超于《新民丛报》发表《近代第一大哲学家康德之学说》，将康德哲学比附于佛教唯识论。王国维1903年发表的《论近年来之学术界》，称梁氏的这一中西比附，大凡是"谬误"。

这一时期，中国的思想界、学术界对于西方自由主义美学思潮与思想的接受与传播，可谓充满真诚之热情而不遗余力。其中比较引人注目的，还有马君武氏。他在《教育世界》上连续撰文，参予"播火"的工作。发表之文有：《康德之学说》（1904，第七十四号）、《康德之事实与著作》（1904，第八十一号）、《德国哲学家康德氏》（1906，第一百二十号）与《康德伦理学及宗教论》（1906，第一百二十三号）等。柏格森的美学思想，亦受人青睐。钱智修曾译美国学者勃鲁斯论述柏格森《笑论》，译题为"笑之研究"，发表于《东方杂志》（1913）第十卷第六号。其《现今两大哲学家概略》（《东方杂志》1913年第十卷第一号）与《布格逊哲学说之批评》（《东方杂志》1914年第十一卷第四号）两文，都比较准确地解读了柏格森的直觉主义美学。《布格逊哲学说之批评》云："布格逊者，则欲探精神之真相与造化之秘密者之友也，造化之秘密，当以智的直观探索之。""凡超越性之真理，皆由直观而来。""盖布格逊之哲学，生之哲学，非死之哲学。"

"五四"前后，西方自由主义美学也有力地影响了中国一批著名、先进的知识文士。蔡元培曾于1908—1911年间赴德研究哲学与美学。1912年，在中华民国临时政府教育总长任上曾大力提倡美育。1917年任北京大学校长之职后，发表著名演讲《以美育代宗教说》，以为美育"皆足以破人我之见，去利害得失之计较。则其明以陶养性灵，使之日进于高尚者，固已足矣"。其《大战与哲学》一文，发表于1919年《新青年》第五卷第五号，肯定尼采的"超人""奋斗"精神与"向着意志的权威"之挑战的思想。1920年，蔡元培又在湖南长沙做《美术的进化》《美学的进化》《美学的研究方法》与《美术与科学的关系》等演讲。又编著《美学导论》一书"美学的倾向"与"美学的对象"两章。随后，在北京大学讲授美学课程，宣说其早在1903年已经译成的德人柯培尔的美学主张："美学者，英语为欧绥德斯Aesthetics，源于希腊语之奥斯妥斯，其义为觉与见。故欧绥德斯之本义，属于知识哲学之感觉界。康德氏常据此本义而用之。""美学者，固取资于感觉界，而其范围，在研究吾人美丑之感觉原因。好美恶丑，人之情也，然而美者何谓耶？此美者何以现于世界耶？美之原理如何耶？吾人何由而感于美耶？美学家所见，与其他科学家所见差别如何耶？此皆吾人于自然界及人为之美术界所当研究之问题也。"①

又有李大钊《介绍哲人尼杰》，发表于《晨钟报》（1916年8月22日）。陈独秀《人生真义》一文称："又像德国人尼采，也主张尊重个人的意志，发挥个人的天才，成为一个大艺术家、大事业家，叫作寻常人以上的'超人'，才算人生的目的。甚么仁义道德，全是骗人的鬼话。"②此以尼采之思想，抨击中国旧思想、旧道德可谓激烈。陈氏作为最早的马克思主义者之一，其世界观、文化观与美学观，在反封建、反传统这一点上，与文化自由主义的美学观相一致。

鲁迅先生曾于1907年发表著名论文《摩罗诗力说》与《文化偏至论》，1908年又发表《破恶声论》，1913年再发表《拟播布美术意见书》，其见解大凡亦属文化自由主义美学范畴。《文化偏至论》如此描述"超人"："不和众嚣，独具我见之士，洞瞩幽隐，评骘文明，弗与妄惑者同其是非，惟向所信是诣，举世誉之而不加劝，举世毁之而不加沮。"与《摩罗诗力说》一样，提倡"超人""意志"与"力"之美学。1918年，鲁迅以文言译尼采《察拉

---

① [德]科培尔：《哲学要领》，蔡元培译（1903年10月），《蔡元培全集》第九卷，浙江教育出版社，1997年版，第9—10页。
② 陈独秀：《人生真义》，《陈独秀文章选编》上册，生活·读书·新知三联书店，1984年版，第238页。

图斯忒拉的序言》第一、二、三节,周作人后来回忆说:"豫才于拉丁民族的艺术兴会,德国只取尼采一人,《扎拉图如是说》常在案头。"①

总之,从蔡元培、陈独秀到鲁迅,皆接纳了王国维、梁启超等的文化自由主义美学观,受西方传入之自由主义美学的影响。康德的审美"无功利""无目的""美感为普遍快适之对象"与"游戏"说,叔本华的"生命直觉"与"意志"的悲剧美学说以及尼采的反传统、非理性与"天才"("超人")说等,都曾经是一些中国美学前驱的"自由主义"理想,开始几乎是全盘接受,尔后才做出批判、扬弃。20世纪中国自由主义的美学思潮,作为西方现代主义美学理念、思想与思维在中国文坛的传,还体现在关于西方文学作品及其美学诉求的翻译上。

早在19世纪末20世纪初,文学界以林纾的"意译"(或被讥为"歪译")之作数量惊人,在读者中具有较大影响,且炼成了一支人数颇多的翻译队伍,从戊戌变法到"五四",其译作几被英、法、俄、德、意与西班牙等18、19世纪主要作家的代表作,给古老而沉闷的中国文学界,带来了欧西文学的新景观。由于是"意译",颇合中国读者的阅读口味,与一些强调忠实于原著的"直译"而不受读者欢迎的译作,形成了强烈的反差,如1909年出版的直译之作《域外小说集》,十年间仅卖出可怜的二十一册。这种文学传布现象,印证了一个道理,无论思想、理论还是作品之传入于异族文化的程度,决定于这一民族在当时所需要、所觉悟的程度。即使输入的是先进、优秀、别具风味的深刻思想或文学大作,由于语言与接受心理开始时的不相适应,则难以形成真实而有效的文化"对话",类如印度佛教传入中土之初的所谓"格义"。倒是那些"取媚"于本民族欣赏口味与水平的译作,通过"误读"的"格义",才得流布于世。

大量的哲学文学与艺术等译作的问世,推动了中国现代主义美学思潮的涌起。

从笔者仅见,西方现代派中的未来主义一系,是进入中国较早的自由

---

① 引自吴中杰、吴立昌:《中国现代主义寻踪》,学林出版社,1990年版,第48页。

主义文学、美学流派。未来主义起自意大利。1909 年，意大利诗人马利奈蒂撰《未来主义宣言》，发表于是年法国的《费加罗报》，为"未来主义"名称之始。1910 年，马利奈蒂又撰《未来主义文学宣言》，画家波菊尼、巴拉以《未来主义画家宣言》呼应之。1915 年，马利奈蒂又与赛蒂梅里、柯拉联名发表《未来主义戏剧宣言》，一时声势浩大，波及俄、法、德、英与波兰等国。未来主义应时代之需，打出反传统、向未来、求自由的旗帜，宣说"未来即真理""未来即上帝"，拒绝、否弃人类既往的历史、传统、文化与文明，这种"未来"之论，充满了人类的理想包括审美理想，不乏"乌托邦"的"独断"之思。

未来主义文学、美学的传布，直接传自日本。1914 年，章锡琛翻译日本《新日本》杂志所载《风靡世界之未来主义》一文，发表于《东方杂志》第十一卷第二号。这一汉译及其思想，适应了中国人对于文化传统的困惑甚至绝望意绪与急切盼望新时代、新文化、新的文学艺术以及新美学时代到来的需求，有试图挣脱旧礼教、旧政治、旧社会意识形态的思想趋势。正如未来主义在二三十年代在苏俄影响巨大那样，它的哲学、美学诉求，如尼采的"强力意志"与柏格森的"生命直觉"说等，在中国也曾风靡一时。崇尚生命之力、阳刚之美，等等，也是未来主义的题中应有之义。

西方表现主义的美学思潮，诞生于 20 世纪初年，极盛于二三十年代的德、美诸国。一般以为，1901 年法国的马蒂斯画展，是西方表现主义画风流行的起始。表现主义的美学追求，在于不愿滞累于事物之表象而直探其内在之本质，突破对人外在行为上的描摹而试图深入其内在的灵魂，不停留于暂时性的现象之美而探求永恒之"真理"。

文艺美学意义上的表现主义，与尼采、柏格森等人的哲学观有更直接的思想联系。由于强调"表现"，其作品故意扭曲或揉碎事物、现象的外在结构，以直观的方式，企图摄取事物的本质。或是以内心独白、梦境、潜台词与假面的象征，写出直觉、下意识等，试图展示内心此一"内在宇宙"之"美"。

中国的表现主义美学，起始于 20 世纪 20 年代初。译者海镜（李汉俊笔名之一)于1921年编译日本人梅泽和轩的《表现主义与新六法主义》,易名为《后期印象派与表现派》,发表于《小说月报》第十二卷第七号。《小说月报》第十二卷第八号(1921)刊载海镜所译《近代德国文学主潮》第十三节,该文为日人山岸光宣所撰。海镜所译另一文是日人黑田礼二的《狂飙运动》,载于《小说月报》第十二卷第六号(1921)。尔后,由郭沫若、成仿吾与郁达夫等所成立之创造社《创造周报》等,成了宣说表现主义的一个重镇。如郁达夫《文学上的阶级斗争》、成仿吾《写实主义与庸俗主义》、郭沫若《自然与艺术——对于表现派的共感》与《论中德文化书》等,都是宣传表现主义之作。鲁迅曾多次翻译日本学者的表现主义论文,主要有板垣鹰穗《近代美术史潮论》、片山孤村《表现主义》、山岸光宣《表现主义的诸相》。中国学人胡梦华《表现的鉴赏论——克罗伊兼的学说》,发表于《小说月报》第十七卷第十号(1926),认为"艺术,极端的是表现,是创造。不是自然的再现,也不是'摹写'"。1928年,刘大杰在北新书局出版《表现主义的文学》一书,该书是中国表现主义文论获得进一步发展的标志,该书综合多位日本学人的见解,概括了表现主义文学的美学特征、渊源、意义与审美品格,且与自然主义美学做了比较。

中国的表现主义文学及其美学意义,一定程度上体现了"心"的表现与解放,与"五四"反传统、个性解放的美学观相合拍,这一思潮,直至70年代初才告消退。

弗洛伊德的精神分析学说,作为西方文化自由主义的重要一系,诞生于19世纪末欧洲具有重要影响的心理学、哲学学派。1895年,弗洛伊德与其好友布洛依尔合撰而出版的《关于歇斯底理研究》一书,是精神分析学说的奠基之作。尔后,弗洛伊德相继出版的著作,主要有:《释梦》(《梦的解析》,1900)、《日常生活的心理分析》(1904)、《性学三论》(1905)、《图腾与禁忌》(1912)、《精神分析引论》(1915—1917)、《超越快乐原则》(1920)、《集体心理学和自我的分析》(1921)与《自我与本我》(1923)等,弗洛伊德的"无意识"论、"性本能"论以及"梦"论与"人格"论等,在美学上以"性欲升华"与"白日梦"说为其文化原型说的哲学之基。弗洛伊德的弟子荣格(后与弗氏决裂)的"集体无意识"与"原型"说的心理学、文化哲学，则发展了弗洛伊德的学说。

弗洛伊德的精神分析学说入渐中国，在1914年钱智修《梦之研究》中已有所反映。该文称，"梦的问题，其首先研究者，为福留特(弗洛伊德)博士"。1918年，陈大齐《心理学大纲》出版于商务印书馆。该书并非精神分析之作，但已指明，下意识的"此种作用，在平常健康之人格，潜伏于意识作用之下，故变态心理学家称之曰下意识(Subconsciousness——原注)"。1920年，汪敬熙《心理学之最后的趋势》等论文，发表于《新潮》第二卷第四、五期，论述精神分析学及荣格等学者的思想。这一年，也有署名"Y"的《佛洛特新心理学之一斑》，发表于《东方杂志》第十七卷第二十二号(1920年)，指出弗洛伊德学说的"革命"意义，"心理学显已入革命的时期，旧时学说大半都受动摇。此与恩斯登(爱因斯坦)之发明相对律，同为现代科学一极堪注意之事。故佛洛特之心理解析法，有人比之哥白尼及达尔文之学说"。[1] 此后，张东荪、周作人、高觉敷与潘光旦等学者，都曾撰文介绍、论析精神分析学。1924年，鲁迅译日人厨川白村《苦闷的象征》，称"生命力受了压抑而生苦闷懊悔乃是文艺的根柢"，是对弗洛伊德关于"美"是"被压抑的性的升华"说的理解，批评将一切文化、艺术之源起归之于"性"的偏颇，而接受荣格、柏格森关于"生命力"思想的合理因素。声称"半生所读书中性学书给我影响最大"的周作人，正如潘光旦那样，同时接受弗洛伊德与另一心理学与性学家霭理斯思想的深刻影响，其不仅用以解读郁达夫《沉沦》等文学作品的性心理描述，而且用以抨击旧礼教、假道学。早在1921年，朱光潜《福鲁德的隐意识与心理分析》，发表于《东方杂志》第十八卷第十四号，成为其所撰、出版于30年代《变态心理学》一书之思想的前期成果。同时，鲁迅的《补天》(初名《不周山》)、《肥皂》和《高老夫子》与施蛰存的《鸠摩罗什》《春阳》与《石秀》等，都自觉地以弗洛伊德的

---

[1] Y：《佛洛特新心理学之一斑》，《东方杂志》第十七卷第二十二号，见吴中杰、吴立昌：《中国现代主义寻踪》第二章，学林出版社，1995年版。

精神分析学观照、表现人物形象的人格心理底蕴,描述其性心理及其压抑,微妙而具深度,且与"新感觉"主义所表述的性心理内容不无联系,施蛰存成了所谓"心理现实主义"的代表性作家。

中国现代主义美学的文化自由主义理念,以执著于"审美自由"为旨归。因其追求、追问"自由",必然是中国传统美学如"文以载道"说的叛逆与疏离。在思想上,以"自由"为最高审美理想、在思维上,将文学艺术、人格审美问题及其终极"孤立"起来加以观照与研究。"为艺术而艺术"而并非"为人生而艺术"以及追求人格、个性的解放,显然与传统儒家的美学、文艺观相冲突,"唯美主义"也是其美学意义上的基本信条。

文化自由主义,在早期朱光潜的美学思想中,也表现得相对典型。朱光潜的美学,以发生于五六十年代的"第一次美学大讨论"为前后两个时期。前述所撰《变态心理学》以及其第一篇美学处女作,为早在20年代于香港大学求学时以白话文所撰的《无言之美》,尔后在英法留学的八年中,先是为开明书店主办的刊物《一般》和后来的《中学生》撰写美学文章,后辑为《给青年的十二封信》刊行,"接着我就写出了《文艺心理学》和它的缩写本《谈美》;一直是我心中主题的《诗论》,也写出初稿;并译出了我的美学思想的最初来源——克罗齐的《美学原理》。此外,我还写了一部《变态心理学派别》(开明书店——原注)和一部《变态心理学》(商务印书馆——原注),总结了我对变态心理学的认识"。①《变态心理学》一书,撰写于1930年,1933年出版。《文艺心理学》,写成于1931年前后,1936年出版于开明书店。《谈美》一书,完成于1932年11月。朱自清《〈谈美〉序》云:"它自成一个完整的有机体;有些处是那部大书(《文艺心理学》)所不详的;有些是那里面没有的。——'人生的艺术化'一章是著明(名)的例子;这是孟实先生自己最重要的理论。"②朱光潜美学著作中,另有《悲剧心理学》一书,为其博士学位论文,初版于斯特拉斯堡大学出版社。前期

---

① 朱光潜:《作者自传》,《朱光潜美学文集》第一卷,上海文艺出版社,1982年版,第9页。
② 朱自清:《〈谈美〉序》,见《朱光潜美学文集》第一卷(附录),第542页。

朱光潜美学思想，大致属于文化自由主义范畴，在1956—1964年的"美学大讨论"中，被批判为"资产阶级唯心主义"，实际大凡是西方美学的"艺术即直觉即表现""心理距离"与"审美移情"说与弗洛伊德精神分析学的"中国化"，且与中国传统的庄禅美学有所结合，而其《西方美学史》（人民文学出版社1963年初版）与译作黑格尔《美学》（三卷）等，影响了数代中国美学研究后来者。

值得回溯的是，在20世纪初，诸多学者都热忱于美学概论的有关撰述。吕澂的《美学概论》，从心理学角度论美，所思所撰，颇受立普斯美学的影响；陈望道的《美学概论》，主要从修辞学进入，研究"美底形式"之审美意识；范寿康的《美学概论》与金公亮的《美学原论》等，都在不同程度上接纳了西方文化自由主义美学思想的濡染。

磅礴于二三十年代的自由主义美学思潮，以及重起于80年代"美学热"中的自由主义美学，时代、环境不同不能简单比附，然亦有相通之处。其一，二者都自觉不自觉地主张，美学与政治学、伦理学及其政治教化保持距离甚至持有一种"无关"论，要求美学、审美从某种政治、道德与实用功利主义的束缚中解放出来，实践"审美即自由"的宗旨。其二，20世纪直至今日，从事美学研习的学子之所以人数众多，代代相继，是因为在美学研究中，可以感受到一种哲学的、诗性审美的人生愉悦甚而精神上的"终极安慰"，中国文化一向"淡于宗教"，那种如痴似醉地浸淫于"美学"的人们，似乎可以从美学大泽中得到宗教式的精神关怀。虽则实际上"以美育代宗教"是难以实现的，但美学与美育的精神性功能，可以发挥宗教一般的作用。其三，坚信"借思想文化以解决问题"这一思路，体现出文化自由主义美学的自恋，依然坚持"五四"以来，以"思想文化"重新塑造群体人格、改造世道人心的努力。

第三节 "文化激进主义"（主要为马克思主义）的美学

20世纪中国美学的重要体系，是被西方学者称为"文化激进主义"的马克思主义美学，以及其余一些反传统而革命的思想流派。

所谓激进，可指社会群团、个体的意识、观念、思想、理论及其文化与社会的理想、目标和思想体系的激烈，尤其为西方一些反马克思主义，主张"守成""自由"反对"革命"的思想、学说与团体所否定。前述文化自由主义美学在反传统这一点上，其实有某些"激进"的文化特色。而本书这里将马克思主义美学放在"激进"这一题下加以简述，并无任何贬低、否定的意思。

马克思主义美学在20世纪中国的传播与实践，即20世纪马克思主义美学的中国化，是这一历史时期中国美学文脉史的重大事件。

据有关史料，中国近现代史上，第一个向国人传播、绍介欧西社会主义、共产主义运动的中国人，是清王朝赴法使臣随员张德彝。清同治十年（1871），清政府专使崇厚因天津教案赴法"谢罪"，作为外语译员的张德彝随往，于1871年3月17日（巴黎公社起义前一日）抵达巴黎，耳闻目睹了巴黎公社起义的若干情事。其归来后撰成《三述奇》八卷，曾多次言及巴黎公社这一"奇"人"奇"事，记述起义战士的英雄事迹。1873年8月，有一部《普法战纪》刊行于中华印书总局，如是描述巴黎公社女战士的英勇行为："说者谓乱党之以女子从军也，殊胜于男子，其临阵从容，决机猛捷，皆刚健中含婀娜之气。"[①]1882年，黎庶昌《开色遇刺》一文中，首度音译socialist（社会主义者）为"索昔阿利司脱"。1898年，由英美基督教传教士创办于上海的广学会，出版胡诒谷译作《泰西民法志》，其书有云："马克

[①]《社会主义思想在中国的传播》下册，中共中央党校科研办公室编著刊行，1985年版，第1000页，见李衍柱主编：《马克思主义文艺理论在中国》，山东文艺出版社，1990年版，第19—20页。

思是社会主义史中最著名和最具势力的人物，他及他同心的朋友昂格思（恩格斯）都被大家承认为'科学的和革命的'社会主义派的首领。"①1902年，流亡于日本的梁启超，在其所创办的《新民丛报》第十八号上，发表《进化论革命者颉德之学说》一文，称"麦喀士（马克思），日耳曼人，社会主义之泰斗也"。1908年2月至5月，民鸣首译《共产党宣言》第一章，发表于日本《天义报》第十六至十九卷，成为出版于1920年8月的陈望道《共产党宣言》全译本的先驱。陈望道是在家乡老屋的一间柴房里译出这一伟大著作的，由于太专注于翻译，将墨汁错当作白糖、将米粽蘸着墨汁吃进肚里而不自知，以至于今日有"真理的味道有点甜"的佳话流传。而早在1915年9月，陈独秀创办《青年杂志》（第二卷起易名为《新青年》），其发刊辞为陈独秀所撰《敬告青年》，激烈抨击旧文化、旧政治、旧礼教，宣说"自主的而非奴隶的""进步的而非保守的""进取的而非退隐的""世界的而非锁国的""实利的而非虚文的""科学的而非想像的"六项新文化主张，成为"五四运动"的重要启蒙舆论之一。陈独秀《偶像破坏论》大声疾呼："破坏破旧的偶像！破坏虚伪的偶像！吾人信仰，当以真实的合理为标准。"②此，指称千百年为人所拜倒的孔圣人及其学说为令人不齿的"孔家店"，发出了"打倒孔家店"的思想解放的呐喊，宣说"科学与人权并重"的主张，成为尔后未久"五四运动"提倡的"德、赛二先生"之说的时代先声。1919年5月，李大钊《我的马克思主义观》一文发表于《新青年》第六卷第五、六期，宣告了其坚定的马克思主义立场与政治观。

一般而言，"五四运动"之前，马克思主义美学思想尚未大规模地、深入地传播于中国。而这里值得注意的是：（一）马克思主义、社会主义思想尤其唯物史观作为先期传入，为马克思主义美学思想的东渐做了思想准备，且提供了方法论依据；（二）苏俄"十月革命"对于中国的巨大影响，无

---

① 胡诒谷：《泰西民法志》，引自陈铨亚：《马克思主义何时传入中国》，《光明日报》1987年9月16日。
② 陈独秀：《偶像破坏论》，《陈独秀文章选编》上册，生活·读书·新知三联书店，1984年版，第276页。

疑极大地推动了马克思主义在中国的传播与深入,而主要是列宁主义理论形态的俄国化了的马克思主义;(三)"五四运动"作为反帝反封建、提倡科学与民主的一场伟大的政治、文化运动,包含了马克思主义美学思想的传播,其中主要的,是列宁主义美学观。

从目前所见点滴资料,陈独秀以"三爱"这一笔名发表《论戏曲》[①]一文,是涉及激进主义文艺美学及文艺问题最早的一个文本。该文指出:"戏馆子是众人的大学堂,戏子是众人的大教师。世上人都是他们教训出来的。"这是强调了文艺(戏曲)的教化大众的功用,其间包含着道德教训与审美教育。该文又说:"西洋各国,是把戏子和文人学士,一样看待。因为唱戏一事,与一国的风俗教化,大有关系,万不能不当一件正经事做,哪好把戏子看贱了呢。"这是以西方人格平等的思想,来说文艺的社会教育功能。关于文学形象之美,陈独秀批判传统的"文以载道"说:"惟鄙意固不承认'文以载道'之说,而以为文学美文之为美,却不在骈体与用典也。结构之佳,择词之丽(即俗语亦丽,非必骈与典也——原注),文气之清新,表情之真切而动人:此四者,其为文学美文之要素乎?"[②]1917年2月1日出版的那期《新青年》,发表了陈独秀著名论文《文学革命论》,作为胡适《文学改良刍议》一文的不同意见而大声疾呼:"文学革命之气运,酝酿已非一日。其首举义旗之急先锋,则为吾友胡适。余甘冒全国学究之敌,高张'文学革命军'大旗,以为吾友之声援。旗上大书特书吾革命军三大主义。曰推倒雕琢的阿谀的贵族文学,建设平易的抒情的国民文学。曰推倒陈腐的铺张的古典文学,建设新鲜的立诚的写实文学。曰推倒迂晦的艰涩的山林文学,建设明了的通俗的社会文学。"[③]充分体现出一位中国共产主义思想启蒙者鼓吹文学、美学革命的文化立场与态度。1917年4月,陈独

[①] 陈独秀:《论戏曲》,《安徽俗话报》第十一期(1904年9月10日)。
[②] 陈独秀:《答常乃惪》,《陈独秀文章选编》上册,生活·读书·新知三联书店,1984年版,第162页。
[③] 陈独秀:《文学革命论》《陈独秀文章选编》上册,生活·读书·新知三联书店,1984年版,第174页。

秀给曾毅信中说："何为文学之本义耶？窃以为'文以代语'而已。达意状物，为其本义。""其本义原非为载道有物而设。"①这是对传统美学之文论"文以载道"说的断然拒绝。凡此，虽见不出何为马克思主义美学思想，然早年陈独秀的这些见解，确与马克思之义美学思想相契合。

马克思主义文艺美学的主要播火者，是李大钊。1918 年，李大钊写出《俄罗斯文学与革命》一文，出于时代原因，当时未及发表（1965 年才发现这一佚文，发表于《人民文学》1979 年第 5 期），证明这位早期中国共产党缔造者之一对于革命文艺的关注与研究。李大钊另文《什么是新文学》，发表于《星期日》周刊 1920 年 1 月 4 日，署名：守常。该文重在批评胡适关于"新文学"即白话文学的观点，指出"我的意思以为刚是用白话作的文章，算不得新文学；刚是介绍点新学说、新事实，叙述点新人物，罗列点新名辞，也算不得新文学"。认为"我们所要求的新文学，是为社会写实的文学，不是为个人造名的文学"，"不是为文学本身以外的什么东西而创作的文学"，而须"真爱真美的质素"②。"五四运动"至中国共产党成立前后，李大钊的一系列论文，如《法俄革命之比较观》《马克思的历史哲学》《真正的解放》以及前述《我的马克思主义观》等，都论及马克思主义文艺美学这一重大问题。《真正的解放》一文强调："现在是解放时代了！解放的声音，天天传入我们的耳鼓。但是我以为一切解放的基调，都是精神的解放。"③唯有精神的解放，才有文学、美学的解放。那么如何解放呢？李大钊说："我们若愿园中花木长得美茂，必须有深厚的土壤培育它。宏深的思想、学理，坚信的主义，优美的文艺，博爱的精神，就是新文学新运动的土壤、根基。"④所谓"宏深的思想、学理，坚信的主义"，无疑指马克思主义及其美学思想。李大钊进而指出："艺术家最希望发表的是特殊的个性的艺术美，而最忌的是平凡。"这里的"平凡"是指平庸。为此，"更不能不去

---

① 陈独秀：《答曾毅书》，《陈独秀文章选编》上册，第 202 页。
② 李大钊：《什么是新文学》，《李大钊选集》，人民出版社，1959 年版，第 276 页。
③ 李大钊：《真正的解放》，《李大钊选集》，第 309 页。
④ 李大钊：《什么是新文学》，《李大钊选集》，人民出版社，1959 年版，第 276 页。

推翻现代的资本主义制度，去建设那社会主义制度的了。不过实行社会主义的时候，要注意保存艺术的个性发展的机会就是了。"①这一论述，使我们想起列宁《党的组织与党的出版物》一文关于文学革命与社会革命、文学个性化的马克思主义美学观。

李大钊的文艺美学思想，是马克思主义美学的中国最早的体现。李大钊站在马克思主义的历史唯物的立场，一是从社会主义革命这一角度认识文学革命课题；二是指明文学艺术的审美，受经济基础与社会生产力的制约；三则提出文学审美的个性化要求，即文学审美"质素"的"真"——"真爱真美"，扫除"含有科举的、商贾的旧毒新毒"，而绝不是什么"广告文学"。②

从"五四运动"到毛泽东在1942年5月发表《在延安文艺座谈会上的讲话》，是马克思主义美学进一步中国化的文脉历程。

这里，一批共产党人或倾向于革命的知识分子，成为马克思主义美学忠诚的传播者与阐释者，相继发表诸多著论，影响巨大。田汉《诗人与劳动问题》(《少年中国》，1920年2月，第一卷第八期)；郑振铎译高尔基《文学与现在的俄罗斯》(《新青年》，1920年10月，第八卷第二期)；瞿秋白译凯因赤夫《共产主义与文化》(《改造》，1921年3月，第三卷第七期)；瞿秋白《自由世界与必然世界》(《新青年》季刊，1923年12月，第二期)；邓中夏《贡献于新诗人之前》(《中国青年》，1923年12月，第十期)；恽代英《文艺与革命》(《中国青年》，1924年5月，第三十一期)；瞿秋白《赤俄新文艺时代的第一燕》(《小说月报》，1924年6月，第十五卷第六期)；萧楚女《艺术与生活》(《中国青年》，1924年7月，第三十八期)；蒋光慈《无产阶级革命与文化》(《新青年》季刊，1924年8月，第三期)；沈雁冰《论无产阶级艺术》(《文学周报》，1925年5月，第一七二至一七五期)；鲁迅译《苏俄文艺政策》(《奔流》，自1925年6月20日起连续刊载)；雪峰译升

---

① 李大钊：《社会主义释疑》，《李大钊选集》，第477—478页。
② 李大钊：《什么是新文学》，《李大钊选集》，第276—277页。

曙梦《新俄文学的曙光期》(上海北新书局，1926年版)；鲁迅《革命文学》(《民众旬刊》，1927年10月，第五期)；蒋光慈、瞿秋白《俄罗斯文学》(上、下)(创造社出版部，1927年版)；雪峰译升曙梦《新俄的无产阶级文学》(上海北新书局，1927年版)；鲁迅《文艺与革命》(《语丝》，1928年4月，第四卷第十六期)；成仿吾、郭沫若《从文学革命到革命文学》(创造社出版部，1928年版)；李初梨《普罗列塔利亚文艺批评的标准》(《我们》，1928年6月，第二期)；鲁迅《文学的阶级性》(语丝，1928年8月，第四卷第三十四期)；鲁迅《"硬译"与"文学的阶级性"》(《萌芽月刊》，1930年3月)；鲁迅《对于左翼作家联盟的意见》(《萌芽月刊》，1930年3月)；左联马克思主义文艺理论研究会《五四运动的检讨》(《文学导报》，1931年8月5日)，《中国无产阶级革命文学的新任务》(《文学导报》，1931年11月15日)；周扬《关于文学大众化》(《北斗》，1932年7月)；瞿秋白《鲁迅杂感选集·序言》(1933年)；周扬《关于"社会主义的现实主义和革命的浪漫主义"》(《现代》，1933年11月1日)；周扬《现实主义试论》(《文学》，1936年1月，第六卷第一期)；周扬《典型与个性》(《文学》，1936年4月，第六卷第四期)①，等等，都是中国美学文脉史上20世纪中国美学及其文艺学值得注意的重要文献。其间，瞿秋白、鲁迅、周扬的文论尤为值得加以研究。

瞿秋白作为无产阶级革命家，为中国马克思主义文艺美学理论的重要奠基者之一，曾写作、翻译大量著论，亦是《国际歌》的译者。在此之前，马克思主义文艺、美学的著述，多从日文、英文转译，瞿氏则从俄文本译出。如译出恩格斯《致玛·哈克奈斯》、列宁《列甫·托尔斯泰像一面俄国革命的镜子》，摘译列宁《党的组织与党的文学》(现译为《党的组织与党的出版物》)之主要篇章文字，且编译《高尔基论文选集》，等等，都是如此。其著名论述，除前所述，主要还有：《文艺的自由和作家的不自由》《论大

---

① 参见李衍柱：《马克思主义文艺理论在中国》，山东文艺出版社，1990年版，第313—324页。本书引用时，做了部分补充与时序的调整。

众文艺》《马克思、恩格斯和文学上的现实主义》《文艺理论家普列汉诺夫》与《论翻译》等，所编译的《"现实"——马克思主义文艺论文集》，其资料来自苏联共产主义学院所编、刊的《文学遗产》第一、二期(1932)，瞿秋白是将 Realism 译为"现实主义"(旧译"写实主义")第一人，又把马恩的现实主义、悲剧、典型、作家世界观、文艺大众化等理论，以及列宁论列夫·托尔斯泰等思想译介到中国，且第一个阐析、肯定鲁迅的伟大的文学与美学功绩与地位。

鲁迅曾于 1902—1903 年在日本弘文学院普通科就学时，先后译出雨果《哀尘》与凡尔纳《月界旅行》等，显示了对于文学的早期追求。1907 年所发表的《摩罗诗力说》，猛烈抨击"故性解(genius)之出，必竭全力死之"的封建社会严重扼煞天才、个性与创造的"黑暗"，鼓扬"盖诗人者，撄人心者也。凡人之心，无不有诗"的道理，大力肯定"诗人为之语，则握拨一弹，心弦立应，其声激于灵府，令有情皆举其首，如睹晓日，盖为之美伟强力高尚发扬，而污浊之平和，以之将破"①的慷慨激越，充分体现了青年鲁迅受尼采启发，倡天才之美，举"美伟强力"的激进的美学理想。无疑，《摩罗诗力说》弥漫着一般郁勃的人性解放、崇尚阳刚与诗之审美的强烈的现代意识。在俄国"十月革命"与中国"五四"期间，几乎与李大钊发表《庶民的胜利》同时，鲁迅写下了《来了》与《圣武》等随感，热烈讴歌"十月革命"的胜利。鲁迅在《我之节烈观》(1918 年 7 月)一文中欢呼："时候已是二十世纪了，人类眼前，早已闪出曙光。"在撰于 1924 年的《未有天才之前》中，鲁迅说："所以没有这种民众，就没有天才"②，批判其早年所持尼采的将民众看作"庸众"的"超人"(天才)说。1927 年，鲁迅告别进化论而成为一个马克思主义的信仰者和宣传者，尔后所撰大量文艺、美学问题的杂文，批判苏联"拉普"文艺思想与弗里契庸俗社会学，肯定普列汉诺夫

---

① 鲁迅：《摩罗诗力说》，赵瑞蕻：《鲁迅〈摩罗诗力说〉注释·今译·解说》，天津人民出版社，1982 年版。
② 鲁迅：《未有天才之前》第一卷，《鲁迅全集》，人民文学出版社，1980 年版，第 166 页。

"也不愧称为建立马克思主义艺术理论、社会学底美学的古典底文献的了"①的历史地位。鲁迅在关于文学艺术与其审美之起源、文学的阶级性、批评标准、现实主义、艺术典型、文学遗产之继承、如何正确把握西方文论与美学以及文艺界之统一战线诸问题上，往往都能发表辩证、深切的见解。其冷峻、深邃与尖锐，无论当时抑或今天，都是难能可贵的。鲁迅首先是一位哲学家、思想家，同时才是文学家，其文学作品内容的深刻、崇高与敏锐，是由其思想的独到及其个性化的语言艺术所造就的。鲁迅的伟大，是真正的伟大。当然，无论瞿秋白还是鲁迅，都不可避免会有思想的局限与偏颇。如瞿秋白在《文艺的自由与文学家的不自由》一文中说"文艺也永远是，到处是政治的'留声机'"之类的话，无论何时何地，都不符合文艺与审美的"真际"。

20世纪中国马克思主义美学发展到40年代，值得一书的，是周扬与蔡仪。除前述外，周扬所论，还有：《唯物主义的美学》(1942)、《车尔尼雪夫斯基〈生活与美学〉译后记》(1942)、《马克思主义与文艺》(1944)、《表现新的群众的时代》(1946)；蔡仪则撰作、出版《新艺术论》(1941)、《新美学》(1944)、《论美的认识》(1947)与《再论美的认识》(1947)等著论，都是力求站在马克思主义立场所撰的文论与美学。其中，1944年春，由延安解放社出版的周扬《马克思主义与文艺》及序，曾受到毛泽东主席的高度评价，遂使周扬成为中国共产党文艺政策的重要参与者与制定者。1945年，蔡仪参加中国共产党，其美学见解，从早期开始，即与朱光潜的所谓"唯心主义"美学、宗白华的"文化守成主义"美学分道扬镳，主张"唯物"的美学。同时，这一时期冯雪峰的文艺美学之思及其著论，也具有重要影响。早在1921年，冯雪峰在杭州参加朱自清、叶圣陶与柔石等所组织的晨光社，开始其文学活动。1922年，又与汪静之、应修人、潘漠华等一起成立湖畔诗社。1926年始译大量著论（主要由日文版转译），1928年底结识鲁迅，1929年10月参与筹备"左联"。冯雪峰首先作为翻译家而崛起

---

① 鲁迅：《〈艺术论〉译文序》，《鲁迅全集》第四卷，人民文学出版社，1980年版，第261页。

于文坛，对于文学的现实主义，以"生命"观为基础，阐释文学的真实论和典型说，以及中国文学"现代化"之见等，都曾发表过值得注意的中国文论与美学之看法。

40年代马克思主义美学具有决定意义的著论，是毛泽东《在延安文艺座谈会上的讲话》。1943年7月，王稼祥《中国共产党与中国民族解放的道理》(刊于延安《解放日报》)一文，首先提出"毛泽东思想"，对于奠定毛泽东思想为全党指导思想的地位，有不可忽略的意义。在此之前，《讲话》的发表，实际标志着毛泽东文艺思想的成熟。①据美国记者埃德加·斯诺《西行漫记》，早在1920年冬，毛泽东即研读过由陈望道汉译的《共产党宣言》全译本；1920年7、8月间，在《湘江评论》上，毛泽东已经发表有关新文学思想之见。《讲话》是马克思主义文论、美学思想与中国革命实践及其文艺、审美实践相结合的思想结晶，是一部批评教条主义文艺学、美学的伟大文献，也批判了西方资产阶级及现代主义文艺美学的错误，不同意苏俄"拉普"派所谓"辩证法唯物论的创作方法"论等，克服早期激进文艺美学观所谓"一切文学都是宣传"②的教条。《讲话》对于西方现代主义文艺美学及其在中国革命队伍中的某些不良影响，进行了严厉而深刻的批判，拒绝资产阶级"人性论"与小资产阶级"文艺的出发点是爱"以及所谓"暴露文学"观，体现出当时全民抗战的时代需要与氛围。《讲话》所阐析的毛泽东美学思想，主要有如下八点：其一，强调人民大众的现实生活，是一切文学艺术及其美的创造的"唯一源泉"；其二，论述生活美与艺术美的辩证关系，号召一切文艺工作者为创造"高于生活"的文学艺术之美而无条件地"深入生活"；其三，要求文艺工作首先是文艺之美的创造必须"为人民大众服务"，在当下为"抗战服务"；其四，论证文艺与政治的关系，加强党对文艺工作、文艺事业的坚强领导，重申列宁关于文艺是"革命机器上的齿轮与螺丝钉"的思想；其五，提倡革命现实主义与革命浪漫主义相结合的创

---

① 关于中国马克思主义文艺学、美学的研究，可参阅复旦大学中文系文艺理论教研室编著：《马克思主义文艺理论发展史》(修订版)第18—22章(王振复执笔)，中国文联出版社，2001年版。
② 李初梨：《怎样地建设革命文学》，《文化批判》第二号，1928年2月15日。

作方法；其六，对于中国美学、文艺学的传统，坚持"继承"与"开新"的"古为今用"的原则；其七，对于世界文学艺术及其美，坚持"洋为中用"的原则；其八，归根结底，新民主主义、社会主义文艺，在创作与评论上，提倡塑造英雄人物与典型形象。《讲话》基本概括了毛泽东文艺思想的方方面面，成为1962年全国文科会议后，由叶以群主编的《文学的基本原理》这一大学中文系教材编写的指导思想与基本内容。

20世纪中国美学的重大事件之一，是发生于五六十年代（1956—1964）的全国性的"第一次美学大讨论"，讨论参与者之多、历时之长与所达到的理论深度，前所未有。其讨论内容，主要围绕美学的研究对象、美的本质、美感与自然美等四大议题展开。讨论中所发表的主要论文，收录于60年代出版的《美学问题讨论集》（凡六集），此不赘述。讨论主要是围绕四种关于美的本质问题而推进的。其一，主观论。以吕荧、高尔泰为代表。认为"美是人的社会意识"①，"客观的美并不存在"②。以为"萝卜青菜，各有所爱"。由此，很容易得出美即美感这一结论。其二，客观论。以蔡仪为代表。认为"客观事物的美的形象关系于客观事物本身的实质""而不决定于观赏者的看法"③。"美的东西就是典型的东西"，"美的本质就是事物的典型性"。④ 其三，主客观统一论。以朱光潜为代表。在"批判"自己早年所持"美是直觉""美是心灵"的基础上，朱光潜以为，"美是客观方面某些事物、性质和形状适合主观方面意识形态，可以交融在一起而成为一个完整形象的那种特质"⑤，"总而言之，要主观与客观的统一"⑥。其四，实践论。以李泽厚为代表。认为美是实践性与客观性的统一，美是社会实践的产物。就内容言，美是现实以自由形式对实践的肯定；就形式言，美是现实肯定实践的自由形式。这是李泽厚《美学三题议》一文的基本见解。四

---

① 《文艺报》编辑部编：《美学问题讨论集》第四集，作家出版社，1959年版。
② 《美学问题讨论集》第二集，1957年版。
③ 蔡仪：《唯心主义美学批判集》，人民文学出版社，1958年版。
④ 蔡仪：《新美学》，上海群益出版社，1947年版。
⑤ 《文艺报》编辑部编：《美学问题讨论集》第三集，作家出版社，1959年版。
⑥ 《文艺报》编辑部编：《美学问题讨论集》第四集，作家出版社，1959年版。

种关于美的本质的美学观中，吕荧、高尔泰偏于从美感说美的本质；蔡仪高举"唯物"的旗帜；朱光潜以东坡《琴诗》中的二问"若言琴上有琴声，放在匣中何不鸣？若言声在指头上，何不于君指上听"作比，主张美的主客观统一性；李泽厚的看法，在于美的实践性与客观社会性。这四大美之本质的学术观，不同程度上，都有可取之处。美固然不同于美感，而美感确是美的确证与存在方式。美是一种精神自由。然而这一自由，必与客观的社会实践相系。美是人积极的本质力量在社会实践中的肯定性实现。然则，仅仅强调美的客观性，也可能是有所偏颇的。因为，美的本质不能与美感相隔。当我们说"美是客观存在的"这一命题时，其实是主体感觉到了的"客观存在"。"客观事物本身的实质"，固然与美相系，然而离开一定的社会实践，则所谓"客观""实质"从何谈起？美是主体在实践中所感知的一种精神自由的价值判断，离开了一定的社会实践，对象究竟美抑或不美与丑，是不能创造、欣赏、判定、传播的。而并非所有的人的社会实践，都能够创造美，相反可能是美的毁灭。未必"典型的东西"一定是美的，这条臭水沟，是所有臭水沟中最"典型"的，难道是美的么？美的本质，必系于主客观二维，如此而言，似乎"美是主客观的统一"这一见解是最为妥帖的了，然而这一"统一"，唯有在积极的社会实践中，才能真正实现。"美学大讨论"中的四派，曾经就美学的研究对象、美的本质、美感与自然美诸问题展开热烈争论，见解的分野甚至对立，是显然的。经过争辩，在彼此的问难之中相互容纳，又是可能的。然则，美是难的，有思辨深度的，或然，我们永远难以回答"什么是美"这一难题，只能说："美如何可能"。

这一场"美学大讨论"的学风，值得称道。朱光潜曾经谈过其参与讨论的真切感受。

> 在美学讨论开始前，胡乔木、邓拓、周扬和邵荃麟等同志就已分别向我打过招呼，说这次美学讨论是为澄清思想，不是要整人。我积极地投入了这场论争，不隐瞒或回避我过去的美学观点，也不轻易地

接纳我认为并不正确的批判。①

"美学大讨论",大致是在苏联"美学大讨论"的影响下展开的。1956 年,随着政治"解冻"时代的到来,苏联美学界发生了此后长达十年的关于美之本质与美感等问题的讨论,大致上形成了关于"主观""客观"与"自然""社会"派等派别。关于美的本质,波斯彼洛夫持"自然"说:"自然"的"完善"即"美",是写在其代表作《审美与艺术》一书中的基本见解。这可以与国内蔡仪的"美是典型"说相映照。然而,假如"美是自然"的"完善"说可以成立,那么试问:"一只'完善'的癞蛤蟆,一头完善的猪,它们作为动物,是否比处于较低进化层次上的植物,比如一朵玫瑰更'美'呢?""一只各方面都很'完善'的苍蝇,作为昆虫,是否能与燃烧的无机物质比如太阳比较出个'美丑'呢?在这些诘难面前,'自然派'的美学观只好保持与忍受难堪的沉默"。② "社会派"的代表人物,主要是斯托洛维奇,以《巴黎手稿》为立论依据,认为美是"人化的自然",又是人的实践促使"自然的人化",作为美的根源,是审美主体在社会实践中"直观自身"。斯托洛维奇举例说,彩虹之类之所以美,正因其在一定意义上被"人化"的结果。另一著名美学家万斯洛夫《美的问题》(1957)也指出:月亮、星星、山岭、大海没有为人的活动所改变。但是,它们在一定意义上,也是为人们的社会实践所掌握了的,是指它们在人类实践中起着一定的作用,成为人们生活活动的条件和前提。正因如此,大海之类,才能够具有一定的审美意义。这便使得我们立刻想起了李泽厚,他的关于美是社会实践所实现的"自由形式",原来与苏联万斯洛夫的"实践"说相通。还有,斯托洛维奇、卡冈等人的"审美价值"说,讨论了审美价值的真正内涵,为主观抑或客观以及审美价值与非审美价值的区别等。同时,诸如卡冈关于美学方法论等思想,都曾不同

---

① 朱光潜:《作者自传》,《朱光潜美学文集》第一卷,上海文艺出版社,1982 年版,第 11 页。
② 复旦大学中文系文艺理论教研室编著:《马克思主义文艺理论发展史》(修订版)第二十二章"苏联以波斯彼洛夫、斯托洛维奇、卡冈为代表的文艺家"(王振复执笔),中国文联出版社,2001 年版。

程度地影响了中国美学界关于美学的讨论与研究。

在20世纪六七十年代中国十年"文革"之后,八九十年代的中国美学界,再度形成了所谓"美学热"。其特点在于:其一,这是第一次"美学大讨论"的继续与深化。高尔泰1982年出版《论美》一书,认为"美的自由",便是"人的自由","人愈是自由,美就愈是丰富。所以美的存在,反过来说,也就是人类自由的象征"①。又以为,"孤立、静止的所谓'圆满境界'并不是导向美的境界","美必然是负熵的"。②蔡仪的"客观"论美学,早在40年代已经初成,一贯虔诚地坚持唯物史观的美学立场的他,在1981年所撰《自述》中说,马克思恩格斯的"现实主义与典型的理论原则,使我在文艺理论的迷离摸索中看到了一线光明,也就是这一线光明指引我长期奔向前进的道路"③,重申了自己"马克思主义"的"美学"立场。又说,40年代出版的《新美学》一书,已经"两次引《手稿》",但其本人不主张重印《新美学》,显然发现了该书的某些不足。朱光潜早年受克罗齐、立普斯诸人的影响较大,这位"谈美"老人善于学习与修正自己的美学思想而令人敬佩。80年代,朱光潜发表诸多论文,重读《巴黎手稿》而形成新思想,在其"美是主客观的统一"说里,溶渗了马克思主义的实践论。李泽厚的实践论美学影响日益深广。70年代至80年代初,李泽厚关于康德美学的研究,促其构建美学的"主体性"思想,从荣格"原型"说受到启发,而提出美的"积淀"说,他说:"后来造了'积淀'这个词,就是指社会的、理性的、历史的东西,累积沉淀成了一种个体的、感性的、直观的东西,它是通过'自然的人化'的过程来实现的。"④80年代末,李泽厚继1984年提出"新感性"后,又提出"情本体"说,与其先前的"文化—心理结构"说相应,体现出这位著名美学家思想的活跃。蒋孔阳美学,在第一次"美学大讨论"中,属于"实践论"一派,以为美学研究的对象,为以艺术审美为主的"人对现

---

① 高尔泰:《论美》,甘肃人民出版社,1982年版,第44页。
② 高尔泰:《论美》,第71、198页。
③ 蔡仪:《美学论著初编》上册,上海文艺出版社,1982年版,第4页。
④ 李泽厚:《美学四讲》,生活·读书·新知三联书店,1989年版,第123页。

实的审美关系"。其出版于"改革开放"初期的《美学新论》一书，新在提出、论析"美是创造""美在创造中"一说，认为凡是有所创造的，都可能是美的，不仅仅是艺术创造，而且包括科学发现与哲学创说，等等，都可能是美的。至于另一位与朱光潜齐名的美学家宗白华，以生命哲学为理论基础，以其深厚的中学、西学底子，站在中学的立场而熔铸中西，站在现代而重读古代，使诗性智慧与哲思的交融，别具神韵，基本属于文化守成主义的美学思想。其二，"改革开放"至20世纪末的二十余年间，中国美学界的队伍急剧扩大，其中多数有文学艺术专业的学殖背景，好在对文学艺术的审美力较强，丰富而较为深入的审美经验，有利于美学研究，憾其往往缺乏应具的哲学修养，致使其所思所撰，不少实际是带有诸多"美""审美"字眼的艺术论甚或是文论。一般而言，有关"第一次美学大讨论"所讨论、争论的诸如美的本质、美感与自然美等问题，这一次"美学热"，实际并无多少进一步的研究。而关于"共同美""科学美"等美学问题的提出与研习，显示了这一历史时期的中国美学新气象。其三，改革开放促成中外首先是中西哲学、美学的空前的交流与对话。随着大量西方美学文著的译介或再版，西方美学的现代主义、后现代主义、西方马克思主义以及结构主义、阐释学、女权主义、解构主义、原型批评、东方学、分析美学、符号学、接受美学、文化美学与人类学美学，等等，进一步打开了中国学人的美学视野，诸如美的主体性和主体间性、美学方法与美学对象、人道主义与人性、对象化与异化、实践与后实践、传统与现实、中西比较以及传播与"文化殖民"等学术课题，都曾不同程度地得以研究与讨论。无疑，中国美学面临着真正具有"中国特色"的理论体系的建构，多部中国美学史著（通史、断代史、门类史、宗教与范畴美学等）的写作与出版，作为中国美学研究的一系列新成果而令人瞩目，一种深蕴伟大中华的文化、哲学根性，又极富现代意识与视野的中国美学，正以更健全的文化与哲学的伟力，磅礴于学坛。

20世纪中国美学之"守成主义"、"自由主义"与"激进主义"（马克思主义）三维之间的冲突与融合、对立与对应、而促成的创造，构成了中国美学文脉史的美丽景观，成为 21 世纪中国美学文脉之发展的新的出发点，将推波助澜、辉映史册。其间，马克思主义是中国式美学现代化兼民族化的思想指导与方向指引，促成中国"守成主义"与"自由主义"美学，得以传承与弘扬，有待于书写中国当代美学的时代新篇章。

主要引用与参考书目

诸子集成，上海书店，1986

四库术数类丛书，上海古籍出版社，1990

周易正义，王弼、韩康伯注，孔颖达疏，浙江古籍出版社，2017

周易略例，王弼著，楼宇烈《王弼集校释》，中华书局，1980

周易本义，朱熹著，天津市古籍出店，1986

周易浅述，陈梦雷著，上海古籍出版社，1983

周易精读，王振复著，复旦大学出版社，2007

周易的美学智慧，王振复著，湖南出版社，1991

今古文尚书全译，江灏、钱宗武译注，贵州人民出版社，1990

论语译注，杨伯峻译注，中华书局，1980

老子注译及评介，陈鼓应注译，中华书局，1984

庄子今注今译，陈鼓应注译，中华书局，1983

诗经直解，陈子展撰述，复旦大学出版社，1983

礼记译注，杨天宇译注，上海古籍出版社，1997

管锥编，钱锺书著，中华书局，1979

郭店楚墓竹简，文物出版社，1998

史记，司马迁著，中华书局，2006

汉书，班固著，中华书局，2007

春秋繁露，董仲舒著，中华书局，1975

纬书集成，[日]安居香山、中村璋八辑，河北人民出版社，1994

两晋南北朝史，吕思勉著，上海古籍出版社，1983

文选，萧统编，李善注，上海书店，1993

文心雕龙注，刘勰著，范文澜注，人民文学出版社，1958

中国佛学源流略讲，吕澂著，中华书局，1979

汉魏两晋南北朝佛教史，汤用彤著，中华书局，1983

中国佛教思想资料选编（第一卷），石峻、楼宇烈、方立天、许杭生、乐寿明编，中华书局，1981

世说新语校释，刘义庆著，刘孝标注，龚斌校释，上海古籍出版社，2011

大乘起信论校释，刘义庆著，高振农校释，中华书局，1992

中国佛教史（第一卷），中国社会科学出版社，1981

坛经校释，慧能讲述，法海集记，郭朋校释，中华书局，1983

中国禅宗史，印顺著，上海书店，1992

佛教名相通释，熊十力著，中国大百科全书出版社，1985

因明学研究，沈剑英著，中国大百科全书出版社，1985

诗格，王昌龄著，新唐书·文艺志，中华书局，1975

二十四诗品，司空图著，郭绍虞集解，人民文学出版社，1963

周敦颐集，周敦颐著，中华书局，1990

河南程氏遗书，程颢、程颐著，朱熹辑，商务印书馆，1965

朱子语类，朱熹著，黎靖德编，中华书局，1994

四书章句集注，朱熹集注，中华书局，1983

陆九渊集，陆九渊著，中华书局，1980

沧浪诗话校释，严羽著，郭绍虞校释，人民文学出版社，1983

理学与中国文化，姜广辉著，上海人民出版社，1994 宋代文艺理论集成，蒋述卓等编，中国社会科学出版社，2000

王阳明全集，王阳明著，上海古籍出版社，1992

焚书　续焚书，李贽著，中华书局，1975

袁宏道集笺校，袁宏道著，钱伯城笺校，上海古籍出版社，1981

明儒学案（修订本），黄宗羲著，中华书局，1985

宋元学案，黄宗羲原著，黄百家纂辑，全祖望补修，中华书局，1986

张子正蒙注，张载著，王夫之注，中华书局，1983

心体与性体，牟宗三著，上海古籍出版社，1999

闲情偶寄，李渔著，浙江古籍出版社，1987

原诗，叶燮著，人民文学出版社，1979

艺概，刘熙载著，上海古籍出版社，1978

清诗话，王夫之等著，上海古籍出版社，1978

清诗话续编，郭绍虞编选，富寿荪校点，上海古籍出版社，1983

历代论画名著汇编，沈子承编，文物出版社，1982

王国维遗书，王国维著，上海古籍书店影印本，1983

梁启超论清学史二种，梁启超著，朱维铮校注，复旦大学出版社，1985

中国文化史，柳诒徵著，中国大百科全书出版社，1988

中华文化史，冯天瑜、何晓明、周积明著，上海人民出版社，1990

美学散步，宗白华著，上海人民出版社，1981

中国文学批评通史，王运熙、顾易生主编，上海古籍出版社，1989—1996

东西文化及其哲学，梁漱溟著，《梁漱溟全集》第一卷，山东人民出版社，1989

中国哲学十九讲，牟宗三著，上海古籍出版社，1997

中国思想史（第一、第二卷），葛兆光著，复旦大学出版社，1998、2000

中国人性论史·先秦篇，徐复观著，生活·读书·新知三联书店，2001

理学与中国文化，姜广辉著，上海人民出版社，1994

中国巫文化人类学，王振复著，山西教育出版社，2020

中国巫性美学，王振复著，上海古籍出版社，2021

甲骨文字诂林，于省吾主编，中华书局，1996

甲骨文字典，徐中舒主编，四川辞书出版社，1989

说文解字，许慎著，中华书局，1963

尔雅译注，胡奇光、方环海译注，上海古籍出版社，1999

原始文化——神话、哲学、宗教、语言、艺术和习俗发展之研究（重译本），[英]爱德华·泰勒著，连树生译，广西师范大学出版社，2005

金枝，[英]詹姆斯·乔治·弗雷泽著，赵昶译，陕西师范大学出版社，2010

巫术科学宗教与神话，[英]布罗尼斯拉夫·马林诺夫斯基著，李安宅译、按语，中国民间文艺出版社，1987

原始思维，[法]列维·布留尔著，丁由译，商务印书馆，1985

符号·文化·城市：文化批评五题，[德]海因茨·佩茨沃德，邓文华译，四川人民出版社，2008

后　记

　　从事中国美学史教学 20 多年。有一讲稿，讲课时往往有所增删、修正，似乎偶尔小有拾得，成为本书的一个基础。然这次重撰成书，仍免不了丰富、调整有关篇章，觉得颇有些辛苦。

　　自上世纪八十年代初，曾耽玩于易文化及其美学，以文化人类学关于巫学的观念、方法治易，至拙著《巫术：周易的文化智慧》(1990 年)、《周易的美学智慧》(1991 年)等出版而告一段落。对老庄、佛学有些喜好，谈不上深入研究，仅发表过数篇论文而已，所幸读过一二闲书。至于中国建筑文化及其美学的学习与解读，亦始于八十年代初，那还是建筑这一领域未受到普遍关注的时代，因而读书、写作很有些难得而美丽的寂寞。从《建筑美学》(1987 年)到《中国建筑艺术论》(2001 年)等，陆续出版小著十余种，而今想说的话似乎都已经说完，应该沉默了。

　　本书从"文脉"角度对中国美学的文化历程加以梳理，以有别于一般的中国美学通史。这一写作初衷是否已经达到，期待学界的批评。窃以为为学须以"我注六经"为基本，然后才可能"六经注我"。不要将中国美学的历史问题简单地化作逻辑问题，而是相反，要把逻辑问题放到具体的历史领域、文化"语境"中去求得解决。还原于历史，是真正达到历史与逻辑相统一的学术正途。而岁月蹉跎，多年来所读所思所写，都是我所不能满意的。

　　本书出版，尤当感谢四川人民出版社杨宗平先生。宗平兄乃我多年文友。这次合作,深深感佩于他编、校的不吝心力、治学的严谨作风与敬业精神。此书如有些可取,也是宗平先生及其出版社同事们的辛勤劳动成果。

是为记。

复旦大学中文系　王振复
2002 年 5 月 6 日

增订版后记

本书为拙著《中国美学的文脉历程》(2002)增订版,易书名:《中国美学文脉史》,增添第八章《20世纪中国美学的现代格局》。原著曾获第六届"国家图书奖提名奖"。这次增补、订正,主要在于补全有关页下注的出处,改正行文中的一些文字错讹。特此衷心感谢陕西人民出版社编审关宁和责任编辑晏藜及其他人员的精心编校。

王振复

2023 年 2 月 18 日